HZ Books

华 章 图 书

一本打开的书，一扇开启的门，
通向科学殿堂的阶梯，托起一流人才的基石。

www.hzbook.com

智能系统与技术丛书

构建企业级推荐系统

算法、工程实现与案例分析

刘强 著

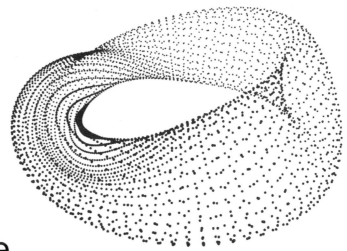

Building
Enterprise
Recommendation
System

Algorithm, Engineering Implementation and Case Analysis

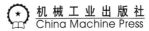机械工业出版社
China Machine Press

图书在版编目（CIP）数据

构建企业级推荐系统：算法、工程实现与案例分析 / 刘强著 . -- 北京：机械工业出版社，
2021.7
（智能系统与技术丛书）
ISBN 978-7-111-68616-3

I. ①构⋯ II. ①刘⋯ III. ①计算机算法 IV. ① TP301.6

中国版本图书馆 CIP 数据核字（2021）第 134663 号

构建企业级推荐系统：算法、工程实现与案例分析

出版发行：机械工业出版社（北京市西城区百万庄大街 22 号　邮政编码：100037）

责任编辑：杨绣国　　　　　　　　　　　　　　责任校对：马荣敏

印　　刷：中国电影出版社印刷厂　　　　　　　版　　次：2021 年 7 月第 1 版第 1 次印刷

开　　本：186mm×240mm　1/16　　　　　　　印　　张：31.25

书　　号：ISBN 978-7-111-68616-3　　　　　　定　　价：129.00 元

客服电话：（010）88361066　88379833　68326294　　　投稿热线：（010）88379604

华章网站：www.hzbook.com　　　　　　　　　　读者信箱：hzit@hzbook.com

为什么要写这本书

最早开始规划写这本书是在 2018 年 6 月，当时的动机主要有如下 3 点：

首先，我希望做一些知识梳理和价值沉淀的工作。自 2009 年毕业开始，我一直从事的都是与大数据、算法相关的工作，对于推荐系统也有近 10 年的实践经验，特别是最近 9 年一直在同一家公司（即我现在所在的公司"电视猫"）做推荐系统相关的工作。在从事推荐系统的工作中我遇到过很多坑，积累了一些经验，拓展了解决问题的思路，也有了一些自己的想法。因此，希望通过写一本书来对自己的知识做一次全面的梳理和沉淀。

其次，给自己一定的压力，培养自己的写作习惯。我曾经看到过一句话，大致意思是说"一个人对世界的贡献，在于他输出了什么而不是吸收了什么"，这句话对我的触动比较大，平时我非常喜欢看书，但是很少输出，我是一个不太爱整理的人，所学的知识和技能大都记录在自己的脑海里，不够体系化，所以我希望通过写一本书来培养自己良好的写作习惯，做一个有输出的人。

最后，我希望给推荐系统从业者或即将从事推荐系统开发的读者提供一定的帮助。我算是从零开始自己摸索做推荐系统的，一路下来非常辛苦，走了很多弯路，但也从互联网上获得了很多的帮助，非常感谢这些无偿输出知识的人。我是一个乐于助人的人，一般别人问我问题，我都会给别人提供一些建议。对于推荐系统，经过这么多年的训练，我自己有了比较多的思考、想法和经验，所以希望能够系统地将自己所学知识分享给需要帮助的人，而通过写书分享知识算是一种最好、最系统的方式。

2018 年在规划好大纲后，我尝试写了一点点，但是没有坚持下来，每次写几十个字就卡住了，因为感觉无法很好地表达自己的思想，也没有外在的激励或者压力逼迫自己写下去，屈服于个人的惰性，所以就这样放下了。

转机发生在 2019 年年底。当时与我关系很好的一个同事的夫人联系我，说让我带着大家一起输出，多积淀积淀，我答应了。之后她就组织我们团队几个愿意参与写作的同事开始在公众号上写文章。我写的主题就是推荐系统，最早的一篇发布于 2019 年 1 月 23 日。这之后每两周我都会输出一篇 1 万字左右的推荐系统的相关文章，一直持续到 2020 年 4 月 28 日，中间没有间断过。本书的内容是基于这些发布在公众号上的文章所进行的梳理、编排、修改与优化。

读者对象

本书主要讲解与企业级推荐系统相关的理论与知识，聚焦于企业如何搭建、运营、优化推荐系统。本书的适用人群很广，具体来说，适合如下人员阅读：

- 推荐系统开发及推荐算法研究的相关从业者。
- 未来期望从事推荐系统相关工作的学生。
- 已经工作但是想转行做推荐系统相关工作的在职人员。
- 从事推荐算法研究，希望对推荐系统在工业界应用有所了解的高校科研人员。
- 对推荐系统感兴趣的产品、运营人员。
- 期望将推荐系统引入产品体系的公司管理层。

如何阅读本书

本书篇幅较大，一共 27 章，分别从不同角度来介绍企业级推荐系统构建的理论、方法和策略，围绕推荐系统在企业中的实践展开，下面分别对各章内容进行简单介绍。

第一篇为推荐系统基础认知，包括第 1 章。这一部分介绍推荐系统相关的基本概念与知识，帮助读者了解推荐系统的基础知识。

第二篇为推荐系统基础算法，包含 6 章。这些章讲解最基础、可能也是最重要的企业级推荐算法。第 2 章介绍了企业级推荐系统的 5 种推荐范式及每种范式的应用场景，以及推荐排序和召回的相关知识，本篇其他章（第 3 ~ 7 章）则介绍了基于内容的推荐算法、协同过滤推荐算法、基于朴素机器学习思想（朴素贝叶斯、关联规则、聚类）的推荐算法、矩阵分解推荐算法和因子分解机等知识。我们不仅会讲解算法的实现原理，更会讲解怎么将这些算法应用到具体的业务场景中，同时会对算法的优缺点、适用范围、未来发展等更多读者关心的主题进行详细介绍。

第三篇为推荐系统进阶算法，包含 5 章。第 8 章讲解了推荐系统冷启动的相关知识点，包括各种冷启动问题以及解决冷启动问题的可行策略。紧接着的 3 章（第 9 ~ 11 章）分别介绍嵌入方法、深度学习方法及混合推荐算法，这些方法是目前工业界比较主流的推荐策略和方法。这一部分的最后一章（即第 12 章）讲解了构建可解释性推荐系统的相关知识点，这是其他推荐系统书籍中未曾涉及的主题。

第四篇为推荐系统评估与价值，包含 2 章。第 13 章讲解推荐系统的评估，这一章首先从用户维度、标的物维度、算法维度、平台方维度等 4 个维度讲解每个维度有哪些评估方法，让读者知道从不同的角度可以对推荐系统进行不同的评估。然后基于推荐系统产品的视角，从离线评估、在线评估、主观评估等角度（并结合前面的 4 个维度）来系统讲解具体的评估方法和策略。第 14 章讲解推荐系统的商业价值，对于企业来说，引入推荐系统的主要目标就是提升产品的商业价值。这一章的内容包括推荐系统在用户增长、用户体验提升、商业变现、资源节省这 4 个方面所起的价值和作用。

第五篇为推荐系统工程实现，包含 6 章。这一部分系统地讲解了推荐系统工程相关的知识点。其中，第 15 章讲解了推荐系统数据来源、收集、预处理及特征工程的相关知识点。第 16 章讲解了推荐系统工程实现的核心模块、架构设计、技术选型等主题，并且以笔者团队的 Doraemon 架构作为案例给读者提供了一个比较接地气的参考方案。第 17 章讲解了 AB 测试的相关知识，包括 AB 测试的价值、在什么情况下需要 AB 测试、AB 测试的实现方案等。第 18 章则从将推荐作为 Web 服务的角度来讲解怎么让推荐服务更高效、更稳定、更快速。第 19 章梳理了目前业界提供推荐系统服务的两种模式：事先计算式和实时装配式，即事先将给用户的推荐结果计算好并存下来或者在用户访问推荐服务时实时为用户计算推荐结果。这一部分的最后一章（即第 20 章）对实时推荐系统进行了全面的讲解，包括实时推荐系统的价值、系统架构、具体业务场景及面临的挑战等。

第六篇为推荐系统产品与运营，包含 4 章。这一部分主要从产品和运营的角度来讲解推荐系统。第 21 章从多个维度来梳理推荐系统的产品形态，并讲解了推荐产品的应用场景及设计好的推荐产品的基本原则。第 22 章讲解了推荐系统的 UI 交互和视觉展示，这属于前端 UI 的范畴，也是用户可以直接感知的部分，这一部分设计的好坏直接影响用户的使用体验。第 23 章从运营的角度来讲解推荐系统，关注数据化运营、精细化运营及用户画像。推荐系统作为一种运营手段和工具，需要与产品、运营人员配合好才能最大化地发挥商业价值。第 24 章是这一部分的最后一章，介绍了推荐系统的人工调控策略，即产品、运营人员怎样对推荐系统进行人工调控才可以让推荐系统更好地配合公司的整体运营活动与规划。

第七篇为推荐系统案例分析，包含 3 章。这一部分讲解了推荐系统实践的相关知识点。第 25 章重点讲解了怎样从零开始搭建一个企业级的推荐系统，笔者借用 5W3H 思考框架来阐述如何更好、更快、更高效地构建一个可用的推荐系统。第 26、27 章是实际案例，基于笔者公司的业务讲解了具体怎样实现推荐系统。

另外本书还包括两个附录。附录 A 梳理了推荐算法工程师成长所要做的准备,对于想从事推荐算法工作的读者,笔者给出了可行的职业发展方向和定位,以及做好推荐系统需要如何准备,需要从哪些方面提升自我,以更好地适应未来对推荐算法从业者的要求。附录 B 介绍了在企业中推荐算法团队的日常工作、协作对象及推荐算法团队的目标与定位。

勘误和支持

由于笔者水平有限,写作时间也比较仓促,书中难免会出现一些不准确的地方甚至是错误,恳请读者批评指正。你可以将书中描述不准确的地方或错误告诉我,以便再次印刷或再版时更正,通过微信 gongyouliu_01、gongyouliu_02 可与我取得联系。如果你有更多的宝贵意见,也欢迎发送邮件到我的邮箱 891391257@qq.com,我很期待听到你们真诚的反馈。

致谢

首先要感谢移动互联网时代,让我们可以更便捷、更高效地获取信息。只有在移动互联网时代推荐系统才有用武之地,从而才有了推荐系统的大爆发。

感谢我的公司和领导让我有一个比较好的平台可以接触推荐系统,并在这个领域一直精进。

感谢我的(前)同事连凯、程欢、祝冰鑫、杨奇珍在我写作过程中帮助阅读初稿并提供修改建议,感谢刘娜、李娟、李新、赵旭乾帮忙编辑文章,让我写的文章可以发布在公众号里,正是这些文章构成了本书的初始材料。

感谢机械工业出版社华章公司的编辑杨老师。在过去的一年中,在她的不断指导下,我对图书出版的流程有了比较好的了解,经过她的指导和一字一句的修改,本书的质量才得以保证。

感谢傅瞳在全书成稿后对本书进行校对。感谢好友金婷在过去两年来对我的鼓励、支持和帮助,让我有更多前行的勇气和动力。

最后要感谢我的父母和家人,是他们的无私付出让我有机会接受高等教育,让我可以无后顾之忧地完成本书的写作和修订工作!

谨以此书献给我最亲爱的家人,以及所有懂我、关心我、支持我的朋友们。

刘强(gongyouliu)

2021 年 4 月

于上海

第七篇 推荐系统案例分析

第25章 从零开始构建企业级 推荐系统 ·················· 414

推荐系统基础认知

推荐系统介绍

1.1　推荐系统产生的背景

随着智能手机的普及与移动互联网的深入发展，信息的生产变得越来越容易，每个人都已成为信息的制造者（分享的照片、拍摄的视频、留下的评论、看过的视频、购买的商品等都是信息），这也说明我们进入了信息爆炸时代。当前通过互联网提供服务的平台越来越多，提供的服务种类（购物、视频、新闻、音乐、婚恋、社交、生活服务、知识、直播等）层出不穷，服务中包含的标的物种类也越来越多样（亚马逊上有上千万的图书、淘宝上有上十亿的商品），这么多的标的物，怎么让人找到自己所需要的，就成了摆在这些企业面前的难题。

同时，随着人们受教育程度的提高，每个人表现自我个性的欲望也提高了。在移动互联网深入发展的当下，出现了非常多的可以表达自我个性的产品，如微信朋友圈、微博、抖音、快手等，每个人的个性、喜好、特长都有了极大的展示空间。另外，从遗传与进化的角度来说，每个人都是一个差异化个体，生来就具有不同的性格特征，再加上每个人的生活、成长环境又有极大差异，导致每个人的偏好、口味千差万别。

随着社会的进步，以及物质生活条件的改善，大家不必再为生存下来而担忧，所以有了越来越多的非生存需求，比如看书、看电影、购物等，而这些非生存需求在很多时候往往是不确定的，是无意识的，即人们不知道自己需要什么。所以，人们实际上更愿意接受被动推荐的好物品，比如给你推荐一部电影，如果符合你的口味，你可能会很喜欢。

总结上面提到的三点，当今时代可选择的商品和服务非常多，而不同人的兴趣偏好又截然不同，并且在特定场景下，个人对自己的需求不是很明确。在这三个背景驱动下，推荐系统应运而生。可以说，个性化推荐系统是解决上述矛盾最有效的工具之一。

为了更好地为用户提供服务，并在为用户提供服务的同时赚取更多的利润，越来越多的公司在产品中提供了个性化推荐技术，以帮助用户更快地发现自己喜欢的标的物。公司根据用户在产品上的行为记录，结合用户自身和标的物的信息以及上下文信息，利用推荐技术（机器学习的一个分支）来为用户推荐可能感兴趣的标的物。长尾理论也很好地解释了多样化标的物中的非畅销品可以满足人们的个性化需求，这些需求加起来不一定比热门标的物产生的销售额小，所以做个性化推荐是"有利可图"的。

1.2　推荐系统解决什么问题

推荐系统是在互联网快速发展（特别是移动互联网）之后的产物，随着用户规模的爆炸性增长以及供应商提供的标的物的种类越来越多，用户身边充斥着大量信息，这时候推荐系统就有了用武之地。推荐系统本质上是在用户需求不明确的情况下，从海量的信息中为用户过滤出他可能感兴趣的信息的技术手段。推荐系统结合用户的信息（地域、年龄、性别等）、标的物信息（价格、产地等），以及用户过去对物品的行为（是否浏览、是否点击、是否购买等），利用机器学习技术构建用户兴趣模型，为用户提供精准的个性化推荐。

推荐系统很好地满足了标的物提供方、平台方、用户三方的需求。以淘宝购物举例来说，标的物提供方是淘宝上成千上万的店主，平台方是淘宝，用户就是在淘宝上购物的自然人或企业。通过推荐系统可以更好地将商品曝光给需要购买的用户，这样用户可以买到自己想要的商品，标的物提供方的商品可以被很好地分发出去，平台方通过用户的购买也可以获得商业利润，从而达到三方多赢的局面。

从本质上讲，推荐系统提升了信息分发和信息获取的效率，提升了社会资源的配置效率。

1.3　推荐系统的应用领域

推荐系统广泛用于各类互联网公司。只要存在大量的"供用户消费的商品"的互联网产品，推荐系统就有用武之地。具体来说推荐系统的应用领域主要有如下几类。

- ❏ 电商网站：购物、购书等，如淘宝、京东、亚马逊等。
- ❏ 视频：Netflix、优酷、抖音、快手、电视猫等。
- ❏ 音乐：网易云音乐、酷狗音乐等。
- ❏ 资讯类：今日头条、天天快报等。
- ❏ 生活服务类：美团、携程等。
- ❏ 交友类：陌陌、珍爱网等。

图 1-1 展示了几类常见的互联网推荐产品，大家应该都不陌生。

推荐系统更多的应用场景正在被不断挖掘和创造出来。有了这些对基本背景的介绍，下面具体说说什么是推荐系统。

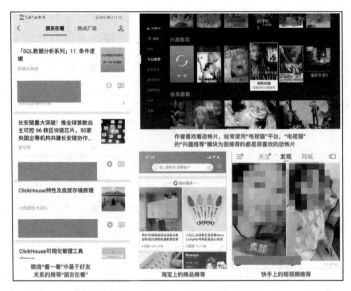

图 1-1　几类 APP 的推荐产品

1.4　推荐系统的定义

前面两节提到了推荐系统产生的背景和它需要解决的问题，那么什么是推荐系统呢？本节尝试给推荐系统下一个定义，让读者可以更好地理解。

推荐系统是一套工程技术解决方案，通过利用大数据、机器学习等技术，在用户使用产品进行浏览交互的过程中，主动为用户展示他可能会喜欢的标的物，从而促进标的物的"销售"，节省用户时间，提升用户体验，做到资源的优化配置。

上面的定义中有几点需要细化说明一下，以方便读者更好地理解推荐系统的本质。

❑ 推荐系统是一套工程技术解决方案，要将推荐系统落地到业务上，需要大量的工程开发，涉及日志打点、日志收集、ETL、分布式计算、特征工程、推荐算法建模、数据存储、提供接口服务、UI 展示与交互、推荐效果评估等多个方面，是一项庞大复杂的体系工程。

❑ 推荐系统是机器学习的一个分支应用，推荐系统大量使用机器学习技术，利用各种算法构建推荐模型，提升推荐的精准度、惊喜度、覆盖率等，甚至是实时反馈用户的兴趣变化（如今日头条 APP 下拉展示新的新闻，实时反馈用户的兴趣变化）。

❑ 推荐系统是一项交互式产品功能，产品为推荐系统提供载体，用户通过使用产品触达及触发推荐系统，推荐系统为用户提供个性化推荐，从而提升用户体验。

❑ 推荐系统是一种为用户提供感兴趣信息的便捷渠道，通过为用户提供信息创造商业价值。

推荐系统的本质是通过技术手段将标的物与人关联起来，方便人们获取对自己有价值的标的物。通过上面的介绍，相信读者对推荐系统已经有了初步的了解。

1.5　常用的推荐算法

上面提到推荐系统大量使用了机器学习技术，本节简单介绍一下推荐系统常用的策略与算法。

1.5.1　基于内容的推荐

推荐系统是通过技术手段将标的物与人关联起来，标的物包含很多属性，用户通过与标的物的交互会产生行为日志，通过这些行为日志可以挖掘出衡量用户对标的物偏好的标签（将标的物的属性赋予喜欢它的用户，让用户具备这个标签），通过这些偏好标签为用户做推荐就是基于内容的推荐算法。拿视频推荐来说，视频有标题、国别、年代、演职员、标签等信息，用户以前看过某类视频，就代表用户对这些视频有兴趣，比如用户偏好恐怖、科幻类电影，这样用户的电影偏好就被打上了恐怖、科幻的标签，我们就可以根据这些兴趣特征为用户推荐恐怖、科幻类电影。

1.5.2　协同过滤

用户在产品上的交互行为为用户留下了标记，我们可以利用"物以类聚、人以群分"的朴素思想来为用户提供个性化推荐。

具体来说，"人以群分"就是找到与用户兴趣相同的用户（有过类似的行为），将这些兴趣相同的用户浏览过的标的物推荐给用户，这就是基于用户的协同过滤算法。"物以类聚"就是如果有很多用户都对某两个标的物有相似的偏好，说明这两个标的物是"相似"的，我们可以通过推荐与用户喜欢过的标的物相似的标的物这种方式为用户提供个性化推荐，这就是基于物品的协同过滤推荐算法。

图 1-2 简单说明了这两类协同过滤算法。

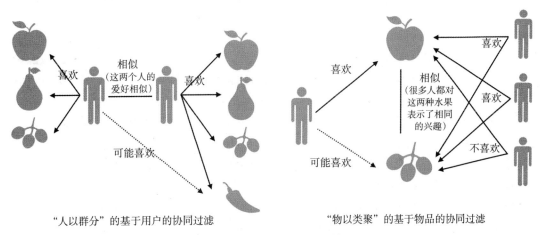

图 1-2　两类协同过滤推荐算法

1.5.3 基于模型的推荐

一般来说，可基于用户行为记录、用户相关信息（年龄、性别、地域和消费习惯等）及标的物相关信息来构建算法模型，预测用户对物品的偏好，常用的算法包括 logistic 回归、矩阵分解、分解机等（这些算法在后面会详细讲解）。随着深度学习技术的发展，目前有很多深度学习相关的算法落地到了推荐系统上，并产生了很好的效果。

1.5.4 基于社交关系的推荐

我们在日常生活中经常为别人或者要求别人给我们推荐书籍、餐厅、电影等，这种推荐方式往往效果较好，大家也更容易接受。微信"看一看"模块中的"好看"就是通过将你的微信好友看过的文章展示给你来实现推荐的，张小龙在 2019 年微信 8 周年的微信公开课上说到，"好看"比"看一看"模块中的"精选"效果好很多，而"精选"就是通过算法来实现的推荐。

在这些推荐算法中，基于内容的推荐和协同过滤推荐是最古老、最常用的推荐算法，实现相对简单，效果也很不错，在工业界得到了大规模的应用。

1.6 构建推荐系统的阻碍与挑战

推荐系统善于解决大规模用户场景下大量信息的精准分发问题，它解决的问题看起来很简单、很朴素，那么是不是可以非常容易地构建一个效果很好的推荐系统呢？答案是否定的。要想构建一个高效的、有价值的推荐系统是一件很困难的事情。这里简单说一下构建推荐系统可能遇到的困难、障碍及挑战。

首先不是任何情境下的产品都需要推荐，只有在你提供的标的物足够多，用户无法通过浏览完所有标的物来做选择时，才有推荐的必要。比如苹果官网上卖的只是很少的几个品类，每个品类下的东西加起来也没有多少，这时用户可以直接浏览所有产品，找到自己喜欢的也很方便，根本不需要借助推荐系统。

另外，前面说过推荐系统是一个比较大的系统工程，有效的落地需要相当多的资源投入，需要领导的大力支持，因此领导一定要意识到推荐算法的价值。为什么今日头条可以从传统的新闻客户端脱颖而出，正是张一鸣认识到了推荐的价值，整个公司从创立之初就以算法为核心，围绕推荐系统构建好的产品，优化用户体验，不到 8 年就成为估值超 1000 亿美元的"独角兽"，让腾讯和百度都感受到了极大的威胁。

最后从技术工程实现的角度说说构建推荐系统面临的挑战。具体而言，构建好的推荐系统面临如下挑战。

- ❑ 推荐精准度的问题：这需要通过构建好的推荐算法来实现，同时要有足够多的用户行为数据来学习算法模型，数据预处理的质量对结果也有较大影响。现在基于深度学习的推荐系统可以达到很好的效果。

❑ 冷启动问题：新用户、新标的物没有相关行为信息，这时系统怎么给用户推荐、怎么将新标的物推荐出去？在推荐系统落地过程中需要做结合业务场景的特殊处理，才能提供好的用户体验。

❑ 服务质量问题：如果你的产品有大量用户访问，构建一套高效的推荐系统，满足高并发访问，为用户提供稳定、快速、高效的推荐服务，也是一个巨大挑战。

❑ 数据缺失的问题：现实场景中一定存在用户或者标的物的信息不完善，或者部分信息有误的情况，这些也是在构建推荐算法模型过程中必须要考虑和解决的问题。

❑ 处理非结构化信息的问题：用户和标的物相关信息有可能是非结构化信息，比如图片、视频、音频、文本等，怎么高效地利用这些信息，为推荐模型提供更多信息输入，是比较棘手的问题。随着深度学习在推荐系统中大规模运用，这类问题可以得到较好的解决。

❑ 数据质量问题：一些噪声及恶意攻击会产生大量脏数据，对推荐质量产生很大的干扰，保证训练数据的质量是 ETL 和特征工程需要解决的重要问题。

❑ 大规模计算与存储：大量的用户和大量的标的物对数据处理和计算造成很大的压力，我们需要采用分布式技术（如 Hadoop、Spark 等）来做数据存储、处理、计算等，所以想要很好地落地推荐系统，需要企业构建一套高效的大数据分析处理平台。

❑ 实时反馈：为了给用户提供实时的个性化推荐（如今日头条的新闻推荐等），需要实时收集、处理用户的反馈，做到更及时、更精准的推荐，为用户提供强感知的推荐服务。要对大规模用户做到实时响应，对算法、计算、工程都是相当大的挑战。

❑ 用户交互问题：推荐系统通过用户与产品的交互来触达用户，所以好的 UI 及交互体验对推荐系统发挥真正的价值起到非常关键的作用，有时好的 UI 和交互体验甚至比好的算法更管用。

❑ 评估推荐算法的价值：推荐系统怎么服务于业务，怎么衡量推荐系统的价值产出，怎么为推荐系统制定业务指标，以及怎么通过指标在提升推荐系统效果的同时促进业务发展？这些都是摆在推荐系统开发人员，甚至是公司管理者面前的重要问题。只有很好地度量出推荐系统的价值，才能更好地优化推荐系统，发挥推荐系统的作用。

上面虽然说了这么多构建好的推荐系统需要克服的困难和障碍，但是也不要因此丧失信心。因为推荐系统是非常有价值的，值得我们花精力、时间和成本去构建。推荐系统的极大价值也驱使越来越多的公司将它作为产品的标配。

1.7 推荐系统的价值

当前推荐系统技术是互联网公司的标配技术，因为它很好地解决了标的物提供方、平台方、用户三方的需求。本节将详细讲解推荐系统的价值，它的价值主要体现在四个方面。

从用户角度说，推荐系统可以让用户在纷繁芜杂的海量信息中快速找到自己感兴趣的信息，节省了用户的时间。特别是当用户在使用某个互联网产品，不经意中发现平台给自己推荐了特别喜欢的东西时，那种惊喜感会油然而生，从而极大地提升用户的使用体验。

从平台的角度看，推荐了一本书给用户，用户发现这本书正好是自己需要的，可能立即就会买下来；推荐一首付费音乐给用户，用户特别喜欢，毫不犹豫就付费了。精准的推荐能增加用户对平台的黏性，让用户喜欢上你的平台。平台通过售卖标的物的分成及广告投放可以获取丰厚的利润。

从标的物提供商的角度看，如果平台能够将提供商的标的物推荐给喜欢它的用户，提升了标的物被售卖出去的概率，标的物就可以卖得更多、更好，从而为供应商赚取更大的利润。

另外，平台精准地将标的物（实物物品，如冰箱、电视机等）推荐出去并被用户购买，从侧面也降低了标的物的周转时间，减少了库存积压，对社会资源的节省和有效配置也是大有益处的。

硅谷互联网教父凯文·凯利在《必然》这本畅销书上提到了"过滤"这一大趋势，推荐系统就是最好的提供过滤能力的技术之一，相信随着互联网的深入发展，推荐系统必将发挥越来越重要的作用！

1.8 本章小结

本章介绍了推荐系统相关的一些基本概念，通过本章的学习，希望读者能对推荐系统有一定的了解。

移动互联网的发展产生了越来越多的信息，由于人类接收信息的能力有限以及人们越来越倾向于表达自我，需求更加个性化，导致从海量信息中过滤出用户感兴趣的信息变得越来越重要，这时推荐系统应运而生。

推荐系统很好地解决了信息过滤的问题，因而被应用于各类产品中，如电商、视频、音乐、资讯、社交、生活服务等。推荐系统是机器学习的一个分支，是一个非常偏工程和业务的系统，它大量采用大数据和机器学习技术来解决信息过载的问题。推荐算法种类繁多，主要有基于内容的推荐、协同过滤、基于社交关系的推荐等。

由于推荐系统的复杂性，构建一个好用的、有业务价值的企业级推荐系统是一件非常费力的事情，需要考虑非常多的因素，但由于推荐系统具备极大的商业价值，几乎所有的toC互联网公司都将它作为公司产品的标配技术。

推荐系统基础算法

推荐算法基础

推荐系统中最核心的模块要数推荐算法了，研究和优化推荐算法是推荐算法工程师的主要工作。推荐算法好不好会直接影响推荐系统的价值发挥，因此它在推荐系统中具有举足轻重的地位。本章基于笔者的实践经验，对推荐算法进行抽象和归类，提炼出推荐算法的一般范式，让读者从宏观上把握推荐算法的应用脉络，但不会深入讲解算法的实现原理，只是概述算法的实现思路，后面的章节会对常用的重点算法进行细致深入的剖析。

本章会从推荐系统范式、推荐算法 3 阶段 pipeline 架构、推荐召回算法概述、排序算法概述、推荐算法落地需要关注的几个问题等 5 个部分来讲解。完全的个性化范式和标的物关联标的物范式是最常用的推荐范式，在互联网产品中有大量真实的应用场景，也是本章重点讲解的内容。

学习完本章后，读者可以了解每类范式常用的算法有哪些、实现的思路是什么，以及常用的应用场景。本章的目的是为后续推荐算法的详细讲解做铺垫，所涉及的知识点可以作为落地推荐算法到真实推荐场景的参考指南。

2.1　推荐系统范式

推荐系统的目标是为用户推荐可能喜欢的标的物，这个过程会涉及用户、标的物两个重要要素，我们可以根据这两个要素跟标的物的不同关联形式生成不同的推荐产品形态，即所谓的不同范式（paradigm，数学专业的读者不难理解范式的概念，如果不好理解可以将范式看成具备某种相似性质的对象的集合），这里每种推荐产品形态就是一种推荐范式。以笔者构建推荐系统的经验来看，可以将推荐系统总结为如下 5 种范式，这 5 种范式可以应用到产品的各种推荐场景中，后面会用视频 APP 来举例说明各种范式的具体应用场景。

范式 1：完全个性化范式

完全个性化范式就是为每个用户提供个性化的推荐，这是粒度最细的一种推荐范式，精确到了每个用户。常见的"猜你喜欢"就是这类推荐，可以用于进入首页的综合类"猜你喜欢"推荐，进入各个频道（如电影）页的"猜你喜欢"推荐。图 2-1 是电视猫首页的兴趣推荐，用于为每个用户提供不一样的个性化推荐。

图 2-1　电视猫首页兴趣推荐

范式 2：群组个性化范式

群组个性化范式首先会将用户分组（根据用户的兴趣，将兴趣相似的用户归为一组），并为每组用户提供一个个性化的推荐列表，同一组用户的推荐列表一样，不同组用户的推荐列表不一样。

这里举一个在笔者公司利用范式 2 做推荐的例子。我们在频道页三级列表中，会根据用户的兴趣对列表做个性化重排序，将与用户更匹配的节目放到前面，提升节目点击转化，但是在实现时，为了节省存储空间，会先对用户聚类，同一类用户兴趣相似，针对他们的列表的排序是一样的，但是不同类的用户其列表是完全不一样的。图 2-2 所示的"战争风云"标签中，右边展示的节目集合总量不变，只是不同组的用户看到的排序不一样，排序是根据与用户的兴趣匹配度高低来降序排列的。

图 2-2　电视猫频道页列表的个性化重排序

范式 3：完全非个性化范式

完全非个性化范式是指为所有用户提供完全一样的推荐，这种推荐就是对所有用户统一对待，没有任何个性化成分。比如各类排行榜业务就是这种推荐范式。排行榜既可以作为首页上的一个独立的推荐模块，方便用户发现新热内容，也可以作为"猜你喜欢"推荐中新用户冷启动的默认推荐，图 2-3 是当用户未输入搜索关键词时搜索模块中给出的热门内容，也是采用该范式的例子。其实人工编排的推荐也属于完全非个性化推荐范式，只不过是人工进行的推荐，而排行榜则是通过算法来自动实现的。

图 2-3　当用户无任何输入时电视猫搜索页面给出的排行榜推荐

范式 4：标的物关联标的物范式

标的物关联标的物范式是指为每个标的物关联一组相关或者相似的标的物，作为用户在访问标的物详情页时的推荐，每个用户看到的关联推荐的标的物都是一样的。

当用户浏览一部电影时，可以通过关联相似的电影，为用户提供更多的选择空间（图 2-4 就是电视猫电影详情页关联的相似影片）。还可以在用户退出播放某个节目时，推荐用户可能还喜欢的其他节目。针对短视频，可以将相似节目做成连播推荐列表，用户播放当前节目结束时直接连播相似节目，提升节目分发与用户体验。

图 2-4　电视猫电影的相似推荐就属于标的物关联标的物推荐范式

范式 5: 笛卡儿积范式

在笛卡儿积范式中，每个用户跟每个标的物的组合产生的推荐结果都不相同。以图 2-4 来说，不同用户在同一个视频的详情页看到的推荐结果都不一样。该范式跟范式 4 类似，只不过不同用户在同一个节目下推送的关联节目不一样，该范式会结合用户的兴趣，给出更匹配用户兴趣的关联节目。

用户数和标的物的数量往往都是巨大的，由于每个用户跟每个标的物的组合推荐结果都不一样，因此没有足够的资源可以事先将所有的组合推荐结果计算并存储下来，一般是在用户触发推荐时实时计算推荐结果并呈现给用户，计算过程也要尽量简单，确保在亚秒级就可以算完。比如利用用户的播放历史，过滤掉用户已经看过的关联节目，就是一种最简单的基于笛卡儿积范式的推荐。

下面通过图 2-5 来说明这 5 种范式，让读者有一个直观形象的理解。

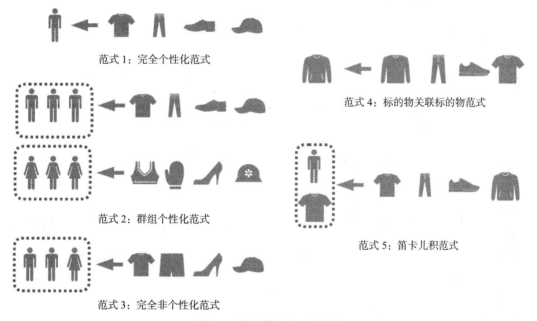

图 2-5　推荐算法的 5 种范式

总之，推荐系统不是孤立存在的对象，它一定要整合到具体的业务中，在合适的产品交互流程中触达用户，通过用户触发推荐行为。所以，推荐系统需要嵌入到用户使用产品的各个流程（页面）中。当用户访问首页时，可以通过综合推荐（范式 1）来给用户提供个性化推荐；当用户访问详情页时，可以通过相似节目（范式 4）提供相似标的物推荐；当用户进入搜索页尚未输入搜索内容时，可以通过热门推荐给用户推送新热节目（范式 3）。这样在用户浏览的各个页面都有推荐，让推荐系统无处不在，才会使产品显得更加智能。所有这些产品形态基本上都可以用上面介绍的 5 种范式来囊括。

2.2 推荐算法 3 阶段 pipeline 架构

工业级推荐系统的推荐业务流程一般分为召回、排序、业务调控 3 个阶段（这 3 个阶段串联起来共同完成生成推荐结果的目标，这 3 个阶段的串联即推荐算法的 pipeline 架构）。召回就是将用户可能感兴趣的标的物通过算法从全量标的物库中取出来，一般会采用多个算法来召回，比如热门召回、协同过滤召回、标签召回等。排序阶段将召回阶段的标的物列表根据用户可能点击的概率大小排序（即所谓的 CTR 预估）。在实际业务中，在排序后还会增加一层调控逻辑，根据业务规则及运营策略对排序后的列表进行进一步增补微调，以满足特定的运营需求。图 2-6 是电视猫的推荐系统业务流程，包含召回、排序和业务调控三大算法和策略模块，可以作为读者设计推荐系统算法模块的参考。本章只讲解召回、排序两个阶段涉及的算法，业务调控与具体业务及公司运营策略强相关，本章不做过多描述，在第 24 章会详细讲解。

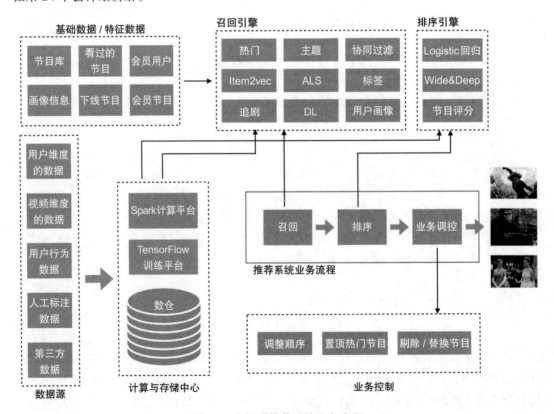

图 2-6　电视猫推荐系统业务流程

上面介绍了常用的推荐范式及工业界推荐算法的 pipeline 架构，在下面一节将对每种推荐范式涉及的召回算法做一个综述，希望读者对这些算法有初步了解，知道这些算法可以应用于哪些场景中。

2.3　推荐召回算法

本节会根据推荐召回算法的 5 种范式来讲解每种范式常用的算法策略，让读者对各种算法有一个整体的了解。

2.3.1　完全非个性化范式

完全非个性化范式就是对所有用户推荐一样的标的物列表，一般各种榜单就是这类推荐，如最新榜、最热榜等。这类排行榜就是基于某个规则来对标的物进行降序排列，将排序后的标的物取 topN 推荐给用户。比如最新榜可以根据标的物上线的时间顺序来倒序排列，取前面的 topN 推荐给用户。最热榜可以根据用户播放量（点击量）降序排列。

其中可能需要考虑标的物的多品类特性，甚至还要考虑地域、时间、价格等各个维度。在具体实施时会比较复杂，需要根据具体的产品及业务场景来设计。

非个性化范式可以基于简单的计数统计来生成推荐，基本上不会用到很复杂的机器学习算法。当然，用来取 topN 的排行榜计算公式可能会整合各类用户行为数据，因而比较复杂（如豆瓣评分公式就比较复杂）。

基于非个性化范式的计算排行榜使用的算法实现起来很简单，可解释性也很强。虽然每个用户推荐的内容都一样，但是人都是有从众心理的，对于大家都喜欢的东西，我们也喜欢的概率应该很大，所以这类推荐的效果还是非常不错的。这类算法也可以作为冷启动或者默认的推荐算法。

2.3.2　完全个性化范式

完全个性化范式是最常用的推荐模式，可用的推荐方法非常多。下面对常用的算法及最新的算法进展进行简单梳理。

1. 基于内容的个性化推荐算法

这类推荐算法只依赖于用户自己的历史行为而不必知道其他用户的行为。该算法的核心思想是：标的物是有描述属性的，用户对标的物的操作行为为用户打上了相关属性的烙印，这些属性就是用户的兴趣标签，这样我们就可以基于用户的兴趣来为用户生成推荐列表。拿视频推荐来举例，如果用户过去看了科幻和恐怖两类电影，那么恐怖、科幻就是用户的偏好标签了，这时我们就可以给用户推荐科幻、恐怖类的其他电影。具体来说，我们有如下两类方法来为用户做推荐。

（1）基于用户特征表示的推荐

标的物是具备很多文本特征的，比如标签、描述信息、metadata 信息等。我们可以将这些文本信息采用 TF-IDF 或者 LDA 等算法转化为特征向量，如果是用标签来描述标的物，那么我们可以构建一个以标签为特征的特征向量。

有了特征向量，就可以将用户所有操作过的标的物的特征向量的（时间加权）平均作为用户的特征向量，利用用户特征向量与标的物特征向量的余弦（向量的内积运算）就可以计算用户与标的物的相似度，从而计算出用户的推荐列表。

（2）基于倒排索引的推荐

如果我们基于标签来表示标的物属性，那么基于用户的历史行为，可以构建用户的兴趣画像，该画像即是用户对各个标签的偏好，并且有相应的偏好权重。

构建完用户画像后，我们可以构建出标签与标的物的倒排索引查询表（熟悉搜索的读者应该不难理解）。基于该倒排索引表及用户的兴趣画像，我们就可以为用户做个性化推荐了。该类算法其实就是基于标签的召回算法。

具体推荐过程如图 2-7 所示，从用户画像中获取用户的兴趣标签，基于用户的兴趣标签从倒排索引表中获取该标签关联的节目，这样就可以从用户关联到节目了。其中用户的每个兴趣标签及标签关联到的标的物都是有权重的。

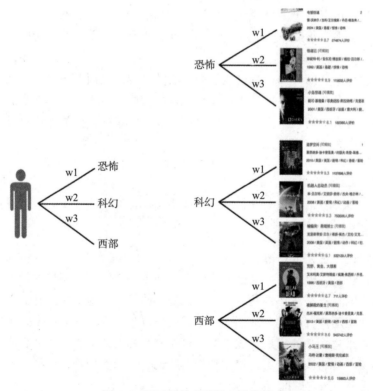

图 2-7 基于倒排索引的电影推荐

该类推荐算法是非常自然直观的，可解释性强。这样可以较好地解决冷启动问题，只要用户有一次行为，就可以基于该行为做推荐。但是，该类算法往往新颖性不足，给用户的推荐往往局限在一个狭小的范围中，如果用户不主动拓展自己的兴趣空间，该方法很难为用户推荐新颖的内容。第 3 章会对基于内容的推荐算法进行深入介绍。

2. 基于协同过滤的推荐算法

基于协同过滤的推荐算法的核心思想是很朴素的"物以类聚、人以群分"的思想。所谓物以类聚，就是计算出与每个标的物最相似的标的物列表，我们就可以为用户推荐与用户喜欢的标的物相似的标的物，这就是基于物品的协同过滤。所谓人以群分，就是我们可以将与该用户相似的用户喜欢过的标的物（该用户未曾操作过）推荐给该用户，这就是基于用户的协同过滤。具体思想可以参考图 2-8。

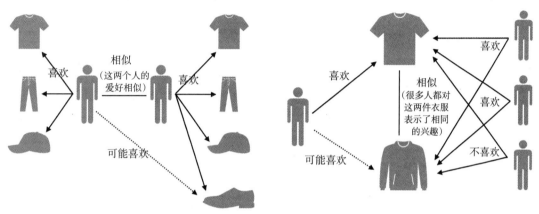

a)"人以群分"的基于用户的协同过滤　　　　b)"物以类聚"的基于物品的协同过滤

图 2-8　"物以类聚，人以群分"的朴素协同过滤推荐

协同过滤的核心是计算标的物之间的相似度以及用户之间的相似度。我们可以采用非常朴素的思想来计算相似度。先将用户对标的物的评分（或者隐式反馈，如点击等）构建为如图 2-9 所示的矩阵，矩阵的某个元素代表某个用户对某个标的物的评分（如果是隐式反馈，值为 1，如果某个用户对某个标的物未产生行为，值为 0）。其中行向量代表某个用户对所有标的物的评分向量，列向量代表所有用户对某个标的物的评分向量。有了行向量和列向量，我们就可以计算用户与用户之间、标的物与标的物之间的相似度了。具体来说，行向量之间的相似度就是用户之间的相似度，列向量之间的相似度就是标的物之间的相似度。相似度的计算可以采用余弦相似度（Cosine Similarity）算法。

$$\begin{pmatrix} R_{11} & R_{12} & \cdots & R_{1m} \\ R_{21} & R_{22} & \cdots & R_{2m} \\ \text{-----------------------} \\ R_{n1} & R_{n2} & \cdots & R_{nm} \end{pmatrix}$$

图 2-9　用户对标的物的操作行为矩阵

在互联网产品中一般会采用基于物品的协同过滤，因为对于互联网产品来说，用户相对于标的物变化更大，用户增长较快，标的物的增长却相对较慢（这也不是绝对的，像新闻短视频应用，标的物数量增长就比较快），所以利用基于物品的协同过滤算法效果更稳定。

协同过滤算法的思路非常直观易懂，计算也相对简单，易于分布式实现，也不依赖于用户及标的物的其他信息，效果非常好，且能够为用户推荐新颖的内容，所以在工业界得到了非常广泛的应用。第 4 章会对协同过滤推荐算法进行深入介绍。

3. 基于模型的推荐算法

基于模型的推荐算法种类非常多，最常用的有矩阵分解算法、分解机算法等。目前深度学习算法、强化学习算法、迁移学习算法也在推荐系统中得到了大规模应用。

基于模型的推荐算法基于用户历史行为数据、标的物 metadata 信息、用户画像数据等构建一个机器学习模型。利用数据训练模型，求解模型参数。最终利用该模型来预测用户对未知标的物的偏好。图 2-10 就是基于模型的推荐系统模型训练与预测的流程。

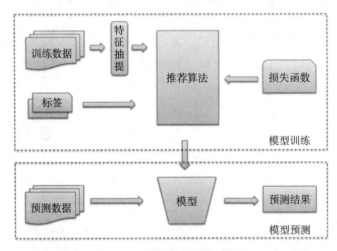

图 2-10　基于模型的推荐系统

基于模型的推荐算法有三类预测方式，第一类是预测标的物的评分，利用评分的高低表示对标的物的偏好程度。第二类是采用概率的思路，预测用户对标的物的喜好概率，利用概率值的大小来衡量用户对标的物的喜好程度。第三类是采用分类的思路，将每个标的物看成一类，通过预测用户"消费"的下一个（几个）标的物所属的类别来做推荐。矩阵分解算法就是预测用户对标的物的评分，logistic 回归算法就是概率预测方法，而 YouTube 发表的深度学习推荐就是基于分类思路的算法（参见本章参考文献 [10]）。

矩阵分解算法是将用户评分矩阵 M 分解为两个矩阵 U、V 的乘积。U 代表用户特征矩阵，V 代表标的物特征矩阵。某个用户对某个标的物的评分，就可以采用矩阵 U 对应的行（该用户的特征向量）与矩阵 V 对应的列（该标的物的特征向量）的内积。分解机算法是矩阵分解算法的推广，这里不做介绍。第 6 章和第 7 章会详细讲解矩阵分解和分解机算法。

最近几年深度学习在图像识别、语音识别领域大获成功。很多研究者及工业实践者也将深度学习用于推荐系统，如 YouTube、Netflix、阿里、京东、网易、携程等都将深度学习部署到了实际推荐业务中，并取得了非常好的转化效果（参考后面的参考文献中对应的论文）。第 10 章会详细介绍深度学习推荐系统。

强化学习及迁移学习等新的方法也开始在推荐业务中崭露头角，有兴趣的读者可以阅读文末对应的参考文献。

2.3.3　群组个性化范式

群组个性化范式需要先将用户分组，分组的原则及方法非常重要。一般有如下两类分组方案。

1. 基于用户画像圈人的推荐

先基于用户的人口统计学数据或者用户行为数据构建用户画像。用户画像一般用于做精准的运营，通过显示特征将一批人圈起来，对这批人做针对性运营。前面已做了介绍，这里不再说明。

2. 采用聚类算法的推荐

聚类是非常直观的一种思路，将行为偏好相似的用户聚成一类，因为他们有相似的兴趣。常用的聚类策略有如下两类。

（1）将用户嵌入一个高维向量空间，基于用户的向量表示做聚类

将用户相关特征嵌入向量空间的方式有很多，下面介绍的都是非常主流的做法。

采用基于内容推荐的思路，可以构建用户的特征向量（TF-IDF、LDA、标签等，前面已经介绍过）。有了用户的特征向量就可以聚类，该类所有用户特征向量的加权平均就是该组用户的特征向量，再利用群组特征向量与标的物特征向量的内积来计算群组与标的物的相似度，从而为该群组做个性化推荐。

采用基于用户的协同过滤的思路，可以构建用户和标的物的行为矩阵，矩阵的元素就是用户对标的物的评分，该矩阵的行向量就是一个衡量用户特征的向量，基于该特征向量可以对用户聚类。原理为：先对该组用户所有的特征向量求均值，可以取 k 个最大的特征向量，其他特征向量忽略不计（设置为 0），最终得到该组用户的特征向量。最后就可以基于用户协同过滤的思路来为该组用户计算推荐列表了。

利用矩阵分解可以得到每个用户的特征向量，我们可以将该组用户特征向量的均值作为该用户组的特征向量。再利用用户组的特征向量与标的物特征向量的内积来计算群组对该标的物的偏好，所有偏好计算出来后，通过降序排列就可以为该组用户推荐 top$N$ 的标的物列表了。前面提到的电视猫的重排序算法就是基于该思路实现的。

还可以基于词嵌入的方式，将每个用户对标的物的所有操作（购买、观看等）看成一个文档集合，标的物的唯一标识符（sid）就是一个单词。采用类似 Word2vec 的方式可以获得标的物的向量表示（见本章参考文献 [9]），用户的向量表示就是用户操作过的所有标的物的向量表示的均值（可以采用时间加权，对更早操作的标的物给予更低的权重），这样就获得了每个用户的特征向量。该组所有用户的平均特征向量就是该组的特征向量。这时可以采用类似上面矩阵分解的方式计算该组特征向量与标的物特征向量的内积，通过将所有计算

出的内积降序排列取 *topN* 作为该组用户的个性化推荐。

除了上面几种计算群组推荐的方法外，还有一种基于计数统计的更直观的推荐方法。在对用户进行聚类后，我们可以对这一组用户操作过的标的物采用计数的方式统计每个标的物被操作的次数，将同一标的物的操作次数累加，最后按照标的物计数大小降序排列。将标的物列表 *topN* 推荐给该组，这个 *topN* 列表就是绝大多数人喜欢的标的物。

（2）构建用户关系图，基于图做聚类

我们可以构建用户关系图，顶点是用户，边是用户之间的关系。若采用图的分割技术，将图分割成若干个连通子图，这些子图即用户的聚类。还有一种方法是将图嵌入高维向量空间中，这样就可以采用 k 均值聚类算法来聚类。有了用户的聚类就可以采用上面基于计数统计的直观方法做推荐了，或者采用更复杂的方案做推荐。

那么怎么构建用户关系图呢？一般有两种方法。如果是社交类产品，可以基于社交关系来构建用户关系图，用户之间的边代表好友关系。如果是非社交类产品，如果两个用户对同一标的物都有操作行为，那么这两个用户之间可以构建一条边。

群组个性化推荐的优势是每组给出一样的推荐，可以减少推荐的计算和存储。但该方案最大的问题就是，对同一组推荐一样的标的物列表，很可能某个用户已看过推荐的标的物，但是其他用户没有看过，所以无法过滤掉该标的物，导致针对某些用户的推荐体验不够好。另外，同一组用户在兴趣特征上多少是有差别的，无法精细地照顾到每个用户的兴趣点。

群组个性化推荐的思路和优点也可以用于完全个性化范式的推荐。方法如下：将用户先分组，每一个分组看成一个等价类（熟悉数学的读者应该很容易理解，不熟悉的可以将其理解为一个兴趣小组），同一组的用户当成一个用户，这样就可以利用完全个性化范式中的算法思路来做推荐。Google 公司在 2007 年发表的一篇论文（本章参考文献 [17]）就是采用该思路的协同过滤实现的。将用户分组可以减少计算量，支持大规模并行计算。

2.3.4 标的物关联标的物范式

标的物关联标的物就是为每个标的物推荐一组标的物。该推荐范式的核心是从一个标的物关联到一组标的物。这种关联关系可以是相似的，也可以是基于其他维度的关联。常用的推荐策略是相似推荐。下面给出 4 种常用的生成关联推荐的策略。

1. 基于内容的推荐

这类方法一般可以根据已知的数据和信息利用向量来描述标的物，如果每个标的物都被向量化了，那么我们就可以利用向量之间的相似度来计算标的物之间的相似度。

如果标的物是新闻等文本信息，可以采用 TF-IDF 将标的物映射为词向量，我们可以通过词向量的相似度来计算标的物之间的相似度。

即使不是文本，只要标的物具备 metadata 等文本信息，也可以采用该方法。很多互联网产品是具备用户评论功能的，这些评论文本就可以看成是标的物的描述信息。

LDA（Latent Dirichlet Allocation）模型也非常适合文本类的推荐。通过 LDA 模型将文章（文档）表示为主题及相关词的概率，我们可以通过如下方式计算两个文档的相似度：先计算两个文档某个主题的相似度，将所有主题的相似度加权平均就可以得到两篇文档的相似度，而主题的相似度可以采用主题的词向量的余弦内积来表示。

2. 基于用户行为的推荐

在一个成熟的推荐产品中会包含很多用户的行为，如用户的收藏、点赞、购买、播放、浏览、搜索等，这些行为代表了用户对标的物的某种偏好。我们可以基于该用户行为来进行关联推荐。具体的策略有如下 4 类。

- ❑ 常用的矩阵分解算法。可以将用户的行为矩阵分解为用户特征矩阵和物品特征矩阵，物品特征矩阵中的某一列可以看成是衡量这列对应物品的一个向量，利用该向量我们就可以计算两个标的物之间的相似度了。
- ❑ 采用嵌入的思路做推荐。用户的所有行为可以看成是一个文档，每个标的物可以看成是一个词，我们可以采用类似 Word2vec 的思路，最终训练出每个词（即标的物）的向量表示，利用该向量表示可以计算标的物之间的相似度。
- ❑ 我们可以将用户对标的物的所有操作行为投射到一个二维表（或者矩阵）上，行是用户，列是标的物，表中的元素就是用户对该标的物的操作（评分或者点击等隐式行为），通过这种方式我们就构建了一个二维表。这个二维表的列向量就可以用来表示标的物。这样我们就可以采用向量相似来计算标的物之间的相似度了。
- ❑ 采用购物篮的思路做推荐，这种思路非常适合图书、电商等的推荐。经常一起购买（或者浏览）的标的物形成一个列表（一个购物篮），过去一段时间所有的购物篮构成一个集合。对于任何一个标的物，我们可以找到跟它出现在同一个购物篮中的标的物及次数，统计完该次数后，将该次数按降序排列，那么这个列表就可以当作标的物的关联推荐了。该推荐思路非常直观易懂，可解释性强。如图 2-11 所示就是亚马逊网站采用该思路给出的两类关联推荐。

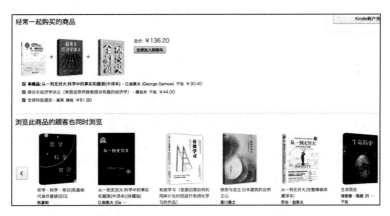

图 2-11　基于"购物篮"思路的关联推荐

3. 基于标签的推荐

如果标的物是包含标签的（比如视频就包含很多标签），我们就可以利用标签来构建向量，每个标签代表一个维度。总标签的个数就是向量的维度，这样每个标的物就可以利用标签的向量来表示了。一般标的物的标签个数远远小于总标签的个数，所以这个向量是稀疏向量。这样我们就可以基于稀疏向量的表示来计算标的物之间的相似度了。

4. 基于标的物聚类的推荐

我们可以将标的物按照某个维度聚类（如果标的物可以嵌入到向量空间，那么就很容易聚类了），同一类具备某些相似性，那么我们在推荐时，就可以将同一类的其他标的物作为关联推荐。我们需要解决的问题是，某些类可能数量很少，不够做推荐，这时可以采用一些策略来补充（如补充热门推荐等）不足的数量或者将数量少的类跟其他相似的类进行合并。

2.3.5 笛卡儿积范式

笛卡儿积范式的推荐算法一般可以先采用标的物关联标的物范式计算出待推荐的标的物列表，再根据用户的兴趣来对该推荐列表做重排（调整标的物列表的顺序）、增补（增加用户的个性化兴趣）、删除（比如过滤掉用户看过的）等。由于笛卡儿积范式的推荐算法在真实业务场景中使用不多，这里不再详细讲解。

到目前为止，我们讲完了常用的召回策略。除了根据上面的一些算法策略外，召回还跟具体业务及产品形态有关，可以基于更多的其他维度（如时间、地点、用户属性、收入、职业等）来做召回。

关于智能电视上的推荐，白天和晚上的推荐不一样，节假日和平常的推荐也不一样。上班族早上需要上班，时间不充足，可能推荐短视频或者新闻更加合适，白天一般是老人在家，可以推荐戏曲、抗战类节目等，晚上上班族回家可以推荐电影、电视剧等内容。

基于地点的召回，要求在不同的地方推荐不一样的标的物，典型的应用有美团外卖，根据你所在的位置，给你推荐的就是附近几公里范围内的美食。

2.4 排序算法

推荐系统排序模块将召回模块产生的标的物列表（一般有几百个标的物），通过排序算法做重排，以更好地反映用户的点击偏好，再通过排序优化用户的点击行为，将用户更可能点击的标的物（一般有几十个）取出来并推荐给用户，最终提升用户体验。

排序模块会用到很多特征，一般我们会基于这些特征构建排序模型，常用的特征可以抽象为如下 5 大类：

- ❏ 用户侧的特征，如用户的性别、年龄、地域、购买力、家庭结构等。
- ❏ 商品侧的特征，如商品描述信息、价格、标签等。

- 上下文及场景特征，如位置、页面、是不是周末或者节假日等。
- 交叉特征，如用户侧特征与商品侧特征的交叉等。
- 用户的行为特征，如用户点击、收藏、购买、观看等。

排序框架需要充分利用上述五大类特征，以便更好地预测用户的点击行为。排序学习是机器学习中一个重要的研究领域，广泛应用于信息检索、搜索引擎、推荐系统、计算广告等排序任务中，有兴趣的读者可以参考微软亚洲研究院刘铁岩博士的专著 *Learning to Rank for Information Retrieval*。常用的排序学习算法框架有 pointwise、pairwise、listwise 三类，如图 2-12 所示。

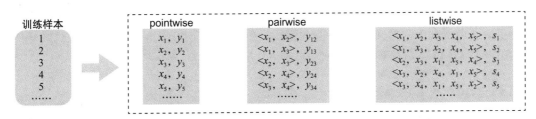

图 2-12　三类排序学习算法框架

在图 2-12 中，x_1、x_2、…代表的是训练样本 1、2、…的特征，y_1、y_{12}、s_1、…是训练集的 label（目标函数值）。pointwise 学习单个样本，如果最终预测目标是一个实数值，就是回归问题；如果目标是概率预测，就是一个分类问题，例如 CTR 预估。pairwise 和 listwise 分别学习一对有序对和一个有序序列的样本特征，考虑得更加精细。在推荐系统中常用 pointwise 方法来做排序，它更直观，易于理解，也更简单。

常用的排序学习算法有 logistic 回归、GBDT、Wide & Deep 等，这里对这些算法的实现原理做一个简单描述。

2.4.1　logistic 回归模型

logistic 回归是比较简单的线性模型，通过学习用户点击行为来构建 CTR 预估。利用 logistic 回归构建的推荐算法模型具体如下面的公式所示。

$$\log\left(\frac{p}{1-p}\right) = \sum_{i=1}^{n} w_i F_i$$

其中 p 是用户喜欢某个标的物的概率，w_i 是权重，是需要学习的模型参数，F_i 是特征 i 的值，特征如上面所述，有 5 大类可用特征。我们可以通过上述公式计算待推荐标的物的 p 值。最终我们可以按照 p 值的大小降序排列来对召回的标的物列表做排序。

在工业界，为了更好地将该模型应用到真实业务场景中，很多公司对 logistic 回归模型做了推广。比如在线实时推荐场景的排序，有 Google 在 2013 年推广的 FTRL（见本章参考文献 [14]），以及阿里推广的分片线性模型（见本章参考文献 [13]）。

2.4.2 GBDT 模型

梯度提升决策树（Gradient Boosting Decision Tree，GBDT）是一种基于迭代思路构造的决策树算法（见本章参考文献 [15]），该算法在实际应用中将生成多棵决策树，并将所有树的结果进行汇总以得到最终预测结果。它将决策树与集成思想进行了有效的结合，通过将弱学习器提升为强学习器的集成方法来提高预测精度。GBDT 是一类泛化能力较强的学习算法。

2014 年 Facebook 发表了一篇将 GBDT+LR 模型用于其广告 CTR 预估的论文（见本章参考文献 [16]），开启了将 GBDT 模型应用于搜索、推荐、广告业务的先河。作为一种常用的树模型，GBDT 可天然地对原始特征进行特征划分、特征组合和特征选择，并得到高阶特征属性和非线性映射，从而可将 GBDT 模型抽象为一个特征处理器，通过 GBDT 分析原始特征以获取更利于逻辑回归分析的新特征，这也正是 GBDT+LR 模型的核心思想——利用 GBDT 构造的新特征来训练逻辑回归模型。

2.4.3 Wide & Deep 模型

Wide & Deep 模型最早由 Google 提出来，并用于 Android 手机应用商店上 APP 的推荐排序。目前该算法在国内很多互联网企业得到大规模采用，有比较好的效果。该模型将传统模型和深度学习模型相结合。Wide 部分（传统模型，如 logistic 回归）起记忆（memorization）的作用，即从历史数据中发现 item（推荐内容）或特征之间的相关性，Deep 部分（深度学习模型）起泛化（generalization）的作用，即相关性的传递，用于发现在历史数据中很少或者没有出现的新的特征组合，寻找用户的新偏好。通过将这两个模型结合起来可以更好地在用户的历史兴趣和探索新的兴趣点之间做到平衡。感兴趣的读者可以阅读本章参考文献 [12]，第 10 章中也会对该模型进行更细致的介绍和分析。

2.5 推荐算法落地需要关注的几个问题

前面几节对推荐系统的算法做了初步描述，相信读者对常用算法实现思路以及用于真实产品中的方法有了比较直观的认识。本节将对算法落地中几个重要问题加以说明，以便将推荐算法更好地落地到真实业务场景中。

2.5.1 推荐算法工程落地一定要用到排序模块吗

工业上的推荐算法一般分为召回和排序模块，召回的作用是从全量标的物集合（几万甚至上亿个）中将用户可能喜欢的标的物取出来（几百个），排序阶段将召回的标的物集合按照用户点击的可能性再做一次排序。但是排序阶段不是必需的，特别是对于标的物池不大的产品及团队资源较少的情形，没必要一开始就开发出排序框架。召回算法一般也会对标的物做排序（如果是评分预测模型，如矩阵分解，可以按照评分高低排序；如果是概率模型，可以按照对标的物的偏好概率大小排序）。缺失了排序模块的推荐系统可能精准度没有那么高，但是工程实现上相对更加简单，可以快速落地上线。特别是对于刚做推荐系统的团队，可以让其系统快速上线，后面再逐步迭代，补全缺失模块。

其实在推荐系统中增加排序模块主要是出于两个方面的原因：一是标的物池太大，通过召回进行初选，这样候选集就小很多了，再通过复杂的排序算法（如深度学习算法）进行精选；二是将推荐过程拆解为两个阶段，以使工程实现上更加模块化，更加可控，人员分工也更加精细化。

2.5.2　推荐算法服务于用户的两种形式

推荐算法计算出的推荐结果可以直接插入数据库（如 Redis 等）中，直接为用户提供服务，也可以将核心特征计算好存储下来，当用户请求推荐业务时，推荐服务通过简单计算将特征转化为最终的推荐结果返回给用户。这两种方式一个是事先计算好，拿来就用，另外一种是准备好核心数据，在请求时实时计算最终结果。

以餐厅外卖服务来类比，第一种方式是将餐厅有的菜先做很多份，如果有外卖单过来，直接将做好的送出。第二种是将所有的配菜都准备好，接到外卖单立马将配菜加上调料炒熟再送出去，只要配菜准备充足，炒菜的时间不太长并且可控，也是可以很好地服务用户的。第一种方式是事先做好，这样无法满足用户的个性化需求，同时如果做好了却没人点的话就浪费了，第二种方式可以更好地满足用户的个性化需求，比如用户说不要香菜、多放辣椒，就可以在现做的时候满足。

第二种方式对整个推荐系统要求更高，服务更加精细，但是第一种方式更加简单，不过也需要更多的存储资源（将所有用户的推荐结果事先存下来）。在推荐系统构建的初级阶段建议采用方案一。

某些推荐业务用方式一是不可行的，比如上面采用笛卡儿积范式的推荐系统，因为用户数乘以标的物数是一个天文数字，公司不可能有这么多的资源将每个用户关联的每个标的物的推荐结果事先计算好并存储下来。第 19 章会详细介绍这两种服务于用户的推荐服务方案。

2.5.3　推荐系统评估

推荐系统是服务于公司商业目标的（实现盈利目标，提升用户体验、使用时长、DAU 等，最终也是为了盈利），所以在推荐系统落地到真实业务场景中时一定要定义推荐系统的优化目标，只有目标具体而清晰，并可量化，才能更好地通过不断迭代来优化推荐效果。可参考第 14 章了解从哪些维度来定义推荐系统的商业指标。

2.6　本章小结

本章对工业级推荐系统的 5 种范式、算法业务流程、具体召回和排序算法做了概述，希望读者知道每类推荐范式有哪些可用的算法，各个推荐范式的应用场景，以及相关算法的实现思路。在后续章节中，我们会详细讲解主流核心算法的实现细节。

参考文献

[1] Chao Li, Zhiyuan Liu, Mengmeng Wu, et al. Multi-Interest Network with Dynamic Routing for Recommendation at Tmall [C]. [S.l.]:Arxiv, 2019.

[2] Chao Li, Zhiyuan Liu, Mengmeng Wu, et al. Deep Session Interest Network for Click-Through Rate Prediction [C]. [S.l.]:IJCAI, 2019.

[3] Qiwei Chen, Huan Zhao, Wei Li, et al. Behavior Sequence Transformer for E-commerce Recommendation in Alibaba [C]. [S.l.]:Arxiv, 2019.

[4] Jizhe Wang, Pipei Huang, Huan Zhao, et al. Billion-scale Commodity Embedding for E-commerce Recommendation in Alibaba [C]. [S.l.]:Arxiv, 2018.

[5] Sai Wu, Weichao Ren, Chengchao Yu, et al. Personal Recommendation Using Deep Recurrent Neural Networks in NetEase [C]. [S.l.]:IEEE, 2016.

[6] Xiangyu Zhao, Liang Zhang, Long Xia, et al. Tang Deep Reinforcement Learning for List-wise Recommendations [C]. [S.l.]:Arxiv, 2018.

[7] Xiangyu Zhao, Liang Zhang, Zhuoye Ding, et al. Recommendations with Negative Feedback via Pairwise Deep Reinforcement Learning [C]. [S.l.]:ACM SIGKDD International Conference on Knowledge Discovery & Data Mining, 2018.

[8] Han Zhu, Xiang Li, Pengye Zhang, et al. Learning Tree-based Deep Model for Recommender Systems [C]. [S.l.]:KDD, 2018.

[9] Oren Barkan, Noam Koenigstein. Item2Vec: Neural Item Embedding for Collaborative Filtering [C]. [S.l.]:Arxiv, 2014.

[10] Paul Covington, Jay Adams, Emre Sargin. Deep Neural Networks for YouTube Recommendations [C]. [S.l.]:ACM, 2016.

[11] Shuai Zhang, Lina Yao, Aixin Sun, et al. Deep Learning based Recommender System: A Survey and New Perspectives [C]. [S.l.]:ACM, 2019.

[12] Heng-Tze Cheng, Levent Koc, Jeremiah Harmsen, et al. Wide & Deep Learning for Recommender Systems [C]. [S.l.]:Arxiv, 2016.

[13] Kun Gai, Xiaoqiang Zhu, Han Li, et al. Learning Piece-wise Linear Models from Large Scale Data for Ad Click Prediction [C]. [S.l.]:Arxiv, 2017.

[14] H Brendan McMahan, Gary Holt, D Sculley, et al. Ad Click Prediction: a View from the Trenches [C]. [S.l.]:ACM, 2013.

[15] Jerome H Friedman. Greedy function approximation: a gradient boosting machine [C]. [S.l.]:The Annals of Statistics, 2001.

[16] Xinran He, Junfeng Pan, Ou Jin, et al. Practical Lessons from Predicting Clicks on Ads at Facebook [C]. [S.l.]:ADKDD, 2014.

[17] Abhinandan Das, Mayur Datar, Ashutosh Garg, et al. Google News Personalization: Scalable Online Collaborative Filtering [C]. [S.l.]:WWW, 2007.

第 3 章 *Chapter 3*

基于内容的推荐算法

上一章对推荐算法做了比较全面的概述，本章开始详细讲解各类推荐算法的原理和实现细节。这一章主要关注的是基于内容的推荐算法，它也是非常通用和主流的一类推荐算法，在工业界有大量的应用案例。

本章会从什么是基于内容的推荐算法、算法基本原理、应用场景、基于内容的推荐算法的优缺点、算法落地需要关注的点等 5 个方面来讲解。希望读者读完可以掌握常用的基于内容的推荐算法的实现原理，并且具备基于本文的思路快速将此推荐算法落地到真实业务场景中的能力。

3.1　什么是基于内容的推荐算法

首先给基于内容的推荐算法下一个定义，让读者有初步的印象，后面更容易理解。

所谓基于内容的推荐（Content-Based Recommendation）算法是指基于标的物相关信息、用户相关信息及用户对标的物的操作行为来构建推荐算法模型，为用户提供推荐服务的算法。这里的标的物相关信息可以是对标的物文字描述的 metadata 信息、标签、用户评论、人工标注的信息等。用户相关信息是指人口统计学信息（如年龄、性别、偏好、地域、收入等）。用户对标的物的操作行为可以是评论、收藏、点赞、观看、浏览、点击、加购物车、购买等。基于内容的推荐算法一般只会依赖于用户自身的行为提供推荐，不涉及用户的其他行为。

广义的标的物相关信息（不限于文本信息，如图片、语音、视频等）都可以作为内容推荐的信息来源，只不过这类信息处理成本较大——不光是算法难度大，处理的时间及存储成本也相对更高。

基于内容的推荐算法算是最早应用于工程实践的推荐算法，有大量的应用案例，如今日头条的推荐有很大比例是基于内容的推荐算法。

3.2 基于内容的推荐算法的实现原理

基于内容的推荐算法的基本原理是根据用户的历史行为，获得用户的兴趣偏好，为用户推荐跟他的兴趣偏好相似的标的物，读者可以直观上从图 3-1 理解基于内容的推荐算法。

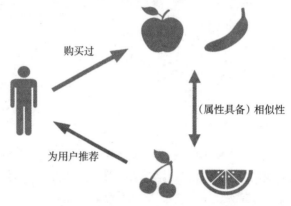

图 3-1　基于内容的推荐算法示意图

从图 3-1 也可以看出，要做基于内容的个性化推荐，一般需要三个步骤，它们分别是：基于用户信息及用户操作行为构建用户特征表示、基于标的物信息构建标的物特征表示、基于用户及标的物特征表示为用户推荐标的物，具体参考图 3-2。

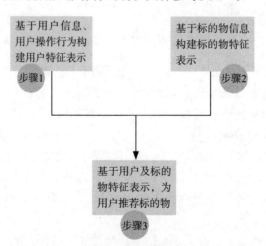

图 3-2　基于内容的个性化推荐的三个核心步骤

下面先简单介绍怎么基于图 3-2 的步骤 1、步骤 2、步骤 3 为用户做推荐（即步骤 3 中给用户做推荐的核心思想），然后分别对这三个步骤加以说明，介绍每个步骤都有哪些方法和策略可供选择。

3.2.1　基于用户和标的物特征为用户推荐的核心思想

有了用户特征和标的物特征，我们怎么给用户做推荐呢？主要有如下三个推荐思路。

1. 基于用户历史行为记录做推荐

需要事先计算标的物之间的相似性，然后将用户历史记录中标的物的相似标的物推荐给用户。

不管标的物包含哪类信息，一般的思路是将标的物特征转化为向量化表示，有了向量化表示，我们就可以通过余弦相似度计算两个标的物之间的相似度了。

2. 用户和标的物特征都用显式的标签表示，利用该表示做推荐

标的物用标签来表示，那么反过来，每个标签就可以关联一组标的物。根据用户的标签表示，用户的兴趣标签就可以关联到一组标的物，这组通过标签关联到的标的物，就可以作为给用户的推荐候选集。这类方法就是所谓的倒排索引法，是搜索业务通用的解决方案。

3. 用户和标的物嵌入同一个向量空间，基于向量相似做推荐

在把用户和标的物嵌入同一个向量空间后，我们就可以计算用户和标的物之间的相似度，然后按照标的物跟用户的相似度，为用户推荐相似度高的标的物。我们还可以基于用户向量表示计算用户相似度，将相似用户喜欢的标的物推荐给该用户，这时标的物的嵌入表示是没有参与到推荐计算中的。

讲清楚了基于内容的推荐的核心思想，下面分别讲解怎么表示用户特征、怎么表示标的物特征，以及如何为用户做推荐。

3.2.2　构建用户特征表示

用户的特征表示可以基于用户对标的物的操作行为（如点击、购买、收藏、播放等）构建用户对标的物的偏好画像，也可以基于用户自身的人口统计学特征来表达。有了用户特征表示，我们就可以基于用户特征为用户推荐与他的特征匹配的标的物。构建用户特征的方法主要有如下 5 种。

1. 用户行为记录作为显式特征

记录用户过去一段时间对标的物的偏好。拿视频行业来说，如果用户过去一段时间看了 A、B、C 三个视频，可以根据每个视频用户观看时长占视频总时长的比例给用户的行为打分，这时用户的兴趣偏好就可以记录为 $\{(A, S_1), (B, S_2), (C, S_3)\}$，其中 S_1、S_2、S_3 分别是用户对视频 A、B、C 的评分。

该方案直接将用户操作过的标的物作为用户的特征表示，在推荐时可以将与用户操作过的标的物相似的标的物推荐给用户。

2. 显式的标签特征

如果标的物是用标签来描述的，那么这些标签可以用来表征标的物。用户的兴趣画像也可以基于用户对标的物的行为来打上对应的标签。以视频推荐为例，如果用户过去看了科幻和恐怖两类电影，那么科幻、恐怖就是用户的偏好标签了。

每个标的物的标签都可以包含权重，而用户对标的物的操作行为也是有权重的，可见，用户的兴趣标签也是有权重的。

在具体推荐时，可以将用户的兴趣标签关联到的标的物（具备该标签的标的物）推荐给用户。

3. 向量式的兴趣特征

可以基于标的物的信息将标的物嵌入向量空间中，并利用向量来表示标的物，第 9 章会详细讲解嵌入的算法实现方案。有了标的物的向量化表示，用户的兴趣向量就可以用他操作过的标的物的向量的平均向量来表示了。

这里表示用户兴趣向量有很多种策略，可以基于用户对操作过的标的物的评分以及时间加权来获取用户的加权偏好向量，而不是直接取平均。另外，我们也可以根据用户操作过的标的物之间的相似度，来为用户构建多个兴趣向量（比如对标的物聚类，以用户在某一类上操作过的标的物的向量均值作为用户在这个类别上的兴趣向量），从而更好地表达用户多方位的兴趣偏好。

有了用户的兴趣向量及标的物的兴趣向量，可以基于向量相似性计算用户对标的物的偏好度，再基于偏好度大小来为用户推荐标的物。

4. 通过交互方式获取用户兴趣标签

很多 APP 会在第一次注册时让用户选择自己的兴趣标签，一旦用户勾选了自己的兴趣标签，那么这些兴趣标签就是系统为用户提供推荐的原材料。具体推荐策略与前面的第 3 点一样。对于这种方法，设计比较好的、足够多样的兴趣标签供用户选择就非常关键了。

5. 用户的人口统计学特征

用户在登录和注册时提供的关于自身的信息、通过运营活动收集的用户信息、通过用户行为利用算法推断得出的结论，如年龄、性别、地域、收入、爱好、居住地、工作地点等都是非常重要的信息。基于这些关于用户维度的信息，我们可以将用户特征用向量化表示出来，向量的维度就是可获取的用户特征数（如年龄、性别等都可以作为一个维度）。

有了用户特征向量就可以计算用户相似度，将相似用户喜欢的标的物推荐给该用户。

3.2.3　构建标的物特征表示

对于标的物的特征，一般可以利用显式的标签来表示，也可以利用隐式的向量（当然 one-hot 编码也是向量表示，但是不是隐式的）来刻画，向量的每个维度就是一个隐式的特征项。前面提到某些推荐算法需要计算标的物之间的相似度，下面在讲标的物的各种特征表示时，也会简单介绍一下标的物之间的相似度计算方法。顺便说一下，实现标的物关联标的物的推荐范式也需要知道标的物之间的相似度。下面从 4 个方面来详细讲解怎么样构建标的物的特征表示。

1. 标的物包含标签信息

最简单的方式是将标签按照某种序排列，每个标签看成一个维度，那么每个标的物就可以表示成一个 N 维的向量了（N 是标签的个数），如果标的物包含某个标签，向量在相应标签的分量上的值为 1，否则为 0，即所谓的 one-hot 编码。N 有可能非常大（如在视频行业，N 可能是几万甚至几十万、上百万），这时向量是稀疏向量（一般标的物只有少量的几个或者几十个标签），我们可以采用稀疏向量的表示来优化向量存储和计算，提升效率。有了标的物基于标签的向量化表示，很容易基于余弦计算相似度。

实际上，标签不是这么简单的，有很多业务标签是分级的，比如电商（如淘宝），有多级的标签（如图 3-3 所示），标签的层级关系形成了一个树状结构，这时该怎么向量化呢？最简单的方案是只考虑叶子节点的标签（也是最低层级的标签），然后基于叶子节点标签构建向量表示。更复杂的方法是基于层级结构构建标签表示及计算标的物相似度。

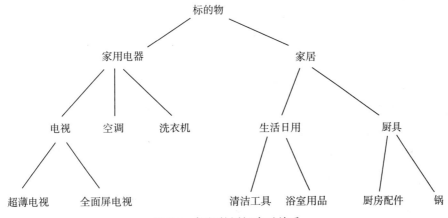

图 3-3　标签的层级表示关系

标签可以是通过算法获取的，比如通过自然语言处理（Natural Language Processing，NLP）技术从文本信息中提取关键词作为标签。对于图片 / 视频，可以从它们的描述信息（标题等）提取标签，另外可以通过目标检测的方法从图片 / 视频中提取相关对象构建标签。

标签可以是由用户打上的，比如，在与标的物（产品）交互时，用户可以为标的物打上标签，这些标签就是标的物的一种刻画。标签也可是人工标注的，像 Netflix 在做推荐时，请了上万位专家对视频从上千个维度来打标签，让标签具备非常高的质量。基于这么精细优质的标签做推荐，效果一定不错。很多行业的标的物来源于第三方提供商，他们在入驻平台时会被要求按照某些规范填写相关标签信息（典型的如电商行业）。

2. 标的物具备结构化信息

有些行业标的物是具备结构化信息的，比如在视频行业，一般会有媒资库，媒资库中针对每个节目会有标题、演职员、导演、标签、评分、地域、语言等维度数据，这类数据一般存放在关系型数据库中。对于这类数据，我们可以将每一个字段（也是一个特征）作为向量的一个维度，这时的向量化表示中每个维度的值不一定是数值，但是形式还是向量化的形式，即所谓的向量空间模型（Vector Space Model，VSM）。可以通过如下方式计算两个标的物之间的相似度。

假设两个标的物的向量表示分别为

$$V_1 = (p_1, p_2, p_3, \cdots, p_k), V_2 = (q_1, q_2, q_3, \cdots, q_k)$$

这时这两个标的物的相似性可以表示为

$$\mathrm{sim}(V_1, V_2) = \sum_{t=1}^{k} \mathrm{sim}(p_t, q_t)$$

其中 $\mathrm{sim}(p_t, q_t)$ 代表的是向量的两个分量 p_t、q_t 之间的相似度。可以采用 Jacard 相似度等方法计算两个分量之间的相似度。上面公式中还可以针对不同的分量采用不同的权重策略，见下面的公式：

$$\mathrm{sim}(V_1, V_2) = \sum_{t=1}^{k} w_t \times \mathrm{sim}(p_t, q_t)$$

其中 w_t 是第 t 个分量（特征）的权重，具体权重的数值可以根据对业务的理解来人工设置，或者利用机器学习算法来训练学习得到。

第 27 章会介绍电视猫基于该方法实现视频相似度的一个技术方案，读者可以参考该章，了解更进一步的实现方案细节。

3. 包含文本信息的标的物的特征表示

今日头条和手机百度 APP 这类新闻资讯或者搜索类 APP，标的物就是一篇篇的文章（其中会包含图片或者视频），文本信息是最重要的信息载体，构建标的物之间的相似性有很多种方法。下面对常用的方法做一些讲解说明。

（1）利用 TF-IDF 将文本信息转化为特征向量

TF-IDF 通过将所有文档（即标的物）分词，获得所有不同词的集合（假设有 M 个词），那么就可以为每个文档构建一个 M 维（每个词就是一个维度）的向量，而该向量中的某个词所在维度的值可以通过统计这个词在文档中的重要性来衡量，这个重要性的度量就是 TF-IDF。下面来详细说明 TF-IDF 是怎么计算的。

TF 即某个词在某篇文档中出现的频次，用于衡量这个词在文档中的重要性，出现次数越多的词重要性越大，当然，我们会提前将"的""地""啊"等停用词去掉，这些词对构建向量是没有任何实际价值的，甚至是有害的。TF 的计算公式如下：

$$TF(t_k, d_j) = \frac{\|t_k \in d_j\|}{\|d_j\|}$$

其中，t_k 是第 k 个词，d_j 是第 j 个文档，公式中分子是 t_k 在 d_j 中出现的次数，分母是 d_j 中词的总个数。

IDF 代表的是某个词在所有文档中的"区分度"，如果某个词只在少量文档中出现，那么它包含的价值就是巨大的（所谓物以稀为贵），如果某个词在很多文档中出现，那么它就不能很好地衡量（区分出）这个文档。下面是 IDF 的计算公式：

$$IDF(t_k) = \log \frac{N}{n_k}$$

其中，N 是所有文档的个数，n_k 是包含词 t_k 的文档个数，这个公式刚好跟前面的描述是一致的，即稀有的词区分度大。

了解了 TF 和 IDF 的定义，那么什么是 TF-IDF？实际上它就是上面两个量的乘积：

$$TF-IDF(t_k, d_j) = TF(t_k, d_j) \times IDF(t_k)$$

有了基于 TF-IDF 计算的标的物的向量表示，我们就很容易计算两个标的物之间的相似度了（余弦相似度）。

（2）利用 LDA 算法构建文章（标的物）的主题模型

LDA 算法是一类文档主题生成模型，包含词、主题、文档三层结构，是一个三层的贝叶斯概率模型。对于语料库中的每篇文档，LDA 定义了如下生成过程（generative process）：

1）对每一篇文档，从主题分布中抽取一个主题。

2）从上述被抽到的主题所对应的单词分布中抽取一个单词。

3）重复上述过程，直至遍历文档中的每一个单词。

我们通过对所有文档进行 LDA 训练，就可以构建每篇文档的主题分布，从而构建一个基于主题的向量（每个主题就是向量的一个分量，而分量的值就是该主题的概率值），这样我们就可以利用该向量来计算两篇文档的相似度了。主题模型可以理解为一个降维过程，将文档的词向量表示降维成主题的向量表示（主题的个数是远远小于词的个数的，所以是降维）。想详细了解 LDA 的读者可以看本章参考文献 [1，2]。

（3）利用 Doc2vec 算法构建文本相似度

Doc2vec 或者叫作 paragraph2vec、sentence embeddings，是一种非监督式算法，可以获得句子、段落、文章的稠密向量表达，它是 Word2vec 的拓展，于 2014 年由 Google 的两位专家提出，并大量用于文本分类和情感分析。在通过 Doc2vec 学习句子、段落、文章的向量表示后，即可通过计算向量之间的相似度来表达句子、段落、文章之间的相似性。

Doc2vec 受 Word2vec 启发，由它推广而来，所以在介绍 Doc2vec 的核心思想之前，先来简单解释一下 Word2vec 的思路。

Word2vec 通过学习一个唯一的向量来表示每个词，每个词向量作为矩阵 W 中的一列

（W 是由所有词的词向量构成的矩阵），矩阵列可以通过词汇表为每个词做索引，排在索引第一位的放到矩阵 W 的第一列，排在索引第二位的放到矩阵 W 的第二列，以此类推。它会将学习问题转化为通过上下文词序列中的前几个词来预测下一个词。具体的模型框架如图 3-4 所示。

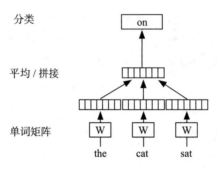

图 3-4 Word2vec 算法框架

注：图片来源于本章参考文献 [5]。

简单来说，给定一个待训练的词序列 $w_1, w_2, w_3, \cdots, w_T$，词向量模型通过极大化平均对数概率

$$\frac{1}{T}\sum_{t=k}^{T-k} \log p(w_t \mid w_{t-k}, \cdots, w_{t+k})$$

将预测任务通过 softmax 变换，看成一个多分类问题：

$$p(w_t \mid w_{t-k}, \cdots, w_{t+k}) = \frac{e^{y_{w_t}}}{\sum_i e^{y_i}}$$

上式中 y_i 是词 i 归一化的对数概率，此对数概率可用下面的公式来计算

$$y = b + Uh(w_{t-k}, \cdots, w_{t+k}; W)$$

其中，U、b 是参数，h 是通过词向量的拼接或者平均来构建的。

Word2vec 算法随机初始化词向量，通过随机梯度下降法来训练神经网络模型，最终得到每个词的向量表示。

Doc2vec 与 Word2vec 类似，将每个段落 / 文档表示为向量，作为矩阵 D 的一列，每个词也表示为一个向量，作为矩阵 W 中的一列。它会将学习问题转化为通过上下文词序列中的前几个词和段落 / 文档来预测下一个词。使用段落 / 文档和词向量通过拼接或者平均来预测句子的下一个词（图 3-5 是通过 "the" "cat" "sat" 及段落 id 来预测下一个词 "on" 的）。在训练的时候固定上下文的长度，用滑动窗口的方法产生训练集，段落向量 / 文档向量在上下文中共享。

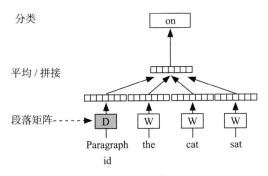

图 3-5　Doc2vec 模型结构

注：图片来源于本章参考文献 [5]。

对算法原理感兴趣的读者可以看看本章参考文献 [3-5]。在工程实现中，很多开源框架有 Word2vec 或者 Doc2vec 的实现，比如 Gensim 中就有很好的实现，笔者公司就用 Gensim 来做 Word2vec 嵌入，用于相似视频的推荐业务，效果非常不错，具体可以查看本章参考文献 [8] 来了解 Gensim 的实现方案。

4. 图片、音频或者视频信息

如果标的物包含的是图片、音频或者视频信息，处理起来会更加复杂。一种方法是利用它们的文本信息（标题、评论、描述信息、利用图像技术提取的字幕等文本信息，对于音频，可以通过语音识别转化为文本），采用上面介绍的技术方案来获得向量化表示。对于图像或者视频，也可以利用 OpenCV 中的 PSNR 和 SSIM 算法来表示图像或视频特征，进而可以计算图像或视频之间的相似度。另外一种可行的方法是采用图像、音频处理技术直接从图像、视频、音频中提取特征进行向量化表示，从而也可以计算出相似度。总之，图片、视频、音频都可以转化为 NLP 问题或者图像处理问题（见图 3-6），通过图像处理和 NLP 获得对应的特征表示，最终计算出相似度，这里不详细讲解。

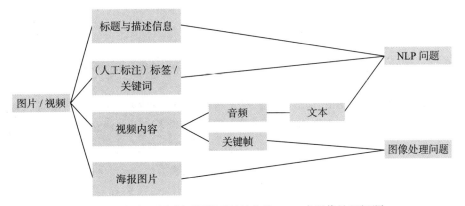

图 3-6　视频 / 图片问题都可以转化为 NLP 或图像处理问题

3.2.4 为用户做个性化推荐

有了用户和标的物的特征表示，剩下就是基于此为用户做个性化推荐了，一般有 5 种方法和策略，下面一一讲解。本节介绍的是完全个性化范式的推荐，为每个用户生成不一样的推荐结果。有了标的物向量表示就很容易计算标的物关联标的物推荐了，其他范式的推荐可以根据上一章的思路及 3.2.2 节、3.2.3 节的特征表示方案来实现，本节不再介绍。

1. 采用与基于物品的协同过滤类似的方式推荐

该方法采用基于用户行为记录的显式特征来表示用户特征，可将用户操作过的标的物最相似的标的物推荐给用户，其算法原理与基于物品的协同过滤类似（上一章已经简单介绍过协同过滤了，在下一章会详细讲解），甚至计算公式也是一样的，但是这里计算标的物相似度是基于标的物自身的信息来计算的，而基于物品的协同过滤是基于用户对标的物的行为矩阵来计算的。

用户 u 对标的物 s 的喜好度 $\mathrm{sim}(u,s)$ 可以采用如下公式计算，其中 S 是所有用户操作过的标的物的列表，$\mathrm{score}(u,s_i)$ 是用户 u 对标的物 s_i 的喜好度，$\mathrm{sim}(s_i,s)$ 是标的物 s_i 与 s 的相似度。

$$\mathrm{sim}(u,s) = \sum_{s_i \in S} \mathrm{score}(u,s_i) \times \mathrm{sim}(s_i,s)$$

有了用户对每个标的物的喜好度，基于喜好度降序排列，就可以取 top$N$ 推荐给用户了。

除了采用上面的公式外，我们在推荐时也可以稍做变化，采用 K 最近邻（K-Nearest Neighbor, KNN）方法。对于用户操作 / 喜欢过的每个标的物，通过 KNN 找到最相似的 k 个标的物。

$$\mathrm{Rec}(u) = \sum_{s_i \in U} \{s_j \mid s_j \in \mathrm{KNN}(s_i)\}$$

其中 $\mathrm{Rec}(u)$ 是给用户 u 的推荐，$\mathrm{KNN}(s_i)$ 是标的物 s_i 最近邻（最相似）的 k 个标的物。

2. 采用与基于用户协同过滤类似的方法推荐

如果我们获得了用户的人口统计学向量表示或者基于用户历史操作行为获得了用户的向量化表示，那么可以采用与基于用户的协同过滤方法相似的方法来为用户提供个性化推荐，具体思路如下。

我们可以将与该用户最相似的用户喜欢的标的物推荐给该用户，算法原理跟基于用户的协同过滤类似，计算公式甚至也是一样的。但是这里计算用户的相似度是基于用户的人口统计学特征向量表示来计算的（计算用户向量余弦相似度），或者是基于用户历史行为嵌入获得的特征向量来计算的，而基于用户的协同过滤是基于用户对标的物的行为矩阵来计算用户之间的相似度的。

用户 u 对标的物 s 的喜好度 $\mathrm{sim}(u,s)$ 可以采用如下公式计算：

$$\text{sim}(u,s) = \sum_{u_i \in U} \text{sim}(u,u_i) \times \text{score}(u_i,s)$$

其中 U 是与该用户最相似的用户集合，$\text{score}(u_i,s)$ 是用户 u_i 对标的物 s 的喜好度，$\text{sim}(u,u_i)$ 是用户 u_i 与用户 u 的相似度。

有了每个标的物的喜好度，基于喜好度降序排列，就可以取 top$N$ 推荐给用户了。

与前面一样，也可以采用 KNN 找到最相似的 k 个用户，并将这些用户操作 / 喜欢过的每个标的物推荐给用户。

$$\text{Rec}(u) = \sum_{u_i \in \text{KNN}(u)} \{s_j \in A(u_i)\}$$

其中 $\text{Rec}(u)$ 是给用户 u 的推荐，$\text{KNN}(u)$ 是与用户相似的 k 个用户。$A(u_i)$ 是用户 u_i 操作 / 喜欢过的标的物的集合。

3. 基于标的物聚类的推荐

有了标的物的向量表示，我们可以用 K-Means 等聚类算法将标的物聚类，有了标的物的聚类，推荐就好实现了。从用户历史行为中的标的物所在的类别挑选用户没有操作行为的标的物推荐给用户，这种推荐方式是非常直观自然的。电视猫的个性化推荐就采用了类似的思路。具体计算公式如下：

$$\text{Rec}(u) = \sum_{s \in H} \{t \in \text{Cluster}(s) \,\&\, t \neq s\}$$

其中，$\text{Rec}(u)$ 是给用户 u 的推荐，H 是用户 u 的历史操作行为集合，$\text{Cluster}(s)$ 是标的物 s 所在的聚类。

4. 基于向量相似的推荐

不管是通过前面提到的用户的显式兴趣特征（利用标签来衡量用户兴趣），还是向量式的兴趣特征（将用户的兴趣投影到向量空间），我们都可以获得用户兴趣的向量表示。

如果我们获得了用户的向量表示和标的物的向量表示，那么就可以通过向量的余弦相似度计算用户与标的物之间的相似度。同样，有了用户对每个标的物的相似度，基于相似度降序排列，就可以取 top$N$ 推荐给用户了。

基于向量的相似推荐，需要计算用户向量与每个标的物向量的相似性。如果标的物数量较多，整个计算过程还是相当耗时的。同样，计算标的物最相似的 K 个标的物，也会涉及与每个其他标的物相似度的计算，也是非常耗时的。整个计算过程的时间复杂度是 $O(N \times N)$，其中 N 是标的物的总个数。

上述复杂的计算过程可以利用 Spark 等分布式计算平台来加速。对于 $T+1$ 级（每天更新一次推荐结果）的推荐服务，利用 Spark 事先计算好，将推荐结果存储起来供前端业务调用也是可以的。

另外一种可行的策略是利用高效的向量检索库，在极短时间（一般几毫秒或者几十毫秒）内为用户索引出 top$N$ 最相似的标的物。目前 Facebook 开源的 FAISS 库（见本章参考文献 [9]）就是一个高效的向量搜索与聚类库，可以在毫秒级响应查询及聚类需求，因此可以用于个性化的实时推荐。国内已有很多公司将该库用到了推荐业务上，电视猫在频道页列表重排序推荐中也用到了该库。

FAISS 库适合稠密向量的检索和聚类，所以对于利用 LDA、Doc2vec 算法构建向量表示的方案是实用的，因为这些方法构建的是稠密向量。而对于 TF-IDF 及基于标签构建的向量化表示就不适用了，这两类方法构建的都是稀疏的高维向量。

5. 基于标签的反向倒排索引做推荐

该方法在上一章中也简单做了介绍，这里再简单说一下，并且给出具体的计算公式。基于标的物的标签和用户的历史兴趣，我们可以构建出用户基于标签兴趣的画像，以及标签与标的物的倒排索引查询表（如果你熟悉搜索，应该不难理解）。基于该倒排索引表及用户的兴趣画像，我们就可以为用户做个性化推荐了。该类算法其实就是基于标签的召回算法。

具体推荐过程是这样的（见图 3-7）：从用户画像中获取用户的兴趣标签，基于用户的兴趣标签从倒排索引表中获取该标签对应的标的物，这样就可以从用户关联到标的物了。其中用户的每个兴趣标签及标签关联到的标的物都是有权重的。

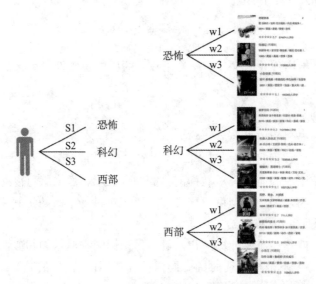

图 3-7 基于倒排索引的电影推荐

假设以下是用户的兴趣标签及对应的标签权重：

$$\{(T_1, S_1), (T_2, S_2), (T_3, S_3), \cdots, (T_k, S_k)\}$$

其中，T_i 是标签，S_i 是用户对标签的偏好权重。

假设标签 $T_1, T_2, T_3, \cdots, T_k$ 关联的标的物分别为

$$T_1 \leftrightarrow \{(O_{11}, w_{11}), (O_{12}, w_{12}), (O_{13}, w_{13}), \cdots, (O_{1p_1}, w_{1p_1})\}$$

$$T_2 \leftrightarrow \{(O_{21}, w_{21}), (O_{22}, w_{22}), (O_{23}, w_{23}), \cdots, (O_{2p_2}, w_{2p_2})\}$$

$$\cdots\cdots$$

$$T_k \leftrightarrow \{(O_{k1}, w_{k1}), (O_{k2}, w_{k2}), (O_{k3}, w_{k3}), \cdots, (O_{kp_k}, w_{kp_k})\}$$

其中 O_{ij}、w_{ij} 分别是标的物及对应的权重，那么

$$U = \sum_{i=1}^{k} S_i \times T_i$$

$$= \sum_{i=1}^{k} S_i \times \{(O_{i1}, w_{i1}), (O_{i2}, w_{i2}), \cdots, (O_{ip_i}, w_{ip_i})\}$$

$$= \sum_{i=1}^{k} \sum_{j=1}^{p_i} S_i \times w_{ij} \times O_{ij}$$

上式中 U 是用户对标的物的偏好集合，这里将标的物 O_{ij} 看成向量空间的基，所以有上面的公式。不同的标签可以关联到相同的标的物（因为不同的标的物可以有相同的标签），上式中最后一个等号右边需要合并同类项，将相同基前面的系数相加。合并同类项后，标的物（基）前面的数值就是用户对该标的物的偏好程度了，我们对这些偏好程度降序排列，就可以为用户做 topN 推荐了。

到此已介绍完基于内容的推荐算法的核心原理和具体实现方案，那么这些算法是怎么应用到真实的产品中的呢？有哪些可行的推荐产品形态？这就是下一节的主要内容。

3.3　基于内容的推荐算法应用场景

基于内容的推荐是最古老的一类推荐算法，在整个推荐系统发展史上具有举足轻重的地位。虽然它的效果可能没有协同过滤及新一代推荐算法好，但它们还是非常有应用价值的，甚至是必不可少的。基于内容的推荐算法主要用在如下几类场景。

1. 完全个性化推荐

完全个性化推荐就是基于内容特征来为每个用户生成不同的推荐结果，我们常说的推荐系统就是指这类推荐形态。3.2.4 节已经完整地讲解了怎么为用户做个性化推荐，这里不再赘述。

2. 标的物关联标的物推荐

标的物关联标的物的推荐也是工业界最常用的推荐形态，大量用于真实产品中。3.2.3 节讲了很多构建标的物之间相似度的方法，其实这些方法可以直接用来做标的物关联标的物的推荐，只要将与某个标的物最相似的 topN 标的物作为关联推荐即可。

3. 作为其他推荐算法的补充

由于基于内容的推荐算法在精准度上不如协同过滤等算法，但是可以更好地适应冷启

动，所以在实际业务中基于内容的推荐算法会配合其他算法一起服务于用户，最常用的是采用级联的方式，先给用户协同过滤的推荐结果，如果该用户行为少，没有协同过滤推荐结果，就为该用户提供基于内容的推荐算法产生的推荐结果。

4. 主题推荐

如果我们有标的物的标签信息，并且基于标签系统构建了一套推荐算法，那么就可以将用户喜欢的标签采用主题的方式推荐给用户，每个主题就是用户的一个兴趣标签。通过一系列主题的罗列展示，让用户从中筛选自己感兴趣的内容（见图3-8）。Netflix的首页大量采用基于主题的推荐模式。主题推荐的好处是可以将用户所有的兴趣点按照兴趣偏好的大小以先后顺序展示出来，可解释性强，并且让用户有更多维度的自由选择空间。

当然，在真实产品中可以采用比图3-8这种以简单标签直接展示更好的方式。具体来说，可以为每个标签通过人工编辑生成一句更有表达空间的话（如武侠标签，可以采用“江湖风云再起，各大门派齐聚论剑”这样更有深度的表述），在前端展示时映射到人工填充的内容上，而不是直接展示原来的标签。

图 3-8　电视猫主题推荐（被圈中的就是基于标签的用户兴趣）

5. 给用户推荐标签

另外一种可行的推荐策略是不直接给用户推荐标的物，而是给用户推荐标签，用户通过关注推荐的标签，自动获取具备该标签的标的物。除了可以通过推荐的标签关联到标的物，获得与直接推荐标的物类似的效果外，还可以间接地通过用户对推荐的标签的选择、关注来进一步获得用户的兴趣偏好，这是一种可行的推荐产品实现方案。

3.4　基于内容的推荐算法的优缺点

基于内容的推荐算法应该是一类比较直观易懂的算法，目前在工业级推荐系统中有大量的使用场景，本节会对基于内容的推荐算法的优缺点加以说明，方便读者在实践中取舍，构建适合业务场景的推荐系统。

3.4.1　优点

基于内容的推荐算法是非常直观的，具体来说，它有如下 6 个优点。

1. 可以很好地迎合用户的口味

该算法完全基于用户的历史兴趣来为用户推荐，推荐的标的物也是跟用户历史兴趣相吻合的，所以推荐的内容一定是符合用户的口味的。

2. 非常直观易懂，可解释性强

基于内容的推荐算法是基于用户的兴趣为用户推荐跟他兴趣相似的标的物，原理简单，容易理解。同时，由于是基于用户历史兴趣推荐与其相似的标的物，用户也非常容易接受和认可。

3. 可以更加容易地解决冷启动

只要用户有一个操作行为，就可以基于内容为用户做推荐，不依赖其他用户行为。对于新入库的标的物，只要它具备元数据等标的物相关信息，就可以利用基于内容的推荐算法将它分发出去。因此，对于强依赖于 UGC 的产品（如抖音、快手等），基于内容的推荐可以更好地对标的物提供方进行流量扶持。

4. 算法实现相对简单

基于内容的推荐可以基于标签维度来实现，也可以将标的物嵌入向量空间中，利用相似度做推荐，不管哪种方式，算法实现较简单，有现成的开源的算法库供开发者使用，非常容易落地到真实的业务场景中。

5. 对于小众领域也能有比较好的推荐效果

对于冷门小众的标的物，其用户行为少，协同过滤等方法很难将这类内容分发出去，而基于内容的算法受到这种情况的影响相对较小。

6. 非常适合标的物快速增长的有时效性要求的产品

对于标的物增长很快的产品，如今日头条等新闻资讯类 APP，基本每天都有几十万甚至更多的标的物入库，另外标的物的时效性也很强。新标的物一般用户行为少，协同过滤等算法很难将这些大量实时产生的新标的物推荐出去，这时就可以采用基于内容的推荐算法更好地分发这些内容。

3.4.2　缺点

虽然基于内容的推荐实现相对容易，解释性强，但是基于内容的推荐算法也存在一些不足，导致它的效果及应用范围受到一定限制，主要有如下 4 个问题。

1. 推荐范围狭窄，新颖性不强

由于该类算法只依赖于单个用户的行为为用户做推荐，推荐的结果会聚集在用户过去感兴趣的标的物类别上，如果用户不主动关注其他类型的标的物，很难为用户推荐多样性的结果，也无法挖掘用户深层次的潜在兴趣。特别是对于新用户，因为只有少量的行为，因此为他们推荐的标的物较单一。

2. 需要知道相关的内容信息且处理起来较难

内容信息主要是文本、视频、音频等，处理起来费力，难度相对较大，依赖于领域知识。同时这些信息有更大概率含有噪声（信息有误或者不全），增加了处理难度。另外，对内容理解的全面性、完整性及准确性会影响推荐的效果。

3. 较难将长尾标的物分发出去

基于内容的推荐需要用户对标的物有操作行为，长尾标的物一般操作行为非常少，只有少量的用户操作，甚至没有用户操作。由于基于内容的推荐只利用单个用户行为做推荐，并且与长尾内容相似的内容也会比较少，这些相似的内容也极有可能是长尾的，所以更难将它分发给更多的用户。

4. 推荐精准度不太高

基于工业界的实践经验，相比协同过滤算法，基于内容的推荐算法精准度要差一些。

3.5 基于内容的推荐算法落地需要关注的问题

基于内容的推荐算法虽然容易理解，实现起来相对简单，但要落地到真实业务场景中，还有很多问题需要思考解决。下面这些问题是在落地基于内容的推荐算法时必须思考的，这里将它们列举出来，并提供一些简单的建议，希望可以帮到读者。

3.5.1 内容来源的获取

对于基于内容的推荐来说，有完整的、高质量的内容信息是构建精准的推荐算法的基础，那么我们有哪些方法可以获取内容来源呢？下面这些策略是主要获取内容（包括标的物内容和用户相关内容）来源的手段。

1. 标的物"自身携带"的信息

在上架标的物时，第三方会准备相关的内容信息，如天猫上的商品在上架时会补充很多必要的信息。对于视频来说，各类 metadata 信息也是视频入库时需要填充的信息。我们要做的是增加对新标的物入库的监控和审核，及时发现信息不全的情况并做适当补全处理。

2. 通过爬虫获取标的物相关信息

通过爬虫爬取的信息可以作为标的物信息的补充，特别是标的物自身携带的信息不全时。有了更完整的信息就可以获得更好的特征表示。

3. 通过人工标注数据

往往人工标注的数据价值密度更高，通过人工精准的标注可以大大提升算法推荐的精准度。但是人工标注成本太大。

4. 通过运营活动或者产品交互让用户填写相关内容

通过抽奖活动让用户填写家庭组成、兴趣偏好等信息，在用户开始注册时让用户填写兴趣偏好特征，这些都是获取内容的手段。

5. 通过收集用户行为直接获得或者预测推断出的内容

基于地理位置服务（LBS）类 APP，通过请求用户 GPS 位置知道用户的运动轨迹；电商类 APP 通过用户购物时填写的收货地址，获取用户地址信息。支付类 APP 通过用户绑定的身份证和银行卡等获得相应的用户基础信息；还可以通过用户操作行为预测出用户的兴趣偏好。

6. 通过与第三方合作或关联新老产品矩阵补充信息

目前中国有大数据交易市场，通过正规的数据交易或者与其他公司合作，在不侵犯用户隐私的情况下，通过交换数据可以有效填补自己产品上缺失的数据。

如果公司有多个产品，新产品可以借助老产品的巨大用户基数，将新产品的用户与老产品用户关联起来（通过 id-mapping 或者账号打通），这样老产品上丰富的用户行为信息就可以赋能新产品。

3.5.2　怎么利用负向反馈

用户对标的物的操作行为不一定代表正向反馈，有可能是负向的。比如点开一个视频，看了不到几秒就退出来了，明显表明用户不喜欢。很多产品会在与用户交互中直接提供负向反馈能力，这样可以收集到更多负向反馈。下面是今日头条和百度 APP 推荐的文章，右下角有一个小叉叉（见图 3-9 中被圈出来的位置），点击后展示上面的白色交互区域，读者可以勾选几类不同的负向反馈机制。

负向反馈代表用户强烈的不满，因此如果推荐算法可以很好地利用这些负向反馈，就能够大大提升推荐系统的精准度和满意度。基于内容的推荐算法整合负向反馈的方式有如下几种。

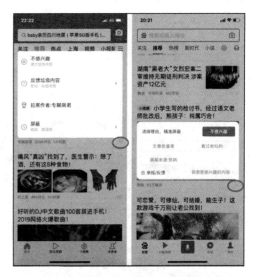

图 3-9　负向反馈的交互形式：利用用户负向反馈来优化产品体验

1. 将负向反馈整合到算法模型中

在构建算法模型中跟正向反馈一起学习，从而更自然地整合负向反馈信息。

2. 采用事后过滤的方式

先给用户生成推荐列表，再从该推荐列表中过滤掉与负向反馈关联的或者相似的标的物。

3. 采用事前处理的方式

从待推荐的候选集中将与负向反馈相关联或者相似的标的物剔除掉，然后再进行相关算法的推荐。

3.5.3　兴趣随时间变化

用户的兴趣不是一成不变的，一般用户的兴趣是随着时间变化的，怎么在算法中整合用户的兴趣变化呢？可行的策略是对用户的兴趣根据时间进行衰减，最近的行为给予最大的权重。还可以分别给用户建立短期兴趣特征和长期兴趣特征，在推荐时既考虑短期兴趣又考虑长期兴趣，最终在推荐列表中整合两部分的推荐结果。

对于新闻资讯等这类时效性强的产品，整合用户的实时兴趣变化可以大大提升用户体验，这也是现在信息流类推荐产品大行其道的原因。第 20 章会介绍实时推荐系统相关的内容，第 26 章会给出一个基于标签的实时短视频推荐的案例。

3.5.4　数据清洗

基于内容的推荐算法依赖于标的物相关的描述信息，这些信息更多的是以文本的形式存在，这就涉及自然语言处理了，文本中可能会存在很多歧义、符号、脏数据，我们需要事先对数据进行很好的处理，才能让后续的推荐算法产生好的效果。

3.5.5　加速计算与节省资源

在实际推荐算法落地时，事先为每个标的物计算 N（比如，$N=50$）个最相似的标的物，并将计算好的标的物存起来，减少时间和空间成本，方便后续更快地做推荐。同时也可以利用各种分布式计算平台和快速查询平台（如 Spark、FAISS 库等）加速计算过程。另外，算法开发过程中尽量做到模块化，对业务做抽象封装，这可以大大提升开发效率，并且可能会节省很多资源。

3.5.6　解决基于内容的推荐越推越窄的问题

前面提到基于内容的推荐存在越推越窄的缺点，怎么避免或者减弱这种影响呢？用协同过滤等其他算法是一个有效的方法。另外，还可以给用户做兴趣探索，为用户推荐兴趣之外的特征相关联的标的物，通过用户的反馈来拓展用户兴趣空间，这类方法就是强化学习中的探索开发（Exploration and Exploitation，EE）方法。如果我们构造了标的物的知识图谱系统，就可以通过图谱拓展标的物更远的联系，通过长线的相关性来做推荐，同样可以有效解决越推越窄的问题。

3.5.7 工程落地技术选型

本节主要讲的是基于内容的推荐系统的算法实现原理，在具体工程实践时，需要考虑数据处理、模型训练、分布式计算等技术，当前有很多开源方案可以使用，常用的如 Spark MLlib、scikit-learn、TensorFlow、PyTorch、Gensim 等，这些工具都封装了很多数据处理、特征提取、机器学习算法，我们可以基于 3.2 节的算法思路来落地实现。

3.5.8 业务的安全性

除了技术外，在推荐产品落地中还需要考虑推荐的标的物的安全性，避免推荐反动、色情、标题党、低俗内容，这就需要基于 NLP 或者 CV 技术对文本或视频进行分析过滤了。如果是 UGC 平台型产品，还需要考虑怎么激励优质内容创作者，让好的内容得到更多的分发机会，同时对产生劣质内容的创作者采取一定的惩罚措施，比如限制发文频率、禁止一段时间的发文权限等。

3.6 本章小结

本章总结了常用的基于内容的推荐算法原理、实现方案、应用场景，并对基于内容的推荐算法的优缺点及实践过程中需要关注的问题进行了分析讨论。基于内容的推荐算法一般用于推荐召回阶段，通过内容特征来为用户选择可能喜欢的标的物。第 26 章和第 27 章会讲解两个基于内容推荐算法的真实案例，读者可参考学习，以更好地掌握内容推荐系统的精髓。

参考文献

［1］David M Blei，Andrew Y Ng，Michael I Jordan. Latent Dirichlet Allocation [C]. [S.l.]:Journal of Machine Learning Research，2003.

［2］Jinhui Yuan, Fei Gao, Qirong Ho, et al. LightLDA: Big Topic Models on Modest Computer Clusters [C]. [S.l.]:ACM，2015.

［3］Tomas Mikolov，Chen Kai，Corrado Greg，et al. Efficient Estimation of Word Representations in Vector Space [C]. [S.l.]:Arxiv，2013.

［4］Tomas Mikolov，Ilya Sutskever，Kai Chen，et al. Distributed Representations of Words and Phrases and their Compositionality [C]. [S.l.]:NIPS，2013.

［5］Quoc V Le，Tomas Mikolov. Distributed Representations of Sentences and Documents [C]. [S.l.]:

ICML，2014.

[6] Pasquale. Content-based recommender systems: State of the art and trends [C]. [S.l.]:Recommender Systems Handbook，2011.

[7] Michael J Pazzani，Daniel Billsus. Content-based recommendation systems [C]. [S.l.]:The adaptive web: methods and strategies of web personalization，2009.

[8] Radim Řehůřek，Lev Konstantinovskiy, et al. gensim[A/OL]. Github（2011-02-14）. https://github.com/ RaRe-Technologies/gensim.

[9] Matthijs Douze，Lucas Hosseini, et al. faiss[A/OL]. Github（2018-02-23）. https://github.com/ facebookresearch/faiss.

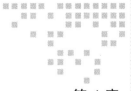

第 4 章 *Chapter 4*

协同过滤推荐算法

第 2 章简单介绍了协同过滤算法。协同过滤算法在整个推荐系统的发展史上非常出名，具有举足轻重的地位，甚至在当下还在大量使用。

本章将基于笔者多年推荐系统及工程研究的实践经验详细讲解协同过滤推荐算法，主要是从协同过滤思想、协同过滤算法原理、离线协同过滤算法的工程实现、近实时协同过滤算法的工程实现、协同过滤算法应用场景、协同过滤算法的优缺点、协同过滤算法落地需要关注的问题等 7 个方面来进行讲述。希望读者学完本章，可以很好地理解协同过滤的思路、算法原理、工程实现方案，并且具备自己独立实现一个在真实业务场景中可用的协同过滤推荐系统的能力。

在正式讲解之前，先做一个简单说明。本文用"操作过"这个词来表示用户对标的物的各种操作行为，包括浏览、点击、播放、收藏、评论、点赞、转发、评分等。

4.1　协同过滤思想简介

从字面上理解，协同过滤包括协同和过滤两个操作。所谓协同就是利用群体的行为来做决策（推荐），生物上有协同进化的说法，即通过协同的作用，让群体逐步进化到更适应环境的状态。对于推荐系统来说，基于用户的持续协同操作，给用户的推荐最终会越来越准。而过滤，就是从可行的决策（推荐）方案（标的物）中将用户喜欢的方案（标的物）找（过滤）出来的过程。

具体来说，协同过滤的思路是通过群体的行为来找到某种相似性（用户之间的相似性或者标的物之间的相似性），然后通过该相似性来为用户做决策和推荐。

现实生活中有很多协同过滤的案例及思想体现，除了前面提到的生物的进化是一种"协同过滤"作用外,人类在寻找配偶时希望相亲对象"门当户对",其实也是一种协同过滤思想的反映。"门当户对"实际上是针对相亲男女的一种"相似度"(家庭背景、出身、生活习惯、为人处世、消费观、价值观等各个维度的相似性)的描述,给自己找一个门当户对的伴侣就是一种"过滤",当双方"门当户对"时,各方面的习惯及价值观会更相似,未来幸福的概率也会更大。如果整个社会具备这样的传统和风气,而且在真实婚姻生活案例中"门当户对"的夫妻确实会更和谐,那么通过社会认知的"协同进化"作用,大家会越来越认同这种方式。

协同过滤利用了两个非常朴素的自然哲学思想:"群体的智慧"和"相似的物体具备相似的性质"。群体的智慧从数学上讲应该满足一定的统计学规律,是一种朝平衡稳定态发展的动态过程,越相似的物体,其化学及物理组成越一致,当然表现的外在特性也会更相似。虽然这两个思想很简单,也很容易理解,但是正因为思想很朴素,价值反而非常大。协同过滤算法原理很简单,但是效果很不错,而且也非常容易工程实现。

协同过滤分为基于用户的协同过滤和基于标的物(物品)的协同过滤这两类算法。下面针对协同过滤的算法原理来做详细的介绍。

4.2 协同过滤算法原理介绍

上面一节简单介绍了协同过滤的思想,基于协同过滤的两种推荐算法,其核心是很朴素的"物以类聚、人以群分"的思想。所谓物以类聚,就是计算出每个标的物最相似的标的物列表,然后就可以为用户推荐与用户喜欢的标的物相似的标的物,这就是基于物品(标的物)的协同过滤。所谓人以群分,就是我们可以将与该用户相似的用户喜欢过的标的物推荐给该用户(而该用户未曾操作过),这就是基于用户的协同过滤。协同过滤的基本原理已在 2.3.2 节介绍,这里不再赘述。具体思想可以参考第 2 章的图 2-8。

这里简单解释一下隐式反馈,只要不是用户直接评分的操作行为都算隐式反馈,包括浏览、点击、播放、收藏、评论、点赞、转发等。有很多隐式反馈是可以间接获得评分的,后面会讲解。如果不间接获得评分,就用 1、0 来表示是否操作过。

在真实的业务场景中用户数和标的物数一般都是很大的(用户数可能是百万、千万、亿级,标的物可能是十万、百万、千万级),而每个用户只会操作有限的标的物,所以用户行为矩阵是稀疏矩阵。正因为矩阵是稀疏的,所以进行相似度计算及为用户做推荐会更加简单。

相似度的计算可以采用余弦相似度算法,也就是计算两个向量 v_1, v_2(可以是第 2 章图 2-9 中的行向量或者列向量)之间的相似度:

$$\text{sim}(v_1, v_2) = \frac{v_1 * v_2}{\| v_1 \| \times \| v_2 \|}$$

讲完了如何计算用户(行向量)或者标的物(列向量)之间的相似度,下面讲解如何为用户做个性化推荐。

4.2.1　基于用户的协同过滤

从上面的算法思想出发,我们可以将与该用户最相似的用户喜欢的标的物推荐给该用户,这就是基于用户的协同过滤的核心思想。

用户 u 对标的物 s 的喜好度 $\text{sim}(u,s)$ 可以采用如下公式计算

$$\text{sim}(u,s) = \sum_{u_i \in U} \text{sim}(u,u_i) \times \text{score}(u_i,s)$$

其中, U 是与该用户最相似的用户集合(我们可以基于用户相似度找到与某用户最相似的 K 个用户), $\text{score}(u_i,s)$ 是用户 u_i 对标的物 s 的喜好度(对于隐式反馈为 1,而对于非隐式反馈,该值为用户对标的物的评分), $\text{sim}(u,u_i)$ 是用户 u_i 与用户 u 的相似度。

有了用户对每个标的物的评分,基于评分降序排列,就可以取评分最大的 top$N$ 的标的物推荐给用户了。

4.2.2　基于标的物的协同过滤

类似地,将与用户操作过的标的物最相似的标的物推荐给用户,就是基于标的物的协同过滤的核心思想。

用户 u 对标的物 s 的喜好度 $\text{sim}(u,s)$ 可以采用如下公式计算

$$\text{sim}(u,s) = \sum_{s_i \in S} \text{score}(u,s_i) \times \text{sim}(s_i,s)$$

其中, S 是所有用户操作过的标的物的列表, $\text{score}(u,s_i)$ 是用户 u 对标的物 s_i 的喜好度, $\text{sim}(s_i,s)$ 是标的物 s_i 与 s 的相似度。

有了用户对每个标的物的评分,基于评分降序排列,就可以取相似度最大的 top$N$ 标的物推荐给用户了。

从上面的介绍可以看出,协同过滤算法思路非常直观易懂,计算公式也相对简单,并且易于分布式实现(后面两节会介绍),同时该算法也不依赖于用户及标的物的其他 metadata 信息。协同过滤算法被 Netflix、Amazon 等大的互联网公司证明效果非常好,能够为用户推荐新颖性内容,所以一直以来都在工业界有非常广泛的应用。

4.3　离线协同过滤算法的工程实现

虽然协同过滤算法原理非常简单,但是在大规模用户及海量标的物场景下,单机是难以解决计算问题的,我们必须借助分布式技术来实现大规模计算,让整个算法可以应对大规模数据的挑战。本节基于主流的 Spark 分布式计算平台相关的技术来详细讲解协同过滤算法的离线(批处理)实现思路(读者可以阅读本章参考文献 [1-4] 来了解协同过滤算法原理及工业应用),同时会在下一节讲解在近实时场景下如何在工程上实现协同过滤算法。

要说明的是，这里只讲解基于标的物的协同过滤算法的工程实现方案，基于用户的协同过滤思路完全一样，不再赘述。

为了简单起见，我们可以将推荐过程拆解为两个阶段，先计算相似度，再为用户推荐。下面分别介绍这两个步骤的工程实现。

4.3.1 计算 topN 相似度

该阶段要计算出任意两个标的物之间的相似度，有了任意两个标的物之间的相似度，我们就可以为每个标的物计算出与它最相似的 N 个标的物了。

假设有两个标的物 v_i, v_j，它们对应的向量（即用户行为矩阵中的列向量，分别是第 i 列和第 j 列）如下：

$$v_i \to (R_{1i}, R_{2i}, \cdots, R_{ni}) = \boldsymbol{P}_i$$

$$v_j \to (R_{1j}, R_{2j}, \cdots, R_{nj}) = \boldsymbol{P}_j$$

其中，n 是用户数。

那么 v_i, v_j 的相似度计算，可以细化成如下公式：

$$
\begin{aligned}
\operatorname{sim}(v_i, v_j) &= \frac{\boldsymbol{P}_i * \boldsymbol{P}_j}{\| \boldsymbol{P}_i \| \times \| \boldsymbol{P}_j \|} \\
&= \frac{\sum_{k=1}^{n} R_{ki} \times R_{kj}}{\sqrt{\sum_{k=1}^{n} R_{ki} \times R_{ki}} \times \sqrt{\sum_{k=1}^{n} R_{kj} \times R_{kj}}}
\end{aligned}
\tag{4-1}
$$

上述公式中，分子的计算方法是先将图 4-1 所示矩阵里 i 列和 j 列中同一行的两个元素（矩形框中的一对元素）相乘，然后将所有行上第 i 列和第 j 列的元素相乘得到的乘积相加（这里其实只需要考虑同一行对应的第 i 列和第 j 列的元素都非零的情况，因为只要第 i 列和第 j 列中有一个为零，乘积也为零）。公式中分母的计算方法是将第 i 列与第 i 列元素按照上面类似的方法相乘再相加后求平方根，再乘以第 j 列与第 j 列按照上面类似的方法相乘再相加后求平方根的值。

$$
\begin{pmatrix}
\cdots & \cdots & \cdots & \cdots & \cdots \\
\cdots & \boxed{R_{ki}} & \cdots & \boxed{R_{kj}} & \cdots \\
\cdots & \cdots & \cdots & \cdots & \cdots \\
\cdots & \boxed{R_{li}} & \cdots & \boxed{R_{lj}} & \cdots \\
\cdots & \cdots & \cdots & \cdots & \cdots
\end{pmatrix}
$$

图 4-1　计算两个列向量的余弦可以拆解为简单的加减乘除及求平方根运算

有了上面的简单分析，就容易采用分布式计算相似度了。下面就来讲解在 Spark 上简单地计算每个标的物的 topN 相似度的方法。在 Spark 上计算相似度，最主要的目标是将巨大的计算量（前面已经提到在互联网公司，往往用户数和标的物数都是非常巨大的）通过分布式技术实现，这样就可以利用多台服务器的计算能力，解决超大规模计算问题。

首先将所有用户操作过的标的物"收集"起来，形成一个用户行为弹性分布式数据集（Resilient Distributed Dataset，RDD），具体的数据格式如下：

$$RDD[(uid, Seq[(sid, R)])]$$

其中，uid 是用户唯一识别编码，sid 是标的物唯一识别编码，R 是用户对标的物的评分（即矩阵中的元素）。

对 $RDD[(uid, Seq[(sid, R)])]$ 中的某个用户来说，对于他操作过的标的物 v_i 和 v_j，一定在该用户所在的行对应的第 i 列和第 j 列的元素非零，根据上面计算 v_i, v_j 相似度的公式，需要将该用户对应的 v_i, v_j 的评分乘起来。这个过程可以用图 4-2 来说明。

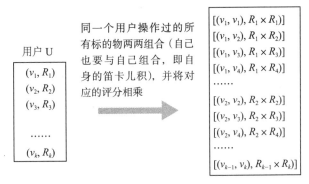

图 4-2　用户 U 所有操作过的标的物的笛卡儿积

当所有用户都按照图 4-2 的方式转化为标的物对和得分（图 4-2 中右边的 $R_i \times R_j$）时，我们就可以对标的物对聚合（Group），即将相同的对合并，对应的得分相加，最终得到的 RDD 为

$$S1 = RDD[((sid1, sid2), Score)]$$

这样，式（4-1）中分子就计算出来了（上式中的 Score 即公式 4-1 中的分子）。现在我们需要计算分母，这非常简单，只要从上面的 RDD 中将标的物 sid1 等于标的物 sid2 的列过滤出来就可以了，通过图 4-3 的操作，我们可以得到一个 map（S_2）。

```
val S2=S1.filter(r=>{
  val key=r._1
  if(key._1==key._2) true
  else false
}).map(r=>(r._1._1,r._2)).collectAsMap()
```

图 4-3　计算分母

注：这里及后面都是 Scala 代码，特此说明。

从 S_1 中过滤出 sid1=sid2 的元素，用于计算式（4-1）中的分母。

S_2 含有的元素个数不会多于标的物的数量（即 m 个），相对来说不大，我们可以将 S_2 广播（broadcast）出去，令 $S'_2 = sparkContextbroadcast (S_2)$，以方便我们按照式（4-1）除以分母，最终得到 v_i, v_j 的相似度。

通过上面这些步骤，式（4-1）中的分子和分母基本都计算出来了，可以看到很容易，通过图 4-4 的代码（下面的 broadcast 即 S'_2），就可以计算出每组 (v_i, v_j) 对的相似度，最终得到的 RDD 为

$$S = RDD[((sid1, sid2), Sim)]$$

其中，Sim 为 sid1 和 sid2 的相似度。

```
val S = S1.filter(r=>{
  val key = r._1
  if(key._1==key._2) false
  else true
}).map(r=>{
  val k1= broadcast.value.get(r._1._1).get
  val k2= broadcast.value.get(r._1._2).get
  val k = r._2/Math.sqrt(k1*k2)
  ((r._1._1,r._1._2),k)
})
```

图 4-4 计算每组 v_i, v_j 的相似度

有了上面的准备，下面来说明一下怎么计算每个标的物的 topN 标的物。

具体的计算过程可以用如下的 Spark Transformation 来实现。其中第三步的 topN 需要我们自己实现一个函数，求 Seq[(sid,Score)] 这样的列表中评分最大的 topN 个元素，实现也是非常容易的，这里不赘述。

$$S = RDD[((sid1, sid2), Sim)] \xrightarrow{\text{map}} RDD[((sid1, (sid2, Sim))]$$

$$\xrightarrow{\text{groupByKey}} RDD[((sid, Seq[(sid2, Sim))]]$$

$$\xrightarrow{\text{topN}} RDD[((sid1, Seq[(sid2, Sim))]]$$

如果我们把每个标的物最相似的 N 个标的物及相似度看成一个列向量，那么我们计算出的标的物相似度其实可以看作如图 4-5 所示的矩阵，该矩阵的每列最多有 N 个非零元素（即这 N 个最相似的标的物，该列其他元素都为 0）。

$$S_{m \times m} = \begin{pmatrix} s_{11} & s_{12} & \cdots & s_{1m} \\ s_{21} & s_{22} & \cdots & s_{2m} \\ \cdots & \cdots & \cdots & \cdots \\ s_{m1} & s_{m2} & \cdots & s_{mm} \end{pmatrix}_{m \times m}$$

到此为止，我们通过 Spark 提供的一些 Transformation 操作及一些工程实现上的技巧，计算出了每个标的物 topN 最相似的

图 4-5 标的物相似度矩阵

标的物。该计算方法可以横向拓展，所以再大的用户数和标的物数都可以轻松应对，最多可能需要多加一些服务器。

4.3.2 为用户生成推荐

有了 4.3.1 节中计算出的 topN 最相似的标的物，下面来说明一下怎么为用户生成个性化推荐。生成个性化推荐有两种工程实现策略，一种是看成矩阵的乘积，另外一种是根据 4.2.2 节中的公式来计算，这两种方法本质上是一样的，只是工程实现上不一样。下面分别讲解这两种实现方案。

1. 通过矩阵相乘为用户生成推荐

在用户行为矩阵中，第 i 行第 j 列的元素代表了用户 i 对标的物 j 的偏好/评分，我们将该矩阵记为 $A_{n \times m}$，其中 n 是用户数，m 是标的物数。图 4-5 中的矩阵是标的物之间的相似度矩阵，我们将它记为 $S_{m \times m}$，这是一个方阵。$A_{n \times m}$ 和 $S_{m \times m}$ 其实都是稀疏矩阵，我们通过计

算这两个矩阵的乘积（Spark 上是可以直接计算两个稀疏矩阵的乘积的），最终的结果矩阵就可以方便用来为用户推荐了：$R_{n\times m}=A_{n\times m}*S_{m\times m}$。其中的第 i 行 $(r_{i1}, r_{i2}, r_{i3}, \cdots, r_{im})$ 代表的是用户 i 对每个标的物的偏好得分，我们从这个列表中过滤掉用户操作过的标的物，然后按照得分从高到低降序排列取 top$N$ 就是最终给用户的推荐。

2. 通过计算公式为用户生成推荐

标的物相似度矩阵 $S_{m\times m}$ 是稀疏矩阵，最多有 $m \times N$ 个非零元素（因为每个标的物只保留 N 个最相似的标的物），一般 N 取几十或者上百规模的数值，m 如果是十万或者百万量级，存储空间在 1GB 左右（例如，如果 $m=10^6$，$N=100$，相似度为双精度浮点数，那么 $S_{m\times m}$ 中非零元素占用的空间为 $10^6 \times 100 \times 8\text{Byte} \approx 763\text{MB}$），那么完全可以通过广播的形式将 $S_{m\times m}$ 广播到每个 Spark 计算节点中。先将相似矩阵转化为如图 4-6 的 Map 结构，再广播出去，方便利用公式计算相似度。

$$\text{Map}[(\text{sid}, \text{Seq}[(\text{sid}, R)])]$$

$$\text{sid\_1} \Rightarrow [(\text{sid}_1^1, R_1^1), (\text{sid}_2^1, R_2^1), (\text{sid}_3^1, R_3^1), \cdots, (\text{sid}_n^1, R_n^1)]$$

$$\text{sid\_2} \Rightarrow [(\text{sid}_1^2, R_1^2), (\text{sid}_2^2, R_2^2), (\text{sid}_3^2, R_3^2), \cdots, (\text{sid}_n^2, R_n^2)]$$

$$\cdots\cdots$$

$$\text{sid\_m} \Rightarrow [(\text{sid}_1^m, R_1^m), (\text{sid}_2^m, R_2^m), (\text{sid}_3^m, R_3^m), \cdots, (\text{sid}_n^m, R_n^m)]$$

图 4-6　标的物的 top$N$ 相似列表利用 Map 数据结构来存储

有了标的物之间的相似度 Map，为用户计算推荐的过程就可以基于用户行为 RDD 来实现，在每个 Partition 中，针对每个用户 u 计算 u 与每个标的物之间的偏好度（利用 4.2.2 节中基于标的物的协同过滤公式），再取 top$N$ 就可得到该用户的推荐结果。由于用户行为采用了 RDD 来表示，所以整个计算过程可以分布式进行，每个 Partition 分布在一台服务器上进行计算。具体的计算逻辑可以用如图 4-7 所示的代码片段来实现。

```
RDD[(uid,Seq[(sid,R)])].mapPartitions(partitions=> {
  val simMap = BroadcastSimMap.value //上面图8中相似节目Map
  val allObject = simMap.keySet.toArray // 所有的标的物Array

  partitions.map(r => {
    val user = r._1 //uid
    val acitonList = r._2.sortBy(e => e._1) //用户操作过的所有标的物
    val acitonAndScoreList = r._2 //用户操作过的标的物及评分List
                          // [(sid1,score1),...,(sidk,scorek)]

    val predict = allObject.map(sid =>{
      val vidSim = simMap.get(sid).toMap //sid所有的K个相似标的物及评分Map
      var s = 0.0
      acitonAndScoreList.foreach(e=>{
        sid1 = e._1
        score = e._2
        s = s + score * vidoSim.getOrElse(sid1,0)
      })
      (sid,s)
    }) // 计算该用户对每个标的物的评分

    val rec = predict.sortBy(-_._2).take(N) // 将上面计算的评分降序排列并取topN
    (user,rec)
  })
})
```

图 4-7　为每个用户计算 top$N$ 推荐

到这里，基于 Spark 平台处理离线协同过滤算法的工程实现方案就讲完了。该实现方案强依赖于 Spark 的数据结构及分布式计算函数，可能在不同的计算平台上（比如 Flink、TensorFlow 等）具体的实现方式会不一样，但是基本思路和原理是一样的，有兴趣并且平时使用这些平台的读者可以在这些计算平台上独自实现一下，算是对自己的一个挑战。

4.4 近实时协同过滤算法的工程实现

4.3 节中的协同过滤工程实现方案适合做离线批量计算，比较适合标的物增长较缓慢的场景及产品（比如电商、视频、音乐等），对于新闻、短视频这类增量非常大并且时效性强的产品（如今日头条、快手等）是不太合适的。那么我们是否可以设计出一套适合这类标的物快速增长的产品及场景下的协同过滤算法呢？实际上是可以的，下面来简单说一下怎么近实时实现简单的协同过滤算法。

近实时协同过滤算法是基于 Kafka、HBase 和 Spark Streaming 等分布式技术来实现的，核心思想跟 4.3 节中的类似，只不过这里是实时更新的，具体的算法流程及涉及的数据结构见图 4-8。下面我们对实现原理做简单介绍，整个推荐过程一共分为 4 步。

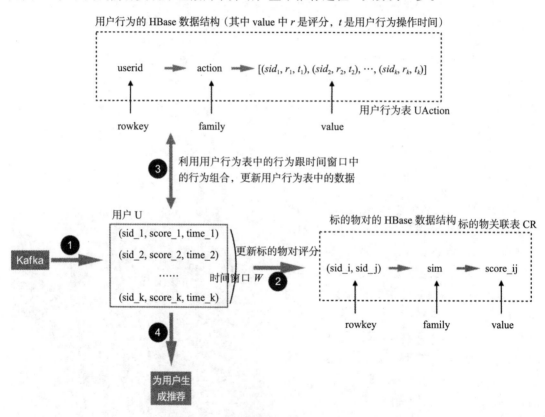

图 4-8　近实时基于标的物的协同过滤算法流程及相关数据结构

4.4.1 获取用户在一个时间窗口内的行为

首先 Spark Streaming 程序从 Kafka 中读取一个时间窗口（Window，一般一个时间窗口为几秒钟，时间越短实时性越好，但是对计算能力要求也越高）内的用户行为数据，我们对同一个用户 U 的行为做聚合，得到图 4-8 中间部分的用户行为列表（用户在该时间窗口中

有 k 次行为记录）。

顺便说一下，因为是实时计算，所以用户行为数据会实时传输到 Kafka 中，供后续的 Spark Streaming 程序读取。

4.4.2　基于用户行为记录更新标的物关联表 CR

基于 4.4.1 节中获取的用户行为记录，在这一步需要更新标的物关联表 CR，这里涉及两类更新。首先，计算用户 U 在时间窗口 W 内的所有 k 次行为 $[(sid_1, score_1, time_1), \cdots, (sid_k, score_k, time_k)]$，我们对标的物两两组合（自身和自身做笛卡儿积）并将得分相乘更新到 CR 中，比如 (sid_1, sid_2) 组合，它们的得分 $score_1$、$score_2$ 相乘，$score_1 \times score_2$ 更新到 CR 表中 rowkey 为 (sid_1, sid_2) 的行中。(sid_1, sid_2) 的得分 score 更新为 $score+score_1 \times score_2$。其次，对于用户 U 在时间窗口 W 中的行为，还要与用户行为表 UAction 中的行为两两组合（做笛卡儿积），并采用前面介绍的一样的策略更新到 CR 表中，为了防止组合过多，可以只选择在一定时间范围内（比如 2 天内）的标的物对组合，从而减少计算量。

这里说一下，如果用户操作的某个标的物已经在行为表 UAction 中（这种情况一般是用户对同一个标的物做了多次操作，昨天看了这短视频，今天又看了一遍），我们需要将这两次相同的行为合并起来，具体操作是将这两次行为中得分高的赋值为行为表中该标的物的得分，同时将操作时间更新为最新操作该标的物的时间。再将时间窗口 W 中该操作剔除掉，该操作就不参与跟 UAction 表中同样的操作行为的笛卡儿积计算。而这个出现两次的标的物还需要与 UAction 表中其他所有的标的物做笛卡儿积计算得分，并替换掉原来的 CR 表中的得分。

4.4.3　更新用户的行为记录 HBase 表：UAction

在处理完基于 4.4.1 节获取到的用户行为记录之后，将行为记录插入用户行为表 UAction 中。为了计算简单方便及保留用户最近的行为，用户行为表中我们可以只保留最近 N 条（这是可以选择的参数，比如 20 条）行为，同时只保留最近一段时间内（比如 5 天）的行为。

4.4.4　为用户生成个性化推荐

有了前面的基础，最后一步就是为用户做推荐了，计算的过程简单说明如下。

用户 U 对标的物 s 的评分 $R(U, s)$ 可以采用如下公式计算：

$$R(U,s) = \sum_{t \in UAction} score(U,t) \times sim(t,s)$$

其中 t 是用户操作过的标的物，$score(U, t)$ 是该用户对标的物 t 的评分（即图 4-8 中 UAction 数据结构中的评分 r），$sim(t, s)$ 是标的物 t 和标的物 s 之间的相似度，可以采用如下公式计算

$$sim(t,s) = \frac{Pair(t,s)}{\sqrt{Pair(t,t)} \times \sqrt{Pair(s,s)}}$$

其中，Pair(t, s) 就是标的物关联表 CR 中 (t, s) 对应的得分，Pair(t, t) 和 Pair(s, s) 同理。

在计算完用户 U 跟所有标的物的得分之后，通过对得分降序排列取 top$N$ 最相似的标的物就可以作为 U 的推荐了。当标的物量很大（特别是新闻、短视频类产品）时，实时计算压力还是非常大的，这时可以采用一个简单的技巧，我们事先从 CR 表中过滤出与用户行为表中至少有一个标的物 t 有交集的标的物 s（即标的物对 (t, s) 得分不为零），只针对这部分标的物计算 $R(u, s)$，再从这些标的物中选择得分最大的 top$N$ 推荐给用户。为什么可以这么做呢？因为如果某个标的物 s 与用户行为标的物集合无交集，那么根据计算 $R(U, s)$ 的公式，sim(t, s) 一定为 0，这时计算出的 $R(U, s)$ 也一定为 0。

上面对如何针对一个用户进行实时计算协同过滤推荐做了讲解，如果在一个时间窗口 W 中有若干个用户都有操作行为，那么可以将用户均匀分配到不同的 Partition 中，每个 Partition 为一批用户计算推荐。具体流程可以参考图 4-9。为每个用户计算好推荐后，可以插入一份到 HBase 中作为一个副本，另外还可以通过 Kafka 将推荐结果同步一份到 CouchBase 集群中，供推荐 Web 服务为用户提供线上推荐服务。

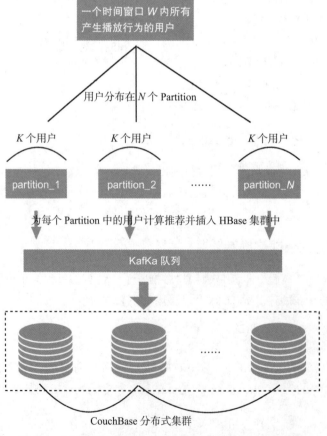

图 4-9 在同一时间窗口 W 中为多个用户生成个性化推荐

近实时的协同过滤主要用于对时效性要求比较高的产品形态，比如新闻、短视频等应用。这些应用的标的物更新快，用户消耗一个标的物（读一篇文章、看一段短视频）所花的时间较短，这类应用一般是用于填补用户的碎片化时间的。而对于电商、视频等产品，近实时的协同过滤不是必须的。

上面讲解的只是近实时协同过滤的一种实现方案，其实近实时协同过滤有很多可行的实现方案，我们的实现方案跟本章参考文献 [6] 中的 covisitation counts 方案思路本质上是一致的。读者也可以阅读本章参考文献 [5]，腾讯给出了另外一个利用 Storm 来实时实现协同过滤的方案，思路是非常值得借鉴的。另外本章参考文献 [6] 中 Google 实现了一个新闻的协同过滤算法，通过 MinHash 算法基于用户行为来近实时计算用户相似度，最终通过类似基于用户的协同过滤的算法来为用户推荐，这一方法在第 5 章会详细讲解。本章参考文献 [7，8] 也对如何增量做协同过滤给出了独特的方法和思路。

4.5　协同过滤算法的应用场景

协同过滤是非常重要的一类推荐算法，4.3 节、4.4 节讲解了批处理（离线）协同过滤和近实时协同过滤的工程实现方案，相信读者对基于 Spark 及 HBase 技术实现协同过滤算法的方法有了比较清晰的认知。那么协同过滤算法可以用于哪些推荐业务场景呢？它主要及延伸的应用场景有如下 3 类。

4.5.1　完全个性化推荐

完全个性化推荐会为每个用户推荐不一样的标的物推荐列表，4.2 节中所讲的两类协同过滤算法就是完全个性化推荐方法，所以协同过滤可以用于该场景中。4.3 节、4.4 节也非常明确地给出了从工程上实现完全个性化推荐的思路。

如图 4-10 所示是电视猫的电影板块中"猜你喜欢"推荐，这是一类完全个性化推荐范式，这类推荐可以基于协同过滤算法来实现。

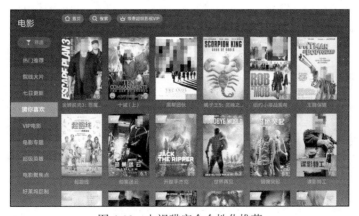

图 4-10　电视猫完全个性化推荐

4.5.2 标的物关联标的物推荐

虽然 4.2 节没有直接讲标的物关联标的物的算法，但是讲到了如何计算两个标的物之间的相似度（即评分矩阵的列向量之间的相似度），我们利用该相似度可以计算某个标的物最相似的 N 个标的物（在 4.3.1 节中给出了计算标的物相似性的工程实现方案，4.4.4 节也给出了近实时计算标的物相似度的实现方案）。那么这 N 个最相似的标的物就可以作为该标的物的关联推荐。

如图 4-11 所示是电视猫相似影片的推荐，是一类标的物关联标的物推荐范式，这类推荐可以基于协同过滤算法先计算标的物相似度并预先存储下来，再实现标的物 topN 相似度计算，从而获得关联推荐结果。

图 4-11 电视猫标的物关联标的物推荐：相似影片

4.5.3 其他应用形式及场景

在协同过滤算法的讲解中，我们可以将用户或者标的物用向量表示（用户行为矩阵中的行向量和列向量），有了此向量表示法，我们就可以对用户和标的物做聚类了。

用户的聚类当然可以用于推荐，将同一类中其他用户操作过的标的物推荐给该用户就是一种可行的推荐策略。同时，用户聚类后，也可以用于做 lookalike 类的商业化（如广告）尝试。

标的物的聚类则可以用于做标的物的关联推荐，将同一类中的其他标的物作为关联推荐结果。另外，标的物聚类后，这些聚类的标的物可以作为专题供编辑或作为运营团队的一种内容分发素材。

4.6 协同过滤算法的优缺点

前面对协同过滤算法做了比较完备的讲解，也提到了协同过滤算法的一些特点，这里简单罗列一些协同过滤算法的优缺点，算是对协同过滤算法做一个梳理总结，方便读者作为后续的参考，以备查阅。

4.6.1　优点

通过前面几节的介绍，相信读者对协同过滤算法的优点也心中有数了，协同过滤算法有很多优点，总结下来最大的优点有如下 5 个。

1. 算法原理简单、思想朴素

从前面几节的讲解中不难看出，协同过滤算法的实现非常简单，只要懂简单的四则混合运算，以及了解向量和矩阵的基本概念就可以理解算法的原理。估计在整个机器学习领域，没有比这个算法更直观简单的了（KNN 可能是唯一一个算法原理可以与协同过滤思路相媲美的简单算法）。

协同过滤的思想是简单的"物以类聚、人以群分"的思想，正因为思想朴素，所以算法原理简单。

2. 算法易于分布式实现、易于处理海量数据集

4.3 节、4.4 节分别讲解了协同过滤算法的离线和近实时工程实现，读者应该很容易看到，协同过滤算法可以非常容易利用 Spark 分布式平台来实现，因此很容易通过增加计算节点来应对处理大规模数据集的需求。

3. 算法整体效果很不错

协同过滤算法是得到工业界验证的一类重要算法，在 Netflix、Google、Amazon 及国内大型互联网公司都有很好的落地和应用。

4. 能够为用户推荐多样、新颖的标的物

前面讲到协同过滤算法是基于群体智慧的一类算法，它是利用群体行为来做决策的。在实践使用中已经被证明可以很好地为用户推荐具有多样性、新颖性的标的物。特别是当群体规模越大，用户行为越多时，推荐的效果越好。

5. 协同过滤算法只需要用户的行为信息，不依赖用户及标的物的其他信息

从前面的算法及工程实践中大家可以看到，协同过滤算法只依赖用户的操作行为，不依赖具体用户相关和标的物相关的信息就可以做推荐，而用户信息和标的物信息往往都是比较复杂的半结构化或者非结构化信息，处理起来很不方便。这是一个极大的优势，正是这个优势让协同过滤算法在工业界大放异彩，备受追捧。

4.6.2　缺点

除了上面介绍的这些优点以外，协同过滤算法也存在一些不足，具体来说，在下面这些问题上，协同过滤算法存在软肋，有提升和优化的空间，或者需要借助其他算法进行补充完善。

1. 冷启动问题

协同过滤算法依赖用户的行为来为用户做推荐，如果用户行为少（比如新用户、新上线

的产品或者用户规模不大的产品），这时就很难发挥协同过滤算法的优势和价值，甚至根本无法为用户做推荐。这时可以采用基于内容的推荐算法作为补充。

另外，对于新入库的标的物，由于只有很少的用户操作行为，因此相当于用户行为矩阵中该标的物对应的列基本都是零，这时无法计算出该标的物的相似标的物，同时，该标的物也很难出现在其他标的物的相似列表中，因此无法将该标的物推荐出去。这时，可以采用人工策略将该标的物在一定的位置曝光，或者强行以一定的比例或者概率加入推荐列表中，通过收集该标的物的行为（让用户行为矩阵中该标的物对应的列有更多的非零元素）解决该标的物无法被推荐出去的问题。

4.7.5 节会更加详细地介绍协同过滤的冷启动解决方案。另外，第 8 章会专门讲解各类解决冷启动问题的技术方案。

2. 稀疏性问题

对于现代互联网产品，用户基数大，标的物数量多（特别是新闻、UGC 短视频类产品），一般用户只对很少量的标的物产生操作行为，这时用户操作行为矩阵是非常稀疏的，太稀疏的行为矩阵计算出的标的物相似度往往不够精准，最终影响推荐结果的精准度。

3. 标的物时效性及快速增长问题

很多产品的标的物是有时效性的（比如新闻类 APP），并且标的物数量是快速增长的（比如短视频类 APP）。对于有时效性的标的物，在具体推荐时需要考虑到时效性。在为某个标的物计算最相似的标的物时，只计算在时效范围内的标的物，并以此作为相似列表即可，在进行推荐时会过滤不在时效范围内的标的物。对于标的物数量快速增长的情况，最好用近实时的协同过滤，以应对当天新增的标的物无法被推荐出去的问题。

4.7 协同过滤算法落地到业务场景需要关注的问题

协同过滤算法虽然简单，但是在实际业务中，为了让它有较好的效果，最终对业务产生较大的价值，我们在使用该算法时需要注意如下问题。

4.7.1 两种协同过滤算法的选择

在互联网产品中一般会采用基于标的物的协同过滤，因为对于互联网产品来说，用户相对于标的物变化更大，用户是增长较快的，标的物增长相对较慢（这也不是绝对的，像新闻、短视频类应用标的物也是增速巨大的），利用基于标的物的协同过滤算法效果更稳定。

4.7.2 对时间加权

一般来说，用户的兴趣是随着时间变化的，越是久远的行为对用户当前的兴趣贡献越小，基于该思考，我们可以对用户的行为矩阵做时间加权处理。将用户评分加上一个时间惩罚因子，对久远的行为进行一定的"惩罚"，可行的惩罚方案可以采用指数衰减的方式。

例如，可以采用如下公式对时间做衰减：

$$w(n) = 0.5 + 0.5^{(1+0.02n)}$$

我们可以选择一个时间作为基准值，比如当前时间，上式中的 n 是标的物操作时间与基准时间相差的天数（$n = 0$ 时，$w(0) = 1$）。

4.7.3　关于用户对标的物的评分

在真实业务场景中，用户不一定对标的物评分，可能只有操作行为。这时可以采用隐式反馈的方式来做协同过滤，虽然隐式反馈的效果可能会差一些。

但同时，我们可以通过一些方法和技巧来间接获得隐式反馈的评分，主要有如下两类方法。通过这两类方法获得评分是非常直观的，效果肯定比隐式反馈直接用 0 或者 1 好。

虽然很多时候用户的反馈是隐式的，但用户的操作行为是多样化的，有浏览、点击、点赞、购买、收藏、分享、评论等方式，我们可以基于用户在这些隐式行为中的投入度（投入的时间成本、资金成本、社交压力等，投入成本越大给定越高的分数）对这些行为人为打分，比如浏览给 1 分、点赞给 2 分、转发给 4 分等。这样就可以针对用户不同的行为生成差异化的评分。

对于像音乐、视频、文章等，我们可以记录用户在消费这些标的物上所花的时间，进而计算评分。拿视频来说，如果一个电影总时长是 100 分钟，用户看了 60 分钟就退出了，那么我们就可以给用户打 6 分（10 分制，因为用户看了 60%，所以打 6 分）。

4.7.4　相似度计算

前面讲过，协同过滤算法需要计算两个向量的相似度，本书前面采用的是余弦相似度。其实，计算两个向量相似度的方法非常多，余弦是被证明在很多场景下效果都不错的一个算法，但并不是所有场景使用余弦都是最好的，需要针对不同场景做尝试和对比。在这里，简单罗列一些常用的相似度计算的方法，供大家参考。

1. 余弦相似度

前面已经花了很大篇幅讲解了余弦相似度的计算公式，这里不赘述。需要提一下的是，针对隐式反馈（用户只有点击等行为，没有评分），向量的元素要么为 1 要么为 0，直接用余弦公式效果不是很好，本章参考文献 [5] 针对隐式反馈给出了一个更好的计算公式，具体如下：

$$\text{sim}(i_p, i_q) = \frac{\sum_{u \in U} \min(r_{u,p}, r_{u,q})}{\sqrt{\sum r_{u,p}} \sqrt{\sum r_{u,q}}}$$

其中，$r_{u,p}$ 是用户 u 对标的物 p 的评分（对于隐式反馈，评分是 0 或者 1，但是本章参考文献 [5] 针对用户不同的隐式反馈给出了不同的评分，而不是一律用 1，比如浏览给 1 分、收藏给 3 分、分享给 5 分等，$r_{u,p}$ 取用户 u 对标的物 p 所有的隐式反馈行为中得分最高的）。

2. 皮尔森相关系数

皮尔森相关系数（Pearson Correlation Coefficient）是一种线性相关系数，用来反映两个变量线性相关程度的统计量。具体计算公式如下：

$$r = \frac{\sum_{i=1}^{n} (X_i - \bar{X})(Y_i - \bar{Y})}{\sqrt{\sum_{i=1}^{n} (X_i - \bar{X})^2} \sqrt{\sum_{i=1}^{n} (Y_i - \bar{Y})^2}}$$

其中，$(X_1, X_2, \cdots, X_n)$ 和 $(Y_1, Y_2, \cdots, Y_n)$ 是两个向量，$\bar{X}$ 和 $\bar{Y}$ 是这两个向量的均值。本章参考文献 [9] 中有对如何利用皮尔森相关系数做协同过滤的介绍，感兴趣的读者可以参考学习。

3. 杰卡德系数

杰卡德系数（Jaccard Coefficient）用于计算两个集合之间的相似度，也比较适合隐式反馈类型的用户行为，假设两个标的物 p、q，操作过这两个标的物的用户分别为

$$A_p = \{u_1^p, u_2^p, \cdots, u_k^p\}, A_q = \{u_1^q, u_2^q, \cdots, u_i^q\}$$

那么杰卡德系数的计算公式如下：

$$J(A_p, A_q) = \frac{\| A_p \bigcap A_q \|}{\| A_p \bigcup A_q \|}$$

4.7.5 冷启动问题

前面在讲协同过滤算法的缺点时讲到协同过滤算法会存在严重的冷启动问题，主要表现在如下 3 个方面。

1. 用户冷启动

所谓用户冷启动就是新用户没有太多的行为，我们无法为他计算个性化推荐。这时可行的推荐策略是为这类用户推荐热门标的物、通过人工编排筛选出的标的物。如果用户只有很少的行为，协同过滤效果也不好，这时可以采用基于内容的推荐算法作为补充。

2. 标的物冷启动

所谓标的物冷启动就是指新的标的物加入系统，没有用户操作行为，这时协同过滤算法也无法将该标的物推荐给用户。可行的解决方案有如下三个。

第一个方案：这类标的物可以通过人工曝光到比较好的推荐位（如首页）上，在尽量短的时间内获得足够多的用户行为，这样就可以"启动"协同过滤算法了。这里有一个比较大的问题是，如果该标的物不是主流的标的物、不够热门，放在好的位置不光占用资源，还会影响用户体验。

　　第二个方案：在推荐算法上做一些策略，可以将这类新的标的物以一定的概率混杂在用户的推荐列表中，让这些标的物有足够多的曝光机会，在曝光过程中收集用户行为，同时该方法也可以提升用户推荐的多样性。

　　第三个方案：这类标的物也可以通过基于内容的推荐算法分发，第 3 章已经讲过内容推荐，这里不再赘述。

3. 系统冷启动

　　所谓系统冷启动，就是该产品是一个新开发不久的产品，还在发展用户初期阶段，这时协同过滤算法基本无法起作用，最好采用基于内容的推荐算法或者直接利用编辑编排一些多样性的优质内容作为推荐备选推荐集。等用户规模、用户行为足够多后再启用协同过滤算法。

4.8　本章小结

　　本章对协同过滤算法原理、工程实践进行了介绍，在工程实践上既讲解了批处理实现方案，也讲解了一种近实时的实现方案。最后对协同过滤的产品形态及应用场景、优缺点、在落地协同过滤算法中需要注意的问题进行了介绍。希望本章内容可以帮助读者更深入地了解协同过滤推荐算法。章末参考文献展示了学术界、工业界对协同过滤算法原理、实践从不同视角和场景进行的论述，具有非常大的参考价值，值得读者阅读学习。

参考文献

[1] Badrul Sarwar，George Karypis，Joseph Konstan，et al. Item-based collaborative filtering recommendation algorithms [C]. [S.l.]:WWW，2001．

[2] Mukund Deshpande，George Karypis. item-based top-n recommendation algorithms [C]. [S.l.]:ACM，2004.

[3] Yifan Hu，Yehuda Koren，Chris Volinsky. Collaborative filtering for implicit feedback datasets [C]. [S.l.]:IEEE，2008.

[4] Greg Linden，Brent Smith，Jeremy York. Amazon.com reecommendations: Item-to-item collaborative filtering [C]. [S.l.]:IEEE，2003.

[5] Yanxiang Huang，Bin Cui，Jie Jiang，et al. TencentRec: Real-time Stream Recommendation in Practice [C]. [S.l.]:SIGMOD，2016.

[6] Abhinandan Das，Mayur Datar，Ashutosh Garg，et al. Google news personalization: Scalable online collaborative flitering [C]. [S.l.]:WWW，2007.

[7] Pawel Matuszyk，João Vinagre，Myra Spiliopoulou，et al. Forgetting mechanisms for incremental collaborative filtering [C]. [S.l.]:ACM，2015.

[8] Xiao Yang，Zhaoxin Zhang，Ke Wang. calable collaborative filtering using incremental update and local link prediction [C]. [S.l.]:ACM，2012.

[9] Paul Resnick，Neophytos Iacovou，Mitesh Suchak，et al. GroupLens：An Open Architecture for Collaborative Filtering of Netnews [C]. [S.l.]:ACM，1994.

[10] Jonathan L Herlocker，Joseph A Konstan，et al. An algorithmic framework for performing collaborative filtering [C]. [S.l.]:SIGIR，1999.

[11] Xiaoyuan Su，Taghi M Khoshgoftaar. A survey of collaborative filtering techniques [C]. [S.l.]:ACM，2009.

[12] J Ben Schafer，Dan Frankowski，Jon Herlocker，et al. Collaborative filtering recommender systems [C]. [S.l.]:The Adaptive Web，LNCS 4321，pp. 291 – 324，2007.

基于朴素 ML 思想的
协同过滤算法

第 4 章介绍了经典的基于标的物的协同过滤推荐算法。本章会继续介绍 3 种协同过滤算法，这 3 种算法的思路和原理都很简单，容易理解，也易于工程实现，非常适合我们快速搭建推荐算法原型，并快速上线到真实业务场景中，作为其他更复杂算法的基线，提供效果对比参考。

具体来说，本章是利用关联规则、朴素贝叶斯（Naive Bayes）和聚类这 3 类机器学习算法来做协同过滤推荐的方法。此外，本章还会介绍 3 个基于这 3 类机器学习算法的工业级推荐系统，这 3 个推荐系统被 YouTube 和 Google 分别用于视频和新闻推荐中（其中会介绍 Google News 的两个推荐算法），这些算法在 YouTube 和 Google News 早期产品中得到采用，并且在当时的情况下效果非常不错，值得我们深入了解和学习。

5.1　基于关联规则的推荐算法

关联规则是数据挖掘领域非常经典的算法，该算法可用一个故事——"啤酒与尿布"来讲解。该故事发生在 20 世纪 90 年代的美国沃尔玛超市中，沃尔玛的超市管理人员分析销售数据时发现了一个令人难以置信的现象：在某些特定的情况下，"啤酒"与"尿布"两件看上去毫无关系的商品会经常出现在同一个购物篮（用户一次购物所买的所有商品被形象地称为一个购物篮）中，这种独特的销售现象引起了管理人员的注意，经过后续调查发现，这种现象出现在年轻的父亲身上。

在有婴儿的美国家庭中，一般是母亲在家中照看婴儿，年轻的父亲前去超市购买尿布。父亲在购买尿布的同时，往往会顺便为自己购买啤酒，这样就会出现啤酒与尿布这两件看上去毫不相干的商品经常会出现在同一个购物篮的现象。沃尔玛发现了这一独特的现象，开始尝试在卖场将啤酒与尿布摆放在相同的区域，让年轻的父亲可以方便地同时找到这两件商品，并很快地完成购物。

下面我们给出关联规则的定义，假设 $P = \{p_1, p_2, p_3, \cdots, p_n\}$ 是所有标的物的集合（对于沃尔玛超市来说，就是所有商品的集合）。关联规则一般表示为 $X \Rightarrow Y$ 的形式，其中 X、Y 是 P 的子集，并且 $X \cap Y = \phi$。关联规则 $X \Rightarrow Y$ 表示如果 X 在用户的购物篮中，那么用户有很大概率同时购买了 Y。通过定义关联规则的度量指标，一些常用的关联规则算法（如 Apriori）能够自动地发现所有关联规则。关联规则的度量指标主要是指支持度（support）和置信度（confidence），支持度是指所有的购物篮中包含 $X \cup Y$ 的比例（即 X，Y 同时出现在一次交易中的概率），而置信度是指购物篮中包含 X 同时也包含 Y 的比例（即在 X 给定的情况下，Y 出现的条件概率）。它们的定义如下：

$$支持度 = \frac{包含 X \cup Y 的交易数量}{总的交易数量}$$

$$置信度 = \frac{包含 X \cup Y 的交易数量}{包含 X 的交易数量}$$

支持度越大，包含 $X \cup Y$ 的交易样本越多，说明关联规则 $X \Rightarrow Y$ 有更多的样本来支撑，"证据" 更加充分。置信度越大，我们更有把握从包含 X 的交易中推断出该交易也包含 Y。在关联规则挖掘中，我们需要挖掘出支持度和置信度大于某个阈值的关联规则，这样的关联规则才更可信，更有说服力，泛化能力也更强。

有了关联规则的定义，下面来讲解怎样将关联规则用于个性化推荐中。对于推荐系统来说，一个购物篮即是用户操作过的所有标的物的集合。关联规则 $X \Rightarrow Y$ 表示的意思是如果用户操作过 X 中的所有标的物，那么用户很可能会喜欢 Y 中的标的物。基于上述说明，利用关联规则为用户 u 生成推荐的算法流程如下（假设 u 所有操作过的标的物集合为 A）。

1）挖掘出所有满足一定支持度和置信度（支持度和置信度大于某个常数）的关联规则 $X \Rightarrow Y$；

2）从挖掘出的所有的关联规则中筛选出所有满足 $X \subseteq A$ 的关联规则 $X \Rightarrow Y$；

3）为用户 u 生成推荐候选集，具体计算如下：

$$S = \bigcup_{X \subseteq A, X \Rightarrow Y} \{y \,|\, y \in Y, y \notin A\}$$

即将所有满足流程 2）的关联规则 $X \Rightarrow Y$ 中的 Y 合并，并剔除掉用户已经操作过的标的物，这些标的物就是待推荐给用户 u 的。对于流程 3）中的推荐候选集 S，可以按照该标的物所在关联规则的置信度的大小降序排列，对于多个关联规则生成同样的候选推荐标的物的，可以用置信度最大的那个关联规则的置信度。除了可以采用置信度外，也可以用支持度和置信度的乘积作为排序依据。对于流程 3）中排序好的标的物，可以取 top$N$ 作为推荐给用户 u 的推荐结果。

基于关联规则的推荐算法思路非常简单朴素，也易于实现，Spark MLlib 中有关联规则的两种分布式实现 FP-Growth 和 PrefixSpan，大家可以直接拿来使用（关于这两个关联规则挖掘算法的实现细节，读者可以阅读本章参考文献 [10-12]。

关于关联规则算法的介绍及怎么利用关联规则进行个性化推荐，还可以阅读本章参考文献 [4-9]。利用关联规则做推荐，是从用户的过往行为中挖掘用户的行为模式，并用于推荐，由于只用到了用户的行为数据，因此利用关联规则做推荐也是一种协同过滤算法。

5.2　基于朴素贝叶斯的推荐算法

利用概率方法来构建算法模型为用户做推荐，可以将预测评分问题看成一个分类问题，即将可能的评分离散化为有限个离散值（比如 1、2、3、4、5 一共 5 个可行的分值），那么预测用户对某个标的物的评分，就转化为用户在该标的物上的分类了（比如分为 5 个类别，这里不考虑不同类之间的有序关系）。本节就利用最简单的贝叶斯分类器来进行个性化推荐。

假设一共有 k 个不同的预测评分，我们记为 $S=\{s_1, s_2, s_3, \cdots, s_k\}$，所有用户对标的物的评分构成用户行为矩阵 $\mathbf{R}_{n \times m}$，该矩阵的 (u, i) 元素记为 r_{ui}，即用户 u 对标的物 i 的评分，取值为评分集合 S 中的某个元素。下面讲解怎么利用贝叶斯公式为用户 u 做推荐。

假设用户 u 有过评分的所有标的物记为 I_u，$I_u=\{i \mid r_{ui} \in S\}$。现在我们需要预测用户 u 对未评分的标的物 j 的评分 $r_{uj}(r_{uj} \in S)$。可以将这个过程理解为在用户已经有评分记录 I_u 的条件下，用户对新标的物 j 的评分 r_{uj} 取集合 S 中某个值的条件概率：

$$P(r_{uj}=s_p \mid 在 I_u 中有评分记录的标的物)$$

条件概率 $P(A|B)$，表示的是在事件 B 发生的情况下事件 A 发生的概率，基于贝叶斯定理，条件概率可以通过如下公式来计算：

$$P(A \mid B) = \frac{P(A) \times P(B \mid A)}{P(B)}$$

因此，回到上面的推荐问题，$\forall p \in \{1,2,3,\cdots,k\}$，我们有

$$P(r_{uj}=s_p \mid 在 I_u 中有评分记录的标的物) = \frac{P(r_{uj}=s_p) \times P(在 I_u 中有评分记录的标的物 \mid r_{uj}=s_p)}{P(在 I_u 中有评分记录的标的物)}$$

这里需要确定具体的 p 值，让上式左边 $P(r_{uj}=s_p \mid 在 I_u$ 中有评分记录的标的物) 的值最大，这个最大的值对应的 s_p 就可以作为用户 u 对未评分的标的物 j 的评分 $(r_{uj}=s_p)$。我们注意到上式右边分母的值与具体的 p 无关，因此右边分子值的大小才是最终决定公式左边值的相对大小的关键，基于该观察，可以将上式记为：

$$P(r_{uj}=s_p \mid 在 I_u 中有评分记录的标的物) \propto P(r_{uj}=s_p) \times P(在 I_u 中有评分记录的标的物 \mid r_{uj}=s_p)$$

现在的问题就是如何估计上式右边项的值，实际上基于用户评分矩阵，这些项的值是比较容易估计出来的，方法如下。

1）估计 $P(r_{uj} = s_p)$。

$P(r_{uj} = s_p)$ 其实是 r_{uj} 的先验概率，我们可以用标的物 j 评分为 s_p 的用户比例来估计该值，即

$$P(r_{uj} = s_p) = \frac{\| \{u \mid r_{uj} = s_p\} \|}{\| \{u \mid r_{uj} \in S\} \|}$$

这里分母是所有对标的物 j 有过评分的用户，而分子是将标的物 j 评分为 s_p 的用户。

2）估计 $P($ 在 I_u 中有评分记录的标的物 $\mid r_{uj} = s_p)$。

要估计 $P($ 在 I_u 中有评分记录的标的物 $\mid r_{uj} = s_p)$，需要先做一个朴素的假设，即条件无关性假设：用户 u 所有的评分 I_u 是独立无关的，也就是不同的评分之间是没有关联的，互不影响（该假设也是该算法称为朴素贝叶斯的由来）。实际上，同一用户对不同标的物的评分可能是有一定关联的，在这里做这个假设是为了计算方便，在实际使用朴素贝叶斯做推荐时效果还是很不错的，泛化能力也可以。

有了条件无关性假设，$P($ 在 I_u 中有评分记录的标的物 $\mid r_{uj} = s_p)$ 就可以用如下公式来估计了：

$$P(\text{在 } I_u \text{ 中有评分记录的标的物} \mid r_{uj} = s_p) = \prod_{i \in I_u} P(r_{ui} \mid r_{uj} = s_p)$$

而 $P(r_{ui} \mid r_{uj} = s_p)$ 可用对标的物 j 评分为 s_p 的所有用户中对标的物 i 评分为 r_{ui} 的比例来估计。即

$$P(r_{ui} \mid r_{uj} = s_p) = \frac{\| \{u \mid r_{uj} = S_p \ \& \ r_{ui} = r_{ui}\} \|}{\| \{u \mid r_{uj} = s_p\} \|}$$

有了上面的两个估计，我们利用朴素贝叶斯来计算用户对标的物的评分概率问题最终可以表示为

$$P(r_{uj} = s_p \mid \text{在 } I_u \text{ 中有评分记录的标的物}) \propto P(r_{uj} = s_p) \times \prod_{i \in I_u} P(r_{ui} \mid r_{uj} = s_p) \quad (5\text{-}1)$$

上式就是用户对标的物评分的概率估计，一般来说，我们可以采用两种方法来估计 r_{uj} 的值。

1. 类似极大似然的思路估计

该方法就是用 $\forall p \in \{1, 2, 3, \cdots, k\}$，使得 $P(r_{uj} = s_p \mid \text{在 } I_u \text{ 中有评分记录的标的物})$ 取值最大的 p 对应的 s_p 作为 r_{uj} 的估计值，即

$$\hat{r}_{uj} = \arg\max_{s_p} P(r_{uj} = s_p \mid \text{在 } I_u \text{ 中有评分记录的标的物})$$

$$= \arg\max_{s_p} P(r_{uj} = s_p) \times \prod_{i \in I_u} P(r_{ui} \mid r_{uj} = s_p)$$

该方法仅仅将用户对标的物的评分看作类别变量而忽略具体评分的数值，而下面的方法则利用了评分的具体数值。

2. 采用加权平均来估计

用户 u 对标的物 j 的估计 $\hat{r}_{uj}$ 可以取 $\{s_1, s_2, s_3, \cdots, s_k\}$ 中的任一值，基于式（5-1），取每一个值都有一个概率估计 $P(r_{uj} = s_p \mid$ 在 I_u 中有评分记录的标的物)，那么最自然的方式是可以用这个概率作为权重，利用加权平均来估计 $\hat{r}_{uj}$，具体的估计公式如下：

$$\hat{r}_{uj} = \frac{\sum_{p=1}^{k} s_p \times P(r_{uj} = s_p \mid \text{在 } I_u \text{ 中有评分记录的标的物})}{\sum_{p=1}^{k} P(r_{uj} = s_p \mid \text{在 } I_u \text{ 中有评分记录的标的物})}$$

$$= \frac{\sum_{p=1}^{k} s_p \times P(r_{uj} = s_p) \times \prod_{i \in I_u} P(r_{ui} \mid r_{uj} = s_p)}{\sum_{p=1}^{k} P(r_{uj} = s_p) \times \prod_{i \in I_u} P(r_{ui} \mid r_{uj} = s_p)}$$

有了用户对标的物评分的估计，推荐就是顺其自然的事情了。具体来说，我们可以计算出用户对所有未评分标的物的估计值，再按照估计值的大小降序取 topN 作为给用户的推荐。这里说明一下，对于采用极大似然思路的估计（即上面的第一种估计方法），因为该方法是将评分看成类别变量，那么肯定有很多标的物的估计值是一样的，这时如果需要再区别这些评分一样的标的物，可以采用估计该值时的概率大小，再进行二次排序。

采用贝叶斯方法来做推荐会存在一些问题，具体来说，我们在估计 $P(r_{uj} = s_p)$ 和 $P($ 在 I_u 中有评分记录的标的物 $\mid r_{uj} = s_p)$ 时，由于样本数据稀疏，会导致无法进行估计或者估计值鲁棒性不足的问题。比如在估计 $P(r_{uj} = s_p)$ 时，我们用公式

$$P(r_{uj} = s_p) = \frac{\| \{u \mid r_{uj} = s_p\} \|}{\| \{u \mid r_{uj} \in S\} \|}$$

来估计，从该式可以看到，如果无用户或者很少用户对标的物 j 有评分（这种情况是存在的，如 j 是新加入的标的物或者是冷门标的物），这时可能会出现用 0/0 来估计的情况，即使不是 0/0，当分子分母都很小时，估计值的波动也会很大，不够鲁棒，对估计结果影响很大。一般我们可以采用拉普拉斯平滑（Laplacian Smoothing）的方法来处理，得到更加稳定的估计值。

针对上面这个例子，下面介绍如何利用拉普拉斯平滑来处理：假设 $n_1, n_2, \cdots, n_k$ 是对标的物 j 评分分别为 $s_1, s_2, \cdots, s_k$ 的用户数，那么上面的估计就是

$$P(r_{uj} = s_p) = \frac{\| \{u \mid r_{uj} = s_p\} \|}{\| \{u \mid r_{uj} \in S\} \|}$$

$$= \frac{n_p}{\sum_{l=1}^{k} n_l}$$

增加拉普拉斯平滑后的估计公式就是

$$P(r_{uj} = s_p) = \frac{n_p + \alpha}{\sum_{d=1}^{k} n_d + k \times \alpha}$$

从这个公式可以看出，当没有用户对标的物 j 评过分时，就用 $1/k$ 来估计，这是在没有已知信息的情况下比较合理的估计。上式中 α 是光滑化因子，α 值越大，估计越光滑（鲁棒性越好），这时公式对数据就不够敏感。对于 $P(\text{在 } I_u \text{ 中有评分记录的标的物} | r_{uj} = s_p)$ 的估计，也可以采用一样的方法，这里不再赘述。

到此为止，我们讲完了怎么利用朴素贝叶斯来为用户做推荐，该方法也是只利用了用户的操作行为矩阵，所以也是一种协同过滤算法。

朴素贝叶斯方法是一个非常简单直观的方法，工程实现也非常容易，易于并行化。它对噪声有一定的"免疫力"，不太会受到个别评分不准的影响，并且也不易于过拟合（个人觉得前面介绍的条件无关性假设是泛化能力强的主要原因），一般情况下预测效果还不错，并且当用户行为不多时，也可以使用（需要利用拉普拉斯平滑来处理），而不像矩阵分解等算法，需要大量的用户行为才能进行推荐。

读者可以从本章参考文献 [13-16] 中了解更多关于利用贝叶斯及其他概率方法来做推荐的方案。

5.3　基于聚类的推荐算法

基于聚类来做推荐有两种可行的方案，一种是将用户聚类，另一种是将标的物聚类。下面简单描述一下怎么基于这两种聚类来做推荐。

5.3.1　基于用户聚类的推荐

如果我们将所有用户聚类了，就可以将该用户所在类别的其他用户操作过的标的物（但是该用户没有操作行为）推荐给该用户。具体计算公式如下，其中 Rec(u) 是给用户 u 的推荐，H 是用户所在的聚类，$A(u')$、$A(u)$ 分别是用户 u'、u 的操作历史集合。

$$\text{Rec}(u) = \bigcup_{u' \in H} \{v \in A(u') \,\&\, v \notin A(u)\}$$

那么怎么对用户聚类呢？可行的方案主要有如下几类。

1. 基于用户的人口统计学特征对用户聚类

用户的年龄、性别、地域、家庭组成、学历、收入等信息都可以作为一个特征，类别特征可以采用 one-hot 编码，所有特征最终都可以转化为数值，最终获得用户特征的向量表示，通过 K-Means 聚类算法对用户聚类。

2. 基于用户行为对用户聚类

比如采用矩阵分解就可以获得用户的嵌入表示，用户操作行为矩阵的行向量也是用户的一种向量表示，再利用 K-Means 对用户进行聚类。

3. 基于社交关系对用户聚类

如果是社交产品，用户之间的社交链条可以构成一个用户关系图，该社交图中所有的连通区域就形成了用户的一种聚类。这种推荐其实就是将你的好友喜欢的标的物推荐给你。

5.3.2　基于标的物聚类的推荐

如果有了标的物的聚类，推荐就好办了。从用户历史行为中的标的物所在的类别挑选用户没有操作行为的标的物推荐给该用户，这种推荐方式是非常直观自然的。具体计算公式如下

$$\text{Rec}(u) = \bigcup_{s \in H} \{t \in \text{Cluster}(s) \ \& \ t \neq s\}$$

其中，$\text{Rec}(u)$ 是给用户 u 的推荐，H 是用户的历史操作行为集合，$\text{Cluster}(s)$ 是标的物 s 所在的聚类。

同时，有了标的物聚类，我们还可以做标的物关联标的物的关联推荐，具体做法是将标的物 A 所在类别中的其他标的物作为关联推荐结果。

那么怎么对标的物聚类呢？可行的方法是利用标的物的 metadata 信息，采用 TF-IDF、LDA、Word2vec 等方式获得标的物的向量表示，再利用 K-Means 聚类。具体的实现细节这里不介绍（可参看第 3 章），感兴趣的读者可以自行搜索相关材料深入学习。另外，也可以基于用户的历史操作行为，获得标的物的嵌入表示（矩阵分解、Item2vec 等算法），用户行为矩阵的列向量也是标的物的一种向量表示。

本章参考文献 [17-20] 有更多关于用聚类来做推荐的算法，感兴趣的读者可以参考学习。

到此为止，我们讲完了基于关联规则、朴素贝叶斯、聚类做个性化推荐的方法。下面就基于这几个方法的思想来介绍三个工业级推荐引擎，供大家学习参考，同时也希望借助这几个工业级推荐系统的介绍加深大家对这三个方法的思路理解。

5.4　YouTube 基于关联规则思路的视频推荐算法

YouTube 基于关联规则思路的视频推荐算法（见本章参考文献 [1]）是建立在一个基本假设之上的，即，如果用户喜欢种子视频 v_i，那么用户喜欢与种子视频 v_i 相似的候选视频 v_j 的概率一定很大，候选视频 v_j 与 v_i 越相似，用户喜欢候选视频 v_j 的概率也越大。那么剩下就是怎么解决下面这两个问题了：一是如何计算两个视频的相似度，二是如何选择种子视频，下面分别进行介绍。同时，我们也会介绍最终如何给用户生成个性化推荐。

5.4.1 计算两个视频的相似度（关联度）

该算法利用的是关联规则的思路，在一定时间内（比如 24 小时内）统计被用户同时播放过的视频对 (v_i, v_j)，将播放次数计为 c_{ij}，那么候选视频 v_j 与 v_i 的相似度可以表示如下：

$$r(v_i, v_j) = \frac{c_{ij}}{f(v_i, v_j)}$$

其中 $f(v_i, v_j)$ 是一个归一化常数，会综合考虑种子视频 v_i 与候选视频 v_j 的"全局流行度"，如果我们分别记 c_i、c_j 为视频 v_i、v_j 在一段时间内总的播放次数。那么可以定义

$$f(v_i, v_j) = c_i \times c_j$$

该归一化函数是非常直观简单的，当然，用其他归一化函数也是可以的。如果用该归一化函数，对所有候选视频 v_j 来说，c_i 是一样的，所以可以忽略，其实我们是用候选视频的"全局流行度" c_j 来归一化。c_j 在分母中，这说明 c_j 越大的视频，与种子视频 v_i 的相似度会越小，该归一化方法更加偏向于偏冷门的候选视频。

上面只是一个非常简单的描述和计算公式，我们也可以将视频的 metadata、观看时间等信息整合进来计算相似度。另外，还需要处理"脏"的播放行为数据。

5.4.2 基于单个种子视频生成候选视频集

基于相似度计算公式 $r(v_i, v_j)$，我们可以选出与种子视频 v_i 最相似的 topN 候选集 R_i，一般先确定一个最小的阈值（需要相似度大于该阈值才会选出来），这也是为了避免选择很多只有很少播放量的视频（这时种子视频和候选视频被同时播放的次数也很小），导致推荐结果太差。

基于上述从种子视频选择候选视频的规则，我们可以构建一个有向图。将所有视频集合构成一个有向图，对于任何一个视频对 (v_i, v_j)，如果 $v_j \in R_i$（候选视频 v_j 在种子视频 v_i 的相似视频列表集中），那么存在一条从 v_i 到 v_j 的边，边的权重为这两个视频的相似度 $r(v_i, v_j)$。

利用该方式为种子视频生成的视频候选集，可以作为视频的关联推荐，为种子视频推荐相关的视频。

5.4.3 基于用户行为为用户生成推荐候选集

与单个视频生成候选集类似，对于单个用户也是很容易采用上面的方式生成推荐候选集的。我们可以将用户播放过的视频或者明确表示过喜欢的视频作为初始种子视频集。

对于初始种子集 S，可以采用如下方式来生成候选集。

基于上面视频的有向图解释，我们可以沿着集合 S 的有向边向外拓展，对于任意的种子视频 $v_i (v_i \in S)$，考虑它的相关视频集 R_i。我们将所有通过这种方式拓展出的视频集记为 C_1，那么有如下公式：

$$C_1(S) = \bigcup_{v_i \in S} R_i$$

一般情况下，我们计算出 C_1 就足够获得比较多的、效果还可以的、有一定多样性的推荐候选集了。但实际上，通过这种方式生成的推荐候选集种类比较狭窄，跟用户的兴趣太相似。这种方式虽然生成了用户可能感兴趣的视频，但是可能用户没有太多惊喜，会让用户沉浸在比较小的视频范围内，就像进入了一个漩涡中，无法发现更大、更精彩的世界。

为了拓展用户的推荐候选集的空间，解决上述越推越窄的问题，我们可以沿着种子视频集 S 所在的视频有向图进行 n 次向外拓展（用图论的术语，就是 n 次传递闭包），我们记 C_n 为借助种子集 S 中的某个种子视频通过不超过 n 次路由可达的所有视频组成的集合，那么有如下公式：

$$C_n(S) = \bigcup_{v_i \in C_{n-1}} R_i$$

注意，$C_0 = S$，上面的公式也与前面提到的 C_1 的公式是兼容的。最终生成的推荐候选集就是

$$C_{\text{final}} = (\bigcup_{i=0}^{N} C_i) \setminus S$$

一般 N 很小（拓展很少的几步）时就可以获得非常多具备多样性的推荐结果，即使是种子集很小的用户也是如此。拓展上述路径，我们可以为每个候选的推荐视频关联一个种子视频（基于从某个种子视频到候选视频的路径，将候选视频关联到了种子视频），该种子视频既可用于后面的推荐结果排序，也可以作为推荐解释（例如如果候选视频 v_j 是通过种子视频 v_i 获得的，我们可以用"因为你喜欢 / 看过 v_i"来作为推荐解释语，v_i 与 v_j 是通过多步相似链接在一起的，它们多少是有一些相似性的，用户从这两个视频中可以直接感知到这种相似，所以该推荐理由是有一定说服力的）。

5.4.4　推荐结果排序

通过 5.4.3 节的介绍，我们可以为用户生成推荐候选集，将用户更愿意点击的排在前面。那么这些候选集中的视频是怎么推荐给用户的呢？也即我们怎么对这些候选视频排序呢？

我们可以从视频质量、用户对视频的偏好度、多样性等几个维度来考虑。

视频质量是指视频本身的吸引力，比如视频的海报清晰度、视频播放次数、视频被点赞的次数、视频被转载的次数、视频被收藏的次数等。这些不同维度的视频质量，可以通过打分获得一个固定的质量得分，具体打分方式可以多种多样，这里不再细说。这里记视频 v 的质量为 Q_v。

通过前面的介绍我们知道，每个候选视频是通过某个种子视频沿着有向图通过若干步

的拓展获得的。如下所示,假设候选视频 v_k 是通过种子视频 v_0 经过 k 步获得的,箭头上方的 $s_1, s_2, s_3, \cdots, s_k$ 是相邻两个视频的相似度。

$$v_0 \xrightarrow{s_1} v_1 \xrightarrow{s_2} v_2 \xrightarrow{s_3} \cdots \xrightarrow{s_k} v_k$$

那么用户对视频 v_k 的偏好度可以用如下公式来计算

$$L_{u,v_k} = (\prod_{i=1}^{k} s_i) \times R_0$$

其中,R_0 是用户对视频 v_0 的偏好度及它自身的受欢迎程度,我们可以通过用户播放视频 v_0 的时长或者 v_0 的总播放量等数值来度量。

如果从 v_0 到 v_k 有多条路径,可以选择最短的路径,这是因为我们是一步一步拓展获取候选集的,如果某个视频被某一步拓展了,当被再次拓展时,就可延用前面的结果而不必再计算。

上面介绍了视频得分及用户对视频的偏好度,那么用户 u 对视频 v_k 最终的评分可以用下面公式来计算:

$$S_{u,v_k} = Q_{v_k} \times L_{u,v_k} = Q_{v_k} \times (\prod_{i=1}^{k} s_i) \times R_0$$

通过将所有候选视频按照上述公式降序排列就可以得到候选视频的排序了。利用上面公式可知,距离用户种子视频集 S 越远的视频,通过公式 $L_{u,v_k} = (\prod_{i=1}^{k} s_i) \times R_0$ 的相似性连乘得到的值也越小,那么该候选视频就有可能排在后面了。要怎样解决这个问题,从而获得多样性呢?一般可以通过限制由同一种子视频生成的候选视频的数量来获得多样性(因为同一种子视频生成的视频多少是有一些相似度的),或者限制由同一渠道产生的视频数量(比如由同一个用户上传的视频)。通过在上述排好序的推荐列表中剔除掉部分由同一种子视频生成的视频或者同一渠道产生的视频,就可以获得最终的推荐结果。

上面介绍的就是 YouTube 基于视频被用户共同观看的次数获得视频之间的相似度,进而通过视频相似度传递获得最终推荐的方法。该方法本质上就是利用关联规则的思路,只用到了用户的播放行为信息,因此也是一种协同过滤算法。

5.5　Google News 基于贝叶斯框架的推荐算法

5.2 节简单讲述了怎么利用朴素贝叶斯算法来为用户生成个性化推荐的一般思路,这一节将讲解 Google News 利用贝叶斯框架来做推荐的具体方法。Google(见本章参考文献 [2])采用另外的思路,基于用户浏览新闻的历史行为,利用贝叶斯框架来预测用户当前对新闻的兴趣,再结合协同过滤来做推荐。下面讲解其核心思想。

5.5.1　基于用户过去的行为来分析用户的兴趣点

首先将所有新闻按照事先确定好的类别分成若干类（主题）：$C = \{c_1, c_2, c_3, \cdots, c_n\}$，如 "世界" "体育" "娱乐" 等类别。

然后计算某个用户 u 在某段时间周期 t（比如按照一个月一个周期等）内的浏览行为在上述类别上的分布，记为

$$D(u,t) = \left(\frac{N_1}{N_{\text{total}}}, \frac{N_2}{N_{\text{total}}}, \cdots, \frac{N_n}{N_{\text{total}}} \right), N_{\text{total}} = \sum_i N_i \tag{5-2}$$

这里，N_i 代表用户 u 在时间周期 t 内点击主题类别 c_i 的次数。N_{total} 是该用户在这段时间周期内点击新闻的总数量。$D(u,t)$ 表示用户 u 在时间周期 t 内在各个新闻主题类别上的时间花费分布，反映了用户的兴趣分布。

新闻是有地域差异性的，同样，类似于单个用户的兴趣偏好分布，我们可以统计某个国家或者某个地区的所有用户点击行为的整体在时间周期 t 内在某新闻主题上的分布。我们将该分布记为 $D(t)$。计算方法和单个用户一样，即将该国家或地区所有用户当成一个整体来计算。

Google 通过大量的数据分析，最终得到如下 4 个结论，后面的贝叶斯框架也是基于这几个结论展开的。关于细节的分析，读者可以阅读本章参考文献 [2]。

❑ 用户的兴趣确实随着时间变化。

❑ 公众对新闻的点击分布反映了兴趣的发展趋势，并受到重大事件（如世界杯等）的影响。

❑ 不同国家 / 地区对新闻的偏好是不一样的，存在不同的发展趋势。

❑ 从某种程度上说，单个用户的兴趣变化趋势是受到该用户所在国家 / 地区的新闻趋势变化的影响的。

有了上面的基本概念和初步数据分析得到的结论作为基础，下面说明如何用贝叶斯框架来为用户的兴趣建模。

5.5.2　利用贝叶斯框架来建模用户的兴趣

我们可以将用户的兴趣分为两种：一种是用户的真实兴趣，另一种是会受到国家 / 地区大的兴趣趋势影响的临时兴趣。一方面，用户的真实兴趣是由用户的性别、年龄、受教育程度、专业等决定的，它是相对稳定的，在一定时间内不会急剧变化。另一方面，当用户觉得要读什么新闻时，是会受到用户所在区域新闻趋势的影响的，这种影响是短期的，是随着时间变化的。

基于用户点击行为模式和用户所在地群体的行为模式，通过贝叶斯框架可以很好地预测用户当前对新闻的兴趣，具体可以通过如下三个步骤来获得用户的当前兴趣。

1. 预测用户在某个时间周期内的真正兴趣

对于特定时间周期 t 内的某个用户 u，$D(u,t)$ 是用户在所有新闻主题上的点击分布，$D(t)$ 是用户所在地域整体用户的兴趣分布，代表的是兴趣趋势。我们期望学习用户从 $D(u,t)$

呈现出的而不会受到 $D(t)$ 干扰的真实兴趣。

用 $p^t(\text{click}|\text{category}=c_i)$ 来表示用户在新闻主题 c_i 上的真实兴趣，它是一个条件概率，表示在新闻主题为 c_i 的条件下，用户进行点击的概率。利用贝叶斯公式，我们可以采用如下公式来计算 $p^t(\text{click}|\text{category}=c_i)$。

$$
\begin{aligned}
\text{interest}^t(\text{category}=c_i) &= p^t(\text{click}\,|\,\text{category}=c_i)\\
&= \frac{p^t(\text{category}=c_i\,|\,\text{click})\,p^t(\text{click})}{p^t(\text{category}=c_i)}
\end{aligned}
\tag{5-3}
$$

式（5-3）中 $p^t(\text{category}=c_i|\text{click})$ 是用户点击的所有新闻中该新闻属于主题 c_i 的概率，它可以从用户的点击分布 $D(u,t)$ 中估算出（参见式 5-2），可以用 $D(u,t)$ 的第 i 个分量来估算）。

而 $p^t(\text{category}=c_i)$ 是新闻属于主题 c_i 的先验概率，也就是在时间周期 t 内所有发布的新闻属于类别 c_i 的比例，它与用户所在地域的新闻变化趋势相关，如有更多的有关主题 c_i 的新闻事件发生，那么关于主题 c_i 的新闻就会越多。我们可以用整体分布 $D(t)$ 中的第 i 个分量来近似估计 $p^t(\text{category}=c_i)$。

$p^t(\text{click})$ 是用户点击任何一个类别的文章的先验概率，与具体的文章主题无关。

从式（5-3）可知，$p^t(\text{click}|\text{category}=c_i)$ 表示用户对主题 c_i 的感兴趣程度，不同于该地区其他用户的兴趣。如果用户读了很多体育类新闻，而很多其他用户也读了体育类新闻，那么这可能是由一些体育相关热点事件引起的。相反，如果该用户阅读了大量体育新闻，而该地区其他用户很少读体育新闻，这就代表的是用户真的对体育新闻感兴趣。

2. 结合用户在不同时间周期的兴趣，获得用户精确的与时间无关的真实兴趣

前面计算了用户在一个时间周期 t 内的兴趣偏好，我们可以将用户在过去统计周期内所有时间周期的兴趣归并起来，从而综合获得用户对新闻类别的真实兴趣偏好，具体参见下面公式的计算逻辑。

$$
\begin{aligned}
\text{interest}(\text{category}=c_i) &= \frac{\sum_t \left(N^t \times \text{interest}^t(\text{category}=c_i)\right)}{\sum_t N^t}\\
&= \frac{\sum_t \left(N^t \times \dfrac{p^t(\text{category}=c_i\,|\,\text{click})\,p^t(\text{click})}{p^t(\text{category}=c_i)}\right)}{\sum_t N^t}
\end{aligned}
$$

上式中 N_t 是用户在时间周期 t 内总的新闻播放量。我们可以假设用户在所有时间周期内点击一篇新闻的先验概率是固定不变的，也即假设上式中的 $p^t(\text{click})$ 与时间周期 t 无关，记为 $p(\text{click})$。那么上式可以改写为下面的公式：

$$
\text{interest}(\text{category}=c_i) = \frac{p(\text{click}) \times \sum_t \left(N^t \times \dfrac{p^t(\text{category}=c_i\,|\,\text{click})}{p^t(\text{category}=c_i)}\right)}{\sum_t N^t}
\tag{5-4}
$$

式（5-4）就是用户的真实兴趣，该兴趣其实是用户在多个时间周期内兴趣的某种加权平均。

3. 结合用户真实兴趣和当前的新闻趋势，预测用户当前的兴趣

如前面所说，用户的兴趣可以分解为两部分，一部分是用户长期的真实兴趣，另外一部分是受到当前趋势影响的短期兴趣。前面基于用户过去的点击播放行为计算出了用户长期的真实兴趣。为了度量用户当前对新闻的短期兴趣，可用用户所在地域的所有用户在一个较短时间段（比如过去一个小时）的整体点击分布来刻画（用 $p^0(category=c_i|click)$ 来表示），由于所在地域有大量用户，在这段较短时间内也有足够多的数据来准确计算出哪些新闻主题是热门的。

我们的最终目标是预测用户在将来一段时间的点击分布，同样，也可以用贝叶斯公式得到下面的计算公式：

$$p^0(category = c_i \mid click) = \frac{p^0(click \mid category=c_i)\, p^0(category=c_i)}{p^0(click)}$$

我们用用户的真实兴趣 $interest(category=c_i)$ 即式（5-4）来估计 $p^0(click|category=c_i)$，并且假设用户点击任何一篇新闻的概率为常数，不受时间影响（即假设 $p^0(click)=p(click)$），那么上式就可以表示为（将式（5-4）代入进来）如下形式。

$$p^0(category = c_i \mid click) \propto \frac{interest(category=c_i)\, p^0(category=c_i)}{p(click)} \propto$$

$$\frac{p^0(category=c_i) \times \sum_t \left(N^t \times \dfrac{p^t(category = c_i \mid click)}{p^t(category = c_i)} \right)}{\sum_t N^t}$$

我们可以在上式中加上一个虚拟点击项，如果它跟当前新闻趋势的概率分布 $p^0(category=c_i)$ 同分布，那么用户在未来短时间内对新闻的兴趣偏好概率最终变为

$$p^0(category = c_i \mid click) \propto \frac{p^0(category=c_i) \times \left(\sum_t \left(N^t \times \dfrac{p^t(category = c_i \mid click)}{p^t(category = c_i)} \right) + G \right)}{\sum_t N^t + G} \quad （5\text{-}5）$$

式（5-5）中的 G 就是虚拟点击数（在本章参考文献 [2] 中取值为 10），它可以看成是一个光滑化的因子，当某个用户只有非常少的点击历史时，这时是用当前的新闻趋势（$p^0(category=c_i)$）来预估该用户的点击概率，这在没有太多该用户历史数据的情况下是一个合理的估计。当 $\sum_t N^t$ 远远大于 G 时，上式就可以忽略 G，还原为用户真实的点击分布预估。

预估用户将来短时间内的兴趣分布的方法有一个重要优点，就是我们可以增量地计算

用户的点击分布，可以将过去每个时间周期 t 对应的 N^t 和 $\dfrac{p^t(\text{category} = c_i \mid \text{click})}{p^t(\text{category} = c_i)}$ 的值事先存起来，当更新用户的兴趣偏好概率时，只需要将最近一个时间周期的值计算出来，利用式（5-5）及预先存下来的过去时间段的值就可以得到用户最新的兴趣偏好分布。

5.5.3 为用户做个性化推荐

为了对推荐候选集进行排序以获得最终的推荐结果，该推荐算法计算出两个统计量：一个是 IF(article)，称为信息过滤得分，另外一个是 CF(article)，即协同过滤得分（利用协同过滤算法预测的用户对新闻的得分，可以利用本章参考文献 [3] 中的方法得到）。其中 IF(article) 的计算过程是这样的，先获得该文章的类别 c_i，再基于式（5-5）得到用户对类别 c_i 的偏好概率，并以该值作为 IF(article) 的值。我们将这两个得分相乘，最终利用如下的公式来计算用户对某个新闻的兴趣得分。

$$\text{Rec(article)} = \text{IF(article)} \times \text{CF(article)}$$

最终基于上述公式计算出该用户对所有新闻的得分，取得分最高的 top$N$ 作为最终的推荐结果。经过 Google News 上的验证，该方法相比单独采用协同过滤有更好的预测效果。

该方法利用用户过去及用户所在地区的点击行为来预测用户当前对新闻的偏好概率，再与协同过滤结合进行最终的推荐。预测用户兴趣偏好概率的过程只用到了用户及用户所在地域全体用户对新闻的点击数据，因此也是一种协同过滤方法。关于实现方案的细节，可以阅读本章参考文献 [2] 以进一步了解。

5.6 Google News 基于用户聚类的推荐算法

本章参考文献 [3] 中利用了 3 种模型来预估一个用户对一条新闻的评分，最终通过加权平均获得用户对新闻的最终评分，其中第三种方法 covisitation 的思想在 4.4 节中有详细讲解，本质上是一种关联规则的思路，这里不再介绍。另外两种算法分别是基于 MinHash 和 PLSI 聚类的方法，在这里只介绍 MinHash 算法，对于 PLSI 算法，读者可以自行阅读本章参考文献 [3] 来了解。

5.6.1 基于 MinHash 聚类

对于用户 u，他的点击历史记为 C_u。那么两个用户 u_i、u_j 的相似度可以用 Jaccard 系数来表示：

$$S(u_i, u_j) = \frac{\| C_{u_i} \bigcap C_{u_j} \|}{\| C_{u_i} \bigcup C_{u_j} \|}$$

有了两个用户之间的相似度，我们可以非常形式化地将相似用户点击过的新闻通过上面的相似度加权推荐给用户 u。但是用户数和新闻数都是天文数字，无法在极短时间内为大量用户完成计算。这时，我们可以采用 LSH（Locality Sensitive Hashing）的思路来计算，大大降低计算复杂度。LSH 的核心思想是，对于一组数据（对于我们这个场景来说，这一组数据就是用户的历史点击记录 C_u），可以用一组哈希函数来获得哈希值，如果两组数据非常相似，那么哈希值冲突的概率就越大，而冲突率是等于这两组数据的相似度的。当我们用 Jaccard 系数来计算用户点击历史的相似度时，LSH 就叫作 MinHash。

下面先来说明怎样为一个用户 u 计算哈希值，所有新闻集为 C，我们对集合 C 进行一次随机置换，置换后的有序集合记为 $P=\{i_0, i_1, \cdots, i_k, \cdots, i_m\}$（$\|C\|=m+1$，即一共有 $m+1$ 条新闻），计算用户 u 的哈希值为

$$h(u) = \min_k \{k \mid i_k \in C_u \wedge 0 \leqslant k \leqslant m\}$$

上式表示按顺序从左到右数，P 中第一个包含在 C_u 中的元素的下标就是 u 的哈希值。

可以证明（有兴趣的读者可以自行证明，或者参考相关参考文献），两个用户 u_1、u_2 的哈希值冲突（值一样）的概率就是 u_1、u_2 用 Jaccard 系数计算的相似度。所以我们可以将 MinHash 认为是一种概率聚类方法，对应的哈希值就是一个类 $D_a=\{u|h(u)=a\}$，所有哈希值为 a 的用户聚为一类 D_a。

我们可以取 p 个置换（即 p 个哈希函数），将这 p 个哈希函数得到的哈希值拼接起来，那么对于两个用户 u_1、u_2，这 p 个拼接起来的哈希值完全一样的概率就等于 $S(u_1, u_2)^p$。很显然，通过将 p 个哈希值拼接起来得到的聚类更精细（p 个哈希值都相等的用户肯定更少，所以类 D_a 更小，更精细），并且相似度也会更高。从找用户最近的领域（最相似的用户）的角度来看，将 p 个哈希值拼接起来的方法的精准度更高，但是召回率更低（聚类更小了，因此召回的新闻更少了，所以一般召回率就降低了），为了提升召回率，获得更多的相似用户，我们可以将这个过程并行进行 q 次，最终每个用户获得 q 个聚类，相当于进行了 q 次召回，在论文中作者建议 p 取 2 ～ 4，q 取 10 ～ 20。

在实际的工程实践上，由于新闻数量太大，因此进行置换操作的耗时也很大，可以采用简化的思路（精度会打折扣），对于上面提到的 $p \times q$ 个哈希函数（置换），我们事先取 $p \times q$ 个独立的随机种子值与之一一对应，每个随机种子就是哈希函数的替代。对于每个新闻及每个种子值，我们利用该种子值和该新闻的 id（整数值），再利用一个特定的哈希函数 H 来计算哈希值，该哈希值是利用前面讲的置换后该新闻的下标的最小值，那么采用这种方法后用户 u 的哈希计算公式如下：

$$H(u) = \min\{H(\mathrm{Id}(i), \mathrm{seed}) \mid i \in C_u\}$$

该方法不需要对新闻集进行置换，会大大减少计算量，并且只要这个特定哈希函数 H 的取值范围在 0 到 $2^{64}-1$ 之间，那么冲突概率就会比较小，这种近似的 MinHash 函数与真正的通过置换产生的 MinHash 函数的性质是近似的。

上面讲解了 MinHash 聚类的算法实现细节，具体工程实现中可以用 Hadoop 或者 Spark 等分布式计算平台来并行计算，这里不细说。我们可以将每个用户的聚类及每个聚类包含的用户用倒排索引表的格式存储起来，方便后面做推荐时查阅。

5.6.2　基于聚类为用户做推荐

有了用户的聚类，我们可以采用如下步骤来为单个用户生成个性化推荐，每个用户的推荐策略是一样的，所以可以采用分布式计算平台 Spark 等工具来并行化处理。

步骤 1：计算出用户 u 对新闻 s 的评分。

步骤 2：计算出用户 u 对所有新闻的评分。

步骤 3：将所有新闻评分降序排列，取 top$N$ 作为该用户的推荐。

步骤 2 和 3 是非常简单的处理，这里重点来说一下步骤 1，即怎么计算用户 u 对新闻 s 的评分。首先可以得到用户 u 所属的所有类别 $C = \{c_1^u, c_2^u, c_3^u, \cdots, c_k^u\}$，对于每个类别 c_i^u，取出该类别中所有的用户对新闻 s 的点击次数之和（我们可以事先将每个类别中用户点击过的新闻及次数存储起来，方便查找），再除以该类别所有点击之和，得到该类别对新闻 s 的评分，那么用户 u 所属的类别对新闻 s 的总评分为：

$$S = \sum_{i=1}^{k} \frac{\text{Click}(c_i^u, s)}{\text{Click}(c_i^u)}$$

这里的 $\text{Click}(c_i^u, s)$ 即刚刚提到的类 c_i^u 中所有用户对新闻 s 的点击次数之和，$\text{Click}(c_i^u)$ 是类 c_i^u 所有用户的所有点击次数之和。上式计算出的 s 表示了用户 u 对新闻 s 的评分。

至此，基于笔者自己的理解，简单介绍完了 Google News 基于用户聚类的推荐算法。该方法也只用到了用户及其他用户的新闻点击行为，因此也是一种协同过滤算法，该算法的细节可以参考本章参考文献 [3]。参考文献 [17-20] 有更多关于用聚类来做推荐的算法，感兴趣的读者可以参考学习。

5.7　本章小结

本章讲解了关联规则、朴素贝叶斯、聚类这 3 类基础机器学习算法用于个性化推荐的理论知识，同时从算法原理和工程实现的角度简单总结了 YouTube 和 Google News 的三篇分别采用关联规则、朴素贝叶斯、聚类思路来做推荐的论文。这几篇论文有很强的工程指导意义，值得读者学习。

虽然这些算法原理简单、容易理解，但是这些算法却在工业界有过非常好的应用，在当时算是非常优秀的算法。这些算法现在可能看起来太简单了，也可能不会用在现在的推荐系统上，但它们朴素的思想下面蕴含的是深刻的道理，值得推荐从业者学习、思考、借鉴，希望读者可以很好地理解它们，并吸收这些朴素思想背后的精华。

参考文献

[1] James Davidson，Benjamin Liebald，Junning Liu，et al. The YouTube Video Recommendation System [C]. [S.l.]:RecSys，2010.

[2] Jiahui Liu，Peter Dolan，Elin Rønby Pedersen. Personalized News Recommendation Based on Click Behavior [C]. [S.l.]:Proceedings of the 2010 International Conference on Intelligent User Interfaces，2010.

[3] Abhinandan Das，Mayur Datar，Ashutosh Garg，et al. Google news personalization: Scalable online collaborative fflitering [C]. [S.l.]:WWW，2007.

[4] J J Sandvig，Bamshad Mobasher，Robin Burke. Robustness of collaborative recommendation based on association rule mining [C]. [S.l.]:ACM，2007.

[5] Badrul Sarwar，George Karypis，Joseph Konstan，et al. Analysis of recommendation algorithms for e-commerce [C]. [S.l.]:ACM，2000.

[6] Rakesh Agrawal，Ramakrishnan Srikant. Fast algorithms for mining association rules [C]. [S.l.]:VLDB Conference，1994.

[7] Weiyang Lin，Sergio A Alvarez，Carolina Ruiz. Efficient adaptive-support association rule mining for recommender systems [C]. [S.l.]:Data Mining and Knowledge Discovery，2002.

[8] Xiaobin Fu，Jay Budzik，Kristian J Hammond. Mining navigation history for recommendation [C]. [S.l.]:Proceedings of the 5th international conference on Intelligent user interfaces，2000.

[9] Mei-Ling Shyu，C Haruechaiyasak，Shu-Ching Chen，et al. Collaborative filtering by mining association rules from user acess sequences [C]. [S.l.]:Web Information Retrieval and Integration，2005.

[10] Jiawei Han，Jian Pei，Yiwen Yin，et al. Mining frequent patterns without candidate generation [C]. [S.l.]:Data Mining and Knowledge Discovery，2004.

[11] Haoyuan Li，Yi Wang，Dong Zhang，et al. Pfp: parallel fp-growth for query recommendation [C]. [S.l.]:RecSys，2008.

[12] Jian Pei，Jiawei Han，B Mortazavi-Asl，et al. Mining sequential patterns by pattern-growth: the PrefixSpan approach [C]. [S.l.]:IEEE，2004.

[13] John S Breese，David Heckerman，Carl Kadie. Empirical analysis of predictive algorithms for collaborative filtering [C]. [S.l.]:Proceedings of the Fourteenth conference on Uncertainty in artificial intelligence，1998.

[14] Yung-Hsin Chen，Edward I George. A Bayesian model for collaborative filtering [C]. [S.l.]:AISTATS，1999.

[15] Koji Miyahara，Michael J Pazzani. Collaborative filtering with the simple Bayesian classifier [C]. [S.l.]:PRICAI，2000.

[16] Kai Yu, Anton Schwaighofer, Volker Tresp, et al. Probabilistic memory-based collaborative filtering [C]. [S.l.]:IEEE, 2004.

[17] LH Ungar, DP Foster. Clustering methods for collaborative filtering [C]. [S.l.]:AAAI workshop on recommendation systems, 1998.

[18] Sonny Han Seng Chee, Jiawei Han, Ke Wang. Rectree: A efficient collaborative filtering method [C]. [S.l.]:Data Warehousing and Knowledge Discovery, 2001.

[19] Gui-Rong Xue, Chenxi Lin, Qiang Yang, et al. Scalable collaborative filtering using cluster-based smoothing [C]. [S.l.]:SIGIR, 2005.

[20] T Hofmann, J Puzicha. Latent class models for collaborative filtering [C]. [S.l.]:IJCAI, 1999.

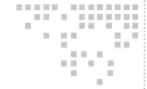

矩阵分解推荐算法

第 4 章介绍了基于用户（user-based）和基于标的物（item-based）的协同过滤算法，这类协同过滤算法是基于邻域的算法（也称为基于内存的协同过滤算法），该算法不需要模型训练，基于非常朴素的"物以类聚、人以群分"的思想就可以为用户生成推荐结果。还有一类基于隐因子（模型）的协同过滤算法也非常重要，这类算法的重要代表就是本章要讲的矩阵分解推荐算法。矩阵分解推荐算法是 2006 年 Netflix 推荐大赛获奖的核心算法，在整个推荐系统发展史上具有举足轻重的地位，对促进推荐系统的大规模发展及工业应用功不可没。

本章会从矩阵分解算法的核心思想、矩阵分解的算法原理、矩阵分解算法的求解方法、矩阵分解算法的拓展与优化、近实时矩阵分解算法、矩阵分解算法的应用场景、矩阵分解算法的优缺点等 7 个方面来讲解。希望通过本章的学习，读者可以很好地了解矩阵分解的算法原理与工程实现，并且具备自己动手实践矩阵分解算法的能力，尝试将矩阵分解算法应用到推荐业务中。

6.1 矩阵分解推荐算法的核心思想

第 4 章中讲过，根据协同过滤推荐算法，用户的操作行为可以转化为如图 6-1 所示的用户行为矩阵。其中，R_{ij} 是用户 i 对标的物 j 的评分，如果是隐式反馈，值为 0 或者 1（隐式反馈可以通过一定的策略转化为得分），本文主要用显式反馈（用户的真实评分）来讲解矩阵分解算法，对于隐式反馈，会在 6.4.5 节中专门讲

$$
\begin{pmatrix}
R_{11} & R_{12} & \cdots & R_{1m} \\
R_{21} & R_{22} & \cdots & R_{2m} \\
\hline
R_{n1} & R_{n2} & \cdots & R_{nm}
\end{pmatrix}
$$

图 6-1　用户对标的物的操作行为矩阵

解和说明。

矩阵分解算法是将用户评分矩阵 $\boldsymbol{R}$ 分解为两个矩阵 $\boldsymbol{U}_{n \times k}$、$\boldsymbol{V}_{k \times m}$ 的乘积。

$$\boldsymbol{R}_{n \times m} = \boldsymbol{U}_{n \times k} * \boldsymbol{V}_{k \times m}$$

其中，$\boldsymbol{U}_{n \times k}$ 代表用户特征矩阵，$\boldsymbol{V}_{k \times m}$ 代表标的物特征矩阵。

某个用户对某个标的物的评分，就可以采用矩阵 $\boldsymbol{U}_{n \times k}$ 对应的行（该用户的特征向量）与矩阵 $\boldsymbol{V}_{k \times m}$ 对应的列（该标的物的特征向量）的乘积（内积）。有了用户对标的物的评分就很容易为用户做推荐了。具体可以采用如下方式。

首先将用户特征向量 $(u_1, u_2, \cdots, u_k)$ 乘以标的物特征矩阵 $\boldsymbol{V}_{k \times m}$，最终得到用户对每个标的物的评分 $(r_1, r_2, \cdots, r_m)$，如图 6-2 所示。

$$(u_1, u_2, \cdots, u_k) * \begin{pmatrix} v_{11} & v_{12} & \cdots & v_{1m} \\ v_{21} & v_{21} & \cdots & v_{2m} \\ \cdots & \cdots & \cdots & \cdots \\ v_{k1} & v_{k2} & \cdots & v_{km} \end{pmatrix}_{k \times m} = (r_1, r_2, \cdots, r_m)$$

图 6-2 为用户计算所有标的物评分

得到用户对标的物的评分 $(r_1, r_2, \cdots, r_m)$ 后，从该评分中过滤掉用户已经操作过的标的物，并针对剩下的标的物得分做降序排列取 topN 推荐给用户。

矩阵分解算法的核心思想是将用户行为矩阵分解为两个低秩矩阵的乘积，通过分解，分别将用户和标的物嵌入到同一个 k 维的向量空间（k 一般很小，几十到上百），用户向量和标的物向量的内积代表了用户对标的物的偏好度。所以，矩阵分解算法本质上也是一种嵌入方法（第 9 章介绍嵌入方法在推荐系统中的应用）。

我们称 k 维向量空间的每一个维度是隐因子（latent factor），之所以叫隐因子，是因为每个维度不具备与现实场景对应的具体可解释的含义，所以矩阵分解算法也是一类隐因子算法。这 k 个维度代表的是某种行为特性，但是这个行为特性又是无法用具体的特征解释的，从这点也可以看出，矩阵分解算法的可解释性不强，我们比较难以解释矩阵分解算法为什么这么推荐。

矩阵分解的目的是通过机器学习的手段将用户行为矩阵中缺失的数据（用户没有评分的元素）填补完整，最终达到可以为用户做推荐的目的。

讲完了矩阵分解算法的核心思路，那么如何利用机器学习算法来对矩阵进行分解呢？这就是下节要讲的主要内容。

6.2 矩阵分解推荐算法的算法原理

前面只是很形式化地描述了矩阵分解算法的核心思想，本节详细讲解如何将矩阵分解问题转化为一个机器学习问题，从而方便我们训练机器学习模型、求解该模型，具备最终为用户做推荐的能力。

假设由所有用户有评分的 (u,v) 对（u 代表用户，v 代表标的物）组成的集合为 A，即 $A = \{(u,v) \mid r_{uv} \neq \phi\}$，通过矩阵分解将用户 u 和标的物 v 嵌入 k 维隐式特征空间的向量分别为

$$u \leftarrow \boldsymbol{p}_u = (u_1, u_2, \cdots, u_k)$$
$$v \leftarrow \boldsymbol{q}_v = (v_1, v_2, \cdots, v_k)$$

那么用户 u 对标的物 v 的预测评分为 $\hat{r}_{uv} = \boldsymbol{p}_u \times \boldsymbol{q}_v^{\mathrm{T}}$，真实值与预测值之间的误差为 $\Delta r = r_{uv} - \hat{r}_{uv}$。预测得越准，$\|\Delta r\|$ 越小，针对所有 (u,v) 对，如果我们可以保证这些误差之和尽量小，那么有理由认为我们的预测是精准的。

有了上面的分析，就可以将矩阵分解转化为一个机器学习问题了。具体地说，我们可以将矩阵分解转化为如下等价的求最小值的最优化问题。

$$\min_{\boldsymbol{p}^*, \boldsymbol{q}^*} \sum_{(u,v) \in A} (r_{uv} - \boldsymbol{p}_u * \boldsymbol{q}_v^{\mathrm{T}})^2 + \lambda(\|\boldsymbol{p}_u\|^2 + \|\boldsymbol{q}_v\|^2) \tag{6-1}$$

其中 λ 是超参数，可以通过交叉验证等方式来确定，$\|\boldsymbol{p}_u\|^2 + \|\boldsymbol{q}_v\|^2$ 是正则项，避免模型过拟合。通过求解该最优化问题，我们就可以获得用户和标的物的特征嵌入（用户的特征嵌入 $\boldsymbol{p}_u$，就是上一节中用户特征矩阵 $\boldsymbol{U}_{n \times k}$ 的行向量，同理，标的物的特征嵌入 $\boldsymbol{q}_v$ 就是标的物特征矩阵 $\boldsymbol{V}_{k \times m}$ 的列向量），有了特征嵌入，就可以为用户做个性化推荐了。

那么剩下的问题就是怎么求解上述最优化问题了，这是下一节主要讲解的内容。

6.3　矩阵分解推荐算法的求解方法

对于上一节讲到的最优化问题，在工程上一般有两种求解方法，即随机梯度下降（Stochastic Gradient Descent，SGD）和交替最小二乘法（Alternating Least Squares，ALS）。下面分别讲解这两种方法的实现原理。

6.3.1　利用 SGD 来求解矩阵分解

假设用户 u 对标的物 v 的评分为 r_{uv}，u、v 嵌入 k 维隐因子空间的向量分别为 $\boldsymbol{p}_u$、$\boldsymbol{q}_v$，我们定义真实评分和预测评分的误差为 e_{uv}，公式如下：

$$e_{uv} \overset{\mathrm{def}}{=} r_{uv} - \boldsymbol{p}_u * \boldsymbol{q}_v^{\mathrm{T}}$$

式（6-1）对应的最优化问题的目标函数如下：

$$f(\boldsymbol{p}_u, \boldsymbol{q}_v) = \sum_{(u,v) \in A} (r_{uv} - \boldsymbol{p}_u * \boldsymbol{q}_v^{\mathrm{T}})^2 + \lambda(\|\boldsymbol{p}_u\|^2 + \|\boldsymbol{p}_v\|^2) \tag{6-2}$$

$f(\boldsymbol{p}_u, \boldsymbol{q}_v)$ 对 $\boldsymbol{p}_u$、$\boldsymbol{q}_v$ 求偏导数，具体计算如下：

$$\frac{\partial f(\boldsymbol{p}_u, \boldsymbol{q}_v)}{\partial \boldsymbol{p}_u} = -2(r_{uv} - \boldsymbol{p}_u * \boldsymbol{q}_v^{\mathrm{T}})\boldsymbol{q}_v + 2\lambda * \boldsymbol{p}_u = -2(e_{uv}\boldsymbol{q}_v - \lambda \boldsymbol{p}_u)$$

$$\frac{\partial f(\boldsymbol{p}_u, \boldsymbol{q}_v)}{\partial \boldsymbol{q}_v} = 2(r_{uv} - \boldsymbol{p}_u * \boldsymbol{q}_v^{\mathrm{T}})\boldsymbol{p}_u + 2\lambda * \boldsymbol{q}_v = -2(e_{uv}\boldsymbol{p}_u - \lambda\boldsymbol{q}_v)$$

有了偏导数，再沿着导数（梯度）相反的方向更新 $\boldsymbol{p}_u$、$\boldsymbol{q}_v$，最终我们可以采用如下公式来更新 $\boldsymbol{p}_u$、$\boldsymbol{q}_v$。

$$\boldsymbol{p}_u \leftarrow \boldsymbol{p}_u + \gamma(e_{uv}\boldsymbol{q}_v - \lambda\boldsymbol{p}_u)$$
$$\boldsymbol{q}_v \leftarrow \boldsymbol{q}_v + \gamma(e_{uv}\boldsymbol{p}_u - \lambda\boldsymbol{q}_v)$$

上式中 γ 为步长超参数，也称为学习率（导数前面的系数 2 可以吸收到参数 γ 中），取大于零的较小值。$\boldsymbol{p}_u$、$\boldsymbol{q}_v$ 先可以随机取值，通过上述公式不断更新 $\boldsymbol{p}_u$、$\boldsymbol{q}_v$，直到收敛到最小值（一般是局部最小值），最终求得所有的 $\boldsymbol{p}_u$、$\boldsymbol{q}_v$。

SGD 方法一般可以快速收敛，但是对于海量数据，单机无法承载这么大的数据量，所以在单机上是无法或者在较短的时间内无法完成上述迭代计算的，这时可以采用 ALS 方法来求解，该方法可以非常容易地进行分布式拓展。

6.3.2 利用 ALS 来求解矩阵分解

ALS 是一个高效的求解矩阵分解的算法，目前 Spark MLlib 中的协同过滤算法就是基于 ALS 求解的矩阵分解算法，它可以很好地拓展到分布式计算场景，轻松应对大规模训练数据的情况（本章参考文献 [6] 中有 ALS 分布式实现的详细说明）。下面对 ALS 算法原理及特点做一个简单介绍。

ALS 算法的原理基本就是它的名字表达的意思，通过交替优化求得极小值。一般过程是先固定 $\boldsymbol{p}_u$，那么式（6-2）就变成了一个关于 $\boldsymbol{q}_v$ 的二次函数，可以作为最小二乘问题来解决，求出最优的 $\boldsymbol{q}_v^*$ 后，固定 $\boldsymbol{q}_v^*$，再解关于 $\boldsymbol{p}_u$ 的最小二乘问题，交替进行直到收敛。对工程实现有兴趣的读者可以参考 Spark ALS 算法的源码。相比 SGD 算法，ALS 算法有如下两个优势。

1. 可以并行处理

从上面 $\boldsymbol{p}_u$、$\boldsymbol{q}_v$ 的更新公式中可以看到，在固定 $\boldsymbol{p}_u$ 后，迭代更新 $\boldsymbol{q}_v$ 时每个 $\boldsymbol{q}_v$ 只依赖自己，不依赖于其他标的物的特征向量，所以可以将不同 $\boldsymbol{q}_v$ 的更新放到不同的服务器上执行。同理，$\boldsymbol{q}_v$ 在固定后，迭代更新 $\boldsymbol{p}_u$ 时每个 $\boldsymbol{p}_u$ 只依赖自己，不依赖于其他用户的特征向量，一样可以将不同用户的更新公式放到不同的服务器上执行。Spark ALS 算法就是采用这样的方式做到并行的。

2. 对于隐式特征问题比较合适

用户真正的评分是很稀少的，所以利用隐式行为是更好的选择（其实也是不得已的选择）。利用了隐式行为后，用户行为矩阵就不会那么稀疏了，即有非常多的 (u, v) 对是非空的，计算量会更大，这时采用 ALS 算法是更合适的，因为固定 $\boldsymbol{p}_u$ 或者 $\boldsymbol{q}_v$ 让整个计算问题更加简单，容易求目标函数的极值。读者可以阅读本章参考文献 [5]，进一步了解隐式反馈利用 ALS 算法实现的原因及细节（Spark MLlib 中的 ALS 算法即是参考该论文来实现的）。

6.4　矩阵分解推荐算法的拓展与优化

前面几节对矩阵分解的原理及求解方法进行了介绍，我们知道矩阵分解算法是一类非常容易理解并易于分布式实现的算法。不仅如此，矩阵分解算法的框架还是一个非常容易拓展的框架，可以整合非常多的其他信息和特性到该框架之下，从而丰富模型的表达空间，提升预测的准确度。本节总结和梳理一下矩阵分解算法可以进行哪些拓展与优化。

6.4.1　整合偏差项

在 6.2 节，用户 u 对标的物 v 的评分采用公式 $\hat{r}_{uv} = p_u * q_v^{\mathrm{T}}$ 来预测，但是不同的人对标的物的评价可能是不一样的，有的人倾向于给更高的评分，而有的人倾向于给更低的评分。对于同一个标的物，也会受到外界其他信息的干扰，影响人们对它的评价（比如可能由于主演的热点事件导致某视频突然火爆），这两种情况是由用户和标的物引起的偏差（bias）。我们可以在这里引入偏差项，将评分表中观察到的值分解为 4 个部分：全局均值（global average）、标的物偏差（item bias）、用户偏差（user bias）和用户标的物交叉项（user-item interaction）。这时，我们可以用如下公式来预测用户 u 对标的物 v 的评分：

$$\hat{r}_{uv} = \mu + b_v + b_u + p_u * q_v^{\mathrm{T}}$$

其中 μ 是全局均值，b_v 是标的物偏差，b_u 是用户偏差，$p_u * q_v^{\mathrm{T}}$ 是用户与标的物交叉项。那么最终的优化问题就转化为

$$\min_{p^*,q^*,b_v^*,b_u^*} \sum_{(u,v)\in A} (r_{uv} - \mu - b_v - b_u - p_u * q_v^{\mathrm{T}})^2 + \lambda(\| p_u \|^2 + \| q_v \|^2 + b_v^2 + b_u^2)$$

该优化问题同样可以采用 SGD 或者 ALS 算法来优化，该方法在开放数据集及工业实践上都被验证比不整合偏差项的方法有更好的预测效果（见本章参考文献 [8]）。

6.4.2　增加更多的用户信息输入

由于用户一般只对很少的标的物评分，导致评分过少，可能无法给该用户做出较好的推荐，这时可以通过引入更多的信息来缓解评分过少的问题。具体来说，我们可以整合用户隐式反馈（收藏、点赞、分享等）和用户人口统计学信息（年龄、性别、地域、收入等）到矩阵分解模型中。

对于隐式反馈信息，我们用 $I(u)$ 来表示用户有过隐式反馈的标的物集合。$\forall v \in I(u)$，$x_v \in \boldsymbol{R}^k$ 是用户对标的物 v 的隐式反馈的嵌入特征向量（这里为了简单起见，不区分用户的各种隐式反馈，只要用户做了一次隐式反馈，就认为有隐式反馈，即采用布尔代数的方式

来处理隐式反馈）。那么对用户所有的隐式反馈 $I(u)$，累计的特征贡献为

$$\sum_{v \in I(u)} \boldsymbol{x}_v$$

我们可以对上式进行如下归一化处理

$$|I(u)|^{-0.5} \times \sum_{v \in I(u)} \boldsymbol{x}_v$$

对于用户人口统计学信息，假设 $S(u)$ 是用户的所有人口统计学属性构成的集合，则 $\forall a \in S(u)$，$\boldsymbol{y}_a \in \boldsymbol{R}^k$ 是属性 a 在嵌入特征向量空间的表示。那么用户 u 所有的人口统计学信息可以综合表示为

$$\sum_{a \in S(u)} \boldsymbol{y}_a$$

最终整合了用户隐式反馈和人口统计学信息后（包括偏差项）的用户预测公式可以表示为：

$$\hat{r}_{uv} = \mu + b_v + b_u + (\boldsymbol{p}_u + |I(u)|^{-0.5} \times \sum_{v \in I(u)} x_v + \sum_{a \in S(u)} \boldsymbol{y}_a) * \boldsymbol{q}_v^{\mathrm{T}}$$

同样，我们可以写出最终的优化目标函数。由于公式太长，这里不写出来了。该模型也可以用 SGD 和 ALS 算法来求解。

6.4.3 整合时间因素

到目前为止，我们的模型都是静态的。实际上，用户的偏好、用户对标的物的评分趋势，以及标的物的受欢迎程度都是随着时间变化的（本章参考文献 [11] 对怎样在协同过滤中整合时间因素有更深入的介绍）。

拿电影来说，用户可能原来喜欢爱情类电影，后面可能转而喜欢科幻类、喜剧类电影，所以我们用包含时间的 $\boldsymbol{p}_u(t)$ 来表示用户的偏好特性向量。用户开始对某个视频偏向于打高分，经过一段时间后，用户看的电影多了起来，审美越来越挑剔，因此，我们可以用包含时间的 $b_u(t)$ 来表示用户偏差随着时间而变化。对于标的物偏差也一样，一个电影可能开始不是很火，但是如果它的主演后面演了一部非常火的电影，也会将原来的电影热度带到一个新的高度。比如，2019 年李现演的《亲爱的，热爱的》比较火，导致李现人气高涨，他原来演的《南方有乔木》的百度搜索指数也在《亲爱的，热爱的》播出期间高涨（见图 6-3）。因此，我们可以用包含时间的 $b_v(t)$ 来表示标的物偏差随着时间的变化而变化的趋势。我们可以认为标的物本身的特征 $\boldsymbol{q}_v$ 是稳定的，它代表的是标的物本身的固有属性或者品质，所以不会随着时间而变化。

基于上面的分析，整合时间因素后最终的预测用户评分的公式可以表达为

$$\hat{r}_{uv}(t) = \mu + b_v(t) + b_u(t) + \boldsymbol{p}_u(t) * \boldsymbol{q}_v^{\mathrm{T}}$$

整合时间因素的模型效果是非常好的，具体可以阅读本章参考文献 [8] 以进一步了解。

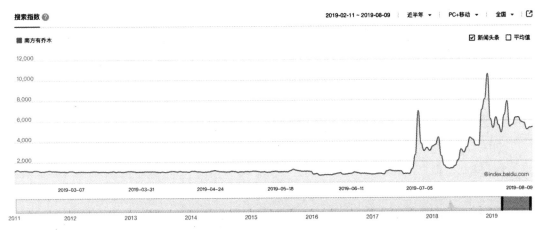

图 6-3　《南方有乔木》在《亲爱的，热爱的》播出期间的百度搜索指数

6.4.4　整合用户对评分的置信度

一般来说，用户对不同标的物的评分不是完全可信的，可能会受到外界其他因素的影响，比如某个视频播出后，主播发生了热点事件，肯定会影响用户对该视频的评价，节假日、特殊事件也会影响用户的评价。对于隐式反馈，一般我们用 0 和 1 来表示用户是否喜欢该标的物，多少有点绝对，更好的方式是引入一个喜欢的概率 / 置信度，用户对该标的物操作次数越多、时间越长、付出越大，相应的置信度也越大。因此，我们可以在用户对标的物的评分中增加一个置信度的因子 c_{uv}，那么最终的优化公式就变为

$$\min_{p*,q*,b_v^*,b_u^*,c_{uv}^*} \sum_{(u,v)\in A} c_{uv}(r_{uv}-\mu-b_v-b_u-\boldsymbol{p}_u*\boldsymbol{q}_v^{\mathrm{T}})^2 + \lambda(\|\boldsymbol{p}_u\|^2 + \|\boldsymbol{q}_v\|^2 + b_v^2 + b_u^2 + c_{uv}^2)$$

6.4.5　隐式反馈

本章参考文献 [5] 中有对隐式反馈矩阵分解算法的详细介绍，这里对一些核心点进行讲解，让读者对隐式反馈有一个比较明确的认知。

用二元变量 p_{uv} 表示用户 u 对标的物 v 的偏好，$p_{uv}=1$ 表示用户 u 对标的物 v 有兴趣，$p_{uv}=0$ 表示对标的物 v 无兴趣。r_{uv} 是用户 u 对标的物 v 的隐式反馈，如观看视频的时长、点击次数等。r_{uv} 与 p_{uv} 的关系见下面公式。

$$p_{uv} = \begin{cases} 1, & r_{uv} > 0 \\ 0, & r_{uv} = 0 \end{cases}$$

r_{uv} 越大，有理由认为用户对标的物兴趣的置信度越高，比如一篇文章读者看了好几遍，肯定比看一遍更能反映出读者对这篇文章的喜爱。具体可以用下面的公式来衡量用户 u 对

标的物 v 的置信度 c_{uv}。

$$c_{uv} = 1 + \alpha r_{uv}$$

上式中 c_{uv} 代表用户 u 对标的物 v 的偏好置信度，α 是一个超参数，论文作者建议取 $\alpha = 40$，效果比较好。

基于隐式反馈，求解矩阵分解可以采用如下公式：

$$\min_{p^*,q^*} \sum_{(u,v)\in A} c_{uv}(p_{uv} - \boldsymbol{p}_u * \boldsymbol{q}_v^{\mathrm{T}})^2 + \lambda(\| \boldsymbol{p}_u \|^2 + \| \boldsymbol{q}_v \|^2)$$

其中，c_{uv} 即置信度，p_{uv} 的定义见前面的公式。

上述隐式反馈算法逻辑将用户的操作 r_{uv} 分解为置信度 c_{uv} 和偏好 $\boldsymbol{p}_{uv}$ 能够更好地反映隐式行为的特征，并且从实践上可以大幅提升预测的准确度。同时，通过该分解，利用代数上的一些技巧及该模型的巧妙设计，该算法的时间复杂度与用户操作行为总次数线性相关，不依赖于用户数和标的物数，因此非常容易并行化（读者可以阅读本章参考文献 [5] 了解更多技术实现细节）。

隐式反馈也有一些缺点，不像明确的用户评分，无法很好地表达负向反馈。用户购买一个商品可能是作为礼物送给别人的，而他自己可能不喜欢这个商品，或者用户观看了某个视频，有可能是进入视频详情页时自动起播的（产品故意这样设计，以提升用户体验，同时也增加广告曝光的可能性），这些行为是包含很多噪声的。

6.4.6 整合用户和标的物 metadata 信息

本章参考文献 [9] 给出了一类整合用户和标的物 metadata 信息的矩阵分解算法，该算法可以很好地处理用户和标的物冷启动问题，在同等条件下会比单独的内容推荐或者矩阵分解算法效果更好，该算法在全球时尚搜索引擎 Lyst 真实推荐场景下得到了验证。下面简单介绍一下该算法的思路。

U 表示所有用户的集合，I 表示所有标的物的集合。F^U 表示用户特征集合（年龄、性别、收入等），F^I 表示标的物特征集合（产地、价格等）。S^+、S^- 分别表示用户对标的物的正负反馈集合。$f_u \subset F^U$ 是用户 u 的特征表示（每个用户用一系列特征来表示）。同理，$f_i \subset F^I$ 表示标的物 i 的特征集合。

对于每个特征 f，我们用 e_f^U 和 e_f^I 分别表示用户和标的物嵌入到 d 维的特征空间的特征向量。b_f^U 和 b_f^I 分别表示用户和标的物的偏差项。

那么用户 u 的隐因子可以用该用户的所有特征的嵌入向量之和来表示，具体来说，可以表示为

$$\boldsymbol{p}_u = \sum_{j\in f_u} e_j^U$$

同理，标的物 i 的隐因子也可以用该标的物所有特征的嵌入向量的和来表示，具体如下：

$$q_i = \sum_{j \in f_i} e_j^I$$

我们用 $b_u = \sum_{j \in f_u} b_j^U$、$b_i = \sum_{j \in f_i} b_j^I$ 分别表示用户 u 和标的物 i 的偏差向量。那么，用户 u 对标的物 i 的预测评分可以表示为

$$\widehat{r_{ui}} = f(p_u * q_i + b_u + b_i)$$

其中，$f(x)$ 可以采用如下 logistic 函数形式：

$$f(x) = \frac{1}{1 + \exp(-x)}$$

有了上面的基础介绍，最终可以用如下似然函数来定义问题的目标函数，并通过最大化似然函数求得 e^U、e^I、b^U、b^I 这些嵌入的特征向量。

$$L(e^U, e^I, b^U, b^I) = \prod_{(u,i) \in S^+} \hat{r}_{ui} \times \prod_{(u,i) \in S^-} (1 - \hat{r}_{ui})$$

上面利用特征的嵌入向量之和来表示用户或者标的物向量，这就很好地将元数据整合到了用户和标的物向量中了，再利用用户向量 p_u 和标的物向量 q_i 的内积加上偏差项，通过一个 logistic 函数来获得用户 u 对标的物 i 的偏好概率 / 得分，从介绍可以看到，该模型很好地将矩阵分解和元数据整合到了一个框架之下。感兴趣的读者可以详细阅读原文，对该方法做进一步了解（该文章给出了具体的代码实现，是一个非常好的学习资源，代码见 https://github.com/lyst/lightfm）。

6.5　近实时矩阵分解算法

前面三节对矩阵分解的算法原理、求解方法、拓展进行了详细介绍。前面介绍的方法基本上都适合做批处理，通过离线训练模型，再为用户推荐。批处理比较适合对时效性要求不太高、消费标的物所需要的时间比较长的产品，比如电商推荐、长视频推荐等。而有些产品，比如今日头条、快手、网易云音乐，这类产品的标的物要么用户消费时间短，要么单位时间内会产生大量标的物（如用户很短的时间就听完了一首歌，每天有大量用户上传短视频到快手平台）。针对这类产品，用离线模型不能很好地捕获用户的实时兴趣变化，另外，因为有很多新标的物加入，批处理也无法及时将新标的物整合到推荐系统中，解决这两个问题的方法之一是做近实时的矩阵分解，这样可以实时反映用户兴趣变化及更快地整合新标的物至推荐系统。

那么可以对矩阵分解进行实时化改造吗？答案是肯定的，业内有很多这方面的研究成果及工业应用实践，有兴趣的读者可以详细阅读本章参考文献 [1，2，14-16]，这 5 篇文章

有对近实时矩阵分解算法的介绍及工程实践经验的案例分享。本节讲解一种实时矩阵分解的技术方案，该方案是腾讯在 2016 年发表的一篇文章上提供的（见本章参考文献 [1]），并且在腾讯视频上进行了实际检验，效果相当不错，该算法的实现方案简单易懂，非常值得借鉴。下面从算法原理和工程实现两个维度来详细讲解该算法的实现细节。

6.5.1 算法原理

该实时矩阵分解算法也是采用 6.4.1 节中整合偏差项的方法来预测用户 u 对标的物 v 的评分的，具体预测公式如下：

$$\hat{r}_{uv} = \mu + b_v + b_u + \boldsymbol{p}_u * \boldsymbol{q}_v^{\mathrm{T}}$$

其中 μ 是全局均值，b_v 是标的物偏差，b_u 是用户偏差，$\boldsymbol{p}_u * \boldsymbol{q}_v^{\mathrm{T}}$ 是用户标的物交叉项。那么最终的优化问题就转化为

$$\min_{\boldsymbol{p}*, \boldsymbol{q}*, b_v^*, b_u^*} \sum_{(u,v) \in A} (r_{uv} - \mu - b_v - b_u - \boldsymbol{p}_u * \boldsymbol{q}_v^{\mathrm{T}})^2 + \lambda(\|\boldsymbol{p}_u\|^2 + \|\boldsymbol{q}_v\|^2 + b_v^2 + b_u^2)$$

我们定义

$$e_{uv} \stackrel{\text{def}}{=} r_{uv} - \mu - b_u - b_v - \boldsymbol{p}_u * \boldsymbol{q}_v$$

基于上面的最优化问题，我们可以得到如下 SGD 迭代更新公式（上式对各个参数求偏导数，并且沿着导数相反方向更新各个参数就得到如下公式，感兴趣的读者可以自行推导一下）：

$$b_u \leftarrow b_u + \eta(e_{uv} - \lambda b_u)$$

$$b_v \leftarrow b_v + \eta(e_{uv} - \lambda b_v)$$

$$\boldsymbol{p}_u \leftarrow \boldsymbol{p}_u + \eta(e_{uv}\boldsymbol{p}_u - \lambda \boldsymbol{p}_u)$$

$$\boldsymbol{q}_v \leftarrow \boldsymbol{q}_v + \eta(e_{uv}\boldsymbol{q}_v - \lambda \boldsymbol{q}_v)$$

该论文采用与 6.4.5 节隐式反馈中一样的思路，用 w_{uv} 表示用户 u 对标的物 v 的偏好置信度，w_{uv} 的计算公式如下，其中 a、b 是超参数，t_{uv}、t_v 分别是用户播放视频 v 的播放时长及视频 v 总时长。

$$w_{uv} = a + b \times \log\left(\frac{t_{uv}}{t_v}\right)$$

该论文中也尝试过采用

$$w_{uv} = a + b \times \frac{t_{uv}}{t_v}$$

这类线性公式，但是经过线上验证，上述对数函数的公式效果更好。

笔者公司也是做视频的，曾经用公式

$$v_{\text{score}} = \frac{\log(\text{ratio}+1)}{\log 2} \times 10$$

来计算视频的得分，其中 ratio 就是视频播放时长与视频总时长的比例，等价于上面的 t_{uv}/t_v，log 是对数函数，上式中乘以 10 是为了将视频评分统一到 0 到 10 之间，并且当 ratio=0 时，v_{score}=0；当 ratio=1 时，v_{score}=10。这个公式与腾讯论文中的公式本质上是一致的。

采用对数函数是有一定的经济学道理在里面的，因为 $\mathrm{d}\log x/\mathrm{d}x = 1/x$ 是自变量 x 的递减函数，即导数（斜率）是单调递减函数，当自变量 x 越大时，函数值增长越慢，因此基于该公式的数学解释可以说明对数函数是满足经济学上的"边际效应递减"这一原则的。针对视频来说，意思就是你在看前十分钟视频的兴趣程度是大于在后面看十分钟的，这就像你在很饿的时候，吃第一个馒头的满足感远大于吃了四个馒头之后再吃一个馒头的满足感。

用户 u 对视频 v 的偏好 r_{uv} 为二元变量，r_{uv}=1 表示用户喜欢视频 v（用户播放、收藏、评论等隐式行为），r_{uv}=0 表示不喜欢（视频曝光给用户而用户未产生行为或者视频根本没有曝光给用户），具体公式如下：

$$r_{uv} = \begin{cases} 1, & w_{uv}>0 \\ 0, & w_{uv}=0 \end{cases}$$

在近实时训练矩阵分解模型时，只有当 r_{uv}=1 时（隐式）用户行为才用于更新模型，r_{uv}=0 时直接将该行为丢弃，而更新时，学习率与置信度成正比，用户越喜欢该视频，该用户行为对训练模型的影响越大。具体采用如下公式来定义学习率，它是 w_{uv} 的线性函数。

$$\eta_{uv} = \eta_0 + \alpha w_{uv}$$

具体的实时训练采用 SGD 算法，算法逻辑如下。

腾讯矩阵分解算法：利用 SGD 实时训练矩阵分解算法

```
Input: 用户操作行为 和（用户 id，视频 id，具体隐式操作行为）三元组作为输入
(1)  计算 r_uv, w_uv
(2)  if r_uv =1 then
(3)      if u is new, then
(4)          Initialize p_u
(5)      end
(6)      if v is new, then
(7)          Initialize q_v
(8)      end
(9)      Compute η_uv by η_uv = η_0 + αw_uv
(10)     Compute e_uv by e_uv =^def r_uv - μ - b_u - b_v - p_u * q_v
(11)     b_u ← b_u + η_uv (e_uv - λb_u)
(12)     b_v ← b_v + η_uv (e_uv - λb_v)
```

(13)　　$\boldsymbol{p}_u \leftarrow \boldsymbol{p}_u + \eta_{uv} (e_{uv}\boldsymbol{p}_u - \lambda \boldsymbol{p}_u)$
(14)　　$\boldsymbol{q}_v \leftarrow \boldsymbol{q}_v + \eta_{uv} (e_{uv}\boldsymbol{q}_v - \lambda \boldsymbol{q}_v)$
(15) end

　　上面就是该论文中实时矩阵分解算法的迭代求解公式，与本节前面介绍的迭代公式是一致的，只不过学习率（$\eta_{uv}=\eta_0+\alpha w_{uv}$）不是一个常数，而是与偏好置信度 w_{uv} 有关，下面我们来讲解该算法的具体工程实现细节。

6.5.2　工程实现

　　上面讲完了实时训练矩阵分解算法的原理，下面讲讲怎样为用户做推荐，以及在工程上怎样实现为用户做实时推荐。

　　首先，我们简单描述一下怎样为用户进行推荐。具体为用户生成推荐的流程如图6-4，一共包含 5 个步骤。下面分别对每个步骤的作用加以说明。

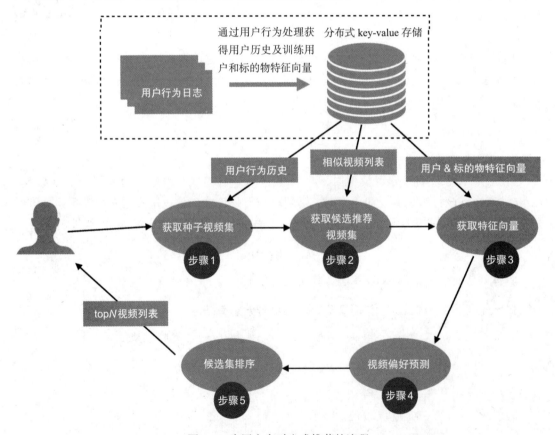

图 6-4　为用户实时生成推荐的流程

步骤 1：获取种子视频集

种子视频是用户最近偏好（有过隐式反馈的）的视频，或者用户历史上有偏好的视频，分别代表了用户的短期和长期兴趣，这些行为直接从用户的隐式反馈行为中获取，只要前端对用户的操作行为进行了埋点，通过实时日志收集就可以获取。

步骤 2：获取候选推荐视频集

一般来说，全量视频是非常巨大的，为用户实时推荐时不可能对全部视频分别计算用户对每个视频的偏好预测，因此我们会选择一个较小的子集作为候选集（这就是召回的过程），我们需要确保该子集很大概率上是用户可能喜欢的，先计算出用户对该子集中每个视频的偏好评分，再将预测评分最高的 topN 最终推荐给用户。

该论文通过选取步骤 1 中种子视频集的相似视频作为候选集，因为种子视频是用户喜欢的，对于它的相似视频，用户喜欢的概率也相对较大，所以这种方式的召回是有理论依据的。视频相似度会在后面介绍。

步骤 3：获取特征向量

从分布式存储中获取用户和候选集视频的特征向量，该向量会用于计算用户对候选集中视频的偏好得分。特征向量的计算会在后面介绍。

步骤 4：视频偏好预测

有了步骤 3 中的用户和视频特征向量，就可以用公式 $\hat{r}_{uv} = \mu + b_v + b_u + p_u * q_v^{\mathrm{T}}$ 来计算该用户对每个候选集中视频的偏好度。

步骤 5：候选集排序

步骤 4 计算出了用户对候选集中每个视频的偏好度，那么按照偏好度降序排列，就可以将 topN 的视频推荐给用户了。

当用户在前端进行隐式反馈操作时，用户的行为通过实时日志流到达实时推荐系统，该系统根据上面 5 个步骤为每个用户生成推荐结果。用户最近及历史行为、视频相似度、用户特征向量、视频特征向量都存储在高效的分布式存储中（如 Redis、HBase、CouchBase 等分布式 NoSQL），这 5 个步骤都是非常简单的计算，因此可以在几十毫秒之内为用户生成个性化推荐。最终的推荐结果可以插入（更新到）分布式存储引擎中，当用户在前端请求推荐结果时，推荐 Web 服务器从分布式存储引擎中将该用户的推荐结果取出，并组装成合适的数据格式，返回到前端展示给用户。

用户最近及历史行为、视频相似度、用户特征向量、视频特征向量这些数据（为了方便后面指代，这些数据我们统称为支撑数据）是通过另外一个后台实时程序来计算及训练的，此过程跟推荐过程解耦，互不影响。在腾讯的文章中，支撑数据是利用 Storm 来实现的，除了用 Storm 外，用 Spark Streaming 或者 Flink 等流式计算引擎都是可以的，只是具体的实现细节不一样。为了不拘泥于一种计算平台，下面结合笔者个人的经验及理解，讲解怎样生成这些在推荐过程中依赖的数据。这里抽象出实现的一般逻辑，具体生成数据的流程见图 6-5，这里通过 4 个算子来完成数据生成过程，下面分别对这 4 个算子的功能加以说明。

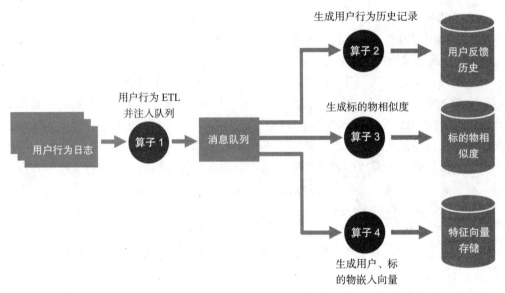

图 6-5　计算个性化推荐依赖的用户播放历史、视频相似度、用户 & 视频特征向量

算子 1：提取用户隐式反馈行为

基于用户在前端对视频的隐式反馈，通过收集用户行为日志做 ETL，将四元组（用户 id、视频 id、隐式操作、操作时间）插入消息队列（如 Kafka），供后面的算子使用。第 15 章会专门介绍怎么样收集用户行为数据，想提前了解的读者可以查阅。

算子 2：生成用户反馈历史并存于分布式 key-value 存储中

基于消息队列中的用户行为四元组，将用户隐式反馈行为存于分布式存储中。注意，这里可以保留用户最近的操作行为及过去的操作行为，并且也可以给不同时间点的行为不同的权重，以体现用户的兴趣是随着时间衰减的。

算子 3：计算视频之间的相似度

这里先说一下计算两个视频相似度的计算公式，腾讯的这篇文章是通过如下 3 类因子的融合来计算两个视频最终的相似性的。

1）基于视频特征向量的相似性：$s1_{ij}=\boldsymbol{p}_i*\boldsymbol{p}_j$。

2）基于视频类型的相似性，其中 type(i) 是视频 i 的标签类型（如搞笑、时政等）。

$$s2_{ij} = \begin{cases} 1, & \text{type}(i) = \text{type}(j) \\ 0, & \text{type}(i) \neq \text{type}(j) \end{cases}$$

如果两个视频类型一样，类型相似性为 1，否则为 0。

3）时间衰减因子 $d_{ij}=2^{-\frac{\Delta t}{\xi}}$，其中 Δt 是 sim(i, j) 最近一次更新时间与当前时间之差，ξ 是控制衰减速率的超参数。

有了上面 3 类因子，可通过如下融合公式最终得到 i 和 j 的相似度：

$$\text{sim}_{ij} = d_{ij}((1 - \beta)s1_{ij} + \beta s2_{ij})$$

当新事件发生（即有新用户行为产生）时，基于该事件中的视频 i，在分布式存储中就可以根据计算两个视频相似度的公式，结合用户行为历史更新该视频与其他视频构成的视频对的相似度（ $i:<i\#j:\text{sim}>$ ），同时更新与视频 i 相似的 $topN$ 的视频，具体计算实时 $topN$ 相似度的方法可以参考第 4 章的方案，在腾讯的这篇论文中没有细讲具体实现细节。

算子 4：生成用户和视频的特性向量

这一步是整个算法的核心，它利用上面的腾讯矩阵分解算法中的实时更新逻辑来训练用户和视频的特性向量。具体训练过程是，当用户有新的操作行为从管道中流过来时，从分布式存储中将该用户和对应的视频的特征向量取出来，采用算法中的公式更新特征向量，更新完成后再插入分布式存储中。如果该用户是新用户或者操作的视频是新入库的视频，那么就可以随机初始化用户或视频特征向量，并插入分布式存储中，待后续该用户或者包含该视频的新操作流进来时继续更新。

通过上面的介绍，我们大致知道怎么样利用流式计算引擎来做实时的矩阵分解并给用户做个性化推荐了。到此，矩阵分解的离线及实时算法实现方案都讲完了，下面我们梳理一下矩阵分解算法可行的应用场景。

6.6　矩阵分解算法的应用场景

前面几节对矩阵分解的算法原理、工程实践及拓展做了详细介绍，我们知道了矩阵分解算法的特性，那么矩阵分解算法可以用于哪些应用场景呢？本节会详细介绍几类可行的应用场景。

6.6.1　应用于完全个性化推荐场景

完全个性化推荐是为每个用户生成不一样的推荐结果，我们通常提到的推荐一般都是指完全个性化推荐，6.1 节、6.2 节介绍的为每个用户生成推荐就是完全个性化推荐。图 6-6 就是电视猫首页的兴趣推荐，它为每个用户推荐感兴趣的长视频，是完全个性化的，其中也采用了矩阵分解算法。

图 6-6　电视猫首页实现完全个性化推荐，每个用户推荐不一样的视频集

6.6.2 应用于标的物关联标的物场景

标的物关联标的物推荐就是为每个标的物关联一组相似 / 相关的标的物作为推荐。如果我们得到了每个标的物的特征向量（通过矩阵分解，获得的标的物嵌入 k 维特征空间的向量），那么可以通过向量的余弦相似度来获得与某个标的物最相似的 N 个标的物作为关联推荐结果。有了标的物特征向量后具体怎样做工程实现、怎样计算 $topN$ 相似度，可以参考 4.3.1 节，原理是完全一样的，这里不再赘述。

如图 6-7 所示是电视猫视频的某一相似推荐结果，它就是一种关联推荐，关联推荐大量用于电商、视频、新闻等产品中。

图 6-7　电视猫详情页相似影片：视频关联推荐

6.6.3 应用于用户及标的物聚类

通过矩阵分解我们获得了用户及标的物的 k 维特征向量，有了特征向量，就可以对用户和标的物聚类了。

对用户聚类后，我们可以将同一类的其他用户操作过的标的物推荐给该用户，这也是一种可行的推荐策略。

对标的物聚类后，我们可以将同一类的标的物作为该标的物的关联推荐。另外，聚类好的标的物可以作为专题 / 专辑等供编辑、运营人员用于营销推广。

6.6.4 应用于群组个性化场景

6.6.3 节讲了用户聚类，用户聚类后，我们可以对同一类用户提供相同的推荐服务，这时就是群组个性化推荐。群组个性化推荐相当于将有相同兴趣偏好的个体看成一个等价类，统一为他们提供推荐，它是介于完全个性化推荐（每个人推荐的都不一样）和完全非个性化推荐（所有人推荐的都一样）之间的一种推荐形态。

我们对电视猫的站点树内容做的个性化重排序采用的就是基于矩阵分解，获取用户特征向量，再对用户聚类的技术。首先对用户聚类，同一类的用户通过特征向量平均获得该类的中心特征向量，该中心特征向量代表了该群组的特征，再用该向量与标的物特征向量求余弦，最终获得该中心向量与所有标的物特征向量的相似度。在站点树重排中，对于站点树的所有节目，可以获得中心向量与站点树节目特征向量的相似度，按照该相似度降序排列就获得了该群组的重排序结果。图 6-8 就是电视猫电视剧频道"战争风云"站点树重排序的产品形态（每个用户看到的"战争风云"总节目量是一样的，只是排序不一样，会按照用户的兴趣（其实是用户所在群组的平均兴趣）将他们喜欢的排在前面）。

图 6-8　电视猫站点树个性化排序：基于群组个性化为用户做推荐

除了上面的应用场景外，由矩阵分解获得的用户和标的物特征向量可以作为其他模型（如深度学习模型）的特征输入，进一步训练更复杂的模型。

6.7　矩阵分解算法的优缺点

通过前面的介绍，我们知道矩阵分解算法原理相对简单，也易于分布式实现，并且可以用于很多真实业务场景和产品形态。本节总结一下矩阵分解算法的优缺点，方便读者在实际应用矩阵分解算法时可以更好地理解和运用。

6.7.1　优点

作为一类特殊的协同过滤算法，矩阵分解算法具备协同过滤算法的所有优点，具体表现如下。

1. 不依赖用户和标的物的其他信息，只需要用户行为就可以为用户做推荐

矩阵分解算法也是一类协同过滤算法，它只需要根据用户行为就可以为用户生成推荐结果，而不需要使用用户或者标的物的其他信息，而这类其他信息往往是半结构化或者非结构化信息，不易处理，有时也较难获得。

矩阵分解是领域无关的一类算法，因此，该优点让矩阵分解算法基本可以应用于所有推荐场景，这也是矩阵分解算法在工业界大受欢迎的重要原因。

2. 推荐精准度不错

矩阵分解算法是 Netflix 推荐大赛中获奖算法中非常重要的一类算法，准确度是得到业界一致认可和验证的，笔者所在公司的推荐业务中也大量采用了矩阵分解算法，效果是非常不错的。

3. 可以为用户推荐惊喜的标的物

协同过滤算法是利用群体的智慧来为用户推荐的，具备为用户差异化推荐、有惊喜度的标的物的能力，矩阵分解算法作为协同过滤算法中一类基于隐因子的算法，当然也具备这个优点，甚至相比 user-based 和 item-based 协同过滤算法有更好的效果。

4. 易于并行化处理

通过 6.3 节矩阵分解的 ALS 求解过程，我们可以知道矩阵分解是非常容易并行化的，Spark MLlib 库中就是采用 ALS 算法进行分布式矩阵分解的。

6.7.2 缺点

前面讲了这么多矩阵分解算法的优点，除了这些优点外，矩阵分解在下面这两点上是有缺陷的，需要采用其他算法和策略来弥补或者避免。

1. 存在冷启动问题

当某个用户的操作行为很少时，我们基本无法利用矩阵分解获得该用户比较精确的特征向量表示，因此无法为该用户生成推荐结果。这时可以借助内容推荐算法来为该用户生成推荐。

对于新入库的标的物也一样，可以采用人工编排的方式将标的物做适当的曝光，以获得更多用户对标的物的操作行为，从而方便算法将该标的物推荐出去。

本章参考文献 [9] 中提供了一种解决矩阵分解冷启动问题的有效算法——lightFM，它通过将 metadata 信息整合到矩阵分解中，有效解决了冷启动问题，对于操作行为不多的用户以及新上线不久还未收集到足够多用户行为的标的物都有比较好的推荐效果。该论文的 lightFM 算法在 Github 上有相应的 Python 代码实现（参见 https://github.com/lyst/lightfm），可以作为很好的学习材料。

2. 可解释性不强

矩阵分解算法通过矩阵分解获得用户和标的物的（嵌入）特征表示，这些特征是隐式的，无法用现实中的显式特征进行解释，也就是说利用矩阵分解算法做出的推荐，无法对推荐结果进行解释，只能通过离线或者在线评估来评价算法的效果。不像 user-based 和 item-based 协同过滤算法基于非常朴素的"物以类聚、人以群分"的思想，可以非常容易地进行解释。但这也不是绝对的，其中本章参考文献 [5] 中的实现方法就提供了一个为矩阵分解做推荐解释的非常有建设性的思路。

6.8　本章小结

　　本章对矩阵分解算法原理、工程实践、应用场景、优缺点等进行了比较全面的总结。矩阵分解算法是真正意义上的基于模型的协同过滤算法。该算法通过将用户和标的物嵌入到低维隐式特征空间，获得用户和标的物的特征向量表示，再通过向量的内积来量化用户对标的物的兴趣偏好，思路非常简单、清晰，也易于工程实现，效果也相当不错，所以在工业界有非常广泛的应用。矩阵分解算法算是开启了嵌入类方法的先河，在 NLP 领域非常出名的 Word2vec 也是嵌入方法的代表，深度学习兴起后，各类嵌入方法在大量的业务场景中得到了大规模采用。

参考文献

[1] Yanxiang Huang，B Cui，Jie Jiang，et al. Real-time Video Recommendation Exploration [C]. [S.l.]: SIGMOD，2016.

[2] Ernesto Diaz-Aviles，Lucas Drumond，Lars Schmidt-Thieme，et al. Real-Time Top-N Recommendation in Social Streams [C]. [S.l.]:ACM，2012.

[3] S Rendle，Lars Schmidt-Thieme. Online-updating regularized kernel matrix factorization models for large-scale recommender systems [C]. [S.l.]:ACM，2008.

[4] Dawen Liang，Jaan Altosaar，Laurent Charlin，et al. Factorization Meets the Item Embedding-Regularizing Matrix Factorization with Item Co-occurrence [C]. [S.l.]:RecSys，2016.

[5] Y Hu，Y Koren，C Volinsky. Collaborative Filtering for Implicit Feedback Datasets [C]. [S.l.]:IEEE，2008.

[6] Y Zhou，D Wilkinson，R Schreiber，et al. Large-Scale Parallel Collaborative Filtering for the Netflix Prize [C]. [S.l.]:AAIM，2008.

[7] J Nguyen，M Zhu. Content-boosted Matrix Factorization Techniques for Recommender Systems [C]. [S.l.]:Statistical Analysis and Data Mining，2013.

[8] Y Koren，R Bell，C Volinsky. Matrix Factorization Techniques for Recommender Systems [C]. [S.l.]: IEEE，2009.

[9] Maciej Kula. Metadata Embeddings for User and Item Cold-start Recommendations [C]. [S.l.]: CBRecSys，2015.

[10] O Levy，Y Goldberg. Neural Word Embedding as Implicit Matrix Factorization [C]. [S.l.]: NIPS，2014.

[11] Y Koren. Collaborative Filtering with Temporal Dynamics [C]. [S.l.]:ACM SIGKDD，2009.

[12] Y Koren. Factorization Meets the Neighborhood: A Multifaceted Collaborative Filtering Model [C]. [S.l.]:ACM SIGKDD，2008.

[13] R Bell，Y Koren. Scalable Collaborative Filtering with Jointly Derived Neighborhood Interpolation

Weights [C]. [S.I.]:ICDM，2007.

[14] S Rendle，Schmidt-Thieme，et al. Online-updating regularized kernel matrix factorization models for large-scale recommender systems [C]. [S.l.]:RecSys，2008.

[15] João Vinagre，Alípio Mário Jorge，João Gama. Fast incremental matrix factorization for recommendation with positive-only feedback [C]. [S.l.]:UMAP，2014.

[16] Zhisheng Wang，Qi Li，Ye Liu，et al. Online personalized recommendation based on streaming implicit user feedback [C]. [S.l.]:APWeb，2015.

[17] Alexandros Karatzoglou，Xavier Amatriain，Linas Baltrunas，et al. Multiverse recommendation: N-dimensional tensor factorization for context-aware collaborative filtering [C]. [S.l.]:RecSys，2010.

[18] Yi Fang，Luo Si. Matrix co-factorization for recommendation with rich side information and implicit feedback [C]. [S.l.]:HetRec，2011.

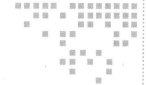

第 7 章 *Chapter 7*

因子分解机

上一章中讲解了矩阵分解推荐算法，我们知道了矩阵分解是一种高效的嵌入算法，通过将用户和标的物嵌入低维向量空间，再利用用户和标的物嵌入向量的内积来预测用户对标的物的偏好得分。本章会讲解一类新的算法：因子分解机（Factorization Machine，简称 FM，后面为了书写简单，中文简称为分解机），该算法的核心思路来源于矩阵分解算法，矩阵分解算法可以看成是分解机的特例（7.3.1 节会详细说明）。分解机自从 2010 年被提出后，由于易于整合交叉特征、可以处理高度稀疏数据，并且效果不错，在推荐系统及广告点击率（Click-Through Rate，CTR）预估等领域得到了大规模使用，国内很多公司（如美团、头条等）都用它来做推荐及 CTR 预估。

本章会先针对分解机进行简单介绍，然后从分解机的参数估计与模型价值、分解机与其他模型的关系、分解机的工程实现与拓展、近实时分解机，以及分解机在推荐上的应用、分解机的优势等 7 个方面来进行讲解。期望本章的梳理可以让读者更好地了解分解机的原理和应用价值，并且尝试将分解机算法应用到真实业务场景中。

7.1 分解机简单介绍

分解机最早由 Steffen Rendle 于 2010 年在 ICDM（Industrial Conference on Data Mining）上提出，它是一种通用的预测方法，即使在数据非常稀疏的情况下，依然能估计出可靠的参数，并能够进行预测。与传统的简单线性模型不同的是，因子分解机考虑了特征间的交叉，可对所有特征变量交互进行建模（类似于 SVM 中的核函数），因此在推荐系统和计算广告领域关注的点击率和转化率（ConVersion Rate，CVR）两项指标上有着良好的表现。此外，FM 模型还具备可用线性时间来计算的特性，它可以整合多种信息，且能够与许多其他模型相融合。

我们常用的简单模型有线性回归模型及逻辑回归（LR）模型（见下面两个公式）两种，它们都是简单的线性模型，原理简单，易于理解，并且非常容易训练，对于一般的分类及预测问题，可以提供简单的解决方案。但是，在简单的线性模型中，要求特征之间是彼此独立的，因为它无法拟合特征之间的非线性关系，而现实生活中特征之间往往不是独立的，而是存在一定的内在联系。以新闻推荐为例，受众的性别与所浏览的新闻的类别有一定的关联性，如果能找出这类相关的特征，是非常有意义的，可以显著提升模型预测的准确度。

$$\hat{y}(x) = w_0 + \sum_{i=1}^{n} w_i x_i$$

$$\hat{y}(x) = \frac{1}{1 + \exp(w_0 + \sum_{i=1}^{n} w_i x_i)}$$

LR 模型是 CTR 预估领域早期最成功的模型，也大量用于推荐算法排序阶段，大多工业推荐排序系统通过整合人工非线性特征，最终采用这种"线性模型 + 人工特征组合引入非线性"的模式来训练 LR 模型。因为 LR 模型具有简单、方便易用、解释性强、易于分布式实现等诸多好处，所以目前工业上仍然有不少算法系统采用这种模式。但是，LR 模型最大的缺陷就是人工特征工程耗时费力，需要通过大量人力资源来筛选组合非线性特征，那么能否将特征组合的能力体现在模型层面呢？也即，是否有一种模型可以自动化地组合筛选交叉特征呢？答案是肯定的。

其实想做到这一点并不难，只要在线性模型的计算公式里加入二阶特征组合即可（见下面公式），任意两个特征进行两两组合，可以将这些组合出的特征看作一个新特征，加入线性模型中。而组合特征的权重和一阶特征的权重一样，都是在训练阶段学习获得的。其实这种二阶特征组合的使用方式和多项式核 SVM 是等价的（7.3.2 节会介绍）。借助 SVM 中核函数的思路，我们可以在线性模型中整合二阶交叉特征，得到如下模型：

$$\hat{y}(x) = w_0 + \sum_{i=1}^{n} w_i x_i + \sum_{i=1}^{n-1} \sum_{j=i+1}^{n} w_{ij} x_i x_j$$

在上述模型中，任何两个特征之间两两交叉，其中，n 代表样本的特征数量，x_i 是第 i 个特征的值，w_0、w_i、w_{ij} 是模型参数，只有当 x_i 与 x_j 都不为 0 时，交叉项才有意义。

虽然这个模型看上去貌似解决了二阶特征组合问题，但是它有一个潜在的缺陷，即它对组合特征建模，泛化能力比较弱，尤其是在大规模稀疏特征存在的场景下，这个缺陷尤其明显。在数据稀疏的情况下，满足交叉项不为 0 的样本将非常少（非常少的主要原因包括有些特征本来就是稀疏的，很多样本在该特征上是无值的，有些是由于收集该特征成本过大或者由于监管、隐私等原因无法收集到），当训练样本不足时，很容易导致参数 w_{ij} 训练不充分而不准确，最终影响模型的效果。特别是对于推荐、广告等这类数据非常稀疏的业务场景来说（这些场景的最大特点就是特征非常稀疏，推荐方面是由于标的物是海量的，每个用户只对很少的标的物有操作，因此很稀疏，广告方面是由于很少有用户去点击广告，点击率很低，导致收集的数据量很少，因此也很稀疏），很多特征之间交叉是没有（或者没有足够多的）训练数据支撑的，因此无法很好地学习出对应的模型参数。因此上述整合二阶两两交叉特征的模型并未在工业界得到广泛采用。

那么我们有办法解决该问题吗？其实是有的，比如可以借助矩阵分解的思路，对二阶交叉特征的系数进行调整，让系数不再是独立无关的，从而减少模型独立系数的数量，进而解决由于数据稀疏导致无法训练出参数的问题，具体是将上面的模型修改为如下分解机模型：

$$\hat{y}(x) := w_0 + \sum_{i=1}^{n} w_i x_i + \sum_{i=1}^{n} \sum_{j=i+1}^{n} <v_i, v_j> x_i x_j \qquad (7\text{-}1)$$

其中，需要估计的模型参数是 w_0、$\boldsymbol{w} \in \mathbf{R}^n$、$\boldsymbol{V} \in \mathbf{R}^{n \times k}$。这里的 $\boldsymbol{w} = (w_1, w_2, \cdots, w_n)$，是 n 维向量。

v_i、v_j 是低维向量（k 维），类似矩阵分解中的用户或者标的物特征向量表示。V 是由 v_i 组成的矩阵。"<>" 是两个 k 维向量的内积：

$$<v_i, v_j> = \sum_{f=1}^{k} v_{i,f} v_{j,f}$$

v_i 就是 FM 模型核心的分解向量，k 是超参数，一般取值较小（100 左右）。

利用线性代数的知识，我们知道对于任意对称的半正定矩阵 W，只要 k 足够大，一定存在矩阵 V 使得 $W = V \cdot V^\mathrm{T}$（Cholesky decomposition）。这说明，FM 通过分解的方式基本可以拟合任意的二阶交叉特征，只要分解的维度 k 足够大（首先，W 的每个元素都是两个向量的内积，所以一定是对称的，另外，分解机的公式中不包含 x_i 与 x_i 自身的交叉，这对应矩阵 W 的对角元素，所以我们可以自由选择 W 的对角元素，让对角元素足够大，保证 W 是半正定的）。由于在稀疏情况下，没有足够的训练数据来支撑模型训练，一般选择较小的 k，虽然模型表达空间变小了，但是在稀疏情况下可以达到较好的效果，并且有很好的拓展性。

上面对分解机产生的背景、具体的模型公式及特点进行了简单介绍，下一节讲解怎么估计分解机的参数，并简单介绍一下分解机可以用于哪些机器学习任务。

7.2　分解机参数预估与模型价值

本节简单说明分解机在稀疏场景下的参数估计、分解机的计算复杂度、分解机的模型求解、分解机可以解决哪几类学习任务。

7.2.1 分解机在稀疏场景下的参数估计

对于稀疏数据场景，一般没有足够的数据来直接估计变量之间的交互，但是分解机可以很好地解决这个问题。通过对交叉特征系数做分解，让不同的交叉项之间不再独立，因此一个交叉项的数据可以辅助来估计（训练）另一个交叉项（只要这两个交叉项有一个变量是相同的，比如 $x_i x_j$ 与 $x_i x_k$，它们的系数 $<v_i, v_j>$ 和 $<v_i, v_k>$ 共用一个相同的向量 v_i）。

分解机模型通过将二阶交叉特征系数做分解，让二阶交叉项的系数不再独立，因此系数数量是远远小于直接在线性模型中整合二阶交叉特征的。分解机的系数个数为 $1+n+kn$，而整合两两二阶交叉的线性模型的系数个数为 $1+n+n^2$。分解机的系数个数是 n 的线性函数，而整合交叉项的线性模型系数个数是 n 的指数函数，当 n 非常大时，训练分解机模型在存储空间及迭代速度上是非常有优势的。

7.2.2 分解机的计算复杂度

从式（7-1）来看，因为我们需要处理所有特征交叉，所以计算复杂度是 $O(kn^2)$。但是我们通过适当的公式变换并进行简单的数学计算，可以将模型复杂度降低到 $O(kn)$，即变成线性复杂度的预测模型，具体推导过程如下：

$$
\begin{aligned}
\sum_{i=1}^{n}\sum_{j=i+1}^{n}\langle v_i, v_j\rangle x_i x_j &= \frac{1}{2}\sum_{i=1}^{n}\sum_{j=1}^{n}\langle v_i, v_j\rangle x_i x_j - \frac{1}{2}\sum_{i=1}^{n}\langle v_i, v_i\rangle x_i x_i \\
&= \frac{1}{2}\left(\sum_{i=1}^{n}\sum_{j=1}^{n}\sum_{f=1}^{k} v_{i,f} v_{j,f} x_i x_j - \sum_{i=1}^{n}\sum_{f=1}^{k} v_{i,f} v_{i,f} x_i x_i\right) \\
&= \frac{1}{2}\sum_{f=1}^{k}\left(\left(\sum_{i=1}^{n} v_{i,f} x_i\right)\left(\sum_{j=1}^{n} v_{i,f} x_j\right) - \sum_{i=1}^{n} v_{i,f}^2 x_i^2\right) \\
&= \frac{1}{2}\sum_{f=1}^{k}\left(\left(\sum_{i=1}^{n} v_{i,f} x_i\right)^2 - \sum_{i=1}^{n} v_{i,f}^2 x_i^2\right)
\end{aligned}
\tag{7-2}
$$

从上面推导过程最后一步可以看到，括号里面的复杂度是 $O(n)$，加上外层的 $\sum_{f=1}^{k}$，整个计算过程的时间复杂度是 $O(kn)$。进一步，在数据稀疏的情况下，大多数特征 x 为 0，我们只需要对非零的 x 求和，因此，时间复杂度其实是 $O(k\bar{m}_D)$，$\bar{m}_D$ 是训练样本中平均非零的特征个数。后面会说明对于矩阵分解算法来说 $\bar{m}_D=2$，因此对于矩阵分解来说，计算量是非常小的。

由于分解机模型可以在线性时间下计算出结果，对于我们做预测是非常有价值的，特别是对有海量用户的互联网产品，具有极大的应用价值。拿推荐来说，我们每天需要为每个用户计算推荐（这是离线推荐，实时推荐计算量会更大），线性时间复杂度可以让整个计算过程更加高效，在更短的时间完成计算，节省服务器资源。

7.2.3　分解机模型求解

分解机模型公式相对简单，完全可导，我们可以用平方损失函数、logit 损失函数或 hinge 损失函数来学习 FM 模型。从 7.2.2 节的介绍我们知道，分解机模型的值可以在线性时间复杂度计算出来，因此 FM 的模型参数（w_0, w, V）可以在工程实现上高效地利用梯度下降算法（SGD、ALS 等）来训练（即我们可以通过线性时间复杂度求出下面的 e_x，所以在迭代更新参数时是非常高效的，见下面的迭代更新参数的公式）。结合式（7-1）和式（7-2），就很容易计算出 FM 模型的梯度，具体如下：

$$\frac{\partial}{\partial \theta} \hat{y}(\boldsymbol{x}) = \begin{cases} 1, & \theta = w_0 \\ x_i, & \theta = w_i \\ x_i \sum_{j=1}^{n} v_{j,f} x_j - v_{i,f} x_i^2, & \theta = v_{i,f} \end{cases}$$

记 $e_x \overset{\text{def}}{=} y - \hat{y}(\boldsymbol{x})$，针对平方损失函数，具体的参数更新公式如下（未增加正则项，其他损失函数的迭代更新公式类似，也很容易推导出来）：

$$w_0 \leftarrow w_0 - \gamma e_x$$

$$w_i \leftarrow w_i - \gamma x_i e_x$$

$$v_{i,f} \leftarrow v_{i,f} - \gamma (x_i \sum_{j=1}^{n} v_{j,f} x_j - v_{i,f} x_i^2) e_x$$

其中，$\sum_{j=1}^{n} v_{j,f} x_j$ 与 i 无关，因此可以事先计算出来（在做预测求 $\hat{y}(\boldsymbol{x})$ 或者在更新参数时，都需要计算该量）。上面的梯度可以在常数时间复杂度 $O(1)$ 下计算出来。在模型训练更新时，在 $O(kn)$ 时间复杂度下即可完成对样本 $(\boldsymbol{x}, y)$ 的更新（如果是稀疏情况，更新时间复杂度是 $O(km(\boldsymbol{x}))$，$m(\boldsymbol{x})$ 是特征 $\boldsymbol{x}$ 非零元素个数）。7.4 节会细讲怎么进行模型训练。

7.2.4　模型预测

分解机是一类简单高效的预测模型，可以用于各类预测任务，主要包括如下 3 类。

1. 回归问题

$\hat{y}(\boldsymbol{x})$ 直接作为预测项，可以转化为求最小值的最优化问题，具体如下：

$$\min_{w_0, w_i, v_i} \sum_{\boldsymbol{x} \in D} (y - \hat{y}(\boldsymbol{x}))^2$$

其中 D 是训练数据集，y 是 $\boldsymbol{x}(\boldsymbol{x} \in D)$ 对应的真实值。

2. 二元分类问题

$\text{Sgn}(\hat{y}(\boldsymbol{x}))$ 作为最终的分类，可以通过 hinge 损失或者 logit 损失来训练二元分类问题。

3. 排序问题

对于排序学习问题（如 pairwise），可以利用排序算法相关的损失函数来训练 FM 模型，利用 FM 模型来做排序学习。

这 3 类问题都可以通过整合正则项到目标函数中，避免模型过拟合。

7.3 分解机与其他模型的关系

分解机的核心是从线性模型中通过增加二阶交叉项来拟合特征之间的交叉，为了拓展到数据稀疏场景并便于计算，分解机吸收了矩阵分解的思想。这一节简单讲解一下分解机与其他模型之间的关系，特别是与矩阵分解和 SVM 之间的关系，让读者更好地了解它们之间的区别与联系，从而更好地理解分解机。

7.3.1 FM 与矩阵分解的联系

对于隐式协同过滤来说，我们以用户和标的物两类特征作为 FM 的特征，特征的维度为

$$n := |U \bigcup I| \text{（用户数 + 标的物数）}$$

其中，U、I 分别是用户集和标的物集，我们可以将矩阵分解看成两个类别变量 U 和 I 之间的交互（交叉）。显然我们有下面的公式，其中 δ 是指标变量（indicator variable）。

$$x_j := \delta(j = i \vee j = u)$$

只有当特征为 u 或者 i 时，x_u=1 或者 x_i=1，这就是用户 u 对标的物 i 进行了一次隐式反馈，每个样本中有且只有两个特征不为零（1），如图 7-1 所示。

$$(u,i) \rightarrow \boldsymbol{x} = (\underbrace{0,\cdots,0,1,0,\cdots,0}_{|U|},\underbrace{0,\cdots,0,1,0,\cdots,0}_{|I|}),$$

图 7-1 用户 u 对标的物 i 进行一次行为操作对应的特征向量

这时，FM 模型可以表示为

$$\hat{y}(\boldsymbol{x}) = \hat{y}(u,i) = w_0 + w_u + w_i + <\boldsymbol{v}_u, \boldsymbol{v}_i> \tag{7-3}$$

上面的公式跟包含用户和标的物偏差的矩阵分解算法是一样的，所以可以说矩阵分解算法是 FM 的一种特例。

7.3.2 FM 与 SVM 的联系

SVM 可以表示为输入 $\boldsymbol{x}$ 变换后的向量与模型参数 $\boldsymbol{w}$ 的内积：$\hat{y}(\boldsymbol{x}) = <\phi(\boldsymbol{x}), \boldsymbol{w}>$，这里的 $\phi : \mathbf{R}^n \rightarrow \Omega$，表示将输入向量映射到一个复杂的空间，$\phi$ 通过内积与核函数（kernel function）建立关联：

$$K : \mathbf{R}^n \times \mathbf{R}^n \to \mathbf{R}, K(x, z) = <\phi(x), \phi(z)>$$

下面分线性核函数和多项式核函数两种情况来说明 SVM 与 FM 之间的关系。

1. 线性核函数

最简单的线性核函数是：$K_l(x, z) := 1 + <x, z>$，该核函数对应的映射为

$$\phi(x) := (1, x_1, x_2, \cdots, x_n)$$

线性核函数的 SVM 模型方程可以写为

$$\hat{y}(x) - w_0 + \sum_{i=1}^n w_i x_i, \quad w_0 \in \mathbf{R}, \quad w \in \mathbf{R}^n$$

这对应无二阶交叉项的 FM，这就是将在 7.5.1 节中介绍的高阶分解机。

2. 多项式核函数

多项式核函数的 SVM 可以建模自变量的高阶交叉特征，它的核函数是

$$K(x, z) := (<x, z> + 1)^d$$

当 $d = 2$（二阶交叉特征）时，对应的映射（其中可行的一个）为

$$\phi(x) := (1, \sqrt{2}x_1, \cdots, \sqrt{2}x_n, x_1^2, \cdots, x_n^2, \sqrt{2}x_1 x_2, \cdots, \sqrt{2}x_1 x_n, \sqrt{2}x_2 x_3, \cdots, \sqrt{2}x_{n-1} x_n)$$

这时二阶多项式核函数的 SVM 模型方程为

$$\hat{y}(x) = w_0 + \sqrt{2}\sum_{i=1}^n w_i x_i + \sum_{i=1}^n w_{i,i}^{(2)} x_i^2 + \sqrt{2}\sum_{i=1}^n \sum_{j=i+1}^n w_{i,j}^{(2)} x_i x_j$$

其中，$w_0 \in \mathbf{R}, w \in \mathbf{R}^n, W^2 \in \mathbf{R}^{n \times n}$（对称矩阵，symmetric matrix）。

从二阶多项式核的 SVM 的模型方程来看，它与 FM 模型方程的主要区别有两点，一是 SVM 二阶交叉项的参数 $w_{i,j}^{(2)}$ 是独立的（如 $w_{i,j}^{(2)}$ 与 $w_{i,k}^{(2)}$ 是独立的），而 FM 中二阶交叉项是有关联的，$<v_i, v_j>$ 与 $<v_i, v_k>$ 之间相关，都依赖 v_i；二是 SVM 有变量与自己的交叉（如 x_i^2 等），而 FM 没有。

3. 线性核和多项式核下 SVM 存在的问题

下面来说明在数据稀疏的情况下，为何 SVM 无法很好地学习模型。以隐式反馈的协同过滤（特征的值为 0 或者 1）来说，利用用户特征和标的物特征这两类特征来训练模型，预估用户对标的物的偏好。用户特征是 n（用户数）维的，标的物特征是 m（标的物数）维的，这时每一个样本的特征只有两个特征非零，其他都为零（该用户所在的列及该用户有过行为的标的物这列非零）。数据是相当稀疏的（$2/(m+n)$ 的数据非零，一般 m、n 是非常大的，所以非常稀疏）。

针对上面提到的协同过滤数据，线性 SVM 模型等价为 $\hat{y}(\boldsymbol{x}) = w_0 + w_u + w_i$。从第 4 章的内容可以知道，该模型非常简单，仅仅整合了用户和标的物的偏差，没有用户和标的物嵌入向量的内积项，因此非常容易训练，但是效果不会很好。

同样地，针对上面的协同过滤案例，二阶多项式核的 SVM 的模型方程现在变为

$$\hat{y}(\boldsymbol{x}) = w_0 + \sqrt{2}(w_u + w_i) + w_{u,u}^2 + w_{i,i}^{(2)} + \sqrt{2}w_{u,i}^{(2)}$$

从上式可以看到，w_u、$w_{u,u}^{(2)}$ 其实表达的都是用户相关的特征，我们可以将它们合并为一项，同理，w_i、$w_{i,i}^{(2)}$ 也可以归并在一起。通过归并，最终模型变为

$$\hat{y}(\boldsymbol{x}) = w_0 + \sqrt{2}(w_u + w_i) + \sqrt{2}w_{u,i}^{(2)}$$

一般来说，大多数情况下一个用户只对某个标的物进行一次隐式反馈，因此针对划分在测试集中的 (u, i) 对，在训练集中没有数据与之对应，这时，我们无数据用于训练求参数 $w_{u,i}^{(2)}$。因此在隐式协同过滤场景下，二阶多项式核的 SVM 无法很好地利用二阶交叉特征，只能训练出用户和标的物的 bias（w_u，w_i），最终效果其实跟线性 SVM 是一样的。

看完上面的讲解及案例介绍，下面总结一下 FM 与 SVM 的主要差异点。

❏ 如果是稀疏数据，SVM 模型相互独立的高阶交叉参数无法得到很好的训练，而 FM 由于二阶交叉项的参数是通过分解得到的，参数之间是有关联的，所以更容易训练，特别是在数据稀疏的情况下，其他交叉项的训练数据可以用于训练，因此效果相对更好。

❏ FM 模型可以直接学习，而 SVM 往往通过它的对偶形式进行学习。

❏ FM 的模型方程与训练数据无关，而 SVM 在预测时依赖部分训练数据（支持向量）。

到此，讲完了 FM 与矩阵分解及 SVM 之间的关系及区别，本章参考文献 [2] 中有关于 FM 与其他更多模型之间的关系介绍，感兴趣的读者可以阅读进行深入学习。

7.4 分解机的工程实现

前面几节讲解了 FM 的原理、参数估计方法以及与其他模型之间的关系，我们知道 FM 是一个表达能力很强的模型，并且在线性时间复杂度下可求解，那么具体在工程上怎么训练 FM 模型呢？本节试图讲解一般训练的方法，其思路来源于本章参考文献 [1]。FM 的提出者 Rendle 给出了 FM 的工程实现，并且基于该论文的思路，Rendle 开源了一个求解 FM 的高效 C++ 库：libFM，读者可以参考 http://www.libfm.org/。另外，本章参考文献 [12] 提供了 FM 的一种实现，可以利用分解机解决各类回归、分类、排序问题，本章参考文献 [14, 17] 讲解了怎么分布式训练 FM 模型。

libFM 通过 SGD、ALS、MCMC 三种方法来训练 FM 模型，下面介绍利用 SGD 来求解 FM 模型的方法，其他算法可以参考该论文，这里不再讲解。在讲解具体的方法之前，我们先统一符号化 FM 模型，将该模型的求解转化为求极值的最优化问题，方便后面讲解怎么

迭代训练。

通过定义训练集 S 的损失函数 l，一般优化问题可以转化为求所有损失的和的最小值问题，定义如下：

$$\text{OPT}(S) := \underset{\Theta}{\arg\min} \sum_{(x,y) \in S} l(\hat{y}(\boldsymbol{x} \mid \Theta), y)$$

对于回归问题，一般用最小平方损失，对应的损失函数为 $l^{LS}(y_1, y_2) := (y_1 - y_2)^2$。

对于二分类问题，损失函数可以定义为 $l^C(y_1, y_2) := -\ln \sigma(y_1 y_2)$，其中 $\sigma(x) = \dfrac{1}{1 + \mathrm{e}^{-x}}$ 是 logistic 函数。

直接学习上述最优化问题容易产生过拟合，一般会加入 L_2 正则项，增加了正则化的最优化问题转化为

$$\text{OPT}^{\text{REG}}(S) := \underset{\Theta}{\arg\min} \left(\sum_{(x,y) \in S} l(\hat{y}(\boldsymbol{x} \mid \Theta), y) + \sum_{\theta \in \Theta} \lambda_\theta \theta^2 \right)$$

上面增加的正则项的函数就是我们优化的目标函数，下面的讲解都基于该目标函数。为了方便后面的算法讲解，先求目标函数的导数，对于回归问题（最小平方损失）来说，导数为

$$\frac{\partial}{\partial \theta} l^{LS}(\hat{y}(\boldsymbol{x} \mid \Theta), y) = \frac{\partial}{\partial \theta} (\hat{y}(\boldsymbol{x} \mid \Theta) - y)^2 = 2(\hat{y}(\boldsymbol{x} \mid \Theta) - y) \frac{\partial}{\partial \theta} \hat{y}(\boldsymbol{x} \mid \Theta)$$

对于分类问题（logit 损失），导数为

$$\frac{\partial}{\partial \theta} l^C(\hat{y}(\boldsymbol{x} \mid \Theta), y) = \frac{\partial}{\partial \theta} -\ln \sigma(\hat{y}(\boldsymbol{x} \mid \Theta) y) = (\sigma(\hat{y}(\boldsymbol{x} \mid \Theta) y) - 1) y \frac{\partial}{\partial \theta} \hat{y}(\boldsymbol{x} \mid \Theta)$$

有了导数，下面我们讲解怎么用 SGD 优化方法来求解 FM 模型。随机梯度下降（SGD）算法是分类类模型的常用迭代求解算法，该方法简单易懂，对各种损失函数的效果都不错，并且计算和存储成本相对较低。如下就是优化 FM 模型的 SGD 算法。

FM 迭代算法：用 SGD 来求解 FM 模型

```
Input: 训练集 S, 正则参数 λ, 学习率 η, 方差 σ
Output: 模型参数 Θ = (w₀, w, V)
初始化: w₀ ← 0; w ← (0,0,···,0); V ~ N(0,σ)
repeat
```

$$w_0 \leftarrow w_0 - \eta\left(\frac{\partial}{\partial w_0} l(\hat{y}(\boldsymbol{x} \mid \Theta), y) + 2\lambda_0 w_0\right)$$

```
    for i ∈ {1,2,···,p} ∧ xᵢ ≠ 0 do
```

$$w_i \leftarrow w_i - \eta\left(\frac{\partial}{\partial w_i} l(\hat{y}(\boldsymbol{x} \mid \Theta), y) + 2\lambda_{wi} w_i\right)$$

```
        for f ∈ {1,2,···,k} do
```

$$v_{i,f} \leftarrow v_{i,f} - \eta\left(\frac{\partial}{\partial v_{i,f}} l(\hat{y}(\boldsymbol{x} \mid \Theta), y) + 2\lambda_{v_{i,f}} v_{i,f}\right)$$

```
        end
    end
until 迭代停止条件达到
```

在上述算法中，可以针对不同的参数设置不同的正则化因子 $\lambda_0, \lambda_{w_i}, \lambda_{v_{i,f}}$。对于一个训练样本，SGD 算法的时间复杂度是

$$O(k\sum_{i=1}^{p}\delta(x_i \neq 0)) := O(kN_z(\boldsymbol{x}))$$

其中 $N_z(\boldsymbol{x})$ 是特征向量 $\boldsymbol{x}$ 中非零元素个数。

从应用的角度来说，读者没必要对求解 FM 的原理非常清楚，只要会用就可以了。libFM 库是一个方便的求解 FM 的工具，该库在单机下运行，对于数据量大，一次无法放入内存的情况，可以利用 libFM 二进制的数据格式，它可以更快地读取数据，并且一次迭代只放一批数据到内存中进行训练。

如果数据量非常大，那么我们就需要采用分布式 FM 模型了。业界有很多这样的开源工具，这里推荐腾讯的 Angel 框架，它内置了很多 FM 算法（及该算法的变种）的实现，并且可以跟 Spark 配合使用，非常适合工业级 FM 模型的训练。2019 年 8 月 22 日 Angel 发布了全新的 3.0 版本，整合了 PyTorch，它在 PyTorch On Angel 上实现了许多算法，包括推荐领域常见的算法 FM、DeepFM、Wide & Deep、xDeepFM、AttentionFM、DCN 和 PNN 等，Angel 擅长推荐模型和图网络模型相关领域（如社交网络分析）。在腾讯内部，如腾讯视频、腾讯新闻和微信等都在使用 Angel。

7.5 分解机的拓展

前面对分解机的算法原理、工程实现等进行了介绍，我们知道分解机是一类非常有价值的模型，在工业界有大量应用案例，所以有很多人从各个维度对分解机进行了拓展与优化，让分解机预测更加准确，从而发挥更大的商业价值。本节就来讲解分解机的各种拓展与变式，让大家对分解机有更进一步的认识与了解。

7.5.1 高阶分解机

传统意义上讲 FM 都是二阶交叉，计算复杂度可通过数学变换将时间复杂度改进到线性时间复杂度，在实际应用中一般也只用到二阶交叉。所谓高阶分解机就是将交叉项拓展到最多 d（$d > 2$）个特征的交叉，具体的模型如下：

$$\hat{y}(\boldsymbol{x}) := w_0 + \sum_{i=1}^{n}w_i x_i + \sum_{l=2}^{d}\sum_{i_1=1}^{n}\cdots\sum_{i_l=i_{l-1}+1}^{n}\left(\prod_{j=1}^{l}x_{i_j}\right)\left(\sum_{f=1}^{k_l}\prod_{j=1}^{l}v_{i_j,f}^{(l)}\right)$$

本章参考文献 [2] 中对高阶分解机有简单介绍，通过类似二阶分解机的方法也可以将预

测计算复杂度降低到线性时间复杂度，但是文章没有细说怎么做。本章参考文献 [16] 对高阶分解机进行了非常深入的介绍，这篇文章发表在 NIPS 2016，它解决了三阶甚至更高阶的特征交叉问题。有兴趣的读者可以参考阅读。

7.5.2　FFM

在 FM 的基础上，FFM（Field-aware Factorization Machine）提出 field 的概念。一般来说，同一个 ID 类特征（如推荐中的用户和标的物特征）进行 one-hot 而产生的所有特征都可以归为同一个 field。在 FFM 中，对每一个特征 x_i、每一个 field f_j，学习一个隐向量 v_i, f_j，不同的特征跟同一个 field 进行关联时使用不同的隐向量。假设总共有 n 个特征，属于 f 个 field，那么每个特征都用 f 个隐向量来描述，所以总共有 $n \times f$ 个隐向量。而 FM 中，一个特征只有一个隐向量，所以 FM 可以看成 FFM 中所有特征都属于同一个 field 的特例。相对 FM 来说，FFM 有更多的二阶交叉参数（FFM 有 $n \times k \times f$ 个参数，而 FM 只有 $n \times k$ 个），训练时间会更长，但是在很多情况下效果会更好，具体的模型公式如下。

$$\hat{y}_{ffm} = w_0 + \sum_{i=1}^{n} w_i x_i + \sum_{i=1}^{n} \sum_{j=i+1}^{n} <v_{i,f_j}, v_{j,f_i}> x_i x_j$$

其中，内积 $<v_{i,f_j}, v_{j,f_i}>$ 表示让特征 i 与特征 j 的 field 关联，同时让特征 j 与 i 的 field 关联，由此可见，FM 的交叉是针对特征之间的，而 FFM 是针对特征与 field 之间的交叉。

感兴趣的读者可以阅读本章参考文献 [22] 来了解更多细节，并且论文作者也提供了一个基于 C++ 的 FFM 的开源实现 https://github.com/ycjuan/libffm。另外一个基于 Python 的实现请参考 https://github.com/aksnzhy/xlearn，它包含 LR、FM、FFM 等常用机器学习模型。

7.5.3　DeepFM

DeepFM 是 2017 年华为诺亚方舟团队提出的一个将 FM 与 DNN 有效结合的模型，主要借鉴 Google 的 Wide & Deep 论文的思想并进行适当改进，将其中 Wide 部分（logistic 回归）换成 FM 与 DNN 进行特征交叉。Wide 和 Deep 部分共享原始输入特征向量，这让 DeepFM 可以直接从原始特征中同时学习低阶和高阶特征交叉，因此不像 Wide & Deep 模型那样，需要进行复杂的人工特征工程（logistic 回归部分需要人工特征工程），同时训练效率会更高（DeepFM 的网络结构参考图 7-2）。本章参考文献 [15，20，27] 也是关于 FM 与深度学习结合的拓展。

该算法从提出后，被工业界大量用于广告点击预估和推荐系统（如美团将 DeepFM 用于 CTR 预估），有非常不错的效果。该团队在本章参考文献 [5] 中进一步对 DeepFM 的两种变种进行了比较，并在华为的应用市场 APP 推荐真实业务场景中做了 AB 测试，发现比原来的 LR 算法有近 10% 的点击率提升。

腾讯开源的 Angel（Spark on Angel）中有 DeepFM 的实现，读者可以尝试将 DeepFM

应用到自己的推荐或者 CTR 预估业务中。

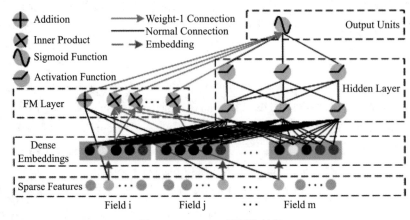

图 7-2　DeepFM 的网络结构

注：图片来源于本章参考文献 [4]。

7.6　近实时分解机

Google 在 2013 年提出了 FTRL（Follow-The-Regularized-Leader）算法，用于广告点击率预估，该方法可以高效地在线训练 LR 模型，在 Google 及国内公司得到了大规模的采用，广泛用于广告点击率预估和推荐排序中。想了解的读者可以阅读本章参考文献 [25]，TensorFlow 上有 FTRL 算法的具体实现。

基于 FTRL 的思路，可以对 FM 离线训练算法进行改造，让 FM 具备在线学习的能力，本章参考文献 [3，21，26] 中有关于利用 FTRL 技术对 FM 进行在线训练的介绍，这几篇文章涉及很多数学理论的证明和推导，感兴趣的读者可以自行学习，这里不再赘述。

上述论文读不懂也没关系，读者也不必重复造轮子，很多机器学习平台上是有 FM 算法的 FTRL 实现的。在腾讯开源的 Angel 平台上可以直接利用 Spark On Angel（构建在 Spark 平台上，利用 Angel 参数服务器的技术，让 Spark 具备提供参数服务能力）中的 FTRL-FM 算法，训练上百亿维特征的在线 FM 模型。

7.7　分解机在推荐系统上的应用

分解机可以作为一般的预测模型，用于回归和分类，特别是用在推荐系统和广告点击率预估等商业场景。本节简单讲讲分解机在推荐系统上的应用。

对于分解机在推荐系统上的应用，可以采用回归和分类两类方法。当我们预测用户对标的物的评分时，就是回归问题；当我们预测用户是否点击标的物时，可以看成是一个二分类问题，这时可以通过增加一个 logit 变换，将其转化为预测用户点击的概率问题。

下面介绍怎样构建 FM 需要的特征，有哪些信息可以作为模型的输入。构建 FM 模型的特征主要分为如下 4 大类。

7.7.1　用户与标的物的交互行为信息

这包括用户的点击、播放、收藏、搜索、点赞等各种（隐式）行为。这些行为可以通过平展化的方式整合为特征。比如有 n 个用户、m 个标的物，那么用户对某个标的物的行为可平展化为 $n + m$ 维特征子向量，其中用户和标的物所在的列非零，其他为零，如图 7-3 所示。

$$(u,i) \to x = (\underbrace{0,\cdots,0,1,0,\cdots,0}_{|U|},\underbrace{0,\cdots,0,1,0,\cdots,0}_{|I|}),$$

图 7-3　用户与标的物平展化为 $n + m$ 维特征向量

图 7-3 中将用户行为的隐式操作转化为特征子向量，特征用 0 或者 1 表示，有隐式操作则为 1，否则为 0。

也可以将用户的每一种操作作为一个维度，每个维度的值代表用户是否操作过或者对应的操作得分（比如用户播放时长占视频总时长的比例作为得分），如图 7-4 所示。

$$(u,i) \to (\underset{\text{click}}{0}, \underset{\text{search}}{1}, \underset{\text{collect}}{0}, \cdots, \underset{\text{thumps-up}}{1})$$

图 7-4　基于用户不同行为构建的特征向量

7.7.2　用户相关信息

与用户相关的信息有很多，包括人口统计学信息，如年龄、性别、职业、收入、地域、受教育程度等，还可以包括用户行为信息，如用户是否是会员、什么时候注册的、最后一次登录时间、最后一次付费时间等。这些信息都可以作为某一个维度的特征灌入到 FM 模型中。

7.7.3　标的物相关信息

标的物的 metadata 信息都可以作为 FM 的特征，拿电影推荐来说，电影的评分、年代、标签、演职员、是否获奖、是否高清、地区、语言、是否是付费节目等都可以作为特征。其中评分、年代是数值特征，标签、演职员是类别特征，可以采用 n-hot 编码（每个电影有多个标签，对应标签上的值为 1，所以这里叫作 n-hot 编码，而不是 one-hot）。另外该节目的用户行为也可以作为特征，比如节目播放次数、节目平均播放完成度等。

7.7.4　上下文信息

用户在操作标的物时是包含上下文信息的，这类上下文主要有时间、地点、上一步操作、所在路径，甚至是天气、心情、操作系统、版本等内容。时间可以是操作时间、是否是节日、是否是工作日、特殊日期（如双十一）等。地域对于 LBS（Location Based Services，基于地理位置的服务，如美团、滴滴等）类应用是非常重要的。对于购物等具备漏斗行为转化的产品或业务，用户的上一步操作及所在路径对训练模型非常关键。

整合了上述 4 大类特征信息，我们可以构建如图 7-5 所示的训练集，利用 FM 模型来训练，求得参数，最终获得训练好的模型，用于线上预测。关于构建各类特征的方法和技巧，读者可以参考第 15 章的介绍。

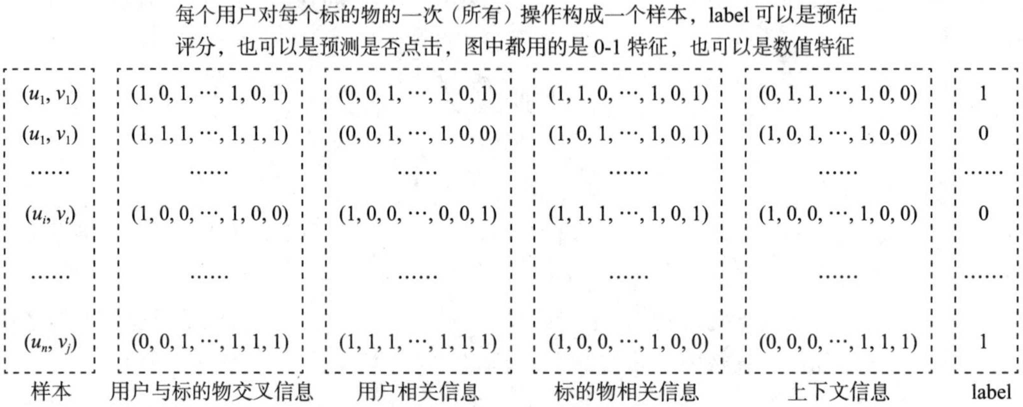

每个用户对每个标的物的一次（所有）操作构成一个样本，label 可以是预估
评分，也可以是预测是否点击，图中都用的是 0-1 特征，也可以是数值特征

样本	用户与标的物交叉信息	用户相关信息	标的物相关信息	上下文信息	label
(u_1, v_1)	$(1, 0, 1, \cdots, 1, 0, 1)$	$(0, 0, 1, \cdots, 1, 0, 1)$	$(1, 1, 0, \cdots, 1, 0, 1)$	$(0, 1, 1, \cdots, 1, 0, 0)$	1
(u_1, v_1)	$(1, 1, 1, \cdots, 1, 1, 1)$	$(0, 0, 1, \cdots, 1, 0, 0)$	$(1, 0, 1, \cdots, 1, 0, 1)$	$(1, 0, 1, \cdots, 1, 0, 0)$	0
……	……	……	……	……	……
(u_i, v_t)	$(1, 0, 0, \cdots, 1, 0, 0)$	$(1, 0, 0, \cdots, 0, 0, 1)$	$(1, 1, 1, \cdots, 1, 0, 1)$	$(1, 0, 0, \cdots, 1, 0, 0)$	0
……	……	……	……	……	……
(u_n, v_j)	$(0, 0, 1, \cdots, 1, 1, 1)$	$(1, 1, 1, \cdots, 1, 1, 1)$	$(1, 0, 0, \cdots, 1, 0, 0)$	$(0, 0, 0, \cdots, 1, 1, 1)$	1

图 7-5　基于 4 类信息构建分解机的训练数据集

我们可以根据不同的业务形态、当前业务具备的数据等按照上面的方式获得模型特征，最终构建分解机模型。本章参考文献 [10，11，13，18] 中有如何利用 FM 来进行推荐的介绍，另外本章参考文献 [23] 是一篇很长的博士毕业论文，综述了利用分解模型（主要是 FM）做推荐的各种方法及细节，值得大家学习参考。

7.8　分解机的优势

前面在介绍 FM 时，零星提到了 FM 的各种特点。本节梳理一下 FM 的优势，让大家对 FM 的特性有一个更具体直观的了解。FM 之所以在学术界和工业界受到追捧，得益于它的各种优点，这些优点主要体现在如下几个方面。

1. 可以整合交叉特征，效果不错

在真实业务场景中，特征之间的交叉对模型预测往往是非常有帮助的，而分解机可以自动整合二阶（高阶）交叉特征，免去了部分人工特征工程（如 logistic 回归需要大量的人工特征工程）的工作，从而（相比矩阵分解及 logistic 回归等模型）可以达到更好的训练效果。

2. 线性时间复杂度

FM 通过对预测函数做数学变换，将二阶交叉特征的计算从二阶多项式的复杂度降低到线性复杂度，方便模型预测和通过 SGD 等迭代方法估计参数，从而让 FM 在工业界的大规

模数据场景下的应用（推荐系统、CTR 预估等）变得可行。

3. 可以应对稀疏数据情况

FM 通过分解二阶交叉特征的系数到低维向量空间，避免了交叉特征的系数独立的情况，减少了参数空间，并且由于不同交叉项之间的系数是有关联的，在高度稀疏的情况下，也容易估计模型系数，模型泛化能力强。

4. 模型相对简单，易于工程实现

FM 模型原理非常简单，思想也很朴素，并且预测过程可以降低到线性时间复杂度，可以采用 SGD 等常用算法来进行训练，在工程实现上是相对容易的，有很多开源的工具都有 FM 的实现，我们可以直接拿来用。正因为它的工程实现简单，才在工业界得到大规模推广和应用。

7.9　本章小结

本文对分解机的算法原理、参数估计、与其他模型之间的关系、工程实现、分解机的拓展、近实时分解机、分解机在推荐上的应用、分解机的优点等各个方面进行了综合介绍。分解机类似 SVM，是一个通用的预测器，适用于任何实值特征向量的预测问题，不仅仅可应用于推荐算法，在广告点击率预估等其他方面都有很大的商业应用价值。鉴于 FM 模型的巨大优势和商业价值，自从 FM 被提出后，基于 FM 模型的学术界研究和工业实践从未止步过，FM 模型值得每一位做算法的从业者研究、学习、实践。

参考文献

[1] S Rendle. Factorization Machines with libFM [C]. [S.l.]:ACM，2012.

[2] S Rendle. Factorization Machines [C]. [S.l.]:IEEE，2010.

[3] Anh-Phuong TA. Factorization Machines with Follow-The-Regularized-Leader for CTR prediction in Display Advertising [C]. [S.l.]:IEEE，2015.

[4] Huifeng Guo，Ruiming Tang，Yunming Ye，et al. DeepFM: A Factorization-Machine based Neural Network for CTR Prediction [C]. [S.l.]:IJCAI，2017.

[5] Huifeng Guo，Ruiming Tang，Yunming Ye，et al. DeepFM: An End-to-End Wide & Deep Learning Framework for CTR Prediction [C]. [S.l.]:Arxiv，2018.

[6] S Rendle, et al. libFM [A/OL]. Github（2014-09-15）. https://github.com/srendle/libfm.

[7] S Rendle. libFM: Factorization Machine Library[A/OL]. Libfm.ory（2014-09-14）. http://www.libfm.org.

[8] S Rendle. Scaling Factorization Machines to Relational Data [A]. Proceedings of the 39th international conference on Very Large Data Bases[C]，Trento: Elsevier Science Ltd，2013.

[9] Christoph Freudenthaler，Lars Schmidt-Thieme，S Rendle. Bayesian Factorization Machines [C]. [S.l.]:

citeseerx，2011.

[10] S Rendle. Learning Recommender Systems with Adaptive Regularization [C]. [S.l.]:ACM，2012.

[11] S Rendle，Z Gantner，C Freudenthaler，et al. Fast Context-aware Recommendations with Factorization Machines [C]. [S.l.]:SIGIR，2011.

[12] I Bayer. fastFM: A Library for Factorization Machines [A]. The Journal of Machine Learning Research [C]，Brooline: Microtome Publishing，2016.

[13] Fajie Yuan，Guibing Guo，Joemon M Jose，et al. Optimizing Factorization Machines for Top-N Context-Aware Recommendations [C]. [S.l.]:WISE，2016.

[14] Mu Li，Ziqi Liu，Alexander J Smola，et al. DiFacto: Distributed Factorization Machines [C]. [S.I.]: WSDM，2016.

[15] Jun Xiao，Hao Ye，Xiangnan He，et al. Attentional Factorization Machines: Learning the Weight of Feature Interactions via Attention Networks [C]. [S.l.]:IJCAI，2017.

[16] Mathieu Blondel，Akinori Fujino，Naonori Ueda，et al. Higher-Order Factorization Machines [C]. [S.l.]: NIPS，2016.

[17] Chao Ma，Yuze Liao，Yuan Wang，et al. F2M-Scalable Field-Aware Factorization Machines [C]. [S.l.]: NIPS，2016.

[18] Han Liu，Xiangnan He，Fuli Feng，et al. Discrete Factorization Machines for Fast Feature-based Recommendation [C]. [S.l.]:IJCAI，2018.

[19] Junwei Pan，Jian Xu，Alfonso Lobos Ruiz，et al. Field-weighted Factorization Machines for Click-Through Rate Prediction in Display Advertising [C]. [S.l.]:WWW，2018.

[20] Xiangnan He，Tat-Seng Chua. Neural Factorization Machines for Sparse Predictive Analytics [C]. [S.l.]:SIGIR，2017.

[21] Luo Luo，Wenpeng Zhang，Zhihua Zhang，et al. Sketched Follow-The-Regularized-Leader for Online Factorization Machine [C]. [S.l.]:KDD，2018.

[22] Yuchin Juan，Yong Zhuang，Wei-Sheng Chin，et al. Field-aware Factorization Machines for CTR Prediction [C]. [S.l.]:RecSys，2016.

[23] B Loni. Advanced Factorization Models for Recommender Systems [D]. [S.l.]: Nederland ，2018.

[24] paynie，Andy Huang，et al. angel[A/OL]. Github（2017-06-16）. https://github.com/Angel-ML/angel.

[25] H Brendan McMahan，Gary Holt，D Sculley，et al. Ad Click Prediction: a View from the Trenches [C]. [S.l.]:KDD，2013.

[26] Xiao Lin，Wenpeng Zhang，Min Zhang，et al. Online Compact Convexified Factorization Machine [C]. [S.l.]:WWW，2018.

[27] Jianxun Lian，Xiaohuan Zhou，Fuzheng Zhang，et al. xDeepFM: Combining Explicit and Implicit Feature Interactions for Recommender Systems [C]. [S.l.]:KDD，2018.

第三篇

推荐系统进阶算法

Chapter 8 | 第 8 章

推荐系统冷启动

第 1 章在讲述推荐系统面临的挑战时，提到冷启动是推荐系统的重要挑战之一。事实上，这也是一个非常重要的问题，只有解决好冷启动问题，推荐系统的体验才会更好。很多读者可能对冷启动不是特别了解或者不知道怎么设计一个好的冷启动方案，所以本章尝试来讲清楚这些问题。具体来说，本章内容包括冷启动的概念、解决冷启动面临的挑战、解决冷启动的重要性、解决冷启动的方法和策略、不同产品形态解决冷启动的方案、设计冷启动需要注意的问题，以及冷启动的未来发展趋势。

本章会给读者提供更多的视角来认识、理解冷启动，同时也为读者提供解决冷启动的一些具体方法和策略。希望读者在学习完本章后，能够结合这些思路和自己公司的实际业务特点更好地将冷启动策略应用到真实推荐场景中，让推荐系统的体验更好，从而对业务产生更大的价值。

8.1 冷启动的概念

推荐系统的主要目标是将大量的标的物推荐给可能喜欢它的海量用户，这里面涉及标的物和用户两类对象。对任何互联网产品来说，标的物和用户都是不断增长变化的，所以系统一定会频繁面对新标的物和新用户。对于新注册的用户，该怎么推荐标的物才能让他满意，这就是用户冷启动问题。对于新入库的标的物，该怎么将新标的物分发出去，推荐给可能喜欢它的用户，这就是标的物冷启动问题。如果是新开发的产品，初期属于开拓市场、发展用户阶段，用户很少，用户行为也不多，常用的协同过滤、深度学习等依赖大量用户行为的算法不能很好地训练出精准的推荐模型，该怎么让推荐系统很好地运转起来，让推荐变得越来越准确，这就是系统冷启动问题。

总之，推荐系统冷启动主要分为标的物冷启动、用户冷启动和系统冷启动三大类。

现在我们大概知道了什么是冷启动，看起来冷启动很好理解，但冷启动问题不是这么容易解决的。下面我们讲讲冷启动的难点。

8.2　解决冷启动面临的挑战

冷启动问题是推荐系统必须要面对的问题，也是一个很棘手的问题，要想很好地解决冷启动，需要发挥推荐算法工程师的聪明才智。本节讲解冷启动到底会面临哪些挑战，只有知道冷启动的难点，才能更好地思考解决冷启动的办法。具体来说，解决冷启动问题会面临如下挑战。

首先，我们一般对新用户知之甚少，所以基本上不知道用户的真实兴趣，从而很难为用户推荐他喜欢的标的物。我们对新用户知之甚少的主要原因有：

1）很多 APP 不强求用户注册时填写包含个人身份属性及兴趣偏好的信息，其实也不应该让新用户填写太多的信息，否则用户就会嫌麻烦而不用你的产品了。由于没有这些信息，我们无法获得用户的画像。

2）新用户由于是新注册的，在产品上没有或者很少有操作行为，不足以用复杂的算法来训练推荐模型。

其次，对于新的标的物，我们也不知道什么用户会喜欢它，只能根据用户历史行为来了解用户的真实喜好。如果新的标的物与库中存在的标的物可以建立相似性联系，我们可以基于这个相似性将标的物推荐给喜欢其相似标的物的用户。但是，很多时候标的物的信息不完善、包含的信息不好处理、数据杂乱；或者新标的物产生的速度太快（如新闻类，一般通过爬虫可以短时间爬取大量的新闻），短时间内来不及处理或者处理成本太高；或者是完全新的品类或者领域，无法很好地建立与库中已有标的物的联系。所有这些情况都会增加将标的物分发给喜欢该标的物的用户的难度。

最后，对于新开发的产品，由于是从零开始发展用户，冷启动问题就会更加凸显，这时每个用户都是冷启动用户，面临的挑战更大。

既然冷启动问题这么难解决，那么我们是不是可以不用管这些新用户和新标的物，只将精力放在老用户身上呢？答案肯定是不可以。那么，冷启动的重要性体现在哪些方面呢？

8.3　解决冷启动的重要性

用户的不确定性需求是客观存在的，在当今这个信息爆炸的时代，用户的不确定性需求更加明显，而推荐作为一种解决用户不确定性需求的有效手段，在互联网产品中会越来越重要，特别是随着短视频、新闻等应用的崛起，推荐的重要性越来越被更多人认可。很多产品将推荐业务放在最核心的位置（如首页），或者作为整个产品的核心功能，比如今日头条等各类信息流产品及很多电商类产品。因此，我们必须要面对冷启动这个问题。

从上面的介绍中可以知道，新用户、新标的物是持续产生的，对互联网产品来说，这是常态，是无法避免的，所以冷启动问题会伴随产品的整个生命周期。特别是当你投入很大的资源推广产品时，短期会吸引大量的用户来注册你的产品（比如 2020 年快手与春晚的独家合作），这时，用户冷启动问题将会更加严峻，解决冷启动问题也会更加迫切。

既然很多产品将推荐放到这么好的位置，而推荐作为一种有效提升用户体验的工具，在新用户留存中一定要起到非常关键的作用。如果推荐系统不能很好地为新用户推荐好的内容，新用户就可能会流失。

新用户的留存对一个公司来说非常关键，服务不好新用户，不能让用户留下来，你的用户增长将会停滞不前。对于互联网公司来说，用户是公司赖以生存的基础，是利润的核心来源。可以毫不夸张地说，如果不能很好地留住新用户，让总用户量健康地增长，整个公司将无法运转下去。因为互联网经济是建立在规模用户基础之上的，只有用户足够多，你的产品才会有变现的价值（不管是会员、广告、游戏、增值服务，你的总营收基本线性依赖于用户数，以会员来举例说明，会员总收益 = 日活跃用户数 × 付费率 × 客单价）。同时，只有你的产品有很好的用户增长曲线，投资人才会相信未来用户有大规模增长的可能，才能看得到产品未来的变现价值，才会愿意在前期投资你的产品。

那么既然冷启动问题对新用户的留存及体验这么重要，怎么在推荐业务中很好地解决这个问题呢？这就是本章最重要的话题了，下一节将具体介绍。

8.4 解决冷启动的方法和策略

前面讲过冷启动包含用户冷启动、标的物冷启动和系统冷启动。本节会给出一些解决冷启动的思路和策略，方便大家结合自己公司的业务场景和已有的数据资源选择合适的冷启动方案。

在讲具体策略之前，先概述一下解决冷启动的一般思路，这些思路是帮助我们设计冷启动方案的指导原则。具体思路有如下 7 种（括号里面代表适用于哪类冷启动）：

1）提供完全非个性化的推荐（用户冷启动）。

2）利用用户注册时提供的信息推荐（用户冷启动、系统冷启动）。

3）基于内容做推荐（用户冷启动、系统冷启动）。

4）利用标的物的 metadata 信息推荐（标的物冷启动）。

5）采用快速试探策略推荐（用户冷启动、标的物冷启动）。

6）采用兴趣迁移策略推荐（用户冷启动、系统冷启动）。

7）采用基于关系传递的策略推荐（标的物冷启动）。

上面这些策略是整体思路，下面分别针对用户冷启动、标的物冷启动和系统冷启动给出具体可行的解决方案。同时，在本节最后笔者会基于自己的思考从新的视角来看待冷启动，提供不一样的解决方案。

8.4.1　用户冷启动

基于上面 7 大思路，针对新注册用户或者只有很少用户行为的用户，可行的解决冷启动的策略有如下 5 种。

1. 提供完全非个性化的推荐

给用户推荐非个性化的标的物作为解决冷启动的方法，主要有基于先验数据的推荐和基于多样性的推荐。

（1）利用先验数据做推荐

可以利用新热标的物作为推荐。人都是有喜新厌旧倾向的，推荐新的东西肯定能抓住用户的眼球（比如视频行业推荐新上映的大片）。推荐热门标的物的另外一个原因是，由于这些标的物是热点，而人是有从众心理的，如果大家都在看，那么新用户喜欢的可能性也比较大（比如视频行业推荐最近播放量 topN 的热门节目），基于二八定律，20% 的头部内容会占到 80% 的流量，所以基于热门的推荐效果往往还不错。热门推荐一般也用来作为新推荐算法的 AB 测试的基准对照组。

还可以推荐常用的标的物及生活必需品。如在电商行业推荐生活必需品，这些物品是大家使用频次很高的，生活中必不可少的东西（比如纸巾等），将这些物品推荐给新用户，用户购买的可能性会更大。

对于特殊行业，可以根据该行业的经验给出相应的推荐策略。如婚恋网站，给新注册的男生推荐美女，新注册的女生推荐帅哥，效果肯定不会差。

（2）给用户提供多样化的选择

这里举个视频行业的例子，方便大家更好地理解。按照标签视频可以分几大类，如恐怖、爱情、搞笑、战争、科幻等，每大类选择一个并推荐给新用户，这样总有一个是用户喜欢的。

如果是新闻类产品（如今日头条），可以采用 TF-IDF 算法将文本转化为向量，再对文本做聚类，每一类代表一个不同的新闻类型，可以采用与上面视频类似的推荐策略每类推荐一个。

如果是图像或者视频（如快手），可以利用图像相关技术将图片或者视频转化为特征向量，基于该向量聚类，再采用每类推荐一个的策略。可以用 OpenCV 及深度学习技术从视频图像中提取特征，图像视频分析对技术要求更高，也需要大量计算。

这种方法要想保证有比较好的效果，类之间需要有一定的区分度。也可能碰到给用户的类是用户不喜欢的，最好是从一些热门的类（可能需要编辑做一下筛选）中挑选一些推荐给用户，对于太冷门的类，用户不喜欢的概率较大。

2. 利用新用户在注册时提供的信息

用户在注册时的信息包括人口统计学信息、社交关系、用户主动填写的兴趣点等，这些信息都可以用来解决用户冷启动问题。下面分别进行讲解。

（1）利用人口统计学数据

很多产品在新用户注册时会要求用户填写一些信息，这些用户注册时填写的信息就可以作为为用户提供推荐的指导。典型的比如相亲网站，新用户注册时需要填写自己的相关信息，填写的信息越完善代表越真诚，这些完善的信息就是系统为用户推荐相亲对象的素材。

基于用户的信息（如年龄、性别、地域、学历、职业等）来做推荐，这要求平台事先知道用户的部分信息，这在某些行业是比较困难的，比如 OTT 端的视频推荐，因为用户主要通过遥控器操作，不方便输入信息。

这两年由于安全问题越来越严峻，用户也越来越不愿意填写自己的信息了，所以通过这个渠道来获取用户的画像是比较困难的。

（2）利用社交关系

有些 APP 在用户注册时要求导入社交关系，借此，这些 APP 可以将用户的好友喜欢的标的物推荐给用户。利用社交关系来做冷启动，特别是在有社交属性的产品中，是很常见的一种方法。社交推荐最大的好处是用户基本不会反感推荐的标的物（可以适当加一些推荐解释，比如"你的朋友 XXX 也喜欢"），所谓"人以群分"，你的好友喜欢的东西你也可能会喜欢。

（3）利用用户填写的兴趣点

还有一些 APP，强制用户在注册时提供自己的兴趣点，有了这些兴趣点就可以为用户推荐他喜欢的内容了。通过该方法可以很精准地识别用户的兴趣，对用户兴趣把握相对准确。这是一个较好的冷启动方案，但是要注意产品的逻辑需简单易懂，不能让用户填写太多内容，用户操作也要非常简单，用户的耐心是有限的，若占用用户太多时间，操作太复杂，用户可能就不使用你的产品了。

3. 基于内容做推荐

当用户只有很少的行为记录时，很多算法（比如协同过滤）无法给用户做很精准的推荐，这时可以采用基于内容的推荐算法。对于基于内容的推荐算法，只要用户有少量行为就可以给用户做推荐（比如你看一部电影，至少就知道你对这个题材的电影有兴趣，那么就可以推荐类似题材的电影），不像基于模型的算法那样需要有足够多的行为数据才能训练出精度够用的模型。

4. 采用快速试探策略

这类策略一般可用于新闻短视频类应用，先随机或者按照完全非个性化推荐的策略给用户推荐，基于用户的点击反馈快速发现用户的兴趣点，从而在短时间内挖掘出用户的兴趣。由于新闻或者短视频时长短，只会占用用户的碎片化时间，试探出用户的兴趣也不会花太久。对于现在的新闻应用（如今日头条），用户可以采用下拉的方式快速选择自己感兴趣的内容，抖音、快手也一样，可以很快地切换视频，这些良好的交互形态有利于更好地挖掘用户兴趣点。

5. 采用兴趣迁移策略

当一个公司已有一个成熟的 APP，准备拓展新的业务、开发新的 APP 时，可以将用户在旧有 APP 上的特征迁移到新 APP 中，从而做出推荐。比如今日头条做抖音时，虽然对抖音来说，用户是新用户，但是如果这个用户刚好是头条的用户（抖音前期是通过头条来导流的，所以抖音很大一部分用户其实就是从头条来的），那么该公司是知道这个用户的兴趣点的，从而在抖音上就很容易为他做推荐了。

兴趣迁移策略借鉴了迁移学习的思路，在基于主产品拓展新产品形态的情况下，特别适合为新产品做冷启动。我们在 9.5 节中会讲解盒马鲜生采用迁移学习技术，利用淘宝数据来做冷启动的例子。

8.4.2　标的物冷启动

针对新上线的标的物，基于上述 7 大冷启动解决思路，可行的解决标的物冷启动的方案与策略有如下几类。

1. 利用标的物的 metadata 信息做推荐

标的物的 metadata 信息是我们了解标的物的最好媒介，基于 metadata 信息可以方便地解决标的物冷启动问题，具体方法如下。

（1）利用标的物跟用户行为的相似性

可以通过提取新入库的标的物的特征（如标签、采用 TF-IDF 算法提取的文本特征、基于深度学习提取的图像特征等），通过计算标的物特征跟用户行为特征（通过他看过的标的物特征的叠加，如加权平均等）的相似性，从而将标的物推荐给与它最相似的用户。

（2）利用标的物跟标的物的相似性

可以基于标的物的属性信息来做推荐，一般新上线的标的物或多或少都是有一些属性的，根据这些属性找到与该标的物最相似（利用余弦相似度等相似算法）的标的物，这些相似的标的物被哪些用户"消费"过，可以将该标的物推荐给这些消费过与之相似的标的物的用户。

2. 采用快速试探策略

另外一种思路是借用强化学习中的 EE（Exploration-Exploitation）思想，将新标的物曝光给一批随机用户，观察用户对标的物的反馈，找到对该标的物有正向反馈（观看、购买、收藏、分享等）的用户，后续将该标的物推荐给有正向反馈的用户或者与该用户相似的用户。

该方法特别适合像淘宝这种提供平台的电商公司以及像今日头条、快手、阅文等 UGC 平台公司，它们需要维护第三方生态的繁荣，所以需要将第三方新生产的标的物尽可能地推荐出去，让第三方有利可图。同时通过该方式也可以快速知道哪些新的标的物是大受用户欢迎的，找到这些标的物，也可以提升自己平台的营收。

这种思路其实就是一种流量池的思路。在不知道标的物是不是受欢迎时，先试探性地将标的物曝光给一批种子用户，看种子用户对标的物的反馈，如果反馈良好，再推荐给更多的用户，否则减少推荐量。这种方式可以很好地对新标的物进行精细控制，也有利于用户体验的提升（不受欢迎的标的物后面就可以不给流量支持了）。这对于平台上提供内容输出的第三方也是有好处的，如果你的内容足够好，采用流量池的思路是可以短期引爆内容的，从而可以为自己带来极大的用户关注，最终成就更多的商业价值。

3. 采用基于关系传递的策略

当产品处在拓展标的物品类的阶段时，比如视频类应用，前期只做长视频，后来拓展到短视频，那么对某些没有短视频观看行为的用户，怎么给他做短视频推荐呢？可行的方式是借用数学中关系的传递性思路，利用长视频观看历史，计算出长视频与用户的相似度。对新入库的短视频，我们可以先计算与该短视频相似的长视频，再将该短视频推荐给喜欢与它相似的长视频的用户。

该相似关系的传递性可描述为：短视频与长视频有相似关系，长视频与喜欢它的用户有相似关系，最终得到短视频与用户有相似关系。

8.4.3 系统冷启动

针对刚开发的产品，每个用户都是冷启动用户，怎么让推荐系统尽快运转起来是摆在推荐开发人员面前的首要问题。这里新系统相比成熟系统少的是海量的用户，无法借助其他老用户的行为来为新用户的推荐提供指导，但是除了这一块外，其他策略可以采用与用户冷启动一样的策略，包括利用用户注册时提供的信息、基于用户少量内容做推荐以及采用兴趣迁移策略等，这里不再赘述。

8.4.4 新的视角看冷启动

本节基于笔者自己的理解和领悟，从两个不同的角度来思考与冷启动相关的问题，供读者参考和借鉴。

1. 在产品初期，个性化推荐一定是必要的吗

在新产品阶段，最重要的是做好用户体验，提供给用户最核心的最小化可行特性（MVP产品），只要这些核心功能是用户想要的，而且操作体验不太差，用户还是愿意留在你的平台上的。同时，需要做好搜索和导航，方便用户更好地找到自己想要的内容。

前期个性化推荐没有那么重要，因为个性化推荐本来就是在有大量用户行为时效果才会更好，但是可以做一个基于内容的标的物关联推荐，方便用户从内容关联到相似内容。

如果推荐能力不是你的产品的核心竞争力，前期也没有足够多的人力来开发，在产品初期可以不做个性化推荐。如果你的产品以推荐为核心竞争力（如今日头条），最好在一开

始就构建推荐系统，让用户有强烈的品牌感知。

2. 跳出推荐的视角看用户冷启动

对新用户来说，最重要的是高效方便地在你的平台上找到自己喜欢的标的物。用户的需求主要有两类：一类是明确性需求，即用户知道自己要什么，我们只要让用户方便地找到自己想要的标的物就可以了，解决这个问题可以通过搜索或者导航来实现。另一类是不明确的需求，在没有获得用户相关信息之前，我们确实不知道用户的喜好，但是我们可以给出很多差异性较大的标的物并分门别类让用户自己快速选择，不行就换一批，这样用户也可以快速找到自己喜欢的标的物（总有一款适合用户）。

基于上述思路，我们可以给新用户设计一个特殊的"新用户登录页面"。对于老用户，首页就是原来常规的首页，而新用户在第一次进入时登录的是"新用户登录页面"，在新用户有行为（播放、购买、点赞等）时，他们再次登录时就会进入常规首页。

以视频 APP 举例来说，我们可以设计如图 8-1 所示的"新用户登录页面"。我们将该页面分为 4 大模块：热门模块、搜索模块、筛选模块、主题模块。

热门模块：提供热门内容

搜索模块：让用户自己搜索想看的内容

筛选模块：让用户筛选自己想看的类型，可以按照各个视频类型进行筛选

主题模块：提供不同主题类型的节目，让用户下翻，找自己喜欢的主题，每个主题可以右滑选择更多

图 8-1　为新用户设计的"新用户登录页面"

用户在视频类 APP 最重要的诉求是尽快找到自己喜欢的内容。对于尽快，用户希望一进来就可以找到自己想要的，尽量不要让他"走很多路"，我们直接用一个"新用户登录页面"来满足这个诉求。用户对喜欢的内容的诉求有如下 4 种最主要的情况：

1）需求很明确，比如我就是想看《狂暴巨兽》。

2）需求很明确，想看最近正在热播的内容。

3）需求有一定范围，但是不明确，比如我想找恐怖电影看。

4）需求完全不明确，如果推荐给我的内容我喜欢就会看。

对于上述第一种情况，搜索可以满足用户需求；对于第二种情况，热播榜可以满足用户诉求；对于第三种情况，筛选可以满足用户需求；对于第四种情况，给出各种风格各异的内容，让用户快速选择自己喜欢的类型。

基于以上对用户诉求的分析，设计一个"新用户登录页面"，就可以解决新用户下面 4 大类需求（解决用户找到喜欢内容的痛点）：

❑ 最近热播的内容。

❑ 用户搜索自己想要看的内容。

❑ 用户筛选自己喜欢的某类型的内容。

❑ 浏览找到想看的内容。

当然，上面的方法看起来很合理，但是也有一个问题，那就是新用户登录页面跟后面有操作行为后的页面不一样，会给用户造成体验不一致的感觉。上述思路怎么落地到产品中，以及以怎样的形式出现，还得不断思索和实践。

上面比较完整地给出了解决各类冷启动的技术方案，我们主要是从用户和标的物的角度来阐述的，但在实际业务中，推荐系统是以各种产品形态出现的，如相似推荐、猜你喜欢、主题推荐等。下面结合冷启动解决方案，基于各种常用推荐产品形态，简单介绍一下怎么实现冷启动。

8.5 不同推荐产品形态解决冷启动的方案

第 2 章讲到，推荐系统主要有 5 种范式，分别是：完全个性化范式、群组个性化范式、完全非个性化范式、标的物关联标的物范式、笛卡儿积范式。下面分别按照这 5 种范式来说明怎么解决冷启动问题。

1. 完全个性化范式

该范式可以采用基于用户的冷启动的所有方法来做冷启动，这里不再赘述。

2. 群组个性化范式

对于群组个性化范式，用户是分为兴趣相似的组的。新用户由于没有相关行为，可以单独将他们放到一个新用户组，采用 8.4.1 节用户冷启动中的"提供完全非个性化的推荐"的策略来做冷启动。

3. 完全非个性化范式

每个用户推荐的内容都是一样的，这种推荐本来就是类似各种排行榜，采用新热推荐的策略（或其他策略），所以不存在冷启动的问题。

4. 标的物关联标的物范式

这种范式一般是采用相似视频、喜欢该物品的人还喜欢等推荐形态。可以采用 8.4.2 节标的物冷启动中的"利用标的物的 metadata 信息做推荐"和用户冷启动中的"提供完全非个性化的推荐"策略。具体来说就是对于新标的物，既可以利用标的物的 metadata 计算与之相似的标的物，利用相似的标的物作为关联推荐，也可以关联到新热标的物或者常用标的物。

5. 笛卡儿积范式

基于这种推荐范式，每个用户关联到的每个标的物的推荐都是不一样的（如个性化相似影片，A 用户和 B 用户看到的 V 节目的相似影片不一样）。这时可以采用关联到新热标的物或者常用标的物作为冷启动推荐。

在真实产品和业务场景中，推荐方式可以有很多变种，读者需要结合公司业务和产品策略来灵活选择冷启动方案，同时在具体设计冷启动方案时需要注意很多问题。

8.6　设计冷启动需要注意的问题

上面讲了冷启动的很多实现方案，不同的产品需要结合自身产品特征和拥有的数据、资源来选择采用什么方式解决冷启动。这里讲一下冷启动方案落地过程中需要注意的事情，让大家更好地将冷启动策略应用于真实的业务场景中。

1. 逐步迭代让冷启动效果更好

冷启动有很多方法，我们需要通过 AB 测试选择一种效果更好的方法，并不断优化，让冷启动的效果越来越好。

2. 量化冷启动用户的比例及转化效果

如上所述，要进行冷启动方案的 AB 测试，需要将用户的行为日志埋点，日志中需要包含用户标识（userid），采用的算法标识、用户具体行为（点击、播放、购买、点赞）等，这样就可以通过分析日志知道每天的 DAU（Daily Active User）中有多少用户采用了冷启动策略、各种冷启动策略及非冷启动策略的比例、冷启动策略的转化效果及与其他非冷启动策略的转化效果的对比。只有知道了具体数据，才能够知道从哪些维度去优化冷启动方案。

3. 采用级联推荐策略

一般来说协同过滤的效果比基于内容的推荐好，而基于内容的推荐比冷启动推荐好，我们在给用户做推荐时可以采用级联策略。比如如果协同过滤有推荐结果就采用协同过滤的结果，没有的话（可能是新注册不久的用户）就采用基于内容的推荐，如果用户没有操作过任何内容，这时可以采用冷启动推荐（如热门推荐等）。这样做效果肯定会更好，因为总是优先使用最好的算法，虽然实现起来可能会复杂一些，但是为了给用户提供最好的推荐体验，这也是值得的。

在笔者公司的相似视频推荐中采用的就是这种策略。如果某个视频有基于 Item2vec 算法（见本章参考文献 [4]，微软提出的一种基于 Word2vec 的变种算法）计算出的相关视频，就采用该算法的结果；如果没有就采用基于标签的相似推荐；如果该视频是新视频，标签不完善，就采用基于热门的冷启动推荐策略。

采用级联策略的目的主要是优先利用所有已知的最好信息，尽量减少采用冷启动推荐的比例，最大限度地提升用户的使用体验。

4. 需要维护提供标的物的第三方利益

对于依赖第三方提供标的物的平台，如电商、新闻、短视频、小说阅读等，需要维护标的物提供方生态的繁荣。怎么保证新的标的物提供方可以获得流量、挣到钱，让提供优质标的物的提供方挣更多的钱，也是很重要的问题，这就涉及新标的物的冷启动问题。需要确保更好地将优质的标的物尽量推荐给更多的用户，质量差的标的物少推荐，这就涉及很多业务策略和评估指标了。前面讲到的流量池的思路就是一种比较好的方案。

在最后，笔者基于自己的思考和经验，讲讲冷启动未来的发展趋势。在不久的将来，随着技术的发展，肯定会有很多新的解决冷启动的策略和方法出现。

8.7 冷启动的未来发展趋势

冷启动与推荐系统密切相关。随着推荐系统在互联网产品中的重要性日益增大，解决冷启动问题也越来越重要和迫切。随着互联网的深入发展及创业的精细化，未来为用户提供服务的产品会越来越多，区分度越来越模糊，这就像一个生态系统，随着物种越来越多，就会有更多的物种的生存空间出现重叠，所以，竞争也会越来越激烈。同时，用户也会越来越没有耐心（信息量太大、碎片化时间更严重），你的产品稍微有点让用户不满，用户可能就会选择其他的替代品。随着技术的发展及新的交互模式的出现，也会出现越来越多的冷启动的方案。

下面笔者基于自己的理解以及对未来发展趋势的预测，对冷启动的未来发展说说自己的想法，观点不一定正确，只是给读者提供思考问题的不同视角，仅供读者参考。

1. 解决冷启动问题越来越迫切

前面说过，创业朝精细化发展后，产品竞争激烈，功能重叠会更多，替代品也会更多，用户的耐心会下降。要想让新用户留下来，需要优化推荐的冷启动方法，让新用户更快满意，最终留下来，提升产品的留存率。

2. 可以更加实时地了解用户的兴趣

随着 5G 技术的发展，网络速度会更快，几秒钟就可以下载一部高清电影，无损视频通话变得可行。同时随着硬件的升级和边缘计算的发展，在终端部署复杂的深度学习模型变得可行，我们可以直接在终端做复杂的计算处理，快速获取用户的特征。就像凯文·凯利的畅销书《必然》中所说的，社会生活及信息获取会更加流式化，对于获取和提取用户特征也是一样，未来会更加快速（比如你说一句话，你手机上的深度学习模型就可以马上识别出你的年龄、性别、情绪等），从而更好、更快地解决冷启动问题。

3. 新技术下新的冷启动解决方案

随着语音及图像技术的发展、边缘计算算力的逐渐强大、数据安全法制建设的完善，说不定未来的 APP 就可以通过视频或者语音来注册了（在一定的安全隐私法规的框架之下）。用户开启摄像头就会被 APP 自动识别，或者用户说一句话，APP 马上就可以识别出年龄、性别、心情、着装、体型、精神状态等特征，这样立刻就会为用户构建一套专属的用户画像，基于该用户画像，系统马上就可以为你推荐跟你的画像相匹配的标的物了。

4. 资源共享的协同效应

随着云计算和 AI 技术的发展，未来的创业公司会直接采购云端的大数据与机器学习 SaaS 或者 PaaS 服务，而不是直接从零开始搭建自己的数据与 AI 平台。而现在很多 APP 都是采用手机、微信、QQ、支付宝等账号登录，云端是可以知道用户在各个平台上的信息的，未来这些信息通过加密后说不定可以共享。不具备直接竞争关系的公司更有可能达成同盟，利用共同的用户行为信息来协同优化用户体验。这个 APP 的新用户可能就是另外一个 APP 的老用户，可以从另外一个 APP 知道他的信息，这些信息可以帮助第一个 APP 来更好地做冷启动。

8.8　本章小结

到目前为止，所有关于冷启动的介绍就告一段落了。上面很多冷启动方法都是作者团队在自己公司的产品中实践过的，也有很多是基于作者的经验和思考提出来的，并未得到实践。虽然笔者一直做的是视频行业的推荐，但是在写冷启动的解决方案时，还是尽量全方位考虑，试图覆盖所有的行业，但难免有不当之处，希望与读者一起探讨。

参考文献

[1] Martin Saveski，Amin Mantrach. Item cold-start recommendations：learning local collective embeddings [C]. [S.l.]:ACM，2014.

[2] Schien，Andrew I，et al. Methods and metrics for cold-start recommendations [C]. [S.l.]:SIGIR，2002.

[3] Maciej Kula. metadata embeddings for user and item cold-start recommendations [C]. [S.l.]:OALib Journal，2015.

[4] Oren Barkan，Noam Koenigstein. Item2Vec: Neural Item Embedding for Collaborative Filtering [C]. [S.l.]:IEEE，2016.

嵌入方法在推荐系统中的应用

第 6 章中提到，矩阵分解算法是一类嵌入方法，通过将用户行为矩阵分解为用户特征矩阵和标的物特征矩阵的乘积，最终将用户和标的物嵌入到低维向量空间中，它使用用户特征向量和标的物特征向量的内积来计算用户对标的物的偏好得分。

Word2vec 也是一类嵌入方法，通过构建双层神经网络模型，将词嵌入低维向量空间，词向量保持了词的句法和语义关系，可以解决各类语言学问题。自从 2013 年 Google 的研究团队发明 Word2vec 算法后，Word2vec 在机器学习领域得到大规模使用，在 NLP、推荐、搜索等领域产生了深远的影响。

本章主要讲解嵌入方法在推荐系统上的应用，上面提到的矩阵分解和 Word2vec 两类算法是推荐系统嵌入方法的核心思想来源，下面讲到的很多嵌入方法思路都来源于此。

本章会先简单介绍嵌入方法，然后从嵌入方法应用于推荐系统的一般思路、几种用于推荐系统的嵌入方法的算法原理介绍、嵌入方法在推荐系统中的应用案例介绍、利用嵌入方法解决冷启动等 4 部分来讲解嵌入方法。希望通过本章的学习，读者可以很好地理解嵌入方法的思想、原理、价值，以及典型的嵌入方法在推荐系统上的应用案例，最终能够将嵌入方法应用到具体的推荐业务上。

9.1 嵌入方法简介

词嵌入方法最早在自然语言处理领域得到了大规模的使用（见本章参考文献 [1-4]），可以通过学习词的低维向量表示，解决词的句法和语义相关的 NLP 问题，如词性标注、关键词提取、句子相似度等，并且取得了非常好的效果。这种嵌入技术吸引了很多其他领域的研究者进行尝试，并用于更多的业务场景，如搜索（本章参考文献 [11，21]）、推荐等，也取得了很好的效果。

熟悉深度学习的读者肯定知道，深度学习模型中隐含层的向量可以作为一种生成嵌入表示的方法。自编码器和表示学习的一些方法和技术可以很好地用作嵌入，随着深度学习技术的发展壮大，嵌入方法得到大量使用。Word2vec 本身也是一种浅层的神经网络模型。

嵌入方法有很强的数学背景，在数学领域大量采用，几何学中有所谓的嵌入存在定理，像 PCA（Principal Components Analysis）本质上是一种高维空间到低维空间的嵌入。在数学上有所谓的射影几何学，研究的就是图形的射影性质，即它们经过射影变换后，依然保持不变的图形性质。可以说从高维空间到低维空间的任何一种映射其实就是一种嵌入。

这里给嵌入方法下一个很形式化的数学定义，以帮助读者更好地理解。假设 (S, F) 是 n 维空间中的一个二元组，S 是由向量组成的集合，F 是 S 中元素满足的某种关系。那么嵌入方法就是需要我们找到一个映射：$\varPhi : \mathbf{R}^n \to \mathbf{R}^m (m \ll n)$，使得 $\varPhi(S)$ 在 $\mathbf{R}^m$ 中也大致满足（可能有一定的信息损耗）关系 F。

现实生活中嵌入的案例很多，比如我们在平面中画三维物体其实是一种嵌入，我们需要保持物体之间的相对距离、位置以及遮挡关系，这种关系保持得越好，那么画得就越逼真。

霍夫曼编码就是一种采用最小信息量来编码的方式，我们也可以将从一种可行的长编码到最短霍夫曼编码的映射关系看成是一种嵌入。

通过嵌入，我们可以在更低的维度解决问题，人类的大脑是比较善于处理低维（三维以下）问题的，对高维问题较难理解，所以嵌入方法也是一类方便我们理解和认知的方法。为什么嵌入方法在机器学习中有很好的效果呢？因为高维空间表达能力太强，现实生活中的样本数量一般是较小的（相比于高维空间强大的表达能力），只能"占据"高维空间很小的一个区域（这个区域一般等价于一个很低维的空间），所以我们可以将这些样本投影到等价的低维空间中，也能让它们有一定的区分度。

总结一下，嵌入方法是指通过数学变换（机器学习算法）将高维空间的对象映射到低维空间并保持相关性质的一种方法。除了方便人类理解外，通过嵌入我们至少可以获得如下好处：

❑ 嵌入到低维空间再处理，可以减少数据存储与计算成本（高维空间有维数灾难）。

❑ 嵌入到低维空间，虽有部分信息损耗，但是这样反而可能提升模型的泛化能力（样本一般含有噪声，通过嵌入低维空间，其实可以"过滤掉"部分噪声）。

本章主要讲解嵌入方法在推荐系统上的应用，下面从嵌入方法的基本原理开始介绍。

9.2　嵌入方法应用于推荐系统的一般思路

上一节对嵌入方法做了一个比较简单的介绍，本节讲解嵌入方法怎么应用于推荐业务中。一般来说，在推荐系统上，可以采用以下两种嵌入方式进行推荐，下面分别进行介绍。

在讲解之前，先说明一下，对于推荐业务来说，最主要的两种推荐（产品）形态是标的物关联标的物推荐和完全个性化推荐，这里介绍的嵌入方法在推荐上的应用，主要是基于这两种推荐场景的。

9.2.1　学习标的物的嵌入表示

通过构建算法模型，基于用户行为数据、标的物 metadata 将标的物嵌入到低维向量空间中，得到每个标的物的嵌入向量表示。有了标的物的嵌入向量，我们可以通过如下三种方式实现推荐业务。

1. 构建标的物关联推荐

将标的物嵌入到同一个空间后，"距离"越近的标的物往往越相似。我们可以利用该性质来计算两个标的物之间的相似性。一般计算相似性可以采用余弦的方法。

我们可以为每个标的物求出最相似的 N 个标的物作为关联推荐。具体在大规模数据情况下怎么分布式求 top$N$ 相似度，在 4.3.1 节计算 top$N$ 相似度时有详细讲解，这里不再赘述。

2. 对标的物进行聚类，构建个性化专题或用于关联推荐

有了标的物的向量表示，我们还可以对标的物进行聚类，同一类的标的物往往是相似的，这一类标的物可以用于制作专题，通过人工增删部分标的物，给专题起一个描述性标题，就可以用于人工运营，这是算法和人工配合的一个很好的案例，特别适合长视频行业。另外，聚类后的标的物也可以作为关联推荐，将同一类的其他标的物构造成关联推荐列表。

3. 为用户推荐个性化的标的物

有了标的物的嵌入向量表示，我们可以非常容易地为用户进行个性化推荐。具体的推荐策略有如下两个。

（1）通过标的物的嵌入获得用户的向量表示，使用用户向量与标的物向量内积计算预测评分

通过用户操作过的标的物的嵌入的"聚合"来获得用户的嵌入表示，可以采用（加权）平均或者 RNN（见本章参考文献 [15]，本章不讲解）等方式来聚合。

$\forall u \in U$，记 $A_u = [v_1, v_2, \cdots, v_k]$ 是按照时间顺序取出的用户最近操作过的 k 个标的物（v_1 是最近操作过的），标的物 v_i 的嵌入表示记为 e_i，那么我们可以用如下方式来获得用户的嵌入表示：

$$I_u = \sum_{i=0}^{k} w_i \cdot e_i$$

其中，w_i 是标的物 v_i 的权重，我们可以取 $w_i = 1/k$，这时不同时间段的标的物权重是一样的，也可以按照时间做等差或者等比的衰减，保证时间最近的标的物权重最大。

通过上面的方法获得了用户的嵌入向量表示，再根据用户向量与标的物向量的内积，

计算出用户与每个标的物的评分，按照评分降序排序取 top$N$ 作为推荐列表（剔除用户已经操作过的标的物）。

（2）通过与用户操作过的标的物相似的标的物为用户推荐

该方法可以将用户最近操作过的标的物作为种子标的物，将与种子标的物最相似的 N 个标的物作为推荐的候选集。具体如下：

$$C_u = \bigcup_{v_i \in \text{Seed}(u)} \{v_j \mid v_j \in \text{top}N(v_i)\}$$

当然，上面只是选择出了候选集，一般我们还要给候选集中的标的物打分，按照分值高低将高分的 top$N$ 推荐给用户。具体给候选集中标的物打分的方法如下：用户 u 操作过标的物 v_i，可以根据具体操作来给 v_i 打分（如果是视频播放，那么根据播放时长占整个视频时长的比例来打分），而 v_j 又与 v_i 相似，那么肯定有一个相似得分（相似度），这两个得分相乘就是用户 u 对标的物 v_j 的评分。

9.2.2　同时学习用户和标的物的嵌入表示

嵌入方法还有一种使用方式是将用户和标的物同时嵌入同一个低维向量空间中，这样就可以获得用户和标的物的特征向量，它们是同一维度的。这时我们可以用用户向量和标的物向量的内积作为用户对标的物的偏好评分，获得了评分就可以采用前面讲的方式给用户做推荐了。这种嵌入应用方式的典型代表就是矩阵分解算法，第 6 章已经做过深入的介绍，后面也会讲解这种联合嵌入的实际案例。

9.3　用于推荐系统的嵌入方法的算法原理介绍

前面讲完了嵌入方法应用于推荐系统的一般思路，在本节将对几种用于推荐系统中的嵌入方法的算法原理进行详细介绍。

9.3.1　基于矩阵分解的嵌入

假设所有有评分的 (u, v) 对（u 代表用户，v 代表标的物）组成的集合为 A：$A = \{(u,v) \mid r_{uv} \neq \phi\}$，通过矩阵分解将用户 u 和标的物 v 嵌入 k 维特征空间的嵌入向量分别为：

$$u \leftarrow \boldsymbol{p}_u = (u_1, u_2, \cdots, u_k)$$

$$v \leftarrow \boldsymbol{q}_v = (v_1, v_2, \cdots, v_k)$$

那么用户 u 对标的物 v 的预测评分为 $\hat{r}_{uv} = \boldsymbol{p}_u * \boldsymbol{q}_v^{\mathrm{T}}$，真实值与预测值之间的误差为 $\Delta r = r_{uv} - \hat{r}_{uv}$。如果预测得越准，那么 $\|\Delta r\|$ 越小，针对所有用户评分过的 (u, v) 对，如果我们可以保证这些误差之和尽量小，那么有理由认为我们的预测是精准的。

有了上面的分析，我们就可以将矩阵分解转化为一个机器学习问题。具体地说，我们可以将矩阵分解转化为如下等价的求最小值的最优化问题。

$$\min_{p^*,q^*} \sum_{(u,v)\in A} (r_{uv} - \boldsymbol{p}_u * \boldsymbol{q}_v^{\mathrm{T}})^2 + \lambda(\|\boldsymbol{p}_u\|^2 + \|\boldsymbol{q}_v\|^2) \qquad (9\text{-}1)$$

其中 λ 是超参数，可以通过交叉验证等方式来确定，$\|\boldsymbol{p}_u\|^2 + \|\boldsymbol{q}_v\|^2$ 是正则项，可避免模型过拟合。通过求解该最优化问题，我们就可以获得用户和标的物的特征嵌入。矩阵分解已经在第 6 章中进行了详细介绍，细节不再赘述。

9.3.2 基于 Word2vec 的嵌入

SGNS（Skip-Gram with Negative Sampling）是 Word2vec 中的一类重要方法，主要目的是将词嵌入到低维向量空间，以捕获词的上下文关系。该方法自从被提出后在各类 NLP 任务中获得了非常好的效果，并被拓展到包括推荐系统等在内的多种业务场景中。

下面对该算法的原理做简单介绍。后面讲到的很多推荐系统嵌入方法都是从该算法吸收灵感而提出的。

假设 $(w_i)_{i=1}^K$ 是有限词汇表 $W = \{w_i\}_{i=1}^N$ 中的一个词序列。Word2vec 方法将求解词嵌入问题转化为求解下面的目标函数的极大值问题：

$$\frac{1}{K}\sum_{i=1}^K \sum_{-c\leqslant j\leqslant c, j\neq 0} \log p(w_{i+j} \mid w_i) \qquad (9\text{-}2)$$

其中，c 是词 w_i 的上下文（附近的词）窗口的大小，$p(w_{i+j} \mid w_i)$ 是下面的 softmax 函数：

$$p(w_j \mid w_i) = \frac{\exp(\boldsymbol{u}_i^{\mathrm{T}} \boldsymbol{v}_j)}{\sum_{k\in Iw} \exp(\boldsymbol{u}_i^{\mathrm{T}} \boldsymbol{v}_k)}$$

$\boldsymbol{u}_i \in U(\subset \mathbf{R}^m)$ 和 $\boldsymbol{v}_i \in V(\subset \mathbf{R}^m)$ 分别是词 w_i 的目标（target）和上下文（context）嵌入表示，这里 $I_w \overset{\Delta}{=} \{1, 2, \cdots, N\}$，参数 m 是嵌入空间的维数。

直接优化式（9-2）的目标函数是非常困难的，因为求 $\nabla p(w_j \mid w_i)$ 的计算量太大，是词库大小 N 的线性函数，一般 N 是百万级别以上。

我们可以通过负采样（Negative Sampling）来减少计算量，具体来说，就是用如下公式来代替上面的 softmax 函数。

$$p(w_j \mid w_i) = \sigma(\boldsymbol{u}_i^{\mathrm{T}} \boldsymbol{v}_j) \prod_{k=1}^M \sigma(-\boldsymbol{u}_i^{\mathrm{T}} \boldsymbol{v}_k)$$

这里 $\sigma(x) = 1/(1 + \exp(-x))$ 是逻辑函数，M 是采样的负样本（这里负样本是指抽样的词 w_k 不在词目标 w_i 的上下文中）数量。

最终可以用随机梯度下降算法来训练式（9-2）中的模型，估计出 U、V。读者可以阅

读本章参考文献 [1-4] 对 Word2vec 进行深入学习和了解。

本章参考文献 [12] 提出了一个 CoFactor 模型，将矩阵分解和 Word2vec（本章参考文献 [27] 中证明 Word2vec 嵌入等价于一类 PMI 矩阵的分解，该论文也是采用的 PMI 分解的思路，而不是直接用 Word2vec）整合到一个模型中来学习嵌入表示并最终给用户做推荐，也是一个非常不错的思路。

本章参考文献 [28] 借助 Word2vec 的思路，提出了 Prod2vec 模型，该算法利用发给用户的电子邮件广告数据，根据用户的邮件点击购买回执了解用户的偏好行为，通过将用户的行为序列等价为词序列，采用 Word2vec 类似的方法进行嵌入学习获得商品的嵌入向量，最终对用户进行个性化推荐。经某系统验证，该算法部署到线上后，点击率提升了 9%。本章参考文献 [16] 基于 Prod2vec 模型，提出了一种整合商品 metadata 等附加信息的 Meta-Prod2vec 算法模型，提升了准确率，并且可以有效解决冷启动问题，感兴趣的读者可以阅读学习这两篇文章。

有很多开源的软件有 Word2vec 的实现，比如 Spark、Gensim、TensorFlow、PyTorch 等。笔者所在公司采用的是 Gensim，使用效果不错。

9.3.3　基于有向图的嵌入

给定一个图 $G = (V, E)$，V、E 分别代表图的顶点和边的集合。所谓图嵌入就是学习每个顶点在低维空间 $\mathbf{R}^d (d \ll |V|)$ 中的向量表示。利用数学的术语就是学习一个映射：$\Phi : V \rightarrow \mathbf{R}^d$，将图中每个顶点 v 映射为 d 维空间中的一个向量 $\Phi(v)$。

基于 Word2vec 和本章参考文献 [23] 的思路，我们可以先通过随机游走（random walk）生成图顶点的序列，再利用 Word2vec 的 Skip-Gram 算法学习每个顶点的向量表示。为了保留图的拓扑结构，需要求解如下目标函数：

$$\min_{\Phi} \sum_{v \in V} \sum_{c \in N(v)} -\log Pr(c \mid \Phi(v))$$

这里 $N(v)$ 是顶点 v 的邻域，可以定义为通过顶点 v 经过一步或者两步可达的所有其他顶点的集合。$Pr(c \mid \Phi(v))$ 是给定一个顶点 v，经过随机游走获得 v 的一个邻域顶点的概率。

有了上面的定义和说明，剩下的处理流程和思路与 Word2vec 是一样的了，这里不再赘述。

本章参考文献 [6，19] 分别提供了基于图嵌入进行个性化推荐的解决方案，其中参考文献 [6] 会在 9.4.4 节中详细介绍。参考文献 [19] 提供了一个在异构信息网络（Heterogeneous Information Network，HIN）中通过随机游走生成节点序列，再将节点序列嵌入低维空间，通过一组 fusion 函数变换后整合到矩阵分解模型中进行联合训练，通过求解联合模型最终进行推荐的方法，该方法也可以有效地解决冷启动问题，具体架构如图 9-1 所示，感兴趣的读者可以参考原文。随着互联网的深入发展，异构信息网络是一类非常重要的网络，在当前的互联网产品中（社交网络产品、生活服务产品等）大量存在，基于 HIN 的个性化推荐也是未来一个比较火的方向之一。

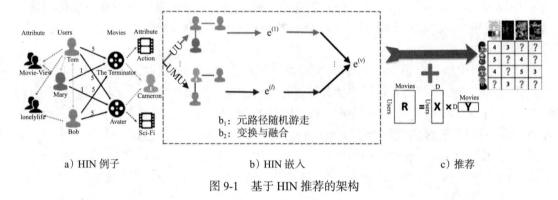

a）HIN 例子　　　　　　　b）HIN 嵌入　　　　　　　c）推荐

图 9-1　基于 HIN 推荐的架构

注：图片来源于本章参考文献 [19]。

图嵌入通过将图中节点变换为节点序列再利用 Word2vec 的思路做嵌入，本质跟 Word2vec 一样，只是不同的图嵌入方法将图中节点变换为节点序列的实现方案不一样。

9.3.4　基于深度神经网络的嵌入

最近几年深度学习驱动的人工智能第三次浪潮对计算机视觉、语音识别、自然语言处理领域有极大的推动作用，在部分机器学习任务（如图像分类、机器阅读理解、精确匹配等）上的表现超越了人类专家的水平。同样，深度学习在推荐上也有大量应用，并且在工业界取得了不错的效果。

利用深度学习嵌入进行推荐是深度学习推荐系统中的一类重要方法，其实 Word2vec 嵌入也是一个神经网络模型，只不过是浅层神经网络。这里简单介绍一下深度学习推荐系统，第 10 章会详细介绍。

我们知道自编码器是深度学习中一类非常重要的表示学习技术，通过自编码器，可以获得输入向量的低维表示，这个表示其实就是一种嵌入，我们可以利用这种嵌入来进行推荐。关于利用自编码器技术做推荐的文章有很多，本章参考文献 [25] 利用自编辑器联合矩阵分解将附加信息整合到推荐模型中，该算法在部分推荐公开数据集上获得了不错的效果。本章参考文献 [15，26] 也是利用自编码器来做嵌入进行推荐的例子。建议读者学习一下参考文献 [15]，它是雅虎给出的一个基于自编码器做推荐的案例，并且应用到了雅虎新闻的推荐中，取得了很好的效果，该文的方法也很新颖，值得学习了解。

另外，YouTube 有一篇非常出名的奠基性深度学习文章（见本章参考文献 [24]），这篇文章中将推荐问题看成是一个多分类问题（类别的数量等于视频个数），基于用户过去观看记录预测用户下一个要观看的视频的类别。文章利用深度学习来进行嵌入，将用户和标的物嵌入同一个低维空间，通过 softmax 激活函数来预测用户在时间点 t 观看视频 i 的概率问题。具体预测概率公式如下：

$$P(w_t = i \mid U, C) = \frac{e^{v_i * u}}{\sum_{j \in V} e^{v_j * u}}$$

其中 u、v 分别是用户和视频的嵌入向量。U 是用户集，C 是上下文。该方法也是通过一个（深度学习）模型来一次性学习出用户和视频的嵌入向量的。感兴趣的读者可以阅读该论文，下一章会详细讲解该算法的原理和核心思想。

9.4　嵌入方法在推荐系统中的应用案例介绍

上一节讲解了 4 类用于推荐系统的嵌入方法，基于这 4 类方法，本节介绍几个有代表性的嵌入方法在推荐系统中的应用案例，让读者可以更好地了解嵌入方法是怎么做推荐的。这几个案例都是在真实的工业级推荐场景得到验证的方法，值得读者学习和借鉴。

9.4.1　利用矩阵分解嵌入做推荐

通过 9.3.1 节介绍的矩阵分解可知，在获得了用户和标的物嵌入后，我们可以计算出用户 u 的嵌入向量与每个标的物嵌入向量的内积 $\{p_u * q_{v1}, p_u * q_{v2}, \cdots, p_u * q_{v_m}\}$，再按照内积的值从大到小降序排列，剔除掉用户已经操作过的标的物，将 $topN$ 推荐给用户。具体请参考第 6 章以深入了解。

9.4.2　利用 Item2vec 获得标的物的嵌入做推荐

微软在 2016 年基于 Word2vec 提出了 Item2vec（本章参考文献 [14]），基于用户的操作行为，通过将标的物嵌入到低维向量空间获得标的物的稠密向量表示，进而利用标的物向量的余弦相似度来计算标的物之间的相似度，最后进行关联推荐。下面对该方法进行简单介绍。

我们可以将用户操作过的所有标的物看成词序列，这里每个标的物就相当于一个词，只是这里用户操作过的标的物是一个集合，不是一个有序序列。虽然用户操作标的物是有时间顺序的，但是标的物之间不像词序列是有上下文关系的（一般不存在一个用户看了电影 A 之后才能看电影 B，但是在句子中，词的搭配是有序关系的），因此这里当成集合会更合适。所以，我们需要对 Word2vec 的目标函数进行适当修改，最终可以将 Item2vec 的目标函数定义为：

$$\frac{1}{K} \sum_{i=1}^{K} \sum_{j \neq i}^{K} \log p(w_j \mid w_i)$$

这里不存在固定的窗口大小了，窗口的大小就是用户操作过的标的物集合的大小。而其他部分跟 Word2vec 的优化目标函数一模一样。

最终用向量 u_i（参考 9.3.2 节中对 u_i 的定义）来表示标的物的嵌入，用余弦相似度来计算两个标的物的相似度，也可以用 u_i、u_i+v_i、$[u_i, v_i]$（u_i 和 v_i 拼接在一起的向量）来表示标的物的嵌入。

笔者公司也采用了 Item2vec 算法来对视频进行嵌入，在用于视频的相似推荐中，点击率相比原来的基于矩阵分解的嵌入有较大幅度的提升。

9.4.3   阿里盒马的联合嵌入推荐模型

阿里盒马利用 Word2vec 思想对不同类别的 ID（item ID、product ID、brand ID、store ID 等）进行联合嵌入学习，获得每个 ID 的嵌入表示，下面对该方法进行简单介绍（细节介绍见本章参考文献 [7]）。

给定一个 item 序列 $\{item_1, item_2, \cdots, item_N\}$，Skip-Gram 模型通过优化如下的平均对数概率目标函数：

$$\mathcal{J} = \frac{1}{N} \sum_{n=1}^{N} \sum_{-C \leqslant j \leqslant C}^{1 \leqslant n+j \leqslant N,\, j \neq 0} \log p(item_{n+j} \mid item_n)$$

这里 C 是上下文窗口的长度。图 9-2 是某个用户的浏览序列，其中前 5 个浏览记录是一个 session（用户的一次交互序列，可以按照时间，比如按照一个小时切分，将用户在 APP 上的操作分为多个 session）。

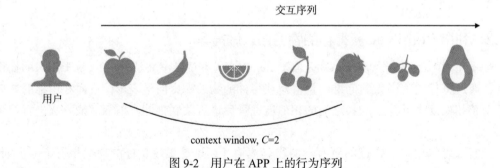

图 9-2   用户在 APP 上的行为序列

其中，$p(item_j \mid item_i)$ 的定义如下：

$$p(item_j \mid item_i) = \frac{\exp(e_j'^{\mathrm{T}} e_i)}{\sum_{d=1}^{D} \exp(e_d'^{\mathrm{T}} e_i)}$$

$e, e' \in \mathbf{R}^m$ 分别是 item 和 context 的嵌入表示，m 是嵌入空间的维数，D 是总的 item 数，也就是盒马上的所有商品数量。

上述公式求导计算复杂度正比于 D，D 往往是非常大的，所以类似 Word2vec，可以采用如下负采样技术来减少计算量：

$$p(\text{item}_j \mid \text{item}_i) = \sigma(\boldsymbol{e}_j'^{\mathrm{T}}\boldsymbol{e}_i)\prod_{s=1}^{S}\sigma(-\boldsymbol{e}_s'^{\mathrm{T}}\boldsymbol{e}_i) \tag{9-3}$$

这里的 S 是从正样本 item 的噪声分布 $P_{\text{neg}}(\text{item})$（item 及其上下文之外的物品的分布）中抽取的负样本的数量。$P_{\text{neg}}(\text{item})$ 一般取均匀分布，但是对于商品来说，分布其实是不均匀的，很多商品是热门商品，搜索购买的人多，另外一些相对冷门。因此，为了平衡商品之间的冷热情况，最终从 Zipfian 分布来抽取负样本。具体采样方式如下。

先将所有样本按照访问量降序排列按照 $[0, D)$ 来索引，我们可以用如下公式来近似计算 Zipfian 分布：

$$p(\text{index}) = \frac{\log(\text{index}+2) - \log(\text{index}+1)}{\log(D+1)}$$

累积分布函数可以记为：

$$
\begin{aligned}
F(x) &= p(x \leqslant \text{index}) \\
&= \sum_{i=0}^{\text{index}} \frac{\log(i+2) - \log(i+1)}{\log(D+1)} \\
&= \frac{\log(\text{index}+2)}{\log(D+1)}
\end{aligned}
$$

令 $F(x)=r$，这里 r 是从均匀分布 $U(0,1]$ 抽取的随机数，那么 Zipfian 分布可以近似表示为：

$$\text{index} = [(D+1)^r] - 2$$

即负采样可以先从 $U(0,1]$ 抽取随机数 r，按照上面公式计算出 index，这个 index 对应的 item 就是采样的 item（要剔除掉 item 本身及它的 context 中的物品）。通过该方式采样可以大大加速训练过程。

讲解完了 item ID 的嵌入方法，下面来说怎样对多个 ID 进行联合嵌入训练。对于商品来说，每个商品都有对应的产品、品牌、供应商，并且还有不同维度的分类。下面给出一个 item 关联的 6 个 ID，分别是 product ID、brand ID、store ID、cate-level1 -ID、cate-level2 -ID、cate-level3 -ID。拿苹果手机举例来说，item ID 代表的是 iPhone X 64G 黑色版对应的 ID，而 product ID 对应的是 iPhone X 的 ID，brand ID 对应的是 Apple 的 ID，storeID 对应的是苹果官方旗舰店的 ID，cate-level1 -ID、cate-level2 -ID、cate-level3 -ID 分别是科技产品、消费类电子产品、智能手机等分层次的类别。

图 9-3 是 item ID 和它的属性 ID 之间的关联关系，假设有 K 个 ID，我们按照顺序记为：

$$\text{ID}s(\text{item}_i) = [\text{id}_1(\text{item}_i), \text{id}_2(\text{item}_i), \cdots, \text{id}_k(\text{item}_i), \cdots, \text{id}_K(\text{item}_i)]$$

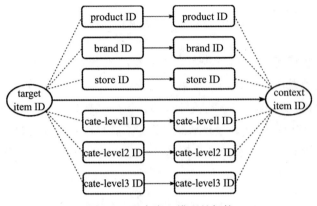

图 9-3 联合嵌入模型的架构

这里 $\mathrm{id}_1(\mathrm{item}_i) = \mathrm{item}_i$，而 $\mathrm{id}_2, \mathrm{id}_3, \cdots$ 分别是 product ID、brand ID、store ID 等。那么类似上面独立 item 的对数条件概率公式 9-3，对于多 ID 联合嵌入，我们有如下公式：

$$p(\mathrm{ID}s(\mathrm{item}_j) \mid \mathrm{ID}s(\mathrm{item}_i)) = \sigma\left(\sum_{k=1}^{K}(w_{jk}e'_{jk})^{\mathrm{T}}(w_{ik}e_{ik})\right)\prod_{s=1}^{S}\sigma\left(-\sum_{k=1}^{K}(w_{sk}e'_{sk})^{\mathrm{T}}(w_{ik}e_{ik})\right)$$

上式中，$e'_k \in \mathbf{R}^{m_k}$ 和 $e_k \in \mathbf{R}^{m_k}$ 分别是第 k 个 ID 的 context 和 target 嵌入表示，m_k 是嵌入空间的维数，不同类型的 ID 可以嵌入到不同维数的空间中，w_{ik} 是 $\mathrm{id}_k(\mathrm{item}_i)$ 的权重系数。假设第 k 个 ID（比如 brand ID）包含 V_{ik} 个不同的 item（即这个品牌包含 V_{ik} 个不同的 item），即：

$$V_{ik} = \sum_{j=1}^{D} I(\mathrm{id}_k(\mathrm{item}_i) = \mathrm{id}_k(\mathrm{item}_j))$$

如果 x 是真，$I(x)=1$；如果 x 是假，$I(x)=0$，我们将 w_{ik} 定义为 V_{ik} 的倒数是合理的，具体有：

$$w_{ik} = \frac{1}{V_{ik}}(k=1,2,\cdots,K)$$

举例来说，我们始终有 $w_{i1}=1$，如果 $\mathrm{id}_2(\mathrm{item}_i)$ 包含 10 个不同的 item，那么 $w_{i2}=1/10$。item ID 与它的属性 ID 之间是有很强的关联的。如果两个 item ID 的嵌入向量相似，那么它们对应属性 ID 的向量也是相似的，反之亦然。因此我们定义：

$$p(\mathrm{item}_i \mid \mathrm{ID}s(\mathrm{item}_i)) = \sigma\left(\sum_{k=2}^{K} w_{ik}e_{i1}^{\mathrm{T}} M_k e_{ik}\right) \tag{9-4}$$

这里 $M_k \subset \mathbf{R}^{m_1 \times m_k}(k=2,3,\cdots,K)$ 是将嵌入向量 e_{i1} 变换到与 e_{ik} 同一维度的矩阵变换。最终的联合嵌入最优化问题可以定义为：

$$\mathcal{J} = \frac{1}{N} \sum_{n=1}^{N} \left(\sum_{-C \leqslant j \leqslant C}^{1 \leqslant n+j \leqslant N, \, j \neq 0} \log p(\mathrm{ID}s(\mathrm{item}_{n+j}) \mid \mathrm{ID}s(\mathrm{item}_n)) + \alpha \log p(\mathrm{item}_n \mid \mathrm{ID}s(\mathrm{item}_n)) - \beta \sum_{k=1}^{K} \| \boldsymbol{M}_k \|_2 \right)$$

其中 α, β 都是超参数。由于各类 ID 是相对固定的，上述模型可以较长时间（比如一周）训练一次，也不太会影响最终推荐的精度。

通过上述最优化问题求解，获得了 item 的嵌入表示，那么我们可以采用 9.2.1 节中第 3 个方法来为用户做个性化推荐，这里不细说了。读者可以阅读本章参考文献 [7] 对技术细节做更细致的了解。

9.4.4 淘宝基于图嵌入的推荐算法

9.3.3 节对图嵌入方案进行了介绍，在这里详细讲解淘宝基于图嵌入做推荐的一个算法模型，感兴趣的读者可以详细阅读参考文献 [6] 以了解更多细节。下面分 4 个部分来分别讲解。

1. 从用户行为构建 item 有向图

用户在淘宝上的访问行为是有时间顺序的，是一个行为序列，一般协同过滤只考虑了用户访问的商品是否在同一个行为序列中，而忽略了访问的序关系，而序关系可能反映了用户的兴趣特征。一般不会考虑使用用户的整个访问历史，因为这样计算量大，并且用户的兴趣是随着时间变化的，所以将用户在一段时间内（比如一个小时）的行为作为一个 session 来考虑。

可以通过如下步骤来构建用户行为 session 的有向图（参考图 9-4 中 a、b 两个步骤）：所有商品构成图的顶点，如果两个商品在某个用户的一个 session 中是相邻的（即该用户连续访问了这两个商品），那么我们就可以在这两个顶点构建一条有向边（用户访问节点的次序就是边的方向），边的权重可以是这两个商品在所有用户 session 中出现的次数。通过这个方式，我们就可以构建出基于用户行为的有向图了。这时边的权重就代表了两个顶点之间基于用户行为的相似度。

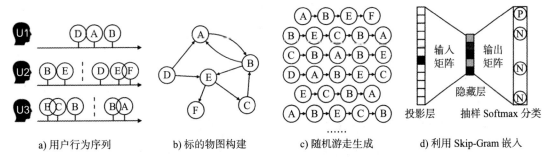

a) 用户行为序列　　　b) 标的物图构建　　　c) 随机游走生成　　　d) 利用 Skip-Gram 嵌入

图 9-4　构建用户行为有向图

2. 图嵌入

构建好有向图后，我们就可以采用随机游走（本章参考文献 [23] 的 DeepWalk 方法，本章参考文献 [13，17，18] 提供了其他利用图嵌入的方法，其中参考文献 [17，18] 提供了比其他图嵌入方法更高效的实现方案，可以大大节省嵌入训练的时间）的方式生成行为序列（参见图 9-4 中的 c）。后面我们再用 Skip-Gram 算法学习图的顶点（商品）的嵌入表示（参考图 9-4 中 d 的 Skip-Gram 模型）。我们需要最大化通过随机游走生成序列中的两个顶点同时出现的概率，具体来说，需要求解如下最优化问题：

$$\min_{\Phi} - \log Pr(\{v_{i-w,\cdots,v_{i+w}}\} \backslash v_i \mid \Phi(v_i))$$

上式中 w 是生成的序列中上下文节点的窗口大小。可以假设窗口中不同的节点是独立的。那么可以做如下简化：

$$\log Pr(\{v_{i-w,\cdots,v_{i+w}}\} \backslash v_i \mid \Phi(v_i)) = \prod_{j=i-w,j\neq i}^{i+w} Pr(v_j \mid \Phi(v_i))$$

利用 Word2vec 中提到的负采样技术，最终的优化目标函数为：

$$\min_{\Phi} \log \sigma(\Phi(v_j)^T \Phi(v_i)) + \sum_{t\in N(v_i)'} \log \sigma(-\Phi(v_t)^T \Phi(v_i))$$

上式中 $N(v_i)'$ 是为 v_i 采样的负样本集合， $\sigma(x) = 1/(1+e^{-x})$ 是 logistic 函数， $|N(v_i)'|$ 越大，采样的样本越多，模型最终效果越好。

3. 图嵌入整合附加信息

每个商品是包含价格、品牌、店铺等附加信息的，这些附加信息可以整合到 Skip-Gram 模型中，这样即使该商品没有用户行为，也可以用附加信息的嵌入获得嵌入向量，从而解决冷启动问题。

具体来说，可以将附加信息跟商品拼接起来，在模型中增加一个聚合层，将商品和它的附加信息嵌入平均化，即通过下式来获取隐含层的表示（参见图 9-5 的模型表示）。

$$H_v = \frac{1}{n+1} \sum_{s=0}^{n} W_v^s$$

上式中， W_v^0 是商品 v 的嵌入表示， $W_v^s (s = 2,3,\cdots,n)$ 是附加信息的嵌入表示，假设商品和附加信息嵌入到相同维度的空间中，这样才可以求平均。

4. 增强的图嵌入整合附加信息

上一步中假设所有的附加信息权重是一样的，实际上不同的附加信息权重不一样，我们可以给不同附加信息以不同权重，让模型效果更好。不同附加信息的权重可以根据经验给定，或者作为模型参数通过学习获得。

通过图嵌入，有了商品的嵌入向量表示，我们就可以用 9.2.1 节中第 3 种方式的第 2 个策略给用户做推荐了。

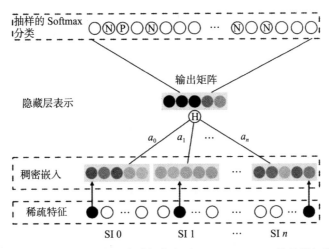

图 9-5　在 Skip-Gram 中整合附加信息（SI 0、SI 1、SI n 等是附加信息）

9.4.5　整合标的物多种信息的 Content2vec 模型

参考文献 [10] 中提出了一种整合物品图像、标题、描述文本、协同信息的 Content2vec 模型，该方法将不同类型的信息通过不同的嵌入方法生成的嵌入向量聚合起来，形成一个统一的模型来预测两个商品会被一起购买的概率，该模型的架构如图 9-6 所示。

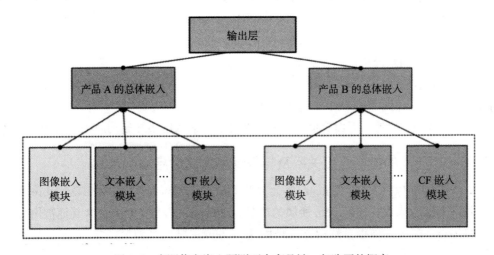

图 9-6　多源信息嵌入预测两个商品被一起购买的概率

注：图片来源于本章参考文献 [10]。

具体来说，该模型包含如下 3 个主要模块。

1. 内容嵌入模块

通过不同的算法将商品不同维度的信息嵌入到低维空间中时，这些不同源的信息嵌入过程是解耦合的、可插拔的，可以用不同的算法来取代。图像嵌入可以用图像分类的算法获得（如 AlexNet 等），而文本的嵌入可以用 Word2vec 获得，协同信息的嵌入可以用矩阵分解算法获得。

2. 多源联合嵌入模块

该模块将不同源的商品信息嵌入向量，通过一个统一的模型获得联合嵌入表示。

3. 输出层

输出层结合两个商品的联合嵌入向量，计算出这两个商品被一起购买的概率。具体来说，通过将两个商品的联合嵌入向量求内积，再经过 sigmod 函数变换，可获得概率值。

通过上述方法可以获得每个商品的嵌入向量，我们就可以用 9.2.1 节中第 3 种方法的第 2 个策略给用户做推荐了。

9.5 利用嵌入方法解决冷启动问题

第 8 章已经对冷启动的方法做了全面的介绍，本节具体说说嵌入方法是怎么解决冷启动问题的，算是对冷启动案例的补充和完善。嵌入方法除了可以用于推荐外，通过整合附加信息到嵌入模型中，可以很好地解决冷启动问题。我们知道基于内容的推荐可以缓解冷启动问题，这些附加信息也一般是内容相关的信息，所以将它们整合进嵌入模型中就可以用于解决冷启动问题。

本章参考文献 [9] 给出了一种在矩阵分解中整合用户特征和标的物特征的方案，可以有效地解决用户和标的物冷启动问题，这篇文章在 6.4.6 节中介绍过，这里不再赘述。另外通过在图嵌入中整合附加信息也可以解决冷启动问题，9.4.4 节已经说明了在有向图嵌入构建 Skip-Gram 模型的过程中整合附加信息可以解决冷启动问题。

除了上面两种方法外，下面简单介绍另外两种通过嵌入解决冷启动问题的案例。

9.5.1 通过 ID 间的结构连接关系及特征迁移解决冷启动问题

本章参考文献 [7] 中，每个 item ID 会关联对应的 product ID、brand ID、store ID 等，对于一个新的 item 来说，这个 item 所属的产品、品牌或者店铺可能会包含其他被用户点击购买过的 item，那么一种很自然的方式是用这个 item 关联的其他 ID 的嵌入向量来构造该 item 的近似嵌入表示。

因为 $\sigma(x)$ 是单调递增函数，那么结合 9.4.3 节介绍的阿里盒马的联合嵌入模型的式（9-4），我们就有如下近似公式：

$$p(\text{item}_i \mid \text{ID}s(\text{item}_i)) = \sigma\left(\sum_{k=2}^{K} w_{ik} \boldsymbol{e}_{i1}^{\mathrm{T}} \boldsymbol{M}_k \boldsymbol{e}_{ik}\right) \propto \sum_{k=2}^{K} w_{ik} \boldsymbol{e}_{i1}^{\mathrm{T}} \boldsymbol{M}_k \boldsymbol{e}_{ik}$$

$$= \boldsymbol{e}_{i1}^{\mathrm{T}}\left(\sum_{k=2}^{K} w_{ik} \boldsymbol{M}_k \boldsymbol{e}_{ik}\right)$$

要想让上式取值最大，只有 $\boldsymbol{e}_{i1}$ 与后面括号中的向量方向一致才行。那么我们就可以用：

$$\boldsymbol{e}_{i1} \approx \sum_{k=2}^{K} w_{ik} \boldsymbol{e}_{ik}^{\mathrm{T}} \boldsymbol{M}_k^{\mathrm{T}}$$

来近似 item 的嵌入。当然不是跟 item ID 关联的所有 ID 都有嵌入，我们只需要选择有嵌入的 ID 代入上式中即可。通过模型线上验证，这种方式得到的嵌入效果还是很不错的，可以很好地解决商品冷启动问题。

同时，这篇文章展示通过不同 APP 用户特征的迁移可以解决用户冷启动，下面也做简单介绍。

盒马和淘宝都属于阿里的电商平台，淘宝通过这么多年的发展已经覆盖了绝大多数的用户群，大部分盒马的用户其实也是淘宝的用户，那么对于盒马上的新用户，就可以用该用户在淘宝上的特征，将特征迁移到盒马上来，为他做推荐。下面简要介绍这种推荐策略的流程与方法。

假设淘宝的用户为 U^s，盒马上的用户为 U^t，他们的交集为 $U^i(U^i = U^s \cap U^t)$。那么按照下面流程就可以为盒马的新用户做推荐了：

1）采用 9.4.3 节的方案计算出淘宝平台上用户的嵌入向量。

2）将 U^i 的用户根据在淘宝上的嵌入向量用 K-Means 聚类聚成 1000 类。

3）对于步骤 2 中的每一类，将这一类用户在盒马上购买的 top$N$ 热门商品计算出来，作为推荐候选集。

4）对于从淘宝来的新的盒马用户，我们先从上面的 1000 类中找到与该用户最接近的类（该用户的嵌入向量与类中心距离最近）。

5）将该新用户最近的类的 top$N$ 热门商品推荐给该用户。

图 9-7 可以更好地帮助大家理解上面的流程。通过这 5 步就可以为盒马的新用户做推荐了。当然如果一个用户是盒马的新用户但不是淘宝的用户（或者是淘宝的新用户），那么这个方法就无能为力了，但是这种情况毕竟是很少的（因为淘宝覆盖了中国绝大多数的电商用户），所以该方法基本解决了盒马大部分新用户的冷启动推荐问题。

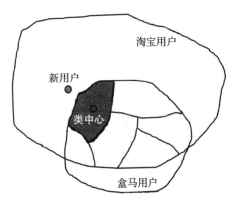

图 9-7　通过跨平台特征迁移来为新用户做推荐

9.5.2　通过图片、文本内容嵌入解决冷启动问题

9.4.5 节讲解了 Content2vec 模型，该模型通过将图片、文本、类别等 metadata 信息嵌入，再将这些不同源的嵌入向量通过一个统一的模型获得联合嵌入表示，最终通过 sigmod(*A*B*)（*A*、*B* 是两个商品的嵌入向量）输出层来训练获得最终的商品嵌入表示。通过该方法，即使没有足够多的用户行为，但是因为模型整合了图片、文本信息，也可以有效避免冷启动问题。

上面只是列举了 9.4 节案例中几种可以解决冷启动的算法模型，其他可以解决冷启动的模型这里不一一列举。总结下来，只要是在模型中整合了附加信息，基本都可以有效缓解冷启动问题。

9.6　本章小结

随着 Word2vec 等嵌入方法在 NLP、推荐、搜索等各个领域的成功运用，嵌入方法越来越受欢迎。本章讲解了嵌入方法的思想、嵌入方法在推荐上的应用思路，介绍了用于推荐业务的几种嵌入方法的一般原理，最后给出了几个工业界利用嵌入方法做推荐的算法案例及利用嵌入方法缓解冷启动问题的思路。后面的参考文献整理了很多关于嵌入方法的理论及其在搜索、推荐中的应用的论文，值得读者研究和学习。

从数学的角度来说，嵌入方法就是一种投影映射，通过选择合适的映射将高维空间的向量投影到低维空间，保持某些性质的不变性，可以更容易地解决很多机器学习问题。目前嵌入方法在推荐上的应用基本都是基于矩阵分解、Word2vec 及深度学习的思想，通过部分整合附加信息来实现的。我相信未来会有更多的理论知识的突破来支持嵌入方法更好地用于推荐业务，嵌入方法在未来一定有更大的发展前景和应用价值，让我们拭目以待！

参考文献

[1] Tomas Mikolov, Ilya Sutskever, Kai Chen, et al. Distributed Representations of Words and Phrases and their Compositionality [C]. [S.l.]:NIPS，2013.

[2] Tomas Mikolov, Chen Kai, et al. Efficient Estimation of Word Representations in Vector Space [C]. [S.l.]: OALib Journal，2013.

[3] Rong Xin. Word2vec Parameter Learning Explained [C]. [S.l.]:OALib Journal，2016.

[4] Erik Ordentlich, Lee Yang, Andy Feng, et al. Network-Efficient Distributed Word2vec Training System for Large Vocabularies [C]. [S.l.]:ACM，2016.

[5] Yelong Shen，Ruoming Jin，Jianshu Chen，et al. A Deep Embedding Model for Cooccurrence Learning. ICDMW，2015.

[6] Jizhe Wang，Pipei Huang，Huan Zhao，et al. Billion-scale Commodity Embedding for E-commerce Recommendation in Alibaba [C]. [S.l.]:KDD，2018.

[7] Kui Zhao，Yuechuan Li，Zhaoqian Shuai，et al. Learning and Transferring IDs Representation in E-commerce [C]. [S.l.]:ACM，2018.

[8] Ledell Wu，Adam Fisch，Sumit Chopra，et al. StarSpace：Embed All The Things [C]. [S.l.]:Arxiv，2017.

[9] Maciej Kula. Metadata Embeddings for User and Item Cold-start Recommendations [C]. [S.l.]:Arxiv，2015.

[10] Thomas Nedelec，Elena Smirnova，Flavian Vasile. Specializing Joint Representations for the task of Product Recommendation [C]. [S.l.]:DLRS，2017.

[11] Mihajlo Grbovic，Haibin Cheng. Real-time Personalization using Embeddings for Search Ranking at Airbnb [C]. [S.l.]:KDD，2018.

[12] Dawen Liang，Jaan Altosaar，Laurent Charlin，et al. Factorization Meets the Item Embedding: Regularizing Matrix Factorization with Item Co-occurrence [C]. [S.l.]: RecSys，2016.

[13] Aditya Grover，Jure Leskovec. node2vec-Scalable Feature Learning for Networks [C]. [S.l.]:KDD，2016.

[14] Oren Barkan，Noam Koenigstein. Item2vec-Neural Item Embedding for Collaborative Filtering [C]. [S.l.]: IEEE，2016.

[15] Shumpei Okura，Yukihiro Tagami，Shingo Ono，et al. Embedding-based News Recommendation for Millions of Users [C]. [S.l.]:KDD，2017.

[16] Flavian Vasile，Elena Smirnova，Alexis Conneau. Meta-Prod2vec: Product Embeddings Using Side-Information for Recommendation [C]. [S.l.]:RecSys，2016.

[17] Jiezhong Qiu，Yuxiao Dong，Hao Ma，et al. NetSMF: Large-Scale Network Embedding as Sparse Matrix Factorization [C]. [S.l.]:WWW，2019.

[18] Jie Zhang，Yuxiao Dong，Yan Wang，et al. ProNE: Fast and Scalable Network Representation Learning [C]. [S.l.]:IJCAI，2019.

[19] Chuan Shi，Binbin Hu，Wayne Xin Zhao，et al. Heterogeneous Information Network Embedding for Recommendation [C]. [S.l.]:IEEE，2017.

[20] Yoshua Bengio，Aaron Courville，Pascal Vincent. Representation learning: A review and new perspectives [C]. [S.l.]:Arxiv，2012.

[21] Qingyao Ai，Yongfeng Zhang，Keping Bi，et al. Learning a Hierarchical Embedding Model for Personalized Product Search [C]. [S.l.]:SIGIR，2017.

[22] Zhu Sun，Jie Yang，Jie Zhang，et al. MRLR: Multi-level Representation Learning for Personalized Ranking in Recommendation [C]. [S.l.]:IJCAI，2017.

[23] Bryan Perozzi，Rami Al-Rfou，Steven Skiena. Deepwalk: Online learning of social representations [C]. [S.l.]:KDD，2014.

[24] Paul Covington，Jay Adams，Emre Sargin. Deep Neural Networks for YouTube Recommendations [C].

[S.l.]:RecSys，2016.

[25] Xin Dong, Lei Yu, Zhonghuo Wu, et al. A Hybrid Collaborative Filtering Model with Deep Structure for Recommender Systems [C]. [S.l.]:AAAI，2017.

[26] Sheng Li，Jaya Kawale，Yun Fu. Deep Collaborative Filtering via Marginalized Denoising Auto-encoder [C]. [S.l.]:CIKM，2015.

[27] Omer Levy，Yoav Goldberg. Neural Word Embedding as Implicit Matrix Factorization [C]. [S.l.]:NIPS，2014.

[28] Mihajlo Grbovic，Vladan Radosavljevic，Nemanja Djuric，et al. E-commerce in Your Inbox: Product Recommendations at Scale [C]. [S.l.]:KDD，2015.

[29] Hanjun Dai，Yichen Wang，Rakshit Trivedi，et al. Deep coevolutionary network: Embedding user and item features for recommendation [C]. [S.l.]:KDD，2017.

深度学习在推荐系统中的应用

2016 年 DeepMind 开发的 AlphaGo 在围棋对决中战胜了韩国九段选手李世石，一时成为轰动全球的重大新闻，被全球多家媒体报道。AlphaGo 之所以能取得这么大的成功，最重要的原因之一是使用了深度学习技术。经过这几年的发展，深度学习技术已经在图像分类、语音识别、自然语言处理等众多领域取得突破性进展，甚至在某些方面（如图像分类等）超越了人类专家的水平。深度学习技术驱动了第三次人工智能浪潮的到来。

鉴于深度学习技术的巨大威力，它被学术界、产业界尝试应用于各类业务及应用场景，包括计算机视觉、语音识别、自然语言处理、搜索、推荐、广告等。2016 年 YouTube 发表论文（见本章参考文献 [7]），表明将深度学习应用于视频推荐取得了非常好的效果。自此之后，深度学习技术在推荐系统上的应用遍地开花，各种论文、学术交流、产业应用层出不穷。国际著名的推荐系统会议 RecSys 从 2016 年开始专门组织关于深度学习的会议，深度学习在推荐圈中受到了越来越多的重视。

本章试图对深度学习在推荐系统中的应用进行全面介绍，不仅介绍具体的算法原理，还会重点讲解笔者对深度学习技术的思考，以及深度学习应用于推荐系统的当前技术生态和应用状况，这里更多地聚焦于深度学习在工业界的应用。具体来说，本章首先会针对深度学习进行介绍，然后从利用深度学习做推荐的一般方法和思路、工业界经典深度学习推荐算法、开源深度学习框架和推荐算法、深度学习推荐系统的优缺点、深度学习推荐系统工程实施建议、深度学习推荐系统的未来发展等 6 个部分分别介绍。

本章的目的是通过全面的介绍让读者更好地了解深度学习在推荐上的应用，并更多地冷静思考，思考当前是否值得将深度学习引入到推荐业务中，以及怎么引入，需要具备的条件、付出的成本等，而不是追热点、跟风去做。深度学习是一把双刃剑，我们只有很好地理解深度学习、了解它当前的应用状况，才能更好地利用深度学习这个强有力的武器，服务好推荐业务。希望本章可以为读者提供一个了解深度学习在推荐系统中应用的较全面的视角，成为读者学习深度学习推荐系统的参考指南。

10.1 深度学习介绍

深度学习利用神经网络模型进行学习，一般来说，隐含层数量大于或等于 2 层就可认为是深度学习（神经网络）模型。神经网络不是什么新鲜概念，在几十年前就被提出来了，最早可追溯到 1943 年 McCulloch 与 Pitts 合作的一篇论文（本章参考文献 [1]），神经网络是模拟人的大脑中神经元与突触之间进行信息处理与交互的过程而提出的。神经网络的一般结构如图 10-1 所示，一般分为输入层、隐含层和输出层三层，其中隐含层可以有多层，各层中的圆形是对应的节点（模拟神经元的对应物），节点之间通过有向边（模拟神经元之间的突触）连接，所以神经网络也是一种有向图模型。

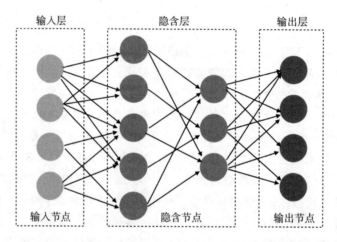

图 10-1　深度学习网络（前馈神经网络）结构示意图

假设某前馈神经网络一共有 k 个隐含层，那么我们可以用如下一组公式来说明数据沿着箭头传递的计算过程，其中 x 是输入，$h^{(i)}$ 是第 i 个隐含层各个节点对应的数值，$W^{(i)}$ 是从第 $i-1$ 层到第 i 层的权重矩阵，$b^{(i)}$ 是偏移量，$g^{(i)}$ 是激活函数，y 是最终的输出，这里 $W^{(i)}$、$b^{(i)}$ 是需要学习的参数。

$$h^{(1)}=g^{(1)}(W^{(1)\mathrm{T}}x+b^{(1)})$$

$$h^{(2)}=g^{(2)}(W^{(2)\mathrm{T}}h^{(1)}+b^{(2)})$$

$$\cdots\cdots$$

$$y=g^{(k+1)}(W^{(k+1)\mathrm{T}}h^{(k)}+b^{(k+1)})$$

对于更加复杂的深度学习网络模型，公式会更加复杂，这里不细说。深度学习一般应用于回归、分类等监督学习问题，通过输出层的损失函数，构建对应的最优化问题，深度学习借助于反向传播（本章参考文献 [3]）技术来进行迭代优化，将预测误差从输出层向输入层（即反向）传递，依次更新各层的网络参数，通过结合某种参数更新的最优化算法（一般是各种梯度下降算法），实现参数的调整和更新，最终通过多轮迭代让损失函数收敛到（局部）最小值，从而求出模型参数。梯度下降算法的推导公式依赖于数学中求导的链式规则，这里不做具体介绍，读者可以参考相关文章及书籍学习了解。

虽然神经网络很早就被提出来了，但当时只是停留在学术研究领域，一直没有得到大规模的产业应用。最早的神经网络称为感知机（Perceptron），是单层的人工神经网络，只用于模拟简单的线性可分函数，连最简单的 XOR（异或计算）都无能为力，这种致命的缺陷导致了神经网络发展的第一次低谷，科研院校纷纷减少对神经网络研究的经费支持。单层感知机无法解决线性不可分的分类问题，于是后面人们提出了有名的多层感知机（MLP），但是限于当时没有好的方法来训练 MLP。直到 20 世纪 80 年代左右，反向传递算法被发现，并被用于手写字符识别且取得了成功，但是训练速度非常慢，更复杂的问题根本无法解决。90 年代中期，由 Vapnik 等人发明的支持向量机（SVM）在各类问题上取得了非常好的效果，基本可以"秒杀"神经网络模型，这时神经网络技术陷入了第二次低谷，只有 Hinton 等很少学者一直坚持研究神经网络。事情的转机出现在 2006 年，Hinton 提出了深度置信网络，通过预训练及微调的技术既使深度神经网络的训练时间大大减少，也让效果得到了极大提升。到了 2012 年，Hinton 及他的学生提出的 AlexNet 网络（一种深度卷积神经网络）在 ImageNet 竞赛（斯坦福的李飞飞教授组织的 ImageNet 项目，是一个用于视觉对象识别软件研究的大型可视化数据库，该竞赛直接促进了以深度学习驱动的第三次 AI 浪潮的发展）中取得了第一名，成绩比第二名高出许多，这之后深度学习技术出现了空前的繁荣，并在一些领域取得了巨大成功。

经过近十年的发展，人们发展了更多的神经网络模型，除了最古老的多层感知机（MLP）外，卷积神经网络（CNN）在图像识别中取得了极大的胜利，循环神经网络（RNN）在语音识别、自然语音处理中如鱼得水。CNN 和 RNN 是当前最成功的两类神经网络模型，它们有非常多的变种。另外，像自编码器（Autoencoder）、对抗网络（Adversarial Network，AN）等新的模型及神经网络架构也不断被提出。

对深度学习发展历史感兴趣的读者可以阅读本章参考文献 [2]，该文对深度学习发展历史做了非常好的总结与梳理。

10.2　利用深度学习技术构建推荐系统的方法和思路

上一节对深度学习的基本概念、原理、发展历史做了简单的介绍，同时也提到了 MLP、CNN、RNN、Autoencoder、AN 等几类比较出名并且常见的神经网络模型，这几类模型都可以应用于推荐系统中。

本节简单讲解一下可以从哪些角度将深度学习技术应用于推荐系统中。根据推荐系统的分类及深度学习模型的归类，我们大致可以从如下三个角度来思考怎么在推荐系统中整合深度学习技术。这些思考问题的角度可以帮助我们结合深度学习相关技术、推荐系统本身的特性以及公司拥有的数据及业务特点，选择适合自身业务和技能的深度学习技术，并将深度学习技术更好地落地到推荐业务中。

10.2.1 从推荐系统中使用的深度学习技术角度看

前文提及的几种常用的深度学习模型以及受限玻耳兹曼机（RBM）、NADE（Neural Autoregressive Distribution Estimation）、注意力模型（Attentional Model，AM）、深度强化学习（DRL）等，这些模型都可以跟推荐系统结合起来，并且学术界和产业界都有相关的论文发表。具体可以参见本章参考文献 [5]，这是一篇非常全面实用的深度学习推荐系统综述文章，在这篇文章中作者按照不同深度学习模型整理了当前深度学习应用于推荐系统的有代表性的文章和方法。建议希望对深度学习推荐系统有全面了解和想深入学习的读者认真阅读这篇文章，一定会有不小的收获。

目前采用 MLP 网络来构建深度学习推荐算法是最常见的一种范式（见本章参考文献 [7，8，13，19] 等），如果需要整合附加信息（图像、文本、语音、视频等）会采用 CNN、RNN 模型来提取。

10.2.2 从推荐系统的预测目标角度看

从推荐系统作为机器学习任务的角度来看，推荐系统的目标是为用户推荐可能感兴趣的标的物。一般可以利用推荐系统来完成预测评分、排序学习、分类等三类任务，下面分别介绍。

1. 利用推荐系统完成预测评分任务

我们可以通过构建机器学习模型来预测用户对未知标的物的评分，高的评分代表用户对标的物更感兴趣，最终根据评分高低来为用户推荐标的物。这时推荐算法就是一个回归问题，经典的协同过滤算法（如矩阵分解）、逻辑回归推荐算法（逻辑回归预测的是点击概率，因此也可以看成是分值在 0 到 1 之间的预测评分任务）都是这类模型，此外，基于经典协同过滤思想发展而来的深度学习算法（见本章参考文献 [19]）也是这类模型。

由于在真实产品中用户对标的物评分数据非常有限，因此隐式反馈是比用户评分更容易获得的数据类型，数据样本量也要多很多，所以采用评分预测任务来构建深度学习推荐系统的案例及论文会比较少。深度学习需要大量的数据来训练好的模型，因此也期望数据量足够大，所以利用隐式反馈数据是更合适的。

2. 利用推荐系统完成排序学习任务

可以将推荐问题看成排序学习问题，采用信息抽提领域经典的一些排序学习算法（如

point-wise、pair-wise、list-wise 等）来进行建模，关于这方面利用深度学习做推荐的文章也有一些，比如本章参考文献 [46] 就是京东的一篇基于深度强化学习做 list-wise 排序推荐的文章。

3. 利用推荐系统完成分类任务

将推荐预测看成是分类问题是比较常见的一种形式，它既可以看作二分类问题，也可以看作多分类问题。

对于隐式反馈，我们用 0 和 1 表示标的物是否被用户操作过，那么预测用户对新标的物的偏好就可以看成一个二分类问题，输出层的逻辑激活函数来预测用户对标的物的点击概率。这种将推荐作为二分类问题，预测点击概率的方式是最常用的一种推荐系统建模方式。10.3.2 节讲到的 Wide & Deep 模型就是采用这样的建模方式。

我们也可以将推荐预测问题看成一个多分类问题，每一个标的物就是一个类别，有多少个标的物就有多少类，一般标的物的数量是巨大的，所以这种思路就是一个海量标签分类问题。我们可以通过输出层的 softmax 激活函数来预测用户对每个类别的"分量概率"（所有标签的预测概率组成一个高维向量，每个类别就是该向量的一个分量），预测用户下一个要点击的标的物就是分量概率最大的一个标的物。10.3.4 节要讲到的 YouTube 深度学习中的召回阶段采用的就是这种建模方式。

10.2.3　从推荐算法的归类角度看

从推荐算法最传统的分类方式来看，推荐算法分为基于内容的推荐、协同过滤推荐、混合推荐等三大类。

1. 基于内容的推荐

基于内容的推荐会用到用户或者标的物的 metadata 信息，基于这些 metadata 信息来为用户做推荐，这些 metadata 信息主要有文本、图片、视频、音频等，一般会用 CNN 或者 RNN 从 metadata 中提取信息，并基于该信息做推荐。本章参考文献 [9] 介绍的就是这类深度学习推荐算法。

2. 协同过滤推荐

协同过滤只依赖用户的行为数据，不依赖 metadata 数据，因此可以在更多、更广泛的场景中使用，它也是最主流的推荐技术。绝大多数深度学习推荐系统都是基于协同过滤思路来推荐的，或者至少包含部分协同过滤的模块在其中，本章参考文献 [19] 就是这类模型中的一个代表。

3. 混合推荐

混合推荐就是混合使用多种模型进行推荐，可以混合使用基于内容的推荐和协同过滤推荐，或者混合多种内容推荐、混合多种协同过滤推荐等。本章参考文献 [10] 就是一种混合的深度学习推荐算法。下面要讲到的 Wide & Deep 模型中 Wide 部分可以整合 metadata 信息，Deep 部分类似协同的思路，因此也可以认为是一种混合模型。

10.3 工业界几个经典深度学习推荐算法介绍

深度学习在推荐系统中的应用最早可以追溯到 2007 年 Hinton 跟他的学生们发表的一篇将受限玻耳兹曼机应用于推荐系统的文章（见本章参考文献 [6]）。随着深度学习在计算机视觉、语音识别与自然语音处理领域的成功，越来越多的研究者及工业界人士开始将深度学习应用于推荐业务中，最有代表性的工作是 2016 年发表的 YouTube 的深度学习推荐模型和 Google 的 Wide & Deep 模型（我们下面会重点讲解这两个模型），这之后深度学习在推荐领域的应用如雨后春笋，很多公司和团队开始使用各种深度学习算法应用于各类产品形态上。本节选择 4 个有代表性的工业级深度学习推荐系统，讲解它们的核心算法原理和亮点，希望能使大家更好地了解深度学习在推荐系统上的应用方法，同时也给读者提供一些可借鉴的思路和方法。本节最后也会对其他重要的模型进行简单介绍。

10.3.1 YouTube 的深度学习推荐系统

该模型发表于 2016 年（见本章参考文献 [7]），最终应用于 YouTube 上的视频推荐。这篇文章按照工业级推荐系统的架构将整个推荐流程分为两个阶段：候选集生成（召回）和候选集排序（排序）（见图 10-2）。构建 YouTube 视频推荐系统会面临三大问题：规模大（YouTube 有海量的用户和视频）、视频更新频繁（每秒钟都有总时长为数小时的视频上传到 YouTube 平台）、存在噪声（视频 metadata 不全、不规范，也无法很好度量用户对视频的兴趣）。通过将推荐流程分解为以上两步，并且这两步都采用深度学习模型来建模，可以很好地解决这三大问题，最终获得非常好的线上效果。

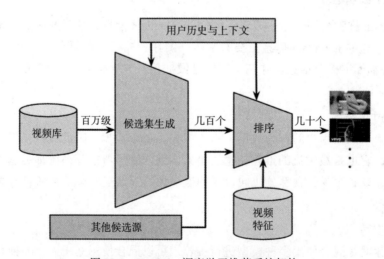

图 10-2　YouTube 深度学习推荐系统架构

系统在候选集生成阶段根据用户在 YouTube 上的行为为用户生成几百个候选视频，候选集视频期望尽可能地匹配用户的兴趣偏好。排序阶段从更多的（特征）维度为候选视频打分，根据打分高低排序，将用户最有可能点击的几十个视频作为最终的推荐结果。划分为两阶段的好处是可以更好地从海量视频库中为用户找到几十个用户可能感兴趣的视频（通过两阶段逐步缩小查找范围），同时可以很好地融合多种召回策略来召回视频。下面我们分别讲解这两个步骤的算法。

1. 候选集生成

通过将推荐问题看成一个多分类问题（类别的数量等于视频个数），基于用户过去观看记录，预测用户下一个要观看的视频的类别。利用 MLP 进行建模，将用户和视频嵌入同一个低维向量空间，通过 softmax 激活函数预测用户在时间点 t 观看视频 i 的概率。具体预测概率公式如下：

$$P(w_t = i \mid U, C) = \frac{e^{v_i u}}{\sum_{j \in V} e^{v_j u}}$$

其中 u、v 分别是用户和视频的嵌入向量。U 是用户集，C 是上下文，V 是视频集。该方法通过一个（深度学习）模型来一次性学习出用户和视频的嵌入向量。

由于用户在 YouTube 的显式反馈较少，故该模型采用隐式反馈数据，以确保模型训练的数据量足够大，这也适合深度学习这种强依赖数据量的算法系统。

为了更快地训练深度学习多分类问题，该模型采用了负采样机制（重要性加权的候选视频集抽样）来提升训练速度。最终通过最小化交叉熵损失函数求得模型参数。通过负采样可以将整个模型训练加速上百倍。

候选集生成阶段的深度学习模型结构如图 10-3 所示。首先将用户的行为记录按照 Word2vec 的思路嵌入到低维空间中（参考 9.4.2 节中的 Item2vec 方法），将用户的所有点击过的视频的嵌入向量求平均（如 element-wise average），获得用户播放行为的综合嵌入表示（即图 10-3 中的 watch vector）。同样的道理，可以将用户的搜索词做嵌入，获得用户综合的搜索行为嵌入向量（即图 10-3 中的 search vector）。同时跟用户的其他非视频播放特征（地理位置、性别等）拼接为最终灌入深度学习模型的输入向量，再通过三层全连接的 ReLU 层，最终通过输出层（输出层的维度就是视频个数）的 softmax 激活函数获得输出，利用交叉熵损失函数来训练模型最终求解最优的深度学习模型。

下面讲解一下候选集生成阶段是怎么筛选出候选集的，这在论文中并未清楚地说明。最上一层 ReLU 层是 512 维的，这一层可以认为是一个嵌入表示，表示的是用户的嵌入向量。那么怎么获得视频的嵌入向量呢？论文中是通过将用户嵌入向量经过 softmax 变换来获得 512 维的视频嵌入向量，这样用户和视频嵌入向量都确定了。最终可以从所有视频嵌入向量组成的集合中按照内积度量找出用户嵌入向量最相似的 top$N$ 视频嵌入向量对应的视频作为候选集。通过这里的描述，我们可以将候选集生成阶段看成是一个嵌入方法，是矩阵分解算法的非线性（MLP 神经网络）推广。

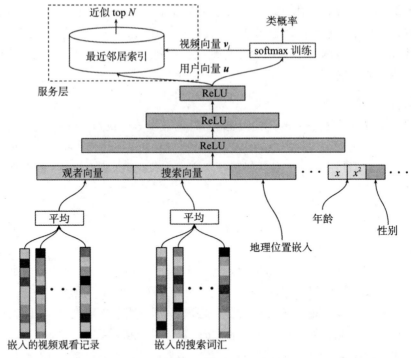

图 10-3　候选集生成阶段深度学习模型结构

　　候选集生成阶段的亮点除了创造性地构建深度学习多分类问题，通过用户、视频的嵌入获取嵌入表示，通过 KNN 获得候选集外，还有很多工程实践上的哲学，这里简单列举几个：

　　1）每个用户生成固定数量的训练样本，"公平"对待每一个用户，而不是根据用户观看视频频度的多少按照比例获取训练样本（即观看多的活跃用户取更多的训练样本），这样可以提升模型泛化能力，从而获得更好的在线评估指标。

　　2）选择输入样本和标签时，是需要标签的时间在输入样本之后的，这是因为用户观看视频是有一定顺序关系的，比如一个系列视频，用户看了第一季后，很可能看第二季。因此，模型预测用户下一个要看的视频比随机预测一个更好，能够更好地提升在线评估指标，这就是要选择 label 的时间在输入样本之后的原因。

　　3）模型将"example age"（等于 $t_{max} - t_N$，这里 t_{max} 是训练集中用户观看视频的最大时间，t_N 是某个样本的观看时间）整合到深度学习模型的输入特征中，这个特征可以很好地反映视频在上传到 YouTube 之后播放流量的真实分布（一般是刚上线后流量有一个峰值，后面就迅速减少了），通过整合该特征，预测视频的分布跟真实播放分布保持一致。

2. 候选集排序

　　在候选集排序阶段（参见图 10-4），通过整合用户更多维度的特征，并通过特征拼接获得最终的模型输入向量，灌入三层的全连接 MLP 神经网络，再通过一个加权的逻辑回归输出层获得对用户点击概率（即是我们前面介绍的当做二分类问题）的预测，这里同样采用交叉熵作为损失函数。

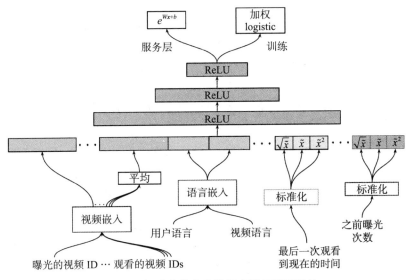

图 10-4　候选集排序阶段深度学习模型结构

　　YouTube 希望优化的不是点击率而是用户的播放时长，这样可以更好地满足用户需求，提升了时长也会获得更好的广告投放回报（时长增加了，投放广告的可能性也相对增加），因此在候选集排序阶段希望预测用户下一个视频的播放时长。所以才采用图 10-4 的这种输出层的加权逻辑（加权逻辑回归）激活函数和预测的指数函数（e^{Wx+b}），下面说明为什么这样的形式刚好优化了用户的播放时长。

　　模型用加权逻辑回归作为输出层的激活函数，对于正样本，权重是视频的观看时间，对于负样本权重为 1。下面简单说明一下为什么用加权逻辑回归，以及 serving 阶段要用 e^{Wx+b} 来预测。

　　该逻辑函数公式如下：

$$\ln(\frac{p}{1-p}) = \boldsymbol{W}x + b$$

通过变换，我们得到：

$$\frac{p}{1-p} = e^{\boldsymbol{W}x+b}$$

　　左边即逻辑回归的 odds（几率），下面说明一下上述加权的逻辑回归为什么预测的也是 odds。对于正样本 i，由于用了 T_i 加权，odds 可以计算为：

$$\frac{T_i \cdot p_i}{1 - T_i \cdot p_i} \overset{p_i很小}{\approx} \frac{T_i \cdot p_i}{1-0} = T_i \cdot p_i = E(T_i)$$

上式中约等于号成立，是因为 YouTube 视频总量非常大，而正样本是很少的，因此点击率 p_i 很小，相对于 1 可以忽略不计。上式计算的结果正好是视频的期望播放时长。因此，通过加权逻辑回归来训练模型，并通过 e^{Wx+b} 来预测，预测的正是视频的期望观看时长。预测的目标跟建模的期望保持一致，这是该模型非常巧妙的地方。

为了让排序更加精准，候选集排序阶段利用了非常多的特征灌入模型（由于只需对候选集中的几百个而不是全部视频排序，这时可以选用更多的特征、相对复杂的模型），包括类别特征和连续特征，文章中讲解了很多特征处理的思想和策略，这里不详细介绍，读者可以看论文来深入了解。

YouTube 的这篇推荐论文是非常经典的工业级深度学习推荐论文（笔者个人觉得是自己看到的所有深度学习推荐系统论文中最好的一篇），里面有很多工程上的权衡和处理技巧，值得读者深入学习。这篇论文理解起来还是比较困难的，需要有很多工程上的经验和积累才能够领悟其中的奥妙。因此，据笔者所知，国内很少有团队将这篇文章的方法应用于团队的业务中，主要用的还是 Wide & Deep 模型（下一节介绍），主要原因可能是对这篇文章的核心亮点把握还不够，或者里面用到的很多巧妙的工程设计哲学不适合自己公司的业务情况。作者团队在 2017 年尝试将该模型的候选集生成阶段直接应用于推荐（这里没有排序阶段，因为我们也是视频行业，但是是长视频，视频量没有 YouTube 那么多，因此没有采用两阶段的策略），并且取得了比矩阵分解转化率提升近 20% 以上的效果。

10.3.2 Google 的 Wide & Deep 深度学习推荐模型

本章参考文献 [8] 是 Google 在 2016 年提出的一个深度学习模型，应用于 Google Play 应用商店上的 APP 推荐，该模型经过在线 AB 测试获得了比较好的效果。这是一篇非常有价值的文章，也是比较早将深度学习应用于工业界的综述文章，它对深度学习推荐系统的发展有比较大的积极促进作用。基于该模型衍生出了很多其他模型（如本章参考文献 [27] 中的 DeepFM），并且很多都在工业界取得了很大的成功，在这一部分我们对该模型的思想进行简单介绍，并介绍两个由该模型衍生出的比较有价值、有代表性的模型。

Wide & Deep 模型分为 Wide 和 Deep 两部分。Wide 部分是一个线性模型，学习特征间的简单交互，能够"记忆"用户的行为，为用户推荐感兴趣的内容，但是需要大量耗时费力的人工特征工程。Deep 部分是一个前馈深度神经网络模型，通过稀疏特征的低维嵌入，可以学习到训练样本中不可见的特征之间的复杂交叉组合，因此可以提升模型的泛化能力，并且可以有效避免复杂的人工特征工程。通过将这两部分联合训练，最终获得记忆和泛化两个优点。该模型的网络结构图如图 10-5 的中间部分（左边是对应的 Wide 部分，右边是 Deep 部分）。

Wide 部分是一般线性模型 $y = \boldsymbol{w}^T \boldsymbol{x} + b$，$y$ 是最终的预测值，这里 $\boldsymbol{x} = [x_1, x_2, \cdots, x_d]$ 是 d 个特征，$\boldsymbol{w} = [w_1, w_2, \cdots, w_d]$ 是模型参数，b 是偏差。特征 $\boldsymbol{x}$ 包含以下两类特征：

❑ 原始输入特征。

❑ 通过变换后（交叉积）的特征。

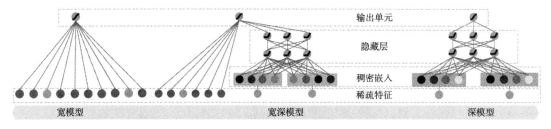

图 10-5　Wide & Deep 模型网络结构

这里用的主要变换是交叉积（cross-product），它定义如下：

$$\phi_k(\boldsymbol{x}) = \prod_{i=1}^{d} x_i^{c_{ki}} \quad c_{ki} \in \{0,1\}$$

上式中 c_{k_i} 是布尔型变量，如果第 i 个特征 x_i 是第 k 个变换 ϕ_k 的一部分，那么 $c_{k_i}=1$，否则为 0。对于交叉积 And（gender=female, language=en），只有当它的成分特征都为 1 时（即 gender=female 并且 language=en 时），$\phi_k(\boldsymbol{x})=1$，否则 $\phi_k(\boldsymbol{x})=0$。

Deep 部分是一个前馈神经网络模型，先将高维类别特征嵌入到低维向量空间（几十上百维），转化为稠密向量，再灌入深度学习模型中。神经网络中每一层通过计算公式：

$$\boldsymbol{a}^{(l+1)} = f(W^{(l)}\boldsymbol{a}^{(l)} + b^{(l)})$$

与上一层进行数据交互。上式中 l 是层数，f 是激活函数（该模型采用了 ReLU 激活函数），$W^{(l)}$、$b^{(l)}$ 是模型需要学习的参数。

最终 Wide 和 Deep 部分需要结合起来，通过将它们的对数几率加权平均，再传送给逻辑损失函数进行联合训练。最终可通过如下方式来预测用户的兴趣偏好（这里也将预测看成是二分类问题，预测用户的点击概率）。

$$P(Y=1 \mid \boldsymbol{x}) = \sigma(\boldsymbol{w}_{\text{wide}}^{\text{T}}[\boldsymbol{x}, \phi(\boldsymbol{x})] + \boldsymbol{w}_{\text{deep}}^{\text{T}}\boldsymbol{a}^{(l_f)} + b)$$

这里，Y 是最终的二元分类变量，σ 是 sigmoid 函数，$\phi(\boldsymbol{x})$ 是前面提到的交叉积特征，$\boldsymbol{w}_{\text{wide}}$ 和 $\boldsymbol{w}_{\text{deep}}$ 分别是 Wide 模型的权重和 Deep 模型中对应于最后激活 $\boldsymbol{a}^{l_f}$ 的权重。

图 10-6 是最终的 Wide & Deep 模型的整体结构，类别特征是嵌入到 32 维空间的稠密向量，数值特征归一化到 0-1（本文中归一化采用了该变量的累积分布函数，再通过将累积分布函数分成若干个分位点，用 $(i-1)/(n_q-1)$ 来作为该变量的归一化值，这里 n_q 是分位点的个数），数值特征和类别特征拼接起来形成大约 1200 维的向量再灌入 Deep 模型，而 Wide 模型是 APP 安装和 APP 评分（impression）两类特征通过交叉积变换，形成模型需要的特征。最后通过反向传播算法来训练该模型（Wide 模型采用 FTRL 优化器，Deep 模型采用 AdaGrad 优化器），并上线到 APP 推荐业务中做 AB 测试。

对于 Wide & Deep 模型的详细说明请阅读本章参考文献 [8]。

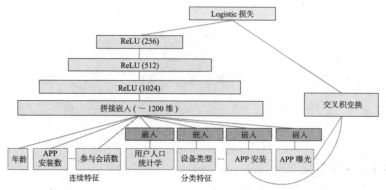

图 10-6 Wide & Deep 模型的数据源与具体网络结构

Wide & Deep 模型将简单模型与深度学习模型进行联合训练，最终获得了浅层模型的记忆特性及深度模型的泛化特性两大优点，很多研究者进行了很多不同维度的尝试和探索。其中 deepFM（本章参考文献 [27]）就是将分解机与深度学习进行结合，部分解决了 Wide & Deep 模型中 Wide 部分还是需要做很多人工特征工程（主要是交叉特征）的问题，并取得了非常好的效果，被国内很多公司应用于推荐系统排序及广告点击预估中。

在本章参考文献 [13] 中，阿里提出了一种 BST（Behavior Sequence Transformer）模型（见图 10-7），通过引入 Transformer 技术（参见本章参考文献 [44，45]），将用户的行为序列关系整合到模型中，能够捕获用户访问的顺序信号，该模型跟 Wide & Deep 最大的不同是将用户行为序列嵌入低维空间，并通过一个 Transformer 层捕获用户行为序列特征后再跟其他特征（包括用户维度的、物品维度的、上下文的、交叉的 4 类特征）拼接，灌入 MLP 网络训练。该模型在淘宝真实推荐排序业务场景中得到了比 Wide & Deep 模型更好的效果，感兴趣的读者可以阅读原文。

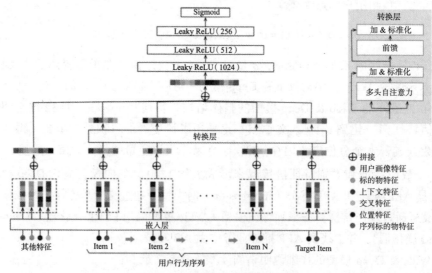

图 10-7 BST 推荐模型网络结构

10.3.3　阿里基于兴趣树的深度学习推荐算法

在本章参考文献 [16] 中阿里的算法工程师们提出了一类基于兴趣树的深度学习推荐模型（TDM），并通过利用从粗到精的方式从上到下检索兴趣树的节点为用户生成推荐候选集，该方法可以从海量商品中快速（检索时间正比于商品数量的对数，因此是一类高效的算法）检索出用户最感兴趣的 topN 商品，因此该算法非常适合淘宝推荐从海量商品中进行召回。下面对该算法的基本原理做简单介绍，该算法一共分为如下 3 个主要步骤。

1. 构建兴趣树

构建树模型分为两种情况，首先是初始化树模型，有了树模型会经过下面步骤 2 的深度学习模型学习树中叶子节点的嵌入表示，有了嵌入表示后再重新优化新的树模型。下面分别讲解初始化树模型和获得了叶子节点的嵌入表示后重新构建新的树模型。

初始化树模型的思路是希望将相似的物品放到树中相近的地方（参见图 10-8）。由于初始没有足够多的信息，这时可以利用物品的类别信息，同一类别中的物品一般会比不同类别的物品更相似。假设一共有 k 个类别，我们将这 k 个类别随机排序，排序后为 C_1、C_2、…、C_k，每一类中的物品随机排序，如果一个物品属于多个类别，那么将它分配到所属的任何一个类别中，确保每个商品分配的唯一性。经过这样的处理后，就变为图 10-8 中最上面一层的排列。这时可以找到这个物品队列的中点（图中最上层的竖线），从中间将队列均匀地分为两个队列（见图 10-8 中第二层的节点），这两个队列再分别从中间分为两个队列，递归下去，直到每个队列只包含一个物品为止，这样就构建出了一棵（平衡）二叉树，得到了初始化的兴趣树模型。

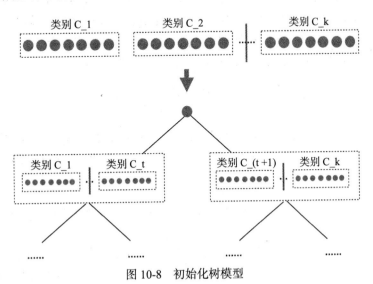

图 10-8　初始化树模型

如果有了兴趣树叶子节点的嵌入向量表示（下面一小节会讲述怎么构造嵌入表示），我们就可以基于该向量表示，利用聚类算法来构建一棵新的兴趣树，具体流程如下：利用

K-Means 将所有商品的嵌入向量聚类为两类，并对这两类做适当调整使得最终构建的兴趣树更加平衡（这两类中的商品差不多一样多），并对每一类再采用 K-Means 聚类并适当调整，以保证分的两类包含的商品数量大体一致，这个过程一直进行下去，直到每类只包含一个商品，这个分类过程就构建出了一棵平衡的二叉树。由于是采用嵌入向量进行的 K-Means 聚类，被分在同一类的嵌入向量相似（欧几里得距离小），因此，构建的兴趣树满足相似的节点放在相近的地方。

2. 学习兴趣树叶子节点的嵌入表示

在讲兴趣树模型训练之前，先说一下该兴趣树需要满足的特性。该篇文章中的兴趣树是一种类似最大堆（为了方便最终求出 topN 推荐候选集）的树。对于树中第 j 层的每个非叶子节点，满足如下公式：

$$p^{(j)}(n \mid u) = \frac{\max\limits_{n_c \in \{商品n在j+1层的子节点\}} p(j+1)(n_c \mid u)}{\alpha^{(j)}}$$

$P^{(j)}(n \mid u)$ 是用户 u 对商品 n 感兴趣的概率，$\alpha^{(j)}$ 是层 j 的归一化项，保证该层所有节点的概率加起来等于 1。上式的意思是某个非叶子节点的兴趣概率等于它的子节点中兴趣概率的最大值除以归一化项。

为了训练树模型，我们需要确定树中每个节点是正样本节点还是负样本节点，下面说明怎么确定它们。如果用户喜欢某个叶子节点（即喜欢该叶子节点对应的商品，即用户对该商品有隐式反馈），那么该叶子节点从下到上沿着树结构的所有父节点都是正样本节点。因此，该用户所有喜欢的叶子节点及对应的父节点都是正样本节点。某一层除去所有正样本节点，从剩下的节点中随机选取节点作为负样本节点，这个过程即负采样。读者可以参考图 10-9 中右下角中的正样本节点和负样本节点，更好地理解这段文字。

记 y_u^+、y_u^- 分别为用户 u 的正、负样本集。该模型的似然函数为：

$$\prod_u \left(\prod_{n \in y_u^+} P(\hat{y}_u(n) = 1 \mid n, u) \prod_{n \in y_u^-} P(\hat{y}_u(n) = 0 \mid n, u) \right)$$

这里 $\hat{y}_u(n)$ 是用户 u 对物品 n 的喜好标签（0 或者 1），$P(\hat{y}_u(n) \mid n, u)$ 是 $\hat{y}_u(n)=1$ 或者 $\hat{y}_u(n)=0$ 对应的概率。对所有用户 u 和商品 n，我们可以获得对应的模型损失函数，具体如下：

$$-\sum_u \sum_{n \in y_u^+ \cup y_u^-} y_u(n) \log P(\hat{y}_u(n) = 1 \mid n, u) + (1 - y_u(n)) \log P(\hat{y}_u(n) = 0 \mid n, u)$$

有了上面的背景解释，兴趣树中叶子节点（即所有商品集）的嵌入表示可以通过图 10-9 的深度学习模型来学习（损失函数就是上面的损失函数）。用户的历史行为按照时间顺序被划分为不同的时间窗口，每个窗口通过加权平均（权重从 Activation Unit 获得，见图 10-9 右上角的 Activation Unit 模型）获得该窗口的最终嵌入表示。所有窗口的嵌入向量和候选节点（即正样本和负采样的样本）的嵌入向量通过拼接，作为最上层神经网络模型的输入。最上层的神经网络是 3 层全连接的带 PReLU 激活函数的网络结构，输出层是二分类的 softmax 激活函数，输出值代表的是用户对候选节点的喜好概率。每个 Item 与它的叶子节点拥有一样的嵌入向量，所有嵌入向量是随机初始化的。

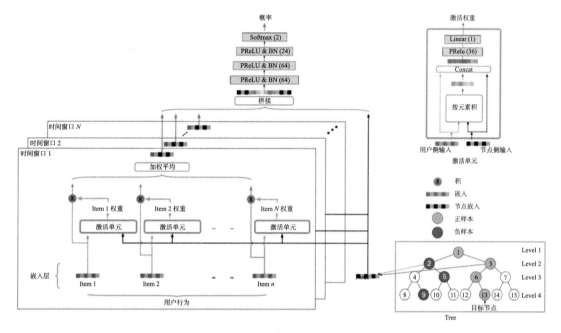

图 10-9　TDM 算法深度学习模型

兴趣树结构和这里的深度学习模型是可以交替联合训练的。先构造初始化树，再训练深度学习模型直到收敛，从而获得所有节点（即商品）的嵌入表示，基于该嵌入表示又可以获得新的兴趣树，这时又可以开始训练新的深度神经网络模型了，这个过程可以一直进行下去，从而获得更佳的效果。

3. 从树中检索出最喜欢的 top*N* 商品

通过前两步求得最终的兴趣树后，我们可以非常容易地检索出用户最喜欢的 top*N* 商品作为推荐候选集，具体流程如下。

采用自顶向下的方式检索（这里以图 10-10 来说明，并且假设我们取 top2 候选集，对于更多候选集，其过程是一样的）。从根节点 1 出发，从 level2 中取两个兴趣度最大的节点（从上一步的介绍可以知道，每个节点是有一个概率值来代表用户对它的喜好度的），这里是 2、4 两个节点。再分别对 2、4 两个节点找它们兴趣度最大的两个子节点，2 的子节点是 6、7，而 4 的子节点是 11、12，从 6、7、11、12 这 4 个 level3 的节点中选择两个兴趣度最大的，这里是 6、11。再选择 6、11 的两个兴趣度最大的子节点，分别是 14、15 和 20、21，最后从 14、15、20、21 这四个 level4 的节点中选择 2 个兴趣度最大的节点（假设是 14、21）作为给用户的最终候选推荐，所以最终 top2 的候选集是 14、21。

在实际生成推荐候选集之前，可以事先对每个节点关联一个 N 个元素的最大堆（即该节点兴趣度最大的 N 个节点），将所有非叶子节点的最大堆采用 Key-Value 的数据结构存起来。在实际检索时，每个非叶子节点直接从关联的最大堆中获取兴趣度最大的 N 个子节点。因此，整个搜索过程是非常高效的。

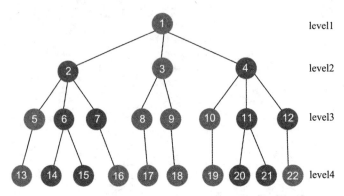

图 10-10 从兴趣树中检索出用户最喜欢的 top$N$ 商品

阿里的这篇文章的思路还是非常值得学习的，通过树模型检索，可以大大减少检索时间，避免了从海量商品库中全量检索的低效率情况，因此，该模型非常适合有海量标的物的产品的推荐候选集生成过程。感兴趣的读者可以好好阅读该论文。

10.3.4　Google 的神经网络协同过滤深度学习推荐算法

本章参考文献 [19] 中提出了一种神经网络协同过滤（Neural Collaborative Filtering，NCF）模型（见图 10-11），它通过对用户行为矩阵中用户和标的物向量做嵌入，然后灌入多层的 MLP 神经网络模型中，输出层通过恒等激活函数输出预测结果来预测用户真实的评分。由于这里是采用平方损失函数来训练模型的，因此这种方法就是 10.2.2 节中的预测评分问题。如果是隐式反馈，输出层激活函数改为逻辑函数，采用交叉熵损失函数，这时就是二分类问题。

矩阵分解算法可以看成上面模型的特例，矩阵分解可以用公式 $\hat{y}_{ui} = a_{out}(\boldsymbol{h}^{\mathrm{T}}(\boldsymbol{p}_u \odot \boldsymbol{q}_i))$ 来表示，这里 $\boldsymbol{h}$ 是所有分量为 1 的向量，a_{out} 是恒等函数，$\odot$ 代表的是向量对应位置的元素相乘（element-wise product），该公式可以将 $\boldsymbol{h}$ 看成权重，a_{out} 看成激活函数，那么矩阵分解算法就可以看成是只有输入和输出层（没有隐含层）的神经网络模型，即图 10-11 中 NCF 模型的特例。

另外通过将矩阵分解和 MLP 的输出向量进行拼接，作为上面提到的 NCF 模型的输入，可以得到表现力更强的神经矩阵分解模型（见图 10-12）。这里不详细讲解，读者可以阅读原文了解更多细节。

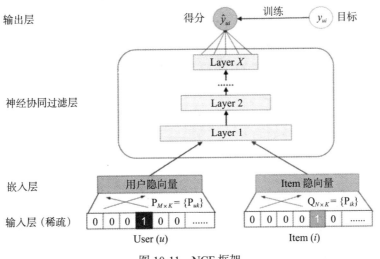

图 10-11　NCF 框架

前面介绍了 4 篇利用深度学习进行推荐的工业级推荐系统解决方案，希望通过对这几个案例的学习，读者可以更好地了解深度学习在推荐系统中的应用方法与技巧。最近几年深度学习在工业界的应用非常活跃，有很多这方面的论文发表，值得读者了解、学习和借鉴。由于篇幅关系，还有很多好的文章和方法没有整理，这里简单提一下，希望有兴趣的读者可以自行学习。

在本章参考文献 [18] 中，Facebook 提供了一种 DLRM 的深度学习推荐模型，它将嵌入技术、矩阵分解、分解机、MLP 等技术整合起来，取各模型之长，能够对稀疏特征、稠密特征进行建模，学习特征之间的非线性关系，获得更好的推荐预测效果。

在本章参考文献 [20] 中，腾讯的微信团队提出的一个基于注意力机制的 look-alike 深度学习模型 RALM，是对广告行业中传统的 look-alike 模型的深度学习改造，通过用户表示学习和 look-alike 学习捕获种子用户的局部和全局信息，同时学习用户群和目标用户的相似度表示，更好地挖掘长尾内容的受众，并应用到了微信"看一看"中的精选推荐中。通过线上 AB 测试，点击率、推荐结果多样性等方面都有较大提升。

在本章参考文献 [48] 中，Pinterest 公司提出了一种图卷积神经网络（Graph Convolutional Network）模型 PinSage，结合高效的随机游走和图卷积生成图中节点的嵌入表示，该算法有效地整合了图结构和节点的特征信息。算法部署到 Pinterest 网站上，通过 AB 测试获得了非常好的推荐效果。该应用场景是深度图嵌入技术在工业界规模最大的一个应用案例。

在本章参考文献 [17] 中，网易考拉团队提出了一个基于 RNN 的 session-based 实时推荐系统；在参考文献 [15] 中，阿里提出了一个利用多个向量来表示一个用户多重兴趣的深度学习模型。另外，在参考文献 [11，12，14] 中，阿里提出的 DIN、SIEN、DSIN 等用于 CTR 预估的深度学习模型也非常值得大家了解和学习。

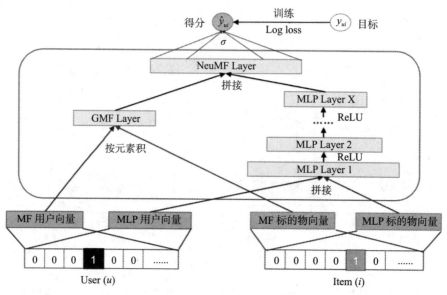

图 10-12 神经矩阵分解模型

10.4 开源深度学习框架 & 推荐算法

要想很好地将深度学习技术应用于推荐系统，我们需要开发出合适的深度学习推荐模型，并能够很好地进行训练、推断，因此需要一个好的构建深度学习模型的计算平台。幸好，目前有很多开源的平台及工具可供大家选择，让深度学习的落地相对容易，不再只是大公司才用得上的高端技术。本节就对业界比较主流的几类深度学习平台进行介绍，给读者提供一些参考。同时，本节也会介绍该平台中已经实现的相关深度学习推荐算法，这些算法可以直接拿来用，或者作为读者学习深度学习推荐系统的材料。

10.4.1 TensorFlow（Keras）

TensorFlow 是 Google 开源的深度学习平台，也是业界最流行的深度学习计算平台，有最为完善的开发者社区及周边组件，被大量公司采用，并且几乎所有的云计算公司都支持 TensorFlow 云端训练。TensorFlow 整合了 Keras，而 Keras 是一个高级的神经网络 API，用 Python 编写，能够运行在 TensorFlow、CNTK 或 Theano 之上，它的初衷是实现快速实验，能够以最快的速度从想法到落地，因此可以快速实现神经网络原型，它的交互方式友好、模块化封装得很好，很适合初学人员。目前在 TensorFlow 上可以直接基于 Keras API 构建深度学习模型，这让原本编程接口较低级的 TensorFlow（相对没有那么好用）更加易用。

TensorFlow 实现了 NCF 深度学习推荐算法，读者可以参考 https://github.com/tensorflow/

models/tree/master/official/recommendation 了解具体介绍及实现细节。

另外，TensorFlow 在 1.x 版本中也有 Wide & Deep 推荐模型的实现，不过未包含在 2.0 版本中，读者可以参考 https://github.com/tensorflow/models/tree/master/official/r1/wide_deep。

tensorrec 也是一个基于 TensorFlow 的推荐库，读者可以参考 https://github.com/jfkirk/tensorrec 了解，另外 https://github.com/tensorflow/ranking/ 是基于 TensorFlow 的一个排序学习库（见本章参考文献 [47]），可以基于该库构建推荐候选集排序模型。

10.4.2 PyTorch（Caffe）

PyTorch 是 Facebook 开源的深度学习计算平台，是目前成长最快的深度学习平台之一，增长迅速，业界口碑很好，在学术界广为使用，大有赶超 TensorFlow 的势头。它最大的优势是对基于 GPU 的训练加速支持得很好，有一套完善的自动求梯度的高效算法，支持动态图计算，有良好的编程 API 接口，非常容易实现快速的原型迭代。PyTorch 整合了业界大名鼎鼎的计算机视觉深度学习库 Caffe，使得用户可以方便地复用基于 Caffe 的计算机视觉相关模型及资源。PyTorch 也支持在移动端部署训练好的深度神经网络模型，同时包含提供模型线上服务的 Serving 模块。

利用 PyTorch 良好的编程接口及高效的神经网络搭建，可以非常容易地构建各类深度学习推荐算法。spotlight 就是一个基于 PyTorch 的开源推荐算法库，提供基于分解模型和序列模型的推荐算法实现，开源工程参见 https://github.com/maciejkula/spotlight。

另外，在本章参考文献 [18] 中，Facebook 提供了一种 DLRM 的深度学习推荐模型，通过将嵌入技术、矩阵分解、分解机、MLP 等技术整合起来，能够对类别特征、数值特征进行建模，学习特征之间的隐含关系。该算法已经开源，读者可以参考 https://github.com/facebookresearch/dlrm，该算法分别利用 PyTorch 和 Caffe2 来实现，这算是 Facebook 官方提供的一个基于 PyTorch 平台的深度学习推荐算法。

10.4.3 MxNet

MxNet 也是一个非常流行的深度学习框架，是亚马逊官方支持的深度学习框架。它是一个轻量级的、灵活便捷的分布式深度学习框架，支持 Python、R、Julia、Scala、Go、JavaScript 等各类编程语言接口。它允许混合符号和命令式编程，以最大限度地提高效率和生产力。MxNet 的核心是一个动态依赖调度程序，它可以动态地自动并行化符号和命令操作，而构建在动态依赖调度程序之上的一个图形优化层使符号执行速度更快，内存使用效率更高。MxNet 具有便携和轻量级的优点，可以有效地扩展到多个 GPU 和多台机器上。

MxNet 也提供了推荐系统相关的代码实现，主要有矩阵分解推荐算法和 DSSM（Deep Structured Semantic Model）深度学习推荐算法两类推荐算法。读者可以参考 https://github.com/apache/incubator-mxnet/tree/master/example/recommenders 了解更多细节。

10.4.4　DeepLearning4j

DeepLearning4j（简称 dl4j）是基于 Java 生态系统的深度学习框架，构建在 Spark 等大数据平台之上，可以跟 Spark 等平台无缝对接。基于 Spark 平台构建的技术体系可以非常容易地跟 dl4j 应用整合。dl4j 对深度学习模型进行了很好的封装，用户可以方便地通过类似搭积木的方式轻松构建深度学习模型，构建的深度学习模型可以在 Spark 平台上直接运行。

不过官方没有提供推荐系统相关的参考实现案例，目前 dl4j 处在 1.0 版本预发布阶段。如果你的机器学习平台基于 Hadoop/Spark 生态体系，dl4j 是一个不错的尝试方案，笔者曾经使用过 dl4j 构建深度学习模型，确实非常高效，但是训练过程可能会占用很多系统资源（当时是直接跑在 CPU 之上），有可能会影响部署的其他机器学习任务，最好的方式是采用更好的资源隔离策略或者使用独立的集群供 dl4j 使用，并使用 GPU 进行计算。

这里提一下，由于 Spark 是当今大数据处理技术的事实标准，深度学习框架与 Spark 整合有非常重大的意义：可以在同一个平台上进行大数据处理与深度学习训练。除了 DeepLearning4j 外，与 Spark 整合的深度学习框架还有 TensorFlowOnSpark、BigDL 等，读者可以在 GitHub 上搜索查看这两个项目。

10.4.5　百度的 PaddlePaddle

PaddlePaddle（飞桨）是百度开源的深度学习框架，也是国内做得最好的深度学习框架，整个框架体系比较完善。官方介绍飞桨同时支持动态图和静态图，兼顾灵活性和高性能，提供包括 AutoDL、深度强化学习、语音、NLP、CV 等各个方面的能力和模型库。

在深度学习推荐算法方面，飞桨提供了超过 5 类深度学习推荐算法模型，包括 Feed 流推荐、DeepFM、sesssion-based 推荐、RNN 相关推荐、卷积神经网络推荐等，是很好的深度学习推荐系统学习材料，想详细了解的读者可以参考 https://github.com/PaddlePaddle/models/tree/develop/PaddleRec。

10.4.6　腾讯的 Angel

Angel 是腾讯与北京大学联合开发的基于参数服务器模型的分布式机器学习平台，可以与 Spark 无缝对接，主要聚焦于图模型及推荐模型。在 2019 年 8 月份 Angel 发布了 3.0 版本，提供了更多新的特性，包括自动特征工程、Spark on Angel 中集成了特征工程、无缝对接自动调参、整合了 PyTorch（PyTorch on Angel），以及增强 Angel 在深度学习方面的能力、自动超参调节、Angel Serving、支持 Kubernetes 运行等很多非常有实际工业使用价值的功能点。

在深度学习推荐系统方面，Angel 支持包括 DeepFM、Wide & Deep、DNN、NFM、PNN、DCN、AFM 等在内的多种深度学习推荐算法。读者可以参考 https://github.com/Angel-ML/angel 了解。

由于 Angel 可以与 Spark 无缝对接，比较适合基于 Spark 平台构建的技术栈，笔者所在公司在 2019 年也在尝试使用 Angel 进行部分推荐算法的研究与业务落地。不过，Angel 中很多深度学习模型（比如 Wide & Deep）还是很粗陋，使用范围有一定限制，没有怎么经过大规模实际数据的验证，文档也非常不完整。

10.4.7　微软开源的推荐算法库 recommenders

微软云计算团队和人工智能开发团队在 2019 年 2 月开源了一个推荐算法库，基于微软的大型企业级客户项目经验及最新的学术研究成果，他们将搭建工业级推荐系统的业务流程和适用操作技巧开源出来，对构建工业级推荐系统的 5 大流程（数据准备、模型构建、模型离线评估、模型选择与调优、模型上线）进行整理与提炼，方便学习者熟悉关键点与技巧，帮助他们更好地学习推荐系统。他们也提供了多种有价值的适合工业级应用的推荐算法，包括 xDeepFM、DKN、NCF、RBM、Wide and Deep 等。因此，这是一份难得的学习推荐系统工程实践及工业级推荐算法的学习材料，这些算法基于 Python 开发，不依赖其他深度学习平台，可以在服务器上直接运行（部分算法依赖 GPU、部分算法依赖 PySpark），关于细节读者可以参考 https://github.com/microsoft/recommenders。

前面介绍了 7 个深度学习相关的平台及该平台包含的推荐算法，可供读者参考。另外，CNTK（微软开源）、Theano、Gensim（笔者公司在用，还不错）等也是比较有名的深度学习平台，阿里也开源了 x-deeplearning 深度学习平台。如果读者是从零开始学习深度学习推荐算法，建议可以从 TensorFlow 或者 PyTorch 入手，它们是生态最完善、最出名的深度学习平台。如果读者公司基于 Hadoop/Spark 平台来开发推荐算法，可以研究一下 Angel 及 DeepLearning4j，不过请慎重用于真实业务场景，毕竟它们的生态并不完善，文档相对较少，由于用的人少，出了问题，搜索相关问题的解决方案也比较困难。

10.5　深度学习技术应用于推荐系统的优缺点及挑战

前面几节对深度学习推荐系统相关知识进行了全面介绍，至此我们知道了深度学习应用于推荐系统的巨大价值，本节梳理总结一下深度学习应用于推荐系统的优缺点及挑战，让读者对深度学习推荐系统的价值有一个更加全面、客观、公正的了解。

10.5.1　优点

深度学习技术最近几年大火，在计算机视觉和语音识别领域取得了巨大成功，真正体现出了深度学习的巨大价值。深度学习应用于推荐系统的优势主要体现在如下几个方面。

1. 更加精准的推荐

深度学习模型具备非常强的表达能力，已经证明 MLP 深度学习网络可以拟合任意复杂的函数到任意精度（见本章参考文献 [4]）。因此，利用深度学习技术来构建推荐算法模型，可以学习特征之间深层的交互关系，可以达到比传统矩阵分解、分解机等模型更精准的推荐效果。10.3 节的部分工业级深度学习推荐系统案例已经很好地验证了这一点。

2. 可以减少人工特征工程的投入

传统机器学习模型（比如逻辑回归等）需要花费大量的人力来构建特征、筛选特征，最终构建一个效果较好的推荐模型。而深度学习模型只需要将原始数据通过简单的向量化，灌入模型，通过模型自动学习特征，就可获得具备良好表达能力的神经网络，因此，通过深度学习构建推荐算法可以大大节省人工特征工程的投入成本。

3. 可以方便整合附加信息

深度学习模型的可扩展性很强，可以非常方便地在模型中整合附加信息（利用附加信息的嵌入，或者利用 CNN、RNN 等网络结构从附加信息中提取特征），这在 10.3 节的部分模型中已经有详细介绍。如果有更多的数据整合到深度学习模型中，则可以让模型获得更多的信息，最终预测结果会更加精确。

10.5.2 缺点与挑战

深度学习应用于推荐系统，除了上面的优势外，还存在一些问题，这些问题限制了深度学习在推荐系统中的大规模应用。具体表现在如下几个方面。

1. 需要大量的样本数据来训练可用的深度学习模型

深度学习是一类需要大量样本数据的机器学习算法。模型的层数多，表达能力强，决定了需要学习的参数多，因此需要大量的数据才可以训练出一个能真正解决问题、精度达到一定要求的算法。所以，对用户规模小的产品或者刚刚开发不久还没有很多用户的产品来说，深度学习算法是不合适的。

2. 需要大量的硬件资源进行训练

深度学习算法需要依赖大量数据进行训练，因此也是一类计算敏感型技术，要想训练一个深度学习模型，需要足够的硬件资源（一般是 GPU 服务器），否则资源不足会导致训练时间过长，无法真正应用，甚至无法进行训练。一般 GPU 服务器是比较贵的，所以对企业的资金提出了更高的要求。

3. 对技术要求相对较高，人才比较紧缺

由于深度学习是最近几年才流行起来的技术，因此相比传统机器学习算法，它会更加复杂，对相关算法人员要求更高。目前这方面的人才明显非常紧缺。因此，团队在落地深度学习算法应用于推荐中时，是否有相应的人才来实践、解决深度学习相关问题也是面临的重要挑战。

4. 跟团队现有的软件架构适配，工程实现有一定难度

经过前面介绍，考虑应用深度学习技术的公司或者团队，一定会负责有足够用户规模的产品线，并且有足够的硬件、人力资源来应付，这样的团队一般是较成熟的团队。经过几年发展，团队中肯定有各类算法组件，特别是一定拥有大数据相关技术与平台。在引进深度学习的过程中，怎么将深度学习相关技术组件跟团队现有的架构和组件有机整合起来（深度学习平台可能需要大数据平台提供用于建模的数据分析处理、特征工程等能力，因此跟大数据平台打通是必要的），也是团队面临的重要问题。一般需要团队开发相关工具或者组件，打通现有的技术架构和深度学习技术架构之间的壁垒，让两者高效地协同起来，一起更好地服务于推荐业务。

5. 深度学习模型可解释性不强

深度学习模型基本是一个黑盒模型，通过数据灌入，学习输入与输出之间的内在联系，至于输入是怎么决定输出的，我们一无所知，导致很难解释清楚深度学习推荐系统为什么给用户推荐这些标的物。给用户提供有价值的推荐解释，往往是很重要的，能够加深用户对产品的理解和信赖，提升用户体验。现在部分基于注意力机制的深度学习模型具备一定的可解释性，这块也是未来一个值得研究和探索的热门方向。

6. 调参过程冗长复杂

深度学习模型包含大量的参数及超参，训练深度学习模型是一个复杂的过程，需要选择随机梯度下降算法，并且在训练过程中需要跟进观察参数的变化情况，对模型的训练过程进行跟踪，并实时调整。调参是需要大量的实践经验积累的。

幸好，目前像 TensorFlow 等提供了可视化的工具（TensorBoard），方便模型训练人员进行跟踪。更好的消息是，有很多学术和工程研究在尝试怎么让调参的过程尽量自动化，目前很多学者及大公司也在大力发展自动超参调节（AutoML）相关技术，让参数调节更加简单容易。

在本章参考文献 [41] 中，Google 研究者们提出的 NIS 技术（Neural Input Search）可以自动学习大规模深度推荐模型中每个类别特征最优化的词典大小以及嵌入向量维度大小，目的就是在节省性能的同时尽可能地最大化深度模型的效果。并且，他们发现传统的 Single-size Embedding 方式（所有特征值共享同样的嵌入向量维度）其实并不能够让模型充分学习训练数据，因此与之对应地提出了 Multi-size Embedding 方式，让不同的特征值可以拥有不同的嵌入向量维度。在实际训练中，他们使用强化学习来寻找每个特征值最优化的词典大小和嵌入向量维度。通过在两大大规模推荐问题（检索、排序）上的实验验证，NIS 技术能够自动学习到更优化的特征词典大小和嵌入维度，并且带来在 Recall@1 以及 AUC 等指标上的显著提升。

AutoML 领域比较出名的开源框架是微软开源的自动化超参优化框架 optuna（见 https:// github.com/optuna/optuna），支持 TensorFlow、PyTorch、Keras、MxNet 等多种深度学习平台的超参调优。

10.6　深度学习推荐系统工程实施建议

前面对深度学习应用于推荐系统的相关算法、优缺点等进行了比较全面的介绍。从 10.3 节介绍的案例，我们知道深度学习是可以为推荐业务带来巨大价值的，那么是否一定需要在我们自己的推荐业务中引入深度学习算法呢？如果考虑引入，该怎么更好地跟现有的平台及业务对接呢？有哪些点需要注意呢？这些问题是本节需要重点探讨的问题。

10.6.1　深度学习的效果真的有那么好吗

10.3 节的案例确实给了我们很大的信心，相信引入深度学习技术一定会大大提升推荐业务的点击率，从而提升用户体验，为公司创造业务价值。但是要把深度学习做好，还是非常有难度的，甚至可以说，设计好的深度学习算法是一门艺术而不仅仅是技术。本章参考文献 [43] 对当前深度学习的效果进行了质疑，认为很多深度学习效果可能还不如常规算法来得好（其中 10.3.4 节中的 NCF 模型也被该作者批判了一番）。因此，我们在决定是否选择深度学习技术时一定要慎重，要有效果可能不一定如意的心理准备和预期。

10.6.2　团队是否适合引入深度学习推荐技术

我们除了要考虑深度学习带来的推荐效果是否如意之外，还需要关注自己团队是否适合引入深度学习技术。总体来说，在引入深度学习技术之前，必须要考虑清楚如下几个问题。

1. 产品所在阶段及产品定位

如果是新开发的产品或者产品定位是只服务于非常有限的用户群体，这样的产品或者阶段肯定是不适合深度学习技术的，因为深度学习需要大量的训练数据来保证模型可训练及模型的精度。

2. 是否有相关技术人员

深度学习是一类新的发展中的技术，技术要求比一般机器学习算法要高，而这方面的人才相对稀缺。团队目前是否有相关人才，是否有学习能力强、短期可以尝试深度学习技术的人才，以及是否可以招聘到这方面的人才，都是团队需要考虑的不确定性因素。

3. 深度学习相关硬件资源

深度学习对硬件要求较高，团队是否有现成的硬件支撑深度学习平台搭建、是否有足够的资金支持购买深度学习相关硬件，以及能否承受购买带来的短期成本投入，都是团队面临的问题。

4. 其他的沉没成本

深度学习推荐系统的模型训练周期长，需要调整很多超参数，因此选择合适的模型周期长，包括与现有的技术架构打通，对可能出现的任何问题进行排查等。这些可能都是沉没成本，我们必须要有心理预期。

10.6.3　打通深度学习相关技术栈与团队现有技术栈

如果思考后，觉得有必要在你们团队引入深度学习推荐技术，那么怎样将深度学习相关技术栈跟团队现有技术栈打通呢？

想必大部分团队会采用 Hadoop/Spark 技术构建大数据与算法平台，那么怎么将深度学习技术跟 Hadoop 生态打通就是摆在你面前急需解决的问题。

如果尝试选择 Angel、DeepLearning4j、TensorFlowOnSpark、BigDL 等深度学习平台，就不存在这些问题，因为它们天生就是支持在 Spark 平台上运行的，只不过这 4 个项目还不够成熟，稳定性有待提高，在团队中尝试使用肯定会遇到很多坑，出了问题也没有很好的参考资料进行排查解决，主要得靠自己摸索。

如果你选择 TensorFlow、PyTorch 等主流深度学习平台，因为它们都是基于 Python 体系的，将 Hadoop 生态与它们打通就是非常有必要的。在工业环境中，一般会用 Spark 做数据处理、特征构建、推断等工作，利用 TensorFlow、PyTorch 训练深度学习模型。那么将两者打通的可行方案有如下两个：

❑ 将 TensorFlow、PyTorch 训练好的模型上传到 Spark 平台，开发出基于 Java/Scala 语言的模型解析工具，让 Spark 可以解析 TensorFlow、PyTorch 构建的深度学习模型，并最终进行预测。

❑ TensorFlow、PyTorch 训练好深度学习模型后，直接用 TensorFlow/PyTorch Servering 部署好深度学习模型，在 Spark 侧做推断时，通过调用 Servering 的接口来为每个用户做推荐。

10.6.4　从经典成熟的模型与跟公司业务接近的模型着手

如果考虑引入深度学习模型，可以考虑前面提到的一些经典的、在大公司海量数据场景下经过 AB 测试验证过的有巨大商业价值的模型，最好选择跟本公司业务类似的模型，比如你们公司是做视频的，那么选择 YouTube 的深度学习模型可能是一个好的选择。通过引入这些成熟模型并结合本公司的业务场景及数据情况进行裁剪调优，会更容易产生商业价值，付出的代价可能会更小，整个引入过程也会更加可控。

前面讲完了引入深度学习需要考虑的工程问题，希望可以帮助读者更好地做决策。深度学习不是"银弹"，所以在考虑深度学习技术时，一定要慎重，不要被业界利好的消息所蒙蔽，我相信即使像 Google 这类有技术、有人才、有资源的公司，在将深度学习引入并产生商业价值的过程中，肯定也是踩了很多坑的，他们的论文肯定是只介绍美好的一面，而走了多少弯路、付出了多少代价，我们就不得而知了。

对于小团队，强烈建议先用简单的推荐模型（如矩阵分解、基于内容的推荐等）将推荐业务跑起来，将产品中需要用到推荐的所有业务场景都做完，将整个推荐流程做得更加易用、模块化，让推荐迭代更加方便、容易，同时对 AB 测试、推荐指标体系、推荐监控等体系要先做好。如果这些都做得比较完善了，并且有剩余的人力资源，这时是可以投入一定的人力去研究、实践深度学习技术的。否则，还是建议不要尝试了。

10.7　深度学习推荐系统的未来发展

我相信深度学习相关技术未来会给推荐系统带来巨大的改变和革新，现在只是前奏。本节笔者就基于自己最近几年的所知、所学、所思，对深度学习在推荐系统中的未来发展做一些预测，希望可以给读者提供一些新的视角，更好地预见深度学习未来巨大价值的爆发，提前做好准备。

10.7.1　算法模型维度

目前应用于推荐的深度学习还只是包含 2 ~ 3 层隐含层的较浅层的深度学习模型，跟卷积神经网络等动辄上百层的模型还不在一个量级上，应用于推荐的深度学习模型为什么没有朝深层发展？这还需要有更多这方面的研究与实践。

另外，目前应用于推荐的深度学习模型五花八门，基本是参考照搬在其他领域非常成功的模型，还没有一个为推荐系统量身定制的非常适合推荐业务的网络结构出现（比如计算机视觉中的卷积神经网络，语音识别中的循环神经网络）。我相信在不久的将来，这一方向上一定会有突破，应该会出现一个适合推荐系统的独有网络架构，给推荐系统带来深远影响。

未来的产品形态一定是朝着实时化方向发展，通过信息流推荐的方式更好地满足用户的需求变化。这要求我们可以非常方便地将用户的实时兴趣整合到模型中，如果我们能够对已有的深度学习推荐模型进行增量优化调整，反映用户兴趣变化，就可以更好、更快地服务于用户。可以进行增量学习的深度学习模型应该是未来一个有商业价值的研究课题。

同时，随身携带的智能产品（手机、智能手表、智能眼镜等）会越来越多，如果我们要在这些跟随身体运动的智能产品上做推荐的话，一定需要结合当前的场景实时感知用户的位置、状态等的变化，做到实时调整、动态变化。而强化学习是解决这类跟外界环境实时交互问题的一种有效机器学习范式，或许结合深度强化学习技术，可以提供用户体验非常好的推荐解决方案。这也是未来一个非常火的领域，目前也有少量这方面的应用案例。

任何一种模型都不是万能的，因此深度学习模型怎么与传统的机器学习模型更好地融合起来提供更好的推荐服务，也是非常值得研究的一个方向。

10.7.2　工程维度

当前深度学习做分布式训练还比较困难，也没有很好地与大数据平台打通，基本都是大公司分派很多工程人员自己提供深度学习分布式解决方案或者跟已有大数据平台打通。虽有很多将深度学习跟大数据结合的开源项目（比如雅虎的 CaffeOnSpark、Intel 的 bigDL、DeepLearning4j、Angel 等），但是还不够成熟，社区不够壮大，遇到问题也可能会比较麻烦，不易解决。

要想让深度学习在工业界产生巨大价值，深度学习技术需要做到高效、便捷、可拓展。怎么跟现有的大数据平台更好地打通，做到无缝对接，对深度学习在推荐系统上更好地应用非常重要，又或者是深度学习平台通过自身发展具备了处理大数据的能力。不管是哪种方式，对接大数据平台是非常有必要的。

大数据和 AI 是无法割裂开来的，因此未来一定会有成熟的开源方案出现，以方便整合大数据与深度学习相关的能力点，让数据的处理、分析、建模更加流畅便捷。

10.7.3　应用场景维度

目前深度学习的应用场景还比较单一，基本是对同一类场景的标的物的推荐（比如视频、电商商品），未来的产品（APP）一定会提供整体的大而全的解决方案（比如现在的微信、美团就是综合服务平台），那么在这些标的物差异非常大的综合服务平台中为用户统一推荐各类产品与服务就是一个非常大的挑战。深度学习是否可以在这类场景中发挥巨大价值，还需要更多的研究与实践。在跨场景下结合知识图谱与迁移学习，或许可以帮助深度学习算法取得更大的成功。

随着 5G 及物联网的发展，在不久的将来，像家庭、车载等新场景会变得越来越重要，这类场景用户的交互方式会产生变化，我们可能更多是通过语音获取用户的反馈信息。在这类场景中，将语音等信息整合到深度学习模型中，做基于语音交互的推荐解决方案一定是一个比较有前景的方向。另外，VR/AR 的发展也可能促进视觉交互（如手势交互）的成熟，通过神经网络处理视觉信息，从而构建有效的推荐模型也是未来的一个重要方向。深度学习已经在计算机视觉、语音识别、自然语言处理中获得了极大的成功，我相信在这些以语音、语言、视觉交互为主的新型产品的推荐业务中，深度学习必有用武之地。

10.7.4　数据维度

目前的深度学习推荐模型还主要是使用单一的数据源（用户行为数据、用户标的物 metadata 信息）来构建深度学习模型。未来随着 5G 技术的发展、各类传感器的普及，我们会更容易收集到多源的数据，怎么充分有效地利用这些异构信息网络（Heterogeneous Information Network，HIN）的数据，构建一个融合多类别数据的深度学习推荐模型，是一个必须面对的有意思的并且极有挑战的研究方向。前面讲到，在新的未开发的应用场景中一定也会产生非常多种类的新数据类型（比如语音数据、视觉交互数据，甚至嗅觉数据等）需要深度学习来处理。

随着安全意识的崛起及相关法律的规范化，未来对数据的收集形式及数量也可能会有限制，深度学习这种强烈依赖数据的算法是否能够适应这种未来数据更加谨慎规范化的时代发展趋势，也是我们所面临的问题。怎样在有限数据及保证用户隐私的情况下应用深度学习技术，也是值得研究的课题。

当前深度学习技术一般适合回归、预测等监督学习任务，需要依赖大量的标注数据进行训练，这限制了深度学习的应用场景。怎么改造、优化深度学习模型，让它可以处理少量标注数据，也是一个有前景、有需求的方向。强化学习、半监督学习在处理无监督学习上有天然优势，或许深度学习跟这些技术的结合是一个好的方向。

10.7.5 产品呈现与交互维度

目前的深度学习模型基本是一个黑盒模型，我们只有通过部署到线上并通过 AB 测试观察指标变化，才能评价模型的效果好坏，但也无法给出这样推荐的原因。而给用户一个明显的、可以理解和接受的推荐原因是大大有益于建立用户信任度的。好的推荐解释可以提升用户的产品体验，怎样对深度学习推荐模型进行推荐解释，肯定是未来的一个研究热点。

好的推荐产品除了推荐精准的标的物外，给用户的视觉呈现方式是否自然、视觉效果是否美观、交互方式是否流畅等，对于用户是否愿意使用、是否认同推荐系统都非常重要。未来的深度学习推荐技术可能会结合用户的点击率、用户对标的物的视觉感受度（可以通过视觉传感器获取），甚至心情（可以通过视觉或者声音识别出）、用户的使用流畅度（可以通过用户的操作，如触屏点击获得）等多维度的数据进行建模，更好地提升推荐产品的用户体验。

10.8 本章小结

本章对深度学习技术、深度学习应用于推荐系统的一般方法和思路、几个重要的工业级深度学习推荐系统、开源深度学习平台及推荐算法、深度学习推荐算法的优缺点与挑战、深度学习推荐系统工程落地建议以及深度学习推荐系统的未来发展等几个方面进行了比较全面的介绍。

本章更多的是从工业实践的角度来讲解深度学习推荐系统，特别是 10.3 节中讲解的几个重要的深度学习推荐算法、10.5 节的优缺点与挑战和 10.6 节的工程实施建议，值得读者好好学习和思考，希望它们可以给读者提供深度学习在推荐业务落地上的参考与借鉴。

深度学习在推荐系统中的应用是最近几年的事情，虽然成功案例颇多，但是还不算完善，远没有达到成熟的地步。目前也没有形成完善的理论体系，更多的是借鉴深度学习在图像、语音识别等领域的成功经验，将模型稍做修改并迁移过来，并未找到一种专为推荐系统量身定制的深度学习模型，因此这方面未来还有很大的发展空间。推荐系统作为机器学习中一个相对完善的子领域，它在实际业务中有重大商业价值，越来越个性化也是产品发展的需要和社会发展的趋势。笔者相信，对极致用户体验的追求、对商业价值的深度挖掘，这两大动因一定会推动学术界、产业界的专家在深度学习推荐系统上进行更多的探索与实践，未来深度学习相关技术一定会在推荐系统中创造更大的商业价值！

参考文献

[1] WS McCulloch，W H Pitts. A Logical Calculus of Ideas Immanent in Nervous Activity [A]. Neurocomputing: foundations of research [C]. Britain: Pergamon Press，1943.

[2] Haohan Wang，Bhiksha Raj. On the Origin of Deep Learning [C]. [S.l.]:Arxiv，2017.

[3] David E Rumelhart，Geoffrey E Hinton，Ronald J Williams. Learning Representations by Back-Propagating [C]. [S.l.]:Nature. 1986.

[4] Kurt Hornik，Maxwell Stinchcombe，Halbert White. Multilayer feedforward networks are universal approximators [C]. [S.l.]:Neural Networks，1989.

[5] Shuai Zhang，Lina Yao，Aixin Sun，et al. Deep Learning based Recommender System: A Survey and New Perspectives [C]. [S.l.]:ACM Computing Surveys，2017.

[6] Ruslan Salakhutdinov，Andriy Mnih，Geoffrey Hinton. Restricted Boltzmann Machines for Collaborative Filtering [C]. [S.l.]:ICML，2007.

[7] Paul Covington，Jay Adams，Emre Sargin. Deep Neural Networks for YouTube Recommendations [C]. [S.l.]: RecSys，2016.

[8] Heng-Tze Cheng，Levent Koc，Jeremiah Harmsen，et al. Wide & Deep Learning for Recommender Systems [C]. [S.l.]:DLRS，2016.

[9] Aaron van den Oord，Sander Dieleman，Benjamin Schrauwen. Deep content-based music recommendation [C]. [S.l.]:NIPS，2013.

[10] Xinxi Wang，Ye Wang. Improving Content-based and Hybrid Music Recommendation using Deep Learning [A]. ACM international conference on Multimedia [C]，USA: [S.n.]，2014.

[11] Guorui Zhou，Chengru Song，Xiaoqiang Zhu，et al. Deep Interest Network for Click-Through Rate Prediction [C]. [S.l.]:KDD，2018.

[12] Guorui Zhou，Na Mou，Ying Fan，et al. Deep Interest Evolution Network for Click-Through Rate Prediction [C]. [S.l.]:Arxiv，2018.

[13] Qiwei Chen，Huan Zhao，Wei Li，et al. Behavior Sequence Transformer for E-commerce Recommendation in Alibaba [C]. [S.l.]:DLP-KDD，2019.

[14] Yufei Feng，Fuyu Lv，Weichen Shen，et al. Deep Session Interest Network for Click-Through Rate Prediction [C]. [S.l.]:IJCAI，2019.

[15] Chao Li，Zhiyuan Liu，Mengmeng Wu，et al. Multi-Interest Network with Dynamic Routing for Recommendation at Tmall [C]. [S.l.]:CIKM，2019.

[16] Han Zhu，Xiang Li，Pengye Zhang，et al. Learning Tree-based Deep Model for Recommender Systems [C]. [S.l.]:KDD，2018.

[17] Sai Wu，Weichao Ren，Chengchao Yu，et al. Personal Recommendation Using Deep Recurrent Neural Networks in NetEase [C]. [S.l.]:IEEE，2016.

[18] Maxim Naumov，Dheevatsa Mudigere，Hao-Jun Michael Shi，et al. Deep Learning Recommendation Model for Personalization and Recommendation Systems [C]. [S.l.]:Arxiv，2019.

[19] Xiangnan He，Lizi Liao，Hanwang Zhang，et al. Neural Collaborative Filtering [C]. [S.l.]:WWW，2017.

[20] Yudan Liu，Kaikai Ge，Xu Zhang，et al. Real-time Attention Based Look-alike Model for Recommender System [C]. [S.l.]:KDD，2019.

[21] Malay Haldar，Mustafa Abdool，Prashant Ramanathan，et al. Applying Deep Learning To Airbnb Search [C]. [S.l.]:KDD，2019.

[22] Ali Elkahky，Yang Song，Xiaodong He. A Multi-View Deep Learning Approach for Cross Domain User Modeling in Recommendation Systems [C]. [S.l.]:WWW，2015.

[23] Hao Wang，Naiyan Wang，Dit-Yan Yeung. Collaborative Deep Learning for Recommender Systems [C]. [S.l.]:KDD，2015.

[24] Sheng Li，Jaya Kawale，Yun Fu. Deep Collaborative Filtering via Marginalized Denoising Auto-encoder [C]. [S.l.]:CIKM，2015.

[25] Yin Zheng，Bangsheng Tang，Wenkui Ding，et al. A Neural Autoregressive Approach to Collaborative Filtering [C]. [S.l.]:ICML，2016.

[26] Weinan Zhang，Tianming Du，Jun Wang. Deep Learning over Multi-field Categorical Data: A Case Study on User Response Prediction [C]. [S.l.]:Arxiv，2016.

[27] Huifeng Guo，Ruiming Tang，Yunming Ye，et al. DeepFM: A Factorization-Machine based Neural Network for CTR Prediction [C]. [S.l.]:IJCAI，2017.

[28] Xin Dong，Lei Yu，Zhonghuo Wu，et al. A Hybrid Collaborative Filtering Model with Deep Structure for Recommender Systems [C]. [S.l.]:AAAI，2017.

[29] Hongwei Wang，Fuzheng Zhang，Xing Xie，et al. DKN: Deep Knowledge-Aware Network for News Recommendation [C]. [S.l.]:WWW，2018.

[30] Anusha Balakrishnan，Kalpit Dixit. DeepPlaylist: Using Recurrent Neural Networks to Predict Song Similarity [C]. [S.l.]:Arxiv，2016.

[31] Kai Lu. The application of Deep Learning in Collaborative Filtering [C]. [S.l.]:Arxiv，2013.

[32] Yong Kiam Tan，Xinxing Xu，Yong Liu. Improved Recurrent Neural Networks for Session-based Recommendations [C]. [S.l.]:DLRS，2016.

[33] Balázs Hidasi，Alexandros Karatzoglou，Linas Baltrunas，et al. Session-based Recommendations with Recurrent Neural Networks [C]. [S.l.]:Arxiv，2015.

[34] Elena Smirnova，Flavian Vasile. Contextual Sequence Modeling for Recommendation with Recurrent Neural Networks [C]. [S.l.]:Arxiv，2017.

[35] Alexander Dallmann，Alexander Grimm，Christian Pölitz，et al. Improving Session Recommendation with Recurrent Neural Networks by Exploiting Dwell Time [C]. [S.l.]:Arxiv，2017.

[36] Massimiliano Ruocco，Ole Steinar Lillestøl Skrede，Helge Langseth. Inter-Session Modeling for Session-Based Recommendation [C]. [S.l.]:DLRS，2017.

[37] Massimo Quadrana，Alexandros Karatzoglou，Balázs Hidasi，et al. Personalizing Session-based Recommendations with Hierarchical Recurrent Neural Networks [C]. [S.l.]:RecSys，2017.

[38] Sotirios Chatzis，Panayiotis Christodoulou，Andreas S Andreou. Recurrent Latent Variable Networks for Session-Based Recommendation [C]. [S.l.]:DLRS，2017.

[39] Balázs Hidasi，Alexandros Karatzoglou. Recurrent Neural Networks with Top-k Gains for Session-based Recommendations [C]. [S.l.]:CIKM，2018.

[40] Travis Ebesu，Bin Shen，Yi Fang. Collaborative Memory Network for Recommendation Systems [C]. [S.l.]:SIGIR，2018.

[41] Manas R Joglekar，Cong Li，Mei Chen，et al. Neural Input Search for Large Scale Recommendation Models [C]. [S.l.]:KDD，2020.

[42] Hieu Pham，Melody Guan，Barret Zoph，et al. Efficient Neural Architecture Search via Parameters Sharing [C]. [S.l.]:PMLR，2018.

[43] Maurizio Ferrari Dacrema，Paolo Cremonesi，Dietmar Jannach. Are We Really Making Much Progress? A Worrying Analysis of Recent Neural Recommendation Approaches. RecSys[C]. [S.l.]: RecSys，2019.

[44] Ashish Vaswani，Noam Shazeer，Niki Parmar，et al. Attention is all you need [C]. [S.l.]:NIPS，2017.

[45] Jacob Devlin，Ming-Wei Chang，Kenton Lee，et al. Bert: Pre-training of deep bidirectional transformers for language understanding [C]. [S.l.]:NAACL-HLT，2019.

[46] Xiangyu Zhao，Long Xia，Liang Zhang，et al. Deep Reinforcement Learning for List-wise Recommendations [C]. [S.l.]:RecSys，2018.

[47] Rama Kumar Pasumarthi，Sebastian Bruch，Xuanhui Wang，et al. TF-Ranking-Scalable TensorFlow Library for Learning-to-Rank [C]. [S.l.]:KDD，2019.

[48] Rex Ying，Ruining He，Kaifeng Chen，et al. Graph Convolutional Neural Networks for Web-Scale Recommender Systems [C]. [S.l.]:KDD，2018.

混合推荐系统介绍

前面几章对常用的推荐算法，如基于内容的推荐、协同过滤、矩阵分解、分解机、嵌入方法、深度学习等进行了详细介绍，并在相关章节详细说明了这些算法的优缺点。本章介绍混合推荐系统（Hybrid Recommender System），混合推荐系统会利用多种推荐算法配合起来做推荐，期望避免单个推荐算法存在的问题、吸收多个算法的优点，最终获得比单个算法更好的推荐效果。

本章先讲解什么是混合推荐系统，然后介绍混合推荐系统的价值、混合推荐系统的实现方案、工业级推荐系统与混合推荐、对混合推荐系统的思考等内容。期望读者通过学习本章可以更好地理解混合推荐系统的原理与价值，并且能够将混合推荐的思路应用于实际的项目实践中。

11.1　什么是混合推荐系统

机器学习中有所谓的集成学习（Ensemble Learning），并被广泛应用于分类和回归问题，本质上它是利用多个分类或者回归算法，通过这些算法的有效整合获得更好的分类或者预测效果。集成方法之所以有效，是因为通过不同的算法组合可以有效地降低系统性误差（方差），最终达到更好的效果。在投资理财中也有类似的思路，即读者经常听到的"不要将所有鸡蛋放在同一个篮子里"，说的就是通过分散投资，构建多类别的投资组合来降低风险。

混合推荐系统的思路与此如出一辙。古话说"三个臭皮匠顶个诸葛亮"，我想用这句话来形容混合推荐算法是非常恰当的。混合推荐算法就是利用两种或者两种以上推荐算法来配合，克服单个算法存在的问题，期望获得更好的推荐效果。

在推荐系统发展史上，最有名的利用混合推荐算法提升推荐效果的例子莫过于 Netflix

在 2006 年启动的奖额为 100 万美元的 Netflix Prize 竞赛的冠军队，这个竞赛的冠军在 2009 年被由三个团队合并成的新团队 Bellkor's Pragmatic Chaos 获得，他们利用原来各自团队算法的优势将各自的算法整合了起来（利用 GBDT 模型组合超过 500 个算法模型），而这种整合的方法就是一种混合推荐算法（见参考文献 [1] 了解相关信息，本章参考文献 [2-4] 给出了获奖团队写的 3 篇论文，分别是获奖团队原来的三个团队从自身团队所提出的算法对最终获奖贡献的角度写的，Bellkor's Pragmatic Chaos 这个名字就是由这三个领先团队组合起来的：第一个是来自 AT&T 统计研究部的 BellKor，第二个是来自加拿大蒙特利尔的 Pragmatic Theory，第三个是来自奥地利的 BigChaos）。

11.2　混合推荐系统的价值

从上一节介绍我们知道，混合推荐算法期望利用多个推荐算法协同合作，避免单个算法存在的问题，更好地为用户做推荐，提升推荐质量和用户体验。在讲混合推荐算法的价值之前，我们需要先了解当前主流推荐算法存在的问题，只有知道了当前的问题，才能利用混合推荐算法更好地避免这些问题。混合推荐系统的价值就体现在解决这些问题上，那么当前推荐系统存在的主要问题有哪些呢？

11.2.1　冷启动问题

冷启动一般分为新用户冷启动和新标的物冷启动。对于新用户，由于没有相关行为或者行为很少，无法获得该用户的兴趣偏好，因而无法为他进行有效的推荐。对于新入库/上线的标的物，由于没有用户或者只有很少的用户对它进行操作（点击、浏览、评论、购买等），我们不知道什么类型的用户喜欢它，因而也很难将它推荐出去。

11.2.2　数据稀疏性问题

由于很多推荐应用场景涉及的标的物数量巨大（头条有百亿级规模的文章、淘宝有亿级的商品等），导致用户行为稀少（其实是用户有操作行为的标的物占整个标的物的比例微乎其微），对于同一个标的物，往往只有很少用户有相关行为，这让构建推荐算法模型变得非常困难。

11.2.3　马太效应

头部标的物被越来越多的用户"消费"，而很多质量好的长尾标的物由于用户行为较少，自身描述信息不足，躺在"无边"的数字化仓库中，得不到足够的关注。

11.2.4　灰羊效应

灰羊（gray sheep）效应是指某些用户的倾向性和偏好不太明显，比较散乱，没有表现出对具体某些特征的标的物强烈的偏好。因此在协同过滤推荐算法中（拿基于用户的协同过滤来说），这种偏好性不强的用户跟其他用户的相似度都差不多，因此推荐效果不是特别好。这种问题在多用户使用同一个设备时是非常明显的，比如家庭中的智能电视，一家人都用同一个电视在不同时段看自己喜欢的内容，导致该电视上的行为比较宽泛，无任何特性。

11.2.5 投资组合效应

由于从不同渠道获得的标的物是非常相似的，推荐系统可能会推荐非常相关的标的物给用户，但对用户来说，这些相关的标的物是重复的、无价值的。在新闻资讯、短视频类APP的推荐中这种情况尤为明显，比如从多个渠道获得的内容是对同一个热点事件的报道，有可能内容都是差不多、重复的，而系统在将这些内容入库的过程中，没有进行很好的识别（其实识别两个标的物是不一样的也是比较困难的一件事），因此将这些内容看成是不同的内容，最终推荐系统很容易将它们一起推荐给用户。在笔者公司的短视频推荐中就存在这种情况，并且非常严重，有时甚至重复的内容都排在一起。对于像淘宝这种提供电商平台服务的公司来说，由于有非常多的商家卖相同或者相似的商品，这种现象也非常明显。对于图书推荐，同一本书的不同版本、不同语言版本等也会存在这个问题。

11.2.6 稳定性 / 可塑性问题

该问题指的是当用户的兴趣稳定下来后，（推荐）系统很难改变对用户的认知，即使用户兴趣最近变化了，推荐系统还是保留了用户过往的兴趣，除非用户新兴趣积累到足够多，新兴趣所起的作用完全盖过了老兴趣。解决该问题的一般思路是使用户历史行为的权重按照时间进行衰减，最近行为权重更大，越久远的行为权重越小。

基于上面提到的6大类问题，下面针对业界主流的几类推荐算法来说明单个算法可能存在的问题及优势（参见表11-1，更细节的关于协同过滤和基于内容的推荐的优缺点可以参考第3、4、6章）。

表 11-1　主流推荐算法的问题与优势

推荐算法	依赖的数据	存在的问题	优势
基于内容的推荐算法	用户行为数据 标的物 metadata	1、3、5、6	• 系统积累的数据量越多，效果越好 • 不需要太多领域知识 • 只需要隐式反馈就可以进行推荐
协同过滤推荐算法	用户行为数据	1、2、3、4、5、6	• 不需要 item 的 metadata • 可以挖掘出用户新的兴趣点 • 只需要隐式反馈就足够建模 • 不需要领域知识，适用于各类业务场景 • 系统积累数据量越多，效果越好
排行榜（热门）推荐	用户行为数据	3、5、6	• 非常简单，算法复杂度小

上面列举的是一般推荐系统可能存在的问题，对于单个推荐算法，由于所利用的数据

不一样，算法自身模型也不一样，因此可能会面临上述中的一些问题。对于不同的产品形态和业务场景，由于跟用户的交互方式不一样，能够获取到的数据也不一样，对选择具体的推荐算法也存在一定的限制。既然单个算法或多或少存在一些问题，自然的想法就是结合多个算法的优势来避免单个算法存在的问题，这就是下一节要讲的混合推荐算法。混合推荐期望融合多个算法，博采众长，有效缓解单个算法可能存在的上述 6 个问题。

11.3　混合推荐系统的实现方案

　　11.2 节讲解了单个推荐算法可能遇到的问题，混合推荐算法在解决这些问题时存在极大的价值，那么多种算法怎么混合构建新的推荐算法呢？根据多种算法混合的方式不同一般可以分为如下 3 种混合范式，其中每种范式都有两到三种具体的实现方案，一共有 7 种不同的混合方案，下面分别介绍（该分类参考了本章参考文献 [5] 的具体分类方法，感兴趣的读者可以参考该论文）。

11.3.1　单体的混合范式

　　单体的混合范式整合多种推荐算法到同一个算法体系中，由这个整合的推荐算法统一提供推荐服务，具体的实现流程参考图 11-1。

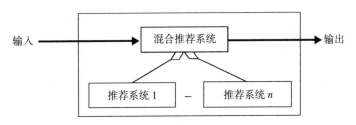

图 11-1　单体的混合推荐范式

　　下面提到的基于内容的推荐算法如果整合用户行为数据来计算标的物相似性，就属于这类混合算法。单体的混合范式推荐算法主要有如下两种具体实现方案。

1. 特征组合混合

　　特征组合（Feature Combination）以多个推荐算法的特征数据作为原始输入，利用其中一个算法作为主算法，最终生成推荐结果。

　　拿协同过滤和基于内容的推荐来说，可以利用协同过滤算法为每个样本赋予一个特征，然后基于内容的推荐利用这些特征及内容相关特征来构建基于内容的推荐算法。比如可以基于矩阵分解获得每个标的物的特征向量，基于内容的推荐算法利用标的物之间的 metadata 计算相似度，同时也整合前面基于矩阵分解获得的特征向量之间的相似性。

　　协同过滤与基于内容的推荐进行特征组合能够让推荐系统利用协同数据，而不必完全依赖用户行为数据，因此降低了系统对某个标的物有操作行为的用户数量的敏感度，也就是说，即使某个标的物没有太多用户行为，也可以很好地将该标的物推荐出去。

由于特征组合方法非常简单，将协同过滤和基于内容的推荐进行组合是常用的混合推荐方案。

2. 特征增强混合

特征增强（Feature Augmentation）混合是另一个单体混合算法，不同于特征组合简单地结合或者预处理不同的数据输入，特征增强会利用更加复杂的处理和变换，其中第一个算法可能事先预处理第二个算法依赖的数据，生成中间可用的特征或者数据（中间态），再供第二个算法使用，最终生成推荐结果。

比如笔者公司在做视频相似推荐时，先用 Item2vec 进行视频嵌入学习（参考 9.4.2 节中的介绍），学习视频的表示向量，最后用 K-Means 聚类来对视频聚类，对于每个视频，最终将该视频所在类的其他视频作为该视频的关联推荐，这也算是一种特征增强的混合推荐算法。

11.3.2　并行的混合范式

并行的混合范式利用多个独立的推荐算法，每个推荐算法产生各自的推荐结果，在混合阶段将这些推荐结果融合起来，生成最终的推荐结果，具体实现逻辑参考图 11-2。

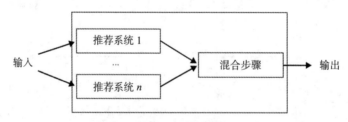

图 11-2　并行的混合推荐范式

并行混合范式利用多个推荐算法密切配合，利用特殊的混合机制聚合各个算法的结果。根据混合方案的不同，它主要有如下 3 种具体的实现方式。

1. 掺杂混合

掺杂方法将多个推荐算法的结果混合起来，最终推荐给某个用户，见下面公式，其中，k 是指第 k 个推荐算法。

$$\text{rec}_{\text{mixed}}(u) = \bigcup_{k=1}^{n} \text{rec}_k(u)$$

上面公式只是给出了为用户推荐的标的物列表，不同的算法可能会推荐相同的标的物，需要去重，另外这些标的物需要先排序再最终展示给用户，一般不同算法的排序逻辑不一样，直接按照不同算法的得分进行粗暴排序往往存在问题。我们可以将不同算法预测的得分统一到可比较的范围（比如可以先将每个算法的得分归一化到 0 ~ 1），再根据归一化后的得分大小来排序，还可以通过另外一个算法来单独进行排序。

2. 加权混合

加权方法是根据多个推荐算法的推荐结果，通过加权来获得每个推荐候选标的物的加权得分，最终来排序。具体到某个用户 u，对标的物 i 的加权得分计算如下：

$$\text{rec}_{\text{weighted}}(u,i) = \sum_{k=1}^{n} \beta_k \times \text{rec}_k(u,i)$$

这里同样要保证不同的推荐算法输出的得分要在同一个范围，否则加权是没有意义的。

3. 分支混合

分支混合根据某个判别规则来决定，在某种情况发生时利用某个推荐算法的推荐结果。具体可以用下式简单表示。

$$\exists_1 k : 1 \cdots n \; s.t. \; \text{rec}_{\text{switching}}(u,i) = \text{rec}_k(u,i)$$

分支条件可以是与用户状态相关的，也可以是与上下文相关的，下面举几个例子，让读者可以更好地理解。

a）如果用户是新用户，用热门推荐，当用户行为足够多时，用协同过滤算法给用户做推荐。

b）如果用户在早上使用产品，给用户推荐新闻。

c）当用户在某个新的地点使用美团外卖，可以给用户推荐当地特色菜肴。

d）在信息流推荐中，当用户手动下滑时，给用户更新基于用户最新行为的相关推荐结果。

上述 a 中的分支条件是用户是否是新用户（实际的判断过程是如果可以为该用户进行协同过滤就用协同过滤，否则就用热门推荐），b 中的分支条件是时间，c 中的分支条件是地点，d 中的分支条件是用户的下拉操作。

11.3.3　流水线混合范式

在流水线混合范式中，一个推荐算法生成的推荐结果将作为另外一个推荐算法的输入（该算法可能还会利用其他数据输入），再将产生的推荐结果输入到下一个推荐算法，以此类推。具体算法的混合逻辑见图 11-3。

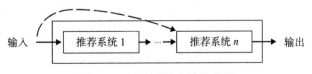

图 11-3　流水线混合推荐范式

流水线混合是一个分阶段的过程，多个推荐算法一个接一个，最后一个算法产出最终的推荐结果。根据一个算法的输出以怎样的方式给到下一个算法使用，流水线混合范式具体可以分为如下两种实现方案。

1. 级联混合

在级联方式中，一个算法的推荐结果作为输出传送给下一个算法作为其输入之一，下一个算法只会调整上一个算法的推荐结果的排序或者剔除掉部分结果，而不会引入新的推荐标的物。如果用数学语言来描述，级联混合就是满足下面两个条件的混合推荐，其中 n 是级联的算法个数，$n \geq 2$，$\text{rec}_k(u)$ 是第 k 个推荐算法的推荐结果。

$$\text{rec}_{\text{cascade}}(u) = \text{rec}_n(u)$$
$$\forall k \geq 2, \text{rec}_k(u) \subseteq \text{rec}_{k-1}(u)$$

需要注意的是，排在级联混合第一个算法后面的算法的输入除了前面一个算法的输出外，可能还会利用其他数据来训练推荐算法模型，级联的目的是优化上一个算法的排序结果或者剔除不合适的推荐，通过级联会减少最终推荐结果的数量。

2. 元级别混合

在元级别混合中，一个推荐算法构建的模型会被流水线后面的算法使用，用于生成推荐结果，下面的公式很好地说明了这种情况。由于这种混合直接将模型作为另一个算法的输入，类似在函数式编程中函数作为另一个函数的输入，所以比较复杂，在现实业务场景中一般取 $n = 2$，即只做两层的混合。

$$\text{rec}_{\text{meta-level}}(u) = \text{rec}_n(u, \text{model}_{\text{rec}_{n-1}})$$

到此为止，我们简单介绍了三大类 7 种常用的推荐算法的混合策略，下面分别对这三大类混合范式的特点进行简单说明。

如果在特征层面我们无更多的其他知识和信息，那么单体范式是有价值的，它只需要对主推荐算法及数据结构进行极少的预处理和细微调整就可以了。

并行的混合推荐范式是对业务侵入最小的一种方式，因为混合阶段只是对不同算法的结果进行简单混合。但是由于使用了多个推荐算法的结果，整个推荐的计算复杂度会更高，并且多个算法的推荐结果的得分怎么在同一个框架中具备可比性也是比较棘手的、需要处理好的问题。

流水线式的混合策略是最复杂、耗时的一类混合方案，需要对前后两个算法有很好的理解，并且它们只有配合好才能最终产生比单个算法好的结果，但如果能将几个差别较大（差别较大，则混合后预测的方差会更小，类似遗传中的杂交优势）的推荐算法很好地整合起来，往往收获也是较大的。

11.4 工业级推荐系统与混合推荐

在 11.3 节详细讲解了多个推荐算法混合的各种可行情况，那么在真实的推荐业务场景中，混合推荐算法使用得多吗？一般我们会怎样进行不同推荐算法和策略的混合呢？下面就来回答这两个读者可能会非常关心的问题。

前面在 11.2 节中也讲解了混合推荐算法可以解决的问题以及可能带来的巨大价值，混合推荐算法的思路在工业级推荐系统中是一直在使用的，是非常有价值的一种解决推荐问题的较理想的策略。

在工业级推荐系统中一般将整个推荐流程分为召回、排序、业务调控 3 个阶段，具体的架构见图 11-4。

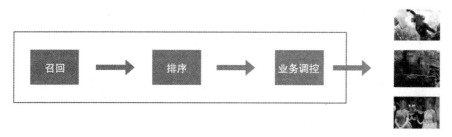

图 11-4　工业级推荐系统三阶段 pipeline 架构

这个三阶段的 pipeline 结构类似混合推荐中的流水线混合范式，下面分别对这三个阶段的功能进行简单介绍，同时会说明每个阶段的算法是怎么利用混合推荐的思想的。

召回阶段的目的是通过利用不同的推荐算法将用户可能喜欢的标的物从海量标的物库（千万级或者亿级）中筛选出一个足够小的子集（几百或上千）。笔者公司在做小视频个性化推荐时就采用了多种召回策略来召回用户可能喜欢的小视频（参考图 11-5），这其中的每一种召回策略可以看成是一个推荐算法，不同召回算法的结果是通过掺杂混合的方式进行合并的，混合后的推荐结果作为数据输入在后续的排序推荐算法阶段进行进一步精细化处理。

在排序阶段，对召回阶段中多种召回算法混合后的推荐结果进行精细排序，因此从召回到排序这两个阶段的 pipeline 就是前面提到的级联混合推荐策略。

在业务调控阶段，会根据业务规则及运营需求，对排序阶段的推荐结果进行调整，可能会调整顺序，插入需要强运营的标的物、广告等。这一阶段的处理是比较偏业务的，不同行业和运营策略所做的处理会很不一样，这一块的处理可能会更多偏规则类。从排序到业务调控这两个阶段的 pipeline 没有被前面提到的 7 种混合推荐算法覆盖，算是在真实业务场景下对上述混合推荐算法的一种补充和完善。

从上面一般的工业级推荐系统的三阶段 pipeline 架构可以知道，推荐过程大量使用了混合推荐中的一些策略和方法，并对这些方法进行了拓展和完善。真实的工业级推荐系统是非常复杂的，不同行业和产品形态的推荐系统实现方式差别较大。除了前面提到的工业级推荐系统的 pipeline 架构中包含混合推荐的策略，工业界推荐系统的方方面面都会用到混合的思路。下面分别对当前工业级推荐系统的几种主要趋势、算法、架构，或者特殊场景下采用的混合推荐策略进行简单的分析和介绍，方便读者更好地理解混合推荐的方法和思想；希望通过更多的案例介绍，让读者对混合推荐的思想活学活用、融会贯通，而不仅仅停留在理论层面。

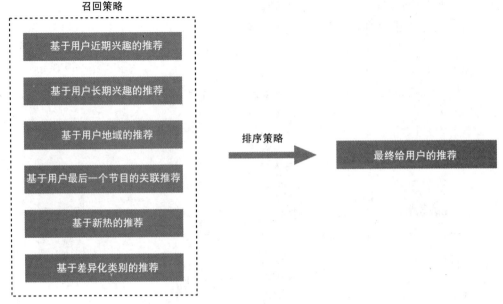

图 11-5 多类召回策略

11.4.1 实时推荐系统与混合推荐

今日头条是最早将实时个性化推荐大规模应用于产品作为核心功能，并作为整个公司的核心技术和核心竞争力的 APP。短短几年时间，今日头条 APP 无论是 DAU 还是人均使用时长都成为资讯行业第一，这让今日头条迅速成为国内第一梯队的互联网公司。受今日头条的影响，越来越多的公司将实时个性化推荐应用于自己的产品。手机百度 APP、手机淘宝、各类短视频资讯 APP 等都将实时个性化推荐作为核心功能落地到了自己的产品中。

实时个性化推荐基于用户最近的行为近实时更新用户的推荐列表，对计算能力、算法、服务响应等都有极高的要求。从用户最近的行为获得用户短期偏好，这是一种推荐算法，将短期偏好获得的推荐结果与原来 T+1 推荐结果融合推荐给用户是一种算法的混合（所谓 T+1 推荐，就是每天为用户生成一份新的推荐结果），一般可以采用加权的混合方式，最粗暴的方式是将短期偏好推荐结果置于最高的权重，直接放在推荐列表最前面。第 20 章会讲解实时个性化推荐算法的原理和方法。第 26 章会讲解基于标签的实时短视频推荐，并对电视猫实时短视频推荐实现原理进行详细介绍。

用户近实时推荐怎么跟用户的长期兴趣混合，在推荐列表中整合用户实时兴趣偏好，是实时推荐系统中非常重要、非常关键的策略。

11.4.2 深度学习等复杂推荐模型整合多数据源和多模型

深度学习等复杂模型这几年在工业界得到了大规模的应用，在推荐系统中也发挥了重要的价值，深度学习可以将多种数据整合到一个模型 / 框架中，获得非常好的推荐效果（如

2016 年 YouTube 的深度学习推荐系统，可以非常容易地整合多种信息进行统一学习，见本章参考文献 [7]，这个模型第 10 章也介绍过）。深度学习模型这种具备整合用户行为数据、标的物 metadata、用户画像数据等数据的能力，是非常有优势的，相当于将协同过滤、基于内容的推荐等多种算法的能力融合到一个模型中，虽然不是直接将多个模型融合，不在7 大混合推荐方式之列，但这也算是一种多数据源能力的融合，通过整合多数据源获得比经典的单个推荐模型更好的效果。

而 Google 的 Wide & Deep 模型（这个模型我们在第 10 章介绍过），通过将逻辑回归和MLP（多层感知机）整合到一个模型中为用户进行推荐，也算是一种算法的融合，类似于前面介绍的元级别混合。

11.4.3　特殊情况下的处理策略

推荐系统属于互联网软件服务，任何软件服务都存在不确定性，因而会有一定概率出现问题，这对推荐系统也不例外。当由于网络故障或者服务故障导致推荐服务不可用时，如果在客户端（即 APP 上）不做异常保护和处理，用户访问推荐服务时会超时，导致无任何推荐结果返回，整个 UI 展示都将出问题，出现"开天窗"的现象。因此在极端情况出现时应给出一组备选方案，虽然这样推荐的结果不会那么精准，但不至于什么结果都没有，明显可以提升用户体验。具体的做法可以是在 APP 启动时，客户端通过一个独立的接口获得一组默认推荐（比如热门推荐），存入客户端本地存储中，当故障出现时就用这一组默认推荐来填补，这种策略其实是一种分支混合推荐策略，分支出现的情况就是正常的推荐服务出现问题的时候。

11.4.4　推荐数量不足的增补

在真实工业级推荐场景中，最终的推荐算法一般会给出固定数量的推荐结果（比如 50个，但是在前端可能只展现 30 个），由于标的物会出现下线、不可用（视频下线、商品下架等）等情况，当用户在客户端请求推荐服务时，推荐接口先获取推荐列表（一般是一组标的物的 id），再根据列表的 id 获得标的物的 metadata 信息，填充完整后返回前端并展示给用户，这个过程中会对标的物 id 进行过滤和检查，如果标的物下线了或者不可用了会剔除掉。如果某个用户的推荐列表中下线的标的物比较多（这种情况出现的概率一般不大），导致最终数量不够前端展现时，一般会采用补足的策略，比如利用热门推荐的结果填补不足的数量，最终获得规定好的数量（如前面提到的 50 个），这个利用另外一个推荐算法（如热门推荐）来填补的策略就是掺杂混合策略。

11.4.5　通过混合策略解决用户冷启动

真实业务场景下的推荐系统不可避免会存在用户冷启动问题，特别是对于提供 toC 服务的、成长型互联网公司，发展用户是非常重要的事情，这时每一个发展来的新用户对于推荐系统来说都是冷启动用户，怎么给这些新用户推荐就是非常重要的事情。因为如果推荐质量不高，用户可能会流失。如果产品没有要求用户在刚登录注册时填写自己的兴趣偏好，我们是不知道新用户的兴趣偏好的，那么对于新用户，在他从新用户转化为老用户（行为足够多，可以用协同过滤等算法为他生成推荐结果）的这一阶段我们该怎么给他进行推荐呢？

针对上面提到的问题，一般可以采用分支混合的推荐策略，对于没有操作行为的刚进入的新用户可以采用默认的热门推荐或者通过编辑人工精选的多样性内容作为推荐，而对于有少量用户行为的用户，这时可以采用基于内容的推荐（如基于标签的推荐），当用户的行为足够多时采用矩阵分解等协同过滤推荐算法（参考图11-6）。对于离线推荐产品，一般这三类算法都会为用户事先计算好（矩阵分解等推荐算法默认给一段时间的活跃用户计算推荐结果，如果某个用户行为不够多，矩阵分解是无法为该用户计算推荐的，或者推荐出的数量小于真正需要推荐的量，这时只能忽略该用户的推荐，因此该方法无法为该用户生成推荐结果，对于基于内容的推荐原理也一样），当用户请求推荐服务时，推荐接口服务先获取用户的协同过滤推荐结果，如果没有，再去取用户的基于内容的推荐结果，如果还没有，最后就用热门默认推荐（这个肯定是有的），之所以按照这个顺序取，是因为一般来说，协同过滤算法效果好于基于内容的推荐，基于内容的推荐效果好于默认的热门推荐。这里的分支条件是基于用户操作行为的多少来决定。

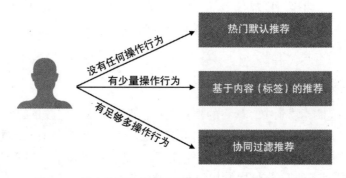

图11-6 用户从刚注册到老用户过程中的可行推荐策略

除了上面的分支混合策略外，还可以采用掺杂加权的策略，就是将上面3种方案计算出来的推荐结果（如果有的话）进行混合推荐，这里不再赘述。

11.5 对混合推荐系统的思考

混合推荐算法提出的目的主要是希望通过多个算法的有效配合避免单个算法存在的问题，提升推荐的整体质量。前面11.3节中提到的几种混合方式从算法的角度说明了几种可行的混合方案，这7种混合方案是在2002年提出来的，历史比较久远了，虽然现在还很有代表性，但是这几年整个推荐系统在算法、工程实践、应用场景上都有了较大的发展和变化，有很多情况可能是这 7 种混合方式没有覆盖到的。另外，这 7 种混合方式只是从算法的角度来进行介绍，而从更广义的角度来看，推荐系统的混合不光有算法的混合，还有数据源的混合、多类别标的物的混合、应用场景的混合等，在本节笔者根据自己对推荐系统未来发展的理解，试图对混合推荐系统可能的重点发展方向进行简单介绍，给读者提供一些新的思考问题的视角。

11.5.1　整合实时推荐中用户的短期和长期兴趣

实时个性化推荐可以快速响应用户请求，让用户实时获得优质推荐服务，帮助用户及时获取信息对用户来说是非常有价值的事情。

妥善整合用户的实时兴趣和长期兴趣对提升用户体验是非常关键的，这种整合就是一种混合策略，前面一节已经提到了一些简单的整合用户实时兴趣的方法，这些方法非常简单粗暴，更好、更有效的方法还需要算法和工程上的突破。

实时个性化推荐一定是未来的重点方向，特别是随着 5G 时代的到来，网速有极大的提升，谁能更快、更好地服务用户，谁就能拥有用户。第 20 章会详细介绍与实时推荐相关的知识。

11.5.2　利用单个复杂模型建模多源信息

传统的基于内容的推荐、协同过滤等算法一般只利用部分相关数据来构建推荐模型，由于利用的数据有限，模型相对简单，因此单个算法可能存在一些问题（11.2 节中已经对各个算法可能存在的问题进行了简单介绍），利用 11.3 节介绍的混合推荐策略可以避免部分问题。那是否可以利用其他方案来解决这些基础模型存在的问题呢？确实是可以的。现在随着深度学习等复杂模型的流行，有很多学术研究和工业实践利用深度学习、强化学习等技术整合多种信息来获得更好的推荐效果，这种从模型层面整合多种信息的方法，可以更好地学习多数据源之间的内在关系，所以一定是未来的一个重要的研究和实践方向。

目前的数据源按照数据承载的载体不同，有文本、图像、视频、音频等，从数据的来源来看，有用户相关数据、标的物相关数据、用户行为数据、上下文数据等。利用深度学习、异构信息网络等复杂算法来整合多源数据，以提供更优质的推荐服务，是很有前途的一个方向。

11.5.3　多源的标的物混合

现在很多 APP 都是朝着提供综合性服务的方向发展，比如美团（吃、住、行、生活等）等 APP 提供多种不同性质和类别的服务，未来推荐算法可能会提供综合性推荐服务，在同一个推荐列表中存在多种不同类别的、差异性极大的标的物（比如既给你推荐吃的，还给你推荐住的、玩的，并放在同一个推荐列表中）。

另外，互联网产品做广告变现是非常重要的一种商业化手段，随着新闻、短视频等信息流产品的流行，信息流广告越来越受到互联网公司的重视（参考图 11-7），信息流广告中将广告和标的物混合在一起推荐，这时广告也可以看成是一种标的物，因而也是一种标的物混合推荐的形态，只不过在信息流广告中，我们除了关注标的物的"消费"外，还会重点关注广告曝光、点击、购买等收益性指标。

图 11-7　微信朋友圈中的信息流广告

将不同类别的标的物混合推荐给用户，保证不同类别标的物之间的一致性、协调性（对于信息流广告来说，就是所谓的原生广告的概念），满足用户多样性的要求，这也是一个非常有价值的研究与实践方向。

11.5.4　家庭场景中多人兴趣的混合推荐

小米、华为等已经布局智能电视业务，传统电视机厂商也进入智能电视行业，家庭互联网成为一个新的重要的流量入口。随着中国城镇化发展与消费升级，越来越多的人开始购买互联网智能电视。智能电视作为家庭中的一块大屏，为家庭成员提供视听相关服务。视频是智能电视上最重要的杀手级服务。智能电视区别于手机的一大特点是家庭中多个成员共享一台设备，这一点的不同导致智能电视上的推荐服务需要兼顾多个家庭成员的兴趣。智能电视上的推荐是多个家庭成员兴趣的混合，怎么在一个推荐列表中为多个家庭成员提供推荐，满足家庭成员多样性的兴趣需求是智能电视个性化推荐非常棘手的一个问题，也是必须要解决好的一个问题。

11.5.5　用户在多 APP 场景下行为的混合

目前很多提供互联网服务的公司通过打造 APP 矩阵来提供多种类的服务，试图占领用户日常生活的方方面面，通过多款 APP 发展更多的用户，增加更多的变现可能。在更多领域做尝试和探索，提供多款 APP，一方面能抵御存在的风险，另一方面可以探索公司的第二增长曲线。这也是未来公司生存发展的重要趋势和策略之一。

用户在同一家公司的多个 APP 上的行为，帮助公司从多个渠道来获得用户的兴趣偏好，进而对用户有更全面的了解。怎么融合用户多样的行为，从而为用户在某个 APP 上提供更加精准的推荐服务，是一个非常值得探索的方向，9.5.2 节讲到的盒马 APP 利用用户在淘宝上的行为来为盒马的新用户做冷启动的案例，就是这种多 APP 下用户行为混合的一次很好的尝试。

11.5.6　用户多状态（场景）的融合推荐

很多时候用户的行为之间是有一定的依赖关系的，用户在当前状态的行为可能依赖于前一状态的操作和决策，在数学上有一个专门的分支——"随机过程"来研究变量之间随着时间变化的状态转移关系。对于互联网产品来说，用户也有兴趣状态的转移过程，下面列举几个大家耳熟能详的案例：

❑ 用户在淘宝上买了一部手机，后面用户可能会买手机壳等配件产品。
❑ 淘宝上的某女性用户关注孕妇服，未来若干月后她可能会关注婴儿服饰、奶粉、尿不湿等产品。
❑ 用户在携程上订了一张去三亚的机票，几个小时后，用户可能会关注旅游景点、吃饭、住宿等。

总的来说，用户在时间、地理位置、状态等上的变化对其后续行为及兴趣变化是有很大影响的，推荐系统怎么整合用户多种状态之间的转换，将这些复杂的信息整合起来为用户提供更好的推荐服务，是非常有必要的，也是一件非常有挑战的事情。

11.6　本章小结

本章对混合推荐算法的基本概念、出现的背景、价值及具体实现方案进行了介绍，本章参考文献 [6] 是最新的一篇关于混合推荐系统的论文，参考文献 [9-23] 是具体的混合推荐系统的算法介绍，有兴趣的读者可以好好学习一下。

除了混合推荐系统最基本的知识点介绍，本章也花了比较大的篇幅讲解了工业级推荐系统在算法、工程设计、产品体验上是怎么利用混合推荐的思路来更好地服务于用户的。最后，本章对混合推荐的定义做了一定的延伸，不光是算法的混合，数据的融合、多场景下行为的融合，多用户兴趣点的融合，甚至用户状态的连续变化等都算是广义下的融合。对这些不同方向和维度的融合，笔者给出了具体的说明和解释，指出了在这些情况下推荐面临的困难与挑战，但是这些方向也一定是非常有业务价值的，值得读者去思考和探索。

混合推荐系统不管是从算法上，还是从工程实践、产品体验上都是非常重要的研究方向，未来一定会在推荐系统的应用中产生巨大的商业价值！

参考文献

[1] Netflix Prize[A/OL].https://www.netflixprize.com/.

[2] Yehuda Koren. The BellKor Solution to the Netflix Grand Prize [C]. [S.l.]:CiteSeerX，2009.

[3] Martin Piotte，Martin Chabbert. The Pragmatic Theory solution to the Netflix Grand Prize [C]. [S.l.]:CiteSeerX，2009.

[4] Andreas Tscher，Michael Jahrer. The BigChaos Solution to the Netflix Grand Prize [C]. [S.l.]:CiteSeerX，2009.

[5] Robin Burke. Hybrid recommender systems: Survey and experiments [C]. [S.l.]:User Modeling and User-Adapted Interaction，2002.

[6] Erion Cano，Maurizio Morisio. Hybrid Recommender Systems : A Systematic Literature Review [C]. [S.l.]: Intelligent Data Analysis，2017.

[7] Paul Covington，Jay Adams，Emre Sargin. Deep Neural Networks for YouTube Recommendations [C]. [S.l.]: RecSys，2016.

[8] Lidan Wang，Jimmy Lin，Donald Metzler. A Cascade Ranking Model for Efficient Ranked Retrieval [C]. [S.l.]:ACM，2011.

[9] Spiegel Stephan，Kunegis Jérôme，Li Fang. Hydra: A Hybrid Recommender System [C]. [S.l.]:CIKM，2009.

[10] Mustansar Ghazanfar，Adam Prugel-Bennett. An Improved Switching Hybrid Recommender System Using Naive Bayes Classifier and Collaborative Filtering [C]. [S.l.]:IMECS，2010.

[11] Denis Parra，Peter Brusilovsky，Christoph Trattner. See What You Want to See: Visual User-Driven Approach for Hybrid Recommendation [C]. [S.l.]:IUI，2014.

[12] Pigi Kouki，Shobeir Fakhraei，James Foulds，et al. HyPER: A Flexible and Extensible Probabilistic Framework for Hybrid Recommender Systems [C]. [S.l.]:RecSys，2015.

[13] Chu Wei-Ta，Tsai Ya-Lun. A Hybrid Recommendation System Considering Visual Information for Predicting Favorite Restaurants [C]. [S.l.]:WWW，2016.

[14] Reinaldo Silva Fortes，Alan R R de Freitas，Marcos André Gonçalves. A Multicriteria Evaluation of Hybrid Recommender Systems: On the Usefulness of Input Data Characteristics [C]. [S.l.]: International Conference on Enterprise Information Systems，2017.

[15] Andreu Vall，Matthias Dorfer，Hamid Eghbal-Zadeh，et al. Feature-Combination Hybrid Recommender Systems for Automated Music Playlist Continuation [C]. [S.l.]:User Modeling and User-Adapted Interaction，2018.

[16] V Vishwajith，S Kaviraj，R Vasanth. Hybrid Recommender System for Therapy Recommendation [C]. [S.l.]:IJARCCE，2019.

[17] Pigi Kouki，James Schaffer，Jay Pujara，et al. Personalized Explanations for Hybrid Recommender Systems [C]. [S.l.]:IUI，2019.

[18] Asela Gunawardana，Christopher Meek. A Unified Approach to Building Hybrid Recommender Systems [C]. [S.l.]:RecSys，2009.

[19] Qiang Tang，Husen Wang. Privacy-preserving Hybrid Recommender System [C]. [S.l.]:ACM SCC，2016.

[20] Mustansar Ali Ghazanfar，Adam Prugel-Bennett. A Scalable, Accurate Hybrid Recommender System [C]. [S.l.]:WKDD，2010.

[21] L Martinez，R M Rodríguez，M Espinilla. REJA: A Georeferenced Hybrid Recommender System for Restaurants [C]. [S.l.]:Web Intelligence and Intelligent Agent Technology，2009.

[22] Viktoriia Danilova，Andrew Ponomarev. Hybrid Recommender Systems: The Review of State-of-the-Art Research and Applications [C]. [S.l.]:PROCEEDING OF THE 20TH CONFERENCE OF FRUCT ASSOCIATION，2016.

[23] C. Ma，Wenbo Gong，José Miguel Hernández-Lobato，et al. Partial VAE for Hybrid Recommender System [C]. [S.l.]:NIPS，2018.

构建可解释性推荐系统

推荐系统的目标是为用户推荐可能会感兴趣的标的物。通过算法推荐达到节省用户时间、提升用户满意度、为公司创造更多商业价值的目的。要想达到这个目的就要让用户信任你的推荐系统，建立了信任，用户才会经常使用推荐系统。那么我们怎样做到让用户信任呢？一种比较好的方法是在为用户推荐标的物的同时给用户提供推荐的理由，向用户解释清楚是基于什么原因给他推荐的。人类是一种对因果关系有强烈偏好的生物，我们遇到任何事情一般都喜欢找原因，一旦找到了自认为合理的原因，就更容易接受这件事情。基于人的这种特性，在推荐时给用户提供推荐解释，是能满足人的这种偏好的，因而可以极大提升用户对推荐系统的信任度。

那么怎样在推荐的同时提供推荐的理由呢？这就是本章的主题，本章会提供一整套构建可解释推荐系统的策略和方法，首先针对可解释性推荐系统进行简单介绍，然后讲解构建可解释性推荐系统的方法、常用工业级推荐产品的推荐解释、做好推荐解释需要关注的几个问题、构建可解释性推荐系统面临的挑战与机遇等 4 个部分。希望读者学习完本章后对可解释性推荐系统有一个大致了解，并且知道有哪些方法可以用来构建可解释性推荐系统。

12.1 可解释性推荐系统简介

本节会对推荐解释的定义、价值、形式、现状等进行介绍，帮助读者更好地了解与推荐解释相关的基本概念。

12.1.1 什么是推荐解释

所谓推荐解释，就是在为用户提供推荐的同时，给出推荐的理由。人类是一个非常好奇的物种，不满足于只知道结论，一定会对引起结论的原因感兴趣，往往特别想知道个中的理由。小孩从会说话就会问各种为什么。对社会和环境好奇，才会引起人类的探索欲，使人类更好地理解和认知这个世界，这可能是生物进化的自然选择吧。

在现实生活中，我们经常会为朋友做推荐或者让别人帮我们推荐，比如推荐旅游地、推荐电影、推荐书籍、推荐餐厅等。对于现实生活中的推荐，大家都会给出推荐原因的，比如推荐餐厅，我们会说这家环境好、好吃、卫生等。

对于互联网上的推荐产品，相信大家并不陌生。你在亚马逊上买书时，系统会给你推荐书；你在头条上看新闻时，系统会为你推荐其他新闻。随着移动互联网的发展和成熟，个性化推荐无处不在，变成了任何一个 toC 互联网公司的标配技术。图 12-1 是笔者公司的一个推荐产品，"看过该电影的人还喜欢"就是一类推荐解释。

图 12-1　互联网视频行业的推荐解释

其实解释可以拓展到更广泛的互联网业务场景中，比如搜索中的高亮显示，让用户一眼就可以看到展示的搜索内容跟用户输入的关键词的联系，也算是一种解释。

12.1.2　推荐解释的价值

我们在为别人提供推荐时如果给出推荐的理由，会增加别人的认可度和接受度，没有解释和理由的推荐是缺乏足够说服力的。

关于互联网上的虚拟物品的推荐，如果能够做到像线下推荐那样，不只是给出推荐，还提供推荐的解释，说明推荐的原因，就可以提升推荐系统的透明度，提升用户对推荐系统的信任度和接受度，进而提升用户对推荐产品的满意度。

很多特殊行业是必须要求算法模型具备解释能力的，比如金融、医学、风控等，不然用户是无法接受你的推荐的。这里举个例子说明解释的重要性和必要性：一个用户得了很严重的病，医生推荐一个药物给他，并且说这个药物疗效很好，但是说不出它为什么有效，用户是不会接受医生的推荐的。

12.1.3　互联网推荐产品的推荐解释模型

对于互联网的推荐模块，我们可以在推荐业务流的哪些阶段为用户生成推荐解释呢？我们从推荐业务流的次序上可以将推荐解释分为在模型训练过程中生成解释（事先解释）和推荐结果生成后做解释（事后解释），具体参考图 12-2。

图 12-2　在推荐算法的不同阶段做推荐解释

其中，在模型训练过程中生成推荐解释又分为两种情况。一种是将推荐和解释看成是两个优化目标，通过协同训练来同时优化两个目标。另一种情况是将解释过程嵌入到推荐过程中，解释和推荐过程耦合在一起，融为一体，集成为一个模型训练。往往这类解释方法会让整个系统更加复杂，让整个建模过程难度加大，训练消耗的资源更多，训练时间更长，但是可以提升整个模型的可解释性。

在计算推荐结果后生成推荐解释是基于推荐结果，从中找出用户跟推荐标的物之间的某种内在联系，基于该内在联系做推荐解释。该方案基本将推荐过程和解释过程解耦，工程实现上更加简单，也更加容易让用户理解和接受。

12.1.4　推荐解释的形式

推荐解释可以是具备强烈的因果关系的，也可能是逻辑性没那么强的"牵强附会"。比如，"因为你喜欢 A，而 A 和 B 很相似，所以给你推荐 B"就是逻辑很严密的一种推荐解释。而"因为今天下雨，所以给你推荐 A"这就是一类比较随意的推荐解释。

推荐解释的展现形式可以是文字、图片、视频、音频、颜色等。文字是最常用的方式。不同的产品形态可以采用不同的形式，比如电台，可以采用音频的方式给用户做推荐解释。

推荐系统一般会为用户生成一个标的物列表。在具体做推荐解释时，可以为每个推荐的标的物做不同的解释，当用户聚焦在推荐的标的物时，可以展现出推荐解释的理由，或者对这一系列标的物做统一一致的解释，图 12-1 就是对整个推荐模块做统一的推荐解释。

12.1.5　推荐解释的现状

无论是推荐系统的工程实践还是学术研究，在推荐解释上的研究和投入都较少，在真实的推荐产品落地上也不太关注推荐解释。之所以出现这种情况，主要是大家都将精力放到提升推荐系统的精准性上了，认为只要推荐准了，用户就会点击购买。大家比较少站在用户的角度来思考，对用户来说，他不光希望得到推荐，还要知道为什么给他推荐，只有这样用户才更加认可和信赖推荐系统。

很多机器学习算法可以用于推荐系统，有些算法模型解释性好，有些模型是很难做解释的。如 logistic 回归、线性模型是很好做解释的，而深度学习目前基本是一个黑盒，很难做解释。不是所有人都是算法专家，能够理解得了推荐原理，这就要求在必须做解释的业务场景中采用易于解释的算法。比如金融反欺诈领域，一般就是用的 logistic 回归模型，虽然它的效果不一定比深度学习方法好，但是很容易解释最终结果和特征之间的依赖及变化关系。

推荐系统是一个非常复杂的工程体系，包含非常多的功能模块，因此设计一个可解释的推荐系统不是一件简单的事情，需要我们投入足够多的精力和聪明才智。下面我们讲解怎么对推荐系统做解释。

12.2　构建可解释性推荐系统的方法

推荐系统涉及用户、标的物、用户对标的物的操作行为（点击、购买、观看、浏览等）三要素，而标的物是具备一些显式特征的，用户对标的物的行为从某种程度上代表了用户对具备该特征的标的物的兴趣。基于上面的分析，推荐系统的解释至少有 3 种可行的实现方案（即 12.2.1 节至 12.2.3 节介绍的 3 种解释）。参考图 12-3，可以更好地理解这 3 种解释方案。除了这 3 种解释方法外，还有其他一些解释方案，本节会讲解 4 大类主要的推荐解释方法。

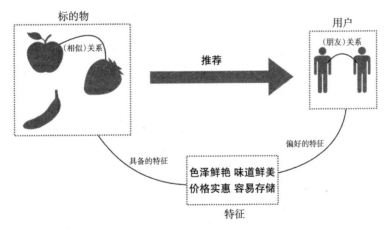

图 12-3　基于推荐系统中标的物与用户的关系的三种可行的推荐解释方案

12.2.1　基于用户关系来做推荐解释

我们可以通过各种方式建立两个用户之间的相互关系，如果能够挖掘出这种联系，就可以用这种关系做推荐解释。下面是常见的 3 种基于用户关系做推荐解释的方法。

1. 基于真实社交关系做推荐解释

对于社交类产品，如微信、脉脉等，好友关系是可以很自然地用于推荐解释的。微信

"看一看"中的"朋友在看"就是一种基于社交关系的推荐解释（见图 12-4，打码的地方就是朋友点过"在看"的内容）。因为你的好友看过，所以你至少对该推荐不会反感，也一眼就知道微信为什么给你推荐这个，这种推荐解释非常直接、一目了然，无须多解释，并且朋友的亲密程度越高，推荐被用户接受的可能性就越大。

图 12-4　微信"看一看"中基于社交关系的推荐解释

2. 基于用户的行为建立两个用户之间的关系，进而做推荐解释

对于非社交类产品，我们可以通过用户在产品上的行为来构建用户关系，比如两个用户喜欢同样的标的物，有同样的行为特征，我们可以认为这两个用户是相似的用户，虽然可能他们根本不认识。我们可以利用"跟你兴趣相似的用户也喜欢 B"或者"喜欢 A 的用户也喜欢 B"等文字描述来做推荐解释。

3. 基于用户画像做推荐解释

如果我们对用户有比较好的了解，构建了一套完善的用户画像系统，基于用户画像我们就可以找到与该用户相似的用户，将相似用户喜欢的标的物推荐给该用户，这样就可以利用前面第 2 种方式来做推荐解释。部分用户画像特征可以基于用户行为构建，基于用户的人口统计学信息也可以获得另外维度的画像，不管哪类画像都可以获得用户的相似性，有了相似性，前面的逻辑就通了。

12.2.2　基于标的物相似关系来做推荐解释

如果用户喜欢某个标的物 A，标的物 A 又跟 B 相似，那么我们就可以利用 A 与 B 的相似性来做推荐解释，这时解释的逻辑就是"因为你喜欢 A，A 和 B 是相似的，所以我们猜你也喜欢 B"。我们可以有如下两类方法来构建标的物之间的相似关系。

1. 基于内容特征构建标的物之间的关系

例如视频的标题、演职员、标签等 metadata 信息。我们可以利用 TF-IDF、主题模型等算法构建标的物之间的相似关系。具体怎么计算标的物之间的相似性，在第 3 章已经做过很详细的介绍了，这里不再赘述。

2. 基于用户的行为构建标的物之间的关系

基于用户对标的物的操作（观看、购买、点击等）行为，利用嵌入模型可以构建标的物之间的相似关系（计算嵌入向量的相似性）。另外，可以从用户的评论信息中提取出标签、关键词等信息，利用前面介绍的第 1 种方法构建标的物之间的相似关系。

12.2.3　基于标签来做推荐解释

从图 12-3 可以看到，标的物是包含一些特征标签的，可以基于用户对标的物的操作行为为用户打上偏好标签。因此我们可以通过显式的标签来建立用户和标的物之间的联系，进而通过这些标签来做推荐解释，具体的推荐解释方案有如下 4 类。

1. 通过标签建立用户与标的物之间的关系做推荐解释

用户喜欢什么标签，他自己肯定是知道的，他在产品上的行为就是他真实兴趣的反馈。比如用户喜欢看科幻、恐怖电影，那么"科幻""恐怖"就是用户的观影兴趣标签。那么我们就可以将这类电影推荐给用户。我们只要以文字的形式，在推荐中展示这些标签，就起到了推荐解释的作用。

图 12-5 是电视猫电影频道首页的主题推荐，基于用户的标签偏好来为用户生成推荐结果，这里只是将标签直接展示出来（见图中椭圆圈出的标签）作为推荐解释，其实可以有更好的方式，比如"因为你经常看爱情电影"就是一句较完整的推荐解释话术，比单纯展示标签更有说服力。

2. 通过用户自身的标签做推荐解释

用户自身是具备一些标签的，比如年龄、星座、受教育程度等，我们可以利用这类标签来生成推荐解释。比如你是金牛座，"金牛座的人都爱看电影 A"就是这类推荐解释，虽然这类解释可能比较牵强。

3. 基于标的物自身的标签做推荐解释

与通过用户自身的标签做推荐解释类似，标的物自身的一些标签也可以作为生成推荐解释的理由。比如，这箱水果很便宜，"便宜"就是水果的标签，系统在推荐给你时，可以用"这箱水果很便宜，所以推荐给你"作为推荐解释。这类推荐不涉及用户行为，直接基于标的物特性做推荐解释。一般这类标签都是正向的，是大多数人都喜欢的（比如刚刚提到的便宜）。

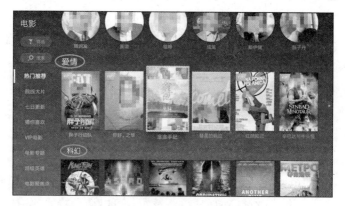

图 12-5 利用标签做推荐解释的主题推荐

4. 基于用户浏览标的物后的评论做推荐解释

很多互联网产品都具备评论的功能，如果将每个标的物的评论信息收集起来，通过 NLP 技术处理，从中提取关键词标签，并根据用户评论的正负反馈及评论次数，可以给提取的关键词标签赋予权重，那么我们就可以将这些权重大的关键词标签作为标的物的推荐解释。因为这些关键词标签是用户的真实反馈，往往具备非常好的解释效果。

12.2.4 其他推荐解释方式

除了以上三类在推荐系统中涉及的"当事方"作为推荐解释外，我们还可以采用其他的推荐解释方式，下面列举几类可行的推荐解释策略。

1. 基于环境的解释

我们可以结合时间、天气、地域、用户心情、场所、上下文等各类环境来做推荐解释。比如"你在人民广场附近，给你推荐附近的美食店""适合深夜看的电影"等这类推荐解释就是基于环境的解释。

2. 基于科学知识、科学实验结果的解释

有科学证据表明"睡前喝点红酒有助于睡眠"，我们可以用这类被验证过或者被大多数人认可的知识来作为推荐解释。比如你晚上在浏览淘宝网，淘宝网给你推荐了一瓶红酒，其实可以用"晚上喝一点红酒，有利于睡眠"来作为推荐解释。

3. 基于权威人士、明星效应的解释

大家更愿意信任权威人士的观点，这就是为什么很多牙膏广告不是请明星，而是让一个穿白大褂的医生打扮的人来做广告以提升大家对该牙膏效果的认可。同样，明星有很大的光环效应，大众更容易追随。因此，我们可以利用权威人士及明星的这种效应来做推荐解释。比如你的女朋友在浏览淘宝网时看到一条裙子，系统可以用"这款裙子某明星穿起来很好看，所以推荐给你"作为推荐解释。

4. 基于大众行为的解释

人都是有从众心理的，对于大家都喜欢的，你也喜欢的可能性会很大。基于这个原则也可以做推荐解释，我们可以用标的物被用户喜欢（观看视频、购买商品等）的次数来作为推荐解释的理由。比如"这部电影有 2000 万人看过，所以推荐给你""该商品有 589 人购买，所以推荐给你"等。笔者最近在淘宝网上买了一个防蓝光眼镜，图 12-6 中的"总销量：298"其实就是一种推荐解释。

上面我们介绍完了 4 大类可行的推荐解释方法，这里面很多解释是跟推荐算法模型有关联的，而另外一些解释是跟整个推荐过程不相关的，不管是否相关，只要有适当合理的解释，用户就更容易认可你的推荐结果。下面我们结合工业上的推荐产品形态来讲解怎样利用上面的推荐解释方法做推荐解释。

图 12-6　基于用户行为统计的推荐解释

12.3　常用工业级推荐产品的推荐解释

2.1 节中讲到推荐系统在工业上的应用一般有五种范式：完全个性化范式、群组个性化范式、完全非个性化范式、标的物关联标的物范式、笛卡儿积范式。这五种范式基本囊括了绝大多数推荐产品形态。下面我们分别根据不同的推荐范式来说明怎么做推荐解释。

12.3.1　完全个性化范式的推荐解释

完全个性化推荐范式就是为每个用户生成不同的推荐结果。个性化推荐主要有基于内容的推荐、协同过滤（item-based 和 user-based）推荐、基于模型的推荐三大类推荐算法。这里我们分别说说怎么对它们做推荐解释。

1. 基于内容的推荐算法的推荐解释

该类推荐算法不依赖于其他用户的行为，只根据用户自己的历史行为，为用户推荐与自己曾经"喜欢过"（播放过的视频、购买过的物品等）的标的物相似的标的物。这时推荐解释可以基于用户对内容的喜好来做解释。

这类推荐解释是在构建推荐模型时就可以生成推荐解释的，因为我们是基于用户喜欢的标的物相似的标的物来为用户做推荐的。这类推荐解释形式上可以描述为"因为你喜欢过标的物 A，而 A 跟 B 很相似，所以推荐 B 给你"。

还有一种形式是从文本信息中抽取出标签，基于标签做内容推荐，而不是直接基于标的物之间的相似关系。形式上可以描述为"因为你喜欢具备特征 X 的标的物，而 B 刚好具备特征 X，所以推荐 B 给你"。常用的形式是主题推荐（参考图 12-5），将用户最喜欢的标签计算出来，为每个标签关联一个标的物列表，最终形成用户的推荐。Netflix 首页就采用这种推荐形式，Netflix 首页的 PVR 算法在每个用户的首页生成约 40 行推荐，每一行就是一个主题，这个主题即用户的兴趣"基因"，主题上的文字描述可以完美地作为该行推荐的推荐解释语（参考本章文献 [11]）。

基于内容的推荐解释采用的策略就是 12.2.2 节的策略 1 和 12.2.3 节的策略 1。可以采用事先解释的方法，在构建推荐模型时生成解释。

2. 协同过滤推荐算法的推荐解释

协同过滤是最有名的推荐算法，算法相对简单，效果还不错，目前在工业界也大量使用，主要分为基于用户的协同过滤和基于物品（标的物）的协同过滤。这两类协同过滤的图示说明参见 1.5.2 节。

基于用户的协同过滤，先找到与该用户最相似的用户，将相似用户喜欢但是该用户未产生操作行为的标的物推荐给该用户。可以采用"跟你兴趣相似的人都喜欢 A，所以给你推荐 A"这种方式做推荐解释。即利用 12.2.1 节的策略 2 来做推荐解释。可以采用事后解释的方法，在生成推荐结果后给出推荐解释。

基于物品的协同过滤，先计算标的物之间的相似度，将与用户喜欢的标的物相似的标的物推荐给用户。我们在构建协同过滤模型时，可以知道待推荐的标的物 A 是跟用户曾经喜欢过的标的物 B 是相似的，所以在做推荐解释时，解释语可以描述为"你曾经喜欢过 B，所以给你推荐相似的 A"。即利用 12.2.2 节的策略 2 来做推荐解释，可以采用事先解释的方法，在构建推荐模型时生成解释。

3. 基于模型的推荐算法的推荐解释

基于模型的推荐算法有很多，比如 logistic 回归、矩阵分解、深度学习等。像深度学习这类偏黑盒的模型解释起来会比较困难，这里不做介绍，有兴趣的读者可以阅读后面的参考文献。矩阵分解算法原理虽然简单，但是分解后的矩阵包含的隐式特征是很难跟现实中的实体概念对应起来的，也较难做出推荐解释，我们也不介绍。在这里只对 logistic 回归推荐算法做推荐解释，它也是常用的推荐算法模型。

利用 logistic 回归构建推荐算法模型，具体模型如下面公式：

$$\log(\frac{p}{1-p}) = \sum_{i=1}^{n} w_i F_i$$

其中 p 是用户喜欢某个标的物的概率；w_i 是权重，是需要学习的模型参数；F_i 是特征 i 的值，包括 4 大类特征（拿视频推荐来举例），即用户相关特征（用户年龄、性别、地域、是否是会员等）、标的物相关特征（如导演、演职员、标签、年代、是否获奖、豆瓣评分、是否是会员节目等）、用户交互特征（如用户是否看过该视频、用户是否收藏、是否点赞等）、上下文特征（时间、用户访问路径、手机型号等）。我们可以通过上述公式计算待推荐标的物的 p 值来决定是否推荐 A，比如 $p > 0.5$（当然可以选择 0.6 等其他值），就认为用户喜欢 A。

在我们训练好 logistic 回归推荐模型后，可以用这样的方式做推荐解释：如果给用户推荐了标的物 A，标的物 A 取值非空的特征为 $\{F_{n_1}, F_{n_2}, F_{n_3}, \cdots, F_{n_k}\}$，对应的权重为 $\{w_{n_1}, w_{n_2}, w_{n_3}, \cdots, w_{n_k}\}$，那么可以选择权重最大的那个特征作为给用户推荐 A 的解释。比如权重最大的特征是"导演姜文"，你可以用"因为你喜欢姜文，该片是姜文拍的，所以给你推荐"作为推荐解释的话术。

logistic 算法的推荐解释采用的策略本质上是 12.2.3 节中的策略 1。可以采用事先解释的方法，在构建推荐模型时生成解释。

12.3.2　标的物关联标的物范式的推荐解释

该范式的思路是当用户访问某个标的物的详情页时，推荐一组可能存在相关关系的标的物。这组标的物可能是跟原标的物相似的标的物。

最常见的产品形态就是相似推荐。如图 12-7 就是电视猫上《双重约会》的相似推荐。这里给出的标题是"相似影片"，其实这 4 个字也可以看成是推荐解释。这里如果要对列表中的每个节目做推荐解释，需要生成《双重约会》跟下面推荐的所有节目之间的相似关系。该范式就是利用 12.2.2 节的策略来做推荐解释。

图 12-7　视频节目的相似推荐

笔者最近在亚马逊官网买了一本书——《从一到无穷大：科学中的事实和臆测》，图 12-8 就是购买后亚马逊给出的推荐的页面。这里可以看到亚马逊给出了两类推荐，"经常一起购买的商品"和"浏览此商品的顾客也同时浏览"。

这两类推荐都属于标的物关联标的物的推荐范式，"经常一起购买的商品"和"浏览此商品的顾客也同时浏览"这两句话可以认为是推荐解释语，它是基于用户行为的解释，使用了 12.2.1 节的解释策略。

图 12-8 标的物关联标的物推荐范式的两种推荐解释

12.3.3 其他推荐范式的推荐解释

1. 群组个性化范式的推荐解释

群组个性化推荐首先会将用户按照某种方法或规则聚类（同一类的用户在某些特性上相同或者相似），得到用户分组。我们可以将某个用户组类比为一个个体，可以采用与上面12.3.1 节类似的算法及解释方法，这里不再细说。

2. 完全非个性化范式的推荐解释

完全非个性化范式就是为所有用户生成一样的推荐，常见的有排行榜等推荐形态。一般推荐的是热门的标的物或者最新上线的标的物。这类推荐的解释非常简单，可以直接用"热门推荐"或者"最新款推荐"等话术。用户也非常容易理解和认可。

3. 笛卡儿积范式的推荐解释

笛卡儿积范式的推荐产品形态，即为每个用户在每个标的物详情页上给出不一样的推荐列表。所以可以结合完全个性化范式和标的物关联标的物范式的推荐解释策略做解释，这里不再详细介绍。

12.4 做好推荐解释需要关注的几个问题

在构建推荐系统解释时，特别是将推荐解释落地到真实业务场景中时，会遇到很多问题。要想很好地解决这些问题，真正让推荐解释产生业务价值，需要考虑很多工程落地、产品设计、用户心理等方面的问题。下面对可能遇到的问题提供一些参考建议。

1. 需要通过 AB 测试来验证推荐解释的有效性

推荐解释是对推荐产品功能的一种增补或者优化，只要是推荐产品功能的优化都需要验证优化效果，这时就需要借助 AB 测试了。可以在具备推荐解释和没有推荐解释之间做

AB 测试，在不同推荐解释方案对比上也需要做 AB 测试。总之，通过设定评估指标，利用 AB 测试来验证指标是否有提升，最终验证推荐解释方案的有效性。推荐解释属于比较小的功能优化，可能对用户行为的影响没有那么直接和明显，所以做 AB 测试时一定要谨慎，需要测试足够长的时间，等到测试的结果稳定下来并可以得出统计学意义上的结论（即推荐解释是否对核心指标有帮助）为止。

2. 不是任何推荐形态都必须要做解释

推荐解释是强依赖于推荐产品形态的，像相似推荐是很容易做推荐解释的，而对于个性化推荐就会更难一些。

个人觉得推荐解释是个性化推荐产品的高级功能和特性，拙劣的推荐解释是无法真正促进推荐系统价值提升的。对于个性化推荐直接可以用"猜你喜欢""兴趣推荐"这样的词汇（这些词汇也算是一种抽象的推荐解释）来描述你是为用户做个性化推荐，让你的推荐产品在用户心中形成一种品牌效应。如果推荐效果足够好，用户就能够从推荐列表中找到自己喜欢的东西。效果好的话用户也是愿意经常"光顾"的，没有推荐解释，也不会影响用户对个性化推荐产品的认可。

有时推荐解释也很难让用户很好地感受到，特别是当你的产品交互不是那么友好时（比如智能电视上的视频推荐就是通过遥控器交互，交互体验较差），很难在个性化产品中嵌入自然的交互方式，让用户感受到推荐解释的存在。

3. 从对模型解释切换到从用户角度来思考推荐解释

推荐解释可以从两个角度来描述，一个角度是解释你的推荐模型是怎么做推荐的，让用户理解推荐生成的机制，这类推荐解释对于科研人员及推荐算法开发人员来说是有价值的，这样他们可以更好地知道算法的运作原理，可以帮助回答诸如"为什么给用户推荐这些""怎么改进推荐效果""有哪些数据或者特征可以影响推荐的结果"之类的问题。但是，如果解释的过程很复杂，不是"不用动脑筋"就能想清楚的，你是无法在用户访问推荐服务时给用户解释清楚的，因为用户都是"懒的"，不愿意去思考复杂的因果关系。另外，用户一般也没有机器学习相关知识背景，你给用户做说明和讲解，用户也是很难懂的。这就引出了另外一个维度的思考，我们在真正做工业级推荐系统的推荐解释时，是需要站在用户角度思考的，毕竟我们做的东西是给用户看的，对用户有帮助，用户觉得好才是真的好。对用户来说，推荐解释直观易懂是最重要的，用户要能够不加思考就能感受到解释与推荐的标的物之间的外在联系，因此，某些牵强附会但是很好理解的解释或许对用户更管用。

4. 推荐解释的"价值观"

我们做推荐解释的意图是什么？即推荐解释的"价值观"是什么？算法是人开发的，因此反映的是背后设计推荐解释算法的人的"价值观"。如果你设计算法是 KPI 导向的，为了提升用户对推荐的点击，你可以用一些哗众取宠的方式来做解释，解释与推荐的标的物也可以没有什么逻辑关系，这种设计哲学有可能短期提升了你的 KPI，但是长期一定是不利于你的产品的。我个人推崇的推荐解释的价值观是"辅助用户决策",什么意思呢?就是真的站在用户的立场思考问题,帮助用户决策,将推荐标的物最真实的一面告诉用户,包括好的一面和不好的一面,不要让用户点击后感受到被骗。现在很多做公众号运营的人,采用标题党或者暴露的海报图方式,确实是"骗"用户进去了,用户可能一时有一点点不适,这个不适很微小,不至于让用户马上对你的公众号反感,但是如果每次都是这样,我相信日积月累,"微小的不适"通过时间的沉淀一定会爆发出来,最终用户会取关你的公众号。

5. 推荐解释的说服力

其实推荐解释的过程就是一次论证的过程,你将标的物推荐给用户,并且给出推荐的理由,如果用户相信你的理由,用户就会接受你的推荐。所以,我们在做推荐解释时,理由一定是可以支撑结论的,可以让用户很容易感受到这种逻辑推理的关系。同时,理由本身也需要科学客观。只有这样,推荐解释才有说服力。

6. 其他维度的辅助用户决策

推荐解释是一种辅助用户决策的手段。除了给出推荐解释外,还有很多其他信息可以辅助用户决策。我们可以从标的物的详情页着手,在详情页增加足够多的关键描述信息来帮助用户判断。对于视频推荐,海报图、标题、是否是会员、评分、有多少人看过、年代等信息是可辅助用户做决策的。我们不光是要展示正面的信息,对于不好的消息也要有所体现,如果这些信息可以在海报图上全面地展示出来,就可以快速帮助用户做决策:是否有必要点击进去看看。图 12-9 中用椭圆标出的信息及海报图都是辅助用户决策的要素。

图 12-9　辅助用户决策的信息

12.5　构建可解释性推荐系统面临的挑战与机遇

为推荐系统生成推荐解释是一个非常复杂的过程,也很有挑战,目前也没有非常有效的统一的解决方案。下面是构建推荐解释可能会遇到的问题,以及推荐解释未来的机遇。

12.5.1　混合推荐算法让推荐解释更加困难

目前很多推荐算法不是采用单一的推荐算法模型,是用很多模型通过级联或者集成的方式为用户提供个性化推荐,同时在特殊情况下会有一些特殊的处理(比如无行为的新用户采用默认推荐、接口请求失败时采用备选策略等)。这些复杂的现实情况让推荐解释的设计和实现更加困难。

12.5.2　设计实时个性化推荐解释面临的技术挑战

随着头条、抖音、快手等信息流/视频流产品大行其道，目前很多产品都会采用近实时推荐策略，更加实时地反馈用户兴趣的变化。这类推荐产品对时效性要求很高，在实时情况下给用户做推荐的同时生成推荐理由，对整个系统的设计、处理提出了非常高的要求。

12.5.3　企业管理者/数据产品经理更关注精准度而不是解释性

绝大多数企业管理者或者数据产品经理更在乎的是短期指标的提升，很少意识到好的推荐体验会对用户的留存有累积的价值，通过长期的好的推荐解释体验，是可以提升用户对推荐系统的信赖度的。但由于这种提升需要做大量的 AB 测试及额外的算法开发，所以往往会被拒之门外。

12.5.4　黑盒推荐算法很难解释

随着深度学习的流行，越来越多的公司将深度学习算法应用到推荐系统上，并且产生了非常不错的效果。深度学习最大的缺点是：它是一个黑盒模型，对于深度学习模型做出的决策，很难从模型内部的数据交互及处理逻辑给出比较直观易懂的解释。因此，这类推荐模型也非常难给出好的推荐解释，当前可解释的机器学习是学术上一个比较热门的研究课题。

12.5.5　普适的推荐解释框架

从上面的介绍可以看到，推荐解释目前还没有一套完善的框架，基本是不同的算法采用不同的推荐解释策略，推荐解释是强依赖于具体的推荐算法模型和业务场景的。那么我们是否可以构建一类通用的推荐解释框架，以适用于一大类或者所有的推荐算法模型呢？这确实是一个非常难并且相当有挑战的问题，也是一个很好的研究课题。

12.5.6　利用知识图谱做解释

前面讲到的推荐系统可以以标的物、用户、特征为媒介来做推荐解释（见图 12-3），但对这三类媒介之间的关联挖掘得还不够。其实可以考虑利用知识图谱，打通这三类媒介之间的关联，根据具体情况灵活选择其中最合适的媒介对用户进行推荐解释。这样，我们还可以产生形式更丰富的推荐解释。

12.5.7　生成对话式解释

目前的推荐解释形式往往是预先设定、千篇一律的。这样尽管可以根据用户心理给出解释，但是在沟通方式上还是过于呆板，与日常生活中对话交互式的推荐解释还有很大差距。如果能用生成式模型让推荐系统"生成"一句通顺甚至"高情商"的话，就可以在与用户互动的过程中进行灵活、多变的推荐解释了。特别是随着 NLP 技术的发展及语音交互场景的开拓，未来语音交互一定是最重要的一类交互方式。到那时，利用推荐系统与人类进行交互式推荐和解释，可以大大提升用户的满意度。

12.6 本章小结

本章中，笔者基于多年推荐系统实践经验的理解并参考了相关材料，对推荐解释做了较全面的梳理，希望可以帮助读者更好地理解推荐解释的原理与背后的价值，读者学习后可以尝试利用本文提供的方法去实践推荐系统的解释体系。

推荐解释目前是一个偏学术的研究课题，在工业实践上也没有受到太多重视。虽然笔者以前在真实产品中落地过推荐解释系统，但是这方面的具体工作做得也不多。未来随着推荐技术的发展和产品形态的多样化，推荐解释是一个值得研究和实践的方向。

参考文献

[1] Christoph Molnar. interpretable-machinelearning[M]. leanpub，2020.

[2] W James Murdoch，Chandan Singh，Karl Kumbier，et al. Interpretable machine learning: definitions，methods，and applications [C]. [S.l.]:Arxiv，2019.

[3] Yongfeng Zhang，Guokun Lai，Min Zhang，et al. Explicit Factor Models for Explainable Recommendation based on Phrase-level Sentiment Analysis [C]. [S.l.]:ACM，2014.

[4] Xiting Wang，Yiru Chen，Jie Yang，et al. A Reinforcement Learning Framework for Explainable Recommendation [C]. [S.l.]:IEEE，2018.

[5] Reinhard Heckel，Michail Vlachos，Thomas Parnell，et al. Scalable and interpretable product recommendations via overlapping co-clustering [C]. [S.l.]:IEEE，2017.

[6] Amit Dhurandhar，Sechan Oh，Marek Petrik. Building an Interpretable Recommender via Loss-Preserving Transformation [C]. [S.l.]:ICML，2016.

[7] Jesse Vig，Shilad Sen，John Riedl. Tagsplanations: Explaining Recommendations Using Tags [C]. [S.l.]: IUI，2009.

[8] Qiming Diao，Minghui Qiu，Chaoyuan Wu，et al. Jointly Modeling Aspects, Ratings and Sentiments for Movie Recommendation [C]. [S.l.]:KDD，2014.

[9] Jingyue Gao，Xiting Wang，Yasha Wang，et al. Explainable Recommendation Through Attentive Multi-View Learning [C]. [S.l.]:Proceedings of the AAAI Conference on Artificial Intelligence，2019.

[10] Yongfeng Zhang，Xu Chen. Explainable Recommendation：A Survey and New Perspectives [C]. [S.l.]:Arxiv，2018.

[11] Carlos A Gomez-Uribe，Neil Hunt. The Netflix Recommender System: Algorithms，Business Value，and Innovation [C]. [S.l.]:ACM，2015.

[12] Chong Chen，Min Zhang，Yiqun Liu，et al. Neural Attentional Rating Regression with Review-level Explanations [C]. [S.l.]:ACM，2018.

第四篇

推荐系统评估与价值

推荐系统的评估

推荐系统是一个偏业务的系统，在产品中部署推荐系统主要有两个目的，一是提升用户体验，二是为公司获取更多的商业价值。不管是什么推荐产品、用什么推荐算法，我们都需要评估这些目标是否达到，也就是说，针对推荐系统进行评估非常关键，只有通过评估来了解推荐系统的质量，我们才能更好地迭代和优化推荐系统，让推荐系统发挥更大的价值。本章主要关注推荐系统用户体验指标的评估，下一章主要关注推荐系统商业价值的评估。

本章会详细说明怎么评估推荐系统的效果，有哪些评估手段，在推荐业务中的哪些阶段进行评估，以及具体的评估方法是什么。我们主要从什么是一个好的推荐系统、在推荐系统业务的各个阶段怎么评估推荐系统、推荐系统怎么更好地满足用户的诉求等角度来分析，并且从评估的目的、评估的常用指标、评估方法、评估需要关注的问题等 4 个维度来详细讲解。希望本章的知识点可以帮助读者更好地在实际业务中设计实施推荐系统评估模块。

13.1 推荐系统评估的目的

推荐系统评估是跟推荐系统的产品定位息息相关的，推荐系统是解决信息高效分发的手段，希望通过推荐更快更好地满足用户的不确定性需求。推荐系统的精准度、惊喜度、多样性等都是需要达到的目标。同时，推荐系统的稳定性、是否支持大规模用户访问等方面也对推荐系统发挥价值起关键作用。当然，不是所有目标都能达到，有很多目标是互相冲突的，我们需要权衡得失。因此，怎么做到各个目标的平衡是推荐系统设计需要关注的问题。

推荐系统评估的目的就是从上面说的这么多的维度来评估推荐系统的实际效果及表现，从中发现可能的优化点，通过优化推荐系统，期望更好地满足用户的诉求，为用户提供更优质的推荐服务。

13.2　评估推荐系统的常用指标

怎么评估推荐系统？可以从哪些维度来评估推荐系统？这要从推荐系统解决的实际问题来思考。第 1 章对推荐系统做了比较系统详细的介绍，推荐系统可以很好地解决标的物提供方、平台方（提供产品服务的公司）、用户三方的需求（见图 13-1），推荐系统作为嵌入产品的服务模块，它的评估可以从以下 4 个维度来衡量。

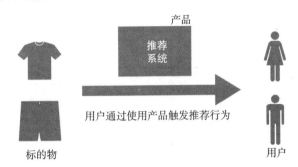

图 13-1　推荐系统通过整合到产品中，为用户提供标的物推荐

13.2.1　用户的维度

用户最重要的诉求永远是更方便、快捷地发现自己想要（喜欢）的标的物。推荐系统在多大程度上满足了用户的这个诉求，用户就会多信赖推荐系统。一般来说，从用户维度有如下 6 类指标可以衡量推荐系统对用户的价值。

1. 准确度

准确度评估的是推荐的标的物是不是用户喜欢的。拿视频推荐来说，如果推荐的电影用户点击观看了，说明用户有兴趣，而看的时间长短可以衡量用户的喜好程度。但是要注意，用户没看不代表用户不喜欢，也可能是用户刚在院线看过这个电影。这里所说的准确度更多的是用户使用的主观体验感觉。

2. 惊喜度

所谓惊喜度，就是让用户有耳目一新的感觉，无意中给用户带来惊喜。举个例子，比如朋友春节给笔者推荐了一部新上映的很不错的电影，但是笔者忘记电影名字了，怎么也想不起来，但是突然有一天电视猫给我推荐了这部电影，这时笔者就会非常惊喜。这种推荐超出了用户的预期，推荐的不一定跟用户的历史兴趣相似，可能是用户不熟悉的，但是用户感觉很满意。

3. 新颖性

新颖性就是推荐用户之前没有了解过的标的物。人都是"喜新厌旧"的，推荐用户没接触过的东西，可以提升用户的好奇心和探索欲。

4. 信任度

在现实生活中，如果你信任一个人，往往你会关注或者购买他给你推荐的东西。对推荐系统来说也是类似的，如果推荐系统能够满足用户的需求，给用户推荐喜欢的标的物，用户就会信任推荐系统，会持续使用推荐系统来获取自己喜欢的标的物。

5. 多样性

用户的兴趣往往是多样的，在做推荐时需要给用户提供多品类的标的物，以挖掘用户新的兴趣点，拓展用户的兴趣范围，提升用户体验。

6. 流畅度

推荐系统是一个软件产品，用户的体验是否好、使用是否卡顿、响应是否及时，对用户的行为决策非常关键。流畅的用户体验是推荐服务的基本要求。但只要服务不稳定，响应慢，就会极大地影响用户体验，甚至导致用户弃用产品。

上面这些指标，有些是可以量化的（比如准确度、流畅度），有些是较难量化的（比如惊喜度、新颖性），所有这些指标汇聚成用户对推荐模块的满意度。

13.2.2 平台方的维度

平台方提供一个平台（产品），对接标的物提供方和用户（如淘宝、抖音都是平台方），通过服务好这两方来赚取商业利润。不同的产品获取利润的方式不同，有的主要从用户身上获取（比如视频网站，通过会员盈利），有的从标的物提供方获取（比如淘宝，通过商家的提成及提供给商家的服务盈利），有的两者兼而有之，但大部分互联网产品获利方式都会包括广告（广告主买单，即所谓的"羊毛出在猪身上"）。不管哪种情况，平台方都要服务好用户和标的物提供方（有些产品平台和标的物提供方是重合的，比如视频网站直接花钱购买视频版权，不过现在视频网站也支持用户上传内容）。

对平台方来说，商业目标是最重要的指标之一。互联网经济是建立在规模效应上的一种生意，因此，平台方的盈利目的需要借助大量用户来实现（不管是用户购买，还是广告，都需要有大量用户）。平台方除了关注绝对的收益外，还需要关注用户活跃、留存、转化、使用时长等用户使用及用户体验维度的指标。

推荐系统如何更好地促进收益增长，促进用户活跃、留存、转化等就是平台方最关注的商业指标。同时，作为为第三方提供服务的平台方（如淘宝商城），还需要考虑到商家生态的繁荣与稳定发展。为提供高质量标的物的商家提供获取更多收益的机会也是平台方的责任和义务。所以，站在平台方角度看，最重要的指标主要有如下 3 类：

❑ 用户行为相关指标。

❑ 商业变现相关指标。

❑ 商家（即标的物提供方）相关指标。

下一章会详细探讨推荐系统的商业价值，因此本章不会过多讲解推荐系统的商业指标。

13.2.3 推荐系统自身的维度

推荐系统是一套算法体系的闭环，通过收集用户行为日志、构建特征、建模、给用户推荐、评估推荐效果、优化模型这几个步骤形成闭环，为用户提供个性化服务。从推荐系统自身来说，主要的衡量指标包括如下 5 类。

1. 准确度

作为推荐系统核心，推荐算法本身是一种机器学习方法，不管是预测、分类，还是回归等机器学习问题都有自己的评估指标体系。推荐系统准确度的评估可以自然地采用推荐算法所属的不同机器学习范式来度量，在 13.3 节会根据该方式来度量准确度指标。准确度指标也是学术界和工业界最常用、最容易量化的评估指标。

2. 实时性

用户的兴趣是随着时间变化的，推荐系统如何能够更好地反映用户兴趣变化，做到近实时地为用户推荐他需要的标的物是特别重要的问题。特别像新闻资讯、短视频等满足用户碎片化时间需求的产品，做到近实时推荐尤为重要。

3. 鲁棒性

推荐系统一般依赖用户行为日志来构建算法模型，而用户行为日志由于各种各样的原因（如开发过程中引入 Bug、软件系统故障、黑客攻击等）会包含很多脏数据，推荐算法要具备鲁棒性，尽量少受脏的训练数据的影响，才能够为用户提供稳定一致的服务。

4. 响应及时和稳定性

用户通过触达推荐模块，触发推荐系统为用户提供推荐服务（推荐服务是一种 Web 服务，一般通过 HTTP 请求获取推荐结果）。推荐服务的响应时长、推荐服务是否稳定（服务正常可访问，不挂掉）也是非常关键的指标。

5. 抗高并发能力

推荐系统能够承受高并发访问，在高并发用户访问下（比如"双十一"的淘宝推荐），可以正常稳定地提供服务，也是推荐系统需要具备的重要能力。

除了上面说的这些指标外，推荐模型的可维护性、可拓展性、模型是否可并行训练、需要的计算存储资源、业务落地开发效率等也是推荐业务设计中需要考虑的重要指标。

13.2.4　标的物提供方的维度

标的物提供方通过为用户提供标的物来获取收益（如淘宝商家通过售卖商品获取收益），怎样将更多的标的物更快地卖出去是标的物提供方的诉求。评估推荐系统为标的物提供方创造价值的指标除了下面的覆盖率和挖掘长尾能力外，还有更多的商业化指标，这里不做过多说明，下一章会详细讲解。

1. 覆盖率

从标的物提供方的角度来看，他们希望自己提供的标的物都能够被用户"相中"，所以推荐系统需要将更多的标的物推荐（曝光）给用户。标的物只有曝光了，才有被用户"消费"的可能。

2. 挖掘长尾的能力

推荐系统的一个重要价值就是发现长尾，将小众的标的物分发给喜欢该标的物的用户。度量推荐系统挖掘长尾的能力对促进长尾标的物的"变现"、更好地满足用户的小众需求是非常有价值的，可以极大地提升用户的惊喜度。

13.3　推荐系统的评估方法

上一节列举了很多评估推荐系统的指标，并对指标的含义做了简要说明。本节具体讲解怎么度量（量化）这些指标。

推荐算法本质上就是机器学习方法。我们需要构建推荐算法模型，并选择合适的（效果好的）算法模型，将算法模型部署到线上推荐业务中，利用算法模型来预测用户对标的物的偏好，通过用户的真实反馈（是否点击、是否购买、是否收藏等）来评估算法效果。同时，在必要（不一定必须）的时候，需要跟你的用户沟通，收集用户对推荐系统的真实评价，整个过程可以用图 13-2 来说明。我们可以根据推荐业务流的时间线按照先后顺序将推荐系统评估分为 4 个阶段：离线评估、在线评估 1、在线评估 2、主观评估。下面讲解上一节的评估指标是怎么嵌入这 4 个阶段中的，并说明具体的评估方法。

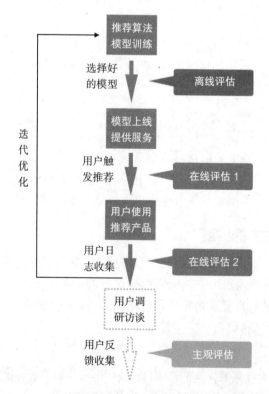

图 13-2　根据推荐业务流，将推荐评估分为 4 个阶段

13.3.1　离线评估

离线评估是指在推荐算法模型开发与选型的过程中对推荐算法做评估，通过评估具体指标来选择合适的推荐算法模型，将选择好的推荐算法模型部署上线，以为用户提供推荐服务。具体可以评估的指标如下。

1. 准确度指标

我们期望精准的模型上线后产生好的效果。准确度评估的主要目的是事先评估推荐算法模型的好坏（是否精准），为选择合适的模型上线服务提供决策依据。这个过程评估的是推荐算法是否可以准确预测用户的兴趣偏好。

准确度评估是学术界和工业界最重要和最常用的评估指标，可以在模型训练过程中做评估，因此实现简单，可操作性强，方便学术交流与各类竞赛作为评比指标，同时通过评估可以对比不同模型的效果。

推荐算法是机器学习的分支，所以准确度评估一般会采用与机器学习效果评估一样的策略。一般是将训练数据分为训练集和测试集，用训练集训练模型，用测试集评估模型的预测误差，这个过程可以参见图 13-3。

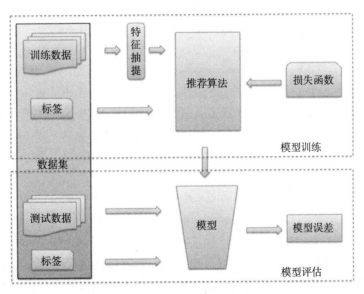

图 13-3　推荐算法的模型训练与离线评估

具体怎样计算推荐算法模型误差（准确度），可以根据推荐算法模型的范式来决定采用不同的评估方法，这里主要根据 3 种不同范式来评估准确度。

第 1 种是将推荐算法看成预测（回归）问题，预测用户对标的物的评分（比如 0 ～ 10分）。第 2 种是将推荐算法看成是分类问题，可以是二分类，将标的物分为喜欢和不喜欢两类；也可以是多分类，每个标的物就是一个类，根据用户的过去行为预测下一个行为的类别（如 YouTube 在 2016 年发表的深度学习推荐论文" Deep Neural Networks for YouTube Recommendations"就是采用多分类的思路来做的，我们已经在第 10 章介绍过该模型）。第 3 种是将推荐系统算法看成一个排序学习问题，利用排序学习的思路来做推荐。

推荐系统的目的是为用户推荐一系列标的物，击中用户的兴奋点，让用户消费标的物。所以，在实际推荐产品中，我们一般都是为用户提供 N 个候选集，称为 top$N$ 推荐，尽可能地召回用户感兴趣的标的物。上面这 3 类推荐算法范式都可以转化为 top$N$ 推荐。第 1 种思路预测出用户对所有没有操作行为的标的物的评分，按照评分从高到低排序，前面 N 个就可以作为 top$N$ 推荐（得分可以看成是用户对标的物的偏好程度，所以这里降序排列取前 N 个的做法是合理的）。第 2 种思路一般会学习出标的物属于某个类的概率，根据概率值也可以采用第 1 种思路来排序形成 top$N$ 推荐。第 3 种思路本身就是学习一个有序列表。

下面详细讲解怎么按照推荐算法的上述 3 种范式来评估算法的准确度。

（1）以推荐算法作为评分预测模型

针对评分预测模型，可以评估的准确度指标主要有：RMSE（均方根误差）和 MAE（平均绝对误差）。它们的计算公式分别是：

$$\text{RMSE} = \frac{\sqrt{\sum_{u,i \in T}(r_{ui} - \hat{r}_{ui})^2}}{|T|}$$

$$\text{MAE} = \frac{\sum_{u,i \in T}|r_{ui} - \hat{r}_{ui}|}{|T|}$$

其中，u 代表用户，i 代表标的物，T 是所有有过评分的（用户、标的物）对。r_{ui} 是用户 u 对标的物 i 的真实评分，$\hat{r}_{ui}$ 是推荐算法模型预测的评分。其中 RMSE 就是 Netflix 在 2006 年举办的 Netflix Prize 大赛的评估指标。常用的矩阵分解推荐算法（及矩阵分解算法的推广 FM、FFM 等）就是一种评分预测模型。

（2）以 推荐算法作为分类模型

针对分类模型，评估推荐准确度的主要指标有准确率（Precision）和召回率（Recall）。

假设给用户 u 推荐的候选集为 $R_u(N)$（通过算法模型为用户推荐的候选集），用户真正喜欢的标的物集是 A_u（在测试集上用户真正喜欢的标的物），总共可通过模型推荐的用户为集合 U。其中 N 是推荐的数量。准确率是指为用户推荐的候选集中有多少比例是用户真正感兴趣的（消费过的标的物），召回率是指用户真正感兴趣的标的物中有多少比例是推荐系统推荐的。针对用户 u，准确率（P_u）和召回率（R_u）的计算公式分别如下：

$$P_u = \frac{|R_u(N) \cap A_u|}{|R_u(N)|}$$

$$R_u = \frac{|R_u(N) \cap A_u|}{|A_u|}$$

一般来说 N 越大（即推荐的标的物越多），召回率越高，准确率越低。当 N 为所有标的物时（即将所有标的物都推荐给用户），召回率为 1，而准确率接近 0（一般推荐系统标的物总量很大，而用户喜欢的数量有限，所以根据上面公式，当 N 为所有标的物时准确率接近 0）。

对推荐系统来说，当然这两个值都越大越好，最好是两个值都为 1，但是实际情况是，这两个值就类似量子力学中的测不准原理（你无法同时精确测定粒子的位置和速度），你无法保证两者的值同时都很大，在实际构建模型时需要权衡，一般我们可以用两者的调和平均数（F1$_u$）来衡量推荐效果，做到两者的均衡。

$$\mathrm{F1}_u = \frac{2}{\dfrac{1}{P_u} + \dfrac{1}{R_u}} = \frac{2P_u \times R_u}{P_u + R_u}$$

上面只计算了推荐算法对一个用户 u 的准确率、召回率、F1 值。整个推荐算法的效果可以通过采用所有用户的这些值的加权平均得到，具体计算公式如下：

$$\mathrm{Precision} = \frac{\sum_{u \in U} P_u}{|U|}$$

$$\mathrm{Recall} = \frac{\sum_{u \in U} R_u}{|U|}$$

$$\mathrm{F1} = \frac{\sum_{u \in U} \mathrm{F1}_u}{|U|}$$

关于分类问题的评估方法，可以参考周志华的《机器学习》的第 2 章，里面有很多关于分类问题评估指标的介绍，这里就不详细介绍了。

（3）以推荐算法作为排序学习模型

上面两类评估指标都没有考虑推荐系统在实际做推荐时将标的物展示给用户的顺序，在不同的排序方式下，用户的实际操作路径长度不一样，比如智能电视端一般通过遥控器操作，对于排在第二排推荐的电影，用户就要多操作遥控器按键几次。我们当然希望将用户最可能会消费的标的物放在用户操作路径最短的地方（一般是最前面）。所以，推荐的标的物展示给用户的顺序对用户的决策和点击行为是有很大影响的，那么怎么衡量这种不同排序产生的影响呢？这就需要借助排序指标，这里主要介绍 MAP（Mean Average Precision），对于其他指标如 NDCG（Normalized Discounted Cumulative Gain）、MRR（Mean Reciprocal Rank），读者可以自行了解学习，这里不再介绍。

MAP 的计算公式如下：

$$\mathrm{MAP} = \frac{1}{|U|} \sum_{u=1}^{|U|} AP_u$$

其中，

$$AP_u = \frac{1}{n_u} \sum_{i=1}^{n_u} \frac{i}{l_i}$$

所以有:

$$\text{MAP} = \frac{1}{|U|} \sum_{u=1}^{U} \frac{1}{n_u} \sum_{i=1}^{n_u} \frac{i}{l_i}$$

其中,AP_u 代表的是为用户 u 推荐的平均准确率,U 是所有接受推荐服务的用户的集合,n_u 是推荐给用户 u 且用户 u 喜欢的标的物的数量(比如推荐 20 个视频给用户 u,用户看了 3 个,那么 n_u=3);l_i 是用户 u 喜欢的第 i 个标的物在推荐列表中的排序(比如给用户推荐 20 个视频,用户喜欢的第 2 个视频在这 20 个视频的推荐列表中排第 8 位,那么 l_i=8)。

为了方便读者理解,这里举个搜索排序的例子(MAP 主要用于搜索、推荐排序的效果评估)。假设有两个搜索关键词,关键词 1 有 3 个相关网页,关键词 2 有 6 个相关网页。某搜索系统对于关键词 1 检索出 3 个相关网页(将所有相关的都检索出来了),其在搜索结果中的排序分别为 2、3、6;对于关键词 2 检索出两个相关网页(6 个相关网页中只检索出 2 个),其在搜索列表中的排序分别为 4、8。对于关键词 1,平均准确率为(1/2+2/3+3/6)/3=0.56。对于关键词 2,平均准确率为(1/4+2/8)/2=0.25。则 MAP=(0.56+0.25)/2=0.405。

至此,关于离线评估的准确度指标已经介绍完了。下面介绍其他可以在离线阶段评估的指标。

2. 覆盖率指标

对于任何推荐范式,覆盖率指标都可以直接计算出来。覆盖率的具体计算公式如下:

$$\text{Coverage} = \frac{|U_{u \in U} R_u|}{|I|}$$

其中 U 是所有提供推荐服务的用户的集合,I 是所有标的物的集合,R_u 是给用户 u 推荐的标的物构成的集合。

3. 多样性指标

用户的兴趣往往是多样的,并且有些产品面对的用户也不止一个(比如智能电视),同时人在不同的时间段可能兴趣也不一样(如早上看新闻,晚上看电视剧),个人兴趣也会受心情、天气、节日等多种因素影响。所以我们在给用户做推荐时需要尽量推荐多样的标的物,以期总有一款能够击中用户的兴趣点。

在具体推荐系统工程实现中,可以通过对标的物聚类(可以用机器学习聚类或者根据标签等规则来分类),在推荐列表中插入不同类别的标的物的方式来增加推荐系统推荐结果的多样性。

4. 实时性指标

用户的兴趣是随着时间变化的,推荐能尽快反映用户兴趣变化、捕捉用户新的兴趣点在日益竞争激烈的互联网时代对产品非常关键,特别是新闻、短视频这类 APP,需要快速响应用户的兴趣变化。

一般来说，推荐系统的实时性分为四个级别：$T+1$（每天更新用户推荐结果）、小时级、分钟级、秒级。越是响应时间短的对整个推荐系统的设计、开发、工程实现、维护、监控等要求越高。下面提供一些选型的建议。

❑ 对于"侵占"用户碎片化时间的产品，如今日头条、快手等。这些产品用户"消耗"完一个标的物的时间很短，因而建议推荐算法做到分钟级响应用户兴趣变化。

❑ 对于电影推荐、书推荐等用户需要消耗较长时间"消费"标的物的产品，可以采用小时级或者 $T+1$ 策略。

❑ 一般推荐系统不需要做到秒级，但是在广告算法中做到秒级是需要的。

上述这些建议不是绝对的，不同的产品形态、不同的场景可能对实时性级别的要求不同。读者可以对自己公司的产品特色、业务场景、公司所处的阶段、公司基础架构能力、人力资源等综合评估后再做选择，但是最终的趋势肯定是趋向于越来越实时响应用户需求。

5. 鲁棒性指标

推荐系统在受脏数据影响时是否能够稳定地提供优质推荐服务非常关键。为了提升推荐系统的鲁棒性，这里提四个建议。

❑ 尽量采用鲁棒性好的算法模型。

❑ 做好特征工程，事先通过算法或者规则等策略剔除掉可能的脏数据。

❑ 在日志收集阶段，对日志进行加密、校验，避免引入人为攻击等垃圾数据。

❑ 在日志格式定义及日志埋点阶段，要有完整的测试案例，做好回归测试，避免开发失误或引入垃圾数据。

6. 其他指标

另外，像模型训练效率、是否可以分布式计算（可拓展性）、需要的计算存储资源等都可以根据所选择的模型及算法预知，这里不再细说。

根据图 13-2 可知，推荐系统的在线评估可以分为两个阶段，其实这两个阶段是连接在一起的，这里这样划分主要是方便对相关的评估指标做细致讲解。下面分别讲解每个阶段可以评估哪些指标及具体的评估方法。

13.3.2　在线评估第一阶段

第一阶段是推荐算法上线服务到用户使用推荐产品这个阶段，在这个阶段用户通过使用推荐产品触发推荐服务（平台通过推荐接口为用户提供服务）。这个阶段可以评估的指标如下。

1. 响应及时和稳定性指标

该指标是指推荐接口可以在用户请求推荐服务时及时提供数据反馈，当然是响应时间越短越好，一般响应时间要控制在 200 ms 之内，超过这个时间，人肉眼就可以感受到慢了。

服务响应会受到很多因素影响，比如网络、CDN、Web 服务器、操作系统、数据库、硬件等，一般无法保证用户的每次请求都控制在一定时间内。我们一般采用"百分之多少的请求控制在什么时间内"这样的指标来评估接口的响应时间（比如 99% 的请求控制在 50ms 之内）。

那么怎么量化服务器的响应情况呢？我们可以在 Web 服务器（如 Nginx）端对用户访问行为埋点，记录用户每次请求的时长（需要在 Web 服务器记录 / 配置接口请求响应时长），将 Web 服务器的日志上传到大数据平台，通过数据分析可以统计出每个接口的响应时长情况。一般公司会采用 CDN 服务来缓存、加速接口，上述从 Web 服务器统计的时长只能统计接口回源部分的流量，被 CDN 扛住的部分流量的响应时长是需要 CDN 厂商配合统计的。

另外，上面统计的 Web 服务器响应时长只是 Web 服务消耗的时长，用户从触发推荐到返回结果，除了 Web 服务器的响应时长，还要加上 Web 服务器到用户 APP 这中间的网络传输时长和 APP 处理请求渲染将推荐结果展示出来的时长，这部分时间消耗需要采用其他技术手段来计算和统计，这里不再细说。

2. 抗高并发能力指标

当用户规模很大时，或者在特定时间点有大量用户访问（比如"双十一"的淘宝）时，在同一时间点有大量用户调用推荐服务，推荐接口的压力会很大，高并发的压力对推荐系统来说是一个很大的挑战。

我们可以在接口上线前对接口做打压测试，事先了解接口的抗并发能力。另外可以采用一些技术手段来避免对接口的高并发访问，比如增加缓存，使 Web 服务器具备横向拓展的能力，利用 CDN 资源，在特殊情况下对推荐服务进行分流、限流、降级等。

13.3.3　在线评估第二阶段

第二阶段是用户通过使用推荐算法产生行为（购买、点击、播放等），我们通过收集、分析用户行为日志来评估相关的指标。这一阶段我们主要站在平台方角度来思考指标，主要有用户行为相关指标、商业化指标、商家相关指标，这里我们只介绍用户行为相关指标。

另外，像离线评估中所介绍的一些准确度指标（如准确率、召回率等），其实可以通过适当的日志打点来真实地统计出来，计算方式类似，这里也不再细说。

推荐模型上线提供推荐服务后，最重要的用户行为指标有转化率、购买率、点击率、人均停留时长、人均阅读次数等。一般用户的行为是一个漏斗（例如，推荐曝光给用户→用户点击浏览→用户扫码→用户下单，参考图 13-4），我们需要知道从漏斗上一层到下一层的转化率。漏斗模型可以非常直观、形象地描述用户从前一个阶段到下一个阶段的转化，非常适合商业定位问题，通

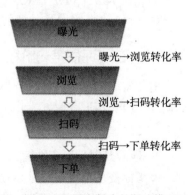

图 13-4　用户行为的漏斗模型

过优化产品流程，可提升用户在各个阶段的转化。

线上评估一般会结合 AB 测试技术，当采用新算法或者有新的 UI 交互优化时，将用户分为 A、B 两组，先放一部分流量给测试组（新算法或 UI 优化的组），对比组是优化之前的组。如果测试组相比对比组在相同指标上有更好的表现，显著（具备统计显著性）提升了点击或者转化，并且提升是稳定的，后续可以逐步将优化拓展到所有用户（即逐步增加测试组覆盖的用户比例直到覆盖所有用户）。这种借助 AB 测试小心求证的方法，可以避免直接一次性将新模型替换旧模型，但是上线后若有效果不好的情况发生，会严重影响用户体验和收益指标，造成无法挽回的损失。

另外，针对用户行为指标，我们需要将推荐算法产生的指标与大盘指标（用户在整个产品的相关指标）对比，这样可以更好地体现推荐算法的优势（比如如果推荐系统产生的人均播放次数和人均播放时长比大盘高，就可以体现推荐的价值），让推荐系统和推荐工程师的价值得到真正的体现，也可以让管理层从数据指标上更好地了解推荐的业务价值。

最后，通过日志分析，我们可以知道哪些标的物是流行的，哪些是长尾。拿视频推荐来举例，我们可以根据二八定律，将电影播放量降序排列，前面播放量占总播放量 80% 的电影算作热门电影，后面的当作长尾（参考图 13-5）。

在度量推荐系统长尾能力时，我们可以从如下三个维度来度量：

❑ 所有长尾标的物中每天有多少比例被分发出去了。
❑ 有多少比例的用户被推荐了长尾标的物。
❑ 长尾内容的转化情况和产生的商业价值。

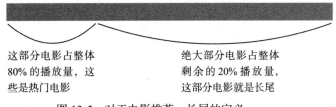

图 13-5　对于电影推荐，长尾的定义

13.3.4　主观评估

13.2 节提到了很多用户维度的指标，如准确度、惊喜度、新颖性、信任度、流畅度等。这些指标有很多是用户的主观使用感受（如惊喜度），有些指标也因人而异（如新颖性），还有些很难利用已知的数据来量化（如信任度）。

针对上面这些指标，我们可以通过主观评估的方式来获得用户对推荐系统的真实评价，具体的方式可以是用户问卷调查、电话访谈、跟用户直接见面沟通等。通过这些方式可以很直接且直观地知道用户对推荐产品的反馈和想法，是很重要的一种评估推荐系统的补充方式。主观评估要想真实地发现推荐系统存在的问题，需要注意很多问题，下面针对主观评估做如下 5 点说明，作为主观评估有效执行的指导建议。

- ❑ 主观评估是很消耗时间的，特别是电话沟通和见面访谈，即使是问卷调查，也需要很好地设计问卷的问题。
- ❑ 让用户参与主观评估，往往需要给用户一定的好处，需要一定的资金支持。
- ❑ 需要确保选择的样本有代表性，能够真实地代表产品的用户，所以选择的样本量不能太少，抽样方法也需要科学。
- ❑ 设计问卷时，最好不要直接问"你觉得我们的推荐系统有惊喜度吗？"这样的问题，而要像"我们的推荐系统给你推荐了哪些你特别想看，但是一直通过其他渠道没有发现的电影？"这样问，具体怎么设计问卷可以参考相关的专业书籍。
- ❑ 用户访谈或者电话沟通时，用户的回答不一定是真实的想法，用户可能不好意思表达真实的想法，或者会选择讨好你的回答方式（毕竟参与调研的用户多少获取了一定的报酬），因此调研者需要特别注意，应采用一定的沟通技巧，尽量真实挖掘出用户的想法。

13.4　推荐系统评估需要关注的问题

我们要想让推荐系统评估落地并取得较好的效果，真实地反馈推荐系统的问题，为推荐系统提供优化的建议，必须要关注以下问题。

1. 离线评估准确度高的模型，在线评估不一定高

离线评估会受到可用的数据及评估方法的影响，同时，模型上线会受到各种相关变量的干扰，导致线上评估指标跟离线评估结果有时并不一致。所以我们有必要引入 AB 测试框架，真实反馈业务指标的变化情况，减少完全依赖离线评估指标决策是否上线新算法对用户体验的影响。

2. 推荐系统寻求的是一个全局最优化的方案

在实际情况中，经常会有领导或者产品经理来找你，说某个推荐不准。虽然作为推荐算法工程师，需要排查是否真有问题，但是也要注意，推荐模型求解是满足整体（用户）最优（一般是局部最优解）的一个过程（推荐算法如矩阵分解就是将所有用户行为整合进来作为目标函数，再求解误差最小时用户对未知标的物的评分），不能保证对每个用户来说预测都是最准的。所以，遇到上述情况要做适当判断，不要总是怀疑算法。

3. 推荐系统解决的是一个多目标优化问题

推荐系统需要平衡很多因素（商业、用户体验、技术实现、资金、人力等），怎么做好平衡是一门哲学。在公司发展的不同阶段，倾向性也不一样，创业前期可能以用户体验为主，需要大力发展用户，当用户量足够多后，可能会侧重商业变现（推荐更多的付费视频，在搜索列表中插入较多广告等），尽快让公司开始盈利。

4. AB 测试平台对推荐评估的巨大价值

推荐系统在线评估强烈依赖于 AB 测试来得出信服的结论，所以对于一套完善的推荐系统解决方案，一定要保证搭建一套高效易用的 AB 测试框架，让推荐系统的优化有据可循，通过数据驱动来让推荐系统真正做到闭环。关于 AB 测试技术在第 17 章会详细介绍。

5. 重视线上用户行为及商业变现方面的评估

线上评估更能真实反映产品的情况，所以在实际推荐系统评估中，要更加重视线上效果评估，它能够很好地将用户的行为跟商业指标结合起来，它的价值一定大于线下评估。要做好线上评估，需要推荐开发人员及相关产品经理花费更多的时间和精力构建一套高效的线上评估指标体系。

13.5　本章小结

至此，关于推荐系统评估的所有内容都讲完了。本章讲解了推荐评估的目标、评估推荐系统的常用指标以及具体的评估方法。在讲评估方法时，对离线评估、在线评估第一阶段、在线评估第二阶段、主观评估进行了深入分析，最后给出了在企业中实施推荐评估需要关注的几个重要问题，希望本章可以作为读者实践推荐系统评估模块的参考指南。由于搜索、推荐及计算广告算法与推荐业务相似，本章也可以作为搜索、计算广告相关算法实施评估的参考资料。

推荐系统的商业价值

第 13 章只是针对推荐系统的商业价值进行了简单说明，本章将会详细介绍这部分内容。所谓商业价值，说直白一点就是推荐系统如何更好地为公司盈利做出贡献。

那么从哪些维度来体现推荐系统的商业价值呢？怎么量化推荐系统的商业价值？怎么提升推荐系统的商业价值？在挖掘推荐系统商业价值的过程中需要关注哪些问题？这些是任何从事推荐算法开发的工程师、推荐产品经理、推荐团队负责人，甚至是公司管理者都必须要思考的问题。本章将会围绕这些问题展开讲解，希望可以给读者一些启发，同时也希望读者在未来的工作中更加关注推荐系统的商业价值。

14.1 为什么要关注推荐系统的商业价值

盈利是公司运营最重要的目的，也是公司管理者最关注的问题。任何一项业务如果不能直接或者间接与商业价值挂钩，为公司产生价值，就毫无价值。某种程度上说，任何业务与商业变现的关联越紧密、越明显，就越能体现出它的价值。推荐系统也不例外，越是能将推荐系统与商业变现结合起来并产生商业价值，就越能更好地体现个人价值和团队价值，并最终得到领导的认可和重视。

对于推荐算法工程师特别是推荐系统负责人来说，要尽早量化推荐系统的商业价值，为公司的商业变现提供支撑，只有挖掘出了推荐系统的商业价值，才能更好地发挥团队的价值，同时，团队才会更有成就感。推荐系统只有真正产生了商业价值，才可能得到管理者的认可，才会获取更多的资源让推荐系统持续发展壮大。

对于通过推荐系统获取商业价值的案例，大家耳熟能详，像亚马逊、Netflix 都通过推荐系统产生了极大的商业利润，推荐系统每年为 Netflix 产生的商业价值就超过 10 亿美元。

　　既然推荐系统的商业价值这么重要，那主要体现在哪些方面呢？我们可以从互联网公司商业变现的维度来分析。

14.2　衡量推荐系统商业价值的维度

　　在讲衡量推荐系统商业价值的维度之前，我们先聊聊互联网产品可能的盈利模式。目前互联网产品主要有 4 种盈利模式：游戏（游戏开发、游戏代理等）、广告、电商、增值服务（如会员等），其中后面 3 种盈利模式都可以利用推荐技术来做得更好，可加速变现的进程，产生更多的收益。我们可以将互联网公司通过打造产品为用户提供服务的过程与后面 3 种变现方式联系起来，其中平台方的产品是核心，分别连接用户、标的物提供方和广告主（或者广告平台），这 3 条连线代表后 3 种主流盈利模式，如图 14-1 所示。

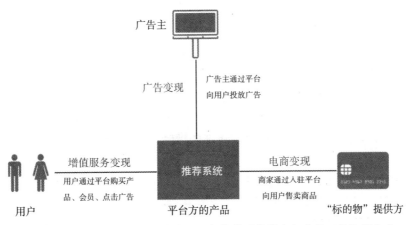

图 14-1　互联网产品盈利方式中可以与推荐系统结合起来的 3 种盈利方式

　　这 3 种变现方式都离不开大量活跃的忠实用户。我们在讲推荐系统怎么帮助公司更好地在这 3 种变现模式上提升变现能力的同时，也会强调推荐系统在促进用户活跃留存上的价值，虽然这不能直接产生商业价值，但用户始终是一切商业价值的保障和核心收入来源。同时，推荐系统可以让标的物得到更高效率的分发，提升整个平台的运营效率，有效节省公司资源，这也会产生隐形的商业价值。

　　下面分别按照广告变现、电商变现、增值服务变现、用户增长、成本节省及效率提升 5 个维度来说明推荐系统怎样产生商业价值或者促进商业价值提升（见图 14-2）。

图 14-2　推荐系统商业价值的体现维度

14.2.1　广告变现

所谓广告变现，即在产品上投放互联网广告，通过将广告曝光给用户或者用户点击广告获取收益，挣的是第三方（即广告主）的钱（如果不是自建广告平台，将流量外包给广告联盟，获取的收益就是广告联盟的分成），即所谓的"羊毛出在猪身上"。当然，广告有很多种方式，有展示广告、品牌广告、效果广告、信息流广告等。不同的产品形态适合不同的广告类型，对于视频行业以开屏广告、贴片广告为主。

一般公司在发展到一定用户规模后，会通过将流量接入（即外包给）广告联盟（接入广告 SDK）或者自建广告平台来承接广告实现变现。创业公司或者聚焦广告业务而不是底层技术的公司一般采用流量外包的方式来做广告变现，有一定规模的或者广告业务是核心业务的公司会采用自建广告平台的方式来做广告变现。广告精准投放本身就是一个复杂的工程技术问题，实现的算法技术也与推荐系统有很多相似点，同时也会依赖用户画像等大数据基础能力，这里不细说广告精准投放相关技术，只从推荐系统角度来说说推荐怎么为广告变现带来商业价值。

像视频行业，推荐系统推荐的视频是可能包含贴片广告、暂停广告的，可以说这些广告是通过推荐业务带来的曝光，可以量化出通过推荐算法带来的每日广告 CPM，同时可以计算由推荐产生的广告的转化率、平均每次播放带来的广告曝光时长等指标，还可以计算这些指标与整个大盘的对比。因为推荐的视频一般更精准，用户点击的概率会更大，从而可以带来比大盘更好的转化效果。通过量化这些指标，可以体现推荐系统在广告曝光上产生的商业价值。

随着今日头条的崛起，信息流产品越来越火，利用信息流技术来做推荐基本被所有的新闻资讯类 APP、短视频类 APP 所采用，并且被作为主要的内容分发技术。现在连手机百度 APP、淘宝首页都信息流化了，微信"朋友圈""看一看"也是一种信息流。随着信息流技术的成熟及其在提升内容分发和提升用户使用时长等方面的价值，企业商业变现的诉求催生了信息流广告技术（见图 14-3）。信息流广告可以完美地与近实时个性化推荐结合起来，借助个性化推荐的巨大流量及精准兴趣匹配，让广告产生最大化的商业价值。更不用说搜索的关键词

图 14-3　今日头条推荐和微信朋友圈中的信息流广告

广告和电商的商品广告，它们可以用推荐技术获得更精准的曝光与转化。

总的来说，不管是视频的贴片广告、新闻短视频的信息流广告，还是关键词广告、电

商商品广告，推荐系统的商业价值主要体现在提升广告的曝光与转化方面。

14.2.2　电商变现

这里说的电商中的商品，是指广义的物品，除了实物商品外还包括虚拟物品（如网络小说、网络课程等）。平台方（如天猫）的电商变现，即通过入驻的商家挣钱（如商家售卖商品后按照其销售额（不包含运费）的一定百分比交纳的技术服务费（分成）；为商家提供软件服务，如数据分析、库存管理、行业趋势分析等的服务费）。推荐系统通过高效、精准地分发商品，将商品推荐到对它有购买意愿的用户眼前，促进商品的售卖，从而让平台方从商家获取更多的分成收益。

另外，像淘宝、快手这类公司，提供了一个平台，对接用户和标的物提供方，为了让这个平台可以稳定、健康地发展，必须要考虑怎么满足标的物提供方的诉求。只有标的物提供方能够在这个平台上挣到钱，才会有更多的标的物提供方入驻该平台，生产更多优质的标的物。有了这些标的物，才能留得住用户，这样整个系统才是一个稳定的生态系统，平台方的生意才能持久、欣欣向荣。推荐系统需要维护好标的物提供方的利益，因此需要从机制和算法上至少做到下面 4 点：

1）为新的标的物提供方提供盈利的机会。

2）让创造优质标的物的提供得到更多的曝光机会。

3）为新的标的物提供曝光的机会。

4）为优质标的物提供更多曝光的机会。

总结下来，推荐系统需要优化提升如下两个关键指标：

❑ 促进标的物提供方（如商家）生态繁荣。

❑ 促进标的物售卖，获取更多经济收益。

这里说明一下，快手与淘宝还不太一样。淘宝是纯电商公司，标的物提供方通过销售商品获利。快手上的标的物提供方生产的标的物一般是视频，视频不是直接售卖的商品，视频生产商一般也可以通过带货（实物或者虚拟商品）来获得收益，这也类似于淘宝这种生意。

14.2.3　增值服务变现

这里先解释一下增值服务，增值服务主要是指"特色服务"，在保证基本服务的同时，进行超出常规的、个性化的服务。比如视频行业的会员、游戏行业的装备、QQ 空间的黄钻等都属于增值服务范畴。这里拿视频行业中"推荐如何促进会员购买"来说明推荐在增值服务变现上的商业价值，其他行业的增值服务可以根据类似思路，结合具体业务场景具体分析。

推荐系统通过精准地为非会员用户推荐他感兴趣的会员节目，提升会员节目在非会员用户中的曝光比例，从而促进非会员用户购买会员。个性化推荐能够更好地挖掘用户深层的兴趣需求，准确触达用户的兴趣点，从而带来更精准的会员节目推荐。另外，个性化推荐也可以让更多冷门但优质的会员节目得到曝光的机会。推荐体验越好，用户就越容易在这个平台上找到想看的内容，自然黏性就更高，也更容易持续付费。所以，推荐系统在视频行业增值服务上的价值主要体现在提升会员的转化与留存方面。

14.2.4　用户增长

无论是上面提到的互联网公司4种主要盈利模式中的哪一种，想盈利都离不开用户。只有拥有大量的用户，用户持续使用产品，在产品上停留足够长的时间，平台方才有机会获得更多的利润。总之，大量的用户是盈利的基础。因此，推荐系统需要更好地服务用户，提升用户留存率和活跃度，占领用户的时间，才能帮助平台方让用户沉淀下来。好的推荐系统可以提升用户满意度，提升会员购买的续费率，占领用户更长的时间，让更多的广告得到曝光展示的机会，所以，用户增长（提升用户留存率、活跃度和停留时长）也是推荐系统需要关注的隐形商业化指标，它虽然不能直接产生利润，却是利润产生的根基。推荐系统在用户增长上的价值主要体现在提升用户留存率、活跃度和停留时长方面。

14.2.5　成本节省及效率提升

推荐系统对平台方的价值，除了上面提到的直接的商业价值及促进用户增长带来的间接价值外，还包括提升内容的分发效率，用更少的人力成本在更短的时间内让内容得到更高效率的分发。利用个性化推荐可以做到千人千面，甚至是近实时的个性化推荐，而采用人工编排的方式是无法做到这一点的。头条战胜传统的新闻门户网站最主要的原因就是，它从创业开始就将个性化推荐系统作为核心技术，大大提升了内容的分发效率，根本不用招聘大量的编辑来对内容做低效的手工整理和编排。因此，推荐系统在下面两个维度的价值也是非常重要的。

❑ 节省人力成本。

❑ 提升内容分发效率。

上面从5个大的维度介绍了推荐系统的商业价值，最后可总结出推荐系统的商业价值表现在如下7个子维度：

❑ 提升广告的曝光与转化。

❑ 促进标的物提供方（即商家）生态繁荣。

❑ 促进标的物售卖，获取更多经济收益。

❑ 提升会员的转化与会员留存。

❑ 提升用户留存率、活跃度和停留时长。

❑ 节省人力成本。

❑ 提升内容分发效率。

下面会从这7个子维度来详细说明量化推荐系统商业价值的思路和方法。

14.3　量化推荐系统商业价值的思路和方法

管理学大师彼得·德鲁克曾经说过"你如果无法度量它，就无法管理它"。对于推荐系统，也是如此。我们只有度量出推荐系统的商业价值，才知道目前的状况、哪里存在问题、哪里有优化空间，最终才会知道从哪些角度来优化，从而让推荐系统创造更多、更持久的商业价值。

14.2 节从 5 个大维度、7 个子维度说明了推荐系统的商业价值。本节侧重介绍怎么具体量化推荐系统的商业价值，有哪些指标可以衡量推荐系统在各个维度上的价值，只有知道怎么量化商业价值，才能更好地提升商业价值。

下面的分析更多的是提供量化推荐系统商业价值的思路，具体的实施还需要推荐算法工程师发挥自己的聪明才智，结合自己公司的业务和行业特点来思考细化，并最终量化出来，同时在实践过程中不断优化，找到贴合公司产品和发展阶段的最佳量化维度和指标。

14.3.1　提升广告的曝光与转化

不管是视频的前贴片广告还是推荐信息流广告，我们都可以统计一定周期内通过推荐产生的广告曝光、展示、点击、转化率等指标。统计周期可以是天、周、月等维度。

拿视频贴片广告来说，可以统计每天通过推荐算法产生的千人成本（Cost Per Mille，CPM）。根据该行业每个 CPM 是多少，大致可以算出由推荐系统的视频推荐带来的广告曝光的收益，这就间接地体现了推荐系统带来的广告收益。

另外，为了体现推荐系统在高效个性化精准分发上对广告带来的价值（笔者相信因为推荐更精准，用户对推荐嵌入的广告的耐受度会更高），需要提炼出可以与大盘对比的指标，比如下面的几类指标：

❑ 人均广告播放时长与大盘广告播放时长对比。
❑ 广告点击率、转化率与大盘点击率、转化率的对比。
❑ 使用推荐算法的用户人均点击广告次数与大盘用户人均点击广告次数对比。

同时，我们还可以统计不同的推荐算法模块在这些指标上的差异点，知道哪个推荐模块带来的广告价值更大。

14.3.2　促进标的物提供方（即商家）生态繁荣

由于笔者没做过电商推荐，为了内容的完整性，这里拿最熟悉的淘宝来举例说明。

首先，我们要基于大数据统计在一定周期内商家提供的商品的点击、评论、购买、反馈、收藏、退货、投诉、物流等情况，结合商家商品的素材及商家用户画像，给商家及商家的不同商品打分（这个打分是动态变化的，可以是一个数学模型，根据模型参数动态计算出得分）。推荐系统会根据用户行为，在离线阶段，根据推荐算法召回用户可能会喜欢的商品；在排序阶段，结合上面的商品、商家打分及可能的运营规则对商品做排序。

对于推荐系统在促进商家繁荣上的价值，平台需要根据上面的介绍，给新入驻的商家、新上线的商品、评分高的商家、评分高的商品更多的曝光机会、更好的排序位置，其中可以量化的指标主要有：

- ❑ 新上线商品在一定周期内通过推荐算法产生的总售卖数量、总售卖金额、售卖数量增长率、总金额增长率及相关排行榜。
- ❑ 新入驻商家在一定周期内通过推荐算法产生的售卖数量、总售卖金额、售卖数量增长率、总金额增长率及相关排行榜。

14.3.3 促进标的物售卖，获取更多经济收益

在促进标的物售卖上，我们可以量化推荐系统的如下指标：

- ❑ 通过推荐产生的标的物售卖数量、金额。
- ❑ 通过推荐人均购买的标的物数量、金额及大盘人均售卖数量、金额。
- ❑ 通过推荐售卖的不同（长尾）标的物的总量（去重）。
- ❑ 通过推荐产生的商品转化（曝光 → 浏览，浏览 → 增加购物车，添加购物车 → 付款等的转化）及大盘转化。

通过这些指标可以衡量推荐系统在提升售卖变现上的价值。同样地，我们可以统计不同的推荐业务、不同的行业、不同的商品品类在上述指标上的差异，确定不同推荐产品产生价值的大小，从而指导我们有针对性地优化不同的推荐产品形态。

14.3.4 提升会员的转化与留存

推荐系统在促进会员购买方面，除了14.3.3 节提到的4个指标对会员也适用外，还可以关注推荐在促进会员留存方面的价值，我们可以关注如下指标：

- ❑ 通过推荐会员节目产生的累计会员购买人数、次数、金额。
- ❑ 一定周期内通过推荐会员节目产生的会员购买人数、次数、金额及大盘占比。
- ❑ 可以统计经常使用推荐功能的用户和不频繁使用推荐功能的用户购买会员的比例、频次、购买金额等的差异。
- ❑ 在相同时期的新用户，在后续使用期间，经常使用推荐功能的用户和不频繁使用推荐功能的用户在会员续费率上的变化。

14.3.5 提升用户留存率、活跃度和停留时长

用户增长对整个产品的发展非常关键，前面也说过用户增长是变现的根基。这里我们拿视频行业来举例说明，其他行业类似。推荐在促进用户增长上的指标体现在如下几个方面：

- ❑ 通过推荐算法产生的总播放量、总播放时长及分别对应的大盘占比。
- ❑ 通过 AB 测试，首页增加更多个性化推荐和完全人工推荐对新增用户的一天、三天、七天、一个月留存率等留存指标的影响。

❑ 通过 AB 测试，比较使用推荐的用户和不使用推荐的用户播放视频时间与在产品上的停留时间之比（用户上视频 APP 的目的就是观看视频，观看视频与停留时间之比越大，说明用户体验越好，极端情况下这个比值为 1，这时用户进入 APP 就开始播放喜欢的视频直到退出 APP）。

14.3.6　节省人力成本

推荐算法具体节省的人力成本确实无法精确计算，但是可以拿视频网站的首页来类比，如果纯用人工编排首页，假设需要 5 个人力，那么这 5 个人力一年的工资总额就是首页编辑一年的成本。如果采用推荐算法，成本就是前期推荐算法开发部署的成本，加上算法维护，以及运行一年需要的服务器成本。我们先不考虑两者推荐的效果问题，当产品形态非常复杂时，就需要更多的人力来维护首页，而算法基本是一次性投入，具有规模效应。读者应该可以想象到，随着业务复杂性提升，算法的成本基本是恒定的，而编辑成本是线性增加的，所以在极端复杂的产品或者有多个产品矩阵需要维护的视频公司中大量采用推荐算法，可以不必招聘太多编辑，从而大大减少人力成本。

当然，这里不是说编辑不重要，编辑在视频行业反而是非常重要的一个角色，编辑在把握趋势、内容深度挖掘等方面是算法在短期内无法替代的。算法的优势是完全自动化、千人千面、全天候运行。因此，需要结合两者的优势，充分发挥推荐算法的价值。

14.3.7　提升内容分发效率

推荐系统相比人工编辑编排天然具有千人千面、完全自动化、近实时更新等优势，可以做到内容的精准高效分发。我们可以从如下指标来体现推荐系统的分发效率。

❑ 每天通过推荐算法分发的标的物的数量（去重）及在大盘分发量中的占比。
❑ 通过推荐算法产生的人均播放量、人均播放时长与非推荐算法产生的人均播放量、人均播放时长的对比。

14.4　提升推荐系统商业价值需要关注的问题及建议

在上一节提到很多衡量推荐系统商业价值的指标，那么要怎样提升这些指标呢？有什么方法和技巧？推荐系统商业价值的挖掘是一个非常偏业务的问题，上一节提到的只是一些非常基础的点，实际量化时需要结合公司的业务、行业、阶段、战略方向等来具体调整、规划、实施。这一节将提供一些提升推荐系统商业价值的建议及需要关注的问题，供读者参考。

1. 分清主次和优先级

上面提到推荐系统的商业价值有很多方面，由于公司资源有限、公司所在的阶段也不一样，所以一定要有侧重点，不能眉毛胡子一把抓，否则什么都做不好。在某一段时间或阶段一定要结合公司当前的业务重点，集中注意力到少量的几个核心指标，这样才能更有针对性地量化出推荐系统的商业价值。在增长黑客的理念中，有所谓的北极星指标的概念，对于商业化指标，也要结合公司当前阶段和行业特性制定推荐算法在商业价值上的北极星指标。

2. 完善推荐算法数据埋点，方便统计

上一节提到的所有指标基本都涉及数据统计，且绝大多数统计又都涉及用户在产品上的行为，这就需要记录用户的操作行为。互联网公司一般通过数据埋点的方式将用户的行为记录下来并上传到大数据中心，通过数据分析挖掘用户行为，最终获得对用户的洞察。所以要有很好的机制、方法、策略将用户的关键行为记录下来，只有记录下来了，才能进行精细化的统计分析。

3. 搭建高效的 AB 测试平台

要想体现推荐算法的价值或者对算法做优化，就需要做有说服力的对比分析。目前在互联网行业最有效的对比分析就是做 AB 测试，通过将用户分为 A、B 两组（或者将流量分为两组），在同一时间提供不同的服务，通过相同的指标来统计指标在两组用户（或者两组流量）间的差异，从而发现问题，得出结论，进一步优化。所以，要很好地体现推荐系统的商业价值，就需要搭建一套高效易用的 AB 测试平台，方便对各种商业指标做对比分析。

4. 商业价值与用户体验的平衡

通过上面的讲解，我们可以知道对于 toC 类产品，商业价值最终直接或者间接来源于用户，可以说用户是公司的"衣食父母"，在做（推荐系统）商业变现时，一定要重视用户体验，让盈利做到"细水长流"，太注重短期利益，往往会适得其反。用户不是傻瓜，用户只会为他认为有价值的产品或者服务买单。

对于初创公司，当用户规模很小时，可以提前思考变现的事情，也可以适当做变现的探索，但更多精力要放到用户体验上，更关注用户体验，一切以用户体验为主，为用户提供有价值的产品及服务，快速拓展用户规模，形成口碑。当用户规模足够大时，可以在商业变现上投入更多的精力，做更多的商业化尝试，毕竟公司要生存下去还得具备变现能力。但在做商业变现的同时也决不能忽视用户体验，两者需要保持微妙的平衡。

5. 尽早量化推荐系统的商业价值

在成立推荐算法团队时，团队负责人不要只关注有哪些推荐产品形态落地到产品中和推荐点击率等指标，还要关注推荐系统的商业化指标。在创业早期，公司可能还没有考虑商业化的事情，这时应该花更多时间、精力关注推荐系统在用户发展上的指标，毕竟这是隐形的商业化指标。

笔者在前几年做推荐系统的时候，只关注有多少推荐产品形态落地，对指标的事情漠不关心，最近几年才有了量化指标的意识，并真正地将量化指标落地到了业务中，这也是最近几年笔者最大的心得体会和领悟。

6. 定期汇报推荐系统的商业价值

我们应定期向领导汇报推荐系统的商业价值，让领导深刻认识到推荐系统的商业价值，并结合公司战略、产品发展方向及当前的业务重点，调整推荐系统产品形态及核心指标来适应公司业务发展的需要。只有展现推荐系统的商业价值，推荐系统才会受到重视，获得更多的资源支持，最终才有可能发挥出巨大威力。

7. 关注推荐系统价值在整个平台的比重

做推荐系统不仅仅要关注它的绝对价值，更重要的是要关注它的相对价值，即推荐系统在整个平台上产生价值的比例（权重）。所以对推荐的任何一个商业指标，最好可以做到跟大盘做对比，知道其在大盘中的比重，这样才能更好地知道推荐系统的分量。更直接地，谁在公司产生的商业价值更多，谁就可以获取更多的资源和更多的话语权，即经济权决定话语权。

8. 细化各个推荐模块的价值

在成熟的产品中会有很多个推荐模块，每个独立的模块均可以看作一个推荐产品形态。我们怎么迭代这些模块呢？是投入相等的资源吗？肯定不是，实际上在任何一家公司，人力资源一定是紧缺的。根据"二八定律"，我们一定是将人力资源投入到产生价值最大的那个模块上，这就需要我们提前量化各个模块的相对价值，只有量化了各个模块的价值，才能将精力投入到最有成效的地方。一般的原则是将最大的精力放到用户触点最多的模块中，所谓用户触点多，就是用户会更频繁访问的模块，即位置好的模块。

14.5　本章小结

笔者最近 8 年都在视频行业做推荐系统，上面提到的商业价值的指标，有很多是已经在笔者团队实践过的，有一些只是笔者的思路和想法，未来会在笔者团队中尝试。笔者也是做了好几年推荐系统后，才有这种商业价值上的觉悟的。

由于不同行业所面对的用户、标的物、行业背景都不同，对商业价值的定位也不一样，因此，本章仅作为参考，提供一些思考推荐系统商业价值的视角，帮助读者更好地思考推荐系统的商业价值。实际从事推荐系统开发的工程师、产品经理、推荐团队负责人还需要结合公司自身的业务属性、公司所处的阶段、公司管理者的经营策略及行业背景来确定并量化自己团队在推荐业务上的商业价值。

第五篇

推荐系统工程实现

第 15 章

推荐系统之数据与特征工程

推荐系统是机器学习的一个子领域，并且是一个偏工程化、在工业界有极大商业价值的方向。目前绝大多数提供 toC 类产品或者服务的互联网企业，都会通过推荐系统为用户提供精准的个性化服务。

推荐系统通过推荐算法来为用户生成个性化推荐结果，而推荐算法依赖数据输入来构建算法模型。本章将讲解推荐系统所依赖数据的来源，以及怎么处理这些数据，让数据转换成推荐算法可以直接使用的形式。处理好了数据，最终我们就可以构建高效、精准的推荐模型了。这些处理好的适合机器学习算法使用的数据即是特征，而从原始数据获得特征的过程就是特征工程。

具体来说，我们会从推荐算法建模的一般流程、推荐系统依赖的数据源、数据处理与特征工程、常用推荐算法之数据与特征工程、推荐系统数据与特征工程未来趋势等 5 个部分来介绍相关知识点，期望本章的讲解能够让读者更加深入地理解推荐系统依赖的数据源特点、数据预处理方法以及基于这些数据之上的特征工程处理方法与技巧。

15.1 推荐算法建模的一般流程

在介绍推荐系统数据源与特征工程之前，先介绍一下推荐算法建模的一般流程，以帮助更好地理解数据与特征工程在整个推荐系统业务流程中的地位和作用。

推荐系统是机器学习的一个子领域，因此推荐系统处理问题的方式遵循机器学习的一般思路。可以将机器学习过程看成一个打造"生产某种产品"的机器的过程，我们根据过往的生产经验来制造一款生产该产品的机器，过往的生产经验就是我们的训练集，构建好的机器就是机器学习模型。我们将原材料加工好，按照某种方式"灌入"这个机器，这个机器的最终输出就是需要的预测结果，构建的机器是否完善、能否生产出误差在可接受范围内的商品，代表了模型的精准度。

根据上面的简单类比可知，推荐算法为用户生成个性化推荐的一般流程如图 15-1 所示。我们收集不同来源的数据，将其汇聚成推荐算法需要的原始数据，通过特征工程对原始数据进行处理，生成最终特征，再选择合适的推荐算法对特征进行训练，从而获得最终的推荐模型。在预测/推断阶段，我们根据某个用户的特征，将特征灌入模型获得该用户的推荐结果。

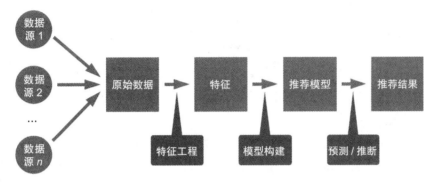

图 15-1　推荐算法建模的一般流程

从图 15-1 可以看出，数据和特征工程处在整个推荐系统业务流的起点，非常重要。数据是原材料，原材料（推荐数据源）是否齐备、质量是否优良直接决定是否可以生产出好的产品（推荐模型），而对原材料的处理加工（特征工程）决定了我们是否可以高效、快速、高质量地生产出好的产品。

下面会对推荐系统的数据及特征工程这两个部分进行详细讲解，模型构建及预测不在本章的讨论范围之内。

15.2　推荐系统依赖的数据源介绍

推荐系统根据用户在产品（APP、网站等）上的操作行为，预测用户的兴趣偏好，最终给用户做个性化推荐。根据数据来源划分，在整个推荐过程中，涉及的可能产生数据的地方有用户自身、标的物、用户的操作行为、用户所在的场景（上下文）等 4 个部分，因此推荐算法可以根据这 4 个触点依赖和利用这 4 类数据。根据承载数据的载体来划分，数据可以分为数值、文本、图片、音视频等 4 类。根据推荐系统依赖的组织形式（数据格式），数据又可以分为结构化、半结构化、非结构化 3 大类。下面分别按照以上分类方式来详细描述推荐系统所依赖的数据及这些数据的特点。

15.2.1　根据数据来源来划分

根据数据来源来划分，推荐系统依赖的数据分为用户行为数据、用户属性数据、标的物（物品）属性数据、上下文数据4大类，见图15-2，下面分别介绍各类数据及其特点。

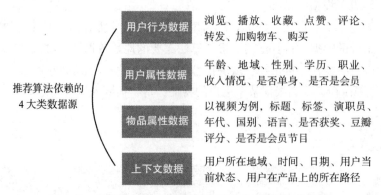

图15-2 推荐系统依赖的4类数据源（以视频推荐举例）

1. 用户行为数据

用户行为数据就是指用户在产品上的各种操作，比如浏览、点击、播放、购买、搜索、收藏、点赞、转发、加购物车，甚至是滑动、暂定、快进等一切操作行为。用户在产品上的操作行为为我们了解用户提供了"蛛丝马迹"，用户的操作行为也是用户最真实意图的反馈，这些行为反映了用户的兴趣状态，通过分析用户行为，我们可以洞察用户兴趣偏好。

根据用户的行为是否直接表明用户对标的物的兴趣偏好，用户行为一般分为显式行为和隐式行为。显式行为是直接表明用户兴趣的行为，比如点赞、评分等。隐式行为虽不是直接表示用户的兴趣，但是该行为可以间接反馈用户的兴趣变化，除去用户直接评分、点赞，其他的操作行为都算隐式反馈，包括浏览、点击、播放、收藏、评论、转发等。

用户行为数据是最重要、最容易收集、数据量最多的一类数据，在构建推荐系统算法时起着举足轻重的作用。这类数据往往种类繁多，需要我们进行收集、预处理才能最终被推荐算法使用。

2. 用户属性数据

用户属性数据也称为用户人口统计学数据，就是用户自身所带的属性，比如年龄、性别、地域、学历、家庭组成、职业等。这些数据一般是稳定不变（如性别）或者缓慢变化（如年龄）的。

人类是一个社会化物种，用户的不同属性决定了用户处在不同的阶层或者生活圈层。不同的阶层或生活圈层又有不同的行为特征、生活方式、偏好特点，在同一圈层具备一定的相似性，这种相似性为我们做个性化推荐提供了特有的方法和思路。

3. 标的物属性数据

推荐系统中最重要的一个"参与方"是待推荐的标的物（物品），标的物自身是包含很多特征和属性的。对于视频来说，出品方、导演、演职员、主演、国别、年代、语言、是否获奖、剧情、海报图等都是视频的元数据。对于电商商品来说，品类、用途、价格、产地、品牌等也是非常重要的属性。

通过用户对标的物的操作行为，我们可以将标的物所具备的特征按照某种权重赋予用户，这些特征就构建了用户的兴趣偏好，相当于给用户打上了相关的标签（比如喜欢看"恐怖片"的人）。从这些兴趣偏好出发，我们就可以给用户进行个性化推荐。

4. 上下文数据

上下文数据是用户在对标的物进行操作时所处的环境特征及状态的总称，比如用户所在地理位置、时间、当时的天气、用户的心情、用户所在产品的路径，等等。这些上下文数据对用户的决策是非常重要的，甚至是起决定作用的。比如，美团、饿了么这类基于地理位置服务的产品，给用户推荐餐厅是一定要是在用户所在位置或者用户指定位置附近的。

恰当地使用上下文数据，将这类数据整合到推荐算法中，可以更加精准、场景化地为用户进行个性化推荐。

15.2.2　根据数据载体来划分

随着互联网的发展，网络上传输、交换、展示的数据种类越来越多样化，从最初的数字、文本到图片再到现在主流的音视频，基于不同的数据载体，推荐系统建模依赖的数据也可以分为 4 类，见图 15-3。

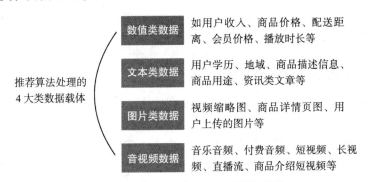

图 15-3　推荐系统依赖的 4 种数据载体

1. 数值类数据

所有推荐系统用到的、可以用数值来表示的数据都属于这一类，比如用户年龄、用户评分、物品价格、播放次数等。数值数据也是计算机最容易处理的一类数据，其他类型的数据要想很好地被计算机处理，一般也会利用各种方法转化为数值数据。

2. 文本数据

文本数据是互联网中数量最多、最普遍的一类数据，标的物的类别、标的物的描述信息、用户地域、用户性别，甚至整个标的物可能都是文本（如新闻等）。如果某个特征可以取的所有值是有限的（比如性别只有男女两种），也可以非常容易地转化为数值类数据。处理文本类数据需要借助自然语言处理相关技术。

3. 图片数据

随着智能手机摄像头技术的成熟，图像类相关应用爆发增长（如各种美颜 APP）。目前图片数据已成为互联网上的主流数据类型，商品的海报图、电影的缩略图等都是以图片的形式存在的。

对于图片类数据的处理，目前的深度学习技术（包括图片的分类、图片的特征提取等技术）相对成熟，已经达到了产品可用的精度，在某些方面（如图片分类）甚至超越了人类专家的水平，完全可以满足工业级应用的需要。

4. 音视频数据

互联网视频出现时就有了音视频数据，直到现在音视频数据才应用到更多的领域和产品中，音视频数据火爆的原因跟图片类似。目前的抖音、快手等短视频应用非常受欢迎，游戏直播、电商导购直播等应用也是视频类数据的产出方。音乐的数字化，各类音频学习软件（如樊登读书、蜻蜓 FM 等）促进了音频数据的增长。

音视频数据的价值密度小，占用空间多，处理相对复杂，在深度学习时代，这些复杂的数据也可处理了。音频数据可以通过语音识别转换为文字，最终归结为文本数据的处理，视频数据可以通过抽帧转换为图片数据来处理。

图片、音视频数据均属于富媒体数据，随着传感器种类的丰富、精度的增强（比如拍照能力越来越强）、相关网络应用的繁荣（如抖音、快手等都是基于富媒体数据的应用），网络上出现了越来越多的富媒体数据，它们已成为互联网数据的重要组成部分。

15.2.3 根据数据组织形式来划分

不同的数据组织形式，数据处理起来难易程度不一样。人类比较善于理解和处理二维表格类数据（结构化数据），这也是关系型数据库（主要是处理表格类数据）在计算机发展史上具有举足轻重地位的原因。随着互联网的发展，数据形式愈发丰富，不是所有数据都是结构化的，有些数据是半结构化甚至是无结构化（即非结构化）的（具体见图 15-4），下面分别对这 3 类数据加以说明。

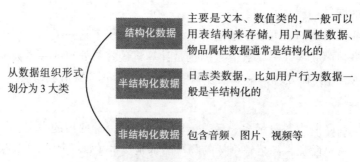

图 15-4 推荐系统依赖的三种数据组织形式

1. 结构化数据

所谓结构化数据就是可以用关系型数据库中的一张表来存储的数据，每一列代表一个属性 / 特征，每一行就是一个数据样本。一般用户属性数据和物品属性数据都可以用一张表来存储，用户和物品的每一个属性都是表的一个字段，因此它们都是结构化数据。表 15-1 就是视频属性数据的结构化表示。

表 15-1　视频属性数据的结构化表示

视频名	出品年代	导演	主演	影片地区	语言	片长
我和我的祖国	2019	陈凯歌、张一白、管虎、徐峥、宁浩等	黄渤、张译、吴京等	中国	普通话	158 分钟
海洋之歌	2014	汤姆·摩尔	布莱丹·格里森、菲奥纽拉·弗拉纳根、帕特·绍特、戴维·罗尔、莉萨·汉尼根、乔恩·肯尼	爱尔兰	英语、爱尔兰语	93 分钟
摔跤吧！爸爸	2016	尼特什·提瓦瑞	阿米尔·汗、萨卡诗·泰瓦、桑亚·玛荷塔、法缇玛·萨那·纱卡	印度	北印度语	161 分钟

结构化数据是一类具备 Schema 的数据，也就是每一列数据的类型、值的长度或者范围是确定的，一般可以用关系型数据库（如 MySQL、PostgreSQL 等）来存储，这类数据可以用非常成熟的 SQL 语言来进行查询处理。

2. 半结构数据

半结构化数据虽不符合关系型数据库的结构，但数据组织是有一定规律或规范的，可利用特殊的标记或规则来分隔语义元素，以及对记录和字段进行分层。因此，它们也被称为自描述的数据结构。常见的 XML 或者 json 类数据就属于这一类。

对于用户在产品上的操作行为，我们一般按照一定的规则来对相关字段进行记录（比如可以用 json 格式来记录日志，或者按照规定的分割字符来分割不同的字段，再拼接起来记录日志），这类数据也属于半结构化数据，一些半结构化数据是可以通过一定的预处理转化为结构化数据的。

3. 非结构化数据

非结构化数据的数据结构不规则或不完整，没有预定义数据模型。这类数据既不方便用数据库二维逻辑表来表示，也不像半结构化数据有一定的规律或规范，这类数据包括文本、图片、HTML、各类数据报表、图像和音视频信息等。非结构化数据由于没有固定的数据范式，也是最难处理的一类数据。

文本类标的物（如新闻资讯）、短视频、音频、商品等都包含大量的非结构化数据。即使是具备非结构化数据的标的物，我们也可以从几个已知的属性来构建对标的物的描述，从而形成结构化的描述，如表 15-1 就是针对视频从多个维度来构建的结构化数据。

随着移动互联网、物联网的发展，各类传感器（特别是手机摄像头）的功能逐渐多样化，人际交往也更加密切，人们更愿意表达自我，人类的社交和生产活动产生了非常多的非结构化数据，此类数据量成几何级数增长。怎么很好地处理非结构化数据，将非结构化数据中包含的丰富信息挖掘出来，是非常重要的。如果能够将这类信息应于算法模型，是可以大大提升推荐算法的精准度、转化率等用户体验、商业化指标的。随着 NLP、图像处理、深度学习等 AI 技术的发展与成熟，我们现在有更多的工具和方法来处理非结构化数据了。推荐系统也享受到了这一波技术红利，在这些新技术的加持下，推荐效果越来越好。

上面从 3 个不同的分类角度介绍了推荐系统的数据源，那么我们怎么利用这些数据源，将这些数据处理为推荐算法可以使用的原材料呢？这就需要用到数据处理与特征工程的相关知识了，下一节会进行详细介绍。

15.3　数据处理与特征工程简介

本节将详细介绍推荐系统依赖的数据是怎么产生的，以及我们怎么转运、存储这些数据，最终通过 ETL 和特征工程将数据加工成推荐算法可以直接使用的原材料。本节包含数据生成、数据预处理、特征工程 3 个部分。

15.3.1　数据生成

下面根据行为数据、用户属性数据、标的物属性数据、上下文数据这 4 类数据来分别说明数据的生成过程。

1. 行为数据的生成

用户行为数据一般称为用户行为日志，可通过如下方式获取：事先定义收集的日志格式，当用户在产品上进行各种操作时，客户端（APP 或者网页）按照日志规范记录用户行为（称为日志埋点），并将用户行为上报到云端数据中心即可获得。

用户在什么时间点、进行什么操作需要进行日志埋点取决于具体的业务场景、交互形式以及具体的数据分析需求。一般来说，用户触点多的路径、对用户体验有比较大影响的功能点、涉及商业价值的功能点是需要进行日志埋点的，因为这些数据对产品的迭代与发展非常关键，是非常有价值的数据。

上传更多的数据需要定义更多的日志规范并进行埋点，还需要进行收集、处理、存储，虽然会占用更多的人力、算力和存储资源，但是可以让我们从更多的维度进行分析，所以是有一定价值的。《大数据时代》的作者维克托·迈尔·舍恩伯格博士认为数据收集越多越好，我们在实际工作中也是按照这个思路实施的，尽量收集用户的所有行为，但是在实践中也会发现很多日志事后是没有时间、精力去分析的，甚至没有业务方有这方面的分析需求，因此，个人建议尽量收集前面提到的核心数据，其他数据在真正需要的时候再去埋点分析。

行为数据的上传、收集需要考虑很多现实中的问题，比如需要保证数据上传的有效性、正确性、不重复性，在网络不稳定或者出现软件故障时，需要进行数据的重试与补传。此外，数据上传需要用到一些策略，比如按照固定条数上传、固定一段时间上传、每产生一条数据就立即上传等，也需要对数据进行加密，避免网络恶意攻击或者脏数据的引入。

2. 用户属性数据的生成

一般用户地域借助用户的 IP 地址就可轻易获得，而其他用户属性是很难收集到的，特别是现在数据安全性越来越受法律的保护，个人风险意识也逐渐增强，收集用户信息是更加困难的事情。安全有效地收集用户属性数据一般可以用如下方法：

1）在用户刚注册时，产品提供用户输入相关信息的界面，让用户主动输入，但是一般用户是比较懒的，所以输入的信息一定是比例非常少的，过多增加这类让用户操作的步骤，在增加用户使用成本的同时，也增加了用户放弃你的产品的概率。

2）通过各种运营活动获得相关信息，比如让用户填写相关信息参与活动。

3）通过用户在产品上的行为或者聊天记录，根据机器学习算法来推断用户的属性，比如根据用户购买行为推断用户的性别、年龄等。

4）有些具备金融牌照、游戏牌照的产品，可以要求用户填写身份证等敏感信息，从而获得用户更多的信息。

5）某些公司有多个产品（比如阿里的支付宝、淘宝、饿了么等），可以将产品之间打通，让一个产品可从另一个产品中获得用户更多的属性信息（这两个产品的用户一般会有重复的）。

6）通过合规的第三方数据交易程序来获得自己产品缺失而第三方具备的属性信息。

用户属性信息对构建优秀的推荐系统是非常重要的，企业需要保管好，避免泄露出去造成重大安全和隐私事故。

3. 标的物属性数据的生成

相比于用户属性数据标的物属性数据的获取要容易一些，标的物的生产方 / 提供方一般是具备一定标的物属性数据的。比如视频在制作时包含基本属性数据，视频版权被视频网站采购时，自然就附带了这些属性。又比如淘宝上的卖主在上架商品时也会按照淘宝制定的类目等属性要求填充相关数据。还有一些标的物，如新闻资讯，是利用爬虫技术从第三方爬过来的，在爬的过程中也可以将属性数据爬过来，一并注入自己的标的物属性库。

对于数量不大、单位时间产出不多的标的物（如电影），还可以利用编辑团队或外包人工标注相关数据。对于数量较大、单位时间产量多的标的物（如新闻），可以借助 NLP 等机器学习技术生成相关的属性数据（如提取标题中的关键词作为标签）。

4. 上下文数据的生成

上下文数据一般是动态变化的，是用户在某个场景下的特定时间点、特定位置所产生的数据，所以一般是实时获得的，通常应用于实时推荐系统中。这类数据常通过前端埋点获得，并以消息队列的形式给到具体的业务应用方。

上面对数据产生及收集相关的知识点做了简单介绍，关于数据收集更深入的介绍，可以阅读本章参考文献 [15] 提到的《数据驱动：从方法到实践》这本书。

15.3.2 数据预处理

数据预处理一般称为 ETL（Extract-Transform-Load），用来描述数据从生产源到最终存储之间的一系列处理过程，一般会经过抽提、转换、加载这 3 个阶段。目的是将企业中的分散、零乱、标准不统一的数据整合到一起，将非结构化或者半结构化的数据处理为后续业务可以方便使用的结构化数据，为企业的数据驱动、数据决策提供数据基础。数据基础设施完善的企业一般会构建层次化的数据仓库系统，数据预处理的最终目的也是将杂乱的数据结构化、层次化、有序化，最终存入数据仓库。对于推荐系统来说，则是通过 ETL 将数据处理成具备特殊结构（可能是结构化的）的数据，方便进行特征工程，最终供推荐算法学习和模型训练之用。下面分别对 ETL 中 3 个阶段的作用进行简单介绍。

1. 抽提

这一阶段的主要目的是将企业中分散的数据聚合起来，方便后续进行统一处理。对于推荐系统来说，依赖的数据源多种多样，因此是非常有必要将所有这些算法依赖的数据聚合起来的。推荐系统的数据源比较多样，不同的数据抽取（Extract）的方式不一样，下面分别简单介绍。

用户行为数据一般通过在客户端埋点获得，它是通过 HTTP 协议上传到日志收集 Web 服务器（如 Nginx 服务器）的，中间可能会通过域名分流或者 LB 负载均衡服务来增加日志收集的容错性、可拓展性。日志一般通过离线和实时两条数据流进行处理。离线通过 ETL 进入数仓，实时流通过 ETL 经 Kafka 等消息队列被实时处理程序（如 Spark Streaming）处理，或者进入 HBase、ElasticSearch 等实时存储供后续的业务使用。整个用户行为日志的收集过程见图 15-5。

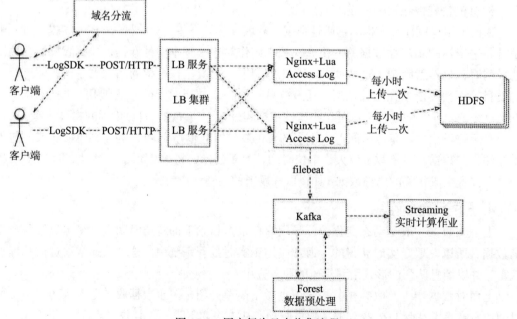

图 15-5　用户行为日志收集流程

在图 15-5 中，右上角进入 HDFS 的属于离线数据，右下角经过 Kafka 的属于实时流。

用户属性数据、标的物属性数据一般是存放在关系型数据库中的，实时性要求不高的推荐业务可以采用数据表快照进行抽取，对实时性有要求的信息流推荐采用 binlog 实时同步数据，或者使用消息队列的方式抽取数据。

上下文相关数据一般是描述用户当前状态的数据，可通过各种传感器或前端埋点收集，这类数据也生成于客户端。它通过图 15-5 右下角的实时日志收集系统进入消息队列，供后端的实时统计（如时间序列数据库、ES 进行存储进而查询展示）或者算法（通过 Spark Streaming 或者 Flink 等）进行处理。

2. 转换

转换（Transform）是 ETL 的核心环节，也是最复杂的一环。它的主要目标是将抽取到的各种数据进行清洗、格式的转换、缺失值填补、剔除重复等操作，最终得到一份格式统一、高度结构化、数据质量高、兼容性好的数据，提供给推荐算法的特征工程阶段进行处理。

清洗过程包括剔除掉脏数据、对数据合法性进行校验、剔除无效字段、字段格式检查等环节。格式转换是根据推荐算法对数据的定义和要求将不同来源的同一类数据转为相同的格式，使之统一规范化的过程。由于日志埋点或数据收集过程中存在各种问题，因此在真实业务场景中，字段值缺失是一定存在的，缺失值填补可以根据平均数或者众数进行填补，或者利用算法来学习填充（如样条差值等）。基于网络原因，日志一般会有重传策略，而这有可能会导致数据重复，剔除重复就是将重复的数据从中过滤掉，从而提升数据质量，以免影响推荐算法最终的效果（如果一个人有更多的数据，那么在推荐算法训练过程中，相当于他就有更多的投票权，模型学习会向他的兴趣倾斜，这会导致泛化能力下降）。

数据转换的过程是广义的特征工程中的一部分，因此这里只是简单介绍处理过程，在特征工程章节会有更加详细的介绍。

3. 加载

这部分的主要目标是把数据加载（Load）至最终的存储，比如数据仓库、关系型数据库、key-value 型 NoSQL 中。对于离线的推荐系统，通常会将训练数据放到数据仓库中，属性数据存放到关系型数据库中。

用户行为数据通过数据预处理一般可以转化为结构化数据或半结构化数据。行为数据是最容易获得的一类数据，也是数据量最大的一类数据，这类数据一般存放在分布式文件系统中，原始数据一般放到 HDFS 中。通常会根据业务需要使用处理后的数据构建层次化的数据模型。

所有行为数据都会统一存放到企业的数据仓库中，离线数据基于 Hive 等构建数仓，而实时数据则基于 HBase 等构建数仓，最终形成统一的数据服务，供上层的业务方使用。

某些数据（比如通过特征工程转化为具体特征的数据）可能需要实时获取、实时更新、实时服务于业务，对此，一般可以存放在 HBase 或 Redis 等 NoSQL 中。

用户属性数据一般属于关系型数据，这类数据比较适合存放在关系型数据库（如MySQL）中。标的物属性数据一般也属于关系型数据，可存放在关系型数据库中。对于图片、音视频这类比较复杂的数据，则适合存放在对象存储中。

15.3.3 特征工程

特征（Feature）是建立在原始数据之上的特定表示，它是一个单独的可度量属性，通常用结构化数据集中的一列表示。对于一个通用的二维数据集，每个观测值由一行表示，每个特征由一列表示。图 15-6 所示为用户基本属性表，其中每一列就是一个特征，这里面的年龄、身高、体重是数值特征，数值特征也叫作连续特征。而性别是用文本描述的，并且只有男、女两种取值，因此它是离散特征。

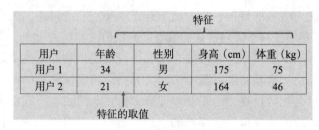

图 15-6　用户属性特征

通过上面的简单介绍，我们知道了什么是特征，知道有连续特征和离散特征，那么特征具体怎么分类呢？一般根据特征的取值类型可以分为以下 5 类。

（1）离散特征

离散特征又分为类别特征和有序特征，类别之间是无序关系的，比如性别；有序特征之间是有序关系的，比如收入的低、中、高三个等级之间是有序的。

（2）连续（数值）特征

能够用实数或整数等数值度量的特征就是连续特征，比如身高、通过算法获得的嵌入特征等都属于连续特征。

（3）时空特征

在某些模型中时间是非常重要的特征，时间一般是相对的，具有周期性。对基于地理位置的服务，位置是非常重要的特征，用户的行为可能跟位置有关（如广东人喜欢看粤语剧）。地理位置可以用行政区划的层级关系表示，也可以用相对距离来表示。

（4）文本特征

文本是非常重要的一类数据，我们可以从文本中抽提特征，比如利用 TF-IDF 等获得的特征，文本特征一般可以通过转化为向量来表示。

（5）富媒体特征

包括从图片、视频、音频、HTML 甚至程序语言等富媒体中抽提的特征，这些特征通常用数值向量来表示。

从特征的可解释性来分类，可以将其分为显式特征和隐式特征：

- 显示特征是具有实际意义的特征，人们可以理解，可以用语言来说明和解释。类别、数值、时空、TF-IDF、LDA 等特征都属于这一类。
- 隐式特征不具备实际意义，难以在现实中找到对应的特征，一般通过算法生成的嵌入特征都属于这一类，如 Word2vec、矩阵分解等模型生成的嵌入特征。

讲完了特征相关的知识，肯定有读者会关心特征是怎么构建的，有什么方法和技巧，这就是特征工程要解决的问题。

特征工程（Feature Engineering）是将原始数据转化为特征的过程，这些特征可以很好地测量或者描述输入输出之间的内在关系，通过这些特征来构建数学模型，可提高模型对未知数据预测的准确性。特征工程在整个算法模型生命周期中所处的阶段见图 15-7。

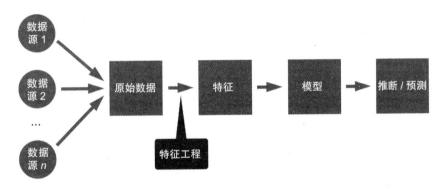

图 15-7　特征工程在算法建模中所处的阶段

特征工程在整个机器学习流程中是非常重要的一环，在此环节中，有很多枯燥、繁杂的工作需要处理，看起来不那么高大上，并且很多特征工程的技巧是需要经验积累的，也是领域相关的（不同的领域会有自己的一套做特征工程的方法和思路）。特征工程的质量往往直接决定了机器学习的最终效果，在机器学习圈有一句名言很好地说出了特征工程的价值——特征工程的好坏决定了机器学习能力的上限，而算法和模型只是无限逼近这个上限。

特征工程是一个比较花费人力的工作，虽然跟问题和领域相关，但是也有方法思路可供参考，下面简单介绍一下特征工程的一般流程和步骤，以及相关的方法与技巧。

1. 特征预处理

在真实业务场景中，数据一般会存在各种各样的问题，不能直接用于构建特征，在构建特征之前需要对数据进行适当的处理，下面讲解一些常见的数据问题及预处理方法。

（1）缺失值处理

实际上我们收集到的很多数据都是存在缺失值的，比如某个视频缺少总时长。对于用户属性数据来说，很多用户可能也不会填写完备的信息。一般缺失值可以用均值、中位数、众数等填充，或者直接将缺失值当作一个特定的值来对待。还可以利用一些复杂的插值方法，如样条插值等来填充缺失值。

（2）归一化

由于量纲不一样，不同的特征数值可能相差很大，直接将这些差别极大的特征灌入模型，会导致数值小的特征根本不起作用，一般我们要对数值特征进行归一化处理，常用的归一化方法有 min-max 归一化、分位数归一化、正态分布归一化、行归一化等。下面分别进行简单介绍。

min-max 归一化是求该特征样本的最大值和最小值，可采用如下公式来进行计算，归一化后所有值分布在 0 到 1 之间。

$$x^\star = \frac{x - x_{\min}}{x_{\max} - x_{\min}}$$

分位数归一化是将该特征所有的值从小到大排序，假设一共有 N 个样本，某个值 x 排在第 k 位，那么我们用下式来表示 x 的新值。

$$x^\star = \frac{k}{N}$$

正态分布归一化是先求出该特征所有样本值的均值 μ 和标准差 σ，再采用下式来进行归一化。

$$x^\star = \frac{x - \mu}{\sigma}$$

行归一化就是采用某种范数（比如 $L2$ 范数），让整列的范数为 1。这里举个简单例子说明一下：假设该列特征所在的列向量为 $(x_1, x_2, x_3, \cdots, x_n)$，那么基于 $L2$ 范数的行归一化的公式如下：

$$x^\star = \frac{x_i}{\sqrt{x_1^2 + x_2^2 + \cdots + x_n^2}}$$

（3）异常值与数值截断

对于数值型特征，可能会存在异常值，包括异常大和异常小的值。在统计数据的处理中有所谓的 3σ 准则，即对于服从正态分布的随机变量，该变量的数值分布在 $(\mu-3\sigma, \mu+3\sigma)$ 中的概率为 0.9974，这时可以将超出该范围的值看成异常值，采用向上截断（用 $\mu-3\sigma$ 截断）和向下截断（用 $\mu+3\sigma$ 截断）的方法来为异常值赋予新的值。对于真实的业务场景，可能还要根据特征变量的实际意义来进行处理，在笔者团队做视频推荐的过程中，经常会发现日志中视频的总时长是一个非常大的值（可能是在日志埋点时将时间戳混杂到时长中了），我们一般会用 180 分钟来截断电影的总时长，用 45 分钟来截断电视剧单集的总时长。

如果异常值所占样本比例非常小，也可以直接将包含异常值的样本剔除掉。在部分真实业务场景中，算法模型用到的特征非常多，虽然每个特征的异常值很少，但是如果特征总数很多，包含异常值的样本（只要包含某一个异常值的都算异常样本）总数可能也会很大，所以直接丢弃有时是不合适的。

（4）非线性变换

如果某个属性不同值之间的差别较大（比如年收入），或者想让模型具备更多的非线性能力（特别是对于线性模型），则需要对特征进行非线性变换，比如为值取对数（值都是正的情况下）作为最终的特征，也可以采用多项式、高斯变换、logistic 变换等方式转化为非线性特征。上面提到的分位数归一化、正态分布归一化其实都是非线性变换。

2. 特征构建

所谓特征构建是指从原始数据中提取特征，将原始数据空间映射到新的特征向量空间，使得在新的特征空间中，模型能够更好地学习数据中的规律。下面分别基于前面提到的 5 类重要的特征来介绍从原始数据构建相关特征的方法。此外，随着 Word2vec 及深度学习技术在推荐系统中的大规模应用，嵌入方法越来越受到欢迎，因此，下面也会单独讲一下嵌入特征，文本、富媒体一般可以转化为嵌入特征。

（1）离散特征

离散特征是非常常见的一类特征，用户属性数据、标的物属性数据中就包含大量的类别特征，如性别、学历、视频的类型、标签、导演、国别等。对于离散特征，一般可以采用如下几种方式进行编码。

1）one-hot 编码。它通常用于类别特征，如果某个类别特征有 k 类，我们为这 k 类固定一个序关系（随便什么序关系都可以，只是方便确认某个类在哪个位置），那么可以将每个值映射为一个 k 维向量，其中这个值所在的分量为 1，其他分量为 0。使用该方法时，如果类别的数量很多，特征空间会变得非常大。在这种情况下，一般可以用 PCA 等方法进行降维。

对于标签这种类别特征，可能每个视频会有多个标签，这时 one-hot 编码可以拓展为 n-hot 编码，也就是该视频包含的所有标签对应的分量为 1，其他分量为 0。

2）散列编码。对于有些取值特别多的类别特征（比如视频标签），使用 one-hot 编码得到的特征矩阵非常稀疏，如果再进行特征交叉，会使得特征维度爆炸式增长。特征散列的目标就是把原始的高维特征向量压缩成较低维特征向量，且尽量不损失原始特征的表达能力，其优势在于实现简单，所需额外计算量小。降低特征维度，也能加速算法训练与预测，降低内存消耗，但代价是通过哈希转换后学习到的模型变得很难检验（因为一般哈希函数是不可逆的），我们很难对训练出的模型参数做出合理解释。特征散列的另一个问题是可能会把多个原始特征哈希到相同的位置上，这会导致出现哈希冲突现象，但经验表明，这种冲突对算法的精度影响很小，通过选择合适的哈希函数也可以减少冲突概率。

3）计数编码。就是将所有样本中该类别出现的次数或者频次作为该值的编码，这类方法对异常值比较敏感（拿电影的标签来说，很多电影包含"剧情"这个标签，计数编码会让剧情的编码值非常大），也容易产生冲突（两个不同类别的编码一样，特别是对于很少出现的标签，编码值一样的概率非常大）。

4）离散特征之间交叉。就是类别特征之间通过笛卡儿积（或者笛卡儿积的一个子集）生成新的特征，通过特征交叉有时可以捕捉细致的信息，对模型预测起到很重要的作用。这里举个例子，比如用用户地域与视频语言做交叉，大家肯定知道广东人一般更喜欢看粤语剧，那么这个交叉特征对预测粤语视频的点击是非常有帮助的。实现类别交叉一般要求对业务有较好的理解，具备足够多的领域知识，这样才可以构建好的交叉特征。

上面讲的是两个类别特征的交叉，当然还可以做 3 个、4 个，甚至更多类别特征的交叉，两个类别交叉最多可以产生的新特征是这两个类别基数的乘积，所以交叉让模型的维数呈爆炸势增长，增加了模型训练的难度。此外，更多的特征需要更多的样本来支撑，否则极容易过拟合。对于样本量不够多的场景，不建议采用超出 2 个类别的交叉，也不建议用 2 个基数特别大的类别进行特征交叉。

5）离散特征与连续特征交叉。跟上面第 4 点讲的类似，我们也可以进行类别特征与数值特征之间的交叉，只不过这种交叉一般是针对某个类别具体值对应的数值特征进行统计（次数、和、均值、最值、方差等）。拿电影的语言和用户的年龄两个特征交叉来说，我们可以分别统计看过中文、英语等电影的用户的平均年龄。根据大家的经验，我们知道年轻人受教育程度高，英语会更好，所以看英语电影的人的平均年龄比看中文的平均年龄低。这类特征的交叉也需要基于具体业务场景及领域知识来做，否则获得的交叉特征可能无效，甚至导致模型中被引入噪音。

对于有序离散特征，我们可以用 0、1、2 等自然数来为他们编码，自然数的大小关系保证了它们之间的序关系。

（2）连续（数值）特征

连续型数据是机器学习算法可以直接使用的数据，对于连续型数据，我们一般可以通过如下几种方式来构建特征。

1）直接使用。机器学习算法是可以直接处理数值特征的，数值特征可能经过前面讲的特征预处理中的部分步骤再灌给模型使用。

2）离散化。有时连续特征需要进行离散化处理，比如视频在一段时间内的播放量对于视频点击 CTR 预估可能是一个重要的特征，因为播放次数跟视频的热度有很强的相关性，但是如果不同视频播放次数的数量级相差巨大（实际情况确实是这样，热门视频比冷门视频播放量高若干个数量级），该特征就很难起作用（比如 LR 模型，模型往往只对比较大的特征值敏感）。对于这种情况，通常的解决方法是进行分桶。分桶操作可以看作是先对数值变量的离散化，之后再进行 one-hot 编码。

分桶的数量和宽度可以根据业务知识和经验来确定，一般有三种分桶方式：

❑ 等距分桶，每个桶的长度是固定的，这种方式适用于样本分布比较均匀的情况。

❑ 等频分桶，即每个桶里样本量一样多，但也会出现特征值差异非常大的样本被放在同一个桶中的情况。

❑ 模型分桶，使用模型找到最佳分桶，例如利用聚类的方式将特征分成多个类别，或者利用树模型对特征分割点进行离散化，这些非线性模型天生具有对连续型特征切分的能力。

分桶是离散化的常用方法，连续特征离散化是有一定价值的：离散化之后得到的稀疏向量运算速度更快，计算结果易于存储。离散化之后的特征对于异常值也具有更强的鲁棒性。需要注意的是：

❑ 每个桶内都要有足够多的样本，否则不具有统计意义。

❑ 每个桶内的样本尽量分布均匀。

3）特征交叉。对于连续特征 x、y，通过非线性函数 f 的作用，可将 $z = f(x, y)$ 作为交叉特征，一般 f 可以是多项式函数，最常用的交叉函数是 $f = xy$，即两个特征对应的值直接相乘。通过特征交叉可以为模块提供更多的非线性，可以更细致地拟合输入输出之间的复杂关系，但非线性交叉会让模型计算处理变得更加困难。

（3）时空特征

时间和地理位置也是两类非常重要的特征，下面分别来说明怎么将它们转化为模型特征。

对于时间来说，一般有如下几种转换为特征的方式：

1）转化为数值。比如将时间转化为从某个基准时间开始到该时间经历的秒数、天数、月数、年数等。用更大的单位相当于对小单位四舍五入（比如用年数来表示时，不足一年的时间将会被忽略）。

2）将时间离散化。比如我们可以根据当前时间是不是节假日将时间离散化为 0、1 二值（1 是假日，0 是工作日）。再比如，如果我们构建的模型是与日期相关的，则可能只需要取"周几"这个量，那么时间就可以离散化为 0 ～ 6 七个数字（0 代表星期天，1 代表星期一，以此类推）。

对于地理位置来说，我们有行政区划，有经纬度表示，还有距离等表示方式，下面分别说明。

1）行政区划表示。典型的是用户所在地区，因为地区是固定的，数量也是有限的，这时地理位置就转化为离散特征了。

2）经纬度表示。地理位置也可以用经纬度表示，这时每个位置就转化为一个二维向量了（一个分量是经度，另一个分量是纬度）。

3）距离表示。对于像美团、滴滴这类基于 LBS 服务的产品，一般用商家或司机到用户的距离来表示位置，这时地理位置就转化为一个一维的数值了。

（4）文本特征

对于文本一般可以用 NLP 等相关技术进行处理，将其转化为数值特征。对于新闻资讯等文档，可以采用 TF-IDF、LDA 等将每篇文档转化为一个高维的向量表示，或者基于 Word2vec 等相关技术将整篇文档嵌入（Doc2vec）一个低维的稠密向量空间中。

（5）富媒体特征

对于图片、音频、视频等富媒体，一般也可以基于相关领域的技术获得对应的向量表示，这种向量表示可以作为富媒体的特征。这里不详细介绍，感兴趣的读者可以自行搜索学习。

（6）嵌入特征

上面文本、富媒体中提到的嵌入技术是非常重要的一类提取特征的技术。所谓嵌入，就是将高维空间的向量投影到低维空间，降低数据的稀疏性，减少维数灾难，同时提升数据表达的鲁棒性。随着 Word2vec 及深度学习技术的流行，嵌入特征越来越重要。

标的物嵌入分为基于内容的嵌入和基于行为的嵌入。前者使用标的物属性信息（如视频的标题、标签、演职员、海报图、视频、音频等信息），通过 NLP、CV、深度学习等技术生成嵌入向量。后者是基于用户与标的物的交互行为数据生成嵌入，以视频为例，用户在一段时间中前后点击的视频存在一定的相似性，通常会表现出对某类型视频的兴趣偏好，可能是同一个风格类别，或者是相似的话题等，因此我们将一段时间内用户点击的视频 id 序列作为训练数据（id 类比 Word，这个序列类比一篇文档），使用 Skip-Gram 模型学习视频的嵌入特征。由于用户点击行为具有相关关系，因此得到的嵌入特征有很好的聚类效果。在特征空间中，同类目的视频会聚集在一起，相似类目的视频在空间中的距离相近。在电视猫的相似视频推荐中，我们就是采用这种嵌入方法获得每个视频的嵌入向量的，然后进行聚类，将同一类别中的其他视频作为相关推荐，效果非常好。

实现用户嵌入，我们也有很多方法，下面是两种比较基础的方法。

可以将一段时间内用户点击过的视频的平均嵌入特征向量作为该用户的嵌入特征，这里的"平均"可以是简单的算术平均，可以是 element-wise max，也可以是根据视频的热度和时间属性等进行的加权平均或者尝试用 RNN 替换掉平均的操作。我们可以通过选择时间周期的长短来刻画用户的长期兴趣嵌入和短期兴趣嵌入。

另外，参考 YouTube 推荐系统（见本章参考文献 [6]）的思路，我们可以把推荐问题等价为一个多类别分类问题，使用 softmax 损失函数学习一个 DNN 模型，最终预测在某一时刻某一上下文信息下用户观看的下一个视频的类别，最后把训练好的 DNN 模型最后一层隐含层输出作为用户的嵌入向量（参考 10.3.1 节的介绍）。

3. 特征选择

特征选择是指从构建的所有特征中选择出一个子集，用于模型训练与学习。特征选择不光要评估特征本身，更需要评估特征与模型的匹配度，评估特征对最终预测目标的精准度的贡献。特征没有最好的，只有跟应用场景和模型合适的，特征选择对于构建机器学习应用是非常重要的一环，它主要有以下两个目的：

❑ 简化模型，节省存储和计算开销，让模型更易于理解和使用。

❑ 减少特征数量、降维，改善通用性、降低过拟合的风险。

知道了什么是特征选择以及特征选择的价值，下面提供实现特征选择的具体方法，包括基于统计量的方法和基于模型的方法。

（1）基于统计量选择

基于统计量选择主要有如下几种方式。

1）选择方差大的特征。方差反映了特征样本的分布情况，分布均匀的特征，样本之间的差别不大，该特征不能很好区分不同的样本，而分布不均匀的特征，样本之间有极大的区分度，因此通常可以选择方差较大的特征，剔除掉方差变化小的特征。具体方差多大算大，可以事先计算出所有特征的方差，选择一定比例（比如 20%）的方差大的特征，或者可以设定一个阈值，选择方差大于阈值的特征。

2）根据皮尔森相关系数选择。皮尔森相关系数是一种简单的能帮助理解特征和目标变量之间关系的方法，用于衡量变量之间的线性相关性，取值区间为 [-1, 1]，-1 表示完全的负相关，+1 表示完全的正相关，0 表示没有线性关系。在分析特征与目标之间的相关性后，可优先选择与目标相关性高的特征。如果两个特征之间线性相关度的绝对值大，说明这两个特征有很强的相关关系，我们没必要都选择，只选择其中一个即可。

3）根据覆盖率选择。特征的覆盖率是指训练样本中有多大比例的样本具备该特征。首先计算每个特征的覆盖率，然后将覆盖率很小的特征剔除，因为它们对模型的预测效果作用不大。

4）假设检验。先假设特征变量和目标变量之间相互独立，选择适当的检验方法计算统计量，然后根据统计量做出统计推断。例如对于特征变量为类别变量而目标变量为连续数值变量的情况，可以使用方差分析，对于特征变量和目标变量都为连续数值变量的情况，可以使用皮尔森卡方检验。卡方统计量取值越大，特征相关性越高。

5）互信息。在概率论和信息论中，互信息用来度量两个变量之间的相关性。互信息越大则表明两个变量的相关性越高，互信息为 0 时，两个变量相互独立。因此可以根据特征变量和目标变量之间的互信息来选择互信息大的特征。

（2）基于模型选择

基于模型的特征选择可以直接根据模型的参数来选择，也可用子集选择的思路选出特征的最优组合。

❑ 基于模型参数。对于线性模型，可以直接基于模型系数大小来决定特征的重要程度。对于树模型，如决策树、梯度提升树、随机森林等，每一棵树的生成过程都对应了一个特征选择的过程，在每次选择分类节点时，都会选择最佳分类特征来进行切分，重要的特征更有可能出现在树模型早期生成的节点上，它作为分裂节点的次数相对来说更多。因此，可以基于树模型中特征出现的次数等指标对特征重要性进行排序。如果我们想要得到稀疏特征或想对特征进行降维，可以在模型上主动使用正则化技术。使用 $L1$ 正则，调整正则项的权重，基本可以得到任意维度的稀疏特征。

❑ 子集选择。基于模型，我们也可以用子集选择的思路来选取特征。常见的有前向搜索和反向搜索两种思路。如果我们先从 N 个特征中选出一个最好的特征，然后让其余的 $N-1$ 个特征分别与第一次选出的特征进行组合，从 $N-1$ 个二元特征组合中选出最优组合，然后在上次的基础上添加另一个新的特征，再考虑 3 个特征的组合，以此类推，这种方法就是前向搜索。反之，如果我们的目标是每次从已有特征中去掉一个特征，并从这些组合中选出最优组合，这种方法就是反向搜索。如果特征数量较多、模型复杂，那么这种选择的过程是非常耗时间和资源的。我后面在讲到自动特征工程时会提到通过算法自动选择特征的技术方案。

4. 特征评估

所谓特征评估是指在将特征灌入模型进行训练之前，事先评估特征的价值，提前发现可能存在的问题，及时解决，避免将有问题的特征导入模型，导致训练过程冗长又得不到好的结果。特征评估是对选择好的特征进行整体评价，而不是所谓的对单个特征重要性的评判。特征评估包括特征的覆盖率、特征的维度、定性分析和定量分析等几种方式。

特征的覆盖率是指有多少比例的样本可以构建出相关特征。对于推荐系统来说，存在冷启动用户，因此对于新用户，如果选择的特征中包含从用户行为中获得的特征（新用户没有用户行为，或者用户行为很少），那么我们是无法为他构建特征的，也就无法利用模型来为他进行推荐了。

特征的维度衡量的是模型的表达能力，维度越高，模型表达能力越强，这时就需要使用更多的样本量、更多的计算资源和优秀的分布式计算框架来支撑模型的训练了。为了达到较好的训练效果，一般对于简单模型可以用更多维度的特征，而对于复杂模型可以用更少的维度。

定性分析是指构建的特征是否跟用户行为冲突，可以拿熟悉的样本来做验证，比如在视频推荐中，可以根据自己的行为来定性验证标签的正确性。我个人最喜欢看恐怖电影，那么基于标签构建特征，对于我的样本，恐怖这个标签的权重应该是比其他标签大的。

定量分析，通过常用的离线评估指标，如 Precision、Recall、AUC 等来验证模型的效果，当然，最终需要上线做 AB 测试来看是否可提升核心用户体验和商业化指标。

关于特征工程的其他介绍还可以参见本章参考文献 [1-3]，参考文献 [8，9] 也是两篇比较好的关于特征工程的介绍文档。另外，Spark 的 MLlib 中也集成了很多与特征工程相关的算子，参见本章参考文献 [10]。scikit-learn 中则包含大量与数据处理、特征构建、特征选择相关的算子，参见本章参考文献 [11]。

15.4　常用推荐算法之数据与特征工程

本节将基于 3 类主流的推荐产品形态来介绍相关的数据与特征工程。不同产品形态可以有不同的推荐算法实现，我们会根据常用的推荐算法来说明需要什么样的数据，以及怎么基于这些数据通过特征工程来构建特征，以用于推荐模型训练。

15.4.1　排行榜推荐

排行榜推荐是完全非个性化推荐，使用的是最简单的一类推荐算法，一般可以作为独立产品或者其他个性化推荐算法的默认推荐（兜底方案）。排行榜推荐一般只依赖于用户行为数据，根据用户在过去一段时间（比如过去一周、一月、一年等）的操作行为和标的物自身相关的属性特征，基于某个维度统计最受欢迎的标的物列表，以此作为推荐列表。常用的有最新榜（这个是根据标的物上线时间来统计的）、最热榜、收藏榜、热销榜等。

这类推荐算法也不需要什么复杂特征工程，只需要对数据进行简单的统计处理就可以了，一般用 "select id, sum（N）as num from Table group by id where time between T1 and T2 order by num desc limit 100" 这类 SQL 语句就可以搞定，这里的 N 是标的物的播放量、销量等，Table 是通过数据预处理生成的结构化的表，id 是标的物的唯一编码 id，$T1$ 和 $T2$ 是时间戳）。需要注意的是，对于不同类别的标的物（如电影和电视剧），如果要混合排序的话，需要将统计量（如播放量）归一化到同一个可比较的范围中。

15.4.2　标的物关联标的物推荐

标的物关联标的物推荐，就是我们通常所说的关联推荐，即给每个标的物关联一系列相关的标的物作为推荐列表。不同的算法对数据源、数据处理及特征工程有不同的要求，下面分别介绍。

1. 基于内容的关联推荐

如果是新闻资讯类标的物，一般我们可以用 TF-IDF 算法来向量化每篇新闻资讯，这样就可以根据向量相似度来计算两篇新闻资讯的相似度了。这时我们利用的数据就是标的物本身的文本信息，该算法也没有复杂的特征工程，只需将所有新闻资讯进行分词，构建词库，剔除停用词，得到最终所有词的 corpora。对于每篇新闻资讯，利用 TF-IDF 算法获得它们的向量表示，这个向量就可以认为是最终的特征。

当然也可以利用向量空间模型，将标的物的每一个属性转换为一个特征，进而获得特征表示。如果标的物包含标签信息，我们可以用每一个标签表示一个特征，然后采用 one-hot 编码的方式构建特征表示。如果标的物是图片、视频、音频等数据，也可以采用嵌入技术构建特征向量。

对于基于内容数据通过技术手段构建标的物的向量表示，可以参考 3.2.3 节来进行深入了解。

2. 基于协同过滤的关联推荐

传统的基于标的物的协同过滤，通过获取用户操作行为数据来构建用户操作行为矩阵，该矩阵的每一列就是某个 item 的特征向量表示，基于该向量就可以根据余弦计算相似度。基于矩阵分解的协同过滤，也是通过对用户行为矩阵进行矩阵分解来获得标的物特征矩阵的，该矩阵的每一列就是标的物的特征表示。这两类方法只需要利用用户行为数据即可，获得的标的物向量表示就是最终的特征，所以也不存在复杂的特征工程。具体可以参见第 4章和第 6 章中的相关介绍。

还有一种基于 Item2vec 的方法，它是通过用户行为数据来获得标的物的嵌入表示的，此方法也不需要进行复杂的特征工程，参见 9.4.2 节中的相关内容。

15.4.3 个性化推荐

个性化推荐是业界最常用的一种推荐产品形态，下面基于常用的个性化推荐算法来说明该算法所使用的数据集和相关特征工程方面的知识点。

1. 基于内容的个性化推荐

如果我们基于内容算法获得了每个标的物最相似的标的物列表，则可以基于用户的操作历史记录，采用类似 user-based 或者 item-based 这类线性加权的方式来获得用户的推荐，或者根据用户的操作历史获得用户的嵌入向量表示（用户操作过的标的物的向量表示的加权平均可以作为用户的嵌入表示）。也可以通过计算用户向量和标的物向量内积来获得用户对标的物的评分，并根据评分降序排序获得最终的推荐列表。具体细节请参考 3.2.4 节中的相关介绍，这类算法只需要用到用户操作行为数据及标的物相关数据，只需要做简单的数据预处理就可以，并不需要复杂的特征工程。

2. 基于协同过滤的个性化推荐

常规的 user-based、item-based、矩阵分解协同过滤，只需要基于用户行为数据使用简单的算法就可以获得给用户的推荐，不需要复杂的特征工程，参见第 4 章和第 6 章中的相关介绍，这里不再赘述。

3. 基于多数据源构建复杂特征的召回、排序模型

上面提到的推荐算法都是基于简单的规则或者人工假设的模型（如 user-based 协同过滤就假设相似的用户具有相同的兴趣爱好）来实现的，基本不涉及复杂的特征工程，因此一笔带过。下面提到的推荐召回、排序模型，都是需要通过构建复杂的特征来训练的，涉及的算法有多种，比如经典的 logistic 回归、FM 算法，还有最近比较火的深度学习等。这里我们重点讲解在视频场景中用经典的 logistic 回归模型来做推荐排序时涉及的特征工程相关知识点，深度学习模型的特征工程在后面也会粗略介绍。

下面以视频推荐为例，讲解如何利用 logistic 模型来预测用户对某个视频的点击率。样本是用户观看过的视频，每个用户视频对构成一个样本。这里正样本是用户点击播放过的视频（或者是播放时长超过一定时间的视频），而负样本可以是曝光给用户但是用户没有点击过的视频（或者播放时间少于某个阈值的视频）。

这类构建复杂特征来训练召回模型的方法，需要使用尽可能多的数据，才能构建足够多样的特征，所以一般用户行为数据、用户特征数据、标的物特征数据、上下文数据等都会被用到。下面分别对这 4 类数据构建的特征进行简单介绍。

- ❑ 行为特征：视频的播放时长、播放完整度、点赞、转发、分享、搜索、评论、收藏等多种互动行为都与用户的最终点击有关，都是可以构建成特征的。另外，用户登录时间分布、观看节目分布、观看时段等也属于行为特征。
- ❑ 用户属性特征：用户年龄、性别、学习、收入、是否是会员、地域等属于用户自身的特性。

❑ 节目属性特征：包括是否是会员节目、是否获奖、豆瓣得分、年代、是否高清（isHd）、地区、节目语言（language）、上映时间（show_time）等。

❑ 上下文特征（也叫作场景化特征）：是否是节假日、用户所在路径、用户所在位置、请求时间、用户手机品牌、手机型号、操作系统、当前网络状态（3G/4G/Wi-Fi）、硬件设备信息，当前版本、用户渠道等都属于上下文特征。

基于上面这些信息，我们可以构建 4 大类特征（基于 15.3.3 节中特征工程相关知识点），形成如图 15-8 所示的模型训练样本集合，通过特征构建、特征选择、训练、离线评估等步骤我们最终可以获得一个训练好的 logistic 回归模型。

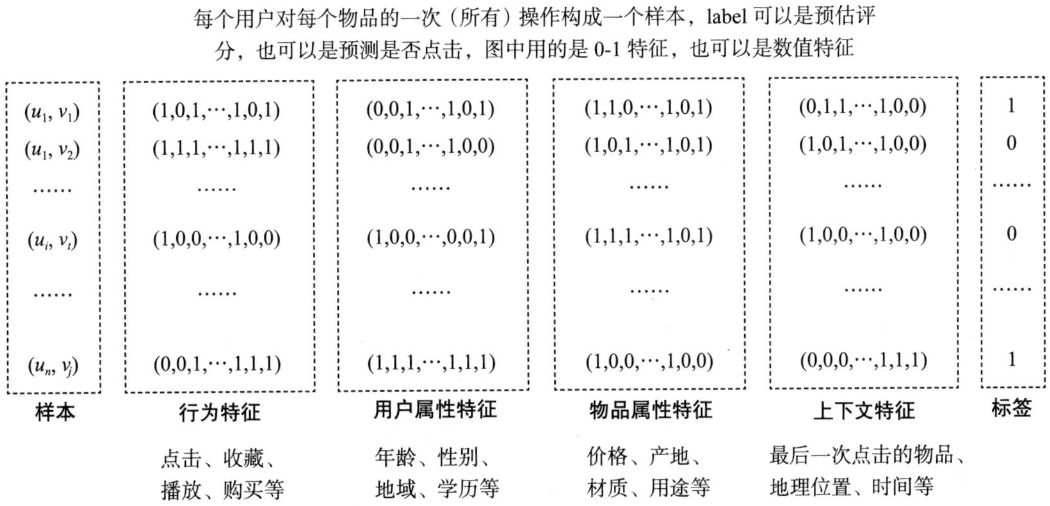

每个用户对每个物品的一次（所有）操作构成一个样本，label 可以是预估评分，也可以是预测是否点击，图中用的是 0-1 特征，也可以是数值特征

样本	行为特征	用户属性特征	物品属性特征	上下文特征	标签
(u_1, v_1)	$(1,0,1,\cdots,1,0,1)$	$(0,0,1,\cdots,1,0,1)$	$(1,1,0,\cdots,1,0,1)$	$(0,1,1,\cdots,1,0,0)$	1
(u_1, v_2)	$(1,1,1,\cdots,1,1,1)$	$(0,0,1,\cdots,1,0,0)$	$(1,0,1,\cdots,1,0,1)$	$(1,0,1,\cdots,1,0,0)$	0
……	……	……	……	……	
(u_i, v_t)	$(1,0,0,\cdots,1,0,0)$	$(1,0,0,\cdots,0,0,1)$	$(1,1,1,\cdots,1,0,1)$	$(1,0,0,\cdots,1,0,0)$	0
……	……	……	……	……	
(u_n, v_j)	$(0,0,1,\cdots,1,1,1)$	$(1,1,1,\cdots,1,1,1)$	$(1,0,0,\cdots,1,0,0)$	$(0,0,0,\cdots,1,1,1)$	1
	点击、收藏、播放、购买等	年龄、性别、地域、学历等	价格、产地、材质、用途等	最后一次点击的物品、地理位置、时间等	

$$\hat{y}(x) = \frac{1}{1 + \exp(w_0 + \sum_{i=1}^{n} w_i x_i)}$$

图 15-8　构建 logistic 模型及相关特征

虽然深度学习模型只需要将原始数据通过简单的向量化灌入模型后，再自动学习特征，就可以获得具备良好表达能力的神经网络，但是，并不代表深度学习模型就不需要做特征工程了。特征工程是算法工程师在对要处理的问题和业务进行深度理解和深刻洞察后，构建出可以很好预测模型目标的强相关性因子（特征），从而更好地帮助模型学习数据背后规律的一种方法，因此人工特征工程目前还是很难被算法直接取代的。将构建好的人工特征整合到深度学习模型中可以更好地发挥深度学习的价值。业界最出名的两个深度学习推荐模型（YouTube 深度学习推荐系统和 Google 的 Wide & Deep 模型）中就包含了大量的人工特征工程的技巧，读者可以参考第 10.3.1 节和 10.3.2 节的介绍。

通过上面的介绍我们知道经典的个性化推荐算法，如 item-based、user-based、矩阵分解、KNN 等属于基于简单规则（假设）的模型，模型是我们人为事先设定好的，比如利用内积来表示相似度，通过某个样本点最近的 K 个点的类别进行投票来确定该点的类别等，这类模型没有需要学习的参数（KNN 和矩阵分解中的隐因子数量都是人为事先确定的，属于超参数），这类算法只需要进行简单的数据处理或训练就可以为用户生成推荐，而包含大量参数的模型（如线性模型、FM、深度学习模型等）是需要做复杂的特征工程的。

15.5 推荐系统数据与特征工程的未来趋势

伴随着科技的发展，互联网技术渗透到了生活的方方面面，各类互联网产品层出不穷，而产品所提供的信息和服务更是呈爆炸势增长，这其中一个非常重要的帮助用户筛选、过滤信息的有效工具就是推荐系统，推荐系统一定是未来产品的标配技术，它一定会在更多的场景中得到应用。随着深度学习、强化学习等更多更新的技术应用于推荐系统，推荐的效果也越来越好。随着传感器种类的丰富、交互方式的多样化，我们可以收集到越来越多样的数据。用户对反馈及时性的强烈需要推动着互联网产品更加实时地处理用户的请求，为用户提供更加实时化的交互体验。从这些大的趋势来看，推荐系统依赖的数据和特征工程处理技术也会面临更多的变化与挑战，下面就基于笔者的理解和判断来说说在未来几年推荐系统数据与特征工程的几个重大变化和发展趋势。

15.5.1 融合更多的数据源来构建更复杂的推荐模型

数据是一切机器学习的基础，只有数据量够多、质量够好，才可以构建出高质量的推荐模型。本章总结了推荐系统四种数据源：行为数据、用户属性数据、物品属性数据和上下文数据。每类数据的种类趋向于多样化，拿行为数据来说，我们可以收集用户在手机屏上的滑动幅度、滑动速度、按压力度等数据；在车载系统或者智能音箱场景中，我们可以收集用户与机器的语音交互数据；在 VR/AR 场景中，我们可以收集用户手势、眼睛和头部转动等各种信息。如果智能推荐未来拓展到这些场景中，那么无疑这些数据对构建推荐系统是非常关键的。在社交场景中，用户的社交关系数据对构建推荐系统也是非常重要的。如果某个公司有多个 APP，那么可以将用户在多个 APP 上的行为联合起来进行学习，构建更好的推荐系统。

基于摄像头等各种传感器在各类物联网场景中的布局（当然包括在手机中），我们可以收集到更多与用户和标的物相关的视频、图像、语音等信息，从这些信息中可以挖掘出非常多有价值的特征（比如从人的声纹中可以识别性别、年龄、情绪等）用于构建推荐算法模型。交互方式的多样化也让我们可以收集到更多的上下文数据。

总之，未来的推荐系统会依赖更多的数据源。整合更多的信息，获得更多维度的特征，是构建更好的推荐算法模型的基础。

15.5.2 深度学习等复杂技术可减少人工特征工程的投入

在很多应用场景下基于深度学习技术构建的模型效果比传统算法好很多，深度学习另外一个被大家称道的优点是可以减少人工特征工程的烦琐投入，直接将较原始的数据灌入模型，即可让深度模型自动学习输入与输出之间的复杂非线性关系。

深度学习技术在推荐系统中的应用已逐步成熟，目前已应用到非常多的行业及场景中，获得了非常好的效果。未来的趋势是基于特定的应用场景，基于多样化数据构建场景化的特殊深度网络结构来获得更好的推荐效果。有了深度学习的加持，推荐算法工程师可以将更多的时间用于思考业务、构建更加有效的模型上，而不用将大量精力放到构建复杂的特征上。虽然深度学习可以减轻推荐算法工程师构建特征工程的负担，利用深度学习不需要做复杂特征工程就可以获得比简单模型复杂特征工程更好的效果，但特征工程仍是必要的，就如前面所述，构建好的特征可以大大提升深度学习模型的效果。

15.5.3　实时数据处理与实时特征工程

随着社会的发展，人们的生活节奏加快，人们的时间更加碎片化，怎样更好地占据用户的碎片化时间，是所有公司在开发产品的过程中需要关注的重要问题。这种社会趋势的出现，导致了新闻资讯、短视频应用的流行，在这些应用中，用户消费一个标的物的时间是非常短的（一般几秒钟到几分钟），在这类产品上构建推荐服务则会要求推荐系统可以近实时地响应用户的需求，因此我们需要近实时地收集处理数据、近实时地构建特征工程、近实时地训练算法模型、近实时地响应用户需求变化。现在实时大数据处理技术（如 Kafka、Spark Streaming、Flink 等）和一些实时算法（如 FTRL）的发展，让实时处理用户行为数据、实时构建特征和实时训练模型变得可行。但是，这一领域还不够成熟和完善，未来还有很长的路要走。

15.5.4　自动化特征工程

自动化机器学习（Automated Machine Learning，AutoML）是 2014 年以来机器学习和深度学习领域重要的研究方向之一（本章参考文献 [4] 是一篇关于自动机器学习最近进展的综述文章，参考文献 [5] 是一篇关于利用深度学习技术做自动化特征的文章，参考文献 [14] 是一篇关于自动化进行特征交叉的文章，读者可以自行学习）。机器学习过程需要大量的人工干预，这些人工干预表现在：特征提取、模型选择、参数调节等环节。AutoML 试图将这些与特征、模型、优化、评价有关的重要步骤自动化，使得机器学习模型无须人工干预即可自动化地学习与训练。微软开源的框架 Optuna（见本章参考文献 [16]）是超参调优自动化方面一次很好的尝试，该框架得到了业内很多工程师的关注和赞誉。

自动化特征工程也是 AutoML 研究中非常重要的一个子方向，在 AutoML 中，自动特征工程的目的是自动地发掘并构造相关的特征，使得模型有更好的表现。除此之外，还包含一些特定的特征增强方法，例如特征选择、特征降维、特征生成以及特征编码等。这些步骤的自动化目前都处于尝试和探索阶段，没有完美的解决方案。

虽然自动化特征工程是学术研究中非常火的一个方向，但目前还不够成熟，也没有非常有效的方法很好地应用于各类业务场景中。自动特征工程在真实业务场景中确实是一个比较强的需求，因为手动构建特征工程需要很强的领域知识，需要机器学习领域的专家参与，而既懂机器学习又对业务理解透彻的人毕竟是少数。对于提供机器学习服务的云计算公司或者 toB 创业公司，不可能为每个领域配备一批专家，因此也希望可以通过技术手段来做自动特征工程，以减少人力和资源的投入，加快项目的推进速度，在这方面国内的创业公司第四范式做了很多尝试。

对于自动特征工程在推荐系统中的应用，读者可以看看本章参考文献 [12, 13]，这两篇文章中提供了很多很好的方法和思路。

15.6　本章小结

本文对推荐系统算法模型构建过程中依赖的数据源进行了较全面的介绍，包括数据的种类、数据生成、数据预处理、数据存储等，这些数据是构建推荐模型的原料。在讲解数据的基础上，介绍了特征工程相关的概念和技术，通过特征工程可以将数据转化为推荐算法能直接使用的特征，这时推荐算法才能有用武之地。

此外，本章还讲解了常用的推荐算法是怎么使用数据和基于这些数据来构建特征的，有了这些知识，我们可以更好、更全面地理解推荐业务全流程，而不仅仅是知道算法。在最后，笔者根据自己的经验和理解，针对推荐系统在数据与特征工程的后续发展和面临的挑战进行了探讨，希望给读者提供一定的方向性指导。

推荐系统的数据与特征工程相关知识，一般书本上很少讲到但是在实际业务中非常重要，期望本章可以让读者较全面地了解这方面的知识，并能学以致用。

参考文献

[1] 爱丽丝·郑，阿曼达·卡萨丽. 精通特征工程 [M]. 北京：人民邮电出版社，2019.

[2] 锡南·厄兹代米尔，迪夫娅·苏萨拉. 特征工程入门与实践 [M]. 北京：人民邮电出版社，2019.

[3] Quanming Yao, Mengshuo Wang, Hugo Jair Escalante, et al. Taking the Human out of Learning Applications-A Survey on Automated Machine Learning [C]. [S.l.]:Arxiv, 2019.

[4] Weiping Song, Chence Shi, Zhiping Xiao, et al. AutoInt: Automatic Feature Interaction Learning via Self-Attentive Neural Networks [C]. [S.l.]:Arxiv, 2018.

[5] Paul Covington, Jay Adams, Emre Sargin. Deep Neural Networks for YouTube Recommendations [C]. [S.l.]:RecSys, 2016.

[6] Heng-Tze Cheng, Levent Koc, Jeremiah Harmsen, et al. Wide & Deep Learning for Recommender Systems [C]. [S.l.]:DLRS, 2016.

[7] hannahguo. 浅谈微视推荐系统中的特征工程 [A/OL]. 腾讯技术工程，（2019-12-06）. https://mp.

weixin.qq.com/s/EgiSIJCRfiRLKwHUC1m46A.

[8] 陈雨强 . 如何解决特征工程，克服工业界应用 AI 的巨大难关 [A/OL]. InfoQ，（2017-08-01）. https://www.infoq.cn/article/solve-feature-engineering-in-industry/#.

[9] Dataset transformations[A/OL]. scikit-learn，https://scikit-learn.org/stable/data_transforms.html.

[10] 第四范式技术团队 . AutoML 在推荐系统中的应用 [A/OL]. Gitbook，https://gitbook.cn/books/5bcd96da48da2b3b6ac43327/index.html.

[11] Yuanfei Luo，Mengshuo Wang，Hao Zhou，et al. AutoCross: Automatic Feature Crossing for Tabular Data in Real-World Applications [C]. [S.l.]:KDD，2019.

[12] 桑文锋 . 数据驱动：从方法到实践 [M]. 北京：电子工业出版社，2018.

[13] Toshihiko Yanase，Hiroyuki Vincent Yamazaki, et al. optuna[A/OL].Github（2018-05-10）. https://github.com/optuna/optuna.

推荐系统的工程实现

前面的章节主要讲解了与推荐算法相关的主题。在企业中要将推荐系统很好地落地到产品中，除了对算法原理的掌握，还必须要关注算法的工程实现，只有将算法很好地工程化，才能真正地产生业务价值。本章会结合笔者多年推荐系统开发的实践经验介绍推荐系统的工程实现，并简要说明要将推荐系统很好地落地到产品中需要考虑哪些工程问题及相应的思路、策略，其中有大量关于工程设计哲学的思考，希望对从事推荐算法工作或准备入行推荐系统的读者有所帮助。为了描述方便，本章主要基于视频推荐来讲解。

16.1 推荐系统与大数据

推荐系统是帮助人们解决信息获取问题的有效工具。对互联网产品来说，用户数和标的物总量通常都是巨大的，每天收集到的用户在产品上的交互行为数据也是海量的，这些数据的收集处理自然会涉及大数据相关技术，所以推荐系统与大数据有天然的联系，要落地推荐系统往往需要企业具备一套完善的大数据分析平台。上一章中也详细介绍了推荐系统依赖的数据源及数据 ETL、特征工程相关知识点，相信读者已经有所了解了。

推荐系统与大数据平台的依赖关系如图 16-1 所示。大数据平台包含数据中心和计算中心两大部分。数据中心为推荐系统提供数据存储，包括训练推荐模型需要的数据、依赖的其他数据，以及推荐结果数据等。而计算中心则用于提供算力支持，包括数据预处理、模型训练、模型推断（即基于学习到的模型，为每个用户进行个性化推荐）等。推荐系统属于面向终端用户的业务，借助数据中心和计算中心来完成为用户生成个性化推荐的任务。

大数据与人工智能具有千丝万缕的关系，互联网公司一般会构建自己的大数据与人工智能团队，构建大数据基础平台，并基于大数据平台构建上层业务，包括商业智能（BI）、推荐系统及其他人工智能业务等。图 16-2 所示是典型的互联网视频公司基于大数据等开源技术构建的大数据与人工智能业务的底层支撑体系。

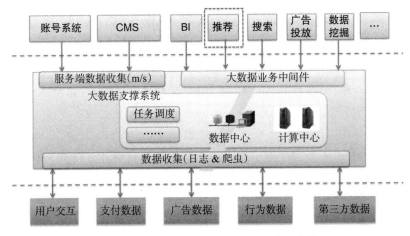

图 16-1 推荐系统在整个大数据平台的定位

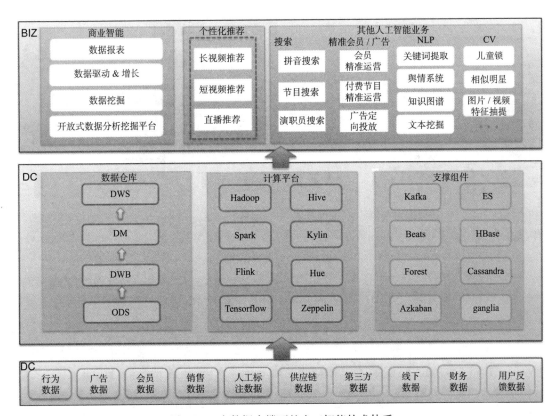

图 16-2 大数据支撑下的人工智能技术体系

最底层 DS 是数据层，通过各种数据收集技术将多源的数据收集到大数据平台，存放到数仓体系中，为上层业务提供数据支撑。当前比较火的数据中台理念就是将数据服务化、资产化，利用数据赋能前台业务。中间层 DC 是大数据中心，为上层业务提供数据支撑及算力支持，它所包含的很多支撑组件让数据服务和计算可以更加稳定、可靠地为上层业务提供支持。最上层 BIZ 是业务层，包括商业智能、个性化推荐、搜索、广告、NLP、CV 等各类大数据与 AI 业务，通过大数据和 AI 赋能产品，为用户提供数据化、智能化的服务，最终提升用户体验，增强企业的核心竞争力，为企业创造更多的商业价值。

推荐系统是众多前台业务中一个非常有商业价值并得到行业一致追捧和认可的领域。在产品中整合推荐系统是一个系统工程，让推荐系统在产品中产生价值，真正帮助到用户，提升用户体验的同时为平台方提供更大的收益是一件有挑战的事情，整个推荐系统的业务流可以用图 16-3 来说明，从获取数据源、构建模型特征、训练算法模型、实施推荐业务到上线评估，它是一个不断迭代优化的过程（借助 AB 测试和指标体系），是一个闭环系统。

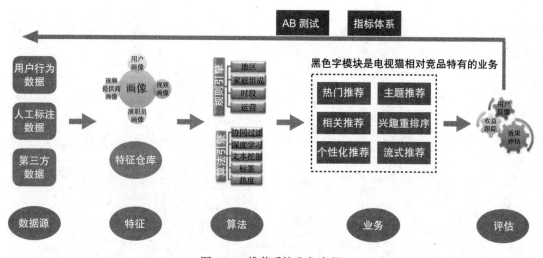

图 16-3　推荐系统业务流程

有了上面这些介绍，相信读者对大数据与推荐系统的关系有了一个比较清楚的了解，下面会着重讲解推荐系统工程实现相关的知识。

16.2　推荐系统业务流及核心模块

推荐系统是一个复杂的体系工程，涉及很多组件，我们先介绍一下构建一套完善的推荐系统涉及的主要业务流程及核心模块，具体流程如图 16-4。

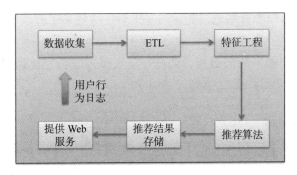

图 16-4 推荐系统业务流程和核心模块

16.2.1 数据收集模块

构建推荐模型需要收集很多数据，包括用户操作行为数据、用户（属性）相关数据、标的物（属性）相关数据、上下文数据等。如果将推荐系统比作厨师做菜，那么这些数据是构建推荐算法模型的各种食材和配料。巧妇难为无米之炊，要构建好的推荐算法，收集到足够多的有价值的数据是非常关键和重要的。上一章已经对推荐系统相关的数据进行了全面的介绍，这里不再赘述。

16.2.2 ETL 模块

收集到的原始数据一般是非结构化的，ETL 模块的主要目的是从收集到的原始数据中提取关键字段（拿视频行业来说，用户 id、时间、播放的节目、播放时长，播放路径等都是关键字段），并将数据转化为结构化的数据存储到数据仓库中。同时根据一定的规则或策略过滤掉脏数据，保证数据质量的高标准。在互联网公司中，用户行为数据跟用户规模呈正比，所以当用户规模很大时数据量也非常大，一般采用 HDFS、Hive、HBase 等大数据分布式存储系统来存储数据。用户相关数据、标的物相关数据一般是结构化的数据，可通过后台管理模块将数据存储到 MySQL、PostgreSQL 等关系型数据库中，或者快照到 Hive 表中。15.3.2 节中对数据预处理进行了比较详细的介绍，这里不细说。

16.2.3 特征工程模块

推荐系统采用各种机器学习算法来学习用户偏好，并基于用户偏好来为用户推荐标的物。这些用于训练的数据应该是可以被数学模型所理解和处理的，一般是向量的形式，其中向量的每一个分量 / 维度就是一个特征，所以特征工程的目的就是将推荐算法需要使用的原始数据通过 ETL 转换为推荐算法可以学习的特征。

当然，不是所有的推荐算法都需要特征工程，比如，如果要做排行榜相关的热门推荐，只需要对数据做统计排序处理就可以了。最常用的基于物品的推荐和基于用户的协同过滤也只用到用户 id、标的物 id、用户对标的物的评分三个维度，谈不上特征工程。像 logistic

回归等一些复杂的机器学习算法则需要做特征工程，一般基于模型的推荐算法都需要特征工程。

特征工程是一个比较复杂的过程，要做好需要很多技巧、智慧、行业知识和经验等。在 15.3.3 节中对特征工程已经做了非常完整的介绍。

16.2.4　推荐算法模块

推荐算法模块是整个推荐系统的核心之一，该模块的核心是根据具体业务及可利用的所有数据设计一套精准的、易于工程实现的、可以处理大规模数据的（分布式）机器学习算法，进而可以预测用户的兴趣偏好。这里一般涉及模型训练和预测这两个核心操作和模块。下面用一个图（如图 16-5 所示）简单描述这两个过程，这也是机器学习的通用流程。对于推荐算法，第二篇和第三篇中已经有过详细讲解，这里不再赘述。

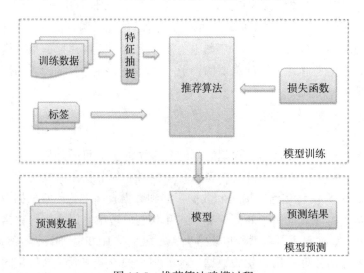

图 16-5　推荐算法建模过程

好的推荐工程实现，希望尽量将这两个过程解耦合，尽量做到通用，方便用到各种推荐业务中，后面在推荐系统架构设计一节中会详细讲解具体的设计思路和设计哲学。

16.2.5　推荐结果存储模块

在计算机工程中有所谓的"空间换时间"的说法，对于推荐系统来说，事先计算好每个用户的推荐，将推荐结果存储下来，可以更快地为用户提供推荐服务，及时响应用户的请求，提升用户体验（对于每天更新一次的推荐业务，这样做是非常合适的）。由于推荐系统会为每个用户生成推荐结果，并且每天都会（基本全量）更新用户的推荐结果，因此一般会采用 NoSQL 数据库来存储，并且要求数据库可拓展、高可用、支持大规模并发读写。

当然，事先存储起来不一定是唯一的解决方案，第 19 章会介绍另外一种为用户提供推荐服务的解决方案。但不管是哪种方案，肯定要借助数据库将依赖的部分数据存储起来，这样才能更好地为推荐服务提供数据支撑。

笔者在最开始做推荐系统时由于没有经验，直接将推荐结果存储在 MySQL 中，当时遇到的最大问题就是每天更新用户的推荐时，需要先找到用户存储的位置，再做替换。这样一来操作就很复杂，并且当用户规模大时，存在高并发读写，大数据量存储，MySQL 也扛不住。最好的方式是采用 CouchBase、Redis、HBase 等可以横向扩容的 NoSQL 数据库，以便完全避开 MySQL 的缺点。

推荐结果一般不是在模型推断阶段直接写入推荐存储数据库，较好的方式是通过一个数据管道（如 Kafka）来解耦，让整个系统更加模块化，易于维护拓展。

16.2.6　Web 服务模块

该模块是推荐系统直接服务于用户的模块，主要作用是当用户在 UI 上触达推荐系统时，触发推荐接口服务，为用户提供个性化推荐。该模块的稳定性、响应时长直接影响到用户体验。与上面的推荐存储模块类似，Web 服务模块也需要支持高并发访问、水平可拓展、亚秒级（一般 200 ms 之内）响应延迟。

第 18 章会讲解优质的推荐 Web 服务需要关注哪些点，具体怎么做，怎么衡量 Web 服务的质量等相关知识，在第 19 章也会讲解推荐 Web 服务相关的知识。

图 16-6 是笔者公司相似影片推荐算法的一个简化版业务流向图，供大家与上面的模块对照参考。

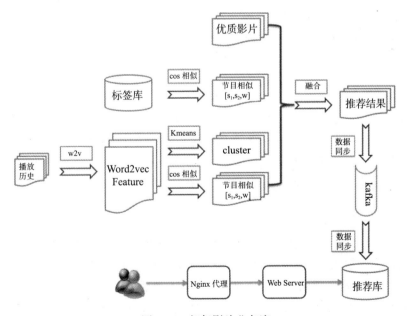

图 16-6　相似影片业务流

16.3 推荐系统支撑模块

如果想要使推荐系统很好地、稳定地发挥价值，需要通过一些支撑组件来辅助，这些支撑组件虽然不是推荐系统的核心模块，但却是推荐业务稳定运行必不可少的部分，主要包括如下 4 大支撑模块（见图 16-7）。

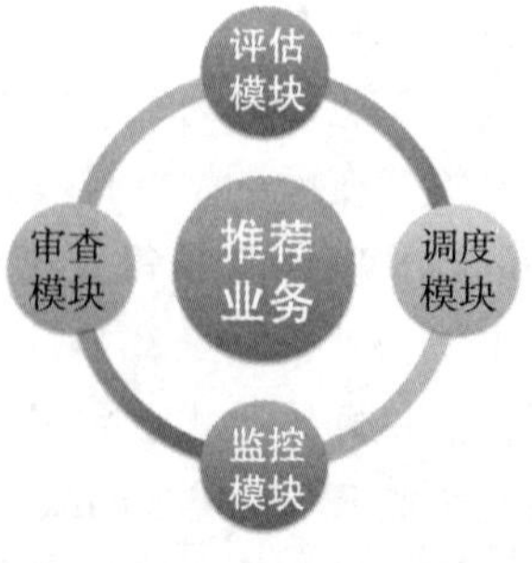

图 16-7 推荐系统核心支撑模块

16.3.1 评估模块

推荐评估模块的主要作用是评估整个推荐系统的质量及价值产出。一般来说可以从下面三个维度来评估。

❑ 离线评估：主要是评估训练好的推荐模型的质量，在上线服务之前需要评估该模型的准确度，一般是将训练数据分为训练集和测试集，训练集用于训练模型，而测试集用来评估模型的预测误差。第 13 章对推荐系统各个维度的离线评估进行了介绍，这里不再赘述。

❑ 服务能力评估：除了评估推荐模型外，还会考虑推荐 Web 服务的性能，推荐服务是否高性能、高可用、可拓展，推荐系统是否能够应对大规模数据运算等。第 18 章对什么是优质的推荐 Web 服务进行了详细介绍，读者可以参考。

❑ 在线评估：在模型上线提供推荐服务的过程中评估一些真实的用户体验指标、转化指标，比如转化率、购买率、点击率、播放时长等。线上评估一般会结合 AB 测试，对新上线的推荐算法一般会先利用较小的流量测试，如果效果达到期望再逐步拓展到所有流量，避免模型线上效果不好严重影响用户体验和收益指标等。第 14 章对推荐系统各个维度的业务价值已进行介绍，这里不再细说。

16.3.2 调度模块

一个推荐业务要产生价值，所有依赖的任务都要正常运行。推荐业务可以抽象为有向无环图（16.4 节会讲到将推荐业务抽象为有向无环图），因此需要按照该有向图的依赖关系依次执行每个任务，这些任务的依赖关系就需要借助合适的调度系统（比如 Azkaban、Airflow 等）来实现，早期笔者采用 Linux 的 Crontab 来调度，当任务量多的时候就不那么方便了，Crontab 也无法很好地解决任务依赖关系。

16.3.3 监控模块

监控模块的任务是当推荐业务（依赖的）任务由于各种原因调度失败、运行报错时可以及时告警，及时发现问题。在出现问题时会通过邮件或短信通知运维或业务的维护者，或者在后台自动拉起服务，重新执行（这要求你的业务是幂等的）。

我们可以对服务的各种状态进行监控，比如事先根据业务需要定义一些监控变量（如文件大小、状态变量的值、日期时间等），当这些状态变量无值或者值超过事先定义的阈值范围时及时告警。

监控模块的主要目的是保证推荐业务的稳定性，以便时刻为用户提供一致的、高质量的个性化推荐服务。监控模块的开发和设计一般需要运维人员来配合实施。

16.3.4　审查模块

审查模块要对推荐系统结果数据格式的正确性、有效性进行检查，避免错误产生，一般的处理策略是根据业务定义一些审查用例（类似测试用例），在推荐任务执行前或执行阶段对运算过程进行审查，发现问题及时告警。举两个例子，如果你的 DAU 是 100 万，每天都要为活跃用户生成个性化推荐结果，但是由于代码中存在一些比较隐秘的 Bug，只计算了 20 万用户的个性化推荐，这种情况仅通过监控是无法发现问题的，如果增加"推荐的用户数量跟 DAU 的比例控制在 1 附近"这个审查项，就可以避免出现问题。又比如，在推荐结果插入数据库过程中，开发人员升级了新的算法，不小心将数据格式写错（如 json 格式不合法），如果不加审查，会导致最终插入的数据格式错误，进而导致推荐接口返回错误或者挂掉，对用户体验会有极大负面影响。

审查模块跟上面的监控模块不一样，监控模块是监控推荐业务本身及其依赖的业务是否正常运行，而审查模块是对业务细节及逻辑层面的检查，避免业务逻辑出错导致影响推荐业务的正常运转，最终影响用户体验和业务指标。

其实，审查模块就是对推荐算法上线前的验证与测试，既可以利用测试资源人工完成测试验证，也可以进行自动化审查（即自动化测试），只不过一般推荐算法会升级比较频繁，升级时的检查点比较固定，基本可以做到自动化，所以这里的审查模块更多地指通过程序进行自动化检查。

16.4　推荐系统架构设计

笔者在早期负责推荐系统时经验不足，当时业务比较多，采用的策略是每个算法工程师负责几个推荐业务（一个推荐业务对应一个推荐产品形态），由于每个人只对自己的业务负责，因此大家都只关注自己的算法实现，事实上，我们用到的算法很多都是一样的（只是在不同推荐产品形态中进行了适当的微调），前期在开发过程中没有将通用的模块抽象出来，每个开发人员从 ETL、算法训练、预测到推荐结果存储都是独立的，并且每个人在实现过程中整合了自己的一些优化逻辑，一竿子插到底，导致资源（计算资源、存储资源、人力资源）利用率不高，开发效率低下，代码也极难复用。

经过几年的摸索，笔者所在团队构建了一套通用的算法组件 Doraemon 框架（就像机器猫的小口袋，永远有解决问题的工具），尽量做到代码的复用、资源的节省，大大提升了开发效率。开发过程的蜕变，可以用图 16-8 简单说明，大家也可从图中对 Doraemon 架构落地后推荐业务开发的变化有个大致的了解。

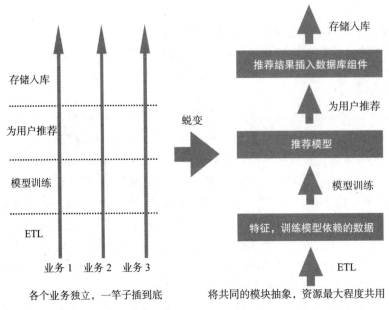

图 16-8 Doraemon 框架前后开发方式对比

构建 Doraemon 框架的初衷是希望像搭积木一样（见图 16-9），可以快速构建一套推荐算法体系，快速上线业务。算法或者处理逻辑就像一块一块的积木，而算法依赖的、输出的数据（及数据结构）就是不同积木之间衔接的"接口"。本着这种简单朴素的思想，下面详细说说构建这套体系的思路和策略。

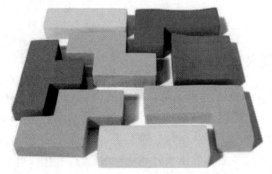

图 16-9 构建推荐业务应该像搭积木一样简单

注：图片来源于百度图片。

为了支撑更多类型的推荐业务，减少系统的耦合，便于发现和追踪问题，节省人力成本，方便算法快速上线和迭代，需要设计比较好的推荐系统架构，而好的推荐系统架构应该具备 6 大原则：通用性、模块化、组件化、一致性、可拓展性、抽象性。下面分别对这 6 大原则做简要说明，阐述清楚它们的目标和意义。

1. 通用性

所谓通用，就是该架构具备包容的能力，业务上的任何推荐产品都可以用这一套架构来涵盖和实现。对于多条相似的产品线，也可以采用同样的一套架构来满足。

2. 模块化

模块化的目的在于将一个业务按照其功能做拆分，使其分成相互独立的模块，且每个模块只包含与其功能相关的内容，模块之间通过一致性的协议调用（在 Doraemon 框架中两个模块是通过数据交互协议来衔接的）。将一个大的系统模块化之后，每个模块都可以被高度复用。模块化的目的是复用，模块化后，各个模块可以重复使用到不同的推荐业务逻辑，甚至不同的产品线中。

3. 组件化

组件化就是基于方便维护的目的，将一个大的软件系统拆分成多个独立的组件，主要目的就是减少耦合。一个独立的组件可以是一个软件包、Web 服务、Web 资源或者是封装了一些函数的模块（16.2 节和 16.3 节中的各个模块可以算作是不同的组件）。这样，独立出来的组件可以单独维护和升级而不会影响到其他的组件。组件化的目的是解耦，把系统拆分成多个组件，确定各个组件边界和责任，便于独立升级和维护。组件可插拔，可通过组件的拼接和增减提供更完整的服务能力。

组件化和模块化类似，都是为了更好的解耦和重用，就像搭积木一样构建复杂系统。组件化是从业务功能的角度进行的划分，是更宏观的视角，而模块化是从软件实现层面进行的划分，是偏微观的视角，一个组件可以进一步分为多个模块。

4. 一致性

一致性指模块的数据输入输出采用统一的数据交互协议，做到整个系统一致。对于 Doraemon 框架，我们是基于 Spark 进行二次开发和封装的，所有模块之间的数据交互都基于 DataFrame 进行，比较一致和统一。

5. 可拓展性

可拓展性要求系统具备支撑大数据量、高并发的能力，并且容易在该系统中增添新的模块，提供更丰富的能力，让业务更加完备自洽。

6. 抽象性

将相似的操作和流程抽象为统一的操作，主要目的是简化系统设计，让系统更加简洁通用。推荐系统借用的数学中的概念抽象如下。

❑ 操作 / 算法抽象：我们先对数据处理或算法做一个抽象，将利用输入数据通过"操作"得到输出的过程抽象为"算子"，按照这个抽象，ETL、机器学习训练模型、机器学习推断都是算子。输入输出可以是数据或者模型。一个算子可以有一个或者多个输入、输出，如图 16-10 所示。

图 16-10　算法或操作的算子抽象

❑ 业务抽象：任何一个推荐业务都可以抽象为以数据／模型为节点、算子为边的"有向无环图"。图 16-11 是笔者团队实现的一个利用深度学习做电影猜你喜欢的推荐业务流程，整个流程是由各个算子通过依赖关系链接起来的，整个算法的实现就是一个有向无环图。

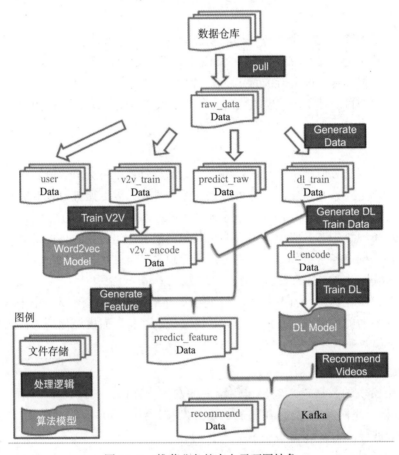

图 16-11 推荐业务的有向无环图抽象

根据 Doraemon 系统的设计哲学及上面描述的推荐系统的核心模块，再结合业内一般将推荐系统分为召回（将用户可能会喜欢的标的物取出来）和排序（将取出的标的物按照用户喜好程度降序排列，最喜欢的排在前面）这两个过程，可以为推荐系统设计如下组件。

❑ 基础组件：指业务枚举类型、常量、路径处理、配置文件解析等。

❑ 数据读入组件：包括从 HDFS、数据仓库、HBase、MySQL 等相关数据库读取数据的操作，将这些操作封装成通用操作，方便所有业务线统一调用。

❑ 数据流出组件：与数据读入组件类似，将推荐结果插入最终存储（如 Redis、CouchBase 等）的操作封装成算子，我们一般是将推荐结果流入 Kafka，利用 Kafka 作为数据管道，再从 Kafka 将数据插入推荐存储服务，这样做的目的是将推断过程跟数据存储服务解耦。

❑ 算法组件：这是整个推荐系统的核心。在工程实现过程中，我们将推荐系统中涉及的算子抽象为 3 个接口：AlgParameters（算子依赖的参数集合，如模型的超参等）、Algorithm/AlgorithmEx（具体的算法实现如果依赖模型，则采用 AlgorithmEx，比如利用模型做推断）、Model（算法训练好的模型，包括模型的导入、导出等接口）。图 16-12 给出了这 3 个接口包含的具体方法以及 Spark MLlib 中的矩阵分解基于该抽象的实现。在笔者公司的推荐业务实践中发现上述抽象很合理，基本推荐业务涉及的所有算子（ETL、模型训练、模型推荐、排序框架、数据过滤、具体业务逻辑等）都可以采用该方式很好地抽象。

❑ 评估组件：主要是包括算法训练过程的离线评估等。

❑ 其他支撑组件：比如 AB 测试等，都可以整合到 Doraemon 框架中。

算子抽象为 3 个接口

矩阵分解算法基于
接口抽象的实现

图 16-12　Doraemon 中算子的抽象及矩阵分解算法

这里要特别说一下，数据（模型）作为算子的输入输出，一定要定义严格的范式（具备固定的数据结构，比如矩阵分解训练依赖的数据有三列，一列是用户 id，一列是标的物 id，一列是用户对标的物的评分），Spark 的 DataFrame 可以很好地支撑各种数据类型，前面也讲过，Doraemon 中数据交互的格式采用的就是 DataFrame。数据格式定义好后，在算子读入或者输出时，对类型做校验可以很好地避免很多由于业务开发疏忽导致的问题。这有点类似强类型编程语言，在编译过程就可以检查出类型错误。我们将上面的 6 类组件封装成一个 Doraemon 的 lib 库，供具体的推荐业务使用。

基于大数据的数据中心和计算中心的抽象，我们将所有推荐业务中涉及的数据和算子分别放入数据仓库和算子仓库（其实就是一个由算法封装成的 jar 包，即 Doraemon.jar），开发推荐业务时根据推荐算法的业务流程从这两个仓库中拿出对应的"积木"来组装业务，参考图 16-13。

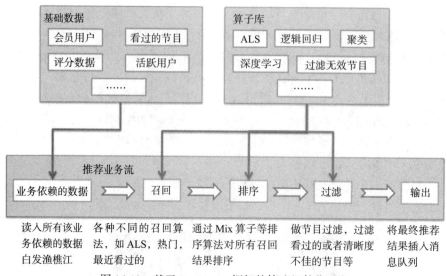

图 16-13 基于 Doraemon 框架的算法组件化开发

基于上面的设计原则，可以将推荐业务抽象为"数据流"和"算子流"这两个流的相互交织，利用 Doraemon 框架构建的一个完善的推荐业务流程如图 16-14 所示。

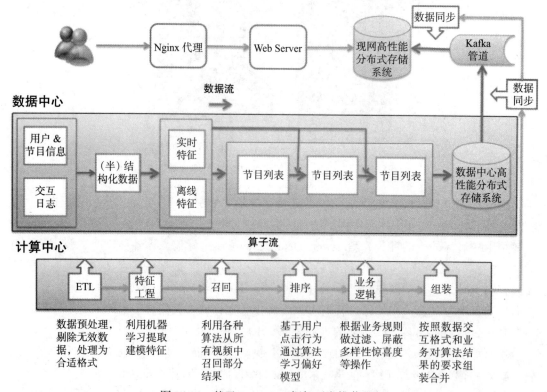

图 16-14 基于 Doraemon 框架开发推荐业务

　　另外，如果公司做产品线的拓展，比如拓展新产品抖音、西瓜视频、火山小视频等，可以先基于推荐算法范式实现很多推荐业务（比如猜你喜欢、相似影片、热门推荐等），将这些业务封装到一个名为 DoraemonBiz.jar 的 jar 包中（DoraemonBiz.jar 是基于具体的推荐业务利用 Doraemon.jar 中的算子组装成的业务单元，是直接可以用于推荐业务产品化的），之后这些能力就可以直接平移到新的产品线上，赋能新业务了。这种操作就是二次封装，具有极大的威力，下面给一个形象的图示来说明这种二次赋能的逻辑，让读者更好地理解这种思想（如图 16-15 所示）。

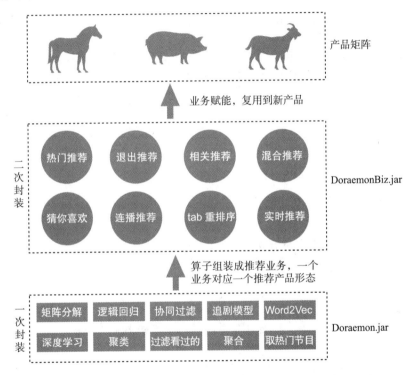

图 16-15　通过二次封装，构建推荐业务单元，赋能到新产品矩阵

　　从上面的介绍相信大家已经感受到了 Doraemon 框架的威力，有了这套框架，我们就可以高效地开发算法，快速地构建推荐业务了。如果需要开发新的算子，我们可以将这些新算子实现并封装到 Doraemon.jar 中；如果需要开发新的推荐产品形态，我们可以基于 Doraemon 中的算子组装新的推荐业务，并封装到 DoraemonBiz.jar 中。通过这种方式，我们可以不断拓展 Doraemon 的能力，让 Doraemon 成长为具备更多技能（算子及业务能力）的巨人！

16.5　推荐系统工程实现的设计哲学

　　要为推荐系统设计一套好用、高效的工程框架并不容易，往往需要踩过很多坑，要有多年经验的积累。前面在 16.4 节已经说了很多构建 Doraemon 框架的设计原则，本节试图从整个推荐业务工程实现的角度给出一些可供参考的设计哲学，以便读者可以更好地将推荐系统落地到业务中。

16.5.1 什么是好的推荐系统工程实现

什么是好的推荐系统工程实现？这个问题似乎标准的答案，不同的人有不同的理解，不同行业可能也会有一些差别。就笔者个人来说，我认为好的工程实现需要满足如下几个原则：

1）别人很容易理解你的逻辑。毕竟代码是给人看的，是为了更好地进行知识的积淀和传承。

2）按照业务流 / 数据流来组织代码结构。推荐系统是一种数据化应用，并且跟业务关系紧密，按照数据流 / 业务流来组织是最容易理解的。

3）便于 debug。推荐系统作为一项工程技术，出问题和故障是不可避免的，业务实现易于发现问题真的非常重要。

4）保证数据存储结构、代码模块、业务逻辑的一致性，便于学习、理解和问题排查。

16.5.2 推荐系统工程实现的原则

下面这 5 条原则，是笔者在推荐系统工程实现方面的经验总结，我们的 Doraemon 框架也是采用这一原则来开发的。

1）尽量将逻辑拆解为独立的小单元。

2）代码单元的输入输出定义清晰。

3）设置合适的交互出入口。

4）确定通用一致的数据交互格式。

5）数据存储、业务功能点、代码单元保持一一对应的关系（参考下一节的图 16-16）。

16.5.3 怎样设计好的推荐系统工程架构

推荐系统是典型的数据服务系统，按照数据流来组织工程实现模块是非常自然的，推荐系统包括数据的读取、数据预处理、模型构建、模型推断、结果存储等 pipeline 模块，我们需要对于推荐系统的整体架构有比较清晰的理解，需要知道哪些模块是最核心的，模块之间是怎么衔接的。具体来说，要设计一个好的推荐系统工程架构需要做到如下几点。

1）确定思考问题的主线：根据数据流或者业务流来组织模块。

2）厘清推荐系统业务流或数据流的架构（最好可以画出架构图）。

3）确定核心功能模块。

4）根据核心功能模块组织代码目录结构和数据存储结构。

5）定义清晰明确的接口及数据格式。

6）尽量文档化所有的模块及功能点。

图 16-16 是笔者团队开发的深度学习猜你喜欢推荐系统（基于 TensorFlow 开发，是 YouTube 深度学习推荐系统在笔者公司的实现）的业务流程图，代码组织结构和数据在本地文件系统中的存储结构基本是按照上述设计原则来做的，看起来很清晰，方便理解和问题排查。

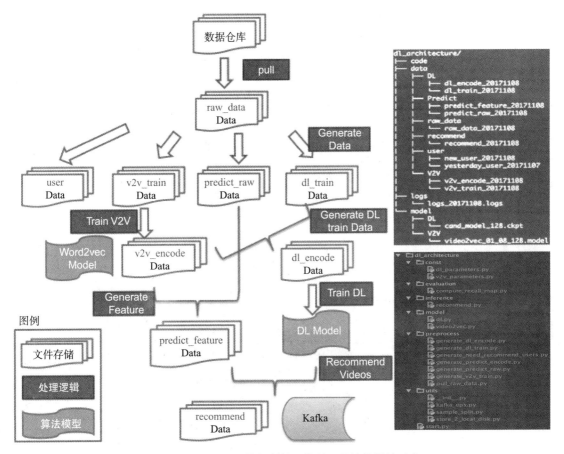

图 16-16　业务流、数据存储、代码工程结构保持对应

16.6　近实时个性化推荐

推荐系统在实现实际业务时一般采用 *T*+1 的推荐方式（每天更新一次推荐，今天利用昨天之前的数据计算用户的推荐结果）。随着移动互联网的深入发展，特别是今日头条和快手等新闻、短视频 APP 的流行，越来越多的公司采用 *T*+1 与实时策略相结合（比如采用流行的 Lambda 架构，图 16-17 是一个采用 Lambda 架构的推荐架构图，供参考）的方式将推荐系统做到了近实时推荐，即根据用户的兴趣变化实时为用户提供个性化推荐。像新闻、短视频这类满足用户碎片化时间需求的产品，做到实时个性化可以极大提升用户体验，这样可以更好地满足用户需求，提升用户在产品上的停留时间。

实时个性化推荐的设计思路本质上与上面讲解的内容没有什么两样。但是，实时推荐需要对数据进行实时处理、实时为用户推荐，对数据处理的速度、性能、架构等提出了更高的要求。第20章会讲解实时个性化推荐相关的技术及工程实现，同时在第26章会介绍一个利用标签进行实时短视频推荐的案例。

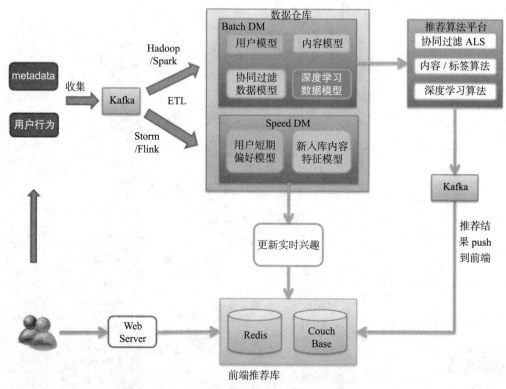

图 16-17 实时推荐系统的 Lambda 架构

16.7 推荐系统业务落地需要关注的问题

推荐系统要想很好地落地到产品中并产生业务价值，除了算法实现、核心模块和支撑模块的构建外，还有很多方面需要考虑，下面简单描述一下其他需要考虑的问题，深入理解这些问题，对真正发挥出推荐系统的价值有非常大的帮助。

1. 二八定律

你的产品可能包含很多推荐模块，但是在投入精力迭代优化的过程中，需要将核心精力放到用户触点多的产品（位置好，更容易曝光给用户的推荐产品）上，因为这些产品形态占整个推荐价值产出的绝大部分。这个道理看起来谁都懂，但在实际工作中一直坚守这个原则还是很难的。

2. "高大上"的算法与工程可实现性、易用性之间的平衡

刚从事推荐算法开发的工程师会觉得算法的价值是巨大的,一个"高大上"的算法可以让产品一飞冲天。殊不知很多在顶级会议上发表的绝大多数"高大上"的算法遇到工业级海量数据、大规模的分布式计算场景时难以落地。有用的推荐算法一定是易于工程实现的,跟公司当前的技术架构、人员能力、可用资源是匹配的。

3. 冷启动

冷启动是推荐系统非常重要的一块,特别是对新产品,这块设计策略好不好直接影响用户体验,冷启动有很多实现方案在第 8 章已经做过完整的介绍。

4. 好的 UI 和交互逻辑

好的产品 UI 和交互逻辑有时比好的算法更管用,推荐算法工程师一定要有这种意识,平时在做推荐系统时,也要往这方面多思考,比如当前的 UI 及交互是否合理,是否还有更好的方式,多参考或者咨询一下设计师的思路想法,多体验一下竞品,往往会有新的收获。图 16-18 是一个电视猫产品的例子,好的 UI 交互可以极大提升用户体验和点击。第 22 章会专门介绍这方面的知识。

5. 量化推荐系统的价值

让推荐系统发挥价值,首先要度量出推荐系统的价值。只有量化出推荐系统的价值,推荐工程师的价值才能够被公司认可,老板才愿意在推荐系统上投入更多的资源。关于这一块我们已经在第 14 章进行过详细介绍,这里不再赘述。

进入老的节目详情页时,光标停留在播放正片上,需要用户滑动三下进入相似影片,操作体验较差

进入新的节目详情页时,相似影片直接在节目下,一眼就可以看到,操作体验极好

图 16-18　好的 UI 和交互的价值甚至比好的算法大

16.8 推荐系统的技术选型

根据 16.1 节对推荐系统与大数据的描述可知，推荐业务落地依赖大数据技术，推荐系统的中间过程和结果的存储需要依赖数据库，推荐系统接口的实现需要依赖 Web 服务框架。这些方面的软件和技术在前面基本都有简单介绍，也都有开源的软件供选择，对创业公司来说，没有资源和人力去自研相关技术，选择合适的开源技术是最好最有效的方案。本节将详细描述推荐系统算法开发所依赖的机器学习软件选型，方便大家在工程实践中参考选择。

由于推荐系统落地强依赖于大数据相关技术，而最流行的开源大数据技术基于 Hadoop 生态系统，所以推荐算法技术选型要围绕大数据生态系统来展开，且需要无缝地将大数据和人工智能结合起来。

在大数据生态系统中，有很多机器学习软件可以用来开发推荐系统，比如 Apache 旗下的工具 Spark MLlib、Flink-ML、Mahout、SystemML。以及可以运行在 Hadoop 生态系统上的 DeepLearning4J（Java 深度学习软件）、TonY（TensorFlow on YARN，LinkedIn 开源的）、CaffeOnSpark（雅虎开源的）、BigDL（基于 Spark 上的深度学习、Intel 开源的）等。

随着人工智能第三次浪潮的到来，以 TensorFlow、PyTorch、MxNet 等为代表的深度学习工具在工业界被大量采用，TensorFlow 上有关于推荐系统、排序框架的模块和源代码，可供学习参考，通过简单修改即可直接用于推荐业务中。这在 10.4 节中已经做过介绍。

另外像 XGBoost、scikit-learn、H2O、Gensim 等也是非常流行实用的框架，可以用于实际工程项目中。国内也有很多开源的机器学习框架，腾讯开源的 Angel（基于参数服务器的分布式机器学习平台，可以直接运行在 yarn 上）、百度开源的 PaddlePaddle（深度学习框架）、阿里开源的 Euler（图深度学习框架）、X-DeepLearning（深度学习框架）等，也值得大家学习参考。

笔者所在公司主要采用 Spark MLlib、TensorFlow、Gensim 等框架来实现推荐系统算法的开发，基本可以满足推荐系统各个业务的需要。其中以 Spark MLlib 为主，我们的 Doraemon 框架也是基于 Spark 二次封装实现的。TensorFlow、Gensim 只是作为部分业务的补充。

至于开发语言，Hadoop 生态圈基本采用 Java/Scala，深度学习生态圈基本采用 Python（TensorFlow、PyTorch 都采用 Python 作为用户使用软件的开发语言，但它们的底层还是用 C++ 开发的），所以采用 Java/Scala、Python 作为开发语言有很多开源框架可供选择，相关的生态系统也很完善。

大数据系统目前在业界只有一个 Hadoop 生态系统，这是任何一个 toC 的互联网公司必须要使用的技术。如果推荐业务采用 Python 系的框架，那么需要面对的问题是怎么打通 Python 系框架和大数据框架之间的鸿沟，10.6.3 节给出了两个可能的工程实现方案，供参考。

随着大数据、云计算、深度学习驱动的人工智能浪潮的发展，越来越多顶级科技公司开源出很多好用的、有价值的机器学习软件工具，可以直接用于工程中，也算是创业公司的福音。

16.9　推荐系统工程的未来发展

随着移动互联网、物联网的发展，5G 技术的商用，未来推荐系统一定是互联网公司产品的标配技术和标准解决方案，推荐系统会被越来越多的公司采用，用户也会越来越依赖推荐系统来做出选择。

在工程实现上，推荐系统会越来越依赖实时推荐技术更快地响应用户的兴趣（需求）变化，给用户提供强感知的推荐服务，最终提升用户体验，增加公司收益。

未来一定会有专门的开源的推荐引擎出现，并且它会提供一站式服务，让搭建推荐系统成本越来越低（现在也有少量的开源推荐项目，但是基本是偏学术研究的，还不能真正方便地用于工程中）。同时随着人工智能的发展，越来越多的云计算公司会提供推荐系统的 PaaS 或者 SaaS 服务（现在就有很多创业公司提供推荐服务，只不过做得还不够完善），创业公司可以直接购买推荐系统云服务，让搭建推荐系统不再是技术壁垒，到那时推荐系统的价值将会大放异彩！

当推荐系统云服务成熟时，不是每个创业公司都需要推荐算法开发工程师，只要你理解推荐算法原理，知道怎么将推荐系统引进产品中创造价值，就可以直接采购推荐云服务来构建推荐产品。就像李开复博士最新的畅销书《AI 未来》中所说的，很多工作会被 AI 取代，所以推荐算法工程师也要有危机意识，要不断培养对业务的敏感度、对业务的理解力。真到那个时候，也可以做一个推荐算法商业策略师。

16.10　本章小结

本章讲解了推荐系统工程实现方面的知识，介绍了推荐系统与大数据的关系，推荐系统包含的核心模块和支撑模块及其作用与价值，特别是对推荐系统架构设计和工程实现哲学进行了详细介绍。笔者公司打造的 Doraemon 框架可以作为读者构建推荐系统架构的参考。本章最后讲解了近实时个性化推荐、推荐系统业务落地需要关注的一些问题、技术选型及推荐系统工程实现上未来可能的发展与变化。

本章所讲内容是笔者多年推荐系统学习、实践经验的总结，希望能够对从事推荐系统开发的读者有所帮助，让读者在工程实现上少走弯路。

AB 测试平台的工程实现

第 13 章和第 14 章提到了 AB 测试的重要性，新的推荐算法发布到现网时需要做 AB 测试，对比新算法和老算法在关键指标上的差异，只有当新算法明显优于老算法时才会完全取代老算法。其实，AB 测试的价值不止体现在推荐系统中，它在整个互联网产品的迭代过程中都得到了广泛而深入的应用。

本章将对 AB 测试做一个比较全面的介绍，会从什么是 AB 测试、AB 测试的价值、什么时候需要 AB 测试、AB 测试的应用场景、AB 测试平台的核心模块、业界 AB 测试的架构实现方案、推荐系统业务 AB 测试实现方案、构建 AB 测试需要的资源及支持、构建 AB 测试需要关注的问题等 9 个方面来讲解 AB 测试技术。

AB 测试在推荐系统算法的迭代中起着非常关键的作用，是推荐系统非常核心的支撑能力，希望本章能够帮助读者更好地理解 AB 测试的价值，了解相关应用场景，结合本章提供的实现方案，可以在具体业务中快速落地 AB 测试技术，并应用到真实业务场景中，真正用 AB 测试工具驱动公司业务增长。

17.1　什么是 AB 测试

AB 测试的本质是分离式组间试验，也叫对照试验，在科研领域中已被广泛应用（它是药物测试的最高标准）。自 2000 年谷歌工程师将这一方法应用到互联网产品中以来，AB 测试越来越普及，已逐渐成为衡量互联网产品运营精细度的重要体现。

简单来说，AB 测试在产品优化中的应用方法是：在产品正式迭代发版之前，为同一个目标制定两个（或两个以上）可行方案，将用户流量分成几组，在保证每组流量的控制特征不同而其他特征相同的前提下，让用户分别看到不同的设计方案。它会根据几组用户的真实数据反馈，科学地帮助我们进行产品迭代决策（比如你想优化某个位置的文案颜色，觉得蓝色比红色好，就可以保持这个位置一组流量的文案是红色，一组是蓝色，其他都相同，这就是进行 AB 测试）。AB 测试的原理如图 17-1。

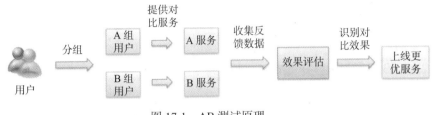

图 17-1　AB 测试原理

AB 测试是一种科学的评估手段，有概率统计学理论的支撑。这里简单解释一下原理。概率论中有一个中心极限定理，意思是独立同分布的随机变量的和服从正态分布。基于 AB 测试，我们比较的是两组样本的平均表现，AB 测试会保证 A、B 两组某个因素不一样（这就是我们要验证的优化点），但其他很多未知的影响因素一样（这些因素是独立同分布的随机变量），当 A、B 两组样本足够多时，这些其他因素产生的效果是满足同一正态分布的，因此可以认为它们对要验证的变量的作用是相互抵消的，这样待验证因素（即我们的控制变量）的影响就可以进行比较了，因此我们就可以通过实验来验证优化是否有效。

Google、Facebook、百度、阿里、腾讯、大众点评等互联网公司很早就采用 AB 测试技术来驱动业务发展，为公司创造价值。业内也有很多提供 AB 测试 SaaS 服务的创业公司，他们通过定制化的 AB 测试方案来为其他公司提供 AB 测试能力，如吆喝科技（http://www.appadhoc.com/）、ABTester（http://www.abtester.cn/）、云眼（https://www.eyeofcloud.com/）、Testin 云测（http://ab.testin.cn/）等。

AB 测试可以驱动业务发展，但它的价值到底体现在哪些方面呢？这就是下节要讲的内容。

17.2　AB 测试的价值

最近几年"增长黑客"的理念在国内互联网业盛行，有很多这方面的专业书籍出版，甚至有公司设立了 CGO（首席增长官）的高管职位。增长黑客思维就是希望通过从产品中找到创造性的优化点，利用数据来驱动产品优化，提升用户体验及收益增长，最终达到"四两拨千斤"的效果。随着公司业务规模及用户的增长，利用数据来驱动业务发展越来越重要。增长黑客本质上就是一种数据驱动的思维，并且有一套完善的技术管理体系来科学地驱动业务发展，而这套体系中最重要的一种技术手段就是 AB 测试。

AB 测试可以很好地指导产品迭代，为产品迭代提供科学的数据支撑。具体来说，AB 测试的价值主要体现在如下四个方面。

1. 为评估产品优化效果提供科学的证据

前面说过，AB 测试是基于概率论与统计学原理构建的科学的测试技术，有充分的理论依据。

AB 测试经过多年实践的检验，被证明是有效的方法。前面提到过 AB 测试是药物测试的最高标准，在药品制造业得到了很好的使用和验证。此外，各大互联网公司都大量使用 AB 测试技术，为整个互联网的发展起到了很好的示范作用。

2. 借助 AB 测试可以提升决策的说服力

因为 AB 测试有统计学作为理论基础，并且又有工业上的实践经验作为支撑，所以利用 AB 测试得到的结论具备极大的说服力。用数据说话，大家在意识上更容易达成一致，这样就可以让产品迭代更好更快地推行下去。

3. AB 测试可以帮助提升用户体验和用户增长

任何涉及用户体验和用户增长的优化想法都可以通过 AB 测试来验证，通过验证得出有说服力的结论，从而推动产品朝着用户体验越来越优的方向发展。

4. AB 测试可以帮助提升公司的变现能力

搜索、推荐、广告和会员等涉及收益的产品及算法，都可以通过 AB 测试来验证新的优化思路是否可以提升盈利性指标，其中盈利性指标可以根据公司业务和发展阶段来定义。

总之，一切涉及用户体验、用户增长、商业变现的产品优化都可以借助 AB 测试技术驱动业务做得更好。AB 测试是一种科学的决策方式，既然 AB 测试这么有价值，那么我们在什么时候需要进行 AB 测试呢？

17.3 什么时候需要 AB 测试

如果你像乔布斯这么厉害，可以深刻洞察用户的需求，甚至是创造用户需求，那么可以不用进行 AB 测试，但是世界上只有一个乔布斯。对于我们普通人来说，AB 测试在产品迭代过程中是必不可少的。那么是不是所有产品迭代或者优化都需要做 AB 测试呢？我觉得不一定，需要具体情况具体分析，下面 4 点是需要利用 AB 测试来做决策的前置条件。

1. 有大量用户的产品或功能点

如果你的产品只有很少的用户使用则不适合做 AB 测试，比如一些政府部门的官网。由上面 AB 测试的统计学解释可知，大量随机样本产生的影响的均值是正态分布，样本量小就不是，这时其他因素的影响可能无法抵消，导致控制变量的比较无意义，因此，根据很少的用户得出的结论是不具备统计学意义的，即使做了 AB 测试，得出的结论的有效性也是无法用统计学原理支撑的，是不可信的。

同样地，如果某个产品用户多，但是其中某个功能点只有很少用户使用（比如隐藏很深的功能点），对这个功能点使用 AB 测试也是无法得出可信服的结论的。如果某个优化太细（用户意识到这种改变的概率很小），比如想了解某个推荐位的颜色深浅对用户点击是否有影响，这时也需要大量的用户对这个位置的访问才可以得出比较有指导意义的结论。

2. 进行 AB 测试的代价（金钱 & 时间）可以接受

如果做 AB 测试的代价太大，比如需要消耗大量的人力财力，做 AB 测试的产出可能小于付出，那么这就是费力不讨好的事情了。

3. 有服务质量提升诉求

如果某个业务或功能点用户极少使用，并且也不是核心功能点，比如视频软件的调整亮度功能，只要功能具备就可以了，好用和不好用对用户体验影响不大，这时花大力气对它进行优化就是没必要的，即使有必要也肯定不是优先级高的功能。

4. 变量可以做比较好的精细控制

如果影响某个功能的变量太多，并且我们也无法知道哪个变量是主导变量，甚至都不知道有哪些变量对它有影响，那么就很难利用 AB 测试了。因为，做 AB 测试需要在调整一个变量的同时控制其他变量不变。

如果上面 4 个条件都满足的话，笔者觉得这个功能点是可以做 AB 测试的。对于 toC 的互联网产品来说，上面几个条件是很容易满足的，所以在互联网公司有很多地方都可以通过 AB 测试来优化产品功能，那么 AB 测试在互联网公司到底有哪些应用场景呢？

17.4　AB 测试的应用场景

AB 测试是互联网公司产品迭代的利器，可以毫不夸张地说，AB 测试是每个 toC 互联网产品必备的能力，在产品迭代中起着至关重要的作用。在互联网公司里 AB 测试可以落地的场景很多，具体包括如下 3 大类。

1. 算法类

AB 测试应用场景最多的地方是算法，算法开发人员通过 AB 测试来验证一个新的算法或小的算法优化是否可以提升业务指标。推荐、搜索、精准广告、精细化运营等涉及算法的产品和业务都是可以利用 AB 测试技术的。

2. 运营类

任何一个互联网产品都少不了运营，在互联网红利消失的当下，某个产品是否可以"占领"用户的心智，运营将起到越来越重要的作用，甚至有人说互联网时代将进入一个运营驱动的时代，而在大数据时代最重要的运营手段是数据化运营与精细化运营。各类运营手段，如用户运营（用户拉新、会员运营等）、内容运营（视频行业的节目编排等）、活动运营（抽奖等）等都可以借用 AB 测试技术来验证哪种运营策略是更加有效的。

3.UI 展示及交互类

UI 是互联网产品可直接被用户感知的部分，用户通过 UI 与互联网产品交互，用户对一个产品的感知首先是通过 UI 建立的。简洁美观的 UI 界面，流畅的 UI 交互往往能够给用户留下好的第一印象。对于 UI 视觉及交互部分的优化，单凭设计师的经验是不够的，需要利用技术手段来验证哪种 UI 展示风格和交互方式是用户更喜欢、能够带来最大收益的。

像颜色、字体、按钮形状、页面布局、操控方式的调整及优化都可以通过 AB 测试来验证。

现在我们知道了互联网产品哪些模块和功能可以利用 AB 测试技术进行迭代，一定有读者想知道我们怎么构建一个高效易用的 AB 测试平台，并怎样通过该平台更好地支撑各类 AB 测试任务。下面两节就来讲一个完备可用的 AB 测试平台有哪些模块，怎么构建一个完整的 AB 测试平台。

17.5　AB 测试平台的核心模块

根据笔者构建 AB 测试平台的经验，一个完备的 AB 测试平台至少需要用到分组模块、实验管理模块、业务接入模块、行为记录分析模块、效果评估模块等 5 大模块（见图 17-2）。这其中分组模块、实验管理模块、业务接入模块是构建完整 AB 测试体系必须具备的模块，行为记录分析模块和效果评估模块是配合 AB 测试更好地得出可信结论必须具备的支撑模块。下面分别针对这 5 个模块的功能和价值做简单说明，让读者更好地理解为什么需要这几个模块。

图 17-2　AB 测试平台核心模块及支撑模块

17.5.1　分组模块

分组模块的作用是根据各种业务规则将流量（用户）分为 A、B 两组（或者多组）。可以说分组模块是 AB 测试最核心的模块，好的 AB 分组方案不仅可以让流量分配得更均匀随机，还需要具备根据用户、地域、时间、版本、系统、渠道、事件等各种维度来对请求进行分组的能力，并且保证分组的均匀性和一致性。

对于推荐系统，"完全个性化范式"和"标的物关联标的物范式"是主要的推荐范式，第一种范式是个性化推荐，为每个用户生成推荐，这时我们可以对用户做随机分组。对于第二种范式，如果我们对标的物做随机分组，是存在问题的。因为标的物不一样（有些是热门的，有些是冷门的），可能存在分配不均的现象。对此，我们可以采用基于时间的分配策略，某段时间标的物 X 分配到 A 组，另一段时间 X 分配到 B 组，只要保证分到 AB 两组的时间是公平的就行（比如第一天分到 A 组，第二天分到 B 组）。

我们团队基于分组模块设计了两个算法，在推荐算法 AB 测试中得到大量使用及验证，可以保证分组的均匀性和公平性，并申请了相关专利。

上面讲的是对用户或者标的物进行分组，其实更精细化的分组是对每一次请求（即流量）进行分组。在广告行业对流量进行分组是非常适合的，可以更精细的控制。具体怎么分组还要依赖业务需要，不同的分组方式 AB 测试平台的实现方案也不一样，下一节会详细讲解这方面的知识点。

17.5.2 实验管理模块

实验管理模块的作用是让产品经理、运营人员或者开发人员方便快速地创建 AB 测试实验，增加新的 AB 测试分组，调整 AB 测试方案中各个分组的比例，让 AB 测试运行起来。同时它也用于管理 AB 测试平台的用户创建、权限管理，从而让用户具备编辑、复制、使用 AB 测试实验的能力。一般实验管理模块会提供一个 UI 界面来方便操作。

17.5.3 业务接入模块

接入模块的主要作用是方便在产品迭代优化的各个阶段整合 AB 测试能力，对优化点做各种 AB 测试。一般通过提供一个 AB 测试 SDK 或者 AB 测试 Restful 接口的形式供业务方使用。接入模块需要高效易用，最好能够适合产品上所有类型的 AB 测试优化。

17.7 节将结合笔者团队的真实业务情况详细介绍推荐系统 AB 测试的接入实现方案，供读者参考。

17.5.4 行为记录分析模块

行为记录分析模块包含 AB 测试行为数据埋点、数据收集、数据分析和数据可视化展示等子模块。

行为记录分析模块主要的作用是当某个产品功能的 AB 测试在线上运行时，记录用户在 AB 测试模块的行为，将用户的行为收集到数据中心，借助大数据分析平台来做各种效果评估指标的统计分析与评估，最终确定新的优化点是否有效。

在业务实现上，当用户访问做 AB 测试的页面时，需要前端记录用户访问过程中产生的日志（如播放日志），并且日志中需要记录做 AB 测试的业务标识及对应的方法（策略）标识。因为在一段时间里或者在同一时间整个产品中会有各类 AB 测试在运行，只有记录了对应的业务和策略，我们在做数据分析时才能更好地区分某条日志到底是哪个业务上的哪个策略产生的。最终方便我们将整个 AB 测试的效果评估、指标分析及可视化全自动化，提升 AB 测试迭代的速度。

17.5.5　效果评估模块

AB 测试效果评估组件用于跟踪 AB 测试的效果，并根据测试效果来做出业务、运营、算法调整的决策。AB 测试要评估出 A 方案和 B 方案的好坏，就需要有一个较好的衡量指标，一般可以采用人均播放量、人均点击量、人均浏览次数、转化率、CTR 等指标来评估。

具体效果评估指标的定义需要读者根据自己公司的行业特点、产品形态、功能点等来定义，指标要方便量化，并能够直接或者间接地与产品体验、用户增长、商业变现联系起来，毕竟这才是公司整体目标。第 14 章中提到了很多商业化指标，这些指标可以作为 AB 测试指标的来源。

定义好各类效果评估指标后，最好可以将指标计算通用化、模块化、可视化，方便实验人员快速上线 AB 实验，以便根据不同产品及 AB 测试案例选择合适的指标，从而快速看到 AB 测试的效果。

有些 AB 测试（如猜你喜欢推荐）只要用 $T+1$ 尺度的指标计算就够了，有些（如广告投放算法的 AB 测试）则需要具备分钟级输出 AB 测试结果的能力。尽早知道 AB 测试结果可以快速做出有利决策，避免对用户体验产生不好的影响，同时快速决策也可以减少损失或增加收益。

粗略介绍完了 AB 测试平台的各个模块，知道了每个模块的作用和价值，那么在实际构建 AB 测试系统时，这些模块是怎么组织起来提供服务的呢？这就涉及 AB 测试架构的实现问题了，也是下节主要讲解的内容。

17.6　业界流行的 AB 测试架构实现方案

本节讲解有哪些可行的 AB 测试架构实现方案，这些方案是笔者结合自己的经验，思考及参考业界一些公司 AB 测试实现方案后的总结。读者可以根据自己公司的产品特性、现有的基础架构、人力资源及未来需要做的 AB 测试类别来选择适合自己的 AB 测试架构。目前主要有 3 种 AB 测试框架实现方案，具体见图 17-3。

在图 17-3 中，我们将 AB 测试架构分为 3 大方案，方案 1 是在客户端整合 AB 测试能力，方案 2 是在接口层整合 AB 测试能力，方案 2 又分为采用统一 Router 的形式和在 Web 接口层整合 AB 测试两大类，方案 3 是在后端业务层实现 AB 测试能力。下面分别对这些方案做更细致的讲解。笔者公司的算法团队采用的 AB 测试方案就是方案 3，下一节会详细讲解。

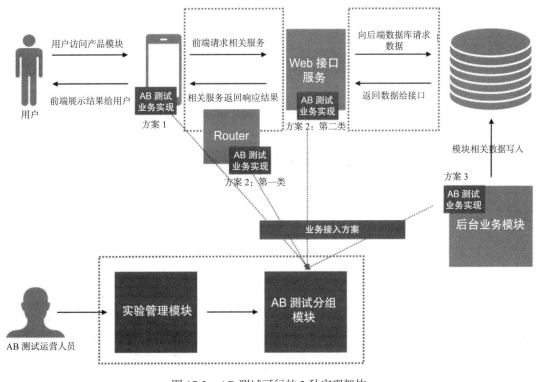

图 17-3　AB 测试可行的 3 种实现架构

> ◎说明　下面给出的部分 AB 测试实现方案是笔者在网上搜罗的其他互联网公司的，这些方案是否在所在公司有所升级调整就不得而知了。

方案 1：通过定制的 AB Test SDK 来处理 AB 测试业务

该方案需要开发 AB Test SDK，并将 SDK 整合到前端，通过 AB Test SDK 与 AB 测试服务（核心分组模块）交互来处理 AB 测试相关功能，采用该方案的公司有新浪微博等，具体架构见图 17-4。AB 测试服务与业务接口的交互实现方式可以是如下两种之一。

第一种：在 AB 测试服务下发两个不同的接口给 AB 测试 SDK，当用户请求时，根据用户的分组分别调用不同的接口。

第二种：在 AB 测试服务下发同一个接口给 AB 测试 SDK，但是不同的分组对应的参数不同，当用户请求时，根据用户所在的分组选择不同的参数来访问该接口（该接口会根据不同的参数获取不同的数据）。

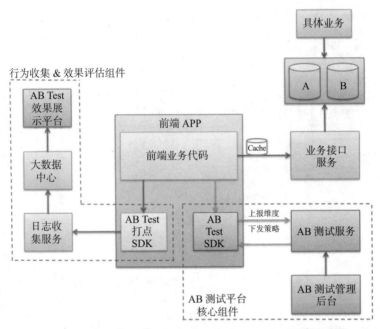

图 17-4　通过提供 AB 测试 SDK 来进行 AB 测试的实现方案

该方案的好处是通过统一的 SDK 来对接 AB 分组服务，前端业务代码简单调用 SDK 的方法就可以，开发效率高。缺点是，如果 AB 测试业务有调整，需要升级 SDK，较麻烦（现在很多 APP 具备通过插件化的方式做升级，这时对 SDK 的修改就不用发版本了，相对会更加灵活）。同时，如果公司有 iOS、Android、PC 等多个业务，需要开发多套 SDK，则需要保证各个版本功能的一致性，维护成本较大。

方案 2：在后端业务层增加相关组件来做 AB 测试

该方案通过在后端接口层增加相关组件来处理 AB 测试需求，此组件通过与 AB 测试模块进行交互来做 AB 测试，采用该方式的公司有 Google、百度、大众点评等，其中又可以分为如下两类。

第一类：Google、百度等公司的 AB 两组对比测试业务分别部署在不同的服务器上，通过构建一层统一的 Router 来分发流量。具体架构见图 17-5。此方案通过后端统一 Router 模块来处理 AB 测试相关请求。AB 测试服务与业务接口的交互实现方式跟方案 1 类似，这里不再说明。

该方案的优点是模块化，Router 解决所有与 AB 测试相关的问题，对 AB 测试业务做调整不需要前端版本升级，只升级后端服务即可。这里 Router 层是整个 AB 测试的核心，需要具备高并发、高可用、可拓展的能力，否则出现问题会影响 AB 测试能力的发挥，甚至会影响产品功能。

第二类：大众点评等公司将 AB 两组对比测试业务实现逻辑写在同一个业务接口，全部业务逻辑在业务服务器完成。具体架构见图 17-6。此方案通过构建 AB Lib（比如构建一个处理所有 AB 测试业务逻辑的 jar 包）模块来处理 AB 测试相关业务。

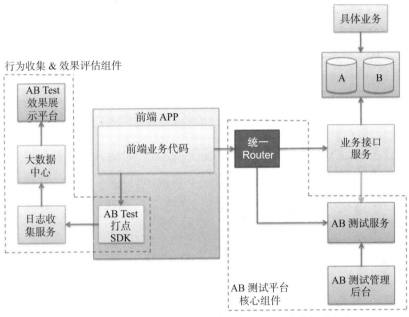

图 17-5　通过后端统一 Router 来进行 AB 测试的实现方案

当用户使用产品触发做 AB 测试的功能时，前端调用统一的接口，接口层通过 AB Lib 跟 AB 测试服务交互获取该请求对应的分组，并从对应的数据存储中获取数据，将其组装成合适的数据格式返回给前端并展示给用户。

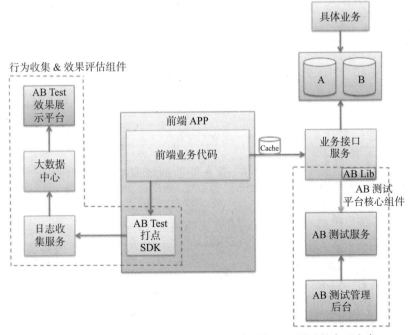

图 17-6　通过业务端整合 AB 测试 Lib 来进行 AB 测试的实现方案

该方案的优点是，当 AB 测试调整时不需要前端做升级，只需要修改 AB Lib 包就可以了。该方案最大的缺点是如果公司采用多种开发语言做业务接口服务，则需要为每种开发语言维护一套 AB Lib 库，维护成本较高。另外 AB 测试逻辑调整需要升级 AB Lib 包时，要对所有线上接口做升级，明显增加了风险。此外，在接口服务中整合 AB Lib 与 AB 测试服务交互，增加了接口服务的复杂度，如果 AB 测试服务有问题，可能会影响接口功能或者性能。

方案 3：通过在算法业务层跟 AB 测试服务交互来实现 AB 测试能力

该方案通过在具体业务中整合 AB 测试能力来做 AB 测试，笔者团队采用该方案。该方案比较适合算法类（推荐算法、搜索算法、精准投放、精准运营等）业务，具体架构见图 17-7。

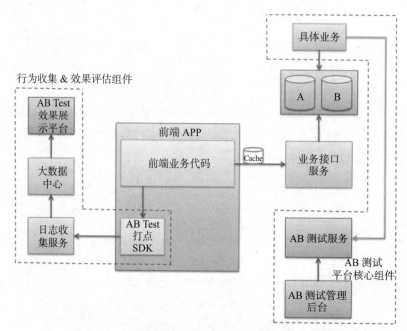

图 17-7 通过算法业务层来进行 AB 测试的实现方案

需要做 AB 测试的业务模块通过调用 AB 测试服务来实现 AB 测试能力，AB 测试的实现放在业务中（如进行模型推断时，推荐程序在为用户计算推荐结果的过程中调用 AB 测试服务，确定用户对应的分组）。当然，可以将这些处理 AB 测试的操作或模块封装成 jar 包，方便各个业务方共用，提升 AB 测试落地的效率。

该方案的好处是（拿推荐来说）前端和接口层不做任何处理，只需在业务中实现 AB 测试能力，并且不需要根据 AB 两组分别对全量用户计算推荐结果，也不需要为全量用户分别存储 AB 两个算法的推荐结果（如果用户属于 A 组，只需要用 A 算法为他推荐，并插入最终的推荐结果库中即可，同理，如果用户属于 B 组，只需要用 B 算法为他推荐，并插入最终的推荐结果库中），大大减少了计算时间和存储开销（有 N 个对比测试，计算和存储是其他 AB 测试方案的 1/N）。

到此，我们讲完了所有的 AB 测试架构实现方案。本节只是给出了相应的架构实现图，并对各个方案的优缺点做了简要说明，并未具体说明怎么真正实现。下一节以笔者团队的 AB 测试实现方案（即方案 3）为例来详细说明该怎么实现 AB 测试平台。

17.7　推荐系统业务 AB 测试实现方案

前面提到笔者公司大数据与人工智能团队的 AB 测试就是基于方案 3 来实现的，目前在推荐搜索等算法业务中大量采用，效果还不错，本节详细说明一下具体的实现逻辑，方便读者参考。

我们用个性化推荐（如兴趣推荐，见图 17-8，相似推荐也适用）来说明怎么利用方案 3 来做 AB 测试。个性化的兴趣推荐功能是为每个用户推荐一组视频。

图 17-8　个性化的兴趣推荐，为每个用户生成推荐结果

图 17-9 是推荐算法接入 AB 测试框架的业务流，下面我们对图 17-9 中标注数字的 4 处交互逻辑做简单说明，方便读者全面理解整个 AB 测试的交互逻辑。

对于图 17-9 中标注数字 1 的部分，AB 测试配置人员会先在 AB 测试管理平台配置 A、B 两类算法（可以是多个算法同时进行 AB 测试）的占比，见图 17-10（homePagePersonal 是首页的个性化推荐，有三个算法，其中 streaming-als 的比例为 0，streaming-long-videos-v1 的比例为 0.1，streaming-long-videos 的比例为 0.9），这时 AB 测试服务检测到了 AB 测试配置文件有改动，会将对应的新的 AB 测试配置（或者老的配置的调整）更新到 AB 测试服务上，更新后，算法业务调用 AB 测试服务时就会获得最新的用户分组及对应的比例。

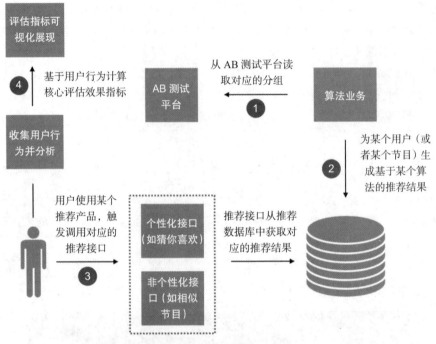

图 17-9　推荐算法接入 AB 测试框架（方案 3）的业务流

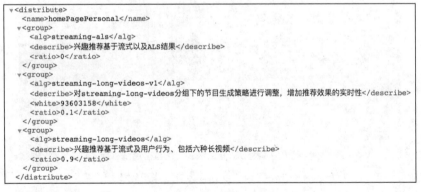

图 17-10　通过 XML 格式来配置做 AB 测试的各个算法的比例

　　这时具体的业务逻辑调用 AB 测试接口（接口的 URL 为 http://xxx/config/abTest?userId=82073570&version=moretv（这里的 xxx 是域名），算法业务调用该接口后返回的 json 类似图 17-11）时就会基于新的分组比例计算某个用户或视频对应的是哪个算法分组。不同的分组采用不同的算法来计算推荐列表，参见图 17-11 中虚线框部分，某个用户的 guessulike 业务（猜你喜欢业务）对应的是 seq2seq 算法（基于 keras+rnn 算法）。我们的 AB 测试框架中的分组算法会保证按照配置的各个算法的比例将所有用户分配到对应的算法。

　　对于图 17-9 中标注数字 2 的部分，算法业务根据某个用户所属的算法分组对该用户计算推荐结果，并将推荐结果存入最终的推荐库中。参考图 17-12 中的流程。该步骤做完后，每个用户的推荐结果就会存储在数据库中，同时我们会在推荐结果数据库中为该用户的推荐结果增加两个字段，一个是 biz，另一个是 alg，biz 对应的是推荐业务（如相似影片、猜你喜欢等），alg 对应的是算法（如 seq2seq 等）。在推荐接口中会包含这两个字段（推荐接口是从数据库中获得这两个字段的），方便前端在日志埋点时将这两个字段埋入用户行为日志，最终用于后续的算法效果评估。

```
{
    status: "200",
    error: "",
  - abTest: {
      - guessulike: {
            describe: "基于keras+rnn算法",
            alg: "seq2seq"
        },
      - guessulike_tv: {
            describe: "基于深度学习算法进行的电视猜你喜欢分组",
            alg: "dligrl_tv"
        },
      - homePagePersonal: {
            describe: "对streaming-long-videos分组下的节目生成策略进行调整，增加推荐效果的实时性",
            alg: "streaming-long-videos-v1"
        },
      - interest_playlist: {
            describe: "长期兴趣及未看分类节目随机获取",
            alg: "interval_interest"
        },
      - mv_playlist: {
            describe: "基于标签的推荐算法",
            alg: "hybrid"
        },
      - peoplealsolike: {
            describe: "基于als分解后的隐含物品因子矩阵",
            alg: "als"
        },
      - portalRecommend: {
            describe: "原始对照组",
            alg: "original"
        },
```

图 17-11　调用 AB 测试接口获取某个用户对应的推荐业务的算法分组

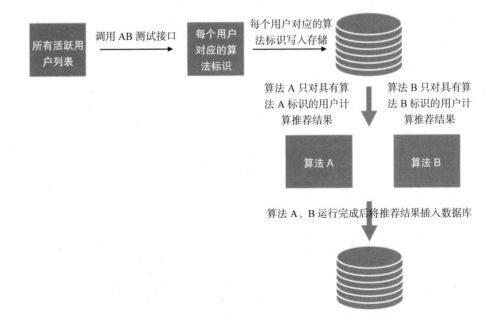

图 17-12　推荐算法根据用户所属的分组分别计算推荐结果

对于图 17-9 中标注数字 3 的部分，当用户使用产品触发对应的推荐系统时，会调用对应的接口，接口从相关数据库中获取对应的推荐结果，并将结果展示给用户。其中返回给用户的接口中是包含 biz 和 alg 字段的（见图 17-13 中虚线框部分，该图就是用户触发推荐后后端推荐接口返回的推荐结果 json），包含这两个字段的目的主要是将用户的行为埋点记录下来，方便对用户行为进行统计分析，最终评估出算法的效果。这两个字段及字段的值就是从存入数据库的用户的推荐结果中获得的。

```
{
    status: "200",
    error: "",
    timestamp: "2019-04-27 00:00:48",
    message: "",
  - data: {
        biz: "programSimRecommender_movie",
        alg: "mix",
        contentType: "",
        code: "",
        count: "20",
        pageCount: "0",
        currentPageSize: "20",
        pageSize: "20",
        currentPage: "1",
      - items: [
          - {
                item_explain: "",
                item_title: "神犬小七 第二季",
                item_sid: "fhg61ce5235i",
                item_contentType: "tv",
                item_type: "1",
                item_year: "2016",
                item_area: "中国",
              - item_tag: [
                    ""
```

图 17-13　返回给用户的推荐结果中包含 biz 和 alg 两个字段

对于图 17-9 中标注数字 4 的部分，我们会基于用户对 AB 测试模块的点击行为，计算出各个算法的核心评估指标，见图 17-14。其中直接转化率（从节目曝光给用户到用户进入详情页的转化率）、有效转化率（从节目曝光给用户到用户产生播放行为的转化率）、付费入口转化率（从用户进入付费节目详情页到用户点击付费按钮的转化率）是核心指标。

AB效果评估日详细

模块大类	模块名	alg	alg_ch	desc	统计日期	直接转化率	有效转化率	付费入口转化率	订单转化率	曝光VV占比
首页	首页兴趣推荐	original. cluster	Null	Null	20190417	4.85%	3.47%	0.19%		88.80%
					20190418	5.11%	3.79%	0.14%		88.80%
		ALS	Null	Null	20190416	11.90%	8.55%	0.32%		63.27%
					20190417	11.66%	8.10%	0.34%		62.42%
					20190418	12.16%	8.48%	0.30%		62.36%
		ALS_ hotRanking	Null	Null	20190416	7.33%	6.02%	0.38%		1.60%
					20190417	8.47%	6.36%	0.51%		1.80%
					20190418	6.82%	4.07%	0.44%		1.63%
		hot4NewUser	Null	Null	20190416	6.64%	4.98%	0.18%		0.82%
					20190417	7.93%	6.10%	0.41%		0.75%
					20190418	4.55%	3.03%	0.17%		0.86%
		hotRanking	Null	Null	20190416	6.14%	5.33%	0.81%		0.93%
					20190417	4.49%	3.63%	0.25%		0.88%
					20190418	3.53%	2.09%			0.90%
		original. cluster	Null	Null	20190416	3.70%	1.91%	0.27%		11.21%
					20190417	3.61%	1.63%	0.19%		11.74%
					20190418	3.54%	1.73%	0.27%		11.91%
		streaming	Null	Null	20190416	24.12%	16.46%	0.37%		21.84%
					20190417	23.76%	17.27%	0.39%		22.06%
					20190418	23.24%	15.86%	0.31%		21.89%

图 17-14　根据用户对 AB 测试模块的访问记录计算出评估指标

完全非个性化推荐（如相似影片）的 AB 测试基本与个性化推荐一样，这里不再赘述。需要注意的是节目有热门和冷门之分，在分组算法中需要加入时间的扰动因子，从而让节目在不同时间段分别用 AB 两种策略来计算关联节目，这在前面也提到了。

笔者公司推荐系统的 AB 测试实现方案就介绍完了，其他算法类的 AB 测试方案也类似。希望读者能从本节中学到怎么落地 AB 测试方案。从中我们也可以看出，要实现完整的 AB 测试能力还是需要做很多开发工作的，涉及前后端、大数据等多个业务部门，因此需要得到很多部门的支持。

17.8　开发 AB 测试平台需要的资源及支持

前面曾提到任何涉及数据驱动的运营策略、产品优化都需要依赖 AB 测试能力。因此，要想更好地利用数据来驱动业务发展，让产品快速增长，互联网公司具备 AB 测试能力是必须的。可以说 AB 测试平台作为一个基础服务平台，在互联网公司的地位举足轻重。目前市面上也有很多 AB 测试的 SaaS 服务，通过购买这些 SaaS 服务可以方便地让自己的产品具备 AB 测试能力。当然也可以通过自己开发来实现 AB 测试能力。那到底是自己开发还是选择第三方的呢？

对于初创公司、规模不大的公司或者非技术驱动但是需要 AB 测试能力的公司，建议采购 SaaS 方案，这样可以快速让自己的产品具备 AB 测试能力，以便将主要精力放到优化产品体验上，而不是放到实现一个 AB 测试框架上。

如果外面的 AB 测试 SaaS 方案满足不了本公司的业务需求，而公司领导非常认可数据驱动方法，并且希望将数据驱动作为自己团队的核心能力，期待努力践行，这时就可以自研 AB 测试平台了。下面讲讲自研构建 AB 测试平台需要哪些团队的配合和支持。

AB 测试属于基础架构能力，同时又跟业务紧密结合，因此需要由公司的基础架构后端团队、大数据算法团队、产品团队、前端团队、业务部门一起沟通，明确 AB 测试应用的范围、短期目标、未来的发展方向，并确定 AB 测试的价值体现形式。最终大家一起协力开发一个适合本公司当前阶段和产品形态的 AB 测试平台，AB 测试平台最好能够陪伴公司走很长一段时间。

业务部门和（数据）产品经理须确定要在产品上进行 AB 测试的种类，要具备什么样的 AB 测试能力；大数据算法团队实现分组的算法方案、进行日志收集分析和可视化展示；基础架构后端团队设计适合公司业务的 AB 测试框架并开发后端的各模块及与前端交互的接口等；前端团队负责 AB 测试管理平台的 UI 及交互开发，让业务部门可以更加方便地使用 AB 测试工具，同时实现日志埋点。

AB 测试平台构建完成后，需要产品提供完善的 AB 测试接入文档，让大家都能够轻松使用该平台。大家要一起努力打造利用 AB 测试来驱动产品迭代的团队文化，让更多的业务接入 AB 测试平台，通过数据分析得出有价值的结论，最终让 AB 测试平台为业务带来价值。

公司管理层一定要有数据驱动的意识，否则即使有了 AB 测试能力也不太会在产品迭代中推进利用 AB 测试驱动业务。如果老板有了数据驱动的意识，需要自上而下推动数据驱动和 AB 测试在企业的落地与持续运营。

自己构建一套完备好用的 AB 测试平台不是一件容易的事情，还有很多细节方面需要注意，只有各个相关模块都做好了，才能让 AB 测试真正发挥价值。

17.9　构建 AB 测试平台需要关注的重要问题

讲完了 AB 测试平台的具体实现方案，下面介绍在设计 AB 测试平台时，我们需要关注的问题。

1. 灵活的分组 / 分桶

AB 测试平台要具备多维度分组的能力。AB 测试一般需要根据各种维度来对用户分组，比如根据用户版本、用户地域、时间、渠道、年龄、性别、收入、操作行为等维度来对用户分组。因此需要设计灵活（方便快速迭代）、有效（效果评估置信度高）的分组方案。

2.AB 测试一定要具备统计学意义上"显著"的置信度

AB 测试是有成本的，AB 测试的目的是得出正确的结论来优化产品体验、提升收益转化，所以 AB 测试指标的提升一定要在统计学上是"显著"的，是真实有效的。关于置信度，有很多统计学方法来验证，这里不细讲，有兴趣的读者可以自行搜索相关材料。

3. 用户体验一致性

对于 AB 测试的实现方案，有些方案（如方案 3）用户在一定周期内体验是一致的（同一天多次重复进入该页面或使用该功能看到的推荐结果是一样的），而有的方案（如方案 2 的第一类）用户每次进入页面或者使用该功能看到的结果可能是不一样的（因为用户是实时随机分组的）。个人建议涉及 UI 展示及交互的、用户会多次进入 / 使用的功能点，利用体验一致的 AB 测试方案比较好。但是像广告投放这类业务，在不同场景是不一样的，没必要采用用户体验一致的做法。

4. 测试周期要足够长

要让 AB 测试得出可信服的结论，需要经历足够长的周期。这里举一些例子来说明。

像 UI 及用户交互的优化，新的 UI 及交互方式可能在开始时让用户有新鲜感，但是等新鲜感过去后可能就对该功能没那么热衷了。如果只测试较短时间，发现新功能使用更频繁，就得出新的优化比老的好，那么有可能是被数据欺骗了。这时最好的做法是让 AB 测试运营一个足够长的时间段，让结果稳定下来，再来比较核心指标。具体选用多长的时间需要根据行业及经验来定，并且在计算核心指标时，可以剔除掉初期的数据，避免初期的新鲜感影响最终评估结果。

另外，有些特殊行业的产品，用户在不同时间的行为是不一样的，比如视频行业（特别是智能电视上的视频应用，考虑到是多人使用同一个电视，每个人的时间不一样，父母可能平时要上班，小孩只有在晚上有时间看电视，老人整天都有机会看电视），用户在周末跟工作日的行为也是不一样的。这时 AB 测试的周期不能是一天的某段时间，也不能是某几天，最好是一周的整数倍，这样得出的结论才比较可靠。

5. 损失最小性原则

我们做 AB 测试的目的是优化用户体验，但是有可能我们认为有效的优化在真实上线时反而效果不好，为了避免这种情况发生，对用户体验和收益产生负面影响，我们在做 AB 测试时应尽量使用小的流量（但是不能小到没有统计显著性），当数据证明优化点有效时，再逐步推广到所有用户。实验过程中如果数据不好，最多只影响到测试的这批少量用户，不至于产生大的负面影响。

6. 处理好 AB 测试与缓存的关系

互联网公司通过大量采用缓存技术来加速查询，同时提升整个系统的高性能、高可用能力。当为某个功能模块做 AB 测试时，特别要考虑缓存情况，这时可能会出现问题。

这里举个例子说明，如果某个用户开始使用的是老算法策略，在做 AB 测试时，给用户分配到了新算法策略，要是有缓存，那么用户会从缓存获取到老算法策略，这时跟实际上用户分配到的新算法策略就不一致了。

解决方案是当用户的缓存跟用户实际分配的策略不一致时，清空缓存，让请求回源。另外一种方案是对推荐业务不采用缓存策略。当然，具体实现方式可以有很多种且跟具体业务和 AB 测试实现方案有关，这里不详细说明。

17.10　本章小结

本章基于笔者做 AB 测试的经验及深入的思考来讲述 AB 测试的方方面面。关于具体实现方案，文中提到的某些公司的实现方案是通过网上的一些材料看到的，不代表现在这些公司还是采用这种实现方式。不过本章讲到的这些实现方式确实都是可行的，并且笔者认为覆盖到了主流的 AB 测试实现方案。本章只详细讲解了方案 3 的落地细节，对于方案 1、方案 2，并未详细讲解，读者可以根据方案 3 的思路自行思考该怎么实现。

由于 AB 测试是一个非常偏业务的模块，同时笔者在公司中只做了算法这块的 AB 测试，对于 UI、运营等的 AB 测试未曾涉及，所以难免有些说法有些偏颇，读者可以多思考、多实践。

第 18 章

构建优质的推荐系统服务

16.2 节中对推荐系统业务流和各个模块做了简单介绍，其中也简单提到了推荐 Web 服务模块，这一模块是直接与用户交互的部分，在整个推荐系统业务流中具有举足轻重的地位，因为 Web 服务模块的好坏会直接影响用户体验。本章将详细介绍怎么构建优质的推荐交互模块，通过打造优质的推荐服务来更好地服务用户，为用户提供高质量的个性化推荐。

任何一个优质的软件服务都必须考虑高性能、高可用（High Availability）、可伸缩、可拓展、安全性等 5 大核心要素，推荐系统也不例外。所以我们会围绕这 5 个维度来说明怎么构建高效的推荐服务。基于这 5 个维度，本章会从推荐服务背景、什么是优质的推荐服务、构建优质服务面临的挑战、一般指导原则、具体策略等 5 个部分来展开讲解。

希望读者读完本章后对什么是优质的推荐服务有初步的了解。同时本章也试图为读者提供设计推荐服务的方法和策略，作为读者设计、开发、评估好的推荐服务的参考指南。

18.1 推荐服务背景介绍

推荐产品是通过推荐服务来为用户提供个性化推荐的，我们可以从广义和狭义两个角度来理解推荐服务。

从广义上讲推荐服务是指整个推荐业务，包括数据收集、数据 ETL、推荐模型构建、推荐推断、推荐 Web 服务、推荐前端展示与交互等（见图 18-1）。对于图 18-1 中大数据平台包含的数仓、计算平台等模块在很多公司（特别是初创公司和中小型公司）都是基于开源的大数据平台（Hadoop、Spark、Hive 等）来构建的，这些系统本身（或者通过增加一些组件）的设计具备高可用、可拓展、可伸缩、安全等特性。同时，我们的数据 ETL、推荐模型训练、推荐模型推断是在数仓、计算平台基础之上构建的，也需要具备上面这些特征，这部分本章不做介绍。

　　从狭义上讲，推荐服务是指用户通过终端（手机、Pad、电视等）与推荐系统的 Web 模块的交互，即图 18-1 中虚线框中的部分（其实 Kafka 管道不属于直接参与 Web 服务的组件，但是我们是通过这个模块来跟更底层的数据处理算法组件解耦合的，通过它来承接计算出的推荐结果，所以这里也包括进来了）。

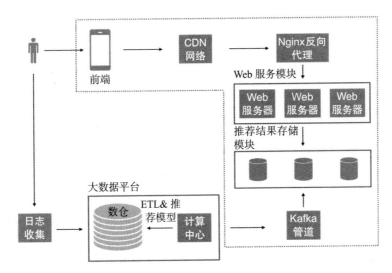

图 18-1　推荐系统的业务流

　　本章会将主要精力放到推荐系统的 Web 服务上，即狭义上的推荐服务。用户与终端交互的过程见图 18-2，用户通过终端请求推荐服务，推荐服务模块通过返回相关的推荐结果给终端，终端将推荐结果展示给用户。用户与终端的交互虽属于视觉及交互设计范畴，与推荐工程师的工作无直接关系，但是会直接影响用户体验，因此也在我们的讨论之列。图 18-2 虚线框中是真正的推荐系统 Web 服务过程。

图 18-2　用户与推荐系统交互的数据流向

　　后文所有关于构建优质服务策略的主题都是围绕这里所指的狭义的推荐服务展开的。了解了推荐服务，那么什么是优质的推荐服务呢？我们又可以从哪些维度来衡量推荐服务是否优质呢？

18.2　什么是优质的推荐服务

推荐服务作为一类软件服务，遵循通用的软件设计原则。在复杂的软件设计中我们需要从高性能、高可用、可伸缩、可拓展、安全性等 5 个维度来衡量软件架构的质量，对于推荐系统也一样，推荐系统也属于偏业务的较复杂的软件系统，下面将从这 5 个方面来说明什么是优质的推荐服务。

18.2.1　高性能

所谓高性能，是指推荐服务可以在较短的时间内给用户返回相关推荐结果，并且数据是准确可靠的，同时用户会感觉整个交互过程很流畅，不会感到慢或卡顿。一般用响应时间（用户触发推荐页面到返回推荐结果并在前端展示出来的时间）来衡量高性能，通常服务需要在 200ms（毫秒）之内返回结果，否则用户肉眼就可以直观感受到慢了，好的系统可以做到 50ms 之内返回结果。这个时间当然是越短越好，不过，相应的技术实现成本和难度都会更大。网络会存在各种偶发情况，即使推荐服务性能很好，我们也没法保证每个用户请求都可以在这个时间内响应，所以一般可以采用百分之多少的请求可以在多少毫秒内返回（比如 99% 的请求可以在 75 毫秒内返回）来衡量高性能。

18.2.2　高可用

所谓高可用，从字面理解就是用户可以一直使用而不出现问题。由于软件服务所依赖的硬件及软件均不可能达到 100% 可靠，如硬件会产生故障导致宕机，软件也会由于 Bug 或者偶发情况等出现问题，所以故障是几乎无法避免的，特别是对于大规模分布式服务，共同服务于同一服务的计算机集群越大，出现故障的可能性也会越大（这里举个例子，比如飞机是最安全的交通工具，但是每年仍会有一些飞机相关的事故，主要是全球每天有大量的航班飞行，虽然单次飞行出问题的概率非常小，但累计下来出问题的概率就大了）。当这些故障出现时，软件系统将无法响应用户请求，导致提供的服务不及时、不稳定，不可靠、甚至不可用。

计算机行业一般是通过故障出现后的影响时长、等级及故障恢复的快慢来衡量一个软件系统是否高可用。如果故障不频繁、故障影响面不大、在很短的时间就能恢复正常就是高可用的系统，否则就不是高可用的系统。

很多大型网站，比如淘宝、百度、微信基本达到了 99.99% 的高可用，算下来一年大约只有 0.88 小时不可用。

推荐系统本身就是一项软件服务，对于推荐系统来说，高可用就是推荐服务是否能稳定高效地为用户提供服务。

18.2.3　可伸缩

我们可以这样来理解可伸缩性，将一个模块或系统类比为一条生产线（如富士康的苹果手机生产线），当有大量的订单需求时，可以通过扩充生产线来应对大规模的订单需求，这就是生产线的可伸缩性。

推荐系统需要面对海量用户的推荐请求，同时也要为每个用户存储相关的推荐结果。可伸缩性是指是否可以通过不断增加服务器（在该服务器上部署相关的推荐服务）的手段来应对不断新增的用户及在服务高峰期暴增的服务请求。这种增加服务器来提供无差别的服务，必须是用户无感知的，不会影响用户体验。

互联网产品（特别是 toC 互联网产品）是基于规模效应的一种生意，发展用户是公司最重要的事情，在用户发展阶段，用户是爆发增长的，这时原有的推荐服务是无法满足快速增长的用户需求的，所以要求推荐服务具备伸缩能力是必然的。

由于推荐系统需要存储用户推荐结果，因此相应的存储数据库也需要具备可伸缩的能力，当前很多 NoSQL（如 Redis、CouchBase、HBase 等）数据库都具备可伸缩能力。

18.2.4　可扩展

互联网产品是需要快速响应用户需求变化的，所以对产品做调整，或者增加新的产品形态是常有的事情。可扩展性指的就是推荐服务可以快速响应业务需求变化，对推荐服务逻辑和策略做调整修改比较容易，可以非常方便地增加新的推荐业务形态。比如，公司在前期没有接入广告，等做商业变现时，需要在信息流推荐中插入广告，这时就需要对信息流推荐产品做调整，整合广告投放能力。

18.2.5　安全性

互联网是一个开放的服务体系，我们需要采用技术手段确保网站数据不会轻易被恶意攻击，防止数据被盗，防止引入脏数据。

衡量推荐服务安全性的主要指标是针对各种恶意攻击及窃密手段是否有有效的应对方案，同时是否可以很好地保护用户隐私，2009 年 315 曝光了很多数据黑产的利益链，2020年 7 月份国家就出台了《中华人民共和国数据安全法（草案）》，从法律制度层面开始对数据安全使用进行约束，加强了对互联网数据使用的安全管控。

前面已经介绍完了好的服务设计需要具备的 5 大要素，这些要素是任何一个互联网服务都必须关注的，更需要我们基于已有的人力资源、经验、投入成本、业务特性等做好平衡。构建优质的推荐服务，也需要关注上面这 5 点，需要在这 5 大要素之间做好取舍和平衡。

相对于后台服务，推荐服务是一种较特殊的软件服务，那么，对于推荐服务做到上面 5点是否很容易呢？又会面临哪些挑战呢？

18.3　设计优质的推荐服务面临的挑战

相对于其他后台系统来说，推荐系统有很多不一样的地方。对于个性化推荐来说，给每个用户的推荐都是个性化的，所以生成的推荐结果都是不一样的，这些推荐结果需要事先存储起来（这也不是绝对的，下一章会提到推荐系统提供 Web 服务的两种方式，里面讲到了另外一种不是事先存储推荐结果的方案，不过笔者公司绝大多数推荐产品采用的都是事先存储的方案），方便用户请求时快速反馈给用户，因此需要通过大规模的数据存储系统来支撑。

特别是随着短视频、新闻 APP 的火爆，在这些产品中用户"消费"单个标的物的时长较短，因此为用户提供近实时的推荐服务，并紧跟用户兴趣的变化，试图占用用户的碎片化时间是这类产品设计中非常关键的要素，也是产品是否具备核心竞争力的先决条件。

基于上面的背景介绍可知，推荐系统具备自身的特点，这导致设计优质的推荐服务会面临很多困难。具体来说，构建优质的推荐服务，会面临如下挑战。

18.3.1 需要存储的数据量大

个性化推荐为每个用户存一份推荐结果数据，数据量随着用户量的增长线性增长。一般 toC 互联网产品都是通过规模效应盈利的，所以发展用户是互联网公司最重要的事情之一，做得好的产品，用户规模一定会在一定时期内爆发增长，因此数据存储也会急速增长，需要更多的软硬件资源来容纳新增的大量数据。当用户量大到一定程度时，一台服务器无法装下所有用户的推荐结果，也无法为用户提供高性能、高可用、可伸缩的 Web 接口服务，这时就需要采用分布式技术，需要数据库及 Web 服务系统具备很好的伸缩能力。

18.3.2 需要快速及时响应用户请求

随着新闻、短视频等消费用户碎片化时间的应用层出不穷，越来越多的推荐系统采用近实时的推荐策略，以提升用户体验，同时让用户沉浸其中，增加自己产品的使用时长，方便更好地拉投资或做变现。要实时给用户提供个性化推荐，则要实时学习用户的短期兴趣，并基于用户的短期兴趣实时更新用户的推荐列表，这为整个推荐系统业务设计、开发带来极大压力和挑战（明显对推荐接口的访问量会急速增大）。

18.3.3 接口访问并发量大

在个性化推荐中，由于每个用户的推荐结果都不一样，因此很难利用现代 CDN 技术来对推荐结果加速（主要是命中率太低），用户的请求一般都会回源，这会对后端系统产生较大的访问压力。总的说来，有可能在极短的时间产生流量风暴。特别是对有些产品，基于产品自身的属性，在特定时段访问流量极大，比如视频类应用，一般晚上 6～9 点是访问高峰，这时的流量可能会暴涨 50% 以上。特殊事件也会导致服务流量暴涨，每次重大热门事件，微博就会出故障，相信大家都耳熟能详了。双十一或者春晚这样的节日也会产生流量暴涨。

18.3.4 业务相对复杂

为了给用户提供好的体验，推荐业务需要考虑很多方面。比如，需要具备根据一定业务规则做运营的能力，需要为用户过滤掉已经看过的或曝光过的内容，需要在推荐结果中下线某个标的物（如视频中某个节目下线、电商中某个商品下架等），需要实时根据用户行为更新用户推荐结果等。这些较复杂的逻辑，对设计优质服务也是一种挑战。

既然推荐服务的设计有上面这么多挑战，那我们要怎么设计优质的推荐服务呢？是否有一些原则可借鉴呢？答案是肯定的。

18.4　构建优质服务的一般原则

在讲具体的方法和策略之前，先简单介绍一下实现优质服务需要了解的一般思路和原则，这些原则是帮助我们构建优质服务的指导思想。

18.4.1　模块化

SOA（Service Oriented Architecture）即面向服务的架构，主要目的在于服务重用，通过服务解耦，提升整个系统的可维护性。在设计系统时，尽量减少系统的耦合，将功能相对独立的部分抽提出来，通过数据交互协议或接口与外界交互。这样设计的主要目的是减少系统的复杂度，方便独立对某个模块优化和升级，同时，当系统出现问题时也可以快速定位。

最近几年很火的微服务就是对 SOA 思想的延伸，是一种轻量级的 SOA 解决方案，将服务拆解为更细粒度的单元，更易于系统维护和拓展。

18.4.2　数据存储与数据缓存

互联网行业有所谓空间换时间的说法，意思是将需要的结果预先计算好并存储下来，等用户请求时就可以直接返回给用户而不需要再去计算，虽然占用了存储空间，但是大大加快了处理速度（只需要从数据库中查出来就可以，不需要临时计算了）。

数据事先存储就是一种空间换时间的做法，先将用户需要的数据（对推荐系统来说，就是返回给用户的最终推荐结果）事计算好放在数据库中存起来。当用户发起请求时，可以直接发给用户。

涉及数据缓存，缓存命中率就必须要关注了，如果一个查询不会经常查到，缓存下来其实是没有太大必要的，因为以后大概率也不会经常用到。对于个性化推荐产品，每个用户的推荐结果都不一样，做缓存的价值不大。但是对于关联推荐，每个标的物关联的标的物列表在短期（可能是一天）是不变的，这时就可以充分利用缓存的优势了（特别是对于热门标的物，可能在首页推荐，访问量是非常大的，这更能体现缓存的价值）。

18.4.3　负载均衡

负载均衡（Load Balance）就是将请求均匀地分担到多个节点上执行，每个节点分担一部分请求，整个系统的处理能力跟节点的数量成线性相关，通过增加节点可以大大提升整个系统的处理能力。推荐接口会大量采用负载均衡技术。一般可以用 Nginx 做反向代理，通过第三方模块或者自己开发的模块来实现 Nginx 对 Web 服务的负载均衡（参见图 18-1 右上角 Nginx 的部分）。

18.4.4 异步调用

什么是异步调用呢？举个简单的例子，你去银行办业务，拿到号后需要排队，如果你一直看着屏幕等待你的号被叫到，这就是同步，如果你在等待的同时用手机处理工作邮件，等轮到你的号了你去办理业务就是异步。从这个简单的例子可以看到，异步可以提升系统的处理效率，不必在一件事情上浪费时间。

在推荐服务中可以大量采用异步的思路，比如将推荐结果插入数据库时，可以采用异步插入方式提升插入的效率，响应接口请求时也可以采用异步处理。由于异步不需要双向确认，因此大大提升了处理效率，但是也会因为没有确认，导致部分处理请求失败（比如某个用户的推荐结果由于各种未知原因未插入数据库）。后面会讲到推荐业务是可以容忍一定错误的（会员业务等涉及钱的业务，必须准确无误），同时推荐业务需要处理大规模的数据（如 T+1 的个性化推荐，在一两个小时内需要为每个活跃用户更新推荐结果，如果用户规模很大，这个过程是很耗时的），所以采用异步可以大大提升效率。

18.4.5 分布式及去中心化

分布式网络存储技术是将数据分散地存储于多台独立的服务器上。分布式网络存储系统采用可扩展的系统架构，利用多台存储服务器分担存储负荷，利用一定的索引技术来定位存储信息，不但解决了传统集中式存储系统中单存储服务器的瓶颈问题，还提高了系统的可靠性、可用性和扩展性，这种组织方式能有效提升信息的传递效率。让系统、数据或服务分布于多台机器上，可以增强整个系统的处理能力，也可以降低整个系统的风险。

去中心化是互联网发展过程中形成的一种内容或服务组织形态，是相对于"中心化"而言的新型网络内容的生产与存储过程。在计算机技术领域，去中心化结构使用分布式计算和存储方式，不存在中心化的节点，任意节点的权利和义务都是均等的，系统中的数据块由整个系统中具有维护功能的节点来共同维护，任一节点停止工作都不会影响系统整体的运作。

推荐系统的 Web 服务和数据存储都可以采用分布式和去中心化的思想，并利用相关开源系统构建，如 Redis、CouchBase 等数据库就是分布式去中心化的数据库，Hadoop、Spark 等计算平台也是分布式的（但不是去中心化的）。

18.4.6 分层思想

分层跟模块化思想类似，最大的区别是各个层之间是有直接的依赖关系的，分层一般也是根据逻辑结构、数据流、业务流等来划分的，即使是同一层内，也可以做更细粒度模块化。分层的目的是让系统逻辑结构更清晰，便于理解、方便排查问题。推荐系统根据数据流可以简单分为数据生成层、数据存储层、数据服务层，后面会详细介绍。

说完了设计优质服务的一般思想，下面就来详细讲解一下具体有哪些策略可以帮助我们设计优质的推荐服务。

18.5　设计优质推荐服务的可行策略

18.1 节中对推荐服务的范围做了简单限定，在 18.2 节对优质服务的 5 个维度做了简要说明，本节将结合 18.4 节的基本原则详细说明怎么设计优质的推荐服务，以及有哪些具体的策略和方法。设计优质推荐服务的目的是希望更好地服务于用户，提升整个系统的效能，最终提升用户体验。我们还是从高性能、高可用、可伸缩、可拓展、安全性 5 个维度来展开介绍。

18.5.1　高性能

为了能够提供高性能推荐服务，我们可以从如下维度来优化推荐服务模块，以提升推荐服务的响应速度，为用户提供更好的交互体验。

1. CDN 缓存

CDN（Content Delivery Network，内容分发网络）是一个非常成熟的技术，通过部署在各地的边缘服务器来对内容进行加速。我们也可以利用该技术来加速推荐服务。

对于完全非个性化推荐（如排行榜、关联推荐等），每个用户返回的推荐结果都一样，所以命中率极高，完全可以采用 CDN 来加速，以提升推荐接口的性能。

对于首页上的 $T+1$ 个性化推荐，由于用户进入（是必经路径，可能会经常回退到首页）的概率较大，特别是用户一天多次登录的 APP，也可以采用 CDN 做缓存（命中率可能没有完全非个性化推荐大）。但是对于实时个性化推荐，每次刷新，推荐结果都不一样，基本无法利用 CDN 的缓存能力。

CDN 缓存虽然可以加速，但是利用 CDN 缓存时也需要注意，如果某个请求出错了（比如推荐的节目已经下线，导致无法播放），刚好被 CDN 缓存了，会对后来访问的用户产生负面影响（后来的用户会返回这个被 CDN 缓存了的出错的结果）。我们需要定期清理缓存，或者跟 CDN 厂商沟通，采用特殊的缓存策略（如返回的接口为空或者不合法时不做缓存），最大限度地利用 CDN 的优势，避免不必要的问题。

2. Nginx 层或接口层的缓存

除了 CDN 层的缓存，我们也可以在 Nginx 层及接口 Web 服务层增加缓存，采用多级缓存的策略能够更好地避免请求击穿缓存，从而更快速地为用户提供推荐服务。

3. 数据压缩

如果某个推荐产品形态给用户推荐的数据量比较大（比如，笔者公司在做个性化重排序时，可能有几百上千个视频，用户是通过分页来请求的，数据量大，图18-3所示的这个标签会根据用户的兴趣做个性化重排，用户通过遥控器向下按键分页请求数据），可以对存储于数据库中的推荐结果进行压缩（比如采用 protobuf + base64 进行编码），这样数据量就会少很多，可减少网络数据传输，提升接口性能。

图 18-3　基于用户兴趣的列表页个性化重排序

4. 接口做压力测试

我们不光要验证接口的功能是否正确（功能测试），还需要事先对接口的性能有所了解，知道接口的性能极限，这样才可以知道在高峰期所有推荐接口服务器是否能够扛住压力。了解接口性能的最好方式是压力测试（也称打压测试）。通过压力测试就可以知道接口在一定并发量下的吞吐率、响应速度，以及能够承受多大的每秒查询率（Query Per Second，QPS）。特别是个性化推荐接口，访问量非常大，每次接口做升级或者开发新的推荐产品形态提供新的接口时，都需要对接口做压力测试。

我们基于压力测试及在高峰时段用户的并发访问情况（这个是可以通过用户行为日志大致统计出来的），就可以大致确定到底需要多少台接口服务器才能支撑现有的服务。通过压力测试可以事先知道接口的性能，从而有针对性地进行优化，避免接口上线出现问题。

5. 服务质量评估

推荐接口性能怎么样，是否有延迟，需要通过收集相关的数据来评估，总响应时间分为两个部分（见图18-4）$T1$ 和 $T2$，用户的总响应时间 T 等于这两部分之和（$T=T1+T2$）。其中 $T1$ 是网络传输时间，用于衡量网络情况，这部分时间是我们很难控制的（当然可以通过 CDN 加速，提升出口带宽来适当缓解）。$T2$ 即推荐接口的响应时长，这部分时间包括从推荐库中获取用户的推荐结果，以及将结果组装成前端展示需要的形式的时间（拿视频推荐来说，我们需要组装出节目标题、演职员、详情、评分、海报等前端展示必须要有的信息）。

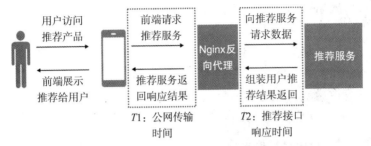

图 18-4　推荐服务响应用户请求链路及时间花费

对于 T2，我们可以在 Nginx 侧记录每次请求的响应时间，并将相关日志收集到数据中心做分析，这样就知道各个推荐业务接口的响应情况了。图 18-5 是笔者公司的推荐业务相关接口性能统计情况（这里隐藏了具体业务名称、QPS 及请求次数）。从图中可以看到很多接口 99% 的调用响应时长低于 50 ms，性能是很不错的，但也有部分性能不是很好，如第四行，只有 81% 的请求控制在 200 ms 之内，这些业务都是非常老的版本的业务，基本不再维护。从这张图我们可以非常清楚地看到各个业务接口的性能情况，这样我们可以针对业务的重要性和当前性能情况做接口优化。

biz	统计日期	QPS	请求次数	平均响应时长	50毫秒占比	100毫秒占比	200毫秒占比
	20190408			0.00	100.00%	100.00%	100.00%
	20190408			0.01	100.00%	100.00%	100.00%
	20190408			0.01	99.37%	99.72%	99.88%
	20190408			0.13	27.10%	71.65%	81.62%
	20190408			0.01	99.99%	99.99%	99.99%
	20190408			0.03	99.80%	99.80%	99.80%
	20190408			0.01	100.00%	100.00%	100.00%
	20190408			0.01	99.96%	99.98%	99.98%
	20190408			0.01	99.90%	99.95%	99.97%
	20190408			0.01	99.88%	99.95%	99.97%
	20190408			0.00	99.99%	99.99%	99.99%
	20190408			0.01	99.99%	99.99%	99.99%
	20190408			0.01	99.99%	99.99%	99.99%
	20190408			0.01	99.99%	99.99%	99.99%
	20190408			0.01	99.55%	99.78%	99.89%
	20190408			0.14	73.84%	81.27%	89.47%
	20190408			0.00	100.00%	100.00%	100.00%
	20190408			0.00	99.95%	99.95%	99.95%

图 18-5　电视猫部分推荐接口性能统计

对于总时长 T，我们也可以在前端通过日志埋点记录下来，同样通过数据分析可以知道一个推荐业务平均耗时多少，总时间减去 T2，就是 T1 的平均耗时，即网络传输时间。

通过对服务质量评估，就可以有针对性地对上述的 T1（T1 的优化比较复杂，这跟我国网络结构复杂有关，一般云计算公司提供的是 BGP 网络，整体链路是可达的，即使用户家用的是小运营商的网络，也可以访问得通）、T2 做优化，从而提升接口性能。

6. 采用高性能的 Web 服务器

采用高性能的 Web 服务器可以极大提升推荐服务的性能，推荐服务业务逻辑相对简单，可以采用轻量级的 Web 服务器，比如 Vert.x（基于 Java 语言的高性能 Web 服务器）、Spray（基于 Scala 语言的高性能 Web 服务器）、gin（基于 Go 语言的高性能 Web 服务器）、cowboy（基于 Erlang 语言的高性能 Web 服务器）等，这样不仅可以满足开发推荐接口的需求，开发速度快，并且性能也很好。传统的 Web 服务器如 Tomcat 等不太适合推荐 API 接口的开发。

7. 采用基于内存的 NoSQL 数据库

一般来说内存的访问速度比磁盘快好几个数量级，采用基于内存的数据库来存储推荐结果会提升整个接口获取推荐结果的速度，现在有很多这类开源的数据库可供我们选择，比如 Redis、CouchBase 等。即使不用基于内存的数据库，也要将数据存放到 SSD 中，这样获取速度也会快很多。

18.5.2　高可用

构建高可用系统是一个比较有挑战的事情，具体可以从如下 5 个方面来考虑。

1. 接口层保护

即使有很多的防护策略，我们也不能保证推荐接口永远不出错。为了应对这种在极端情况下可能存在的问题，给用户更好的体验，我们可以在前端（即 APP 侧）做一层接口保护。具体做法可以是提供一组默认推荐接口，前端在启动时加载该接口，将数据存储在终端，当推荐服务无响应或响应超时时，可以用默认推荐结果顶替。默认推荐虽然推荐的标的物没有原来的精准，但是不至于"开天窗"，对用户体验也算是一个不算太差的补救措施。

2. 多可用区（多活）

对于创业中期或成熟的公司，最好在多个可用区（同城多活，异地多活）部署推荐服务，避免由于不可控事件（如工程建造挖断光缆、爆炸、水灾、火灾、地震等）导致服务无法使用。构建多可用区需要投入非常多的资源，成本较大，对于初创公司建议不要考虑采用这种方式。

3. 服务监控与自动拉起

服务监控的目的是保证在服务出现异常的时候第一时间通知运维或相关负责人，在问题还没有引起灾难时尽快扩容服务器，或者有重大问题时，相关人员可以第一时间知道，快速解决问题。

有了自动监控，当服务出问题或者挂掉时，可以通过监控脚本自动将服务拉起。一般来说，重启可以解决 80% 的问题与故障。

4. 灰度发布

灰度发布是互联网公司常用的发布策略，即先将新产品（即新做好的功能点或功能优化）发布给少量的用户，看是否有异常，如果有异常及时修复，不至于对所有用户产生不好的影响。对于推荐服务，建议也采用灰度发布的方式，减少因未发现的未知问题对用户产生伤害。

5. 超时、限流、降级与熔断

当推荐接口服务在一定时间（比如 2s）无返回时，可以告知用户访问超时，避免一直等待导致的资源紧缺。

在极端情况下，当接口并发请求太大时（比如去年的春晚快手红包），可以对访问流量做限制，让部分请求立即执行，其他请求在队列中等待。同时可以对同一 IP 的多次请求（可能是正常请求，也可能是恶意攻击）做限制，减轻对接口的冲击。还可以通过限制并发数、网络连接数、网络流量、CPU 负载等各种措施来对访问进行控制。

熔断可以类比为电表的保险丝，当电流过大时（家里太多电器同时使用或短路）保险丝熔断，停止供电，避免出现意外事故。如果请求推荐的服务有大量超时，新来的请求无法获得响应，只会无谓地消耗系统资源，整个服务可能会出现异常，这时熔断是较好的策略（即接口不再响应用户请求，直接返回错误）。

所谓降级，就是当服务不可用（比如熔断后）时，采用效果更差的服务替代，虽然效果没那么好，但是至少比什么都没有强。上面提到的接口层保护就是一种降级策略。

采用超时、限流、降级，甚至是熔断策略，主要是从系统高可用性角度考虑的，目的是防止系统整体变慢甚至崩溃。

18.5.3　可伸缩

构建可伸缩的推荐服务，对于应对大规模的用户请求非常必要，我们可以从如下 3 个方面来增强系统的可伸缩性。

1. 以分布式 NoSQL 数据库作为数据存储

由于推荐系统产生的数据量线性依赖于活跃用户量，而互联网产品 DAU 一般会很大（百万级、千万级、甚至亿级），因此需要存储大量的用户推荐结果数据，并且这些数据是会频繁更新的（对于 T+1 推荐，每天更新一次；对于近实时推荐，可能会秒级更新），所以采用一般的关系型数据库是很不合适的。推荐的结果一般是为每个用户推荐一个标的物的列表，用关系型数据库也不太方便存储、修改和查询，推荐的结果数据可以采用 list、json 等格式存储。

基于上面的说明可知，这非常适合用 NoSQL 数据库存储推荐结果，现在很多 NoSQL 数据库支持 json 等复杂的数据格式，并且具备横向扩容的能力。如常用的 Redis 就支持

String、Hash、List、Set、Sorted_Set 等多种数据格式，Redis 的 Sorted_Set 这种数据结构是非常适合存储推荐结果的。

在笔者公司的业务中，主要采用了 CouchBase 和 Redis 这两种 NoSQL 数据库，CouchBase 是一个文档型分布式数据库，热数据会放到内存中，冷数据则放到磁盘中，并且在水平拓展、监控、稳定性等方面做得非常好。我们将个性化推荐存储在 CouchBase 中，完全非个性化推荐（如排行榜、节目关联推荐等）存储在 Redis 中。据笔者所知，在爱奇艺的推荐业务中也大量采用 CouchBase 作为推荐结果的存储数据库。

2. 接口 Web 服务可横向拓展

现在互联网公司通常会利用 Nginx 的高性能特性做反向代理，通过 Nginx 代理推荐的 Web 服务在 Nginx 层做负载均衡，将流量均匀分发到推荐 Web 服务器上获得推荐结果，并返回给前端展示给用户，这种方式可以做到横向扩容。

接口 Web 服务最好做到无状态，这样就方便做横向扩展了。在笔者公司的实践中，我们用 Go 语言的 Beego 框架和 Gin 框架来开发推荐接口，开发效率高，稳定，并且性能相当不错，目前 Go 的生态圈非常完善，是一个不错的选择。

3. 自动伸缩

推荐服务的可伸缩性要求我们可以非常容易地在负载高的时候做服务的扩容，结合现在的 Docker 容器技术、Kubernetes（简写为 K8S）编排系统及对接口服务的监控，制定一些伸缩的规则是可以做到自动伸缩的，当负载高时自动扩容服务器，当负载低时自动缩容。这样做的好处是减少人工干预，及时伸缩也能更好地节省开支，让资源得到充分利用。当然，要想基于开源技术自己构建一套好用、稳定的、可自动伸缩的服务体系还是很有挑战的，幸好现在很多云计算厂商可以直接提供基于 Kubernetes、Docker 的云服务，让构建这样一套系统变得容易起来。

18.5.4 可扩展

可扩展性衡量的是推荐系统应对需求变化的能力，我们可以通过如下一些策略和思路让推荐服务可以更好的拓展。

1. 利用消息队列减少系统耦合

在图 18-1 中，通过一个 Kafka 管道的模块来将推荐算法平台与推荐数据存储解耦合，而不是在推荐系统推断阶段直接将推荐结果插入推荐数据库。这样做的好处是减少系统依赖，便于排查问题。同时 Kafka 起到了对大规模推荐数据做备份和缓冲的作用。

2. 系统解耦及采用数据交互协议

尽量将推荐系统服务解耦，可采用微服务架构，Nginx 层、接口 Web 层、数据层等尽量独立，采用符合业务规范的协议进行数据交互（比如利用 http、thrift、protobuf 等协议做数据交换，具体采用什么数据协议，需要基于公司的业务特性及技术选型来决定）。如果系统解耦了，对系统进行升级、维护、功能拓展或排查问题都非常方便。

采用微服务架构是进行系统解耦比较流行的做法，现在业内有很多开源的微服务框架供大家选择，如 Dubbo、Spring cloud 等。也可以根据公司需要，自行开发满足自己业务需求的微服务组件。

3. 分层思想

我们可以简单将推荐系统分为三层：接口服务层处理用户的请求，数据层存储用户的推荐结果，算法模型层构建推荐模型并为用户生成推荐结果（见图 18-6）。通过分层，让整个系统更有层次感，更易于理解、升级、维护，也更方便排查问题。各层之间定义好数据交互方式，尽量减少耦合，这样可以对每一层进行独立处理、独立升级，提升系统的可拓展性。

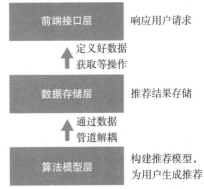

图 18-6　推荐业务的分层模型

4. 可适当容错及服务降级

推荐服务跟涉及钱的业务（如会员购买，广告投放等）是不一样的，推荐结果不够精准最多是用户体验不好，不会有非常严重的投诉问题或法律风险，所以推荐系统的容错性相对要大一些。

基于推荐系统可容错的特性及 CAP 理论（指的是在一个分布式系统中，Consistency（一致性）、Availability（可用性）、Partition tolerance（分区容错性）三者不可兼得），推荐服务对一致性的要求也没有这么高，用于推荐系统的分布式存储数据库不需要强一致性，往往达到最终一致性就足够了，但是我们最好保证系统是满足可用性的，这样才可以时刻为用户提供推荐服务。

随着产品的迭代，极大部分用户可能会升级到相对较新的版本中，很老的版本用户数肯定是较少的（相对于总用户），对于这部分用户，建议通过各种运营或技术手段让用户升级上去；对于不升级的用户，可以采用有损服务的形式为他们提供推荐服务。具体方法主要包括对这部分用户关闭推荐服务和只为这部分用户提供默认推荐服务这两种方式，这样做的目的主要是减少对推荐产品的维护成本。

所以，针对推荐系统可适当容错及对低版本用户可提供有损服务的特点，可以优化整个推荐系统的服务，让部分服务简化，间接提升系统的可扩展性。

18.5.5　安全性

对于企业级服务来说，安全无小事，对推荐系统来说，同样存在安全隐患，提升推荐服务的安全性可以从如下几个维度考虑。

1. 接口安全

推荐服务可能因受到攻击或可能存在的软件 Bug 而对某个推荐服务产生大规模请求。

我们需要对推荐接口进行保护，如对同一 IP 地址的频繁访问做限制，或者对用户鉴权，防止系统受到恶意攻击，对接口中涉及的隐私或者机密信息要做加密处理。

接口设计也要具备鲁棒性，对获取的推荐数据中可能存在的错误要做异常保护，避免开发插入不符合规范的数据格式、数据类型等导致接口挂掉。

2. 域名分流

对于用户量较大的 APP，我们可以通过域名分流的形式对推荐接口分流，当某个域名出问题时，可以快速切换到另外的域名，提供对接口更好的保护功能。

3. 传输协议

采用 https 而不是 http，可以大大提升整个推荐接口的安全性，防止用户信息泄露。使用 https 性能可能会有一定损失，但是相对于安全性的提升来说是可以忽略的。不过，采用 https 对开发及资金成本都有更高的要求（采用 https 需要对现有的接口做替换，需要开发、测试和升级成本，https 是需要证书的，证书一般也是收费的）。

4. 现网验证

在对一个已有推荐业务做调整（接口调整、算法逻辑调整）或者新的业务上线后，一定要创造条件在现网验证一下是否正常，确保接口可以正常返回数据，并且前端看到的数据跟接口返回的数据及数据库中推荐的数据要保持一致。笔者团队曾经出现过升级后未做验证，发现前端数据不正常的情况，对用户体验造成了较大影响。

18.6 本章小结

本章首先说明了推荐系统 Web 服务的基本概念，并从高性能、高可用、可伸缩、可拓展、安全性等 5 个维度来阐述了什么是优质的推荐系统服务以及构建优质推荐服务面临的挑战。要想构建优质的推荐服务需要遵循一般的软件设计原则，基于这些原则我们依托上述 5 个维度详细讲解了如何设计优质的推荐服务。希望本章的思路和策略可以作为读者评估、设计优质的推荐 Web 服务的参考。

推荐系统提供 Web 服务

推荐系统使用的是一种信息过滤技术，通过从用户行为中挖掘用户兴趣偏好，为用户提供个性化的信息，减少用户的搜索时间，降低用户的决策成本，让用户被动地消费信息。推荐系统是伴随着互联网技术的发展及深入应用而出现的，并且得到了广泛的关注，它是一种软件解决方案，是 toC 互联网产品上的一个模块。用户与推荐模块交互，推荐系统通过提供的 Web 服务，将与用户兴趣匹配的标的物筛选出来，组装成合适的数据结构，最终展示给用户。推荐系统 Web 服务是前端和后端沟通的桥梁，是推荐结果传输的最后通道。信息传输是否通畅、传输速度是否够快对用户体验是有极大影响的。本章将讲解推荐系统提供 Web 服务的两种主要方式，这两种方式是企业级推荐系统最常采用的两种形式。

具体来说，本章会从什么是推荐系统 Web 服务、推荐系统提供 Web 服务的两种方式、事先计算型 Web 服务、实时装配型 Web 服务、两种 Web 服务方式的优劣对比、影响 Web 服务方案的因素及选择原则等 6 个部分来讲解。通过本章的介绍，期望读者可以深刻理解这两种 Web 服务方式的具体实现方案以及它们之间的差别，并具备结合具体的业务场景来决策采用哪种方式的能力。

19.1　什么是推荐系统 Web 服务

18.1 节中已经对推荐系统 Web 服务进行了简单介绍，这里为了让读者更好地理解本文的知识点，以及为了本章内容的完整性，对推荐系统 Web 服务进行简略介绍。

用户与推荐系统交互的服务流程见图 19-1，用户在使用产品的过程中与推荐模块（产品上提供推荐能力的功能点）交互，前端（手机、PC、Pad、智能电视等）请求推荐 Web 服务，推荐 Web 服务获取该用户的推荐结果，将推荐结果返回给前端，前端通过适当的渲染将最终的推荐结果按照一定的样式和排列规则在产品上展示出来，这时用户就可以看到推荐系统给他的推荐结果了。

图 19-1 用户通过推荐 Web 服务获取推荐结果的数据交互流程

图 19-1 中虚线框里的数据交互能力就是推荐 Web 服务应用的范畴，它是前端（也叫终端）与后端的互动。图中方块（推荐 Web 服务模块）是部署在服务器上的一类软件服务，它提供 HTTP 接口，让前端可以实时与之交互。用户与终端的交互属于视觉及交互设计范畴，虽然与推荐 Web 服务无直接关系，却是整个推荐服务能力完整实现必不可少的一环，也是用户可以肉眼直接感知的部分，在整个推荐系统中非常重要，对推荐系统发挥价值有极大影响，不过不在本章的讨论范围内，第 22 章会详细讲解这方面的知识。

为了给前端提供个性化推荐服务，图 19-1 中的推荐 Web 服务模块需要完成 3 件事情。首先需要获得该用户的推荐结果（直接获得已经计算好的推荐结果，这就是 19.3 节要讲的；或者通过临时计算获得推荐结果，这就是第 19.4 节要讲的），其次是将结果组装成前端最终需要的数据结构（第一步获得的推荐结果一般是标的物 id 的列表，实际展示给前端还需要标的物的各种 metadata 信息，如名称、价格、海报图等，这些信息的组装就是在这一步完成的，这些信息一般会存放到关系型数据库中，或者采用 json 的形式存放到 Redis、文档型 NoSQL 中，所以这里至少还有一次额外的数据库访问），最后是响应前端的 HTTP 请求（一般是 GET、POST 请求），并将最终推荐结果返回给前端。本文讲解的推荐系统提供 Web 服务的两种方式，就是这里讲的第一件事情，即推荐 Web 服务怎么获得给用户的推荐结果。

推荐 Web 服务模块是最终为用户提供推荐能力的部分，它设计得好不好直接影响用户体验，一般来说，该模块需要满足稳定、响应及时、容错、可以随着用户规模线性扩容等多个条件，具体什么是优质的推荐服务，第 18 章已经做过深入讲解，这里不再赘述。这里提一下，随着 Docker 等容器技术及 Kubernetes 等容器管理软件的发展和成熟，推荐 Web 服务中的各个子模块都可以分别部署在容器中，采用微服务的方式进行数据交互，这样就可以高效管理这些服务，更好地进行服务的监控、错误恢复、线性扩容等操作。

图 19-1 只是一种简化的交互模型，在实际企业级服务中，往往比这个更加复杂，比如，在前端和后端之间通常会存在一个 CDN 层做缓存加速，以减轻前端服务对后端并发访问的压力（在用户量大的情况下，推荐系统属于高并发服务），并且一般在推荐 Web 服务中还存在一个 Nginx 代理层，通过 Nginx 代理，让推荐 Web 服务可以水平扩容，以满足推荐

系统高并发的要求。图 19-2 就是一种可行的完整的推荐系统服务方案。

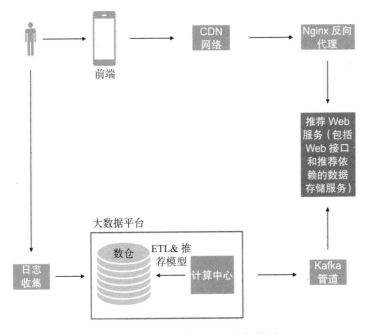

图 19-2　完整的推荐系统业务架构图

如前面所讲，虽然推荐 Web 服务包含前端与后端的交互，前端与后端一般还会有 CDN 层和 Nginx 代理层，但本文着重关注的是后端真正提供 Web 服务接口模块及数据存储模块的实现方案，也即图 19-2 中最右边中间模块获取推荐结果的架构实现方案。该模块的实现方案是多种多样的，主流的实现方式有两种，下面分别进行介绍。

19.2　推荐系统提供 Web 服务的两种方式

推荐系统提供 Web 服务一般有两种方式：一种是事先计算式，另一种是实时装配式。在具体介绍之前，这里先举一个比较形象的例子，让大家更好地理解这两种实现方式。

假设我们开了一家餐厅专门送外卖，餐厅提供 10 种不同的备选套餐。在午市或晚市叫餐高峰时段，餐厅可以采用如下两种方案来准备套餐：第一种方案是事先将这 10 种套餐每种都做若干份，当有客户叫外卖时，将该客户叫的这个套餐（已经做好了）直接送出去；第二种方式是将这 10 种套餐需要的原材料都准备好，部分材料做成半成品（比如比较费时间的肉类），当有用户叫餐时，将该套餐需要的原材料下锅快速做好再送出去。

大家应该不难理解，上面提到的第一种准备套餐的方式就是"事先计算"，即事先将套餐做好；而第二种方式就是"实时装配"，当用户叫餐时，临时做并快速做好。

现在让我们回到推荐 Web 服务上，来介绍两种推荐 Web 服务方式。事先计算就是将用户的推荐结果事先计算好，放到数据库中存放起来，当该用户在使用产品的过程中访问推荐模块时，推荐 Web 服务模块直接将与该用户匹配的计算好的推荐结果取出来，进行适当加工（比如装配前端展示需要用到的标的物 metadata 数据），并将最终推荐结果展示给用户。实时装配则是将计算推荐结果需要的数据（一般是各种特征）提前准备好，当用户访问推荐模块时，推荐 Web 服务通过简单的计算和组装（将前面准备好的各种特征灌入推荐模型，这里的推荐模型也是事先训练好的），生成该用户的推荐结果，再将推荐结果返回给前端并展示给用户。

理解了这两种不同的 Web 服务方式的基本原理，接下来分别对它们的实现细节进行详细介绍，让读者更好地理解它们的特性及技术实现细节。

19.2.1 事先计算式 Web 服务

本小节讲解推荐系统事先计算式 Web 服务的架构实现与基本原理（见图 19-3）。这种方式可能是业界使用比较多的一种推荐 Web 服务架构实现方式，笔者公司的绝大多数推荐服务都是采用的该模式。

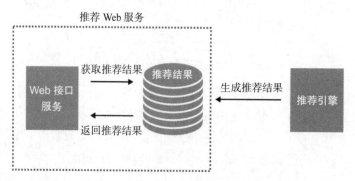

图 19-3　事先计算式 Web 服务架构

在图 19-3 中，虚线框中的模块即是图 19-2 中模块的细化。

该模式最大的特点是事先将每个用户的推荐结果计算出来，存到数据库中（一般是 NoSQL，如 Redis、CouchBase 等数据库，采用 key-value 的方式存储，key 就是用户 id，value 就是给用户的推荐结果，如果是用 Redis 存储，value 的数据结构可以使 Sorted Sets，这种数据结构比较适合推荐系统，Sorted Sets 中的 element 可以是推荐的标的物 id，score 是标的物的预测评分或预测概率值等，还可以根据 Sorted Sets 中的 score 进行分页筛选等操作），当有用户请求时，前端访问 Web 接口服务器（前端会带上用户的唯一识别 id 进行 HTTP 请求，这样就知道是哪个用户，方便找到该用户的推荐结果），Web 服务器从推荐结果库中获取该用户的推荐结果（推荐结果一般只存储给用户推荐的标的物 id 列表及部分需要的其他信息，比如算法标识，方便后面做 AB 测试，图 19-4 就是一种推荐结果存储的数据格式，其中 id 就是标的物的唯一识别 id），同时还需要访问标的物 metadata 数据库（一般存放在关系型数据库中，或者采用 String 数据结构存放到 Redis 中，String 可以从标的物 metadata 数据的 json 格式化表示转化为字符串表示），将前端展示需要的其他信息（如标的物的名称、价格、缩略图等）拼接完整，最终以 json 的形式（图 19-5 就是视频推荐系统最终拼接好的 json 格式，互联网企业采用的数据交互协议也可以是其他协议，Google 内部采用的是 protobuf 协议）返回给前端展示给用户。

```json
{
  "recommendData": [
    {
      "alg": "topN",
      "code": "game_wzry_tuijian",
      "id": [
        57477351,
        2008211766,
        50694391,
        2111455002,
        2111858813,
        1002339421,
        2111437022,
        2008203444,
        2111323145,
        50592571,
        48760771
      ]
    }
  ],
  "key": "wzryHomePage^1",
  "timestamp": "201802121351"
}
```

```json
{
  "status":"200",
  "timestamp":"20200217",
  "data":{
    "biz":"guessulikemovie",
    "alg":"default",
    "contentType":"movie",
    "code":"movie",
    "count":"72",
    "pageCount":"1",
    "currentPageSize":"72",
    "pageSize":"72",
    "currentPage":"1",
    "items":[
      {
        "item_explain":"",
        "item_title":"巨鳄风暴",
        "item_sid":"tvwy4ftu3eru",
        "item_contentType":"movie",
        "item_type":"1",
        "item_year":"2019",
        "item_area":"美国",
        "item_tag":[
          ""
        ],
        "item_isHd":"0",
        "item_duration":"87",
        "item_episodeCount":"0",
        "item_episode":"0",
        "item_score":"8.20",
        "item_cast":[
```

图 19-4　推荐结果存储的数据结构（以 json 形式存储）图 19-5　最终返回给用户的推荐结果（json 格式）

该架构可以支持 $T+1$ 推荐模式和实时推荐模式。对于 $T+1$ 型推荐产品形态，每天为用户生成一次推荐结果，生成推荐结果时直接替换昨天的推荐结果就可以了。而实时推荐的情况会复杂一些，可能会调整用户的推荐结果（而不是完全替换），对用户推荐结果进行增删形成新的推荐结果，这时可行的方法有两个：一是从推荐结果存储数据库中读取该用户的推荐结果，按照实时推荐算法逻辑对推荐结果进行修改，再将推荐结果存进数据库中替换掉原来的推荐结果；另外一种做法是，增加一个中间的镜像存储（可以采用 HBase 等，现在业界很多推荐算法都是基于 Hadoop/Spark 平台实现的，大数据生态系的 HBase 是较好的选择），所有的算法逻辑修改只在镜像存储中操作，操作完成后，将修改后的推荐结果同步到最终的推荐库中，这就跟 $T+1$ 更新保持一致了，只不过现在是实时推荐，同一个用户可能一天会更新多次推荐结果。笔者公司的短视频实时推荐更新就是采用的后面这种方案，在 26.3.1 节会进行详细介绍。

19.2.2 实时装配式 Web 服务

本小节讲解实时装配式 Web 服务的实现原理与架构（见图 19-6）。在这种方式下，事先不计算用户的推荐结果，当有用户请求时，Web 接口服务器从特征数据库（一般也是存放在 Redis、HBase 这种非关系型数据库中）中将该用户需要的特征取出来，并将特征灌入推荐模型，获得该用户的推荐结果，跟事先计算式一样，还需要加载推荐标的物的 metadata 信息，拼接成完整的推荐结果，并返回给前端展示给用户。

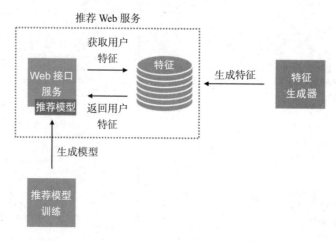

图 19-6 实时装配式 Web 服务架构

图 19-6 是 Web 接口服务加载推荐模型。该 Web 服务架构需要将推荐模型加载到 Web 接口服务中，可以实时基于用户特征获得推荐结果，这就要求推荐模型可以在极短的时间（毫秒级）内获得推荐结果，计算一定要快，否则会影响用户体验。当然，另外一种可行的方案是将推荐模型做成独立的 Web 模型服务，Web 接口服务通过 HTTP 或者 RPC 访问模型服务获得推荐结果。具体架构如图 19-7 所示，这种方式的好处是推荐模型服务跟 Web 服务解耦，可以分别独立升级模型服务和推荐接口服务，互不影响，只要保证它们之间数据交互的协议不变就可以了。

实时装配式架构在实际提供推荐服务时就与具体的推荐范式是 $T+1$ 推荐还是实时推荐没有关系了，因为在任何时候 Web 接口服务都是临时调用推荐模型为用户生成推荐结果的，只不过 $T+1$ 推荐的模型可以一天训练一次，而实时推荐的模型是实时训练的（用户的每一次操作行为都会产生日志，通过实时日志处理，生成实时特征，灌入实时模型训练流程中，最终完成对模型的实时训练，让模型实时得到更新）。

业界流行的 TensorFlow Serving 就是一种实时装配式服务架构，它提供 Web 服务的架构模式类似图 19-6 所示的形式，下面对其进行简单介绍，让读者更好地理解这种模式。读者可以查看本章参考文献 [1-3] 深入了解 TensorFlow Serving。

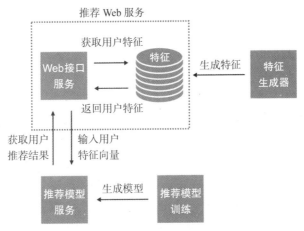

图 19-7　通过推荐模型服务来获取推荐结果的实时装配式 Web 服务架构

TensorFlow Serving 是一个灵活的、高性能的机器学习模型在线服务框架，用于生产系统，可以与训练好的 TensorFlow 模型高效整合，将训练好的模型部署到线上，使用 gRPC 作为接口接受外部调用。TensorFlow Serving 支持模型热更新与自动模型版本管理。

图 19-8 为 TensorFlow Serving 框架图。Client 端会不断给 Manager 发送请求，Manager 会根据版本管理策略管理模型更新，并将最新的模型计算结果返回给 Client 端。

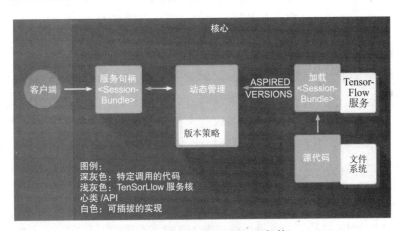

图 19-8　TensorFlow Serving 架构

注：图片来源于 TensorFlow Serving 官方文档。

Facebook 开源的 FAISS（见本章参考文献 [4]）框架也是业界使用较多的一款实时装配式 Web 服务框架。FAISS 包含几种相似性搜索方法，它假设用户或者标的物被表示为向量并由整数标识（用户和标的物用整数来唯一标识，即用户 id 和标的物 id），可以在海量向量库中搜索出按照某种相似性计算的最相似的向量列表。FAISS 提供了向量之间计算 L2（欧几里德）距离或内积距离的方法，与查询向量最相似的向量是那些与查询向量具有最小 L2

距离或最大内积的向量。FAISS 具备在极短的时间（毫秒级）内计算某个向量最相似的一组向量的能力。它还支持余弦相似性查询，因为余弦只不过是向量内积的归一化。

　　FAISS 之所以能够用于推荐系统提供实时推荐服务，主要是因为很多推荐算法最终将用户和标的物都表示为向量，并通过用户向量与标的物向量的内积来衡量用户对标的物的偏好程度，典型的矩阵分解算法就是这种形式。FAISS 所起的作用相当于图 19-7 中的推荐模型服务，利用它进行推荐的 Web 服务架构就是图 19-7 所示这种架构。最终的推荐模型用数学公式表示就是 $F(u, v) = u*v$，* 是内积计算，u、v 分别是用户和标的物标向量，它们之间的内积表示用户对标的物的偏好程度。FAISS 提供计算用户最相似的标的物的能力，并基于该相似度降序排列，取 Top$N$ 最相似的标的物作为最终的推荐结果。笔者公司的列表页个性化重排序目前就是基于 FAISS 框架采用图 19-7 这种方案来实现的。

19.3　两种 Web 服务方式的优劣对比

　　前面两节已经对推荐系统提供 Web 服务的两种方式的技术细节进行了详细介绍，在真实业务场景中可能比这个更复杂，所用的可能不是单纯的某种方案，会有一些变体，即在这两种方案的基础上做适当调整与变化，可能同一产品的不同推荐形态采用不同的方式，同一种推荐方案也可能会融合这两种方式。

　　在这一节内容中，我们来对比这两个方案的优缺点，让读者更好地理解这两种 Web 服务方式，同时也为读者在具体推荐业务场景中进行选择提供参考。

19.3.1　事先计算式 Web 服务的优缺点

　　事先计算式最大的优势是提前将推荐结果准备好了，这样在提供推荐服务时可以直接获取推荐结果，因此大大提升了接口服务的响应速度，减少了响应时间，对用户体验是有极大帮助的。另外，事先计算好，当模型推断出现问题（比如调度模型推断的计算服务中断）时，最坏的情况是不更新推荐结果（这时无法插入最新推荐结果），用户访问时还是可以获得推荐的，只不过展示给用户的是过去一天的推荐结果。如果是实时计算推荐结果（实时装配型），当模型出现问题时就无法获得推荐结果，如果没做好接口保护，这时接口可能会挂掉，导致前端出现无法展示任何推荐结果的故障，出现开天窗现象。不过好的推荐系统 Web 服务一般会增加保护，在这种极端情况下，通常会给定一组默认数据作为推荐结果，默认推荐是提前缓存在前端的，不受短期网络故障影响，因此，有更好的鲁棒性。

　　事先计算式另一个优点是架构更加简单，Web 接口服务跟生成推荐的过程解耦，可以分别对 Web 接口和推荐结果计算优化升级，而不会互相影响。

　　事先计算式最大的缺点是，很多用户不是每天都访问，由于要事先为每个用户生成推荐，真正日活用户占总活跃用户（比如月活用户）的比例就很低了（当然像微信这类国民级 APP 除外），推荐模块访问用户数一般也远小于当天日活数，这就浪费了很多计算和存储资源，特别是有海量用户的 APP，如果大量的用户并不是登录，却每天为其计算推荐结果，这时资源浪费是非常明显的。

事先计算式另外一个缺点是，事先计算好就失去了灵活性，要调整修改用户的推荐结果的成本更高（信息流推荐等实时推荐产品是需要对推荐结果进行近实时调整的）。就像前面案例讲的，套餐做好了，就无法满足用户特定的口味了，比如用户想要特辣口味，而事先准备的是微辣口味，那也没办法了。

19.3.2　实时装配式 Web 服务的优缺点

实时装配式跟事先计算式基本是对称的，事先计算式的优点是实时装配式的缺点，事先计算式的缺点反而是实时装配式的优点。

实时装配式需要临时为用户生成推荐结果，因此 Web 接口服务需要做进一步处理，对接口性能有一定的负面影响。另外，当推荐模型需要升级调整或模型服务出现问题时（实时装配式可将推荐模型作为一个独立 Web 服务），会有短暂的不可用，这时推荐 Web 接口无法计算出推荐结果，进而无法给前端提供反馈信息。这两种情况都会影响用户体验（当然，做得好的系统会有模型热更新，模型升级不会导致出现无法响应的情况，TensorFlow Serving 就具备这种能力）。

实时装配式的架构也更加复杂，耦合度更高（如果在推荐 Web 接口整合了推荐模型这种实时装配式，则推荐 Web 接口与推荐结果计算是完全耦合在一起的，见图 19-6，而将推荐模型做成独立的 Web 模型服务的这种实时装配式推荐服务就进行了解耦合，见图 19-7）。

由于实时装配式是实时为用户计算推荐结果的，因此相比事先计算不会占用太多的存储与计算资源，对节省费用是有极大帮助的，特别是在海量用户场景下，这种节省更加明显。

实时装配式的另一个优点是推荐结果调整空间大，因为是临时计算，可以在计算过程中增加一些场景化的处理逻辑，对推荐算法有更好的干预能力，更加适合实时推荐场景。

上面介绍了这两种方式的优缺点，下面用一个表格整理一下（见表 19-1），方便对比查看它们之间的异同点。

表 19-1　事先计算式和实时装配式的优缺点对比

推荐 Web 服务类型	优点	缺点
事先计算型	1. 接口响应更快； 2. 整个系统有更好的鲁棒性，推荐计算出问题不影响接口返回结果； 3. 架构更加简单，耦合度低，可以对接口和推荐计算分别优化升级	1. 浪费计算存储资源； 2. 对推荐结果调整的灵活度低
实时装配型	1. 更省存储计算资源； 2. 系统更灵活，可以方便临时调整推荐逻辑	1. 接口有更多的处理逻辑，响应相对较慢； 2. 当推荐模型或模型服务出现问题时，无法给用户提供推荐，影响用户体验； 3. 架构相对复杂，耦合度高，推荐接口和推荐结果计算存在直接依赖关系

19.4 影响 Web 服务方式的因素及选择原则

上一节中对两种推荐 Web 服务方式的优缺点进行了对比介绍，每种方式都有各自的优缺点，没有哪一种方式是完全胜于另一种方式的。那么，在实际业务落地时，有哪些因素会影响我们选择具体的方式呢？我们在选择时有什么判断依据和准则？这一节内容试图从多个角度来回答这些问题。

19.4.1 推荐产品形态的时效性对选择推荐 Web 服务的影响

如果推荐产品形态是 T+1 型，由于每天只更新一次推荐结果，因此可以选择事先计算方式先将推荐结果计算出来。如果产品形态是实时信息流推荐，需要整合用户的实时兴趣变化，用户的每一次行为都会触发更新推荐结果，这时采用临时装配方式是更好的选择。当然这也不是绝对的，笔者公司的短视频信息流推荐就采用的是事先计算方式，事先计算方式也可以做到近实时更新用户推荐结果，第 26 章会对算法原理进行详细介绍。

19.4.2 技术及架构复杂性对选择推荐 Web 服务的影响

实时装配式架构相对复杂，耦合度相对更高，在推荐时需要处理的逻辑也更多，因此各个子模块都要相当稳定，并且需要具备较高的性能，因此对整个推荐软件系统的要求更高。在团队架构能力强、人力比较充足的情况下可以选择此方案。

为了更好地整合用户的实时行为，为用户提供可见即所得的推荐服务，很多信息流推荐需要对推荐算法进行实时训练，比如 Google 在 2013 年推广的 FTRL 算法就是 logistic 在实时推荐场景下的工程实现，具备更高的工程实现难度，可见，对推荐团队的工程实现能力有较高要求。实时装配式一般需要处理用户的实时行为日志，用于挖掘用户实时兴趣，构建实时模型，这就要求整个系统有更高的实时性，需要有一套完善的实时处理架构体系来支撑，这也增加了构建这类系统的复杂性。

前面也提到过实时计算方式一般需要有一套类似 FAISS 的实时匹配库，以便为用户在极短的时间内搜索到最喜欢的标的物。而搭建这样一套系统，需要将推荐模型做成独立的服务，并且保证推荐模型 Web 服务具备稳定性、高并发、可拓展性等能力，这也对架构能力有极高要求。如果希望采用容器等新技术来更好地管理推荐模型服务，就得增加新的学习成本和运维成本。

19.4.3 推荐阶段对选择推荐 Web 服务的影响

我们知道企业级推荐系统生成推荐结果的过程一般分为召回和排序两个阶段（其实还包括业务调控，业务调控更多的是运营和策略性的调整，不属于狭义的算法范畴，参考 2.2 节的介绍），先使用召回推荐算法从海量标的物中筛选出一组用户可能感兴趣的标的物（一般几百上千个），然后在排序阶段利用更加精细的算法对结果进行重排序。

由于召回是从所有标的物中筛选用户可能感兴趣的，因此当标的物数量庞大时（比如今日头条有千亿级文本，淘宝有上亿级商品），即使召回算法简单，计算量也是非常大的，一般可以采用事先计算型召回策略（为了整合用户最近的行为，也可以基于用户的兴趣标签或者用户最近浏览的标的物进行近实时召回，这类召回策略也属于事先计算方式，比如根据用户最近浏览的标的物召回相似的标的物，每个标的物的相似标的物是事先计算好的）。而对于排序推荐算法，只需要从有限的（成百上千）的标的物中过滤出用户最喜欢的几十个，可以在较短时间内计算完，因此排序算法可以采用实时装配策略。

当然，排序阶段也是可以采用事先计算型的，这就相当于先召回，再排序将推荐结果计算好，只不过整个推荐过程将事先计算拆解为召回和排序两个阶段来进行了。

其实，直接跟推荐接口衔接的是排序阶段，召回阶段是不直接参与 Web 服务的，因此根据前面的定义可知，严格意义上，事先计算方式和实时装配方式是不能用于描述召回阶段的。不过有些产品的标的物数量不大（比如电影只有几万个），也可以将召回和排序融合为一个阶段，只用一个算法就可以获得推荐结果，或者排序可以采用简单的规则和策略，这时排序逻辑可以整合到推荐 Web 接口中，在这两种情况下，召回阶段所起的作用就相当于排序阶段的作用了，这时可以说召回直接跟 Web 接口进行了交互，因此也可以用事先计算方式和实时装配方式来描述召回阶段。

19.4.4　算法形态对选择推荐 Web 服务的影响

推荐算法种类繁多，从简单的 KNN、item-based 协同过滤到复杂的深度学习、强化学习推荐算法，其算法实现方式、需要的数据来源、计算复杂度等都不一样，这也导致算法的使用场景不一样。

像深层深度学习这种模型结构非常复杂的推荐算法，即使为单个标的物打分（即计算出用户对标的物的偏好度），计算时间也是简单算法的若干倍，这时，在短时间内（比如 100 毫秒之内）为大量的标的物打分是不现实的，因此这类算法一般用于排序阶段（排序阶段只对成百上千的标的物打分），比较适合实时装配的策略。

简单的推荐算法，如 item-based 协同过滤、矩阵分解，由于计算复杂度低，一般用于召回阶段，因此是比较适合事先计算方式。

19.5　本章小结

本章讲解了推荐系统提供 Web 服务的两种主要方式：一种是事先计算式，即提前将用户的推荐结果计算出来并存放到 NoSQL 中，当用户使用推荐模块时，推荐 Web 服务直接将该用户的推荐结果取出来并组装成合适的数据格式，最终在前端展示给用户。另一种是实时装配式，我们需要将计算推荐结果需要的原材料准备成"半成品"（就是各种特征），并将这些中间结果事先存起来，当用户使用推荐服务时，推荐 Web 服务通过简单的组装与计算（调用封装好的推荐模型），将"半成品"加工成该用户的推荐结果，并最终展示给用户。

这两种提供 Web 服务的推荐方式各有优缺点，具体需要根据公司现有的技术储备、人员能力、团队规模、产品形态等多个维度进行评估和选择。不管采用哪种方式，最终的目的是一样的，即需要为用户提供个性化的、响应及时的优质推荐服务。

参考资料

[1] 美团技术团队 . 基于 TensorFlow Serving 的深度学习在线预估 [A/OL]. 知乎，（2018-10-12）. https://zhuanlan.zhihu.com/p/46591057.

[2] 阿里云云栖号 . 手把手教你使用 TF 服务将 TensorFlow 模型部署到生产环境 [A/OL]. 知乎，（2019-03-28）. https://zhuanlan.zhihu.com/p/60542828.

[3] TensorFlow team. Serving Models[A/OL]. TensorFlow，（2021-01-28）. https://www.tensorflow.org/tfx/guide/serving.

[4] Matthijs Douze，Lucas Hosseini, et al. faiss[A/OL]. Github（2018-02-23）. https://github.com/facebookresearch/faiss.

实时个性化推荐

随着互联网的深入发展和产品布局的多元化，越来越多的企业通过提供快节奏的产品和服务来利用用户的碎片化时间，从而赢得用户的青睐。这类产品和服务通过便捷的 UI 交互来与用户进行实时互动，在极短的时间内给用户"奖赏"，让用户欲罢不能，根本停不下来。这类产品普遍用到的一项技术就是实时个性化推荐技术。

相比于传统的个性化推荐每天更新用户的推荐结果，实时推荐基于用户最近几秒的行为实时调整用户的推荐结果。实时推荐系统让用户当下的兴趣立刻反馈到推荐结果的变化上，可以给用户所见即所得的视觉体验，它牢牢地抓住了用户的兴趣，让用户沉浸其中。实时推荐技术大量用于现在的主流产品上，基本上常用的互联网 APP 的核心推荐模块都已经实时化，包括今日头条、淘宝、快手、B 站、美团等，毫不夸张地说实时推荐是推荐系统未来的发展趋势。

本章将讲解实时个性化推荐相关的知识点。具体来说，会从实时推荐系统背景介绍、实时推荐系统的价值、实时推荐系统的应用场景、实时推荐系统的整体架构、实时推荐系统的技术选型、实时推荐算法与工程实现、构建实时推荐系统面临的困难与挑战、实时推荐系统的未来发展等 8 个维度来进行讲解。本章可以作为读者学习和构建实时推荐系统的参考指南，期望帮助读者全方位地了解实时推荐系统相关的业务、原理与技术细节。

20.1 实时推荐系统背景介绍

所谓实时推荐系统，就是根据用户当前行为（如播放、浏览、下单等）或者用户的主动操作（如下拉、滑动等），推荐系统实时更新展示给用户的推荐结果，前端快速反应用户的兴趣变化，给用户视觉上的冲击与强感知。大家比较熟悉的实时推荐系统是今日头条、抖音、快手上的推荐（见图20-1），通过下拉或者上下滑动来实时更新推荐列表。如果实时推荐的结果采用瀑布流的形式呈现给用户，也可将实时推荐称为信息流推荐，如今日头条推荐、微信朋友圈"看一看"等都是信息流推荐。

图 20-1　今日头条、抖音、快手上的实时推荐

实时推荐系统不是一种新的推荐算法（当然会对算法进行适当的调整优化，以适应实时性的需要），而是一种新的推荐形态，一种新的工程架构，是将传统的 $T+1$（按天）推荐升级为秒级推荐，是处理效率的极大提升。当然，处理速度的提升对算法、工程架构和交互方式也提出了新的要求。

任何事情的出现和发展都一定是有相关背景的，实时推荐也不例外，笔者认为主要有如下几个原因助推了实时推荐的出现和火爆。

1. 技术的进步

首先是智能手机的普及和摄像技术、无线网络的发展，让每个人都成为数据生产方，我们每时每刻都在制造数据。数据量的爆发增长推动了大数据与云计算技术的出现、发展与成熟。大数据和云计算让我们可以更快、更便捷、更高效地处理大规模的海量数据，使实时数据处理成为可能，这是实时推荐系统出现的先决条件。

2. 产品的"快消"化、用户时间的碎片化

新技术本身就是一种资源，一般一种新技术出现会带来非常大的红利期，会出现一段较长时间的技术应用爆发期。在新红利的刺激下，越来越多的创业者寻找机会和突破，期望从红利中分一杯羹。技术催化了各种各样的产品，今日头条、快手、抖音等无不都是在这样的背景下产生的。这类产品有一个特点，属于"快消类"产品（用户消费一个标的物所花时间较短），消费的是用户的碎片化时间，用户在地铁上、公交上、吃饭排队，甚至上厕所都可以高效使用这类产品。产品的快消化、用户时间的碎片化，要求产品实时响应用户的需求，对用户的行为做出及时反馈，这正是实时推荐系统擅长的方向，因而实时推荐系

统最早出现在这些产品上就不足为奇了。

3. 人机交互方式的便捷性

触屏技术的发展让用户与产品的交互更加方便快捷，交互可以在瞬间完成，毫无障碍，无任何学习成本。快捷的交互自然要求产品可以进行快速的响应，这也间接催生了实时推荐技术的出现、发展和普及。

4. 人的需求变得越来越主动

移动互联网时代，用户每时每刻都在线。人的大脑是无法停下来的（即使睡着了，也在做梦，大脑也没停止活动），大脑一定要注意到一件事情，这就是人的注意力，静止不变的东西是很难吸引用户兴趣的，实时推荐对用户反馈做实时调整，是动态变化的过程，更容易吸引用户的关注。年轻一代更希望对生活有控制权，对产品也一样，希望自己可以把控产品的交互逻辑和结果展示，实时个性化推荐的下拉或滑动更新推荐结果的方式就很自然地将控制权交给了用户。

5. 信息产生的速度更快

前面提到摄像头技术的发展等让信息产生的速度呈指数级增长，信息产生的速度远大于人类消费信息的速度。而实时推荐提升了信息分发的效率，可以让信息得到更加有效的分发与利用，因此也是提升资源使用效率的一种方式。

6. 激烈的产品竞争

当移动互联网红利结束时，没有太多新的流量注入，所有的产品都在争夺固有的流量，产品之间的竞争愈发激烈，谁能更好地服务用户，谁就能在激烈的市场竞争中赢得主动权。基于与用户的实时互动实时个性化推荐，可以更好地满足用户的需求，让用户沉浸其中，因此可以极大地提升用户的体验，增加用户在产品上的停留时长，这让实时推荐技术成为产品争夺用户和流量的有力武器。

实时推荐是技术发展和产品迭代的必然趋势，也是人类满足自身诉求的有效方式，这只是实时推荐技术出现和发展的必要条件。实时推荐之所以这么火爆，成为当今绝大多数产品的标配，成为推荐系统未来发展的趋势，是因为实时推荐系统极具价值。

20.2　实时推荐系统的价值

实时推荐系统通过降低用户的操作行为与系统反馈之间的时间间隔，让用户可以马上享受到自我行为的奖赏，这本身就是一种用户价值的体现。具体来说，实时推荐系统的价值至少可以从如下 4 个维度来体现。

1. 提升用户体验，提升用户的满意度

在实时推荐系统中，用户可以实时地与推荐模块交互，推荐模型实时给用户做出反馈，

提升了用户与产品交互的频率。每次交互都给用户带来了新的刺激，这让用户更愿意沉浸其中，从而满足用户的某种心理需求，而用户需求满足的程度决定了用户对产品的满意度。因此，实时个性化推荐一定是可以提升用户满意度的。

2. 提升用户黏性，提升用户使用时长

从产品来看，实时推荐可以让用户实时获得反馈，用户的需求得到即刻满足，这让用户非常兴奋，停不下来，不知不觉中花了大把的时间，消费了大量的标的物。总体来说，提升了用户的黏性，让用户愿意驻留更长的时间。

3. 增加标的物的曝光、分发与消费

实时个性化推荐大大提升了标的物的流转效率，可以更快地将标的物分发到每个用户手中，直观地呈现在用户眼前，标的物不再是沉入信息海洋的石块，而是高效流转的"宝藏"。分发效率的提升，让标的物制作方可以得到更多的曝光，获得更多用户的关注。更多的曝光和更多的粉丝可以通过变现产生不菲的商业收入。

4. 增加产品的商业化能力

实时推荐增加了标的物的曝光机会，提升了标的物的流转效率，让单个推荐位的点击率和转化率大大提升。好的实时推荐能够抓住用户的眼球，让用户沉浸其中，提升用户购买商品（如果是电商实时推荐）的概率。即使是今日头条这类提供非卖品标的物的产品，实时推荐中还可以整合信息流广告，让更多的广告得到曝光与点击，这也是一种价值变现的好方式。

实时推荐的巨大价值让当今的互联网产品开发者非常心动，大家都期望在自己的产品中整合实时推荐功能。那么实时推荐可以用到哪些产品中呢？这就是下节要讲解的主要内容。

20.3　实时推荐系统的应用场景

实时推荐系统会根据用户的当下行为做出快速反馈，给用户提供所见即所得的推荐，实现这样的应用一般也要求用户的行为是可以在短期内完成的，即用户"消费"一个标的物不会花很长时间。推荐系统需要在短期内知道用户是否对该标的物感兴趣，才能基于用户行为给用户实时反馈。

基于上面的分析可知，消费标的物所花时间较短，用户希望短时间内获得反馈的产品比较适合实时推荐，即提供"快消"类标的物的产品比较适合做实时推荐，而长视频、小说阅读等 APP 不太适合做实时推荐。拿电影来说，用户看完一个电影需要花费 2 个小时左右，很大概率用户没有时间再接着去看另一部喜欢的电影。如果该电影用户看了几分钟就退出来了，这顶多算负反馈，没有正反馈（用户看完了或者看了很长时间可以当作正反馈），我们也没法给用户实时推荐他喜欢的电影，这也是这类产品不太适合做实时推荐的原因。

前面已经提到长视频类、小说阅读类不适合做实时推荐。下面列举一下适合做实时推

荐的常用产品形态，给读者提供一个参考。适合做实时推荐的产品主要包括如下 6 大类别。

20.3.1　新闻资讯类

用户阅读一条文本新闻的时间一般不会很长，几分钟就够了，因此文本新闻是满足做实时推荐条件的。如今日头条、腾讯新闻、网易新闻、趣头条、手机百度 APP 信息流等都提供了实时推荐的功能（见图 20-2）。

图 20-2　今日头条、网易新闻、手机百度 APP 通过下拉滑动提供实时个性化新闻推荐

20.3.2　短视频类

短视频也是一类"标的物消耗时长较短"的产品，满足"快消"产品的特性，因此是实时推荐非常好的应用场景，目前主流的短视频应用，如快手、抖音、好看视频、哔哩哔哩等都提供了实时推荐功能（见图 20-3）。

图 20-3　快手、抖音、B 站首页通过下拉滑动提供实时个性化推荐

20.3.3 婚恋、陌生人社交类

对于婚恋、陌生人交友类软件，用户只需要对陌生人的长相或者相关简介有个基本了解就可以决定要不要聊下去，决策时间不需要很长，因此是适合做实时推荐的。像世纪佳缘、陌陌、探探等都提供了实时推荐功能（见图 20-4）。

图 20-4　陌陌、世纪佳缘、探探通过上下滑动或左右滑动来选择感兴趣的人

20.3.4 直播类

直播类虽然播放时长会很长（很多主播一次可能直播几个小时），但用户只要进入直播间看几分钟就知道是不是自己喜欢的类型了，因此直播类也是适合实时推荐的，像斗鱼、虎牙、映客等在首页就包含了实时推荐模块（见图 20-5）。

图 20-5　斗鱼、虎牙、映客首页通过下拉滑动提供实时个性化推荐

20.3.5　电商类

电商类 APP，如手机淘宝、京东、拼多多（见图 20-6），首页都提供了实时推荐功能，用户只要下拉刷新，系统会自动刷新展示推荐结果。一般用户决定是否要买一个商品也不需要投入很多时间，看一下图片和详情页简介就可以做出决策。因此，电商类产品是适合做实时推荐的。

图 20-6　淘宝、京东、拼多多首页通过下拉滑动提供实时个性化推荐

20.3.6　音乐、电台类

用户消费一首歌也就几分钟，音乐类、电台类 APP 也是满足实时推荐场景的，图 20-7 所示的这 3 个 APP 都提供了实时推荐功能。

图 20-7　喜马拉雅、酷狗音乐、豆瓣 FM 上的实时个性化推荐

　　上面基本列举了市面上主流的提供了实时推荐功能的 APP，这些 APP 都满足前面提到的应用实时推荐的条件。当然这个条件不是绝对的，需要根据具体的应用场景和限制条件综合分析。笔者公司的产品电视猫在首页就提供了长视频的近实时推荐（见图 20-8），电视猫这一产品应用于家庭场景中，一般家中会有多人使用，用户平均使用时长比手机长得多，操作主要靠遥控器，相对手机端操作不太方便，不过，用户可以一键（返回键）回到首页，这导致首页会比较频繁地暴露给用户。因此，基于上面几个特点，我们在首页提供近实时反馈的兴趣推荐，只要用户看某些视频的时长达到一定值（我们认为用户喜欢）就更新兴趣推荐。

图 20-8　电视猫首页近实时反馈的兴趣推荐模块

　　这里最后还要提一点，如果你的产品适合做实时推荐，实时推荐产品一定要放到首页这种用户触点多的位置（通过 AB 测试决定投放比例），不然很难使个性化推荐的价值最大化。想象一下，你将实时个性化推荐产品安放到非常隐蔽的地方，用户很难找到，即使你推荐得再准有什么用呢？好的东西就是要让用户多使用，用户的反馈就是推荐模型的数据源，用户和产品互动的过程是一个正向的反馈环，交互越多，收集的数据就越多，基于这些数据训练出的推荐模型就越精准，通过用户与（实时推荐）产品的协同进化，推荐会越来越精准、越来越有商业价值。

20.4　实时推荐系统的整体架构

　　实时推荐系统需要基于用户的实时反馈行为来近实时地更新用户的推荐结果，因此需要对推荐算法进行实时调整，实时数据处理与实时建模一定是实时推荐系统中最重要的技术。当前，推荐系统一般应用于提供 toC 服务的互联网产品中，这类产品用户基数大，数据量也大，一般需要通过大数据平台来进行处理，比如对数据进行 ETL 处理、构建模型特征等，可见，这里讲解的实时推荐系统的整体架构是建立在大数据技术基础上的。

在大数据的发展史上先后出现了两种主流的大数据处理架构，这两种架构刚好也是实时推荐系统算法构建的原型。下面分别对这两种架构进行介绍，并说明如何基于这两种架构来构建实时推荐系统。

20.4.1　Lambda 架构

当前的主流大数据平台一般将用户行为日志分为离线部分和实时部分（见图 20-9）。离线部分进入数仓供离线任务进行处理，包括各种按天统计的报表、T+1 的推荐业务（非实时推荐，一般每天更新一次）等。实时部分一般进入消息队列（如 Kafka），供实时处理程序消费，如各类实时监控、大屏展示报表等。

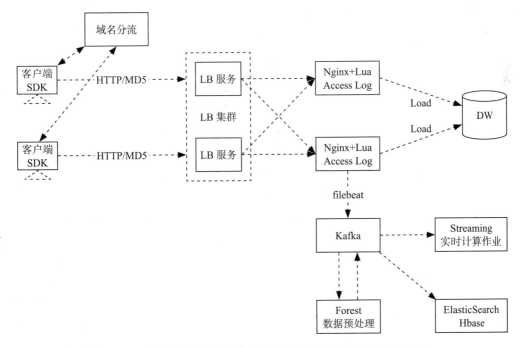

图 20-9　主流大数据平台将日志分别通过批和流两种逻辑进行分发

Lambda 架构（见本章参考文献 [1]）就是上面这种思路的高度抽象，它是著名的流式处理框架 Storm 的作者 Nathan Marz 最先提出来的。Lambda 架构一般分为 3 个模块：Batch Layer、Speed Layer 和 Serving Layer，Batch Layer 负责处理离线的大规模数据，Speed Layer 负责处理实时收集的用户行为数据，而 Serving Layer 将离线和实时两部分结果基于一定的规则或算法进行汇集、排序，并最终对用户（既可以是终端用户，也可以是公司内部的其他业务部门）提供服务，图 20-10 所示为 Lambda 架构的抽象业务处理逻辑。

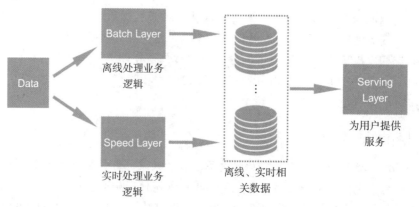

图 20-10 Lambda 架构示意图

一般用户行为数据是从底层的数据源开始的，按照一定的数据规范和协议（比如采用 json 格式）进入大数据平台，在大数据平台中经过 Kafka、Logstash 等数据组件进行收集，然后分成两条线进行计算。一条线进入流式计算平台（如 Storm、Flink、Spark Streaming 等），计算一些实时指标或训练实时模型；另一条线进入批量数据处理离线计算平台（如 Map Reduce、Hive、Spark SQL 等），计算 $T+1$ 的相关业务指标或训练离线模型，这些指标或者模型（结果）需要第二天才能算出。

Lambda 架构历经多年发展，其优点是稳定，实时计算部分的计算成本可控，批量处理可以用闲暇时间来整体规划。将实时计算和离线计算高峰分开，可以极大化利用服务器资源，减少对用户的影响。这种架构支撑了数据行业的早期发展，但是它也有一些缺点，这些缺点导致 Lambda 架构不太适应部分数据分析业务的需求，具体如下：

❑ 实时计算与批量计算结果不一致引起的数据口径问题：因为批量计算和实时计算用的是两套计算框架，使用的是不同的计算程序，算出的结果往往不同，特别是对于那些累积的指标，时间长了容易产生误差。因此，需要一套完善的机制来保证计算的一致性，纠正数据偏差。

❑ 批量计算在计算窗口内存在无法算完的风险：在 IoT 时代，数据量级越来越大，用于离线计算的时间经常只有凌晨的四五个小时，已经无法完成白天二十多个小时累计的数据计算。怎么保证早上上班前准时出数据报表已成为大数据团队头疼的问题。集群之间、不同作业之间的依赖关系及资源占用等更加剧了这种情况的发生。

❑ 数据源变化要重新开发，开发周期长：每次数据源的格式变化、业务的逻辑变化都需要针对 ETL 和 Streaming 做开发修改，整体开发周期较长，业务反应不够迅速。

❑ 服务器存储大：数据仓库的典型设计会产生大量的中间结果表，造成数据急速膨胀，加大了服务器存储压力。

上面对 Lambda 架构进行了粗略的介绍，下面来讲解怎样基于 Lambda 架构构建实时个性化推荐系统。我们先给出架构图（见图 20-11），这里包含离线算法模块（对应 Lambda 架构中的 Batch Layer）、实时算法模块（对应 Lambda 架构中的 Speed Layer）和融合模块（是 Lambda 架构中 Serving Layer 抽取出来的一部分，对于推荐算法来说，它比一般的数据处理更复杂，为了减轻 Serving 层的压力，将复杂的与业务逻辑相关的计算操作独立出来，形成了一个单独的模块），下面逐一说明各个模块的作用。

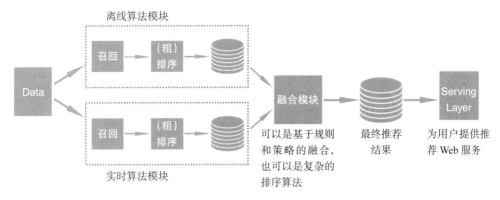

图 20-11　基于 Lambda 架构的实时个性化推荐算法架构

1. 离线算法模块

离线算法模块基于用户长期行为数据训练召回模型和排序模型，最终生成离线推荐结果。由于离线部分使用的是历史数据，每天只需更新一次，因此模型可以较复杂，只要在一天之内计算完即可，最终算出的是基于用户历史兴趣的推荐结果。

2. 实时算法模块

实时算法模块会基于用户最近的兴趣来获得展示给用户的推荐，比如可以基于用户最近一次浏览的标的物，召回与该标的物最相似的标的物作为召回结果，后面可以选择性地基于用户整体兴趣对召回的标的物进行排序，获得用户的近实时推荐结果。

3. 融合模块

融合模块基于给用户的离线推荐结果和实时推荐结果，利用合适的业务规则、策略以及复杂的排序算法对推荐结果进行排序，进而获得展示给用户的最终推荐。如果融合部分有较复杂的规则或者排序算法，离线模块和实时模块也可以不进行排序，只做召回，将排序的工作交给融合模块来处理。

融合模块的具体实现方式多种多样，上面提到的只是其中的一种，还可以基于生成的离线推荐结果，实时推荐基于近期兴趣读取并更新离线推荐结果获得最终的推荐。在电视猫中，部分实时推荐就是采用的该方式：离线推荐结果插入 CouchBase 推荐库，实时推荐程序获得用户最后播放视频的相似视频，然后从 CouchBase 中读取该用户的推荐结果，将刚刚计算好的相似视频（基于一定规则）替换掉取出的推荐结果的部分视频，再插入 CouchBase，从而修改推荐结果，获得实时推荐的效果。

对于业务规则比较简单的情况，可以将融合模块放到 Web Server 中（见图 20-12），整体架构跟上面介绍的类似，只不过这里是先计算出离线推荐和实时推荐结果，最终在 Web Server 中对两类推荐结果进行聚合，而上面介绍的是将聚合过程独立出来，形成一个子模块。

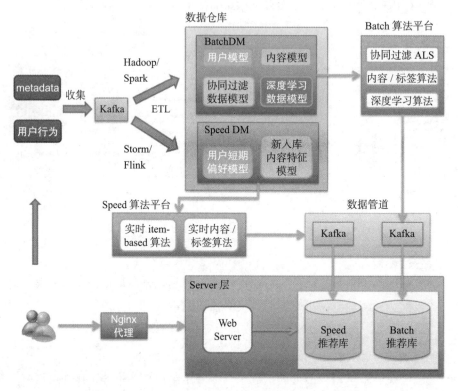

图 20-12　在 Web Server 中进行融合的实时推荐业务架构图

上述方法还可以进行适当的改进，就是首先利用历史数据训练好召回和排序模型，按照上图所示的架构部署，等推荐业务跑起来后，直接接入实时数据流，而不需要再处理历史数据（因为模型已经基于历史数据进行了训练），在实时数据流运行的过程中可以逐步迭代优化召回和排序模型。这里需要对模型进行实时学习更新，我们将这种学习过程称为增量学习。增量学习利用了最新的用户行为数据，一般可以稳定提升模型性能。在生产实践中，根据增量的时效性不同，增量学习有 3 种不同粒度，其中 $T+1$ 增量模式是 load 已有模型的 checkpoint，采用批训练模式，模型全量部署上线，更新时效性为"天"。小时级增量模式是使用实时样本进行流式训练，但部署过程依旧采用全量模型切换，更新时效性为"小时"。第三种（也是最完美的）增量学习解决方案是流式训练模型，实时用于模型预测，这种方案就不用离线模块了，这就是我们下节要讲的 Kappa 架构。

Lambda 架构采用分而治之的思路通过将用户行为分为离线部分和实时部分，并分别进行处理和建模，之后再汇聚这两部分的结果获得最终的结果。对于当前的实时推荐，

Lambda 架构是一种可行且有效的实施方案。结合前面介绍的 Lambda 架构的缺点及笔者自己实施实时推荐的经验，对于实时推荐系统，Lambda 架构最大的问题主要有如下 3 点：

❏ 实时处理和离线处理是不同的技术，实现离线推荐和实时推荐的模块需要采用不同的代码来实现，开发和维护成本明显偏高。

❏ 在衔接实时推荐和离线推荐时，会存在信息的冗余或缺失。离线推荐处理的数据是到当天零点的数据，而最理想的状态是实时从零点开始对当前所有的用户信息进行处理和建模，但在具体实施时会有各种问题，导致数据的衔接存在断档或重复使用的情况。

❏ 在最终给用户推荐时，需要融合实时推荐结果和离线推荐结果，进一步增加了流程的复杂度。

鉴于上述问题，我们可以采用一套统一的处理架构，这就是下面要介绍的 Kappa 架构。

20.4.2 Kappa 架构

Lambda 架构一个很明显的问题是需要维护两套分别跑在批处理和实时计算系统上面的代码，而且这两套代码需要紧密配合，对增量求和统计还得产出一样的结果。因此对于设计这类系统的人来讲，要面对的问题是：为什么我们不能改进流计算系统使其能处理这些问题？为什么不能让流系统来解决数据全量处理的问题？流计算天然的分布式特性注定其扩展性比较好，能否加大并发量来处理海量的历史数据？基于种种问题的考虑，Jay 提出了 Kappa 这种替代方案（可以查看本章参考文献 [2]，对 Kappa 架构进行更深入的了解）。

Kappa 架构通过剔除 Lambda 架构中的批处理部分简化了 Lambda 架构，数据只需通过流式计算系统即可快速加工处理。Kappa 体系结构中的规范数据存储不是使用类似于 SQL 的关系数据库或类似于 Cassandra 的键值存储，而是一个只能追加数据的不可变日志系统。在日志中，数据通过计算系统流式传输，并输入辅助存储器作为字典库供后续服务（即具体的业务系统）使用。典型的 Kappa 架构如图 20-13 所示。

图 20-13 Kappa 架构

Kappa 架构的核心思想包括以下 3 点：

❏ 用 Kafka 或类似 MQ 队列的系统收集各种各样的数据，需要几天的数据量就保存几天的数据到消息队列中。

❏ 当需要全量重新计算时，重新起一个流计算实例，从头开始读取数据进行处理，并输出到一个新的结果存储中。

❏ 如果需要对业务流程和计算逻辑进行调整，重启一个新的计算实例，当新的实例做完时，停止之前的流计算实例，并把之前的结果删除。

Kappa 架构的优点在于将实时和离线代码统一起来，不仅方便维护，而且统一了数据口径。Kappa 的缺点也很明显：

❑ 流式处理对于历史数据的高吞吐量力不从心：所有的数据都通过流式计算，即便通过加大并发实例数亦很难适应 IoT 时代对数据查询响应的即时性要求。

❑ 开发周期长：在 Kappa 架构下，由于采集的数据格式不统一，在对数据进行调整或兼容时每次都需要开发不同的 Streaming 程序，导致开发周期长。

❑ 服务器成本浪费：Kappa 架构的核心实现需要使用外部高性能存储 Redis、HBase 等服务作为中间存储器。但是这两种系统组件又并非专门设计来满足全量数据存储的，因此会占用较多的内存及 CPU 资源，对服务器成本有较大浪费。

上面我们对 Kappa 架构进行了简单介绍，那么基于 Kappa 架构怎么构建推荐系统呢？其实这个问题比较简单，Kappa 架构简化了 Lambda 架构，只保留了实时处理部分，针对推荐系统也是一样的。基于 Kappa 架构构建推荐系统只需做实时推荐部分即可，具体架构图见图 20-14。

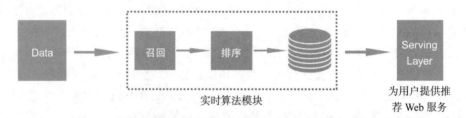

图 20-14　基于 Kappa 架构的实时个性化推荐算法架构

按照图 20-14 所示架构部署好推荐业务，算法在刚刚启动时，先将所有离线数据一次性按照实时流的方式灌入，逐步在线学习召回和排序模型，等历史数据处理好了，就直接处理流式数据，最终跟流式处理一模一样。这里需要强调的一点是，召回和排序模型是一个逐步学习和训练的过程，这对模型是有一定要求的，有些模型并不适合这样训练。笔者团队在电视猫的业务中对短视频的实时相似推荐就采用了这种模式，由于我们是基于标签来计算相似度的，也就是简单的向量相似度计算，模型简单，因此就采用了上面的方法。具体可以参考第 26 章和第 27 章中的思路。

另外一种方式是把模型训练好，直接部署上去，根据用户最近的操作行为实时构建最新的特征向量，将新特征向量灌入模型，获得新的推荐。为了利用最新的数据，模型还可以隔一段时间重新训练一次。TensorFlow Serving 就是采用的该模式，并且模型可以热更新，这类模型一般是比较复杂的模型，如深度学习模型等。注意，这里不是从零开始学习模型，而是预训练让模型有一个很高的起点，再从起点开始学习。训练模型的过程中也用到了离线技术，因此模糊了跟 Lambda 架构的关系。

目前强化学习（强化学习是智能体（Agent）以"试错"的方式进行学习，通过与环境进行交互获得的奖赏指导行为，目标是使智能体获得最大的奖赏）在大的互联网公司已经尝试用到推荐业务中了（见本章参考文献 [10]）。强化学习这种跟环境进行实时交互的学习范式本质上就是 Kappa 架构。

上面讲到的实时推荐的 Lambda 架构和 Kappa 架构都是采用了事先将推荐结果计算出来的方式，这属于事先计算式，实际上也可以采用实时装配式，对这两种推荐系统提供 Web 服务的方式，在第 19 章已经进行了详细讲解，这里不再赘述。

上面我们对当前主流的两种实时推荐架构的原理和特点进行了说明，并没有讲解相关的具体工程技术选型，下一节内容对相关技术进行介绍。

20.5　实时推荐系统的技术选型

实时推荐系统与实时大数据处理密不可分，因此构建实时推荐系统的技术一定是离不开实时大数据技术的，目前比较主流的实时大数据处理框架主要有 Spark Streaming、Flink 、Storm 等，这些框架都可以用于实时推荐。基于实时推荐的两种实现架构是 Lambda 和 Kappa，它们都会涉及离线处理和实时处理（Lambda 有离线处理模块，而 Kappa 没有，不过 Kappa 中涉及的模型也会进行离线训练），下面从离线处理和实时处理的技术选型角度来分别介绍。

20.5.1　离线部分算法的技术选型

离线部分可以选择的工业级技术有 Spark、MapReduce、TensorFlow 等。其中，MapReduce 对迭代运算不是很友好，不太适合复杂的机器学习模型，建议还是采用 Spark 和 TensorFlow。

Spark 中包含很多数据 ETL 算子和算法库，很多算法可以直接使用，Spark MLlib 中有 ALS 矩阵分解推荐算法，其他推荐算法也可以基于 Spark 的 API 自行开发。复杂的深度学习算法目前不太适合在 Spark 上运行（有很多基于 Spark 的深度学习框架，但是工程稳定性需要验证与评估，这在第 10 章有过介绍）。

TensorFlow 可以实现很多复杂算法，在工业界也非常流行。不过 TensorFlow 的分布式计算没有 Spark 这么友好。一般企业是基于 Hadoop/Spark 来构建大数据平台的，如果利用 TensorFlow 来实现部分算法的话，需要打通大数据与 TensorFlow 体系。

基于上面的分析，如果在人力不足或者不是非用 TensorFlow 不可的情况下，建议还是采用 Spark 平台更合适，大数据和推荐这两套业务共用了一套架构体系，技术栈更加统一简单。

20.5.2　实时部分算法的技术选型

实时部分可以采用的技术非常多，常见的有 Storm、Flink、Spark Streaming 等。目前 Storm 没有以前那么流行了，建议还是采用 Flink 和 Spark Streaming 这两套技术中的一种。如果你的团队已经在使用 Spark 了，并且开始做实时处理或实时推荐业务，那最好还是用 Spark Streaming，毕竟都是 Spark 体系，API 规范保持一致，技术栈也更统一。Spark

Streaming 虽然在实时性方面不如 Flink，但是对于实时推荐来说，做到秒级实时就足够了。

笔者公司最早是基于 Hadoop/Spark 体系来构建大数据的，顺其自然，推荐系统也是基于 Spark 来构建的，最近几年开始做实时推荐，也是采用的 Spark Streaming 框架，目前来看，整套框架都可以很好地处理离线推荐、实时推荐等各类推荐场景。

这些框架目前在云计算公司都有现成的 PaaS 或者 SaaS 服务可供选择，对于初创团队或刚开始启动推荐业务的团队，建议采买相关云服务，这样整个系统更加轻量级，维护成本更低，团队应该将核心放到业务和算法上。

20.6 实时推荐算法与工程实现

在 20.4 节和 20.5 节介绍了实时推荐系统的架构和技术选型，有了这些基础我们就能够非常方便地开发实时推荐算法了。推荐算法是推荐系统最核心的模块之一，下面我们看看有哪些可以用于实时推荐的算法。这里讲的实时推荐算法是指可以利用流式数据来训练，可以进行在线学习的推荐算法，而不关注 Lambda 架构中离线部分的推荐算法。

前面的推荐算法系列章节中讲解了部分实时推荐算法的工程实现，这里将相关资源列举出来，读者可以更方便地查询或进一步学习。

1. 实时协同过滤算法

4.4 节对实时协同过滤算法进行了详细讲解，这里采用的是利用 Spark Streaming 和 HBase 作为算法实现和存储的工具。

2. 实时矩阵分解算法

6.5 节对腾讯在 2016 年发表的一篇基于 Storm 来实现的近实时矩阵分解推荐算法的算法原理及工程实现进行了讲解。

3. 实时因子分解机

7.6 节对分解机实时实现进行了简单介绍，其中给出了很多参考文献，可以作为读者学习的资料。

4. 基于内容推荐的实时算法

基于内容的推荐，只需学习待推荐用户的兴趣偏好特征就可以给用户进行推荐了，相比协同过滤类算法更简单、更容易实现，因此也是非常适合做实时推荐的。第 26 章和第 27 章中基于电视猫的视频推荐场景分别对完全个性化推荐、标的物关联标的物推荐这两种推荐范式的实时实现进行了详细介绍，读者可以参考学习相关思路。

业界比较出名的在线学习算法 FTRL（Google 最早提出，见本章参考文献 [6]），可以实时训练很多机器学习算法（如 logistic 回归），可以用于推荐系统的排序阶段。当前比较热门的深度学习技术也可以进行在线学习，读者可以阅读本章参考文献 [4，5] 进行了解。在工业界，蚂蚁金服的 AI 团队对 TensorFlow 的底层架构进行了修改优化（见本章参考文献

[9]），使之适应实时学习，并在支付宝的推荐业务中进行了很好的应用。

本章参考文献 [7，8] 分别介绍了凤凰新闻和爱奇艺的实时推荐的工程实现细节，读者可以参考。另外本章参考文献 [3] 比较详细地介绍了 Netflix 的推荐系统的工程实现原理，其中也包括实时推荐部分，它采用的是 Lambda 架构模式。Netflix 推荐系统是业界典范，值得读者深入了解。从这篇参考文献也可以看到，实时推荐系统非常复杂，需要面临非常多的技术、工程挑战，下一节就对这方面进行详细介绍。

20.7　构建实时推荐系统面临的困难和挑战

实时推荐系统需要实时处理用户行为，并基于用户行为给用户提供近实时的推荐，时间上的及时响应对整个推荐系统的架构、算法都提出了极高的要求。设计实时推荐系统面临的挑战主要体现在如下 3 个方面。

1. 算法架构

实时推荐系统需要实时收集用户行为，对用户行为进行实时 ETL 处理、实时挖掘用户兴趣变化、实时训练模型、实时更新推荐结果。整个架构系统需要对数据分析处理、数据存储、接口访问等提供基础能力支撑。整个推荐过程是一个相当长的链路，每一个环节都不能出错。实时推荐对每一个环节都提出了要求，其中，对数据处理和分析响应的及时性要求极高。

2. 算法模型

对于在线学习类的推荐算法模型，构建实时推荐系统还需要模型层面的支持，不管是召回还是排序，都需要能够兼容实时数据，能够实时训练。传统的算法是不满足条件的，比如 logistic 回归就不适用于实时训练，但通过 FTRL 改进后的 logistic 回归是可以进行实时训练的。

3. 产品交互

实时推荐的结果需要以用户易于理解和操作的方式展现给用户，因此需要设计一个良好的产品交互界面，让用户易于理解和操作，更好地感受到个性化推荐带来的价值。像今日头条首创的下拉式交互产品形态就是比较好的一种实时交互形态，用户完全掌握了主动权，不喜欢就滑一滑获得新的一批推荐。

总之，实时推荐系统是一个复杂的体系工程，我们需要在算法架构、算法模型、产品交互等多个方面做得出色才能打造一个用户体验好、有商业价值的实时推荐系统。

20.8　实时推荐系统的未来发展

前文对实时推荐相关的产品、架构、算法等进行了深入的介绍，我们知道了实时推荐的价值和面临的挑战。很多公司的推荐产品也进行了实时化改造，充分享受到了实时推荐给产品带来的红利。实时推荐随着移动互联网的发展逐步成熟起来，其历史不超过 10 年，未来实时推荐还有很大的发展空间。本节笔者将基于自己的理解来对实时推荐的未来发展进行一些预判和思考，希望给读者提供一些参考和借鉴。

20.8.1 实时推荐是未来推荐发展的方向

实时推荐可以跟用户进行更加及时、高效的互动，有利于用户更好地使用产品，用户体验也更加真实自然，实时推荐也可以更好地整合广告投放（信息流广告），因此相比于传统的 $T+1$ 推荐系统更具商业价值。未来，越来越多的企业会意识到实时推荐的价值，实时推荐一定是未来推荐系统发展的重点方向之一。

随着网络基础设施在世界更广范围的覆盖，越来越多的人会享受到信息技术带来的红利，实时推荐系统也会覆盖更多的人群。5G 技术的发展，让人们获取信息更加方便及时，复杂的多媒体信息也可以在瞬间完成下载和上传，云计算、AI 技术的发展可以让更多复杂高效的算法应用于实时推荐，这些基础技术条件的成熟驱动着实时推荐朝着更流行、更普及、更精准的方向发展。

另外，社会的发展也让人类越来越个性化，人们期望更好地表达自我、满足自我，实时推荐可以让用户获得主动权和控制权，获得更加及时的反馈。信息的生产也将更加实时、多样、庞杂，这些信息的分发、过滤和消费都可以利用实时推荐很好地解决。

20.8.2 每个人都有望拥有为自己服务的个性化算法

目前所有的实时推荐算法都是在云端部署的，终端通过跟云端交互获得个性化推荐，这种方式会受到网络等多种外界因素的影响，对于及时跟用户交互是有一定副作用的。随着芯片技术和 AI 技术的进步，目前边缘计算是非常火的一个领域，边缘计算是在终端上直接完成计算，尽量不与或者少与云端交互，这极大地提升了处理的效率，受到网络等其他因素的影响也会更少，像无人驾驶这类技术的成熟是非常依赖边缘计算技术的进步的。

对于实时推荐系统，在云端实时处理海量的用户信息并为用户进行推荐非常费力，在终端完成这件事情是一种比较有创意的想法。具体的做法可以是先在云端基于全量数据离线训练一个复杂的模型，并将该模型同步到终端，终端基于该模型和用户的实时交互信息实时优化该模型，让该模型跟着用户的行为一起进化，最终与用户的兴趣偏好越来越适配（见图 20-15）。

上面这种部署实时推荐算法的方式，更容易做到实时化，不受网络因素的影响，同时模型也是为用户量身打造的，更符合用户喜好。当然，这对终端性能、存储能力、模型实时训练等提出了很高的要求。但不可否认，这一定是一个值得尝试、有巨大应用价值的方向。TensorFlow Lite 已经朝着这个方向迈进了一大步，TensorFlow Lite 允许用户在多种设备上运行 TensorFlow 模型。在数据库方面，CouchBase 也提供了 CouchBase Mobile 解决方案，让移动端的数据存储跟云端可以做到实时联动。

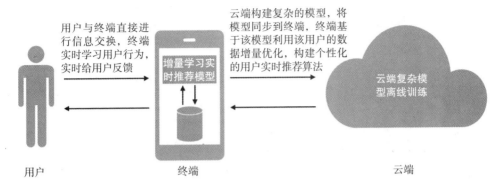

图 20-15　终端上的增量学习模型，为用户提供更加个性化的实时推荐

基于上面的介绍，笔者是非常看好实时推荐在终端上的部署的，虽然目前在业界没有成熟的终端推荐解决方案，但笔者相信那些有前瞻性思维的公司一定在朝着这个方向尝试。

20.8.3　实时推荐应用场景的多样性

目前实时推荐系统主要应用于移动端，随着物联网和智能家居的发展，更多的智能终端产品如雨后春笋般出现，实时推荐系统一定会落地到更多的产品上、应用到更多的场景中。

笔者公司的产品电视猫应该是业界较早将实时推荐系统应用于家庭大屏中的，目前在短视频、首页长视频推荐都做到了实时化，并产生了巨大的业务价值。智能电视上的实时推荐应用目前只是起步阶段，当华为、OPPO 等大企业入局家庭大屏时，一定会带来更多的新应用，到那时实时推荐就会蓬勃发展起来。

在智能音箱、车载系统上，由于交互方式的变化（这些系统一般用语音进行交互），对产品形态有极大影响，目前笔者还没有看到相关的智能推荐形态出现。由于交互方式的限制以及可能没有屏幕的应用环境，这些硬件上如果有推荐形态，那也一定会采用实时推荐的模式。

20.8.4　实时交互方式趋于多元化

目前在移动屏上的实时推荐产品中，用户都是通过滑动触摸的方式与推荐系统交互的，这种交互方式非常自然方便，正因如此才让实时推荐有了如此大的爆发力。

智能电视上的交互目前主要靠遥控器实现，笔者在电视猫上部署的实时兴趣推荐（参见 20.3 节的图 20-8）是长视频推荐，且受遥控器交互的限制，目前没有直接的用户交互，当用户看一个节目再返回到兴趣推荐模块时，系统会自动更新推荐结果。而我们部署的短视频信息流推荐采用的是无限右滑的交互方式（见图 20-16）。

图 20-16　电视猫音乐信息流推荐采用遥控器无限右滑的方式与用户进行交互

前面提到的在智能音箱和车载软件上，用户的交互方式是语音交互，在利用语音交互怎么进行个性化推荐方面，目前没有相关的产品形态出现，这值得读者思考和探索。

当然，随着 VR/AR/MR 等虚拟现实、增强现实技术的成熟和产品形态的完善，在这些智能设备上的实时推荐可以采用更多的交互方式，比如语音、手势，甚至是表情、眼动、思维意识控制等。这些是更加遥远和值得期待的事情了。

20.9　本章小结

本章对实时个性化推荐系统进行了全面的介绍。我们了解了实时推荐系统产生的背景，在社会发展、技术进步、交互便捷、信息爆炸、时间碎片化、激烈的市场竞争等多种因素的驱动下，实时推荐系统的出现是必然现象。

实时推荐系统相比传统的 T+1 推荐，可以更好地满足用户的诉求，让用户掌握更多的控制权，可以极大地提升用户体验，让用户沉浸其中，同时也带来了极大的商业价值，因此实时推荐系统在各种移动产品中遍地开花，成为主流的推荐产品形态。

由于实时推荐系统要对信息进行实时处理，因此对技术架构、工程体系、算法实现等多个方面提出了更高的要求，需要算法工程师采用创新的方式来实现，本章也对相关的架构和算法进行了较为全面的归纳和讲解。

实时推荐系统具有极大的用户价值和商业价值。在 5G 技术、物联网、AI 等多种技术的发展和驱动下，实时个性化推荐一定是未来推荐系统发展的重点方向，未来的产品有望在终端上为每个用户部署个性化的、量身定制的实时推荐。实时推荐系统也必将在应用场景、交互方式上进行革新和突破。

本章比较全面地介绍了实时推荐系统。鉴于实时推荐系统的重要性，每个从事推荐算法的工程师、产品经理（特别是数据和 AI 产品经理），甚至是运营人员都需要对实时推荐有一定的了解。期望本章可以为读者了解实时推荐系统打开一扇窗。

参考文献

[1] Nathan Marz，James Warren. Big Data: Principles and best practices of scalable realtime data systems[M]. MANNING，2015.

[2] Milinda Pathirage. Kappa 架构介绍 [A/OL]. milinda.pathirage.org(2019-12-25). http://milinda.pathirage. org/kappa-architecture.com/.

[3] Xavier Amatriain，Justin Basilico. System Architectures for Personalization and Recommendation. [A/OL].Netflixtechblog(2013-05-27) https://netflixtechblog.com/system-architectures-for-personalization-and-recommendation-e081aa94b5d8.

[4] Doyen Sahoo，Quang Pham，Steven C H Hoi. Online Deep Learning: Learning Deep Neural Networks on the Fly [C]. [S.l.]:IJCAI，2018.

[5] Ktena，Sofia Ira，Tejani，et al. Addressing delayed feedback for continuous training with neural networks in CTR prediction [C]. [S.l.]:RecSys，2019.

[6] H Brendan McMahan. Follow-the-regularized-leader and mirror descent: Equivalence theorems and l1 regularization [C]. [S.l.]:AISTATS，2011.

[7] 马迪 . 信息流推荐在凤凰新闻的业务实践 [A/OL]. DataFunTalk，(2020-03-16). https://mp.weixin. qq.com/s/aCTP4OCGyWxWGrlCFHSYJQ.

[8] 奇文 . 在线学习在爱奇艺信息流推荐业务中的探索与实践 [A/OL]. 爱奇艺技术产品团队，(2019-10-31). https://mp.weixin.qq.com/s/aQOcnWV2L_VY3ChrSXXxWA.

[9] 墨明 . 蚂蚁金服核心技术：百亿特征实时推荐算法揭秘 [A/OL]. 阿里技术，(2018-12-28). https:// mp.weixin.qq.com/s/6h9MeBs89hTtWsYSZ4pZ5g.

[10] Minmin Chen，Alex Beutel，Paul Covington，et al. Top-K Off-Policy Correction for a REINFORCE Recommender System [C]. [S.l.]:WSDM，2019.

第六篇

推荐系统产品与运营

| 第 21 章

推荐系统产品

前面的章节对推荐系统的基本概念、算法原理、评估体系、工程实现等知识点进行了全面的介绍。在接下来的 4 章中会详细讲解推荐系统产品、设计和运营等相关知识。这些知识虽然与推荐算法工程师的本质工作没有直接的关系，但它们对构建一个良好的、具备业务价值的工业级推荐系统是不可或缺的。

推荐算法工程师在平常的工作中也会与产品、运营直接接触、沟通，因此，推荐算法工程师了解一些这方面的知识对于做好本职工作、帮助推荐产品更好地迭代是大有裨益的。对这些知识点的掌握与了解，也有利于提升推荐算法工程师的全局观，对自身的职业发展也有好处。

本章首先会简单介绍推荐产品，然后从推荐产品的形态、推荐产品的应用场景、设计优质推荐产品的要点等 3 个方面来进行讲述。希望读者学习完本章后，对推荐系统产品的产品形态有非常直观的了解，更加重视推荐产品的设计。

21.1 推荐产品简介

在讲解之前，我们针对推荐系统产品给出一个比较形式化的定义：所谓的推荐系统产品，就是指软件产品（如手机中的各种 APP）中基于算法或策略为用户提供标的物展示的产品模块，用户通过与产品交互从该模块中获得标的物的视觉展示，最终用户可以通过该模块更快地"消费"标的物，该模块在满足用户需求的同时提升了用户体验，产生了效果转化。

上面这个定义中有几点需要说明一下：首先，推荐产品是软件产品中的一个或多个子模块，每个推荐模块就是一种推荐产品形态；其次，为用户展示标的物是通过算法或者策略产生的，一般来说，推荐算法是通过机器学习技术自动化地生成标的物列表，而不是人工编排的；再次，推荐产品是一个功能点，需要通过与用户交互才能获得推荐列表，交互的过程是否自然流畅对用户体验和效果转化有极大影响；最后，推荐产品是有一定的商业目标的，比如提升用户体验，形成效果转化等（对于电商推荐，转化就是下单）。

推荐系统涉及两类实体：人和标的物，推荐系统解决的就是信息匹配的问题，即将标的物匹配给对该标的物有兴趣的用户，让用户可以看到它，进而"消费"它。匹配的准确度和及时性对推荐是否可以实现商业目标极为关键。

21.2　推荐产品形态介绍

所谓推荐产品形态是指产品上可以直接被用户接触的各种基于算法生成的功能模块，也就是产品的具体功能点，用户可以直接看到、触摸（触屏交互）的功能模块。

2.1 节中讲到了推荐系统的 5 种范式：完全个性化范式、群组个性化范式、完全非个性化范式、标的物关联标的物范式、笛卡儿积范式。这 5 种范式是根据个性化的程度（完全非个性化、群组个性化、完全个性化）及实体（人和标的物）的维度来分类的，基本涵盖了所有可能的推荐情形，在第 2 章中也列举了一些产品案例。这 5 类推荐范式可以从 3 个维度来理解：一个是用户维度，一个是标的物维度，另一个是用户与标的物交叉维度。从用户维度来看就是为用户推荐可能感兴趣的标的物。从标的物维度来看，就是用户在访问标的物详情页（或者退出标的物详情页）时，关联一组跟原标的物具备某种内在联系的标的物列表作为推荐。用户与标的物交叉维度是将用户维度和标的物维度结合起来，不同的用户访问同样的标的物详情页展示的标的物列表也不一样。

从这 3 个维度来描述推荐系统，更接近用户的直观感受，更容易理解。下面分别从这 3 个维度来讲解推荐产品形态。

21.2.1　基于用户维度的推荐

基于用户维度的推荐可以根据个性化的粒度分为完全非个性化、群组个性化、完全个性化。这 3 种粒度对应的是完全非个性化范式、群组个性化范式、完全个性化范式。

完全非个性化是指每个用户看到的推荐标的物完全一样。传统门户网站的编辑对内容的编排就是完全非个性化方式，各类网站或 APP 排行榜的推荐形态也是完全非个性化的。图 21-1 是网易云音乐的排行榜推荐，它根据各个维度计算各类榜单。

群组个性化就是将相同特征的用户聚合成一组，同一组用户在某些特征上具备相似性，我们会为这一组用户推荐完全一样的标的物。

精细化运营一般会采用该方式，通过用户画像系统圈定一批人（具备相同标签的一组用户），并对这批人做统一的运营。比如视频行业的会员精细化运营，当会员快到期时，可以借助精准运营留住用户，具体做法是：将快到期的会员用户圈出来，针对这批用户开展会员打折活动，促进用户产生新的购买行为，从而留住会员用户。

图 21-1 网易云音乐排行榜

图 21-2 是电视猫电视剧频道"家庭情感"tab 基于群组的个性化重排序。我们将用户根据兴趣分组（聚类），同一组内的用户看到的内容是一样的顺序，但不同组的用户的排序是不一样的。事实上，不管是哪个用户，看到的内容集合（"家庭情感"tab 的全部内容）其实是相同的，只不过根据用户的兴趣做了排序，把当前用户更喜欢的内容排在了前面。重排序推荐就是在限定标的物范围下的个性化排序，有点类似命题作文。

图 21-2 电视猫基于群组的个性化重排序

对于天猫这类购物网站来说，对未登录用户或冷启动用户，可以基于人群属性来做推荐。先将用户按照性别、年龄段、收货城市等粗粒度的属性划分为若干人群，然后基于每类人群的行为数据挑选出点击率最高的 N 个商品作为该人群感兴趣的商品推荐给他们。该方法也是一种群组个性化冷启动策略。

完全个性化就是指为每个用户推荐的内容都不一样，是根据用户的行为及兴趣来为用户做推荐，是一种主流的推荐形式。大多数时候我们所说的推荐就是指这种形式的推荐。图 21-3 是淘宝首页的猜你喜欢推荐，这个推荐就是完全个性化的，每个人看到的推荐商品都不一样。

完全个性化也可以基于用户的好友关系来做推荐。图 21-4 是微信上线的好物推荐，是基于社交关系的个性化推荐，比如将好友买过的商品推荐给你。

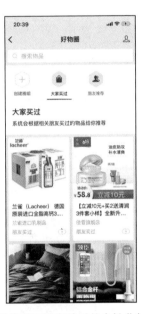

图 21-3　淘宝首页的猜你喜欢推荐　　　　图 21-4　微信基于社交关系的个性化好物推荐

从另外一个角度看，完全个性化推荐可以分为只基于用户个人行为的推荐和基于群体行为的推荐。基于个人行为的推荐在构建推荐算法时只依赖个人的行为，不会依赖其他用户的行为，常见的基于内容推荐就是这类推荐算法。基于群体行为的推荐，除了依赖自己的行为外，还依赖其他用户的行为来构建算法模型，这类推荐算法可以认为是全体用户行为的"协同进化"，协同过滤、分解机、深度学习等推荐算法都是这类推荐形式。

21.2.2　基于标的物维度的推荐

基于标的物维度的推荐是指用户在浏览标的物详情页时，或者浏览后退出详情页时，关联一批相似或相关的标的物列表，对应上面提到的标的物关联标的物范式。图 21-5 所示的电视猫 APP 节目详情页的相似影片就是常见的一类标的物关联标的物的推荐模式。

图 21-5 电视猫电影详情页的相似影片

除了视频网站外，电商、短视频等 APP 都大量使用基于标的物维度的推荐。图 21-6 分别是淘宝 APP 和网易新闻 APP 上的标的物关联标的物推荐。在淘宝 APP 上，若你点击某个衣服详情页后从该详情页退出，就会在该衣服图片下面用小图展示 4 个相关的衣服图片（图 21-6 左下角圈起来的部分）。在网易新闻视频模块中，在你点击播放一个视频超过几秒后（播放了几秒，认为用户对该视频有兴趣）就会在该视频下面展示一行相关视频（见图 21-6 右下角圈起来的部分），如果你一直播放，待该视频播完后会播放后面的相似视频，最终形成连播推荐的效果。这两款 APP 的相似推荐都是非常好的推荐形态，交互自然流畅，毫无违和感。

图 21-6 淘宝 APP 首页及网易新闻首页标的物关联标的物的推荐

21.2.3　基于用户和标的物交叉维度的推荐

对于这类推荐，不同用户对同一个标的物的关联推荐是不一样的，对应上面提到的笛卡儿积范式。拿图 21-5 来举例，如果该推荐是用户与标的物笛卡儿积范式的推荐，不同用户看到《寻龙传说》这部电影，下面的相似影片是不一样的，推荐系统可能会整合用户的兴趣特征，过滤掉用户已经看过的电影。对于搜索来说，不同的人搜索同一个关键词得到的搜索结果及排序是不同的，搜索结果及排序整合了个人的历史行为特征及兴趣。

对于这类推荐，由于每个用户在每个标的物上的推荐列表都不一样，因此我们没法事先将所有的组合算出并存储下来（否则存储量是用户数 × 标的物数，对于互联网公司，这个数量是巨大的），我们必须在用户请求的过程中快速为用户计算个性化的推荐列表，这对整个推荐系统的架构有更高的要求，所以在实际场景中用得比较少。第 19 章也讲到了这种实时装配型的推荐服务形态。

上面从 3 个维度讲解了推荐产品形态。在实际业务中，最主要的产品形态是关联推荐和个性化推荐。关联推荐就是上面提到的基于标的物维度的推荐，关联推荐之所以重要，是因为该推荐产品形态是一种用户触点多的产品形态，用户在产品上的任何有效行为最终都会进入详情页。该产品形态与用户的接触面广，流量也大。在电视猫中，关联推荐在所有推荐产品中产生的播放占比接近 50%，占了推荐系统的半壁江山。个性化推荐就是我们上面提到的完全个性化推荐，即为每个用户都提供不一样的推荐，这类推荐一般可以部署到产品的首页，产品首页是流量最大的地方，是用户的必经之地。如果推荐做得好，可以产生极大的商业价值。现在淘宝、京东、拼多多首页都已经个性化了，并且都做到了实时个性化推荐。

另外一些比较常见的、耳熟能详的推荐产品形态有：排行榜推荐、信息流推荐等。排行榜推荐就是上面提到的完全非个性化推荐。信息流推荐是完全个性化推荐，只不过是采用实时信息流的方式与用户进行交互的。随着今日头条、抖音、快手的流行，信息流推荐越来越受业界的重视，在产品中具有极大的商业价值。信息流推荐比较适合提供"快消"类标的物的相关产品，用户可以在碎片化时间中获得更好的使用体验。

目前，业界有非常多优质的推荐产品形态值得读者了解和学习，大家耳熟能详的就是今日头条这种下拉的信息流推荐。图 21-7 最左侧的截图是陌生人社交 APP 探探上左右滑动的推荐产品形态，这种产品形态是一种用户体验很好的尝试，用户操作简单、直接，你喜欢当前页面这个人就右滑，不喜欢就左滑；图 21-7 中间的截图是淘宝首页当用户查看耐克鞋详情页退出后在耐克鞋缩略图下面展示的 4 个鞋子相关的推荐；图 21-7 最右边是网易新闻用户播放一个视频几秒钟后，在该视频下面给用户提供一组相似推荐，若该视频播放完，会直接连播后面的相似视频。这两类相似推荐在前面也提到了，它们就是让用户体验极佳的标的物关联推荐产品形态，对用户没有干扰，用户也不需要进行复杂的操作就可以获得推荐，推荐非常直观、自然，毫无违和感。

图 21-7 探探上的左右滑动、淘宝首页退出推荐、网易新闻联播推荐

上面只列举了几个设计得比较好的工业级推荐系统的产品形态，这些好的产品形态都值得读者借鉴。更多好的推荐产品形态等待读者结合自己公司业务情况去探索、尝试。

21.3 推荐产品的应用场景

第 1 章中曾讲到，推荐系统是随着信息技术的发展而逐步发展起来的，只要产品提供的标的物数量足够多，用户无法手动从所有标的物中筛选出自己感兴趣的产品，就具备了做个性化推荐的条件。因此，适合做个性化推荐的软件产品是非常多的，下面这些产品都适合做个性化推荐。

- ❑ 电商网站：淘宝、京东、亚马逊等。
- ❑ 视频：Netflix、优酷、抖音、快手、电视猫等。
- ❑ 音乐：网易云音乐、酷狗音乐等。
- ❑ 资讯类：今日头条、天天快报等。
- ❑ 生活服务类：美团、携程、脉脉等。
- ❑ 交友类：陌陌、珍爱网等。

不同行业的产品虽说都可以提供第 21.2 节中介绍的推荐产品形态，但是在具体落地时是不一样的，需要根据具体的产品功能和使用场景进行调整，即所谓的场景化推荐：基于时间、地理位置、上下文等提供差异化的推荐。下面对几类有代表性的场景简单说明。

1. 基于时间的场景

在 OTT（家庭互联网）行业，由于家庭中有多个成员，每个成员活动的时间不一样（老年人平时都在家，年轻的父母工作日要上班，而小孩白天要上学），每个人的兴趣需求也不一样，因此给他们提供的推荐需要在不同时段具备差异性，满足家庭中每个个体的需求。

2. 基于地理位置的场景

聊天交友、旅游、生活服务行业要根据用户所在地理位置的不同提供不同的推荐。比如美团外卖，给用户推荐的美食一定要在用户所在位置（或者用户收货地址）附近的（美团是可以跨地域点外卖的，笔者就这样做过）。

3. 基于上下文场景

同一个用户在产品的不同位置、模块、阶段会收到不一样的推荐。电视猫在首页给用户提供的就是综合推荐，包括电影、电视剧、动漫、少儿、综艺、纪录片等 6 大类型的混合推荐。而在电影频道内部的个性化推荐就只推荐电影类型。

电商产品可以在用户购物链路的不同环节给用户提供不一样的推荐，比如在浏览详情页、加入购物车后、退出购物车后、购买后、退货后等不同的场景提供不一样的推荐。读者可以结合自己所在行业思考一下，自己公司产品的个性化推荐有哪些地方是跟其他行业不一样的。

从上面的介绍我们可以知道，推荐系统的应用场景是多样而广泛的，在某些情况下也是非常复杂的。在移动互联网时代，推荐系统在互联网公司中拥有越来越重要的地位。可以毫不夸张地说，任何想提供海量信息的产品要想服务好用户，提供个性化推荐都是必要的，甚至是最好的解决方案之一。

21.4　设计优质推荐产品的要点

在当前的移动互联网时代，流量红利已经枯竭，竞争进入红海阶段，产品趋于同质化，在激烈的竞争中生存下来是非常困难的事情。任何产品要想留住用户，必须解决用户的痛点，产品要对用户有价值，推荐产品也不例外。设计一个优质推荐产品形态不是一件容易的事情，需要深入思考，将推荐产品的功能融入整个大的产品框架中，通过精准的推荐、良好的交互体验真正服务好用户。以下是设计一个优质推荐产品形态必须要解决好的几个问题。

1. 清晰的目标与定位

产品在不同时期有不同的目标，比如初期的产品以发展用户为主，成熟期的产品强调商业变现。推荐系统作为产品的功能点，是支撑整个产品目标的，因此在不同的时期也有不同的目标和定位。推荐系统的目标除了用户体验指标，还有商业化指标。一旦目标明确，所有的优化都要朝着这个目标努力。读者可以参考第 14 章更深入地了解推荐系统的目标与价值。

2. 易于解决用户的痛点

在海量的信息中，能够快速方便地找到自己感兴趣的标的物一定是用户最重要的诉求。这就要求推荐产品可以精准匹配用户的兴趣点，因此，在推荐算法的精准度上要有更高要求。让用户快速找到感兴趣的产品，就要求用户的操作路径尽量短，推荐系统要放置在用户容易接触的地方，也即用户的必经路径上，一般来说，首页、详情页就是非常好的部署推荐产品的位置。

3. 良好的用户体验

推荐系统作为软件产品，用户体验是非常重要的。用户体验包括视觉体验、交互体验等。好的视觉体验可以让用户心情愉悦，让推荐系统与整个产品融为一体，好的视觉设计也可以更好地帮助用户理解推荐系统传达的价值。而好的交互体验让用户不用深入思考就可以知道怎样跟推荐系统交互，交互过程简单、便捷、高效。在第 18 章中，笔者从推荐接口的性能等方面讲解了推荐服务的质量，推荐服务的质量直接决定了推荐交互体验是否快捷、稳定。第 22 章会详细讲解推荐系统 UI 交互及视觉展示方面的知识点，这里并不细说。

4. 形成迭代的闭环

软件产品在整个生命周期中是逐步迭代完善的，这是软件工程设计原则的哲学。推荐系统作为一种特殊的软件产品，也是在逐步迭代中完善的。

推荐系统首先要有一个明确的目标，这个目标应该是可以量化的。有了量化的目标后，通过不断迭代优化推荐系统（包括算法的优化、UI 交互的优化、视觉的优化等各类优化），让指标朝着更好的方向提升。在迭代过程中，AB 测试工具、日志埋点、效果可视化评估这些辅助工具都可以让整个评估与迭代过程更加简单、可信、高效。

设计一个优质、有商业价值的推荐产品从来就不是一件容易的事情，读者可以参考借鉴以上这些内容。本书的其他章节中都或多或少提到了设计优质推荐产品形态的要点，读者需要仔细琢磨，在实践中不断领悟和总结。

21.5　本章小结

本章简单介绍了什么是推荐产品，从用户、标的物、用户与标的物交叉等 3 个维度介绍了常用的推荐产品形态的案例及特点，并列举了工业界几个设计得比较好的推荐产品形态。同时介绍了推荐系统的主流应用场景及在不同场景下推荐产品需要考虑的各种场景化问题。最后提炼了 4 个设计优质的推荐产品需要注意的关键点。

推荐产品形态是推荐系统中可以直接被用户感知的部分，因此，推荐产品形态的设计是非常关键的，作为推荐算法工程师（或者推荐产品经理）一定要在日常工作中多体验自己公司的推荐产品，也需要多用用其他产品的推荐模块，从中吸收灵感、发现问题，更好地理解推荐产品的设计原则和价值体现。推荐算法工程师需要将算法优化融合到整个推荐产品体系下，只有这样，推荐系统才能更好地迭代完善，最终进化成一个贴合公司整体目标的、为用户提供良好体验、有商业价值的推荐系统。

第 22 章

推荐系统的 UI 交互与视觉展示

推荐系统是一个偏工程应用的领域，要想在商业产品中引入推荐系统，利用推荐系统来帮助用户过滤信息，除了构建精准高效的推荐算法外，还需要设计适合特定场景的、具备美感的、易于交互的推荐产品形态。用户在与推荐产品交互的过程中获得推荐服务，通过与 UI 交互完成一次推荐产品的使用体验。体验越好的产品，用户越愿意继续使用。推荐产品形态在视觉上是可以被用户感知的，用户通过可感知的视觉要素来判断推荐的标的物是否是自己喜欢的，从而决定要不要进行下一步操作。

上述过程涉及推荐系统的视觉展示、UI 设计、用户交互等内容，这些属于产品、设计的范畴。从笔者多年推荐系统的实践经验来看，推荐产品的 UI 交互与视觉展示在决定用户是否"消费"推荐的标的物中起着非常关键的作用，所起的作用甚至不亚于精准的算法所产生的价值，而推荐算法工程师往往忽略了它们的价值，过度夸大（其实是出于自己的认知局限导致的）算法所起的作用。笔者本身不是做产品和设计的，也不是这方面的专家，但是觉得这些要素对推荐系统最终能否发挥应有的价值至关重要，因此基于自己的理解和经验，基于过去几年对产品与设计相关知识的学习，单独写一章来说明 UI 交互和视觉展示在推荐系统中的作用与价值。

本章会从信息获取与推荐系统、交互设计的基本原则、推荐系统的 UI 交互、推荐系统的视觉展示、UI 交互与视觉展示的未来展望等 5 个部分来介绍相关知识，希望给从事推荐系统相关工作的读者提供一些参考和借鉴，以及一些新的思考问题的角度，也希望读者读完后对推荐产品的 UI 交互和视觉展示更加重视。

22.1 信息获取与推荐系统

人体通过感觉器官来获得外界的信息，获取信息最重要的感觉器官是眼睛、耳朵、鼻子、嘴巴、手等。智能设备（电脑、Pad、智能手机、智能手表、智能音箱、智能汽车、机器人等）属于信息技术发展历程中的新产品，在与智能设备交互过程中，人类可以使用的感觉器官有眼睛（看）、耳朵（听）、手（触摸）、嘴巴（说），而鼻子是无法使用的，鼻子可以感受的是化学信号，而智能设备属于物理信号范畴，不会产生化学分子，同样的道理，嘴巴的味觉也是无法发挥作用的。当然，人类与智能设备的交互可以借助其他辅助工具做得更好，鼠标、触控板、触控笔等就是拓展人类交互能力的优秀工具。

好的交互方式让人们获取信息更加方便快捷，降低了智能设备的使用门槛，让用户更加愿意使用，最终成就了智能设备的价值。过去十几年，最伟大的科技发展莫过于移动互联网，乔布斯通过发明 iPhone 开启了移动互联网时代，通过触屏交互让使用体验更好，连3 岁小孩都可以轻松使用 iPhone、iPad。移动互联网让我们的生活发生了翻天覆地的变化，对经济、生产、社会生活、沟通交流、文化等各个领域都产生了深远的影响。这其中最重要的变革之一要属交互方式的变革，从传统的 PC 互联网时代的鼠标交互切换到移动互联网时代的触屏交互，让交互更加直接、高效。图 22-1 展示了当前三大互联网时代对应的主要产品、可使用的交互器官及交互方式，其中家庭互联网最近几年才刚刚兴起，随着小米、华为、传统电视厂商等科技及产业巨头进入智能电视行业，家庭互联网未来几年一定会有一个大的爆发期。

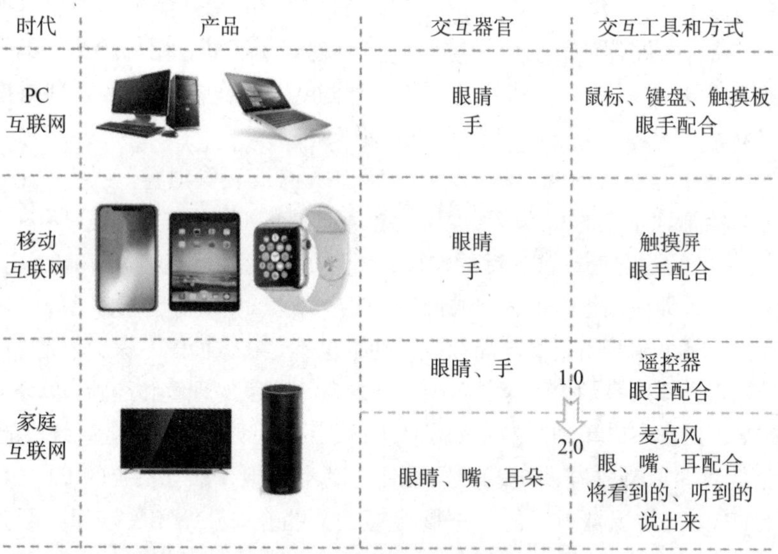

时代	产品	交互器官	交互工具和方式
PC 互联网		眼睛 手	鼠标、键盘、触摸板 眼手配合
移动 互联网		眼睛 手	触摸屏 眼手配合
家庭 互联网		眼睛、手	1.0 遥控器 眼手配合
		眼睛、嘴、耳朵	2.0 麦克风 眼、嘴、耳配合 将看到的、听到的 说出来

图 22-1　互联网时代的交互方式创新

推荐系统属于依附于智能设备的众多信息类产品中的一个非常重要的业务功能模块，在互联网时代中的很多产品上都有广泛应用。在传统 PC 互联网环境中，由于屏幕大，用户可以借助键盘、鼠标、输入法等非常方便地浏览、查看、搜索信息。在 PC 互联网早期，信息量还没有那么大，产品也没有当前这么丰富，主流的门户网站通过编辑编排、导航、搜索等就可以很快找到需要的信息，对推荐的诉求没有那么强烈。

虽然目前很多 PC 产品也有推荐业务存在，但推荐系统在国内的迅猛发展主要发生在移动互联网上，特别是 2012 年今日头条将推荐作为核心业务，推荐系统发挥了极大的商业价值，给整个行业提供了一个使用推荐系统的成功样本，最终促使推荐系统的应用遍地开花。基于手机的便携性，目前大家获取信息的主要方式是通过移动互联网，基本所有互联网公司都将主要资源、精力放到了开发、维护、运营移动互联网服务上，而推荐系统在移动互联网中也是最受重视、最成熟的。

在家庭互联网中，推荐系统也有用武之地，特别是智能电视目前仍主要靠遥控器操控，操作相当不便，不利于信息（视频等）查找与搜索，导航也很困难，这时推荐的价值就凸显出来了。通过精准的推荐系统可以减少用户的操作成本，大大节省用户的找寻时间。在国外，Netflix 将智能推荐作为用户获取内容的重要手段，推荐系统是内容分发的核心技术，这也给国内的家庭互联网提供了示范。电视猫作为国内最早聚焦家庭大屏的视频聚合服务商，早在 2012 年就开始部署推荐系统，目前有超过 15 种推荐产品形态落地在电视猫中，算是智能推荐系统在家庭互联网的重度使用者、践行者。

推荐系统是一种获取信息的方式，推荐算法的过滤功能可辅助用户决策，减轻用户的决策负担，降低用户的决策成本，不至于让用户淹没在海量信息的洪流中。用户通过视觉感受到推荐系统的存在，可以直观看到给自己推荐的标的物，并通过一定的交互方式与推荐系统互动、筛选标的物，通过互动获得推荐服务。推荐系统要想发挥作用就不能离开具体的（互联网）行业，推荐系统与用户的交互方式也无法摆脱相应互联网产品所提供的交互能力。

22.2　交互设计的基本原则

随着移动互联网的成熟，人类越来越多地从网络中获取信息，这不可避免地需要跟硬件或软件互动，本质上就是人与技术之间的互动，于是交互设计这门学科就产生了，交互设计是信息科技发展的必然产物。

《设计心理学》（见本章参考文献 [7]）中将交互设计定义为：交互设计关注人与技术的互动，目标是增强人们对可以做什么、正在发生什么以及已经发生了什么的理解。交互设计借鉴了心理学、设计、艺术和情感等基本原则来保证用户得到积极、愉悦的体验。

为了让大家更好地理解后面介绍的知识以及对交互设计有初步的了解，下面按照《设计心理学》中的归纳简单介绍一下交互设计的基本原则。22.3 节、22.4 节中的一些原则和方法也是基于这些基本规则延伸拓展而来的，是这些原则在推荐系统 UI 交互与视觉展示中的具体体现。下面针对 5 个主要的交互设计基本原则进行介绍。

1. 示能

所谓示能（Affordance）指的是物品的特性与决定物品预设用途的主体的能力之间的关

系，简单来说，就是物品本身就有的、特定的交互方式，不需要过多解释可直接被人们感知。比如手机屏幕上有一个按钮形状的图标，大家都知道是可以用手指去点击的。示能可以给用户提供明确的操作信息，不需要用户进行复杂的思考，只依赖大脑的"系统 1"[⊖]就可以做出快速决定。

2. 意符

意符（Signifiers）是一种提示，告诉用户可以采取什么行动，一般可以采用文字、图案、颜色等加以说明。意符不光可以用视觉要素来展现，还可以用声音作为提示。比如洗手间门口用不穿裙子和穿裙子的简单人物原型来指代男厕所和女厕所就是一种意符，手机上的各种提示音也是意符。

3. 约束

不难理解，约束（Constraint）就是对使用情况加以限制，提供有限的可选方案，甚至只提供唯一的选择。比如手机的耳机孔是圆形的而充电孔是扁平的，这是对外形的约束，这样大家也不会插错插孔。

从心理学上看，当人们面对过多的选择时，往往很难做出决策，对选择进行约束可以提升人们决策的效率，更快做出决策。这也是苹果公司生产的每一代 iPhone 手机只有有限的几种型号的原因。

4. 映射

映射（Mapping）就是保持对应关系。比如教室里有几排灯，在门边有几个开关分别控制这几排灯，开关控制灯的顺序跟实际灯的排列顺序保持一致就是一种映射。从数学的角度来说，映射希望保持一种一一对应关系，人们根据这种对应关系就可以知道怎么操作，而这种对应关系是满足人的直觉或经验的，不需要经过过多思考。

5. 反馈

好的设计一定要有反馈（Feedback），反馈要及时，这样用户就可以快速知道自己操作的结果是对还是错。大家最熟悉的反馈就是进度条了，它告诉我们目前到了什么阶段。今日头条推荐下拉更新推荐结果会向用户提示更新了 18 条资讯，这也是一种推荐的及时反馈。

对交互设计有兴趣的读者可以好好学习《设计心理学》这本书，对我们思考产品、优化产品是非常有帮助的。另外，本章参考文献 [1-6] 里的文章对 Netflix 怎样在智能电视大屏上设计产品、设计交互方式提供了非常深入的介绍，对我们理解交互设计有非常大的指导价值，有需要的读者可以深入学习。

⊖　诺贝尔经济学奖得主丹尼尔·卡尼曼（Daniel Kahneman）在《思考，快与慢》中认为人的大脑有快与慢两种做决策的方式。常用的无意识"系统 1"依赖情感、记忆和经验迅速做出判断，它见闻广博，使我们能够迅速对眼前的情况做出反应，而"系统 2"依赖理性和推理来做决定，是比较慢的。人类绝大多数决定都是由"系统 1"做出的。

上面简单介绍了交互设计的 5 大基本原则，这些基本原则是非常简单实用的，如果能够在产品中很好地遵循和使用这些原则，整个产品交互会更加简洁高效。下面一节会针对推荐系统这种个性化产品来具体说明怎样使用这些基本原则。

22.3　推荐系统的 UI 交互

人类是社会化动物，通过眼神、手势、音调、面部表情、肢体动作等来传达信息，与他人进行沟通交流。交互对于人类来说至关重要。推荐系统作为一项互联网服务，也必须通过一些方式来与人互动，这种互动的方式及可能性就是推荐系统的 UI 交互。好的 UI 交互可以清晰、明确地向用户传达信息，不会模棱两可，让用户在极短的时间内就知道该怎样操作，并且还需要保证操作是极为方便的、"傻瓜"式的。推荐系统只有提供好的交互，才能得到人们的喜欢和认可，但具体的交互方式与系统软件和硬件都相关，受限于系统提供的交互能力。

下面从推荐系统 UI 交互的基本概念、良好的 UI 交互原则、UI 交互在推荐系统中的价值等 3 个方面来说明推荐系统的 UI 交互。

22.3.1　什么是推荐系统的 UI 交互

互联网产品上的推荐模块是用户的触点，推荐模块借助一定的交互媒介（鼠标、触摸屏、遥控器等）提供交互能力，用户通过与推荐产品交互来获得推荐服务。

用户通过某种交互方式（一般分为鼠标交互、触屏交互、按键交互、语音交互、手势交互等）跟推荐产品"互动"获得推荐服务的整个过程就是推荐系统的 UI 交互过程。交互过程一般需要眼、手（语音交互需要加上嘴巴和耳朵）紧密配合才能完成。交互过程发生在进入推荐模块、使用推荐模块（筛选推荐列表中的标的物）、退出推荐模块 3 个阶段。

目前，在移动互联网上，所有交互都是通过手指滑动屏幕或点击屏幕完成的。个性化推荐一般是通过手指滑动屏幕来完成的，图 22-2 所示为快手 APP 首页通过下拉刷

图 22-2　快手 APP 通过下拉或上滑实时更新个性化推荐内容

新推荐结果，或者通过上滑更新推荐结果，这种交互方式是非常简单直接的。产品提供了下拉、上滑两种更新推荐结果的方式，这样不管用户怎样操作都不会出错，都可以获得新的推荐结果。今日头条 APP 也是提供了下拉、上滑两种更新推荐结果的交互方式。

在 PC 互联网上，一般是通过鼠标（或者触控板）的移动点击进行交互的，而在智能电视上主要是通过遥控器提供的按钮移动和点击来进行交互的，这两类产品的交互方式没有移动设备那么直接高效。相对于 PC、移动设备来说，目前智能电视上的交互是最原始、最低效的。

22.3.2　设计好的 UI 交互的原则

前面已提到，好的推荐系统 UI 交互可以节省用户时间，让用户快速获取感兴趣的标的物，提升用户对产品的好感度。总体来说，好的推荐系统 UI 交互需要满足如下一些原则。

1. 自然流畅、响应速度快

用户在使用产品的过程中是比较焦虑的，期望获得快速的反馈。现在可替代品非常多，替换代价也非常低，如果你的产品响应太慢，用户很可能就换用别的竞品了。一般人眼能够感受到的显示速度是毫秒级，如果响应时间大于 200ms，用户就可以用肉眼感受到慢了。

自然流畅、响应快是对系统性能提出的要求。这要求我们开发的推荐接口性能优良，可以支撑大规模并发访问，并且能够保证足够的稳定性。这一原则也是交互设计基本原则中反馈原则的自然体现，即反馈要及时。

2. 减少用户操作时间，减少用户操作成本

用户在使用推荐产品的过程中（如用户在切换推荐标的物的过程中）需要借助交互媒介不断与推荐系统交互。我们在设计交互方法和策略时要考虑用户操作的便捷性，尽量减少用户的操作成本，这样用户更愿意与推荐产品进行更多、更深入的交互，最终也更有可能找到自己喜欢的标的物。这一原则也是交互设计基本原则中反馈原则的自然体现，即反馈要快速、便捷。

图 22-3 是电视猫 APP（智能电视端的视频应用）首页的兴趣推荐模块，其中第一个是比较大的换一换按钮，并且这个按钮是固定不变的，当用户通过遥控器移动到最右边后，需要点击"换一换"更新一批推荐结果的话，必须将遥控器左移 5 次，停留在"换一换"按钮上再更换，整个过程用户操作成本太大，非常不方便。当然，可行的做法是"换一换"按钮跟随焦点位置移动，这样操作"换一换"按钮最多两次（一次移动到"换一换"按钮上，另一次点击"换一换"按钮进行更换），但是这样可能会违背整个设计的一致性，不过为了减少用户操作这样设计还是值得的（但在电视猫产品上并没有这么做），或许还有更好的实现方法。

3. 所见即所得，让用户可以尽快"消费"推荐标的物

这一条是要求用户在看到推荐产品形态时，就可以直接观察到为其推荐的标的物，而不是隐藏在某个按钮或操作之下，要点击后才能展示给用户。所见即所得相当于减少了访

问路径，而用户对推荐列表的点击率是随访问路径的增加指数衰减的，这种方式可以大大提升用户对候选推荐标的物的触达率。

图 22-3　电视猫首页的兴趣推荐

网易新闻中当用户观看某个视频超过几秒时，会自动获得该视频的相似推荐，推荐结果直接展示在当前观看视频的下面（见图 22-4），让播放可以持续下去，该视频播完会接着播放推荐的相似视频，用户没有任何操作成本，整个过程也是所见即所得的。

图 22-4　网易新闻视频的相似推荐

所见即所得中展示的一定是视觉元素，这些元素中肯定会包含交互设计基本原则中的示能和意符成分，快速筛选标的物就体现了交互设计中的快速反馈原则。

4. 无复杂的学习过程，最好能够跟日常生活的使用习惯等保持一致

移动互联网之所以对世界产生了这么大的影响，改变了每个人的生活，除了便携性外，另外一个重要的原因是触屏交互的高效、简单，无任何学习成本，连两三岁的小孩都知道怎么用。

移动端 APP 上的个性化推荐，一般都是采用滑动（上下滑动、左右滑动）的方式进行交互的。在智能电视上，为了减少用户的学习成本，跟传统电视保持一致，一般遥控器都会设置上下左右 4 个按键，通过这 4 个按键进行内容的筛选切换。不管是移动端的滑动还是智能电视的上下左右 4 个按键，都只提供了有限的交互方式，这里使用了交互设计基本原则中的约束原则。智能电视遥控器上下左右 4 个按键的功能跟传统电视保持一致，这里使用了映射的基本原则。

5. 保持（整体风格）体验的延续性、一致性

推荐产品的交互形式（如上下滑动）需要跟产品的其他模块保持一致，这样用户就没有太高的使用成本，可以轻松上手。在图 22-5 中微信发送表情从原来的横向滑动改为了纵向滑动，这是为了跟朋友圈、公众号文章信息流等操作体验保持一致。

图 22-5　微信聊天表情通过上下滑动进行选择

Netflix 在智能电视上的推荐位海报图是横图，海报长宽比例跟电视屏幕的比例保持一致（见图 22-6），这样整体视觉体验更加一致。

图 22-6　Netflix 推荐位海报跟屏幕比例保持一致

上面所举例子都使用了交互设计基本原则中的映射原则。这些实例通过与产品中的其他功能保持一致的使用方式或者视觉感知，来提升用户的视觉体验和操作体验。

6. 在用户对某个推荐内容不感兴趣时可以快速进行下一次筛选

当用户被海报图等视觉要素吸引进入推荐标的物的详情页时，发现不是自己喜欢的标的物，就需要让用户可以尽快退出到推荐列表继续进行选择，以减轻用户未找到喜欢的标的物产生的挫败感。

我们最需要关注的并不是那些成功的部分（有效推荐），而应该把重点放在解决"如何在失败时（推荐失败或用户没找到自己想看的）尽快进入下一次筛选"这一问题上。对于移动互联网采用下拉更新推荐结果这一设计，用户只要下拉列表就进入了下一次筛选。对于智能电视视频推荐，幸运的用户通过推荐列表页只需要两次按键（焦点移动到视频并点击进入播放）就可以开始播放视频，不幸的用户则需要切换更多次才能重新确定当前视频是不是自己喜欢的，挫败感在每次按键操作过程中都被不断强化。如果用户在推荐列表中没有找到任何想看的，操作产生的挫败感将会被进一步放大，让用户最终得出"推荐不准"的结论。因此，推荐系统必须推荐多样化的内容，覆盖用户尽可能多的兴趣点，让用户不至于找不到感兴趣的内容，实时更新推荐结果更容易达到这个目的。

让用户可以快速筛选下一个标的物也体现了交互设计中反馈的基本原则，我们要让用户得到更快的反馈，让用户可以更快地交互。

22.3.3　UI 交互在推荐系统中的价值

UI 交互是用户跟产品互动获取推荐结果的关键环节，好的 UI 交互让用户明确该怎么做，怎样更快、更流畅地浏览推荐标的物，它在推荐系统中的价值主要体现在如下两个方面。

1. 提升用户体验

好的 UI 交互简洁流畅，用户不用寻思怎么去操作，而是非常自然地知道该怎么操作，这让用户可以将更多的时间放在使用产品上而不是花费在"寻找"和"摸索"中，节省了用户的时间，提升了用户获取信息的效率。

2. 提升标的物的分发效率和效果转化

好的 UI 交互所见即所得，用户可以轻易地进行标的物的浏览和筛选，让标的物与用户之间接触更加紧密，这样标的物有更多的机会暴露给用户，从而提升标的物被点击的概率，最终提升标的物的分发和转化。毫不夸张地说，好的 UI 交互有时甚至比好的算法更管用。

图 22-7 是电视猫的相似视频推荐。对于最早的版本，用户需要下滑两三次才能获取某个视频的相似影片，而新的版本中相似视频就在该节目详情页的下面，这样的改版至少带来了两个好处：推荐的内容是所见即所得的，用户一眼就看到了推荐的节目；其次，用户通过遥控器滑动到某个他可能感兴趣的内容的操作步骤大大减少。根据这两个版本的点击率统计来看，新版本至少提升了 20% 的相似视频点击率，可能远大于单次算法优化产生的结果。

进入老的节目详情页光标停留在播放正片上，需要用户滑动三次进入相似影片，操作体验较差

进入新的节目详情页相似影片直接在节目下面，一眼就可以看到，操作体验极好

图 22-7　电视猫相似影片中交互方式的调整提升了点击转化

22.4　推荐系统的视觉展示

眼睛是人类获取信息最主要的器官。根据科学研究，人类获取的所有信息中至少超过 80% 的信息是通过眼睛获得的，眼睛的重要性不言而喻。人类在亿万年的进化过程中，学

会了通过视觉来感受、认知、理解、学习周围的世界，借助视觉（并配合听觉等其他感觉器官）找到食物、发现配偶、逃避危险，并通过大脑来快速决策、及时响应。人类处理视觉信息的速度也是最快的，甚至不需要思考，绝大多数视觉信息靠大脑的"系统 1"就可以处理。

对于一个互联网产品，首先映入我们眼帘的一定是视觉元素，我们看到了什么形状、什么图案、什么颜色、什么文字，以及图像、文字、形状之间的位置关系和对比关系。这些视觉元素对我们获取信息、做出决策非常关键，视觉元素是我们判断的主要依据，在我们所有的决策证据中占有最大的权重。

对于推荐产品也不例外，推荐标的物的视觉展示效果对我们是否浏览、点击、购买相关的推荐标的物起着非常关键的作用。好的视觉展示不光可以提升用户的使用体验，还能提升推荐的点击转化。本节就来介绍在设计推荐产品中主要的视觉要素以及视觉展示的原则和价值。

22.4.1　什么是推荐系统的视觉要素

在推荐产品中，所有与待推荐标的物相关的可视化信息载体都是视觉要素。视觉要素主要包括文字、图片、动图、视频等，还包括颜色、字体、大小、形状、背景、相对位置、角度、层次感等辅助信息，广义的决策要素还可以包括音频等。

图 22-8 是今日头条新闻推荐、手机淘宝推荐、西瓜视频推荐等主流的推荐产品形态，展示的视觉要素包括文字、图片等。其中图片是非常重要的一类信息，所占区域最大，对我们做决策非常关键。对于视频来说，海报图对于用户决定是否看该视频往往起着决定性作用。

图 22-8　主流的推荐产品形态中包含的视觉要素

22.4.2　视觉要素展示的一般原则

从上面的介绍可以知道，视觉要素种类非常多，不同产品的标的物具备的数据种类、特征等都不一样，那么怎么在推荐系统中展示视觉要素才可以达到更好的效果呢？一般需要遵循哪些原则呢？总体来说，遵守下面 3 个原则是非常有必要的。

1. 给用户展现的是待推荐标的物的事实情况，不夸大失实

这个原则是非常重要的，要求保证信息的真实性。只有让用户看到真实的信息才不会误导用户，让用户更加信赖产品、信赖推荐系统。

当前有很多文本信息采用过分夸大甚至是恶俗的标题来吸引用户点击，采用这种策略，短期来说，可能确实会提升点击量，但长远来看是有百害无一利的。用户每被骗一次，对你产品的信誉度就会降低一点；被骗的次数多了，用户就会厌恶、放弃你的产品。这个过程可以用指数衰减来描述，假设用户被骗一次对你产品的好感度降低到原来的 0.99，那么被骗 100 次，好感度就为 0.99 的 100 次方，约为 0.37；如果被骗 300 次，好感度基本为零。实际上被骗一次好感度可能降低得更厉害，远超过 0.99。

拿商品推荐来说，商品的购买数量是一个非常重要的参考指标。在电商商品的视觉要素展示中一般要将购买数量真实地展示出来，而不应该对具体数值进行修饰夸大。对于任何含有用户评价维度的信息，如果觉得需要展示给用户，就一定要真实反馈。这样也有利于第三方生态（很多产品是提供平台服务的，如淘宝，推荐的商品是第三方提供的商品）的繁荣。

展示的信息一定要是真实的，在此基础之上，我们可以尽量将标的物好的一面展示给用户。这就像恋爱期的男女，总是将自己的优点展现给对方，以吸引对方的关注获得好感。对于电影来说，我们可以选择漂亮的海报图；对于商品，我们可以展示价格优势、特色优点等。

2. 需要尽量包含足够多的核心决策信息

展示视觉要素的目的是辅助用户决策，而不是诱导用户点击。故需要展示尽可能多的核心信息，让用户从更多的维度来了解标的物，这样用户可以更好地进行决策，快速决定是否需要点击该标的物进入详情页了解更细致的情况。

由于每个标的物的展示区域是有限的（特别是在手机中，由于屏幕较小，可展示的面积更小），因此，视觉要素不是越多越好，而是要保持足够的信息，多而不乱、多而不杂，并且要有主次之分，越重要的信息越是要让用户容易看到。

为了增多可以展示的信息，还有一个策略，即当光标（聚焦点）移动到标的物上时，可以触发相应的事件，借助一定的动画效果（现在手机淘宝上很多图片就是动图和短视频，图22-9 所示最上面两个推荐就是动图和小视频）进行视觉展示，但是具备动画效果的标的物不能太集中，不然没法让用户聚焦，用户会觉得眼花缭乱。也可以让标的物（海报）所占区域在光标停留时拓展放大（见图 22-10，当焦点聚积在电影《海市蜃城》时，它的海报图所占的区域就比其左右的电影海报图大），将更加丰富的视觉信息呈现在标的物（海报）上。

核心信息让用户知道得越早越好。举个例子，当用户进入视频详情页时，开始播放预告片，这样在短时间内就可以让用户对剧情有一个初步了解，帮助用户判断该视频是否值得自己看，而不是等用户看了很长一段时间再退出，这时用户的挫败感更强，更容易放弃并直接退出 APP。

图 22-9　淘宝首页猜你喜欢中借助动图和小视频进行视觉展示

图 22-10　电视猫中当焦点聚焦在一个节目上时，海报图中会放大展示更多信息

　　前面也提到，视觉信息是人类大脑更容易处理的信息，所以高质量的海报图或动图在辅助用户决策时所起的作用会越来越大。像 Netflix 会利用计算机视觉技术、深度学习技术自动从视频流中提取最合适的帧作为海报，减少人工制作海报的资金花费、人力投入和时间成本。

3. 不同视觉要素展示之间保持协调，并与整体风格背景一致

　　这一原则是希望视觉要素在展示过程中要有对比度和区分度，有一定的美感，视觉要素的大小、配色、字体等跟整个产品风格保持协调一致，海报图与背景色需要协调，字体

要清晰可见。让用户在极短的时间内可以尽量获取最多的信息，不需要花费太多的思考成本。比如 Netflix 在智能电视上给出的海报图都是横图，并且长宽比例跟屏幕一致，这样用户的视觉感受会更协调、更舒适。

下面分别以 3 大类主流的推荐产品为例来说明必须展示的视觉要素和备选的视觉要素各有哪些。具体需要根据产品形态、业务场景、产品风格、交互方式等条件进行有针对性的选择。

（1）视频类推荐产品

必须展示的视觉要素：海报图、标题、是不是付费视频等；

可选择展示的视觉要素：豆瓣评分、播放次数、时长、标签等。

（2）电商类推荐产品

必须展示的视觉要素：海报图、商品名、价格等；

可选择展示的视觉要素：品牌、购买次数、特性介绍等。

（3）新闻资讯类推荐产品

必须展示的视觉要素：标题等；

可选择展示的视觉要素：海报图、来源、更新时间、评论数等。

上面只是列举了需要展示的视觉要素，具体这些要素怎么展示、位置关系、大小、颜色等就是设计师的核心工作了。

22.4.3　视觉要素展示的价值

在推荐过程中，通过将合适的、有价值的视觉要素展现给用户，来让用户对推荐的标的物有直观的了解和认识，从而辅助用户决策，减少用户决策时间。视觉要素展示的主要价值体现在以下两个方面：

1. 辅助用户决策

我们借助视觉要素给用户展示关于待推荐标的物的信息，让用户在短时间内对标的物有一个整体了解，基于这些信息来辅助用户决策，减少用户的决策成本。

2. 提升用户满意度，提升标的物点击量与转化率

好的视觉展示提升了用户选择的准确度（看起来喜欢的确实是自己喜欢的），减少了用户的决策成本，节约了用户的时间，因此可以提升用户满意度，最终提升待推荐标的物的点击量与购买转化率。

22.5　关于推荐系统 UI 交互和视觉展示的展望

目前推荐系统的主要应用场景聚焦在 PC、智能手机（包括 Pad）、智能电视这 3 类屏中，主流的交互方式是通过键盘、鼠标、触摸屏、遥控器等几种媒介实现的。智能手机是

推荐系统最有价值的落地场景。在智能手机上，提供 toC 服务的主流产品都提供了个性化推荐的功能。未来推荐系统的应用场景可能会包含物联网设备（如智能音箱）以及便携式智能设备（如智能 VR/AR/MR 眼镜、智能手表等），交互方式也可能会有新的变革，语音交互、手势交互、眼动交互甚至思维交互都是极有可能应用于推荐系统的。

　　随着深度学习技术在语音识别、语义理解中的大规模应用，目前计算机识别和理解人类语言的精准度越来越接近人类，在某些方面甚至超越了人类。语音交互也越来越受人们的重视。前两年智能音箱市场的火爆点燃了语音交互应用的火种。语音交互最大的亮点是快速高效，要想将语音交互应用于推荐中，需要找到好的使用场景和切入点，家庭智能电视、车载软件系统、智能音箱上是非常好的尝试方向。在智能电视领域，目前小米电视、华为智慧屏等互联网电视都提供了语音交互功能，可以利用语音进行播放、搜索等相关操作。语音交互未来有机会拓展到更多的交互场景中，其中包括跟智能推荐服务的交互。

　　手势识别已经在微软 Xbox 体感游戏中得到了应用，但手势识别目前还未用作推荐系统的视觉交互工具，在这一领域最有可能的场景应用是在家庭场景中通过手势来与推荐服务交互，包括进入详情页、内容滑动等。当前遇到的挑战有：对手势识别的精准度是否可以达到商业应用的要求、手势交互信号该怎么定义、是否有统一的标准可言，以及增加摄像头对个人隐私可能产生的风险等。

　　虚拟现实设备（AR/VR/MR）可以借助语音、手势、眼动等方式来交互，随着未来虚拟现实设备的成熟，特别是边缘计算能力的突破和 5G 信息传输速度的提升，一定会形成完善的商业生态系统，到那时基于这些设备上的软件服务一定会具备提供特有的个性化服务的能力，这时这些交互方式就有用武之地了。

　　最先进也是技术难度最大的交互方式一定是思维交互，就是直接通过人脑的意念进行控制，目前看起来是不现实的，至少在未来 10 年内还不可能商用，但是随着脑机接口等新技术的研究与发展（埃隆·马斯克创立的 Neuralink 就是一家研究脑机接口技术的高科技公司），当这项技术成熟之时，一定会成为 AI 的下一个风口，也是最优、最有效、最快捷的一种人机交互方式。

　　当然，交互方式的改变一定会带来视觉展示方式的变化，具体是怎样的视觉展示形式，是否一定需要进行视觉展示还没有定论，这里基于笔者自己的认知做一些简单说明。

　　采用语音交互方式时，视觉展示的形式可能与具体的应用场景有关。当在家庭智能电视场景中用语音进行交互时，视觉展示可以跟当前的展示形式保持不变；而在车载场景下，司机的主要精力要放在驾驶上，为了安全，视觉元素一定会非常简单（当提供产品和服务的智能设备带屏时）、易懂。在不包含屏幕的智能设备中（如智能音箱），甚至没有视觉要素的展示，这时与推荐系统的交互可能就是一种交互对话式推荐，通过与智能设备的多轮对话，用户获得产品、信息与服务的推荐。

　　在虚拟现实设备中，如果是 VR 设备，我们看到的是 360 度的环绕视觉，视觉要素的形状、大小、相对位置肯定是跟平面不一样的。而对于 AR 设备，我们可以在屏幕中叠加真实世界的物体，视觉元素及展示方式当然会有调整和变化。

对于脑机接口智能设备，当采用思维方式进行交互时，具体需不需要屏幕，屏幕的样式及展示方式还无法想象，这些都是未来科技的范畴。

22.6　本章小结

本章从产品与设计的角度说明了 UI 交互与视觉展示在推荐系统中的价值。UI 交互与视觉展示属于用户可以直接感知的部分，是推荐模块的门面，是用户获取推荐结果的唯一介质与渠道，重要性不言而喻。

鉴于 UI 交互的重要性，强烈建议推荐算法工程师重视 UI 交互，平时在做推荐系统时也要多往这方面思考，当前的 UI 交互是否合理，是否还有更好的方式，多参考或者咨询一下设计师的思路想法，多体验一下竞品，往往会有新的收获。算法工程师的主要考核指标是提升推荐模块的点击率、留存率等，我们不要只拘泥于算法优化产生的结果提升，一切能够提升推荐模块效果的方法都值得尝试，UI 交互与视觉展示的优化就是非常重要的一环。

通过优化 UI 交互和视觉展示提升推荐效果，需要依赖设计师的专业技能和经验。除了需要从行为和心理层面进行思考外，我们还可以借助科学工具的帮助，AB 测试就是一种非常好的工具。当我们有新的视觉展示或者交互想法时，可以将用户流量切分为 A、B 两组，A、B 两组分别用老的方案和新的方案来验证我们的想法。通过不断的尝试与迭代，找到改善推荐产品体验的新方法，让推荐产品的 UI 交互与视觉展示越来越好。

参考文献

[1] 麻袋 . 深度 | Netflix 大屏交互设计分析系列（1）：基本原则与设计思路 [A/OL]. 流媒体网，（2019-10-21）. https://mp.weixin.qq.com/s/W-E-U9RJR_k8QnphY9uDNA.

[2] 麻袋 . 深度 | Netflix 大屏交互设计分析系列（2）：遥控器与焦点移动 [A/OL]. 流媒体网，（2019-10-22）. https://mp.weixin.qq.com/s/sD7exKXB_h-ZDsYUN7xRnA.

[3] 麻袋 . 深度 | Netflix 大屏交互设计分析系列（3）：面向内容的交互设计 [A/OL]. 流媒体网，（2019-10-24）. https://mp.weixin.qq.com/s/e9quBmSOTOPIRGl27Y0bWw.

[4] 麻袋 . 深度 | Netflix 大屏交互设计分析系列（4）：以工程手段构建素材库 [A/OL]. 流媒体网，（2019-10-26）. https://mp.weixin.qq.com/s/mvSZts72hETAYuEuImot8A.

[5] 麻袋 . 深度 | Netflix 大屏交互设计分析系列（5）：构建个性化页面 [A/OL]. 流媒体网，（2019-10-28）. https://mp.weixin.qq.com/s/OFzhzu3J1UVyo_6eCEgeqg.

[6] 麻袋 . 深度 | Netflix 大屏交互设计分析系列（6）：数据、海报与 A/B 测试 [A/OL]. 流媒体网，（2019-10-29）. https://mp.weixin.qq.com/s/nB5IotggNEkxGAp5DpIEBg.

[7] 唐纳德 -A- 诺曼 . 设计心理学 [M]. 北京：中信出版社，2015.

第23章 *Chapter 23*

推荐系统与精细化运营

随着大数据与人工智能（AI）技术的发展与成熟，以及国家政策对大数据与人工智能技术在创新、创业层面的支持，企业也逐渐意识到数据和 AI 技术的价值，并逐步认可数据是企业的核心资产。怎样利用大数据和 AI 技术从这些价值密度低且源源不断地产生的海量数据中挖掘商业价值，提升公司的决策力和竞争力，是每个提供产品或服务的公司（特别是 toC 互联网公司）必须思考和探索的问题。

数据发挥价值最重要的一种方式是做精细化运营，即根据不同的场景和特征进行有针对性的运营活动，提升运营的效率。推荐系统就是最重要的一种精准运营方式，它借用机器的力量在无人干预的情况下为每个用户提供个性化推荐。推荐系统已经深入我们生活的每一个角落，现在越来越多的企业已经做到了千人千面，毫不夸张地说，未来推荐系统会成为所有数据型产品的标配，个性化时代已经到来！除了推荐系统外，内容运营、会员精细化运营、定向广告等运营活动都需要基于数据来获得对用户的深刻洞察，通过用户画像平台来圈定用户，并对用户进行有针对性的营销活动。

本章将讲解数据化运营、精细化运营相关的知识，以及推荐系统作为一种精细化运营的工具在精细化运营中的作用，它与常规的精细化运营的区别与联系。具体来说，本章将从运营简介、数据化运营、精细化运营、用户画像、推荐系统与精细化运营等 5 个方面来讲解。通过本章的学习，读者可以更加深刻地理解数据分析、用户画像、个性化推荐相关技术及方法论在运营中的价值，更好地领悟运营（特别是精细化运营）和推荐系统在产品迭代优化及用户发展中的作用。

23.1 运营简介

所谓运营，就是对企业运行过程的计划、组织、实施和控制，是与产品生产和服务创造密切相关的各项管理工作的总称。从另一个角度来讲，运营管理也可以指对提供公司主要产品和服务的系统进行设计、运行、评价和改进的管理工作。

运营不限于企业类型，但本章将讨论范围限定在互联网企业。从广义角度上讲，互联网公司中一切围绕着网站或者 APP 产品进行的（人工或自动化）干预都叫运营。运营对一个公司来说是非常重要的，连公司最核心的领导之一（COO）都叫作首席运营官，他对公司日常运营负责，承担整体业务管理的职能，直接汇报给 CEO。除了 COO，互联网公司还有专门执行更基础、更细致、更具体事务的运营职位。随着互联网的发展，运营职位也越来越多样化，包括用户运营、内容运营、商家运营、活动运营、社群运营、产品运营和新媒体运营等。不管是哪种运营方式，本质上还是对用户的运营，因为企业赖以生存的基础就是用户，企业的利润最终一定直接或间接来源于用户。

技术、产品、运营是互联网时代的三驾马车，它们的目标是一致的，那就是发展用户，服务用户，并最终借助用户（直接或间接）获取商业利润。三驾马车在不同的阶段分别发挥了不同的重要作用。

在互联网早期，新技术刚刚出现，技术为王，这时谁先在技术上取得突破谁就是赢家，当时能够成功的企业创始人一般都是技术极客，国外有微软的比尔盖茨、Google 的拉里佩奇，国内有百度的李彦宏、腾讯的马化腾，他们无不是利用技术优势杀出了一片天空。

互联网的飞速发展，同类产品的竞争加剧，用户也从"小白"过渡为资深的产品使用者，对产品有了更高的要求，用户需要好的产品、好的使用体验，这时强调用户体验的产品经理就会获得公司领导的认可，大量在用户体验上做得好的产品脱颖而出。但这不是说技术不重要了，而是仅仅依靠技术无法在竞争中取胜。比较有代表性的产品就是微信、今日头条、抖音等，它们把产品体验做到了极致。这一时期是产品驱动的时代。

随着互联网越来越成熟和规范化，产品在设计和实施上有了更多通用的"模板"和解决方案，这时很难有质的突破和创新，产品经理在其中的价值和作用逐渐淡化。在这种情况下，引爆产品增长的就是以数据驱动、关注用户个性化诉求的运营活动，即数据化运营和精细化运营。

从最早的以技术驱动过渡到以产品驱动，再到当前的以运营驱动，互联网进入了以运营驱动的时代。早期互联网流量为王，谁获得了流量，谁就可以更好地获利。在互联网飞速发展的前 20 年里，流量为王就是真理，没有受到过任何挑战，谁握有流量，谁就掌握了互联网生态圈的话语权，典型的如百度。当流量红利结束时，比拼的是谁更会服务用户，能服务好用户的企业才能在激烈的竞争中生存下来，这就体现了运营的价值。

在这里，我们只介绍这么多运营相关的背景知识，想对运营做进一步了解的读者可以阅读本章参考文献 [1]，那本书写得非常好，对运营的价值、运营的操作层面、运营人员的成长等都做了非常生动深入的总结。作者黄有璨也是运营圈的资深大咖。

运营工作基本就是决策的工作，需要经过思考和判断来采取行动，在数据量少、数据思维还不流行的年代，运营人员更多的是用自己的认知和自我感觉来进行决策，因此决策效率是极低的，甚至经常会产生错误。随着大数据和人工智能的发展，数据化思维在运营圈中越来越受到重视，才逐步出现了数据化运营、精细化运营的理念。

大数据与人工智能作为两种重要的工具，如果能够很好地用于运营中，是可以产生极大的商业价值的。下面几节讲解数据化运营、精细化运营的概念，以及大数据和人工智能驱动下的用户画像和智能推荐是怎样更好地帮助运营人员的。

23.2 数据化运营

在当今关系错综复杂的时代，人类的直觉往往是靠不住的，我们需要借助真实数据和案例来更好地了解世界、了解用户的行为，数据可以为我们的决策提供科学的指导。特别是 AB 测试技术（第 17 章已经对 AB 测试相关的知识进行过深入的探讨），最早被 Google 用到互联网产品中，产生了巨大的价值。这之后，数据化思维越来越得到业界的认可，并且它也确确实实助力了产品和公司的发展，也因此出现了增长黑客的概念（对这一概念感兴趣的读者可学习考本章参考文献 [2，3]，国内也有很多创业公司专门做数据驱动增长，如 GrowingIO 等），并在国内外的互联网企业中得到了大规模的采用。

大数据发展到如今越来越成熟，相信每一个互联网人都认可数据是企业的核心资产，并且通过大数据挖掘和 AI 技术可以从数据金矿中提炼出"金子"来。数据化运营就是利用技术手段来优化运营策略、提升运营效率的工具。数据化运营的本质是利用数据来说话、通过数据来驱动业务增长。

数据化运营借助大数据技术，从用户行为中挖掘出有价值的信息，应用于用户生命周期中的各个阶段，包括拉新、促活、留存、转化、变现、传播等，即所谓的 AARRR 模型（见图 23-1），指的是提升用户体验，让用户留下来，引导用户更频繁地使用产品，为公司创造商业价值。

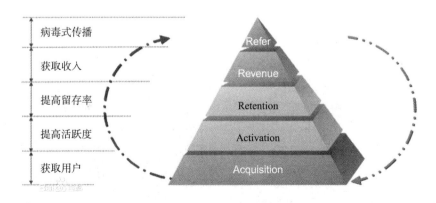

图 23-1　用户生命周期 5 阶段

注：图片来源于百度百科。

数据运营作为一个职位，主要是利用数据来解决企业发展中的运营问题。数据运营可以是大数据团队中的职位，通过数据分析来支持日常决策。这一职位除了要数据技术过硬外，更重要的是要懂业务、有业务思维，明白只有应用到业务中进行决策，数据才有价值。数据运营也可以是运营团队的职位，一位懂数据分析的运营人员，至少 SQL 能力要强，在大数据团队构建出比较完善的基础架构体系和数据分析平台后，利用 SQL 分析就可以解决绝大多数数据决策问题。

数据化运营利用数据来决策，一切用数据说话，那么是否有适当的方法论来指导日常的运营工作呢？确实是有的，笔者认为闭环思维和漏斗思维是数据化运营中最重要的两种思维模式，每个数据分析人员和运营人员都需要理解、掌握并熟练运用。

数据分析人员和运营人员一定要有闭环思维。要明确自己的目标，针对目标梳理出关键任务点（解决这个目标的多种可行思路），针对具体任务点形成可行的（多个）解决方案，并具体实施，最终对实施结果进行评估。如果达成了既定目标，那么整个过程就是对的、有效的，这个过程就可以固化为运营人员的知识和经验；如果没有达成目标，需要考虑评估目标是否正确、合理，如果是合理的，那就要看看方法是否完整、全面，否则需要重新评估目标，优化定义的目标，形成新的目标，并按照这个流程来重新执行，整个思考决策的过程见图 23-2。

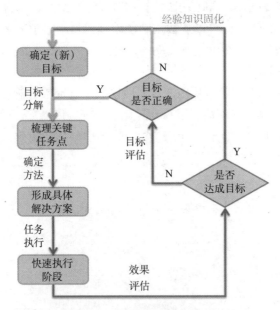

图 23-2 数据化运营的闭环思维

如果运营人员的目标是对产品进行优化和调整，且同一件事情有多个解决方案，那么这时可以借助强大的 AB 测试工具来更好地决策，提升决策的效率，降低决策风险。

数据化运营另一个重要的思维是漏斗思维。用户在产品上的行为结果，从开始到最终达成需要经历几个阶段和关键节点（路径），这些关键节点前后串联起来，形成一条链，从前一个关键节点到后一个关键节点，用户有一定的概率会流失，如果从整个用户群体来看，上一个节点的人数一定大于下一个节点的，用图像形象地表示出来就形成了一个漏斗（见图 23-3）。不管是电商行业的变现路径：曝光→浏览→扫码→下单，还是视频行业的播放路径：登录→曝光→浏览→播放，都可以看成是一个漏斗。

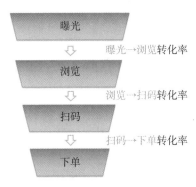

图 23-3　用户变现路径的漏斗模型

漏斗模型要求运营人员关注漏斗中从一个关键节点到下一个关键节点的转化率（或者流失率），通过优化产品流程和产品体验来提升每一个节点（到下一个节点）的转化率。从漏斗的最上层到最下层需要经过多次转化，最终的转化率是每一层转化率的乘积，只有每层转化率足够高，最终的转化率才有保证。

数据化运营是一种方法论，上述闭环思维和漏斗思维是数据化运营最重要的两种思维方式。数据化运营的对象可以是所有的运营形式，包括用户运营、内容运营、产品运营和活动运营等。对于互联网产品（特别是 toC 产品）来说，用户是最重要的，公司发展用户，从用户获取商业利益，因此做好用户运营是最重要的事情之一。对于用户运营，PC 时代的运营策略是通过编辑编排提供内容来服务于用户，所有用户看到的内容是一样的，但用户的需求是多样化的，这就在内容编排的单一性和用户兴趣多样性之间产生了冲突，解决这个问题的一种有效方法就是下一节要讲的精细化运营。

23.3　精细化运营

要说精细化运营与我们通常意义上的运营有什么区别，那就是精细化运营更注重投入产出比，粒度更细，能够更加精准地根据用户兴趣、内容特征、产品阶段、活动状态等进行数据化的、科学的决策。

下面分别从精细化运营的概念、精细化运营的特点、运营进入精细化阶段的必然趋势、精细化运营的挑战、做精细化运营的流程和方法等 5 个角度来介绍精细化运营。

23.3.1　精细化运营的概念

精细化运营是一种针对人群、场景、流程做差异化细分运营的运营策略，是结合市场、渠道、用户行为等进行数据分析，从而对用户展开有针对性的运营活动，以实现运营目的的行为（运营目的可以是更多的用户留存，可以是更高的转化率，甚至可以是吸引更多的用户去线下店消费）。简单来讲，从流量角度来说，精细化运营是追求流量价值的最大化，从用户角度来说，就是基于用户需求（这个需求是基于用户行为分析得到的），提供定制化的服务。精细化运营可以帮助企业在资源和人力方面得到更高效、更节省的使用。

23.3.2 精细化运营的特点

精细化运营是传统粗放式运营在流量红利枯竭后的必然产物，是企业资源高效利用的一种运营方式，它有自身的特点，主要表现在以下几个方面：

- 更关注用户细分，需要提前做用户分析（行为、设备、渠道、心理等各种分析），需要充分剖析用户，拥有足够完整的用户画像（在 23.4 节会介绍用户画像相关的知识），精细化运营工作才得以开展。
- 更关注流量的有效利用，跟过去粗放式运营不同，强调精准，更多地关注留存和转化，而不是拉新（在当前流量红利枯竭的时代，拉新成本越来越贵，运营圈有一句很出名的话，"生于拉新，死于留存"，如果只做拉新，不关注留存，是很难做大产品的），重视发挥现有流量的价值。
- 更多样的数据分析方式和更多维度的数据分析，强调数据价值的有效利用和充分发挥。

23.3.3 为什么说现在进入了精细化运营时代

现在流量越来越贵，任何公司在做事之前都会看重 ROI（投资回报率）。企业之所以越来越重视精细化运营，是因为通过精细化运营来成功实现产品运营的成本低于其他方式的成本，而回报也相应更高。在这一背景下，能活下来、发展得好的企业大都是注重精细化运营的。这里有 3 个原因可以解释为什么精细化运营越来越重要，也可以充分说明我们现在进入了精细化运营时代。

1. 流量越来越贵

引用 36kr《买不起的流量，创业者每一天都是生死存亡》里的一句话：

一个 APP 获得用户的成本在 40 元以上，但 7 成的人下载后都没有消费，"每 10 个人下载我们的 APP，就有近 300 元人民币被白白浪费掉。"

而这仅仅是针对流量价格相对较低的电商 APP。一款 iOS 游戏下载激活的成本高达 60 元，而金融行业获客成本的顶峰已经达到 1000 ~ 3000 元。加之流量黑产横行，粗放式流量获取早已行不通。我们需要精细化的流量运营，要优化流量漏斗，要对 AARRR 模型里的转化率、留存更加关注。

2. 人口红利消失

国内互联网网民数、移动用户数已近饱和，人口红利正在消失，已从增量市场进入存量市场。然而，增量乏力，存量市场竞争更加激烈，所有能够想到的创业点基本都有人在做，几乎所有的细分领域都进入了红海状态。在这种环境下，有两条路可走：一条路是出海，印度、东南亚等新兴市场不乏出海互联网公司的影子，如小米、一加、猎豹、UC 等；而另一条路就是精细化运营，用最小的成本，挖掘最大的流量价值。

3. 技术的发展与成熟

云计算、大数据等技术的发展和应用更加成熟，厂商的开放使得云计算及大数据分析成为企业生存的必需品，成为一种基础资源。前面提到，大数据与 AI 技术是精细化运营两个最有力的武器，有了大数据、云计算及构建在云平台上的 AI 技术的加持，精细化运营就有了足够的技术支撑，应用数据分析技术挖掘用户数据，进一步迭代优化产品，使进行个性化的有针对性的运营成为可能。

23.3.4　精细化运营面临的挑战

精细化运营虽然思维好、方法巧、价值高，但是要想很好地在企业中落地，还是会面临非常多的困难和挑战，需要企业付出极大的努力才能做得好。以下几点都是构建精细化运营系统必须面临的挑战。

1. 场景繁杂，执行流程漫长

企业产品与运营平台多样化，多种业务场景、多种触达方式分散在不同平台，执行流程长、效率低。

2. 触达方式单一

精细化运营需要借助数据分析、用户分群、AB 测试、用户画像等大数据与 AI 技术以及适当的工程实现才能做到，并且内部平台触达方式有限，需要研发资源的配合，与业务方对接需要多个平台支持，成本较高。

3. 受众筛选做不到精细化

受限于企业产品特色和拥有的资源，企业一般很难收集到用户多维度的数据，这导致用户标签维度不全，分群不够精细，不支持实时触发或按特定条件触发，营销场景受限。

4. 用户数据割裂

现代企业越来越复杂，团队分散在多处、产品多样（既有线上又有线下，既有网站又有APP）、部门割裂，导致用户行为数据分散在各处，很难形成统一的数据服务平台，运营数据无法形成闭环，反馈缺失。

5. 缺少运营策略的整体思维

只有运营目标，缺少体系化的运营策略，只能停留在细节琐碎的执行层面，活动一旦结束，数据就快速回落到原先的水平。

在这种背景下，能够提供一站式用户精细化运营、全渠道用户触达、千人千面的精细化细分用户定义、数据驱动运营闭环的创业公司应运而生。这些公司不断实践，积累了一套行之有效的运营方法和工具。

23.3.5　精细化运营的流程与方法

目前精细化运营已经形成了一套行之有效的方法论。精细化运营的方法不止可用于用户运营，其他的运营活动也都可以采用精细化运营的思路来进行。下面以互联网产品的用户精细化运营为模板来介绍精细化运营的思路和方法。

　　针对用户的精细化运营，以数据分析为基本方法，挖掘用户偏好，构建用户画像，基于用户画像对用户分群，针对不同的分群确定个性化的运营策略，并按照不同的分群让运营策略触达用户，在产品上承接不同的运营策略，这样用户在使用产品的过程中，获得的就是针对他这个群组的个性化、有针对性的运营活动。在运营活动期间，我们还需要收集用户的行为反馈数据，评估运营的质量，发现其中的问题，并有针对性地进行调整与优化，最终优化现有的运营计划或者执行新的运营计划。这个过程是一个持续不断的迭代闭环，具体流程见图 23-4。

图 23-4　精细化运营流程

　　这一流程跟上一节提到的数据化运营的闭环思维是一脉相承的，上一节在数据化运营中提到的漏斗思维以及 AB 测试等工具都可以在这里得到体现和使用。

　　数据化运营和精细化运营有诸多相似之处，那么它们有什么区别呢？为了让读者更好地理解这两个概念之间的关系，这里简单做一些说明。数据化运营更多的是利用数据作为工具和方法来指导一切运营活动，它强调数据在运营中的指导作用，一切以数据为准，而不是拍脑袋决策。精细化运营更多的是从发挥流量的价值、提升投资回报率（ROI）、对用户进行更加精准的营销以及减少资源浪费的角度来思考怎样更高效的运营。精细化运营本身也需要数据的指导，因此可以说精益化运营是数据化运营的一种具体体现形式。

　　精细化运营的前提是对用户有深入的洞察和了解，这样才能基于用户的需求进行定制化营销，因此深入了解用户是精细化运营成功的保障。我们对用户进行深入了解，就可以知道用户的兴趣爱好，方便我们更好地运营用户，这种挖掘用户特征和兴趣偏好的方法就是用户画像。下面一节就来讲解用户画像相关的知识。

23.4　用户画像介绍

　　我们一般喜欢用文本或数字标签来描述用户某个方面的特征，比如年龄 30 岁、身高 180cm、性别女、学历大专、动漫迷、吃货等。这些对用户个性和特征进行描述的词语就是用户的标签。人类是非常喜欢并且习惯于给其他人或事物贴标签的，我们通过标签可以更好地记住事物的特性，更好地区分事物。标签也是非常容易理解的，可解释性强。这些从不同维度对用户进行描述的词语的集合就构成了用户的画像。不同的维度刻画了用户不同的特征，本节就来讲解用户画像相关的知识。

23.4.1　用户画像的概念

从上面的介绍我们知道，用户画像，即用户信息的标签化。这里拿视频行业的用户来简单介绍一下用户画像，加深大家的理解和记忆。针对视频类产品，用户标签包括用户的基本标签（也叫人口统计学标签，如年龄、性别、地域等）、设备标签（iOS 系统、4G 网络、256GB 存储等）、内容偏好标签（如科幻迷、韩剧迷等）、商业变现行为标签（如 VIP 会员等）和在 APP 上的行为标签（如深夜看剧）等。这些标签从不同的维度来描述同一个用户，让我们对用户有 360 度全方位的了解。

23.4.2　标签的分类

对于描述用户的标签，我们可以从标签生成的方式及业务规则等多个维度来分类，不同的行业基于场景应用的需要也有不同的分类方法。下面我们来讲解几种常用的标签分类方法。

1. 事实类标签

这类标签是基于用户实际行为挖掘出来的，如用户购买的次数、点击广告的次数、活跃天数等。它可通过数值统计的方式计算出来。我们可以通过重复计算来验证标签的准确性。

2. 属性类标签

（1）预测类标签

基于机器学习模型进行预测，比如基于经验规则、分类模型、回归模型来预测这类标签。对于经常买化妆品的人，我们可以猜测她是女性（也有可能是她的老公在帮她买，但是我们这里打的女性标签是业务上的性别标签，从行为上看起来她像女性，就认为是女性，打女性标签更有利于业务运营）。对于离散的特征（只有有限个值，如性别），可以用分类模型来预测；对于连续值标签，可以用回归模型来预测。

（2）属性偏好类标签

高收入人群、重度韩剧迷等就是属性偏好类标签。可基于数据统计和一个拟合的数学公式来计算标签偏好的分数，最后基于该公式计算的分数进行标签归类。典型的如收入的低、中、高就是这类标签。这类标签可以用抽样验证、业务验证或 AB 测试等方式来检验标签的质量好坏。

3. 定制类标签

基于业务需求和规则定制用户标签就是定制类标签。比如在家庭互联网中，一家可能有多个人，这时对家庭结构可以定义夫妻二人、三口之家、单身贵族、三代同堂等多种标签。这类标签的定义和质量好坏需要回归到业务应用中来验证。

标签的定义和归类依赖于行业、已有数据、应用场景、技术手段等，图 23-5 就是一种可行的较全面的标签定义方式。

图 23-6 所示是家庭互联网的一种标签分类方法，虽然跟上面介绍的叫法略有不同，但本质上是一致的。

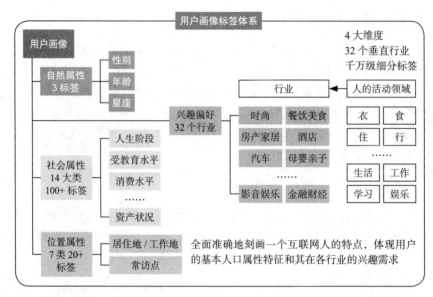

图 23-5 爱奇艺从多个维度来刻画的用户画像标签体系

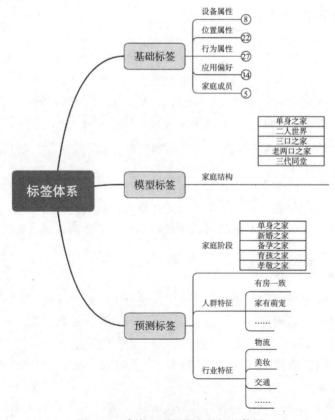

图 23-6 家庭互联网用户的标签体系

讲完了标签的定义和分类，下面来说说如何基于用户多维度的数据构建一套完善的标签体系，最终形成用户画像。

23.4.3　用户画像构建流程

成熟的企业一般都有一套自己的数据仓库体系，可将企业的所有数据归结到一起，便于业务应用。用户画像一般基于底层数据仓库体系构建，是一个动态变化的系统，因此，为了让该系统更加精准有效，需要根据用户不同维度的特征，将生成用户画像的过程拆分为不同的子模块，每个子模块负责生成某一个维度的用户画像标签，不同的子模块之间是没有任何关联的，它们之间没有耦合关系，这样可以分别独立迭代和优化各个子模块，也有利于问题的定位与排查。最后可以将多个子模块的标签汇聚成完整的用户画像。

图 23-7 是笔者公司（家庭互联网视频行业）一种用户画像生成流程的简化版本。针对用户内容偏好，用户年龄、性别、家庭组成等基础信息，用户历史行为，用户购买会员和观看广告的商业化变现行为等进行分析统计，形成用户的多维度标签，运用算法对各标签进行权重阈值计算，生成最终的用户画像数据。

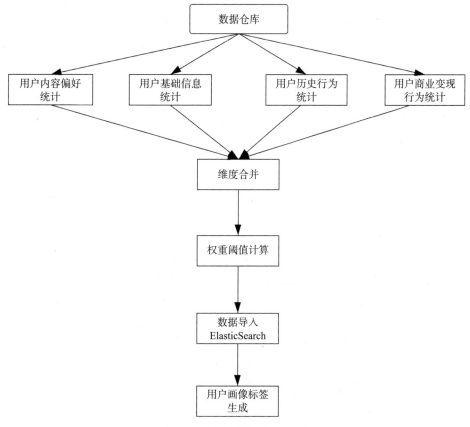

图 23-7　用户画像生成流程

用户画像是一类偏业务应用的数据，可供各个业务部门使用，因此，需要构建出一个方便易用的操作平台，让用户画像更好地发挥价值。这个平台需要方便业务人员进行查询，并且要跟企业的其他业务平台（如广告投放平台、内容运营平台、活动运营平台等）对接，这样其他业务平台就可以直接利用圈定的人群进行各种运营活动了。图 23-8 就是笔者公司的一个用户画像展示平台，可以查询某个用户的各类标签信息，也可以基于一定标签圈定一批具备这个标签的人，还可以对圈定的人群进行多维度的分析（比如人群的活跃度、地域分布、使用时长分布等）。

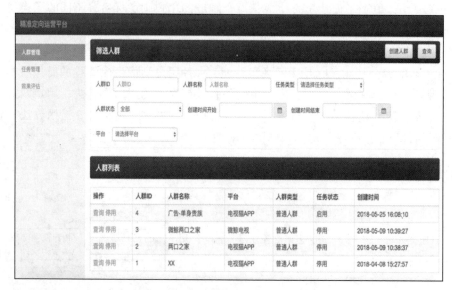

图 23-8　用户画像可视化展示平台

下一节会讲解用户画像平台的整体架构，让大家对用户画像的技术体系、数据流向、业务使用范围等有一个整体宏观把控。

23.4.4　用户画像平台的基础架构

图 23-9 所示是用户画像平台的整体架构。我们通过各种数据源收集各个维度的数据，通过大数据技术、机器学习技术来构建用户模型、内容模型，获得对用户的深刻洞察，然后从各个维度来刻画用户的偏好，在服务层对获得的用户洞察进行封装，提供对应用层的接口，应用层则基于这些接口支持包括推荐、精准广告、会员运营、内容运营等在内的各类个性化、精准化的业务运营。

整个系统包括数据源、接入层、数据层、服务层和应用层等 5 个层级（最右边的部分是系统的辅助模块，包括调度、监控与数据治理，这些模块可以保障用户画像系统高效运行，并对数据质量进行治理和维护，这里不细讲）。数据源是构建用户画像的原材料，需要尽量收集用户的全域数据，这样才可以获得用户更全面的画像。接入层提供统一的数据接入方式，让全域数据用统一的方式进入企业的数仓体系。数据层是整个系统的核心，我们在这一层进行数据分析、挖掘、模型构建，生成用户多维度的画像，并存储于数仓中。在服务层，需要提供用户画像访问接口或可视化的用户画像查询平台供业务方使用。最上面一层是业务层，各业务方对接用户画像平台，最终让用户画像产生业务价值，具体会在下一节进行详细讲解。

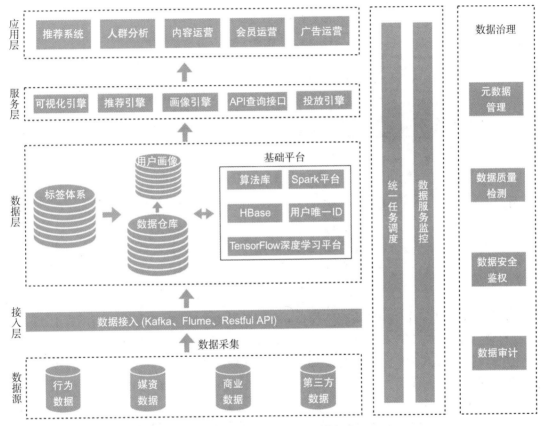

图 23-9　用户画像平台整体架构

23.4.5　用户画像的应用场景

企业基于目前已有的数据积累及对业务的深刻理解，通过建立用户模型，将用户的各项属性和特征抽象为一个个标签，进而构建一套供业务方使用的用户画像平台。用户画像平台完全基于业务需要构建，需要体现和发挥业务价值。借助用户画像平台，通过精准的个性化运营可更好地服务用户、挖掘用户潜在价值，它的价值主要体现在以下 4 类业务中。

1. 内容精准运营

在传统的信息门户网站中，编辑是不可或缺的职位，甚至在互联网时代，编辑这个角色也存在，只不过现在很多行业叫作内容运营人员。

在互联网早期阶段内容数量有限，依靠编辑就可以将好的内容按照类目结构进行人工编排整理（见图23-10），通过这样的编排，用户也可以有效地获取内容。随着互联网的发展和移动互联网时代的到来，人们获取信息的方式更加便捷，获取信息的渠道也越来越多样，技术的发展（手机摄像头技术的进步、AI技术的发展、网络传输技术的发展）让普通人都可以生产高质量的内容，并且年轻的一代更愿意表达自我，对个性化的需求更加看重。

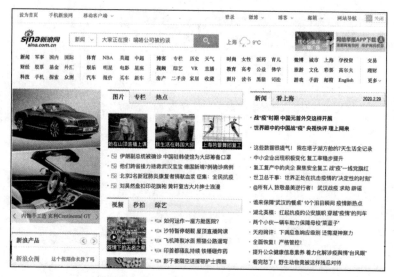

图 23-10　传统门户网站的内容类目编排结构

这些因素的共同作用导致在当下的企业中完全靠编辑进行内容运营是行不通的，根本没法满足用户对内容获取的多样性、个性化需求。幸好我们有用户画像平台，可以事先洞察用户的偏好，这时内容的精细化运营就是一种很好的解决方案，通过用户画像模型，我们对用户的兴趣一目了然，内容运营人员至少可以采用以下两种方式进行内容的运营。

（1）有针对性地运营用户

基于某个兴趣标签，将具备这类标签的用户圈起来，针对这类用户进行有针对性的内容运营，即推送给他们具备他们喜欢的标签的内容。

（2）有针对性地运营内容

基于某个内容特定的标签属性，从海量用户中找到对这类标签感兴趣的用户，将该内容分发给他们。

上面这两种精细化运营的方式，前一种侧重点在用户，基于用户选定内容进行运营，运营的是用户，后一种侧重点在内容，从内容出发找到对这个内容感兴趣的用户，运营的是内容。不过，本质都是运营用户。

2. 会员精准运营

目前会员付费是互联网企业非常重要的一种变现方式，对于爱奇艺这类提供内容服务的企业，会员收入是最主要的收入来源。对于其他类型的公司，如美团、饿了么，有会员体系可以增强用户的黏性，提升平台的用户活跃度，最终也可以更好地获得商业利益。下面针对爱奇艺这类以内容为主的互联网企业，谈谈精准运营在会员运营中的特点和价值。

会员精准运营侧重的对象是会员，或者是潜在的具备购买意愿的非会员。针对会员用户，运营的目的是给他们提供更好的个性化服务，让他们享受到会员尊贵的待遇，从而能够续费留下来，或者升级到更高更贵的会员等级，为公司创造更多的商业利益。对于非会员用户，运营的目的是给他们推荐有吸引力的会员内容，引发他们的兴趣，从而提升其购买会员的概率。

上面只是从促进会员转化的角度来说明的，其实对会员用户进行活动运营等精细化运营，也可以提升会员用户的活跃度和留存率，为会员用户创造更好的产品体验，让会员用户更有存在感和归属感，最终会员用户也更愿意持续付费。

3. 广告精准投放

广告是互联网公司另外一个非常重要的变现渠道，可以说是 toC 互联网企业最重要的变现渠道，不管是 Google、Facebook 等公司，还是百度，广告都是其主要的收入来源。毫不夸张地说，互联网企业之所以能够发展壮大，成为推动社会进步的重要力量，广告这种变现方式是最重要的原因之一。

从广义上讲，广告也属于内容的一种，广告投放聚焦在广告上，传统的海投广告（展示广告）的模式效率极低，广告主的预算都花在了毫无价值的展示上（品牌广告除外，投品牌广告的一般都是大公司，它们资金丰厚，每年都投入几亿到几十亿做广告，它们要的就是在广大用户心智中持续不断地植入他们的品牌印记）。怎样才能将广告投放给对这个广告感兴趣的用户是广告主最关心的问题。

有了用户画像和精细化运营的技术和手段，我们就可以进行精准化的广告投放。如果广告主的广告是针对某个特定人群的（比如家庭妇女），那么就可以通过用户画像平台圈定这一类人，将广告投放给这类人。如果广告主的广告没有特别的人群属性，也一定会有其他标签属性，我们就可以从用户中圈定对这些标签属性感兴趣的用户进行投放。精准广告投放节省了广告主大笔无效的开支，是广告未来的发展方向。

4. 推荐召回策略

2.2 节中讲到，企业级推荐系统一般至少包含召回和排序两个阶段（其实还包括业务调控）。召回的目的是从海量内容中找出几百上千个用户可能感兴趣的内容，在排序阶段对这些内容进行进一步打分排序，将用户最感兴趣的几十个推荐给用户。

有了用户画像平台，我们就可以用画像进行召回。在用户画像平台中，我们构建了用户对内容的偏好标签，那么我们可以基于每个用户的偏好标签，从内容库中找到具备这类标签的内容，这些内容就可以作为推荐的召回，给到排序框架进行精细化排序。感兴趣的读者可以看看 26.4.1 节，里面有多种基于用户的偏好标签进行召回的方法介绍，这里不详细阐述。

通过上面的介绍，我们知道通过构建用户画像平台可以进一步获得用户的兴趣标签，基于用户的兴趣标签就可以进行各种业务的精细化运营了。因此可以说，用户画像是精细化运营的重要工具。

23.5 推荐系统与精细化运营

前面几节介绍了数据化运营、精细化运营与用户画像的相关知识，我们对数据和算法在数据化运营和精细化运营中的价值有了初步的了解。这一节来介绍推荐系统与精细化运营之间的关系。

推荐系统是机器学习中的一个子领域，它基于用户在标的物上的行为，挖掘用户的兴趣标签，再基于用户偏好为用户自动推荐感兴趣的标的物。通过上一节的介绍我们知道基于用户画像可以进行推荐的召回，同时用户画像也是进行精细化运营的工具。从本质上讲，推荐系统就是一种精细化运营的方法和工具，是精细化运营的一种具体实现。下面从几个维度来说明推荐系统与精细化运营之间的区别与联系。读者也可以看看本章参考文献 [4] 中关于推荐系统与精准化运营的介绍。

23.5.1 推荐系统是精细化运营的最高级形式

运营最早是靠运营人员的专业知识和经验拍脑袋实施的，后来转换成利用数据进行决策的数据化运营，再到对用户进行精细化分组的精细化运营，这些过程都需要人工调控。但最理想的状态是整个运营过程完全自动化，由机器来完成，这是运营的最高境界。推荐系统是完全由机器学习来驱动的，不需要人工调控，因此可以说是精细化运营的最高级形式。图 23-11 形象地说明了运营发展的 4 个阶段，推荐系统在最高级的第 4 阶段。

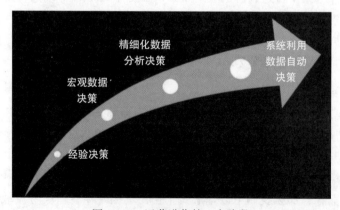

图 23-11 运营进化的 4 个阶段

注：图片源于 Growing 2019 增长大会（北京）李威的演讲。

23.5.2　推荐系统与精细化运营的区别与联系

上面提到了推荐系统是精细化运营的高级形式，那么推荐系统与精细化运营有什么区别和联系呢？本节将从 4 个方面来说明两者之间的关系。

1. 两者的粒度不一样

精细化运营是圈定一组兴趣相似的用户，给这一组用户进行有针对性的运营，这一组用户可多可少，要根据具体的标签选择才能确定，如果选择更多的标签，需要用户满足更多的特性，最终选择的用户规模就会更小。反之，如果标签少，那么选择的用户规模会更大。当然，每个标签能够圈定的用户数量也不一样，热门的标签圈定的用户多，而冷门的标签圈定的用户少。

一般个性化推荐的粒度更细，个性化推荐会为每个用户推荐不一样的标的物，粒度已经细化到了每个用户，而精细化运营是一组用户（一般远大于 1 个）。从时间维度来说，精细化运营圈定人群需要靠人工操作，人工做一次运营是需要一定时间的，时间周期一般以小时为单位；而个性化推荐的粒度可以细化到为同一个人在不同时段推荐不一样的物品，甚至可以细化到秒级（信息流推荐），每间隔几秒就给用户推荐不一样的内容。

推荐系统有一种范式是群组个性化推荐，该推荐范式将兴趣相似的人划分到一个组中，再对该组进行无差别的推荐。这种推荐范式就跟精细化运营的粒度差不多。因此，也可以说，精细化运营也是一种群组个性化推荐。

2. 推荐系统面对的是用户，而精细化运营面对的不仅仅是用户

推荐系统面对的是用户，为用户推荐可能感兴趣的标的物。精细化运营可以运营用户，还可以运营内容、运营活动等。可见，精细化运营的面更宽。

3. 精细化运营基于人工操作，而推荐系统是完全自动化的

精细化运营的任何一次决策都需要人工参与，人工选择运营策略，人工圈定用户，人工对不同用户进行差异化运营（会借助一些自动化辅助工具）。而推荐系统是在推荐算法部署后就不需要人工参与了，机器可以按照事先制定的规则（即算法）完全自动化地给用户进行推荐，基本不需要任何人工干预。

4. 推荐系统需要整合人工的运营策略，并且具备人工干预的能力

虽说推荐系统原则上是不需要人工干预的，但是有些时候（比如特殊事件发生时，或者有专门的内容需要运营时）是需要人工对推荐算法的结果进行调整的。推荐系统是一个复杂的系统工程，需要在精准度、多样性、惊喜度等多个目标中做到平衡，因此有些时候是需要加入人工策略的，这样才能更好地做到各种目标和利益的平衡，这些人工策略可以整合到算法中，成为算法的一部分。另一方面，在特殊情况下需要对推荐结果进行干预，比如置顶某些重要内容。关于推荐系统的人工干预会在第 24 章进行详细介绍。

通过上面的介绍，我们知道精细化运营和推荐系统是紧密相关的，都需要借助数据分

析和机器学习算法来做到更好，其中用户画像可以作为它们共同的能力基础，它们都可以获得一定程度的个性化，更好地满足用户差异化的需求。

23.5.3 利用推荐系统的思路进行精细化运营

推荐系统相比精细化运营，最大的优势有两个，即粒度更加细化、完全自动化无人干预。如果能够将推荐系统的思路运用到精细化运营中，肯定可以产生意想不到的效果。这个方向也确实是可行的，很多公司已经做过尝试并且效果非常好，下面选择几个方面进行简单介绍。

1. 限定主题下的个性化运营

图 23-12 中左图就是笔者第一次登录淘宝时展示的推荐，这可能是根据笔者之前的购买历史推荐的，在笔者浏览了女装和鞋子后，再次进入淘宝首页，展示的内容就是图 23-12 中右图所示的内容，可以看到，系统已经推荐了很多与女装、鞋子相关的商品图片。

在没有引入个性化之前，笔者相信淘宝这部分内容一定是运营人员人工编排的，这时是没法做到千人千面的，只有引入了推荐的思路和方法后才能做到图中这样的全自动化、近实时的精细化运营。

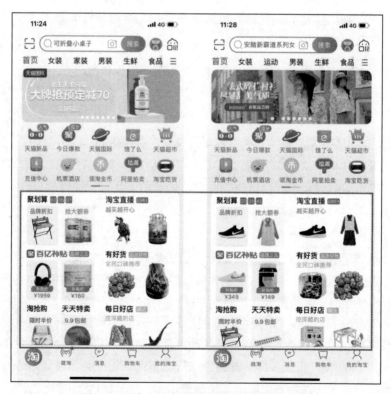

图 23-12 淘宝首页限定主题下的个性化推荐

2. 运营活动、文案、海报等视觉元素的个性化

2019 年阿里妈妈公布了旗下 AI 智能文案在展示多样性上的成果，将商品文案推向了"千人千面"的方向，正是推荐的思路在文案上的体现。

所谓文案"多样性"，指的是在文案生成时根据商品多元的属性，差异化地提供更多的选择和结果。举例来说，一件 T 恤可以有多个关键词，而每个消费者关注的关键词并不是一样的，有人关注领型，有人关注图案，也有人关注版型等。因此，商家可以单就商品属性关键词"圆领"或"印花"来单独生成差异化的文案。

为实现这样的多样性，阿里妈妈 AI 智能文案设计了一套"What+Why"的文案生成逻辑，即将整个卖点文案分成两段生成，前半句是 What，采用的是商品关键词造句的方式，主要是清楚地说明商品或功能是什么，后半句是 Why，根据前半句进行推理式表述，主要说明上述商品或功能好在哪里。两句都可以根据各自的逻辑生成大量的文案，最终的结果就是产生了大量关注点不同的个性化文案。商家通过 AI 智能文案生成不同阶段、针对不同消费者的文案，极大地提升了运营效率。

不光文案可以自动生成，海报图也可以，爱奇艺在这方面有尝试。这也是个性化推荐思路和相关技术在精细化运营中的体现。感兴趣的读者可以看看本章参考文献 [5，6] 进行更深入的了解。

3. 拉新、促活、留存、变现、传播过程的个性化

前面我们讲到了用户的生命周期包括拉新、促活、留存、变现和传播等 5 个阶段，这些阶段都是需要运营的，如果可以利用好个性化技术就可以获得事半功倍的效果。

这里简单举一个例子，旅游购票类 APP 针对不同偏好的用户推荐不同的舱位就是变现过程的个性化，系统根据不同用户对价格的敏感度不一样，对同一航班给不同的用户推荐不同的舱位，从而让企业获得更多的商业利润。

23.5.4　利用推荐系统的思路进行精细化运营面临的困境

在 23.5.3 节中讲到了利用推荐系统的个性化思路来做运营的诸多好处，那么是不是每个公司都可以这样做呢？其实很少有公司能够很好地利用推荐系统的个性化思路来做运营，这里面有太多的不确定性和困难，下面简单列举一二。

1. 没有足够多的数据，无法训练高质量的个性化模型

推荐系统毕竟是基于大数据分析构建的，如果你不具备生产大量数据的条件或者暂时没有收集到足够多的用户行为数据，就很难做到在不同的运营场景中运用推荐系统。比如，系统需要足够多的用户行为数据才可以获得用户对价格波动的应激反应行为，否则贸然使用只会适得其反。

2. 推荐系统需要一定的技术门槛，成本也相对较高

推荐系统本身是一个复杂的系统工程，要想用好它，必须在人力、软件和硬件等方面

有所积累，也需要有实践经验，用好个性化推荐不是一蹴而就的。也有可能简单的策略性方法就可以搞定 80% 的问题而不需要用到推荐系统，可见，也需要评估使用的投入产出比。

3. 对于除推荐算法外的 AI 技术也会有比较高的要求

前面提到的个性化文案就需要利用 NLP 及深度学习技术来自动化生产，个性化海报图也需要基于图像和深度学习技术实现，这也是一个比较高的门槛。

从上面的介绍可以看到，推荐系统是精细化运营的一种高级形式，它们在很多地方有相似点，我们可以将个性化推荐的思路和方法运用到精细化运营中，减少人力成本，提升运营效率，最终产生更大的商业价值。

23.6 本章小结

本章讲解了运营的基本概念，在流量红利逐渐消失的当下，数据化运营和精细化运营成为公司成功的法宝，企业运营进入了数据化运营与精细化运营时代。

我们对数据化运营和精细化运营的概念、特色、方法、价值等进行了比较详细的介绍。其中基于用户行为，利用数据分析和机器学习算法构建的用户画像是精细化运营的有力"武器"。推荐系统可以看成是精细化运营在用户运营这一场景下的最高级形态，它完全做到了全天候、无人干预、自动化地为每个用户进行完全个性化的内容推荐。

期望本章的讲解可以帮助读者更好地领悟数据分析在企业运营中的价值，更好地理解精细化运营与推荐系统之间的差别与联系。在企业的实际运营中，推荐系统和精细化运营都有不可替代的作用，我们需要将两者结合起来，让机器和人工完美配合，使其发挥各自的优点，更好地服务用户，通过给用户提供更好的产品体验，实现企业的商业目标。

参考文献

[1] 黄有璨 . 运营之光：我的互联网运营方法论与自白 2.0[M]. 北京：电子工业出版社，2018.

[2] 张梦溪 . 首席增长官：如何用数据驱动增长 [M]. 北京：机械工业出版社，2017.

[3] 肖恩·埃利斯，摩根·布朗 . 增长黑客：如何低成本实现爆发式成长 [M]. 北京：中信出版社，2018.

[4] 张溪梦，李威 . 如何基于数据构建推荐系统，助力精细化运营？ [A/OL]. GrowingIO 2019 增长大会（北京）演讲，（2019-12-13）. https://zhuanlan.zhihu.com/p/97115020.

[5] 佚名 . AI 升级，阿里妈妈智能文案日产超千万条 [A/OL]. adexchanger.cn，（2019-06-18）. https://mp.weixin.qq.com/s/cpUsf7WfojBvZJiYigdChw.

[6] 推荐团队 . 个性化海报在爱奇艺视频推荐场景中的实践 [A/OL]. 爱奇艺技术产品团队，（2020-01-03）. https://mp.weixin.qq.com/s/aocyK7j3gdHIdtRHDiInVw.

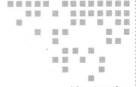

第 24 章 *Chapter 24*

推荐系统的人工调控策略

随着移动互联网的深入发展，推荐系统得到了企业界越来越多的认可，成为 toC 互联网公司的标配技术。推荐系统借助机器学习技术，基于对用户行为的挖掘，能够洞察用户的兴趣偏好，自动地为用户生成个性化的内容推荐，整个过程基本可以做到完全自动化，不需要人工调控（这里的调控包含调节、调整、控制、干预等意思）。虽然机器在很多方面可以比人做得更好，但它也有自身的问题和缺点。目前的人工智能在情感、应急处理、复杂问题决策等方面还无法与人相比，这些方面都可以很好地体现人类的价值。在推荐系统中，这一情况也存在，推荐系统需要借助人工才能更好地进行策略调控，以获得优质的用户体验，更好地实现商业目标。

利用人工对推荐系统进行策略调控，除了需要考虑用户体验外，还要在安全性、商业价值等维度进行权衡。本章将讲解推荐系统中的策略调控问题，具体来说，会从什么是推荐系统的人工调控、为什么要进行人工调控、怎样进行人工调控、怎样评估人工调控的价值、人工调控面临的挑战、人与机器的有效协作等 6 个角度来介绍。通过本章的分析和讲解，希望读者可以更好地理解人工调控在推荐系统中的作用与价值。

24.1　什么是推荐系统的人工调控

企业级推荐系统进行推荐的完整流程可以分为召回、排序和业务调控等 3 个阶段（见图 24-1），其中第 3 个阶段就涉及人工调控策略，不过，这只是其中一种可行的调控方式，也是比较重要的一种调控手段，后面会详细讲解可以进行哪些调控。

一般来说，一切对推荐系统运行过程中的策略和模块进行人工调整的方法都叫作人工调控。广义地说，选择什么样的数据集、选择什么模型、怎样定义参数、对模型结果的调控等都属于人工调控的范畴。这些调控很多是由算法人员进行的（如特征构建、模型选择、参数选择等），在本章所说的人工调控指的是产品运营人员对推荐系统进行的产品策略、运营策略层面的调控，后面统一称为运营调控。附录 B 中针对运营团队对推荐系统所做的调控进行了简单介绍。运营人员的调控至少包括如下 3 种方式：

❑ 调整位置与展示。

❑ 调控具体的推荐结果。

❑ 对算法逻辑的调控。

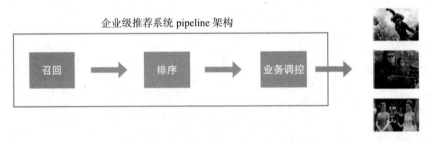

图 24-1　企业级推荐系统 pipeline 架构

一般来说，运营策略的调控包括算法之前的调控、算法过程中的调控、生成推荐结果之后的调控这 3 大类，具体在 24.3 节会进行更细致的讲解。上面提到的运营人员的 3 种调控属于对结果和过程的调控。

了解了什么是人工调控，下面来分析一下为什么要进行人工调控，人工调控到底有什么目的和价值。

24.2　为什么要进行人工调控

推荐算法与人工调控的关系类似于经济学中的市场机制（Market Mechanism）和宏观调控机制（Macro-control Mechanism）之间的关系。推荐算法根据用户的行为构建模型进行推荐，是对用户在平台上的自然行为的有效挖掘，这与市场机制是通过市场竞争配置资源（即资源在市场上通过自由竞争与自由交换来实现配置）的机制非常类似。人工调控是通过引入人工策略对推荐系统的运行进行优化、调节和引导。

人工调控的作用是巨大的，也是非常有必要的。就拿肆虐全球的新冠病毒来说，中国进行了大量的政策和人工层面的调控，比如隔离、医疗物资的定向供给等，通过这些调控很好地控制了疫情，而西方国家由于社会制度的不同，很难做到有效干预，因此，疫情控制不容乐观。

在推荐系统中，人工调控的作用同样不容小觑，人工调控主要是为解决机器学习算法比较难解决的问题而进行的有效策略补充。之所以进行人工调控，主要是要满足 5 类需求，下面来逐一详细介绍。

24.2.1　用户体验

推荐系统除了需要精准地挖掘用户的兴趣，推荐用户感兴趣的标的物外，还需要满足惊喜度、多样性、新颖性等需求（可以参考第 13 章了解更多推荐系统评估指标及细节）。这些需求很多都是比较抽象的，机器学习算法很难量化，因而很难做好，需要人工增加一些策略上的补充和控制。

在视觉上也可能需要根据特定情况进行调整，图 24-2 中间矩形框部分就是在"双十一"这个特定时间点做的特殊颜色（红色）和 UI，这一区域也是淘宝个性化推荐的一种产品形态。通过在"双十一"做这样的调整，可以烘托出节日的气氛，提升用户的视觉体验，让用户更有点击的冲动。一般在重大节日、重大事件或运营活动时，都可以做 UI 方面的调整，以营造气氛，提升用户感知度，优化用户体验。

图 24-2　淘宝"双十一"个性化的 UI 展示

对热点事件的把握、对内容的深度思考和深度关联，有专业素养的编辑运营人员是强于机器的，通过整合专业人员的理性思考，并将这些思考整合到推荐系统中，有助于提升标的物的浏览、点击、分发与转化，最终提升用户的满意度。

24.2.2　安全性

在某些行业（如视频、食品等），安全性至关重要，所以需要对待推荐的标的物的安全性进行人工把关，避免推荐不合适的标的物。比如一般电影都是有分级策略的，电影分级策略是指根据发行的电影中包括的性爱、暴力、毒品、粗俗语言等在内的成人内容的量和程度将其划分成特定级别，并给每一级定义好允许面对的观众群体，以便运营人员有参照地、选择性地进行内容运营，避免在不合适的时机给不合适的用户推荐不合适的内容，起到促进所有观众身心健康的作用。有些国家和地区有完善的电影分级制度。在部分国家，电影分级制度不具有法律效力，但在行业内部具有约束力，只对观众起提示作用，由观众实行自我保护。对于这类内容需要制定一些人工策略，比如在家庭电视上，偏向成人的内容需要在晚上十点以后进行选择性推荐，避免小孩看到，影响儿童身心健康。

随着手机摄像头技术的成熟及智能手机的普及，UGC 是非常重要的一块内容，现在主流的 APP 基本都提供了用户上传内容的功能，比如快手、B 站、淘宝等，内容的可控性变得越来越困难，也越来越重要。UGC 的安全性把控是这些产品的推荐系统必须谨慎面对和有效控制的问题。

对于这些涉及安全问题的内容，虽然算法可以做到一定程度的识别，但是由于互联网信息的非结构特性（特别是图片、视频、音频等），机器处理难度较大，准确率有待提升，最终还是需要人工处理。不过机器可以提供很好的辅助，最终减轻人们的工作量。

24.2.3　商业价值

有时需要人工制定一些推荐的策略，让推荐系统可以获得更高的商业价值。比如，通过制定一些人工策略，对具备不同购买力的人推荐不同价格的商品，从而获得更多的商业价值。举个例子，为商务人士推荐头等舱，而为一般人士推荐经济舱等，这样做也是可以提升用户体验的。不同用户对价格的敏感度不同，对同一件商品为不同的人提供不同的价格，虽然可以让企业获得更多的商业利润，但这种做法是不道德的。

获取商业价值是公司生存的基础，也是运营人员最重要的日常工作和行动目标之一，推荐系统作为一种成熟的有商业价值的技术手段，是运营人员进行商业化决策的有效工具。

24.2.4　运营需要

有时为了运营的需要也需要进行人工策略的调控。通过人工策略的引导，让资源达到某种程度的倾斜，最终让整个生态更加健康，良性发展。

比如淘宝等平台在引进某些新品类的商品时，需要对它们进行一定的资源支持和流量倾斜，这时在推荐策略上会对该类商品增加更多曝光的概率，最终让该品类获得更大的市场空间。

快手作为短视频平台，希望提供普惠的价值观，所以快手的推荐策略是给普通人平等的曝光机会，而抖音更多的是运营导向，只有爆款内容才能得到好的资源，头部效应更加明显。

对于某些重大事件、节日、运营活动等，也会采取一些策略来对推荐系统进行一定的调控和引导，以配合这些事件和活动。策略的调整既可以是算法策略，也可以是 UI 交互方式，种类可以非常丰富。比如在图 24-3 中，今日头条在推荐中置顶了两条推荐，都是与新冠病毒疫情相关的新闻，这就是在特殊时期的人工调控策略。这种策略可以让更多的人对疫情有更好的了解，起到信息普及和告知的作用。

对新功能、新模块、新产品引流，也是常用的运营调控方式，比如今日头条推荐就会对问答、抖音、小视频等内容进行引流。图 24-4 中的前面两个推荐就是对问答（悟空问答）和小视频（抖音）的引流。

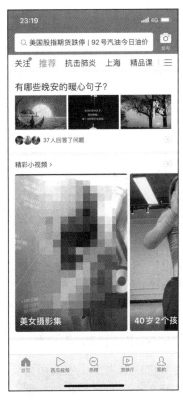

图 24-3　今日头条人工置顶新冠病毒疫情信息　　图 24-4　今日头条推荐中对问答和抖音小视频的导流

24.2.5　降低人力成本

如果在推荐系统中可以增加足够多的人工调控策略和手段，让调控手段更加灵活多样，将人的优势和机器的优势结合起来，那么所有的位置都可以供推荐系统使用，或者说，所有的人工运营板块都可以整合算法能力，这样内容运营人员的工作量就会减少，也不需要这么多内容运营人员参与了，从而可以降低运营人员的人力成本。这时只需要花更少的钱招聘少量足够优秀、对内容有深度理解的高级运营人员就可以了。

总之，对于推荐系统来说，人工调控是非常必要的，不管是对提升公司自身收益，还是帮助提升用户体验，抑或是构建完善的内容生态，都有极大的价值。既然人工调控这么有价值，那么读者一定想知道该从哪些方面进行调控，其实前面已经零碎地讲了一些，下面来系统地介绍。

24.3　怎样进行人工调控

前面两节介绍了什么是人工调控以及人工调控的目的和价值，本节来讲解怎样进行人工调控，有哪些调控的方法和策略，以及可以从哪些维度进行调控。

推荐系统是一个非常专业化的系统软件工程，我们可以大致将推荐系统分为 6 个大的模块（阶段），分别是（生成）数据、（构建）特征、（训练）推荐模型、（生成）推荐结果、（渲染）前端展示的结果、（评估）推荐效果（见图 24-5）。其实，人工调控可以在这 6 个阶段中的每一个阶段进行控制。

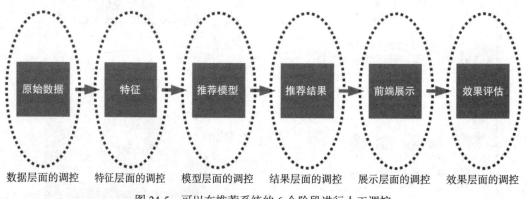

图 24-5　可以在推荐系统的 6 个阶段进行人工调控

24.3.1　数据层面的人工调控

推荐算法的数据至少包括两大类：一类是用户行为数据，一类是标的物相关数据。有些公司还可以收集更多的其他数据，包括用户相关数据、第三方数据等。一般用户行为数据用于推荐算法构建模型，具体采用什么数据、怎样使用数据构建模型都是算法工程师来决策的，主要也是为了让推荐算法更加精准，这一领域一般运营人员不会进行调控。但是对于日志埋点需要收集什么类型的数据、用户的每类操作对于用户产生点击行为的重要性等，运营人员可能会更敏感。在这方面寻求运营人员的专业建议，对选择合适的特征、合理构建特征等是非常有帮助的。为了收集到更多有价值的用户行为数据、构建更有意义的特征、训练出效果更好的模型，需要算法人员跟运营人员多沟通。

标的物 metadata 数据一般用于构建基于内容的推荐模型。可以采用文本、图片、音频和视频等信息来构建模型，算法人员基于目前已有的数据和技术能力来自己控制怎样选择和利用这些数据。其实很多数据是需要通过运营人员来补充和完善的，比如最典型的标的物的标签，就需要借助内容运营人员的专业能力进行规范和统一，从而构建完善的标签体系。完善的标签更利于构建优质的内容推荐模型，像今日头条、Netflix 等都有庞大的编辑团队对内容进行标签化。

运营人员虽然不需要对模型构建过程进行调控，但对于能够推荐什么样的标的物、在什么范围内推荐标的物是需要进行把控的。

基于特殊场景、安全性、标的物质量上的考虑，运营人员一般需要控制可以推荐的标的物池，在这个池子中进行标的物的推荐。前面提到的视频安全性中就有这样的诉求。再举个例子，在视频行业中，首页推荐的视频的海报图一般要很清晰，很多老电影的海报图质量是比较差的，这时运营人员就可以选择海报图质量高的视频（如果视频 metadata 中没有海报图质量这个属性，可以基于年代来粗略筛选，最近十几年拍摄的视频海报质量一般会比几十年之前的好很多）。这个例子属于正向选择推荐池，其实反向操作也是可行的，剔除不满足一定需求的标的物，在剩下的标的物中进行推荐，这属于黑名单策略。

一般提供 UGC 的平台内容来源于第三方，这时推荐系统的一个重要作用是维护好整个生态的稳定平衡。平台需要保证提供优质内容的生产方获得更多的曝光机会，而劣质内容（如低俗、标题党、低质量、暴力、性暗示、色情等）的生产方会受到一定程度的限制和惩罚。这就需要采用一定的规则和策略对它们进行调控，这种调控可以采用人工调控的方式。像快手这种提供普惠价值观（快手的标语是拥抱每一种生活，见本章参考文献 [1]）的 APP，需要保证每个人提供的视频都可以曝光，只要你的内容足够优质，你也可以成为热门，这里面肯定有很多人工的策略，这种普惠的价值观其实就是一种最强的、价值观层面的人工调控策略。

数据和内容是整个推荐系统的核心基础，推荐系统在数据层面给予运营人员一定范围的控制能力，结合他们的行业经验和对内容深度把握的优势，是可以让推荐系统变得更优质的。

24.3.2　特征层面的人工调控

在这一阶段，通过特征工程，我们基于数据构建出模型可以直接使用的特征。特征是给算法用的，运营人员在这方面的调控可能更多是建议性的。运营人员与用户距离近，更熟悉用户，更懂业务，更了解标的物，可能也更知道哪些特征对模型优化的指标是有正向价值的，哪些特征是没有什么帮助的，以及特征怎样进行交叉更有价值等。总之，运营人员更清楚如何构建合适的业务特征。

如果算法平台可以提供一个自动化、可视化的构建特征的工具，那么运营人员通过适当的培训是可以作为（业务）特征生产者的。图 24-6 就包含特征构建的可拖拽模块，有了这样的工具，运营人员就可以发挥他们的业务敏感度和专业度的价值。

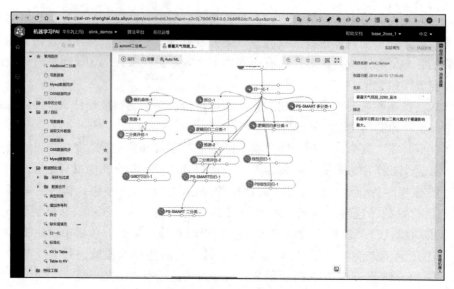

图 24-6 阿里云的交互式机器学习平台 PAI

24.3.3 模型层面的人工调控

我们知道企业级推荐系统的算法模块一般至少包含召回、排序两个阶段（见图 24-1 矩形框中的前两个模块）。召回阶段可以有多种召回策略，内容运营人员根据自己对热点内容的把握和深度理解，结合当下的热点事件，可以人工整理一些优质的内容池作为一种召回策略，这种召回方式是可以整合到整个召回策略中的，这样就在召回阶段整合了运营人员的专业能力。

基于产品发展或商业化的考虑，也需要对模型进行调控。前面提到过，推荐系统中需要对新功能、新模块、新产品进行引流。在信息流推荐中还需要插入广告，利用推荐来获取商业利益。这两种方式的调控都需要运营人员参与，这种调控涉及多种类别的内容的召回，算是对模型的一种调控。其实这里也涉及其他方面的调控，比如控制广告出现的次数、控制对新模块导流的比例等属于结果层面的控制。

另外，如果推荐系统工程体系做得好，各个算法组件是可以模块化的，每个算法抽象为一个算子，算子的输入与输出采用一定的数据交互协议规范化，这样就可以做到可视化、拖拽式地建模。笔者的团队也是采用这种思路做的，最终实现了一套模块化的推荐系统框架 Doraemon，可以像搭积木一样构建推荐算法体系（第 16 章对 Doraemon 框架进行了深入的讲解），不过还没有做出可视化、可拖拽的构建模型。

前面展示的图 24-6 是阿里云的 PAI 机器学习平台（包含推荐相关算子），思路与上面介绍的是一样的，并且做到了可视化、可拖拽式建模。做到这个程度，运营人员只要懂算法的基本原理，就可以自己利用该平台进行机器学习模型的构建与测试了，可以自行完成机器学习模型的训练，并部署到业务中。借助 AB 测试能力，通过不断迭代提升，最终产生业务价值。这种方式给不懂技术的运营人员提供了操作模型、调控模型的可能，通过技术赋能，人人都可以成为推荐算法工程师。这种做法的初衷是好的，但是要做好还是需要对算法有深入的了解。另外，很多算法也需要进行更细致的调优，光拖拽肯定是满足不了要求的。

24.3.4　结果层面的人工调控

在推荐结果层面的调控应该是最立竿见影、最直接有效的调控方式。常用的调控方式包括基于运营需要或特殊事件置顶部分标的物，这在前面的图 24-3 中已经做过介绍。在视频行业可能还存在监管的需要，推荐系统必须具备直接下线某个节目的能力，其他行业也会由于版权的问题，需要具备下线某个或者某一组标的物的能力。

这种控制的粒度不只限于某个标的物，推荐系统还需要具备根据某个标签或者特征下线或上线一批标的物的能力。比如由于侵权，平台方需要下线某个歌手所有的音乐。再比如，某个明星出现了重大的负面新闻，平台要下线他的系列作品。对标签或特征的控制除了上下线这种比较极端的情况外，还可能需要控制优先级、数量等。

对结果层面的其他调控还包括对某类标的物人工定义不同的权重从而影响标的物的最终排序。这种调控常见于运营活动中，对于重点推荐的某个品类的标的物或者某个生产方的标的物进行有针对性的提权。

除了控制权重之外，还可以对标的物的比例进行一定的控制，比如冷热节目的比例、标签的比例、类型的比例等。在家庭智能电视上的视频推荐场景中，如果家里有老人和小孩的话，在首页的推荐就需要保证老人喜欢看的抗战类、小孩喜欢看的动画片等多个类别的节目都存在。

上面提到的权重、比例等控制，一般会放到排序后的业务调控阶段（见图 24-1 矩形框中的业务调控模块），算法工程师将这些业务控制逻辑转化为规则或策略，整合到算法体系中。

为了提升最终推荐结果的多样性和惊喜度，有时也需要加入一些运营人员制定的随机策略，对推荐标的物进行多维度的打散。

24.3.5　展示层面的人工调控

推荐系统链路的最后一环是 UI 展示，当前端获取推荐结果时，通过渲染引擎将推荐结果展示出来呈现给用户，用户就看到了推荐的标的物。视觉展示也是可以进行人工控制的。

24.1.1 节曾提到了一种调控方式，即配色、配图、文案等的调整（见图 24-2）。除了这些，还可以进行如下人工调控：

- ❏ 字体颜色与大小的调控。
- ❏ 相互位置的调控，包括两个推荐标的物之间的距离、上下两行之间的距离。
- ❏ 交互形态的调控。
- ❏ 展示的海报图大小或形状的调控。
- ❏ 模块位置的调控。
- ❏ 推荐标的物数量的调控。

❑ 实时推荐中节目刷新的频次、一次更新条数的控制等。

这些调控都需要后端提供一套完善的内容编排系统，需要前端提供展示和操作支持，否则运营人员是无法控制的。这些调控也是有限度的，很多依赖于所拥有的资源，比如只做了两种大小不同的海报图，那么就只能支持在这两种海报图之间切换。

下面以电视猫的产品举例让读者更好地理解展示层面的人工调控。图 24-7 是电视猫的首页推荐，其中可人工调控的是左边导航栏的标题、图片等（例如，疫情期间增加了一个战疫情的标签页），中间的海报图有横条的长方形和竖直的长方形，横条的长方形的大小是竖直长方形的两倍，对于某个节目是可以选择这两种 UI 的（只要这个视频具备这两类 UI）。对于下面的兴趣推荐，"兴趣推荐"这 4 个字是可以调整的，兴趣推荐有多少行、选择什么样的海报图、兴趣推荐在产品中所在的位置等都是可以人工调控调整的。

图 24-7 电视猫首页的推荐位

图 24-8 所示是电视猫电影频道的主题推荐，其中爱情片和动作片是用户感兴趣的两个主题，属于主题个性化推荐，这里面可以人工调控的有：主题的个数（这里是两个主题）、每一个主题包含几行（这里是一行）、每一行包含多少个节目（这里是 6 个）、主题在上下的位置等。

图 24-8 电视猫电影频道主题推荐

24.3.6　效果层面的人工调控

企业在产品中引入推荐系统是有目的的，希望通过推荐系统更好地进行内容分发、提升用户体验、促进用户活跃度、增强用户黏性、产生更多的商业价值等（第 14 章已经详细介绍了推荐系统商业价值方面的知识）。这些目标在公司不同的阶段有不同的重要性和优先级，有些目标之间是互相冲突的，需要进行权衡。怎么定义这些目标、在不同阶段以什么目标为重，这些都是运营人员可以控制的。特别是在运营驱动的公司中，这些指标可能就是运营团队来负责，因此一定是由运营人员来决定的。

上面从推荐系统业务流程的 6 个维度介绍了运营人员可以控制的部分及具体的控制策略。其实控制策略可以更广泛，在产品形态等其他方面，运营人员也可以进行调控，（产品）运营人员可以确定推荐产品形态的数量，可以决定哪些产品形态是最重要的，从而给其更好的展示位置。

调控的目的一定是优化用户体验，提升标的物曝光、点击和转化率，甚至是产生更多的商业价值。那么人工控制到底起到作用了吗？我们怎样评估人工调控的价值呢？下面就来探讨这个问题。

24.4　怎样评估人工调控的价值

前面提到了进行人工调控的很多方法和策略，我们期望人工调控是可以给推荐系统带来巨大价值的，在 24.2 节也讲到了人工调控的价值，那么我们怎样来评估人工调控的价值呢？一般至少可以从以下 4 个角度来评估。

1. 从宏观指标上的趋势变化来看待人工调控的价值

每一类产品都会有一些反映产品整体价值较缓慢变化的宏观指标，这些指标是公司非常看重的业务指标。拿视频行业来说，日人均播放时长是一个比较重要的指标。我们可以基于过去一段时间内的运营实践和数据统计分析，确定某个需要人工调控的推荐模块（或者在人工运营中整合个性化运营能力的模块）的基准指标值，后续持续运营与优化，通过不断提升基准值让产品做得更好。如果在人工调控运营期间有算法迭代优化，可能就需要借助 AB 测试区分出到底是人工运营产生的价值还是算法优化产生的价值了。

2. 通过科学的 AB 测试来评估人工调控的价值

AB 测试是一种科学的评估工具，广泛运用于互联网公司的产品迭代中，通过 AB 测试也可以很好地评估人工调控的价值。将用户流量分为 AB 两组，一组是无人工调控的，另外一组是包含人工调控的，通过一段时间的用户使用，收集用户行为数据，在关键指标（第 13 章已对评估指标进行过详细的介绍）上对比这两组指标值的差异，就可以评估出人工调控对关键指标的影响和价值。AB 测试一般用于评估比较复杂的人工调控，特别是对模型层面和特征层面的调控。

3. 通过用户调研来评估人工调控的价值

以上两点评估的都是一些宏观的商业化指标或用户体验指标，实际上这些指标高并不等价于用户体验真正好。另外很多指标也无法用前两种方法评估出来，如安全性等。某种程度上，用户的真实体验是至关重要的，它决定了用户对某个产品的忠诚度和满意度。这方面的洞察可以通过用户调研来获得。我们可以通过问卷、电话访谈、面对面交流等方式了解用户对推荐系统的看法，以及对不同人工策略的建议等。对这方面知识的掌握和了解，可以帮助运营人员和推荐算法人员更好地了解用户的心理，从而迭代出更符合用户心理预期的推荐产品。

4. 通过抽查来评估人工调控的价值

运营人员可以对推荐依赖的数据进行控制，比如，对于运营人员打的标签，可以通过抽查或交叉验证等方式来评估标签数据的质量。对于其他可以直接影响推荐结果的控制（结果层面和展示层面的控制），一般是所见即所得，是可以直接在用户界面上查看调整效果的，这些就可以进行人工肉眼评估了。

24.5 人工调控面临的挑战

人工调控是在整个推荐系统的生命周期中引入人的因素，特别是运营人员的知识和经验，让推荐系统更加灵活可控，可更好地提升用户体验、获取商业价值。但推荐系统是一个复杂的系统工程，怎样引入人工调控、人工以什么样的方式进行调控，这些问题都使人工调控面临着比较大的挑战，本节将进行简单说明。

24.5.1 知识层面的脱节，沟通不畅

一般运营人员更懂用户、更懂业务，但算法方面的知识不那么擅长；而推荐算法人员熟悉算法和工程体系，但是缺乏对用户的了解和研究，离业务比较远，业务敏感度较低。要想让推荐系统整合运营人员的经验，首先在沟通上就可能存在障碍，算法人员很难让运营人员理解调控的影响，运营人员也很难让算法人员体会调控的目的以及人工调控的价值。

算法人员与运营人员分属于不同的团队，也可能存在一定的利益冲突，这更加剧了沟通的困难，因此需要公司引入各种管理和机制层面的保障，努力让双方多沟通，互相学习。算法人员需要了解一些业务知识，深入了解用户，尽量熟悉运营的一些操作流程。运营人员同样需要了解一些工程和算法的基本原理。只有这样，双方才可能沟通顺畅，最终迭代出一套真正有价值的可运营的推荐系统。

24.5.2 很难精确评估对推荐系统的影响范围

推荐系统本身非常复杂，包含非常多的模块，控制流程长。同时很多推荐算法，如深

度学习等，本身就是一个黑盒模型，调整输入很难知道它对结果的具体影响。这两点导致运营人员很难知道调控影响的范围和结果，也无法做到所见即所得，很多时候需要借助多年的实践经验及 AB 测试等科学工具来评估运营控制的成效。

24.5.3　为运营人员提供方便操控的界面是关键

前面提到运营控制涉及推荐系统的各个模块，推荐系统业务流程中的各个阶段都可以进行人工调控，那么怎样让人工调控更好地落地呢？这是一件很有挑战的事情。怎样给运营人员提供一个可操作的界面是非常关键的，操作必须响应及时、流畅，这样可以提升运营调控的效率，他们也能更好地理解怎样去进行调整，也更容易进行调整，如果能够做到所见即所得，那么就是一个比较好的操作界面了。另外，为了安全起见，运营人员的操作需要进行记录，方便对操作历史进行追查，同时在操作出错时还需要方便地回退到操作前的状态。

虽然本节主要讲了人工调控面临的困难和挑战，但人工调控是非常有价值的，也是不可或缺的。当前机器是无法取代人的价值的，最好的方式是人与机器良好协作，通过协同将两者的价值最大限度地发挥出来。下面花一点篇幅来探讨人和机器有效协作的问题。

24.6　人与机器的有效协作

前面几节讲了人工调控的方法和价值，以及人工调控面临的困难。目前 AI 技术只能在简单领域超越人类，在推荐系统领域，很多方面还是需要人工调控才能做得更好，人和机器只有更好地紧密配合才能产生最大的价值（本章参考文献 [2] 中提到的抖音利用人和机器对 UGC 进行双重审核，这是人和机器良好协作的案例）。

机器（推荐算法）最大的价值是可以做到全天候、无人工调控（当模型部署上线后基本就不需要人工帮助了，在模型构建和训练阶段是需要算法工程师参与的）、自动化、近实时地为用户提供个性化的内容推荐。机器也不会受情绪的影响，判断是完全理性客观的。同时机器可以做到很低的边际成本。这里提到的几点都是人工不具备或做得不够好的。

运营人员最大的长处在于对行业知识的深刻洞察、对趋势的判断与把握、对复杂因果关系本质的分析、对人性的洞察、对情感的关怀、对跨领域概念的连接等，人更有创造力，这些都是机器很难做到、很难做好的。

推荐系统是一种运营工具，最终服务的是人，最了解人类自身的还是人类自己。因此，在推荐系统中整合人的因素、整合人的决策策略，可以让推荐系统更加人性化，更有温度，最终让用户可以感受到更多的人文关怀，从而增强用户对推荐产品的情感联系，在提升用户体验的同时，保证了用户的高黏性。

综上所述，一个好的、有温度的推荐系统，一定是人工调控和算法有效配合的产物，只有发挥两者的优势，互相补足，才能让推荐系统更加完美。

24.7 本章小结

本章对推荐系统的人工调控进行了全面的介绍。虽然一切对推荐系统的人工调控都属于人工调控，但本章指的调控主要聚焦在运营人员对推荐系统的调控上。

人工调控是非常有价值的，它的价值体现在用户体验、安全性、商业、运营需要、节省人力成本等多个维度。人工调控的形式是多种多样的，我们可以对推荐系统流程中的各个阶段进行人工调控。对于人工调控，我们需要明确它的价值，也要知道做好人工调控是一件很困难的事情。人和机器都有各自的优缺点，只有很好地结合两者的优势，才能打造出更加精准、更加人性化的推荐产品。

笔者认为人工智能和人类在构造上的不同（机器是物理性构造、人类是生物化学构造）决定了机器永远无法替代人。在信息爆炸和科技快速发展的时代，那些善于利用和挖掘人与机器协同价值的公司才能在竞争中获得生存的主动权。

参考文献

[1] 快手研究院. 快手是什么 [M]. 北京：中信出版社，2019.

[2] 佚名. 图解抖音推荐算法 [A/OL]. 算法与数学之美，（2019-11-30）. https://mp.weixin.qq.com/s/EuQBuezHo5w7nBq0LQTsFg.

第七篇

推荐系统案例分析

从零开始构建企业级推荐系统

在过去的这两年，有不少人（包括音视频领域、新闻资讯领域、在线教育领域等）咨询笔者，怎样从零开始搭建工业级推荐系统。大家最大的困惑是不知道怎么下手，也不知道用什么算法合适，对为什么做推荐以及对推荐算法价值的预期也没有明确的想法和概念。总之，对产品是否需要搭建一套推荐系统，需要注意什么问题都比较迷茫，更不知道如何为产品快速搭建一套有效的、具备商业价值的推荐系统。

基于上面的问题和困惑，本章将详细说明从零开始搭建一套企业级推荐系统需要考虑的问题及相应的对策，将搭建推荐系统涉及的知识点、关注点和可能存在的问题进行系统化的归纳总结，希望帮助读者系统化、有针对性地思考，让读者在实践时少走弯路。

本章基于 5W3H（why、who、when、where、what、how、how much、how feel）思考框架，从产品是否需要推荐系统、让谁来搭建推荐系统、在什么阶段搭建推荐系统、搭建什么样的推荐系统、怎样搭建推荐系统、关于构建推荐系统的资源投入、对推荐系统价值的预期、从零搭建推荐系统必须做好的 3 件事、具体实用的建议等 9 个方面来讲解从零开始搭建推荐系统需要考虑的方方面面。

本书内容聚焦在企业级推荐系统上，是基于笔者多年实践经验的梳理和总结。本章希望给读者提供一份从零搭建推荐系统的参考指南，是书中非常重要的一章，具备实践参考价值。

25.1 Why：你的产品为什么需要推荐系统

在信息爆炸的时代，我们每天需要面对各种各样的信息，在这样的背景之下，推荐系统的价值就凸显出来了。推荐系统的主要目的是帮助人们解决信息过载的问题，推荐算法就是一种信息过滤的方法，通过推荐系统的过滤将用户想要的信息、产品及服务自动、及时地展示给用户。

在特定场景下，用户的需求是不明确的，这是普遍存在的现象。一般来说，一个产品借助推荐系统来进行内容分发，需要具备如下两个基本条件：一是产品提供的信息或服务足够多，用户没有时间、没有精力将所有信息或服务都查看一遍，再选择适合自己的产品或服务；二是用户规模足够大，如果只有很少的用户，那么是可以通过专家提供一对一专业建议的方式来提供服务的。

在移动互联网时代，满足这两个条件的产品非常多，我们常见的新闻资讯类、视频类、电商类、音乐类、生活服务类、在线学习类、匿名交友类 APP 都有推荐系统的用武之地。一句话来概括，如果你的产品是面向 C 端用户提供海量信息或服务的，那就有做推荐的必要了。

相比于人工编排推荐，推荐系统最大的优势是千人千面、完全自动化、每天可以多次更新甚至实时更新推荐结果。因此，推荐系统具备更高的内容运营效率、更容易击中用户的兴趣点，从而提升用户使用体验，促进用户点击、购买，进而产生商业价值。

基于推荐系统的上述价值，只要产品满足构建推荐系统的条件，强烈建议在产品中引入推荐系统。

当然，你的产品需不需要、能不能引入推荐系统还跟创始人的视野、格局、思路有很大关系，是否相信推荐技术可以更好地处理信息过滤问题、是否相信推荐系统能够产生极大的商业价值决定了推荐系统在他心目中的地位，进而决定了他是否愿意投入足够的资源打造推荐系统。今日头条的张一鸣就是将推荐系统当作公司的核心竞争力，一切业务的发展都围绕个性化推荐来展开，这才让今日头条在短短几年里快速成长，预估市值超千亿美元，成为可以震撼 BAT 三巨头的挑战者。

25.2　Who：让谁来搭建推荐系统

随着大数据、云计算和 AI 技术的发展，目前有很多云服务厂商（如阿里云、百度云等）和一些做 toB 生意的 AI 创业公司（如神策数据等）都提供了推荐系统的 SaaS 或 PaaS 服务。部分传统的外包公司在大数据与人工智能的大背景下，也拓展了业务范围，开始提供搭建推荐系统方面的外包服务。因此，我们构建推荐系统就有如下 3 种主要方法。

25.2.1　自建推荐系统

自建推荐系统最大的优势是整个系统的建设掌握在自己手上，可控性好，方便业务调整和快速迭代，另外算法可以更贴合自己产品的特质做定制化开发，部分开发资源也可以跟后端团队共享。自建最大的问题是需要公司自己招聘推荐系统相关专业人员，因此有更多的固定人力成本。目前对推荐系统比较精通的人才是非常少的，价格也相对较高，小的创业公司较难吸引优秀的人才加入，因此组建推荐团队难度高。

25.2.2 通过外包构建推荐系统

将公司推荐业务范围和目标定义好，外包给第三方团队来开发是另一个可行的方案。这种方案的优点是相对轻资产，不需要自己搭建团队。但是最大的问题是，第三方可能对你的业务不熟悉，理解不够深刻，责任心也没那么强，无法做出非常贴合业务及产品特色的推荐系统。外包代码一般注释少，代码结构不清晰，因此后续的维护、迭代等也是大问题。更大的问题是，外包团队离职率高，等你的系统需要优化的时候，可能对接的是另外一批人，这批人根本不熟悉原来的系统，怎么能做好优化呢！

25.2.3 购买推荐系统云服务

利用第三方云服务公司或 toB 的 AI 创业公司提供的成熟的推荐服务也是一个不错的选择。该方案最大的优势是接入流程相对完善、标准化，可以快速构建一套可用的推荐服务。云服务最大的问题是采用的推荐算法是行业通用的解决方案，模型、数据无法完美匹配自己公司的业务，而我们只能适配云服务厂商提供的规范，比较死板，因此算法效果也不一定有他们宣传的那么好。云计算一般会提供标准化服务，因此，很难甚至无法对推荐系统进行个性化的调整和裁剪。有些 toB 创业公司提供 PaaS 的私有化部署，甚至将代码给你，可以进行二次开发。这种方式可控性会更好，也可以在代码基础上进行微调，使其更好地适应公司当前的业务。由于要在原来的框架下进行修改或调整，因此修改和调整是有限的。另外，对第三方框架的熟悉度不高，二次开发的难度也比较大，做不到自建那样灵活。云服务厂商提供的产品和服务如果出现问题，需要提工单，反馈可能不会及时，特别是对于创业公司这样的小客户，在云服务厂商那里的优先级是比较低的，响应速度自然不会高。

关于怎样搭建推荐系统，下面给出笔者的建议。如果公司将推荐系统作为产品的核心功能点，甚至是公司的核心竞争力，那么一定要自建推荐系统，这种方案是自己可以完全控制的。核心竞争力一定要掌握在自己手上。如果只是期望产品具备推荐的能力，没有将所有希望寄托于推荐系统，推荐只是作为人工运营的一个补充，这种情形下可以采用云服务的方式。最不建议的是外包方式，风险太大。

到底采用哪种搭建推荐系统的方式，还与公司所处阶段，产品定位，公司发展目标，当前的人力、财力、资源等因素有关，所以需要事先评估清楚再做决策，这种决策一定是公司高层的事情，只有老板想清楚了，自上而下达成一致，目标明确，才能做好推荐系统。当然，也不是得一种方式一成不变，可以先采用云服务的方式，等招聘到合适的推荐系统人才或产品更稳定了再自己搭建推荐系统。

25.3 When：在产品的什么阶段搭建推荐系统

产品的生命周期一般会经历起步期、成长期、成熟期、衰退期、消亡期 5 个阶段。一般建议在产品的起步阶段和成长阶段来构建推荐系统，这样可以更早地利用 AI 技术的红利，发挥推荐算法的优势，提升内容的分发效率，提高用户的参与度和黏性，最终让产品更快地成长，获得更多的用户。

尽早想清楚推荐的价值，趁早进行推荐系统的搭建，可以尽快验证推荐对产品的贡献，及时决策调整，所谓船小好调头，说的就是这个道理。早做推荐系统的另一个好处是，可以更好地巩固推荐系统在产品中的主导地位。如果在后期做推荐，整个产品运营体系都很成熟了，很难让推荐在产品中占得一席之地，因为不同模块的运营人员之间会存在"权力斗争"，大家互相争夺地盘，抢占核心位置的运营权，其结果可能会让推荐系统难以落地，最终变得可有可无，无法发挥应有的价值。

25.4　What、Where：搭建什么样的推荐系统

推荐系统主要有排行榜推荐、相似推荐、个性化推荐、流式推荐等几种主流的核心产品形态。那么我们的产品应该选择哪几类推荐产品形态呢？

一般来说，个性化推荐与相似推荐是两类最重要的推荐产品形态，如果你打算在产品中引入推荐技术的话，强烈建议采用相似推荐和个性化推荐，因为这两个推荐产品是用户触点最多的推荐形态（所谓用户触点多，就是用户大概率必经的路径，相似推荐一般放在标的物详情页中，这是用户浏览的必经路径，个性化推荐一般放在首页，也是用户必经路径），这样用户就可以更方便、更频繁地接触到推荐了，推荐系统才有用武之地，推荐系统才有机会真正发挥业务价值。

在产品中，位置是非常重要的。要做好推荐，必须将其放到核心位置（不一定是一开始就放到核心位置，可以通过 AB 测试评估，当效果足够好了就有资格放在核心位置了）。古语说的"酒香不怕巷子深"在当今的产品中是不适用的，因为酒是有气味的，不能看到也能闻到，而推荐产品只有用户看到了才知道它的存在。

相似推荐一般部署在详情页中，可通过不同的特征维度构建推荐算法，在标的物的详情页中关联一组相关的标的物作为推荐列表。详情页是任何一个标的物都有的，所以是一个核心的、用户触点多的位置。

而个性化推荐可以安置在首页等核心位置为用户提供个性化的推荐服务（个性化推荐的标的物数量、排放位置是可以根据场景、产品阶段进行动态调整的）。个性化推荐可以做成实时推荐的形式，即所谓的信息流推荐，这样可以给用户实时反馈，让用户所见即所得，从而提升用户体验，同时让更多的标的物曝光（实时推荐提升了标的物的流转效率，会让更多的标的物曝光），这对平台方及标的物提供方都是非常有价值的，实时个性化推荐也是未来的发展趋势。新闻资讯、短视频等"快消类"产品（用户"消费"完标的物的时间短，这类产品一般会占据用户的碎片化时间）是非常适合做实时个性化推荐的，就连淘宝、天猫的首页也切换到了信息流推荐。首页是用户打开产品第一眼看到的页面，所以一定是用户触点多的核心位置。

排行榜推荐是一类完全非个性化推荐，可以根据最新、最热、购买量、播放量等统计维度来构建，实际的计算非常简单。排行榜可以放置在首页某个提供榜单功能的模块中，给用户提供大众化的推荐。由于人类普遍具有从众心理，排行榜推荐的实际效果不错。即使我们的产品不提供排行榜这类推荐形态，也可以将其作为个性化推荐的默认推荐（当个性化推荐数量不足时用排行榜填充，或者当个性化推荐接口出问题时，可以用排行榜推荐替代）。

25.5　How：怎样搭建推荐系统

从零开始搭建推荐系统，个人建议尽量快速让新的推荐业务上线，再逐步优化，提升算法效果。在如今竞争激烈的大环境下，快是第一位的。不要想着一开始就做出一个非常完美、效果非常好的推荐系统，期望系统一上线就可以大大提升标的物的分发与转化率，这种想法是不切实际的。在没有上线之前，我们只能根据离线评估或个人经验来判断算法是否有效，但通过个人经验判断往往是有误的，另外离线评估效果较好的算法在真实业务场景中不一定就能提升商业化指标，也就是说离线评估和在线评估（商业化指标）可能不是正相关的（即使是正相关，有可能相关度也非常低）。

对于早期阶段的产品，由于用户很少，数据缺乏，计算成本不高，我们甚至可以利用单台服务器、单进程部署一个推荐系统，而不用考虑后面用户多了之后的分布式计算，这样算法可以先快速上线。当用户足够多、单机计算出现困难时，再考虑利用 Spark 等分布式计算平台重构现有业务逻辑。

下面根据产品所在的不同阶段来说明搭建什么类型的推荐系统及搭建方式，给读者提供一份切实可行的参考指南。

25.5.1　产品起步阶段的推荐

在产品的起步阶段，由于用户规模小，用户行为数据少，没有足够多的行为数据来训练协同过滤推荐算法，这时比较适合使用基于内容的推荐算法，该方法可以有效地缓解冷启动问题。基于内容的推荐算法也是比较简单的一类算法，开发简单、容易部署上线。前面讲到推荐系统最好在产品起步和成长阶段搭建，下面根据这两个产品阶段来说说怎样构建推荐系统。

1. 新闻资讯等文本类产品

对于新闻资讯这类主要是文本标的物的产品，最简单的方式是基于 TF-IDF 模型来构建推荐算法，每个文本（标的物）基于 TF-IDF 构建向量表示，通过向量的余弦相似度来计算两个文本的相似度。

这种文本相似度可以直接用于构建相关推荐（某个文章最相似的 N 个文章作为相似推荐列表）。我们可以将用户最近看的文章的向量进行加权（根据观看时间、停留时间等），获得用户的向量表示，用户向量与文章向量的余弦就是用户对该文章的喜好度，还可以用 item-based 协同过滤的计算思路（见下面的公式，其中 S 是所有用户看过的文章列表，score(u, s_i) 是用户 u 对文章 s_i 的喜好度，sim(s_i, s) 是文章 s_i 与 s 的相似度）来计算用户对新文章的评分；还有一种方式是先对文章进行聚类，在推荐时，以推荐用户看过的文章所在类别的其他文章作为推荐列表。

$$\mathrm{sim}(u, s) = \sum_{s_i \in S} \mathrm{score}(u, s_i) \times \mathrm{sim}(s_i, s)$$

新闻资讯类文章一般可以做成信息流推荐，基于上面提到的 TF-IDF 算法也是可以实现实时推荐的。对于新发布的一篇文章，可以基于现有的词库（corpus）来生成该文章的向量表示（如果该新文章中包含某些词，不在 corpus 中，那么可以直接忽略这些词，虽然这样做会使精确度有所下降，但是不用对所有文章重新求向量化，因此可以做到实时化，向量化的过程可以每天利用所有文章作为 document 重新训练一次），向量化后，这篇新的文章就可以跟其他文章一样处理了。

2. 视频类产品

视频类产品一般可以分为长视频和短视频两大类，它们的内容来源不同、内容生产的频度不一样、用户的消费习惯也不一样，因此我们分长视频和短视频两种情况进行介绍。

（1）长视频

长视频一般属于 PGC（Professional Generated Content），内容生产周期长、成本高、专业化程度高。内容创作完成时会包含大量的 metadata 信息，比如演职员、年代、标签、剧情、类别、语言、地区等。这时我们可以采用如下两种算法来构建推荐系统。

❑ 基于标签：如果长视频标签比较完善（PGC 一般在生产完成后就会包含一些核心标签），可以采用标签 n-hot 编码来（嵌入）表示每个视频，这样每个视频就向量化了，就可以轻易地计算任意两个视频的相似度。我们可以采用资讯新闻等文本类产品中类似的方法来做相似推荐和个性化推荐。另外，根据用户的播放记录，我们可以给用户打上相关的兴趣标签，再采用基于标签的反向倒排索引方法做推荐（参考 3.2.4 节的具体算法原理）。

❑ 基于结构化的 metadata 信息：如果长视频标签不够丰富或标签质量不佳，可以利用结构化 metadata 信息（基于长视频 PGC 属性，这类数据一定是有的），也可以采用向量空间模型来计算两个视频之间的相似度。具体参见 3.2.3 节对向量空间模型的介绍，后面第 27 章会介绍一个采用向量空间模型做视频相似推荐的真实案例。有了视频相似度，就可以采用与资讯新闻等文本类产品类似的方法做个性化推荐了。

（2）短视频

短视频一般属于 UGC（User Generated Content）或者 PUGC（Professional User Generated Content），内容生产周期短、成本低、内容产量大、内容质量参差不齐。短视频由于生产量大、有时效性（如新闻类），因此，想通过人工构建标签体系是不现实的，但是可以制定一定的标准和规范，辅以奖惩措施（制作良好的标签，满足规范的内容生产者给予一定的内容曝光优先级，反之，质量差的生产者降低曝光概率），让内容生产者根据规范或标准来事先定义好标签，在内容上传到平台时附带上传定义好的标签。不过不同的内容生产者由于专业度相差较大，对内容的理解也不一致，可能会导致最终的标签体系质量不够高。由于现在短视频的标题比较长（一般有 10 ~ 30 字），因此，也可采用另外一种低成本快速获得标签的方法，即基于 NLP 技术，从标题中提取关键词作为该短视频的标签，在电视猫短视频推荐中，我们也部分采用了这种方式生成的标签。如果这些标签都不够完善，那么基于来源渠道、内容分类、上线时间等少数几个标签也可以构建出一套简单的内容推荐系统。有了标签，就可以按照上面讲到的类似方法构建相似推荐和个性化推荐。

短视频一般没有长视频那样丰富的结构化信息，因此采用标签推荐也可能是唯一可行的方式。短视频属于"快消"类的内容，因此最好打造实时的个性化推荐，具体技术实现方案可以参见第 26 章的案例。

3. 电商类产品

电商类产品相对复杂，会有非常多的品类，这些信息本身属于标签的范畴，不同品类包含的信息也会不一样。比如衣服会有颜色、款式等信息，手机等电子产品有重量、尺寸等信息，还有价格、生产商等共用的 metadata 信息。电商类产品一般会在同一品类下计算相似推荐，这时可以基于同一品类下的标签、metadata 信息采用与上面类似的方法计算相似度。电商的个性化推荐会更加复杂，一般可以基于用户过去的浏览记录及购买记录给用户打上相关的兴趣标签，再采用标签倒排索引的方法进行推荐（参考 3.2.4 节的具体算法原理）。

在经过一段时间的发展，积累了更多的用户和数据后，运营人员对推荐系统的架构、价值、运营方法等有了更加深入的了解，就进入了产品成长阶段的推荐。

25.5.2 产品成长阶段的推荐

对于成长阶段的产品，用户规模会较大，也有足够多的行为数据，这时可供我们选择的算法非常多，除了上面介绍的基于内容的推荐算法，常用的协同过滤算法，如 item-based 协同过滤、矩阵分解、分解机等都是不错的选择，有资源、有条件的公司还可以选择深度学习等更为复杂的模型。一般来说，协同过滤算法的效果比基于内容的推荐算法的效果更好，建议有条件的企业可以在这一阶段适当采用协同过滤相关算法。协同过滤算法的具体实施，可以参考第 4 章、第 6 章、第 7 章、第 9 章以及第 10 章，这里不再赘述。

上面只列举了新闻资讯、视频类、电商类的产品在不同阶段该如何做推荐，对于其他产品做推荐时需要根据产品特性、已有的数据形式等采用类似的策略，这里不再赘述。

25.6 How much：关于构建推荐系统的资源投入

做任何一件事情都是需要资源投入的，做好一件事情更需要投入足够多的时间和精力，构建推荐系统也不例外。本节我们来讲解从零开始构建工业级推荐系统需要哪些资源投入，让那些经验尚浅但是想了解怎样从零构建推荐系统的读者有一个初步认知，并且笔者会基于自己多年的实践经验给出一些建议。

推荐系统的资源投入主要有两类：一类是人力投入，一类是计算资源（如服务器资源）。下面分别对这两类投入进行细致分析。

25.6.1　人力投入

推荐系统的人力投入主要是指从数据收集到推荐算法上线提供推荐服务，以及后续的推荐系统优化迭代的过程中的人力投入，包括日志埋点、数据收集、数据存储、特征工程、模型训练、推断预测、前端接口开发、UI 交互、产品设计、项目跟踪等。日志埋点、数据收集、数据存储可以复用大数据相关技术栈和人力（一般互联网公司都会有相关的大数据分析团队），前端推荐接口开发可以复用后端人力，UI 交互、产品设计、项目管理也是可以复用的资源（不过当产品规模足够大时，公司会专门招聘算法类产品经理）。所以构建推荐系统最核心的人力资源就是特征工程、模型训练、模型推断预测这几个算法业务需要的人力（即推荐算法工程师的工作），这也是推荐系统最重要、最有技术含量的部分。如果不是采用外包或直接利用云厂商的 SaaS/PaaS 解决方案的话，是需要相关专业人才进行开发的。那么这个人是内部选拔还是重新招聘呢？下面给出笔者的建议。

如果团队人力比较充足，短期内企业也很难招聘到合适的有经验的推荐算法开发人员，可以（从后端开发）先借调一些人力，让他们自学相关知识，快速开发一个推荐系统的原型并上线。不过为了避免走弯路，技术负责人是需要全程把关的，最好能够咨询一些外部有经验的推荐系统专家，听取他们的建议。如果有条件的话，企业可以招聘一个有经验的专业的推荐开发人员，招聘的原则是要以前了解过或者亲历过推荐系统全流程，这样可以更好地把握推荐系统建设的方方面面。

25.6.2　计算资源投入

推荐系统是一项数据密集型、计算密集型工程，因此需要一些软件和硬件资源来支撑推荐服务的构建。目前云计算已经非常成熟，这些资源都可以从云平台购买，而不是自己搭建。笔者公司是从 2012 年开始做大数据和推荐的，当时国内云计算还不成熟（阿里云 2009 年才成立，2012 年还没有相关的大数据云服务产品），因此自始至终都是自己搭建数据平台与计算中心。在搭建推荐系统的过程中，由于人力、资源不足，也没有专门的大数据基础架构资深专家进行较底层的开发与维护，遇到了很多困难，整个推荐系统的开发速度和推荐系统的稳定性都受到了较大影响，因此笔者强烈建议采用购买云服务的形式构建大数据的存储与计算中心，减少运维成本，将核心放到推荐业务上。

前面也讲过，在产品早期，用户规模相对较小，我们没必要构建大数据平台，单机单线程就可以运行一个推荐系统。当用户足够多、数据量足够大时，再投入资源构建大数据平台。为了节省公司成本，一切资源的投入需要遵从从简原则。

25.7 How feel：对推荐系统价值的预期

我们构建推荐系统，一定是对推荐系统抱有期望的。那么推荐系统对产品、对公司到底有什么价值呢？概括来说，推荐系统的价值主要体现在以下 4 个方面。

1.用户增长方面：提升用户留存率、活跃度以及停留时长

个性化推荐可以做到千人千面、实时推荐用户感兴趣的内容，更容易击中用户的兴趣点，当然可以让用户更好地留存下来，也更容易让用户跟产品互动（打开抖音，你只要简单滑动，就有源源不断的新视频出现在你眼前），增加用户的使用时长，最终使用户体验得到提升。

2.经济价值方面：节省人力成本、促进标的物变现

节省人力成本这一点不难理解。有了个性化推荐，就不需要做那么多人工运营了，甚至不需要那么多人工运营人员了。这里的标的物变现指的是，如果标的物中包含广告（如视频的前贴片广告）或标的物本身就是广告（如信息流广告），那么就提升广告的曝光与点击率；如果标的物包含会员内容（推荐付费的会员视频），那么就促进会员转化；如果标的物本身就是商品（如淘宝上的各种商品），那么就促进商品的售卖。

3.效率方面：提升内容分发效率、促进长尾内容分发

推荐系统完全是由程序自动完成内容分发的，可以做到实时、全天候无人管控的推荐，分发效率自然高。推荐系统根据用户的兴趣来分发内容，可以很好地发挥从标的物找人这个逆向功能。头部内容毕竟是少量的，长尾内容才是常态，这无疑可以让推荐系统发挥无可比拟的作用，让海量的长尾内容价值得到体现。

4.生态方面：促进标的物提供方的生态繁荣

生态方面的价值可能不太好理解，如果你的产品是像淘宝一样的平台，那么借助推荐系统可以将优质商家的优质商品推荐出去，而一般商家的商品由于质量不高，没有太多的购买量，用户评价也不高，推荐系统的协同效应就会降低它的权重，让这些品质不太好的商品很难被推荐出去。这里，推荐算法起到了择优筛选的作用，自然可以促使平台上的商家生态越来越健康。

我们不仅要知道推荐系统的价值，更应该提前思考哪些价值是自己产品追求的、哪些是当前阶段最重要的，想清楚这些问题后，再量化这些维度的价值。我们需要根据产品发展阶段和公司整体运营策略确定核心指标，有了核心指标，我们还要确定具体的 KPI 或 KR（Key Results，OKR 方法中的关键结果）。关于这部分知识的详细介绍，可以参考第 14 章深入了解。

25.8 从零搭建推荐系统必须做好的 3 件事

前面对从零开始搭建一套可行的工业级推荐系统的各个方面进行了介绍，那么在搭建推荐系统时什么是最重要的呢？基于笔者个人经验，一个可用的、有商业价值的工业级推荐系统必须建设好下面 3 个核心模块。

25.8.1　产品与算法

产品形态和推荐算法是推荐系统的核心，两者就像硬币的正反面，是不可分离的。好的产品形态能够提升用户体验，同时体现商业价值；这样好的算法才能够更精准、更有效地将标的物分发给喜欢它的用户。在开始设计推荐系统时，一定要结合产品当前的阶段、产品拥有的数据、现有资源情况等选择一些合适的推荐产品形态和推荐算法，并快速落地。

25.8.2　评估指标

我们做推荐算法的目的就是要让推荐算法产生效果、产生商业价值，那么其效果怎样评估呢？这不是我们通过思考或拍脑袋就可以知道的。在精细化运营时代，我们需要用数据说话，对于推荐系统也不例外。我们需要对构建的推荐系统定义一些评估指标（这些评估指标是跟公司的战略、产品当前的目标息息相关的）来评估推荐算法的效果。

常用的评估推荐算法效果的指标有转化率、人均点击次数、人均播放时长、客单价等。当然为了统计这些指标，我们需要对用户操作行为进行日志埋点，收集用户对推荐标的物的反馈，这样才能统计出这些指标。

在第 25.7 节我们已经对部分指标进行了解读，此外，读者也可以参考第 14 章了解更多关于推荐系统指标的知识。

25.8.3　AB 测试

AB 测试是一种对比测试，比较两种操作在某个变量不一样而其他变量完全一样的情况下，所产生结果的优劣。通过构建推荐系统的 AB 测试平台，我们可以让推荐系统的迭代变得有据可依。构建推荐系统的初期，不需要将 AB 测试建得多么复杂，只要能实现基本功能就可以，这样可以让系统快速运转起来。当业务需求变复杂时，可以再迭代优化 AB 测试，让 AB 测试可以支撑更复杂场景的对比测试。

最简单的 AB 测试可以根据用户 ID 进行哈希计算，即将两种（或者多种）不同的推荐算法的推荐结果分别存于不同的数据库中，推荐接口通过将请求中的用户 ID 参数进行哈希计算，得到对应的分组，再去该分组对应的数据库中获取对应的推荐结果，并给做 AB 测试的不同组用户展示不同的推荐结果。可以参考第 17 章了解 AB 测试平台的实现。

在我们构建出了推荐系统产品与算法，有了评估指标，有了对比测试的工具后，就可以根据算法的效果（由评估指标来衡量）来优化算法，再针对新老算法进行对比测试，如果新的算法的效果更好就用新算法的，否则再次优化对比测试，这个过程可以不断进行下去，这样我们就将推荐系统打造成了一个可以进行闭环迭代的业务系统。只要做到了闭环，我们就可以无限迭代优化下去。

25.9 几个具体实用的建议

前面几节对从零开始搭建推荐系统进行了细致介绍，这一节重点讲解几个在搭建推荐系统过程中需要特别关注的点，其中部分内容在前面章节中已经简单提及，这里再明确地强调一下。

1."快消"类产品建议采用基于内容、标签的算法

对于新闻资讯、短视频等"快消"类产品，标的物本身存量大，单位时间产出量也大，有一定的时效性，物品冷启动问题较严重。采用基于内容标签的算法可以一定程度地避免该问题。同时，基于内容标签的推荐算法具有较好的可解释性，只要你推荐的部分内容跟用户看过的内容具有相似性，用户就可以意识到给他这样推荐的原因，因此用户更容易接受和认可。

基于内容的推荐方法相对简单，并且有上面提到的一些优点，企业开始搭建个性化推荐系统时可以采用这类方法。

2."快消"类产品建议采用流式推荐

"快消"类产品，如短视频、新闻资讯等，用户消费一个标的物的时间很短，用户也更愿意在零散的时间片段使用这类产品，因此"快消"类产品可以很好地占领用户的碎片化时间。产品只有做到在短时间内给用户提供感兴趣的东西、击中用户大脑的快感中心，用户才会一直跟产品交互获得更多的短期刺激，否则用户就会直接退出。而流式实时推荐可以很好地解决这类问题，它会将主动权、控制权部分给予用户，用户可以通过不断刷的动作快速地、不间断地寻找自己的兴趣点。

3.尽量使用简单的推荐算法快速上线，快是核心竞争力

在从零开始构建推荐系统时，最重要的目标是让系统快速上线，尽早运行起来，在使用过程中发现问题就快速迭代，逐步完善。有时简单的算法的效果也不错，相对于复杂的更精准的算法有更高的投资回报率。可以参考第 5 章讲到的 YouTube、Google News 在早些年利用关联规则、naive bayes、聚类三大简单机器学习算法做的个性化推荐技术方案，非常值得我们借鉴。

4.构建推荐系统业务闭环比什么都重要

企业级推荐系统一定是一个业务系统，最终的目标是为业务服务，在服务好用户、为用户创造价值的同时创造商业价值。因此，我们首先需要量化业务价值，确定业务核心指标，并构建具备快速评估、快速迭代能力的推荐系统和算法，这就是我们在 25.8 节中说的最重要的 3 件事，只有做到这些，我们才能构建出一个推荐系统的业务闭环，并且不断迭代、不断优化，让推荐系统源源不断地输出价值。

5.推荐系统专人负责制

企业在开始搭建推荐系统时，最好选定一个推荐系统业务的负责人，他直接向更高层

领导（如 CEO）汇报，负责包括推荐算法、工程、推荐产品、推荐运营等所有相关业务，负责整个推荐业务的落地，并对最终结果负责。这个人不光要懂推荐算法，更应该有产品思维、用户思维和业务意识。

如果推荐系统各个模块由不同的人负责，这些人汇报的对象也不是同一个人，这时资源会过于分散，无法形成更好的合力，只有确定了唯一的负责人，决策才更容易执行下去，才能更好地从零开始搭建推荐系统，让推荐系统走上正轨，尽快产生业务价值。

25.10　本章小结

本章基于笔者多年推荐系统研发的实践经验，通过深入思考，利用 5W3H 分析法，对从零开始构建一套商业级推荐系统涉及的问题进行了归纳和总结，并提供了笔者自己的思考方法和解决方案。

工业级推荐系统的构建需要考虑 ROI（Return On Investment，即投入产出比、投资回报率），希望利用最小的资源投入产出最大的价值。因此，在构建推荐系统之前，我们需要清楚做推荐的目标，并结合我们现有的资源和当前所处的阶段，选择合适的算法和工具来快速构建推荐系统，然后不断迭代，逐步提升效果，让推荐系统真正产生商业价值。

基于标签的实时短视频推荐系统

第 3 章对基于内容的推荐算法做了比较详细的讲解,其中一类非常重要的内容推荐算法是基于标签的倒排索引算法,也是工业界用得比较多的算法,比如,新闻资讯、短视频类产品就大量采用了该类算法。

本章会结合电视猫的业务场景及工程实践经验来详细讲解基于标签的倒排索引算法的原理及工程落地方案。希望读者学完本章,可以完整地了解基于标签的倒排索引算法的产品形态、算法原理和工程实现方案,并且具备从零开始搭建一套基于标签的算法体系的能力。

电视猫里涉及长视频和短视频,长视频对实时性要求相对没有那么高,所以本章主要以短视频的实时个性化推荐为例来讲解。具体会从基于标签的推荐算法应用场景、基于标签的推荐算法原理、整体架构及工程实现、召回与排序策略、冷启动策略、未来优化方向等 6 个方面来介绍基于标签的实时短视频推荐系统。

26.1 基于标签的推荐算法应用场景

在讲解具体的算法原理及工程实践之前,先对基于标签的推荐算法可行的产品形态做简单介绍,让读者知道该类算法可以应用于哪些业务场景中,从而有一个直观的印象,方便读者更好地理解后续内容。这些产品形态,电视猫都落地到了真实业务场景中,下面也是以电视猫的产品形态来举例说明的。

3.3 节简单描述了基于内容的推荐算法的应用场景,而基于标签的推荐是内容推荐的一种,应用场景也是类似的:完全个性化推荐、标的物关联标的物推荐(相似视频推荐)、主题推荐这 3 类应用场景都是可行的,下面对这 3 大业务场景进行一一说明。

26.1.1　完全个性化推荐

完全个性化推荐是为每个用户生成不一样的推荐结果，图 26-1 所示是电视猫小视频实时个性化推荐，基于用户的（标签）兴趣画像，为用户推荐与他兴趣偏好相似的视频，用户可以无限右滑（由于电视猫是客厅端的视频软件，靠遥控器交互，所以产品交互方式与今日头条等手机端 APP 是不一样的）来获取自己感兴趣的推荐结果，整个算法会根据用户的兴趣变化实时为用户更新推荐结果。

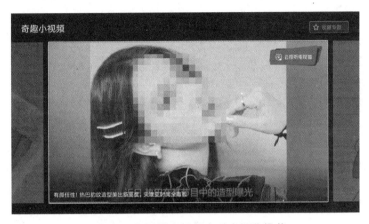

图 26-1　电视猫小视频实时个性化推荐

26.1.2　标的物关联标的物推荐

短视频相似推荐会基于视频标签构建视频之间的相似度，并为每个视频推荐相似的视频。图 26-2 所示是电视猫短视频的相似推荐，采用的产品形态是连播推荐，在用户播放完当前短视频后，相关联的相似视频会按照相似度列表的顺序连续播放，最大限度地提升用户体验、加快内容分发。

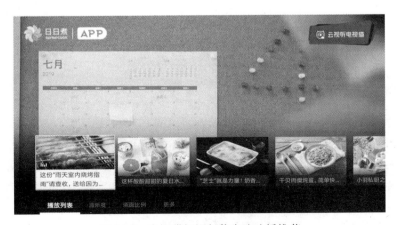

图 26-2　电视猫短视频信息流连播推荐

26.1.3 主题推荐

主题推荐根据用户播放行为历史，构建用户兴趣画像，这里是基于节目的标签来构建用户画像，基于用户画像标签为用户推荐最感兴趣的标签关联的节目。图 26-3 所示是电视猫音乐频道的主题推荐，根据笔者最近看过的音乐视频，为笔者推荐了"国语"和"器乐教学"这两个主题相关的音乐短视频。

图 26-3 电视猫音乐频道主题推荐

讲解完基于标签的推荐产品形态，相信读者对基于标签的推荐有了较直观的认知，那么我们在实际业务中怎样实现这些产品形态、怎样构建合适的基于标签的推荐算法呢？下一节我们详细讲解算法基本原理。

26.2 基于标签的推荐算法原理

第 3 章已经对基于标签的个性化推荐算法原理做过粗略介绍，本节会对上节提到的 3 个产品形态即个性化推荐、相似视频推荐、主题推荐的算法实现原理进行细致的介绍，方便读者深入理解算法的实现细节。

26.2.1 个性化推荐

基于标签的个性化推荐算法具体推荐过程见图 26-4。首先是从用户画像中获取用户的兴趣标签，然后基于用户的兴趣标签从标签→节目倒排索引表中获取该标签对应的节目，这样就可以将用户关联到节目了。其中用户的每个兴趣标签及标签关联到的节目都是有权重的。

假设用户的兴趣标签及对应的标签权重如下，其中 T_i 是标签，S_i 是用户对标签的偏好权重。

$$\{(T_1, S_1), (T_2, S_2), (T_3, S_3), \cdots, (T_k, S_k)\}$$

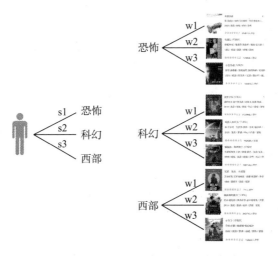

图 26-4　基于倒排索引的视频推荐

假设标签 T_1, T_2, T_3, $\cdots$, T_k 关联的视频分别为：

$$T_1 \leftrightarrow \{(O_{11}, w_{11}), (O_{12}, w_{12}), (O_{13}, w_{13}), \cdots, (O_{1p_1}, w_{1p_1})\}$$

$$T_2 \leftrightarrow \{(O_{21}, w_{21}), (O_{22}, w_{22}), (O_{23}, w_{23}), \cdots, (O_{2p_2}, w_{2p_2})\}$$

$$\cdots\cdots$$

$$T_k \leftrightarrow \{(O_{k1}, w_{k1}), (O_{k2}, w_{k2}), (O_{k3}, w_{k3}), \cdots, (O_{kp_k}, w_{kp_k})\}$$

其中 O_{ij}、w_{ij} 分别是标的物及对应的权重，那么

$$
\begin{aligned}
U &= \sum_{i=1}^{k} S_i \times T_i \\
&= \sum_{i=1}^{k} S_i \times \{(O_{i1}, w_{i1}), (O_{i2}, w_{i2}), \cdots, (O_{ip_i}, w_{ip_i})\} \\
&= \sum_{i=1}^{k} \sum_{j=1}^{p_i} S_i \times w_{ij} \times O_{ij}
\end{aligned}
$$

上式中，U 是用户对视频的偏好集合，这里将视频 O_{ij} 看成向量空间的基，所以有上面的公式。不同的标签可以关联到相同的视频（因为不同的视频可以有相同的标签），上式中最后一个等号右边需要合并同类项，将相同基前面的系数相加。合并同类项后，视频（基）前面的数值就是用户对该视频的偏好程度，我们对这些偏好程度降序排列，就可以为用户做 topN 推荐了。

上面只是基于用户兴趣画像来为用户介绍推荐的算法原理，在实际业务中，用户的兴趣可分为长期兴趣和短期兴趣，同时还需要考虑给用户提供多样性的推荐及根据用户播放过程中的实时反馈调整推荐结果，所以实际工程会非常复杂，这部分内容会在 26.3 节的架构及工程实现、26.4 节的召回和排序中详细说明。

26.2.2 视频相似推荐

本节先来讲解怎样利用视频的标签计算两个视频之间的相似度，有了视频之间的相似度就很容易做视频的相似推荐了。

假设视频集合是 $V=\{v_1, v_2, \cdots, v_n\}$，其中 $v_1, v_2, \cdots, v_n$ 是对应的视频。假设所有视频标签集合是 $T=\{t_1, t_2, \cdots, t_m\}$，其中 $t_1, t_2, \cdots, t_m$ 是对应的标签。一般 n 和 m 都是非常大的数，从几十万到上百万，甚至更大。每个视频只有很少的标签，所以将视频表示成标签的向量的话，一定是稀疏向量，我们可以采用视频的标签向量表示的余弦相似度来计算两个视频之间的相似度，具体计算过程如下：

假设两个视频 v_1，v_2 的向量表示如下（我们按照 $T=\{t_1, t_2, \cdots, t_m\}$ 中标签的顺序来编码向量）：

$$v_1 \rightarrow (w_{11}, w_{12}, w_{13}, \cdots, w_{1m}) = \boldsymbol{p}_1$$
$$v_2 \rightarrow (w_{21}, w_{22}, w_{23}, \cdots, w_{2m}) = \boldsymbol{p}_2$$

其中，w_{ij} 是对应的标签权重，如果采用 n-hot 编码，$w_{ij}=0$ 或者 $w_{ij}=1$。

我们可以采用如下余弦相似度公式来计算 v_1，v_2 之间的相似度：

$$\mathrm{sim}(v_1, v_2) = \frac{\boldsymbol{p}_1 \times \boldsymbol{p}_2}{\| \boldsymbol{p}_1 \| \times \| \boldsymbol{p}_2 \|}$$

也可以计算出 v_1 与所有其他视频（除去 v_1 自身）的相似度：

$$[\mathrm{sim}(v_1, v_2), \mathrm{sim}(v_1, v_3), \mathrm{sim}(v_1, v_4), \cdots, \mathrm{sim}(v_1, v_n)]$$

v_1 的相似推荐则可以利用上述列表降序排列后取 top$N$ 作为最终推荐列表。

26.2.3 主题推荐

掌握了 26.2.1 节介绍的个性化推荐的算法原理，就很容易说明怎样做主题推荐了。首先根据用户画像获取用户的最感兴趣的几个标签，每个兴趣标签就是一个主题，将每个兴趣标签关联的节目推荐给用户就可以了，下面简要说明一下。

假设用户的兴趣标签及对应的标签权重如下：

$$\{(T_1, S_1), (T_2, S_2), (T_3, S_3), \cdots, (T_k, S_k)\}$$

其中，T_i 是标签，S_i 是用户对标签的偏好权重。

我们可以将上述集合按照权重降序排列，选择 k 个权重最大（用户最喜欢）的标签 $[T_{u1}, T_{u2}, \cdots, T_{uk}]$ 作为待推荐的主题。再从每个标签关联的节目（在实际工程实现上，我们会事先构建标签→节目的倒排索引表，方便从标签关联到节目）中选择对应的节目推荐给用户。

上面简要讲解了 3 类基于标签的推荐算法的原理，下面会结合电视猫的实践经验来讲解这 3 类推荐产品在工程上是怎样实现的。

26.3 推荐产品的整体架构及工程实现

本节将详细讲解 26.2 节介绍的 3 类推荐算法的整体架构、核心功能模块及工程实现。

这里重点讲解个性化推荐和相似视频推荐两种推荐产品的架构和实现，主题推荐跟个性化推荐非常相似，也会简单说明一下。

电视猫基于标签的个性化短视频推荐是基于 Spark 平台实现的，其中流式处理采用 Spark Streaming 组件，离线处理采用 Spark，整个代码工程整合到 Doraemon 框架中（关于 Doraemon 框架，16.4 节已经做过介绍）。下面讲到的架构图中的每一个处理逻辑都会抽象为一个算子，并封装在 Doraemon 框架中，便于业务的复用、拓展和工程维护。

为了让各个模块之间解耦，我们大量采用消息队列（RabbitMQ 和 Kafka）来传输消息（数据），让整个推荐系统更加模块化、结构化。只要定义好两个模块（算子）之间的（数据）交互协议，就可以独立对各个子模块进行优化升级而不会互相影响。

节目倒排索引及用户画像存储在 HBase 集群中，以方便算法分布式读取，HBase 的数据结构如图 26-5 所示，不熟悉的读者可以网上搜索了解一下。最终的推荐结果存储在 CouchBase 及 Redis 中，由于个性化推荐、主题推荐会为每个用户都生成一个推荐结果的产品形态，因此其数据量会更大，推荐结果存储在 CouchBase 中（一个分布式文档数据库，可以方便横向扩容），而相似视频数据量相对较小，存储在 Redis 这类 key-value 内存数据库中（Redis 也能横向扩容，但是 Redis 的数据都是放在内存中，成本更高，所以个性化推荐的结果放到 CouchBase 中了）。

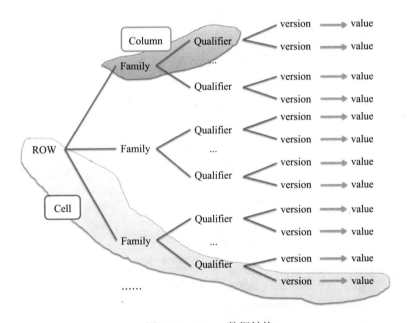

图 26-5　HBase 数据结构

有了上面的背景知识，现在来正式介绍各类推荐产品的工程实现细节，先讲解个性化推荐。

26.3.1　个性化推荐

个性化推荐分为离线模块和实时模块两部分。离线部分每天更新一次，为全量用户生成推荐结果；而实时部分基于用户实时的行为实时更新推荐列表。离线推荐和实时推荐相互配合，"交替进行"（严格来说，不是交替进行，在离线任务运行过程中，只要有用户在使用产品，实时推荐也是在运行的，只不过离线推荐一般在凌晨运行，运行的时间也不会很长，这时用户比较少，其他时间都是实时推荐在起作用，所以简述为交替进行），为用户提供全天候的推荐服务（见图 26-6）。

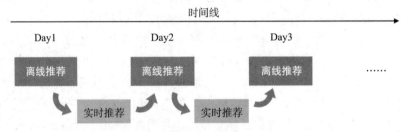

图 26-6　离线推荐与实时推荐"交替"进行

图 26-7 所示是基于标签的个性化推荐的整体架构，整个推荐过程分两条数据流：一条是从媒资系统生成节目标签的倒排索引，另一条是从用户行为日志生成基于标签的用户兴趣画像，最终的倒排索引和用户画像供推荐程序（算子 5）使用，为用户生成推荐。简单起见，这里只考虑基于用户画像来为用户做推荐，不考虑其他各种召回策略，更多的召回策略在 26.4 节来讲解。

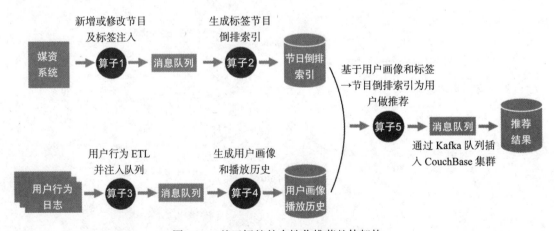

图 26-7　基于标签的个性化推荐整体架构

整个算法实现主要包括五大核心模块（对应图 26-7 中标注的算子 1～算子 5），每个算子作为一个独立程序运行，互不影响，其中算子 5 是最核心的推荐模块。下面来分别描述一下各个模块的核心功能及工程实现。

1. 新增节目及标签注入

媒资系统是视频行业的内容管理系统，负责所有内容的管理、运营和输出。推荐系统依赖媒资系统的内容来源。基于标签的视频推荐系统从消息队列中获取新增或修改的节目及标签信息，利用这些消息来构建标签→节目倒排索引表。该模块将推荐需要依赖的信息通过消息的方式发送到消息队列的固定主题中，后续模块通过监听该主题来获取新的消息做进一步处理。

图 26-8 给出了消息的一个简化版本，消息通过 json 的方式来组织，包括 type（是新入库的节目还是对老节目标签的更新）、sid（节目唯一标识）、title（节目标题）、tags（标签）。

标签也是有唯一识别标识的，就是图 26-8 中的 tid，类似视频的 sid。在构建倒排索引及用户画像的过程中，使用标签的 tid 可以简化比较及处理逻辑，减少存储空间。

标签是有层级结构的，电视猫的标签包含分类标签、栏目标签、内容标签这 3 个层级，从粗到细，这个层级结构跟行业有很大关系，不同行业有不同的分级策略和方法。标签也是有权重的，权重用于衡量标签对节目的重要程度。实际在做算法时可以整合这些信息，让算法更加精准。简化起见，本文不考虑分级的标签，只考虑平展化的一级标签。

图 26-8　消息队列中消息的结构

通过消息队列来获取消息有两点好处：首先，可以将媒资系统跟推荐系统解耦（一般是两个不同的团队来负责），方便两个系统独立扩展和升级，只要保持消息格式不变，不影响两边业务即可。其次，通过消息队列来传输信息，可以让系统更加实时化。

在该项目中，对接的消息队列采用 RabbitMQ，这一模块可以由媒资团队提供基础服务，由媒资团队来维护，算法团队可以向媒资团队提出需求，按照推荐算法需要的字段及规范提供数据即可。

2. 生成标签节目倒排索引

该步骤（近）实时从消息队列中获取节目的标签信息，为每个节目构建标签→节目的倒排索引，方便从节目关联到标签，以及从标签关联到节目。我们采用 Spark Streaming 流式处理组件来构建倒排索引，做到实时更新索引，索引存储到 HBase 集群中，方便后续实时处理程序分布式读取。

标签→节目倒排索引具体的数据存储格式如图 26-9 所示，其中 tid 是标签的唯一识别码（编号）、sid 是节目的编号、publishTime 是节目的发布时间，hot（新闻）、game（游戏）、sports（体育）是不同的短视频类型，节目→标签的倒排索引结构与之类似。

基于图 26-8 所示消息队列中的数据结构，算子 2（Spark Streaming 程序）会近实时（一个时间窗口几秒钟）地处理消息队列中新增的节目，并对标签进行简单处理，获得标签与节目的对应关系，从而更新到标签→节目的倒排索引表中。由于处理操作很简单，这里不细说。

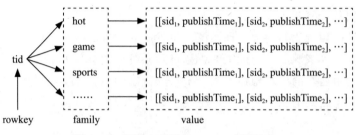

图 26-9 标签→节目的 HBase 存储结构

3. 针对用户行为数据进行 ETL 处理，并注入消息队列

针对用户行为日志进行简单的 ETL 处理，提取关键信息，并将该信息插入对应的消息队列，供后续的构建用户画像模块生成用户画像。

用户行为日志的核心信息里一定要包括用户唯一识别码、节目 sid 及用户对节目的偏好（可以用用户观看时长来衡量）（见图 26-10），通过节目 sid 我们可以从节目→标签倒排索引表中查到对应的标签。

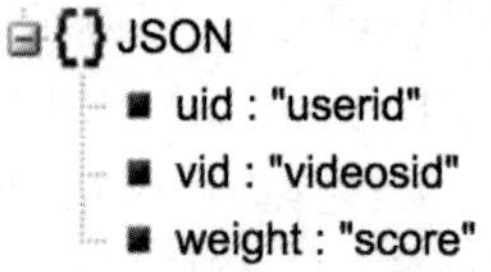

🗀{} JSON
　■ uid : "userid"
　■ vid : "videosid"
　■ weight : "score"

图 26-10 用户核心行为信息

这里对接用户行为日志的组件采用的是 Kafka，整个电视猫的日志分为批和流两条链路，批日志按小时通过 ETL 接入数据仓库，流日志接入 Kafka，供后端的实时处理业务（如实时推荐、实时报表、业务监控等）消费。

4. 生成用户画像和播放历史

该模块通过从消息队列中实时获取用户行为数据，为用户生成基于标签的用户画像及播放历史记录。

为了能够反映用户长期和短期兴趣，我们可以生成多个不同时间阶段的画像，如长期画像（根据用户过去几个月或更长期的行为）、中期用户画像（一天到几天时间）、短期用户画像（几分钟到几个小时）。长期用户画像和中期用户画像可以采用批处理的方式，每天定时生成一次。而短期用户画像最好采用流式处理，实时捕捉用户兴趣变化。

用户的历史记录用于记录用户播放过的或跳过的内容，这些内容对用户来说是没有价值的、不喜欢的。记录下来是为了便于在最终推荐时过滤掉，提升用户体验。

图 26-11 所示是短期用户画像和用户历史行为的 HBase 数据结构，算子 4 通过从 Kafka 读取实时用户行为日志，从日志中获取节目 sid、标签等，最终生成实时的用户画像并更新用户的播放历史记录。

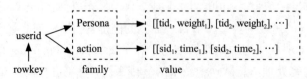

图 26-11 短期用户画像（Persona）和用户历史行为（action）的 HBase 数据结构

为避免误解，这里简单说明一下，图 26-7 只展示了利用 Spark Streaming 实时地从消息队列生成用户画像的流程，而离线生成画像的部分并未展示，离线用户画像是利用 Spark 直接从数仓读取离线行为数据，通过类似的处理生成用户中长期画像（存放在不同的 HBase 用户画像表中）。

5. 基于用户画像和标签节目倒排索引为用户做推荐

有了基于标签的用户画像及标签→节目倒排索引，就可以为用户实时生成推荐结果了。通过用户画像可以获取用户的偏好标签，再基于标签→节目倒排索引，就可以为用户关联到节目了。

这里简单介绍一下利用 Spark 为用户离线计算推荐的方法（实时推荐在 26.4 节介绍）。首先 Spark 从 HBase 中读取所有用户的行为数据，我们将用户分为 N 个 Partition，为每个 Partition 内的用户更新个性化推荐（具体流程参考第 4 章的图 4-9），将最终推荐结果通过 Kafka 插入 CouchBase 集群，供推荐接口调用，并返回前端展示给用户。将用户分为 N 个 Partition 的目的是方便做分布式计算，将推荐结果通过 Kafka 插入 CouchBase 是为了让推荐过程与接口提供服务的过程解耦。

我们可以将为单个用户生成个性化推荐（26.2.1 节介绍的个性化推荐算法）封装成独立算子，每个 Partition 循环调用该算子，为该 Partition 中的所有用户生成个性化推荐。

顺便说一下，最终的推荐结果除了要插入 CouchBase 外，还需要插入一份到 HBase 中，方便实时推荐模块基于该推荐结果实时调整用户兴趣。

此处的难点是怎样基于用户不同时间阶段的兴趣画像来生成个性化推荐，以及怎样保证内容的多样性，并且要整合用户实时的反馈，为用户提供近实时的个性化推荐。详细分析会在下一节的召回、排序、实时更新策略中讲解。

26.3.2　相似视频推荐

图 26-12 所示是相似视频推荐的整体架构，包含 3 个部分（对应图 26-12 中的算子 1、算子 2、算子 3），其中算子 1、算子 2 跟个性化推荐完全一样，这里不再讲解。下面只针对算子 3 来进行说明。

前面一节已经讲解过怎样计算视频相似度，在这里简单描述一下计算视频相似度的业务流程。

当消息队列中有新视频注入时，从节目倒排索引表中将所有节目及其标签取出，并计算其与新注入节目的相似度，得到最终的 top$N$ 个最相似的节目。这个相似推荐列表会插入 HBase 一份（具体的数据结构见图 26-13），同时通过 Kafka 消息队列插入一份到 Redis 中，插入 Redis 的这份作为最终推荐结果，供接口调用返回前端提供给用户。插入 HBase 的这份相似推荐会用于实时个性化推荐，根据用户的实时行为更新用户推荐列表，具体操作会在下一节实时更新策略中讲解。

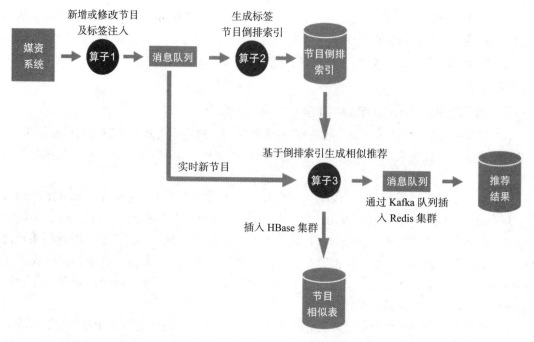

图 26-12 基于标签的相似视频推荐整体架构

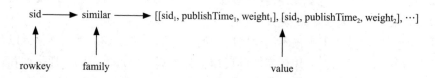

图 26-13 相似视频在 HBase 中的数据结构

下面针对单个节目如何利用 Spark Streaming 来计算 $topN$ 相似度做简单说明。首先将所有需要与节目 A 计算相似度的节目取出存放到一个 RDD（Resilient Distributed Dataset，Spark 中的概念）中，在计算时，所有节目分布在 N 个 Partition 中，我们分别计算 A 与每个 Partition 中节目的 $topN$ 相似度，最终将 N 个 Partition 中 $topN$ 相似度合并，获得最终的 $topN$ 推荐，整个过程见图 26-14。

对于新闻、体育等时效性要求高的短视频，没必要将库中所有的视频都取出来，只需要取最近几天的就可以了，这样可以大大减少计算量。即使取出来了也可以先过滤掉不包含 A 节目标签的节目（因为是基于标签计算相似度，如果 B 节目的标签跟 A 节目的标签都不一样，相似度肯定为 0），再计算相似度也会少好多计算量（因为标签是稀疏的）。

除了上面的计算外，还需要处理一种情况，即更新已经计算过相似度的视频的相似度列表，因为新加入的节目 A 与节目 B 的相似度可能比 B 的相似度列表中的节目更大，这时更新 B 的相似度列表就是必要的。此处我们不讲具体更新策略，在下一章会有很详细的讲解。

用 Spark 做这个更新的过程是类似的，只是实现方式不一样。

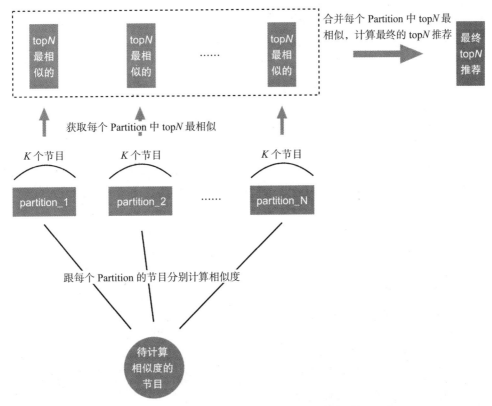

图 26-14　基于 Spark Streaming 计算 top$N$ 相似度算法逻辑

　　上面讲到的整体架构是实时为新视频生成相似推荐列表。当我们第一次启动工程或为新的短视频类型做相似推荐时，就需要一次性计算所有的视频相似度。可行的方法有两个：一是将所有视频导入到消息队列中，采用实时计算相似度的程序计算；另外一种方式是实现一套离线的计算相似度的程序，但只用于工程启动或新增视频类型第一次计算相似度的情形。第一种方法可能在一段时间内会导致队列堆积，特别是视频总量比较大的情况下。笔者所在团队采用的是第二种方案。

26.3.3　主题推荐

　　为用户生成主题推荐的整体架构跟个性化推荐类似，我们需要获取用户的一批偏好标签，通过标签再关联到一组节目。唯一的不同是，个性化推荐会将所有标签及标签关联的节目根据权重合并在一起，形成一个汇总的推荐列表，而主题推荐是将每个偏好标签形成一个主题，每个标签关联的节目就是这个主题的推荐。主题推荐相比于个性化推荐的工程实现更加简单，这里不再赘述。

26.4 个性化推荐的召回与排序策略

上一节讲解了怎样基于用户画像和节目标签倒排索引为用户做个性化推荐，重点聚焦在怎样根据用户兴趣偏好来生成满足用户兴趣偏好的推荐。

本节将深入介绍怎样利用更多的召回策略来为用户生成更加多样化的推荐，覆盖用户多样化的兴趣需要，同时讲解怎样实时捕捉用户的兴趣变化。短视频的时长短，很有必要提供多样化推荐的策略。只根据用户兴趣推荐会导致"越推荐越窄"的现象，不利于内容的分发及用户体验的升级。通过推荐多样化的内容，既可以拓展用户的兴趣空间，也有利于内容分发。

图 26-15 是短视频推荐召回和排序的流程，首先通过多种召回策略来为用户生成推荐，然后通过排序策略将这些内容糅合在一起推荐给用户。下面分别对召回策略和排序策略进行讲解。

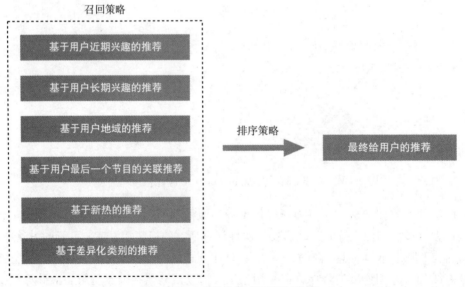

图 26-15　个性化推荐召回与排序

26.4.1　召回策略

对于短视频来说，除了基于用户的兴趣来为用户做推荐外，还可以通过多种方式来为用户做推荐。具体来说，可行的召回策略至少有以下 6 类。

1. 基于用户近期兴趣的召回

对于短视频来说，特别是新闻，用户的兴趣是随着时间变化的，用户的兴趣也会受到热点事件的影响，所以我们有必要基于过去较短时间（几天甚至更短时间内）生成用户的兴趣画像，在推荐中整合用户的近期兴趣。

2. 基于用户长期兴趣的召回

用户的兴趣也是稳定且缓慢变化的，这就要求我们可以为用户生成较长期（几个月或更长时间）的兴趣画像，在推荐中整合用户长期兴趣。

3. 基于用户地域的召回

电视猫 APP 中，我们根据用户 IP 可以知道用户所在地区，很多内容是有地域属性的，用户也倾向于关注本地相关的信息，所以我们可以基于用户所在地域，为用户召回匹配特定地域的内容（部分内容是有地域标签的，即使没有地域标签，我们也可以统计某个地区播放 top 榜，进而获得该地区的热门节目）。

4. 基于用户最后一个节目的关联召回

用户最后喜欢的节目（用户看完了，有强烈的喜欢偏好），代表了用户最近的兴趣点，我们完全可以猜测用户喜欢该节目的相似节目，所以我们可以将与该节目相似的节目推荐给用户作为召回。电视猫实时个性化推荐采用了该召回策略。

5. 基于新热的召回

人对未知的好奇决定了人对新的东西会感兴趣，而人从众的一面又决定了我们很大概率会喜欢大家都喜欢的东西。所以为用户召回新热内容是一种非常保险的策略。一般这类召回也会作为新用户的默认推荐，用于解决冷启动问题。

6. 基于差异化类别的召回

为了避免给用户推荐的内容太窄，我们有必要为用户推荐多样化的内容，挖掘用户新的兴趣点。我们可以将内容按照标签分成多类（不同类的内容差异性要大），从每类中随机筛选出几个节目汇总起来形成一个"大杂烩"，这也是一种满足用户多样化需求的召回策略。

对于某些产品，如果有关注某个频道或某个作者的功能，这些频道或作者来源的内容也可以作为一种召回策略。另外，时间对用户的兴趣也是有影响的，不同的内容可能适合在不同的时段观看，所以也可以基于时间为用户生成相关的推荐作为一种召回策略。

26.4.2　排序策略

了解了各种可行的召回策略，这么多的召回方案召回的节目怎样推荐给用户呢？肯定是不可能一股脑儿都推荐给用户的。我们需要对这些召回的内容进行整合、过滤、筛选、排序，形成一个更加精细化的列表推荐给用户，这就是排序策略需要解决的问题。排序策略最终的目的是提升推荐列表的点击率，提升用户体验。一般来说，排序策略可以分为基于规则的排序和基于模型的排序，这里分别做简单介绍。

1. 基于规则的排序

基于规则的排序主要是基于运营或人工策略来进行排序，比较主观，需要一定的业务常识和行业经验。比如可以从上面的 6 种召回策略中每种取一个，循环选取，直到满足最终给用户推荐的数目为止。假设下面 A、B、C、D、E、F 是 6 个召回列表，那么 Rec 就是按照上面循环排序的策略。

$$A = \{A_1, A_2, A_3, \cdots\}$$
$$B = \{B_1, B_2, B_3, \cdots\}$$
$$C = \{C_1, C_2, C_3, \cdots\}$$
$$D = \{D_1, D_2, D_3, \cdots\}$$
$$E = \{E_1, E_2, E_3, \cdots\}$$
$$F = \{F_1, F_2, F_3, \cdots\}$$
$$\text{Rec} = \{A_1, B_1, C_1, D_1, E_1, F_1, A_2, B_2, C_2, D_2, E_2, F_2, A_3, \cdots\}$$

上面只是给出了一种最直观简单的排序策略，根据不同的产品形态及业务形式还有其他各种不同的排序和合并策略，比如，可以给不同的队列不同的权重，采用一定的概率选择一个队列，不同队列也可以选择不同数量的节目。

2. 基于模型的排序

基于模型的排序，方法跟上面的规则不一样，它是通过用户行为数据训练一个机器学习模型的（logistic 回归、深度学习等），该模型可以为每个"〈用户、节目〉对"输出一个用户对该节目偏好的概率或评分，最终会根据所有召回队列中节目的概率或评分来降序排列，并将排在前面的 top$N$ 推荐给用户。

基于模型的方法更加客观可靠，不会受到很多主观因素的影响，可以整合用户在产品上的所有行为数据及用户自身和标的物的数据，一般来说效果会更好。

不同召回策略可能会召回重复的内容，我们在排序阶段还需要考虑对重复内容的过滤。排序策略还跟具体的产品交互方式有关，比如今日头条 APP 采用下滑的方式，每次下滑更新 17 ～ 18 条新的内容，这 17 ～ 18 条新内容就是根据各类召回策略来为用户统一提供推荐的。对于电视猫这类 OTT 端的采用遥控器交互的产品，则采用图 26-1 这种"无限"右滑的方式来跟用户交互更好。

讲解完召回和排序策略，下面以电视猫短视频个性化推荐为例，详细讲解怎样基于用户实时行为为用户近实时地更新推荐列表。

26.4.3 电视猫个性化推荐实时更新策略

下面对电视猫短视频实时个性化推荐的排序方案进行简单描述，供读者参考。电视猫的推荐分为离线推荐和实时推荐两部分。在离线阶段，每天会基于上述规则生成推荐列表，为用户推荐 200 个节目。用户在使用过程中，电视猫会实时更新用户的推荐列表，整合用户实时的兴趣变化。

图 26-16 所示是电视猫实时更新的架构图，算子 1 根据用户行为日志生成实时用户行为信息并同步到消息队列，算子 2 从消息队列获取待更新的用户及操作行为，按照一定的

规则来更新原来的推荐列表。在 HBase 中会备份一份推荐列表，在具体更新某个用户的推荐时读取 HBase 中该用户的推荐列表，对推荐列表进行调整，整合用户实时兴趣变化，调整完后更新到 HBase 中，同时再通过 Kafka 同步一份到 CouchBase 中，供推荐接口返回前端展示给用户，这样用户的推荐列表就真正更新了，用户就可以感知到推荐的实时变化了。

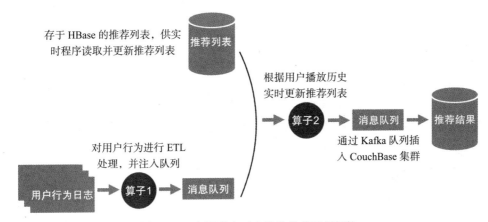

图 26-16　电视猫实时个性化推荐更新架构

下面来讲解如何根据用户最近的行为更新推荐列表。我们将把给用户推荐的 200 个视频看成是一个环（见图 26-17），每 20 个节目看成一页，当用户起播时，根据用户在第一页的播放行为更新第二页的推荐结果（第一页 20 个节目中用户会播放自己感兴趣的，不感兴趣的会跳过，每一页的内容是根据离线阶段用不同的召回策略及规则排序策略生成的）。我们采用 Spark Streaming 来处理，假设 5 秒是一个窗口（Window），当在下一个窗口进行计算时，在第二页最前面插入用户在第一页感兴趣的节目的相似节目，插入的节目数量跟用户在第一个窗口播放过的加上跳过的一样多，同时第一个窗口播放过的和跳过的节目

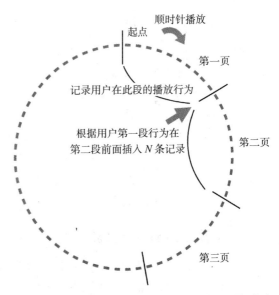

图 26-17　电视猫实时个性化短视频推荐的更新方案

从环中剔除，由于删除的和插入的一样多，总队列还是会保持 200 个节目。这时从当前用户播放的位置开始是新的第一页，回到了队列最初的状态，整个过程是一个可以"无限右滑"的环。

26.5 冷启动策略

基于标签的相似视频推荐可以很好地规避冷启动问题，因为任何新注入的视频都是包含标签的，并且我们是近实时地为新节目计算相似视频，在极短的时间内就会为新节目计算出相似推荐。本节讲解实时个性化推荐冷启动策略。

因为是基于内容的推荐，冷启动问题没有那么严重，只要用户看过一个视频，这个视频的标签就是用户的兴趣标签，我们可以为用户推荐具备该标签的节目。但是，如果用户一个节目都没看，那要怎样为用户做推荐呢？我们可以采用如下 3 大策略：

- ❑ 利用新热节目作为推荐。
- ❑ 基于用户特征（比如用户地域）来为用户生成相关推荐列表。
- ❑ 从所有视频中选择具备不同类别标签的视频推荐给用户，总有一款是用户喜欢的。

26.6 未来优化方向

基于标签的推荐算法在电视猫 APP 上整体效果还不错，人均播放节目数近 100 个，人均播放时长近 1 小时，但是还有很多地方是可以做得更好的，现在列举一些可能的优化点，作为后续优化的方向，也供读者参考。

26.6.1 增加模型排序模块

虽然该算法有很多召回策略，但是最终排序展示给用户时是根据人工规则进行的，实时更新也是基于规则的，多少有些主观，可行的优化方向是增加一层实时模型排序算法，将多个人工召回策略丢给排序模块进行算法排序，再将排序好的结果推荐给用户。

基于模型的排序策略是根据用户点击行为及各类特征进行训练的，可以更好地反应用户点击的情况，增加用户的点击概率。Google 提出的 FTRL（Follow-the-regularized-Leader）算法可以有效地构建实时的排序模型，对多类召回结果进行排序，目前在国内互联网公司有大量应用案例，有兴趣的读者可以阅读本章参考文献 [11]。此外，很多深度学习算法（如 Wide & Deep）也大量用于推荐排序中。

26.6.2 对重复的节目做过滤

新闻、短视频类 APP 会从不同源获取相关内容，不同来源的内容有可能是重复的，解决重复问题的简单方法是通过标题来判定两个内容是否重复。此方法相对简单，但是某些时候不一定可靠，比如两个视频标题差别较大，但实际上内容是重复的，这时就需要通过视频内容来判定是否重复了，这样处理成本相对较高，而通过标题来判断内容是否重复所需的成本相对较低，精度也可以接受。

处理重复的方法一般有两种：事先处理和事后处理。事先处理就是在新视频入库时，从所有节目库中排查是否有重复的节目，如果有就丢弃，否则插入。一般可以为每个视频生成信息指纹，方便进行比对。事后处理就是在生成推荐列表后，再做一次过滤，将重复的视频去掉，只保留其中一个。

26.6.3　整合用户负反馈

如果用户播放某个视频时直接切换到下一个，或者播放很短时间就停止播放了，这是用户不喜欢该视频的信号。在基于标签的算法中，我们怎样整合这种负反馈呢？一种可行的策略是，对该视频包含的标签做负向处理，即如果用户画像中包含该标签，那么我们可以从该标签的权重中减去一个数值，代表对该标签的"惩罚"。目前在电视猫的短视频推荐算法中是没有整合负反馈机制的。

26.6.4　针对标签的优化

基于标签的推荐算法，标签的质量直接关系到推荐的质量。在实际业务中，标签仍存在一些问题，主要表现为以下几个方面：

1）标签之间是有相关关系的，比如恐怖和惊悚就有相似的含义。

2）有些标签出现特别频繁，而有些标签又很少出现。

针对第一个问题，我们可以尽量将意思相近的标签合并，让不同标签的意思有一定的区分度。针对第二个问题，我们可以剔除掉很少出现的标签（比如只有几个视频才有的标签），这些标签有可能是脏数据，对计算相似度帮助不大；出现太过频繁的标签（非常多的节目具备该标签）区分度也不大，建议也将其剔除掉，不参与计算推荐。

26.7　本章小结

到此为止，基于标签的实时视频推荐系统就讲完了，整个算法及工程实现都是基于电视猫短视频推荐的实践经验总结的（当前电视猫的短视频推荐算法已经有了重大升级，不过大体思路还是类似的，所以本章也具备较大的参考价值）。

基于标签的算法是一类非常常用的推荐算法，算法原理简单，可解释性强，也易于实现实时个性化推荐，所以在真实业务中已被大量使用。从笔者团队的使用经验来看，基于标签的推荐算法效果还是很不错的，今日头条的推荐也是将基于标签的推荐算法作为核心模块之一。

基于标签的推荐算法最大的问题是强依赖于标签的质量，标签质量的好坏直接影响算法效果。要想做好标签推荐，需要根据相关业务事先定义好一套完善的标签体系，这需要投入极大的人力成本，并且对团队 NLP 方面的技术也有较高的要求。

参考文献

[1] Ernesto Diaz-Aviles，Lucas Drumond，Lars Schmidt-Thieme，et al. Real-Time Top-N Recommendation

in Social Streams [C]. [S.l.]:RecSys，2012.

[2] Yanxiang Huang，Bin Cui，Wenyu Zhang，et al. TencentRec:Real-time Stream Recommendation in Practice [C]. [S.l.]:SIGMOD，2015.

[3] Yanxiang Huang，Bin Cui，Jie Jiang，et al. Real-time Video Recommendation Exploration [C]. [S.l.]:SIGMOD，2016.

[4] Zuo Yi，Zeng Jiulin，Gong Maoguo，et al. Tag-aware recommender systems based on deep neural networks [C]. [S.l.]:eurocomputing，2016.

[5] Karen H L Tso-Sutter，Leandro Balby Marinho，Lars Schmidt-Thieme. Tag-aware recommender systems by fusion of collaborative filtering algorithms [C]. [S.l.]:SAC，2018.

[6] Zhenghua Xu，Thomas Lukasiewicz，Cheng Chen，et al. Tag-Aware Personalized Recommendation Using a Hybrid Deep Model [C]. [S.l.]:IJCAI，2017.

[7] Iván Cantador，Alejandro Bellogín，David Vallet. Content-based recommendation in social tagging systems [C]. [S.l.]:RecSys，2010.

[8] Yudan Liu，Kaikai Ge，Xu Zhang，et al. Real-time Attention Based Look-alike Model for Recommender System [C]. [S.l.]:KDD，2019.

[9] Nathan Marz，James Warren. Big Data Principles and Best Practices of Scalable Realtime Data Systems [C]. [S.l.]:MANNING，2015.

[10] Mihajlo Grbovic，Haibin Cheng. Real-time Personalization using Embeddings for Search Ranking at Airbnb [C]. [S.l.]:KDD，2018.

[11] H Brendan McMahan，Gary Holt，D Sculley，et al. Ad Click Prediction:a View from the Trenches [C]. [S.l.]:KDD，2013.

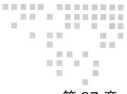

基于 Erlang 语言的视频相似推荐

第 3 章介绍了基于内容的推荐算法的实现原理，本章会介绍一个基于内容的相似推荐算法的实现案例。该案例实现的是笔者在 2015 年基于 Erlang 语言开发的视频相似推荐系统，此系统从开发完成就一直在笔者公司的多个产品线中使用，已使用 5 年，效果还相当不错。

本章会从什么是视频相似推荐系统、算法原理及实现细节、此项目的问题与难点、为什么用 Erlang 语言开发、系统架构与工程实现、核心亮点、未来优化方向、个人收获与感悟等 8 个方面来讲解。

通过学习本章，读者可以深入了解基于向量空间模型的相似推荐算法的原理及实现细节、对 Erlang 语言特性也会有基本的了解，同时会对实现一个简单高效的 Master/Slaver 架构的分布式计算框架的原理和工程细节有基本的概念。

本章不要求读者懂 Erlang 语言，不懂 Erlang 语言也可以完全理解所讲内容。Erlang 语言虽然是一个小众语言，但其核心思想是值得读者了解的。熟悉分布式 Master/Slaver 架构对读者更好地学习 Hadoop/Spark 等大数据框架也是大有裨益的。

27.1　视频相似推荐系统简介

笔者所在公司从事智能电视 / 智能机顶盒上的视频业务，主要产品是电视猫 APP。由于智能电视主要依赖遥控器操作，所以操控不是很方便，产品对推荐系统的依赖会更大。相似推荐就是为每个视频关联一组相似（或者有一定关联关系）的视频。具体产品形态见图 27-1 和图 27-2。

图 27-1 电视猫电影详情页的相似影片

图 27-2 电视猫奇趣短视频的关联推荐

　　电视猫的产品包括长视频（电影、电视剧、动漫、少儿、纪录片、综艺这 6 种）和短视频（资讯、奇趣、游戏、体育、戏曲、音乐这 6 种）两大类，我们需要为每类视频类型的节目关联一组相似推荐（在同一类别中做推荐，如电影的相关推荐只能是电影，体育的相关推荐是体育等）。

　　具体怎样计算相似度呢？我们是基于视频的 metadata 信息来计算两个视频之间的相似度的，利用相似度从高到低来排序，然后获取某个视频最相似的 topN 作为关联或相似推荐。

　　这里要提一下，虽然长视频和短视频采用同一套算法体系，但是由于视频类型不一样，前端的产品形态是不一样的。由于短视频单片时长较短，一般几分钟就播完了，所以短视频的关联推荐采用的是信息流的方式，播放原视频，它关联的视频会作为信息流播放，这样整体用户体验会好很多（这就是图 27-1 和图 27-2 虽然都是相似推荐，但是产品形态不一样的原因）。

　　相信通过上面的介绍读者对视频相似推荐的产品形态已比较清楚。下一节将讲解具体的算法实现细节。

27.2　相似推荐算法原理及实现细节

视频一般是具备结构化信息的，视频公司大都会有 CMS（Content Management System，内容管理系统），该系统通常含有媒资库，在媒资库中针对每个节目会有标题、演职员、导演、标签、评分、地域等维度数据，这类数据一般存放在关系型数据库（如 MySQL）中。对于这类数据，我们可以将一个字段（也是一个特征）作为向量的一个维度，这时可用向量表示视频，每个维度的值不一定是数值，但是形式还是向量化的形式，即所谓的向量空间模型（VSM，Vector Space Model）。我们可以通过如下的方式计算两个视频的相似度。

假设两个视频的向量表示分别为：

$$V_1 = (p_1, p_2, p_3, \cdots, p_k)$$
$$V_2 = (q_1, q_2, q_3, \cdots, q_k)$$

这时这两个视频的相似度可以采用如下公式计算：

$$\mathrm{sim}(V_1, V_2) = \sum_{t=1}^{k} \mathrm{sim}(p_t, q_t)$$

其中 $\mathrm{sim}(p_t, q_t)$ 代表向量的两个分量 p_t 和 q_t 之间的相似度。可以采用 Jacard 相似度等方法计算两个分量的相似度。上面的公式中还可以针对不同的分量采用不同的权重策略，公式如下：

$$\mathrm{sim}(V_1, V_2) = \sum_{t=1}^{k} w_t \times \mathrm{sim}(p_t, q_t)$$

其中 w_t 是第 t 个分量（特征）的权重，具体权重的数值可以根据对业务的理解来人工设置，或者利用机器学习算法训练学习得到。

有了上面的计算公式，我们就知道该怎样计算两个视频的相似度了。但是上面的公式中也有未解决的问题：对于某一个具体的维度，我们该怎样计算相似度呢？

上式中的 p_i、q_i 分别代表两个视频第 i 个维度的值，可以是数值、字符串等。下面列举一下针对不同的分量怎样计算分量之间的相似度（下面列举的相似度计算方法都是非常直观简单的方法，也是笔者最初采用的方法，其他合理计算方法也是可以的）。

27.2.1　年代

假设两个视频 V_1、V_2 的年代分别是 Y_1 和 Y_2，计算年代这个维度的相似度时可以采用如下分段函数表示：

$$\mathrm{sim}(Y_1, Y_2) = \begin{cases} 1.0, & Y_2 \geqslant 2020 & (1) \\ 0, & Y_2 \leqslant 0 & (2) \\ \exp\left(-(2020 - Y_2) \times \dfrac{2020 - Y_2}{2500.0}\right), & 0 < Y_2 < 2020 & (3) \end{cases}$$

其中（1）、（2）是剔除掉无效的 Y_2 值，（3）给出的是 Y_2 在 0 ～ 2020 年之间的一个计算公式，Y_2 值越大，最终的相似度越大。这里，相似度与 Y_1 无关（所以严格来说，不叫作相似度，而是贡献度，下面类似，不再说明，直接用相似度来描述），在其他条件相同的情况下，越是近期拍摄的视频权重越大。

27.2.2 标题

假设有两个视频 V_1、V_2，T_1 和 T_2 分别是这两个视频的标题，首先我们可以通过分词或关键词提取算法针对 T_1 和 T_2 提取关键词，如下：

$$S_1 \to \{K_{11}, K_{12}, \cdots, K_{1n_1}\}$$
$$S_2 \to \{K_{21}, K_{22}, \cdots, K_{2n_2}\}$$

其中 S_1、S_2 分别是 T_1、T_2 提取关键词后的集合，那么我们可以用如下 Jacard 相似度来计算 T_1 和 T_2 之间的相似度：

$$\mathrm{sim}(T_1, T_2) = \frac{|S_1 \bigcap S_2|}{|S_1 \bigcup S_2|}$$

这里涉及很多 NLP 方面的技术和专业知识。首先我们需要有视频行业相关语料才能保证分词准确，另外标题可能是杂乱无章的，比如很多电影标题中包含粤语版、英语版、新传、第三季等对相似度价值不大的词或词组，这些都需要借助规则或 NLP 技术做预处理，才能得到较好的关键词提取效果，最终才会有较好的相似度计算效果。

对于标签，可以采用跟上面的标题一样的计算方法，因为可将从标题提取的关键词看成标签。演职员中的每一个名字都可以看成一个标签，所以可以采用跟标签类似的方法计算相似度。此处我们不再细说标签和演职员是怎样计算相似度的了。

27.2.3 地域

假设有两个视频 V_1、V_2，A_1 和 A_2 分别是这两个视频的出品地，我们可以用如下公式来计算这两个视频在地域维度的相似度。

$$\mathrm{sim}(S_1, S_2) = \begin{cases} 1.0, & A_1 = A_2 \\ 0.0, & A_1 \neq A_2 \end{cases}$$

对于这个公式，我们可以考虑得更复杂一点，将地区按照语言、地域等分类，比如北美、东欧、东南亚等，当两个视频的地域完全一样时相似度为 1，当两个视频的出品地在同一个地区分类时，相似度为 0.5（或其他大于 0 且小于 1 的值，开发人员根据业务经验自己定义该值），否则为 0，这样会更加精确合理。

通常情况下，视频一般只有一个导演，导演的相似度可以用类似地域一样的方法进行计算。

27.2.4　豆瓣评分

假设有两个视频 V_1、V_2，S_1 和 S_2 分别是这两个视频的豆瓣评分（豆瓣评分是 $0 \sim 10$），下面的公式会给出视频 V_2 在豆瓣评分这个维度的贡献度，评分越高，贡献度越大。

$$\text{sim}(S_1, S_2) = \begin{cases} 0.0, & S_2 < 0 \text{ 或 } S_2 > 10 \\ S_2/10, & 0 \leqslant S_2 \leqslant 10 \end{cases}$$

27.2.5　是否获奖

假设两个视频为 V_1、V_2，P_1 和 P_2 分别是这两个视频所获的奖项，那么可以简单用下面的公式来计算视频 V_2 在获奖这个维度上的贡献度，当然计算公式可以更加复杂，对不同奖项区别对待，级别更高的奖项可以给出更高的贡献度。

$$\text{sim}(P_1, P_2) = \begin{cases} 1.0, & P_2 \neq \text{null} \\ 0, & P_2 = \text{null} \end{cases}$$

上面从几个内容维度介绍了怎样计算两个视频在该维度的相似度（或者贡献度），笔者在实际项目中用到的维度比这里更多，但是计算原理类似，这里不再一一列举。另外，在实际应用中，具体的计算和处理逻辑会更复杂，比如对于标签相似度，标签之间是有相似关系的（如惊悚和恐怖，它们是相似的）。上面的方法没有考虑到标签之间的这种相似关系，而是将它们看成不同的标签，计算相似性多少有点简单。实际上，笔者在项目中用到了数学中等价类的思想，将很相似的标签看成是同一类，在同一类的标签之间是有相似度的，如果一个电影的标签是恐怖，另外一个电影的标签是惊悚，按照上面的计算方法相似度是 0，而按照等价类的思路，相似度是大于 0 的。此外，对某些类别的视频加上一些规则性的东西，可以更好地适应不同类别内容的相似计算。提升效果的处理方法还有很多，这里不再细说。

27.3　实现视频相似推荐系统的问题与难点

该项目最早（2012 年年底）是采用 Java 开发的，我们写了一个单机程序，当时视频量还比较少，也没有这么多视频类别，基本足以支撑。当后面加入越来越多的视频类别，每类视频数量也越来越多时，单机计算的性能就出现瓶颈了。当时采用的应对方案是将视频按照类别分成几组，每一组采用一个 Java 线程计算，虽然某种程度上可以做到并行计算，但是每个视频类型的数量及增长速度是不一样的，人工按照类型拆开分布不够均匀，问题比较多。回顾之前的设计存在的问题，总结一下，基于该算法的视频相似推荐主要有以下几个难点。

27.3.1　数据量大，增速快

前面讲到我们的长短视频加起来大概有 12 个类别，共几百万条视频。对于短视频来说，特别是资讯、体育类短视频，每天都有大量（万级）新增的视频。

第一次全量计算所有节目的相似度时，由于需要计算的节目太多，必须采用分布式计算，否则计算速度太慢，单机可能要花几个月的时间才能完全算完。

27.3.2 需要实时计算

在电视猫 APP 上，在各类短视频站点树中，视频一般按照时间顺序排列，新的短视频放在最前面，用户更容易看到。所以对于新增的视频，我们需要实时计算出相似的视频，否则只能用默认推荐代替相似推荐，效果肯定不会太好。

27.3.3 计算与某个视频最相似的视频需要遍历所有视频

我们一般只关联推荐同一大类的视频，但是各个类别的视频数量是极不均衡的，电影有 1 万～ 2 万部，资讯大概有上百万条。在为某个资讯计算与它最相似的 N 个资讯时，我们需要遍历所有其他的资讯才能找到最相似的 N 个，而设计这个遍历过程对计算时间有很大影响。

27.3.4 需要更新已经计算视频的相似度

对于新入库的视频 A，我们需要计算它的相似推荐，同时，对于某个已经计算好相似推荐的视频 B，如果新加入的视频 A 与视频 B 的相似度高于视频 B 原来计算好的 top$N$ 最相似视频中某个视频的相似度，那么就需要更新视频 B 的相似度列表，将视频 A 添加进去，同时要删除视频 B 原来的相似列表中相似度最低的视频。每个新视频的加入都有可能影响很多已经计算过相似度的视频，因此，在短时间内快捷地查找出这类需要更新相似度列表的视频也是一个挑战。

前面对相似视频推荐的算法原理及难点做了比较细致的讲解。为了实现该算法，克服这些难点，笔者基于 Erlang 语言完美地解决了这些问题，在讲解怎样利用 Erlang 语言在工程上实现上面的算法之前，我们先对 Erlang 语言做一些粗略的介绍，以方便读者更好地理解 Erlang 语言的特性，这些特性使得 Erlang 语言非常适合解决该算法的架构和工程实现问题。

27.4 为什么要用 Erlang 语言开发

Erlang 是一种非常特别的函数式语言，它有很多特性，比如天生支持分布式，自带的 OTP 框架非常适合开发高效稳定的应用程序，自带很多函数（类似 Spark 中的 Transformation、Action），非常容易进行一些数据操作等。这些特点决定了它非常适合开发一套简单的分布式实时计算系统。下面对 Erlang 语言进行简单的介绍。

27.4.1 Erlang 语言简介

Erlang 是一种通用的面向并发的编程语言，它由瑞典电信设备制造商爱立信所辖的 CS-Lab 开发，目的是创造一种可以应对大规模并发事件的编程语言和运行环境。Erlang 问世于

1987 年，经过 10 年的发展，于 1998 年发布开源版本。Erlang 是运行于虚拟机上的解释性语言。在编程范型上，Erlang 属于多重范型编程语言，涵盖函数式、并发式及分布式。

Erlang 是一个结构化、动态类型的编程语言，内建并行计算支持。因为最初它是由爱立信专门为通信应用设计的，比如控制交换机或变换协议等，因此非常适用于构建分布式、实时并行计算系统。使用 Erlang 编写出的应用程序运行时通常由成千上万个轻量级进程组成，并通过消息传递互相通信。对于 Erlang 来说，进程间上下文切换非常简单，比 C 语言的线程切换要高效得多。Erlang 语言在电信行业应用非常广，目前在国内的游戏界、金融行业及云计算行业也都有使用案例。

27.4.2　Erlang 语言的特性

Erlang 语言虽然开发于 20 世纪 80 年代，但它有很多思想是非常超前的，在当前云计算时代具有非常实用的价值，在编程语言大军中独树一帜。这些特性也是笔者选择利用 Erlang 语言开发视频相似推荐系统的主要原因之一。下面列举一些 Erlang 语言的主要特性。

1. 函数式编程及部分语法特性

Erlang 是一个函数式编程语言，既可以将函数作为参数传入其他函数，也可以作为函数的返回值。

Erlang 语法比较特殊，它通过递归来实现迭代逻辑，没有类似其他语言中的 while 和 for 循环结构。Erlang 的变量跟数学中的类似，只能单次赋值，不可重复赋不同值。Erlang 的模式匹配能力也非常强大，它内置了很多数据类型及操作函数，可辅助用户更好地进行函数式编程。

2. 并发模型

Erlang 是一个高并发语言，天生支持高并发，它实现了 Actor 并发编程模型，进程间通信通过消息传递进行，高效、自然、可靠。Erlang 语言将并发模式作为自己的核心特性，便于构建分布式处理逻辑，该语言设计之初就充分利用了多核处理器性能，非常适合在现代服务器上构建分布式应用。

3. 跨平台

Erlang 语言与 Java 类似，采用虚拟机来解释执行代码，Erlang 的 beam 虚拟机负责解释执行代码，因此具备跨平台特性，一次编译到处运行。

4. 错误处理

Erlang 是一个高容错的编程框架，它对错误处理有两个设计哲学：

1）让另外一个程序来解决错误。

2）如果出错就让程序崩溃并重新启动。

第一个设计哲学将错误"外包"给另外一个专门的程序监控和处理，这样原来的程序就可以将核心放到处理逻辑上。这个监控程序可以放到另外一台机器上，如果原来的程序所在的机器宕机了，监控程序也可以发现问题。基于第二个设计哲学，既然处理逻辑和处理错误的程序分离了，如果处理逻辑的程序中断了（一般也是遇到偶发情况或传入非法参数等原因中断），处理错误的程序就可以让它重新启动，这样系统就又可以正常运行了。这一设计哲学跟我们熟知的"重启可以解决90%以上的问题"不谋而合。

5. OTP 框架

OTP 是整合在 Erlang 中的一组库程序。OTP 构成 Erlang 的行为机制（Behavior），用于编写服务器、有限状态机和事件管理器。不仅如此，OTP 的应用行为（The Application Behavior）允许程序员把写好的 Erlang 代码打包成一个单独的应用程序；监测行为（The Supervisor Behavior）允许程序员创建树状结构的进程依赖链，在某个进程中断后，它的监控进程（父进程）会重新启动它，使之复活。

OTP 提供大量通用的库程序，可以轻松创建具有高度容错、热切换等功能的高质量的高效程序。开发者可以通过 OTP 获得如下好处：

❑ 通用服务器、有限状态机、事件管理器。

❑ 标准化应用程序结构。

❑ 代码热切换。

❑ 监测树行为机制，让你的进程永不"罢工"。

OTP 是在 Erlang 之上构建系统平台的标准方式。大型 Erlang 项目，如 ejabberd、CouchDB 等，都是基于 OTP 开发的。我们的视频推荐系统也大量利用 OTP 的各种行为机制，在构建系统平台时只需要实现核心接口，进程间的调用、监控等通过 OTP 的行为机制很容易做到。

6. 内嵌的 Mnesia 数据库

Mnesia 是内嵌于 Erlang 的一款容错的、分布式可拓展的交易型数据库，数据按照表来组织，类似于关系型数据库，数据可以存在内存或磁盘中，并且有一套自己的非常方便的查询语言，可以对数据进行方便快捷的读写查询等操作。

27.4.3 选择 Erlang 语言开发视频相似推荐系统的原因

基于以上对 Erlang 语言的介绍，这里简单介绍一下该项目采用 Erlang 语言来开发的主要原因。

1. Erlang 语言有较好的互联网应用

大家耳熟能详的互联网软件，如 CouchBase、CouchDB（Apache 基金会上的一款文档型数据库，类似 MongoDB）、RabbitMQ（消息队列中间件），还有基于 XMPP 协议的 IM 开源软件 ejabberd 等非常流行的软件都是基于 Erlang 语言开发的，它们在工业界有大量应用案例。

另外大家可能知道，在 2014 年左右，WhatsApp 只有 50 多位工程师支撑着近 5 亿的月活用户规模，在当年它被 Facebook 以 190 亿美元收购。而该公司用到的编程语言正是 Erlang（见

本章参考文献 [1]）。笔者当时看到这个消息时非常震惊，因而对 Erlang 语言也越发推崇了。

2. Erlang 语言的几个特性非常适合该项目

Erlang 语言的特性是构建视频相似推荐系统的核心基础，这里重点讲一下对开发视频相似推荐系统非常重要的一些特性。

Erlang 屏蔽了跨服务器交互的细节，内嵌了跨服务器访问的 RPC 及网络交换函数，跨服务器交互与本地交互基本一样，所以非常适合开发分布式程序，能够快速扩展。

Erlang 自带非常多的数据处理函数，方便对 Set、List、Map、字符串等数据结构进行各类操作。Erlang 包含 ETS、DETS 等键 – 值分布式数据结构及嵌入式数据库 Mnesia，非常方便对数据进行读写等操作。

Erlang 的 OTP 框架和错误处理机制也非常强大，适合开发稳定、高效的应用程序。

正是因为 Erlang 语言有这些成功的软件产品、优秀的应用案例以及非常卓越的特性，让我们最终决定采用 Erlang 来开发视频相似推荐系统。对 Erlang 语言有兴趣的读者可以阅读本章参考文献 [2]，这是 Erlang 的作者写的一本全面介绍 Erlang 编程的书，非常值得一读。

27.5　系统架构与工程实现

前面对相似视频的算法实现细节及 Erlang 的特性做了完整的介绍，本节就来详细讲解怎样基于 Erlang 的一些特性从工程上实现一个高效的、分布式的 Master/Slaver 架构的视频相似推荐系统。

首先给出视频相似推荐的架构图（见图 27-3），再针对每个模块详细说明实现细节。

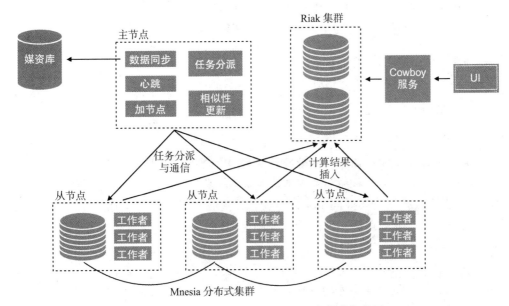

图 27-3　基于 Erlang 语言的视频相似推荐架构图

另外，整个项目的工程目录如图 27-4 所示，这里简单解释一下：conf 是配置文件相关目录，doc 是文档相关目录，ebin 是编译文件目录，log 是日志目录，Mnesia.helios@Platform-recommended-couchbase11 是 Mnesia 数据存储目录，out 是输出目录，RelevanceRecommend.*、similarity_computing.app 是工程启动及配置相关文件，src 是源码。

```
.
├── conf
├── doc
├── ebin
├── include
├── log
├── Mnesia.helios@Platform-recommended-couchbase11
├── out
├── priv
├── RelevanceRecommend.boot
├── RelevanceRecommend.iml
├── RelevanceRecommend.rel
├── RelevanceRecommend.script
├── similarity_computing.app
└── src
```

图 27-4 基于 Erlang 语言的视频相似推荐工程目录结构

视频相似推荐采用主流的 Master/Slaver 架构（Spark 也采用这种架构），主要包括 Master、Slaver、Riak Cluster（推荐结果存储，基于 Erlang 语言开发的开源组件）、Cowboy Server（推荐 Web 服务，基于 Erlang 语言开发的开源组件）这 4 个核心部分，其中 Master、Slaver 是整个视频相似推荐算法的核心。Master 主要负责任务的分配、与 Slaver 保持联系并且从 MySQL 中将 metadata 同步到 Mnesia 中，而 Slaver 主要负责相似度计算，计算完后将推荐结果插入 Riak 集群中。下面分别介绍这 4 个模块的核心功能和实现细节。

27.5.1 Master 节点模块与功能

Master 节点主要负责任务分派、数据同步、处理节点加入及退出等异常情况。Master 包含 4 个主要组件，如图 27-3 所示，各个组件的功能如下。

1. Data Sync 模块

该模块负责将需要计算相似度的视频从 MySQL（媒资库）同步到 Slaver 的 Mnesia 集群中，Slaver 进行相似度计算时直接从本地 Mnesia 读取数据。由于参与计算的字段较少（媒资库字段很多，我们只选择同步对计算相似度有价值的字段），这里采用 Mnesia 的内存存储将所有数据存在内存中，方便计算程序更快地从 Mnesia 读取需要参与计算的视频 metadata，提升计算速度。

该模块不仅具备批量读取 MySQL 所有数据的能力（项目第一次运行的时候需要全量计算），同时还可以实时监控媒资库的变化，如有新视频加入，马上（在秒级内）将新视频同步到 Mnesia 中。

2. Add Node 模块

当加入新计算节点时，通过重启 Master 节点，Master 节点与新节点建立联系，识别出新节点，并把新节点加入计算集群，同时将 Mnesia 上的数据均匀分配到所有节点（包括新加入的节点），给新节点分派计算任务（如果当前还有未计算过视频相似度的视频的话）。

3. Heartbeat 模块

Master 节点定期（几秒钟，可以配置）向所有 Slaver 节点发送心跳信号，通过该信号探测 Slaver 是否活着，如果一段时间后 Slaver 无任何响应，Master 会认为该 Slaver 中断了，这时会将中断的 Slaver 从计算列表中删除，后续新的计算任务不再分配给该 Slaver。

4. Task Allocation 模块

Slaver 节点上会启动多个 worker（一般可以设置为该服务器核数的 1 ～ 2 倍，如 4 核机器，可以启动 4 ～ 8 个进程进行计算，有效利用多核计算能力）进行计算，等待 Master 节点分配任务。Master 节点定期跟 Slaver 节点通信，轮询各个 Slaver 节点，了解 Slaver 节点是否空闲，如有空闲并且现在还有未完成的计算任务，那么 Master 将新的计算任务分配给该 Slaver 进行计算。

5. Similarity Update 模块

如果新加入的视频 A 比视频 B 相似列表中相似度最低的视频相似度更大，这时就需要更新视频 B 的相似列表，将视频 A 添加进去，同时将视频 B 原来相似列表中相似度最低的视频剔除掉（见图 27-5）。

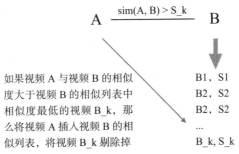

图 27-5　视频 A 与视频 B 如果相似度大，需要更新视频 B 的相似列表

那么怎样更新老视频的相似推荐列表呢？一般来说，可以采用如下方法，该方法也非常简单，容易理解。

在 Master 节点维护一张视频 id 和它的相似列表最小相似度的表（见表 27-1，表中的视频都是已经计算完相似推荐的视频）。新加入的视频 A 计算完自身的相似视频后（在计算 top$N$ 相似度时，保存视频 A 与其他各个视频的相似

表 27-1　视频 id 和它的相似列表最小相似度

视频 id	推荐列表最小的相似度
id_1	s_1
id_2	s_2
……	……
id_k	s_k

度），将视频 A 与其他各个视频的相似度与表 27-1 进行比对，假设视频 A 与 id_1 的相似度大于 s_1，那么就需要更新 id_1 的相似推荐列表了。

实际上可以做很多简化，比如我们可以先求出表 27-1 中第二列的最小值 s_{min}（见下面的公式），我们只保留与视频 A 相似度大于 s_{min} 的视频（利用这些视频与表中视频相似度进行对比），其他视频直接丢弃（其实很多视频可以丢弃，毕竟很多视频跟视频 A 是没有任何相似度的），而不会影响更新计算逻辑，这些相似度大于 s_{min} 的视频才是可能需要更新推荐列表的视频。

$$s_{min} = \min\{s_1, s_2, \cdots, s_k\}$$

Master 节点除了上面 5 个核心模块外，还维护着以下两个关键的数据结构。

❑ living_nodes：记录集群目前可用的 Slaver 节点，如有节点加入或中断会更新该数据。

❑ need_computing_id：记录哪些视频还没有计算相关推荐，将这些未计算相似度的视频在任务分配模块中分派给 Slaver 节点进行计算，分配后，将该视频从待计算列表中删除，避免重复计算。如果有新视频加入，新视频的 id 会写入该列表。

27.5.2 Slaver 主要负责计算任务

Slaver 节点只有一个核心模块，即计算模块，负责根据 Master 节点指派的任务进行相似计算。当 Master 将某个视频的计算任务分配到 Slaver 时，Slaver 从 Mnesia 读取这个视频的 metadata 信息，并计算该视频与该视频所在组（如电影组）的所有其他视频的相似度，将相似度最大的 topN 保存到 Riak 集群中。

这里对核心的计算过程进行更详细的讲解，让读者知道笔者是怎样解决 topN 最相似视频的计算问题的。在图 27-6 中，每个 Slaver 节点中有 4 个 worker（工作进程，负责进行相似计算），每个 worker 维护一个最大堆（最大堆中保留的元素个数就是我们需要计算的 topN 的相似视频数，最大堆结构是基于 Erlang 实现的一个独立的模块），最大堆负责保留最相似的 N 个视频及其相似度。当 Master 将某个视频 A 分配给 worker1 时，worker1 先从 Mnesia 集群中将所有与视频 A 在同一类别（如电影）中的所有视频取出来，循环计算与视频 A 的相似度，计算完一个就丢给最大堆，当所有的视频与视频 A 的相似度都计算完后，这些相似视频都丢给 worker1 维护的最大堆。根据最大堆的性质，最终最大堆中留下的视频（及相似度）就是与视频 A 最相似的 N 个视频了。

上面的最大堆是基于 Erlang 的 ETS 数据结构及相关操作构建的，它非常高效，也是整个计算引擎的核心子模块，最大堆可以自动对丢入的 {[videoid（视频 Id），similarity_score（相似度）]} 结构进行排序，保留最相似的 N 个。上面提到的 worker 中包含的计算部分，即是基于 27.2 节中的相似度公式进行计算的。在某个视频最相似的 topN 计算完成后，worker 会将推荐结果插入 Riak 集群，供前端接口（Cowboy Server）调用。

这里面有很多可优化的点，比如对于新闻或体育等时效性很强的视频，我们可以从

Mnesia 中选取一段时间内（比如过去 3 天）的视频来计算相似度，这样就不需要将 Mnesia 中同一组的所有其他视频都计算相似度，大大节省了计算时间。再比如，如果计算相似度中标签的权重最大，我们在计算视频 A 与其他视频的相似度时，如果视频 A 与其他视频的标签相似度为 0（或者很小），就没必要计算它的其他维度的相似度了，直接将该视频丢弃计算下一个。除此之外，可优化的点还有很多，这里不一一描述。

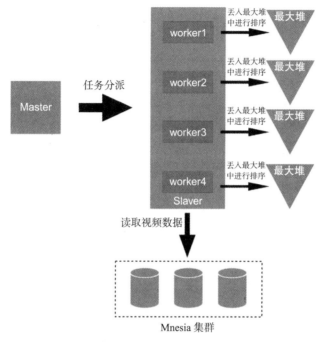

图 27-6　Slaver 中进行相似计算的过程与逻辑

27.5.3　Riak 集群负责最终相似推荐结果的存储

Riak 是基于 Erlang 语言开发的一个分布式的键 – 值存储系统，可以非常容易地进行水平扩展，非常适合大规模的数据存储，是整个相似视频推荐系统的推荐结果存储模块，所有视频的相似推荐列表都保存在 Riak 集群中。Slaver 的 worker 计算完一个视频的相似度后会直接将推荐结果插入 Riak。

27.5.4　响应请求模块会基于用户请求给出推荐结果

当用户在客户端访问某个视频的详情页时，客户端会向服务端发送请求，请求响应模块（Cowboy Server）根据用户请求从 Riak 集群中将该节目的相似列表取出来，并将需要的其他信息（如标题、演职员、海报图等在前端展示需要用到的节目 metadata 信息，这些信息存放在 Redis 集群中）填充完整后返回给用户。

请求响应模块是基于 Cowboy（一款基于 Erlang 开发的高性能轻量级接口服务器）来开

发的。从前面的介绍可以知道，Cowboy 除了从 Riak 中获取推荐列表外，还需要从 Redis 中获取节目的 metadata 信息对节目进行填充。

27.6 相似推荐的核心亮点

到此为止，基本讲完了相似视频推荐的核心算法原理与基于 Erlang 的工程实现，该系统是笔者在 2015 年开发的，一直在笔者公司的两个产品线中使用，其中一个产品目前用的还是之前的算法（另外一个产品基于 Spark 平台做了重构，跟其他推荐算法的技术架构保持一致），该算法在服务公司业务的 5 年中，虽然视频种类和数量有了非常大的增长，但是系统一直比较稳定，也能够很好地应对视频量的增长，并且效果还不错，这得益于 Erlang 良好的容错机制及该系统较好的分布式扩展能力。这里再回顾一下该系统的亮点，让读者可以更好地理解它的价值。

1. 分布式可拓展能力

该系统采用了 Master/Slaver 架构，可以通过水平地增加服务器来拓展系统的计算能力；在全量计算完之后就是增量计算了，增量计算相对没有那么大的计算量，不需要太多计算资源，我们可以缩减部分服务器节省开支。

2. 可以实时对新增加的视频做计算

Master 的 Data Sync 模块近实时监控媒资库 MySQL，如果有新视频加入，马上将该视频同步到 Mnesia 中，并分派给 Slaver 进行计算，新视频可以在分钟级内完成计算，这样基本可以有效避免新入库视频的相似推荐冷启动问题。

3. 系统很稳定

该系统一般很少出问题，这得益于 Erlang 的 OTP 框架，该系统的 Master 和 Slaver 服务都是基于 OTP 框架来实现的，每个进程都有一个 supervisor 进程，在进程挂掉后，supervisor 会重启该进程，避免了因为偶尔的故障或异常数据导致系统崩溃，最终让我们的系统非常稳定。

4. 计算过程解耦合，利用最大堆来维护 top$N$ 相似列表

将相似度计算抽象为一个计算模块，每个 worker 通过维护一个最大堆来有效地解决最相似的 top$N$ 计算问题。同时，针对新闻、体育等时效性强的视频类型，我们还可以只取最近一段时间内的视频来计算相似度，从而减少计算量。

5. 充分利用多核能力

每个 Slaver 都可以启动多个 worker 进行计算，这充分利用了现代服务器的多核能力，大大加速了计算过程。

除了上述优点外，还可以通过配置文件来定义各种参数（比如一个 Slaver 可以启动多

少个 worker)，从而方便地对参数进行调整，系统启动时会首先解析这些参数。我们也可以一键启动 Master 节点和所有的 Slaver 节点，整个配置和启动过程跟 Spark 比较类似。该系统可以看成基于 Erlang 语言开发的具备特定功能的类似 Spark 的小型分布式计算平台。

27.7　未来的优化方向

虽然该系统有很多优点，但也存在一些可以做优化的地方。下面罗列出可能的优化点，给读者提供一些新的思考视角。

1. 算法本身的优化

该系统基于视频内容的简单向量空间模型来计算相似度，虽然算法原理简单，但是由于视频的 metadata 比较杂乱，相似性计算效果受到数据质量好坏的严重影响。同时，向量空间模型是一个比较简单的模型，无法获得更复杂的特征表示。可行的优化点是：我们可以基于 metadata 数据或用户行为数据做嵌入学习，为每个视频构建一个稠密的特征向量表示，该系统可以通过稠密向量的相似度来计算视频的相似度。其他各类计算视频相似度的方法也都是可以使用的。

目前计算相似度的算法和整个系统耦合得比较紧密，通过优化可以将计算相似度做成可插拔的组件，这样就能更方便地更换计算相似度的模块。

另外，向量空间模型各个维度的权重是根据人工经验自定义的，比较主观，其实可以利用用户点击反馈机制自动化学习最优参数，这样可能效果会更好。

2. 调度策略的优化

当前，该框架的调度策略还非常粗暴，对于每个需要计算相似推荐的视频，会直接从所有 Slaver 中先过滤出有空余资源的 worker，然后将任务分配给第一个空闲的 worker。针对每个视频都要从头过滤一遍，效率很低。

更好的方式是：每个 Slaver 节点维护一个待计算相似度的固定长度的视频队列，当队列中待计算的视频都计算完相似度后，Slaver 主动向 Master 申请待计算的视频。这样将主动权放到 Slaver 上，减少原来分配方案中毫无意义的轮询，同时也减轻了 Master 节点的压力。

3. 部署方式的优化

目前的系统虽然部署非常容易，只要在每台服务器上安装 Erlang，在将该项目编译好后，将工程代码分发到每台服务器上统一的目录下，修改每台服务器上的配置文件（实际上所有 Slaver 上的配置是一样的，跟 Master 上的配置略有不同）就可以启动了。

还有更好的方式，即可以利用 Docker 将计算引擎部署在容器之上，利用 Kubernetes 等来管理计算引擎的运行，从而更好地做到集群监控和资源弹性伸缩。

4. 错误监控与问题排查的优化

目前该项目在运行过程中会有少量的日志记录，但对于各个模块中可能存在的错误信息并未捕获、记录下来，对问题的发现和排查不是很友好。虽然 Erlang 很稳定，但是偶尔出现一些问题是在所难免的，这方面的优化也是可行的方向之一。

5. 数据同步的优化

目前是由 Master 节点的 Data Sync 模块直接监控 MySQL（媒资库），并从中将数据同步到 Mnesia 集群。这部分可以直接采用消息队列（如 RabbitMQ）解耦，Data Sync 只需要监控消息队列中某个主题是否有新节目进来即可，有新节目的话就同步到 Mnesia 中，这比直接监控 MySQL 高效得多。

27.8 本章小结

到此为止，关于利用 Erlang 语言开发分布式视频相似推荐系统的介绍就讲完了。最后简单分享一下笔者做这个项目后的收获和感悟。

2015 年，笔者花了近半年时间一边学习 Erlang 语言一边开发该项目。该项目一共约 5 000 行代码，虽然不是很多，但是对于像 Erlang 这类语法简洁的语言来说，也不算少（如果用 Java 实现，估计要几万行，还很难实现分布式计算）。在整个开发过程中，最大的收获有如下 3 点：

- 新学习了一门比较有意思的函数式编程语言，对 Erlang 的特性有了比较深入的了解。
- 对分布式计算有了更深刻的认识，这个项目相当于独立实现了一个小型的分布式计算引擎，对于深刻认识 Spark、Hadoop 的原理是非常有帮助的。
- 独立完成了一个较大的工程，并且实现了一个基于内容的相似视频推荐系统。

对个人来说，做完该项目确实是非常有帮助的，但是从整个团队的角度来说，这样做未必是好事，利用一个很小众的语言来开发一整套系统，为以后埋下了很大的隐患，如果人员离职，很难招聘到 Erlang 相关的开发人员，新人很难独立维护这套系统，风险极大。作为团队管理者，应该避免这种情况发生，最好还是利用主流的技术栈，避免留下无穷后患。如果让我再选择一次，我可能不会用 Erlang 来开发该系统，而会采用 Spark 流式计算引擎来开发。

参考文献

[1] WhatsApp Team. How Whatsapp Grew To Nearly 500 Million Users, 11,000 Cores, And 70 Million Messages A Second[A/OL]. highscalability，（2014-03-31）. http://highscalability.com/blog/2014/3/31/how-whatsapp-grew-to-nearly-500-million-users-11000-cores-an.html.

[2] Joe Armstrong. Programming Erlang: Software for a Concurrent World（Second Edition）[M]. O'Reilly Media，2013.

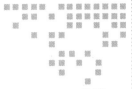

推荐算法工程师的成长之道

前面的章节已经对推荐系统相关的算法、工程实现、评估、商业价值、运营与产品等各个方面都进行了非常全面的介绍，到这里读者对推荐系统已经有非常全面的了解了。可能有读者会对推荐算法工程师的职业成长比较关心。所以，在本书的最后来讲解推荐算法工程师的职业发展。

本附录将基于笔者的实践经验来讲述推荐算法工程师的成长之道，这里的"道"有两层意思：一是发展路径，二是道理、方法论、经验、智慧，所以本附录除了讲解推荐算法工程师的成长路径之外，还会详细阐述推荐算法工程师需要了解的方法论和智慧。相信读者阅读完本章会更加坚信推荐算法工程师是一个好的职业方向，并能够结合自己的兴趣和特长规划未来的发展和成长。

本附录将从推荐算法工程师的职业选择、发展路线及职业定位、成长之道、挑战和展望等 4 个维度来讲解。

A.1　为什么说推荐算法是好的职业选择

深度学习技术的逐步成熟，推动了 AI 第 3 次浪潮的到来，纵观目前 AI 在互联网行业上的应用，大致在以下 7 个方向有比较好的（商业化价值的）产品落地：

❑ 语音识别。

❑ NLU 及 NLP。

❑ 图像识别（特别是人脸识别）。

❑ 金融行业的信用评分和反欺诈。

❑ 推荐系统。

- 搜索系统。
- 广告（精准）投放（即计算广告）。

在这 7 个大方向中，推荐、搜索、广告投放是互联网公司最普及也是最能产生现金流的 3 个方向。广告投放自不用说，这是互联网最重要的变现手段，基本每个互联网公司都会利用广告来变现。只要是提供大量"标的物"给海量用户的产品就一定会用到搜索和推荐两种技术，搜索和推荐代表了用户的两种不同诉求。搜索是用户的主动需求，用户想要找什么东西，清楚自己的需求时，就会通过搜索来获取。而推荐代表的是用户的被动需求，当用户的需求不明确时，推荐就有了用武之地。

在这里要强调的一点是，其实推荐、搜索、广告精准投放都是机器学习驱动的系统，它们在技术体系上是一脉相承的，甚至在广义上讲它们是一样的，可以看成是同一个技术体系。

首先，广告投放是将广告推送给可能会喜欢该广告的用户（当然可能需要通过标的物的承接来实现，比如视频的贴片广告，广告是"寄宿"在视频上的），本质上可以将广告看成是推荐系统的"标的物"，而广告投放则可以看成是一种推荐系统，只不过广告精准投放会将关注点放到广告上，希望将广告更精准地投放出去。

其次，可以将推荐系统看成一个搜索过程，即将用户的历史行为的整体看作是搜索关键词，通过推荐系统"搜索"出用户可能感兴趣的内容，只不过"搜索"过程是算法自动完成的，而不是用户输入关键词。

通过上面的分析可知，在更广泛的意义上，推荐、搜索、广告精准投放是一致的，此外，它们在工程技术体系上也是类似的。搜索、推荐在工程实现上都分为召回和排序两个阶段，在实现算法上除了常用的机器学习算法，深度学习、强化学习等都在这 3 个领域得到了很好的应用。

随着移动互联网的深入发展及产品创新，目前这 3 个方向有更多更深入的交叉，比如百度的搜索和广告基本是整合在一起的，用户输入关键词既能给出相关的搜索结果，也会产生与关键词匹配的相关广告。随着技术的发展，信息流已整合了变现能力，在信息流推荐列表中插入广告是非常好的变现方式（如微信朋友圈中的广告就属于信息流广告）。视频推荐中的贴片广告也是利用了广告和推荐的协同效应。推荐和搜索结合在一起更是常用的产品策略，如在用户无搜索结果时给用户推荐，在用户点击某个搜索结果时给用户推荐相关的结果，在用户输入部分搜索词、在搜索词不准确或有错误时给用户推荐更好的搜索词。这些整合应用让搜索、推荐、广告之间的界限更加模糊，甚至浑然一体。

有了上面的介绍，再来说说为什么推荐算法工程师是一个好的职业选择，可以从以下维度来说明。

1. 推荐算法工程师的就业范围广、薪资高

从上面的介绍可以看到，推荐算法工程师可以无障碍地转搜索、广告精准投放，只要是互联网公司，都会有搜索、推荐、广告投放业务，所以择业面广。从目前市面上的招聘

信息来看，熟悉推荐算法的候选人是很"吃香"的，不仅容易找到好工作，而且薪资也是很高的，肯定高于算法行业平均水平。

2. 推荐算法与变现近，商业价值大

第 14 章曾提到推荐系统是极具商业价值的，很容易为公司创造价值，所以是离钱很近的方向，更不用说精准广告了。离钱近的业务往往也是公司的核心业务，最容易获取资源，最受老板的重视。

3. 技术门槛相对较高，可替代性不强

要想做出一个好的推荐系统是很难的，涉及数据收集、ETL、模型构建、模型训练、数据存储、接口服务、UI 展示等。其中最大的挑战除了构建良好的算法模型外，在工程实现上的挑战性也是极高的，需要通过并行计算来训练模型，需要大规模的数据存储读写，同时推荐系统的接口服务需要具备高并发、可拓展、容错的能力。第 16 章对推荐系统工程实现做了很详细的讲解，读者从中可以发现构建一个好的推荐系统需要非常多的组件来配合，构建一套完善的推荐服务体系的挑战是极大的，推荐系统专家需要对这些方面都有所了解，所以门槛也是极高的。此外，推荐系统是一个偏业务的方向，做好推荐系统还需要对业务有比较深入的了解。毫不夸张地说，如果你精通推荐系统，你的职业前途会一片光明。

4. 研究领域广且深，挑战大

推荐系统涉及面广，每个面都很复杂，可以做得很深，并且极富挑战性，也值得对技术有追求的人努力奋斗一辈子。

通过上面的讲解，读者应该能够感受到推荐算法工程师确实是一个很好的就业方向，那么我们怎样进入这一行业，未来该怎样发展成长呢？下一节会讲解推荐算法工程师的职业发展路径。

A.2　推荐算法工程师的发展路线及职业定位

在国内，业界对年纪大了的技术人员多少有些偏见，所以大家都愿意往管理方向发展。其实，在国外，做技术是非常自信和自豪的事情，国外大龄程序员是非常多的，也是非常受尊敬的，比如 Java、C# 之父都是一直做技术的。

互联网技术方向的职业发展一般有 3 条道路：一是一直做技术成为技术专家，二是转管理方向，三是做到一定程度转行到周边方向，如产品、项目经理、测试等。下面分别对这 3 种可行的成长方向进行介绍。

A.2.1　技术路线

推荐算法工程师的技术路线一般可以分为 4 大类：一是偏工程实现，二是偏算法研究，三是综合类（工作涉及算法开发及对应的工程实现），四是偏业务。不管哪一类，都需要了

解自己需要学习的技术范围、清楚自己需要具备什么样的技能和知识储备。下面分别讲解这 4 类算法工程师的职业成长之路。

1. 偏工程实现类

偏工程实现类的推荐算法工程师需要有较好的编程能力，热爱编程。偏工程实现类的岗位一般的工作是实现各类推荐算法框架；开发推荐周边模块（如 AB 测试等）；构建好用的推荐平台，让推荐算法可以更快更好地落地到业务中。这些工作做得好是非常容易成为专家的，比如大家熟悉的贾扬清，既是大名鼎鼎的 Caffe 框架的作者，也是 TensorFlow 的核心开发者，他原来是 Facebook 的 AI 架构总监，2019 年加入阿里，直接是 P11 级别，title 是 VP（高级副总裁），当然要达到贾扬清的段位是非常非常难的。

偏工程实现类的推荐算法工程师需要有扎实的计算机基础，熟悉数据结构和算法，熟悉计算机体系结构，熟练掌握设计模式，有很好的面向对象思想和抽象思维能力。除了熟悉推荐系统的底层代码实现，还需要对机器学习算法、最优化理论、数值计算、分布式计算等非常熟悉，能够用高效的代码来实现推荐相关算法。

2. 偏算法研究类

偏算法研究类的推荐算法工程师主要关注的是怎样结合公司业务、产品特性、已有的数据构建推荐算法，希望通过这些算法来大大提升转化（具体算法的高效工程实现交给工程师）。这类职位一般要求具备非常好的理论基础。大公司通常有专门从事算法研究开发的职位，或者是研究院类的单位（大公司的研究院也算），小公司一般不会招聘专门搞算法研究的人员。

个人觉得在工业界算法不是最重要的，关键是怎样将算法跟产品形态很好地结合起来，快速上线，快速产生业务价值，要让整个业务形成闭环，具备快速迭代优化的能力。Google 的辛格博士就是喜欢用简单的算法来搞定复杂问题的典型代表（可以参考吴军的《数学之美》第 2 版第 13 章）。

偏算法研究类的推荐算法工程师需要有很好的数学基础，需要对高等数学、线性代数、最优化、概率统计、几何、图论等子方向非常熟悉，同时需要在机器学习领域有深刻的领悟，能够利用数学工具设计高效易用的机器学习算法，而不一定需要超强的编程能力。

3. 综合类

创业公司、小公司或刚刚成立推荐算法团队的公司，前期缺乏资源也不愿意在推荐系统上一下子投入非常多的人力，这时，很多推荐算法工程师既需要思考算法，也要做相关的工程，是上面两类推荐算法工程师的综合体。虽然综合类推荐算法工程师学习接触的东西会更多，但是精力也会更分散。

4. 偏业务类

随着大数据、云计算、AI 等技术的发展，越来越多的云计算厂商或者 AI 创业公司将 AI 能力（包括推荐能力）封装成 SaaS 服务提供给第三方公司，这一定是未来的趋势。未来很多创业公司不会再去招聘推荐算法工程师来自己开发推荐业务，可能就是直接购买厂商的推荐 SaaS 服务。这时就需要一个懂推荐算法业务的专家来结合公司具体业务情况选择最合适的推荐算法提供商以及对应的推荐 SaaS 服务。这类偏业务的推荐算法工程师不需要开发推荐算法，也不需要工程实现，但是需要熟悉推荐算法相关知识，了解周边生态，知道什么算法可以用在什么推荐产品形态上，了解每种算法的优劣，知道在合适的时间节点引入合适的算法。这类职位其实就是推荐算法商业策略师。

A.2.2　管理路线

如果有人做了很长时间的推荐算法想转管理岗位，需要提前做好准备，包括心理准备和知识储备。人的时间是有限的，转了管理就一定没有那么多时间钻研技术了，但是技术管理人员一定要熟悉了解技术，要有很好的技术视野，能够把握未来的技术发展方向，在合适的时机做合适的决策，引入合适的新技术，这种能力也是建立在一定的技术积累和学习基础上的，所以怎样做好技术学习和团队管理的平衡非常重要。

做技术管理需要多花时间学习业务知识和管理技能，学会有效沟通，需要站在老板的角度思考问题，需要引领团队更好地支撑公司的商业目标，同时也需要有很好的产品意识，能够深刻洞察用户的需求，做出好的产品来为用户和公司创造价值。

管理方向再向上发展可以是技术 VP、CTO 等更高的级别，当然这类更高的级别对人在各个方面的要求会更高。如果自己有想法，并且喜欢挑战的话，等你准备充分了，还可以创业。

A.2.3　转行换方向

推荐算法工程师如果想转其他方向，可选择的范围很多，比如算法产品经理、项目经理、数据分析等。在什么时间换行、换什么行业，需要结合个人的兴趣和现实情况决定。

笔者不赞同在一个行业做了很长时间再换行，毕竟人的工作年限是有限的。一般职业选择是很谨慎的，需要事先想清楚，在刚开始做工作的一两年内也会知道自己喜不喜欢这个行业，在这个方向上是否有一定的优势和天赋，如果不合适就要尽快转行。

到这里，笔者就介绍完了推荐算法工程师的发展路线和职业定位。如果你决定一直做推荐算法工程师，想在这条路上走得更远，就需要把握推荐算法工作的要义，这就是下一节要讲的内容。

A.3　推荐算法工程师成长之"道"

笔者有近 10 年的推荐行业相关经验，这一路走来，踩过不少坑，所以这里将自己的一些经验教训和心得体会分享给读者，让读者少走弯路。这些经验即所谓的"道"。其实这些经验和心得也适合其他的互联网行业从业者，甚至是非互联网行业的从业者。

A.3.1 关注业务和价值产出

推荐算法工程师不能只关注自己做了什么，是否保质保量地完成了任务。对公司老板来说，能够为公司创造商业价值才是最关键的。配合公司产品经理将功能快速高效实现是我们的主要工作之一。如果你只是实现了某个功能点，而没有关注业务和推荐价值产出，你一定不会在日常工作中思考业务和价值，更不可能基于自己的思考来优化推荐产品，最终你的工作很难产生商业价值。如果你无法真正为公司和用户创造价值，你对公司就没有价值，从而你也不会受到重视，无法得到快速的成长。所以，及早具备关注业务和商业价值的意识，并在日常工作中不断践行，才会有更大的成长空间。工作中，不光要关注价值，更应该量化你的价值产出。

A.3.2 让系统尽快运转起来，并产生价值

很多刚入行推荐算法的新人，会进入一个误区，以为算法工程师就是要做一个厉害的算法出来，让效果一飞冲天。这种想法太幼稚了，先不说厉害的算法是否容易实现，即使实现了，是否可以分布式计算，是否可以在一定时间内跑完，是否稳定，这些问题在实际应用中都得考虑，并且也是制约算法是否可以落地的重要因素。

推荐算法工程师不能将所有精力放到研究高深的算法上，而是要先采用尽量简单的方法实现，先让系统跑起来，对业务先产生价值，后面再去逐步去优化它。其实，简单的推荐算法往往比不使用任何推荐的效果要好，而即使非常厉害的算法也很难在简单算法的基础上再有极大提升，因为上一个简单的算法其实已经解决了 80% 的问题。特别是对创业公司来说，往往没有那么多的资源招聘很多顶尖的算法工程师，这时做一个简单的系统先部署上去比什么都管用。

A.3.3 打造倒三角知识体系，培养核心竞争力

现代社会的科技发展日新月异，特别是计算机行业，新技术更新迭代更快，你不可能将所有知识都学会，即使是推荐系统这一个子领域，你也不可能每一模块都特别精通。个人建议在有限的时间和精力下，结合自己的兴趣和长处选择一个更专的方向深入钻研，做到这个方向的绝对专家，同时在与这个行业相关的行业上拓展广度。笔者将这种提升方式叫作打造自己的倒三角知识体系（见图 A-1），只有这样你才会形成自己的核心竞争力。拿笔者个人来说，笔者是数学专业的，数学很好，也非常喜欢数学，会在推荐系统上深挖（数学好是非常有利于做好推荐的），特别是在推荐算法上。同时也会在大数据、搜索、广告、NLP、计算机视觉等领域拓展自己的能力边界。将来不管你是不是一直做某个方向，在一个领域做到专家级肯定会对你大有帮助，可以形成自己的一套思考问题、解决问题的方法体系，这一套体系会帮助你在其他方向或行业打开局面，重新快速地构建自己在新方向的认知体系。

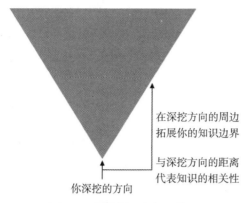

图 A-1　打造倒三角知识体系

A.3.4　抓住核心，有的放矢

不管是在推荐系统知识的学习上，还是在实际推荐业务开发上，我们都需要将精力放到价值产出最大的任务上，这样才能产生事半功倍的效果。我们每个人都要活学活用二八定律（二八定律是 19 世纪末 20 世纪初意大利经济学家帕累托发现的。他认为，在任何一组东西中，最重要的只占其中一小部分，约 20%，其余 80% 尽管是多数，却是次要的）。这就要求我们具备评估众多项目中哪些是最有价值的组成部分的能力。

A.3.5　关注外面的世界，不闭门造车

推荐系统主要涉及算法和工程两大部分，不同的行业具体的算法和工程实现不太一样，但是肯定是有借鉴价值的。平时除了工作外，还需要多关注外面的动向，了解别的公司在做什么、怎么做的，只有这样才能知道自己哪些地方做得不够好，还有待提高。有了对比了解，就更有提升的方向和目标了。这方面可以多关注一些大公司的技术公众号，多参与一些线上的直播技术分享及线下的技术沙龙，如果能够借此机会多认识一些同行就更好啦。

A.3.6　沉淀核心技能，持续学习（跨领域的）新知识

推荐系统是一个复杂的体系工程，需要持续学习新知识和技能。著名的一万小时理论说，一个人要成为一个领域的专家必须在这个领域积累一万个小时，每天工作 8 小时的话，相当于 5 年时间。注意，一万小时是必要条件，不是充分条件。

另外，每个领域都在快速发展，除了积淀已有知识外，还需要学习很多新知识。比如，深度学习对很多行业产生了革命性的影响，那我们也需要对深度学习在推荐系统上的实践持续关注并努力践行。技术的学习是无止境的，我们需要从各个渠道学习，比如论文、书本、Github、各种技术公众号、线上课程、付费直播、线下分享和沟通交流等。

除了学习本领域的知识外，还需要适当学习跨领域的知识。比如产品、运营、项目管理等，甚至是管理学、心理学、哲学、经济学、会计、营销等。更宽广的知识体系会让你

从一个完全不同的视角来看待问题，可以给你提供更多的灵感来源（与最优化求最大值类似，在很窄的知识面上，你很容易就走到了一个局部极大值，学习更多的知识，相当于给自己一个扰动，让自己可以找到更大的局部最大值）。如果你打算将来走管理路线，那么学习跨领域知识更是必不可少的。

A.3.7　构建良好的人际关系

个人的力量是有限的，要想在事业上获得极大成功，一定需要别人的帮助。人类祖先之所以能够在恶劣的环境下生存下来，靠的就是群体的智慧。我们在工作中需要跟同事保持良好的人际关系，尽量多帮助别人，多跟同行业的人沟通交流，互相学习，甚至需要认识完全不同行业的人。尽量多结识优秀的人，他们是你成长的榜样，别人身上的优点值得你学习。在人际交往上不要太短视和功利，你的人脉关系其实是无价之宝，在适当的时候说不定你的朋友可以助你一臂之力。

这里举一个笔者自己的例子。2016年，笔者开始用脉脉，坚持每天加10人（熟悉脉脉的人都知道，脉脉每天最多加10个陌生人），这几年坚持下来，加了近1万人，很多人都成了朋友，并且这些人其实就是我们团队招聘的来源，我通过这个渠道招聘到了实习生和正式员工。

A.3.8　基于自己的认知和理解，构建一套自己的思考体系

优秀的人都有自己的一套思维体系和思考逻辑。当我们在一个方向上深耕时，我们会积淀很多经验，这些经验就是我们最宝贵的财富，我们要实时总结，将经验教训内化为我们的知识体系，通过不断思考和有意识的总结提升，我们就会构建一套自己的认知体系。我们可以将这套认知体系看成一个机器学习模型，我们的经历就是训练数据的过程，我们的总结、深度思考就是构建模型的过程，通过不断地总结，不断地优化我们的模型，模型也就会越来越精确，泛化能力也越来越好，最终我们就可以对很多未知数据（情况）做出更好的决策。

A.3.9　打造属于自己的个人品牌

笔者曾经看到过一句话，一个人对社会的价值在于他的输出而不是他的获取，对此笔者非常认同。要想让自己得到行业和社会的认可，只做好本职工作还是不够的，你需要将自己的经验知识整理并输出，通过你对社会的影响来构建个人品牌。相信品牌的价值大家都能理解，有了很好的个人品牌，我们可以找到更好的就业、晋升机会，创业也更容易找到合伙人。

当然，构建个人品牌可以有很多方式，比如开源自研的技术、写博客、写公众号文章、组织线下技术沙龙、发表论文、开网络课程、写书等。这些事情的难点在于你是否能够一直坚持做下去。只有当你持续投入时，通过时间的积淀，你的个人品牌才会不断成长放大

（举个例子，笔者从 2014 年年底开始通过微信运动捐步，到 2020 年 11 月 26 日已经通过微信运动捐了 2 732 万步，一共 1 974 元，熟悉微信运动捐步的读者知道每天要走一万步才具备捐步资格，并且每次捐步就是几毛钱到一两元。打造自己的品牌，越早准备越好。笔者写这本书，也是在帮助读者的同时打造个人品牌。

A.4　推荐算法工程师的危机及未来展望

前面对推荐算法工程师的职业发展及成长之道做了较全面的介绍，最后，笔者基于自己的思考来聊聊在不久的将来（5 ～ 10 年）推荐算法工程师可能存在的危机及机遇。

用户的需求一定有明确需求和不明确需求两大类，搜索解决的是用户的明确需求，而个性化推荐解决的是用户的不明确需求。所以，只要人类有获取信息的需要，个性化推荐一定会伴随人类社会生活的发展一直存在。虽然推荐算法不会消亡，但是一定会遇到挑战和变数。

前面提到的人才过剩算是推荐算法工程师的一个挑战，但推荐算法工程师最大的危机来自于云计算及 AI 的发展。越来越多的云计算公司将 AI 作为云服务的基础能力（包括推荐能力）封装起来对外提供服务。过去几年很多大公司都从 Mobile first 转为 AI first，将 AI 能力作为一项核心能力来打造，这一趋势会催生出越来越易用、越来越低价的 AI 服务。同时，有很多 AI 初创公司也试图构建垂直行业的 AI 解决方案，试图从大厂口中分一杯羹。AI 逐步成为云计算的"水、电、煤"，用户接入即可使用。现在很多初创公司或打算起步做推荐系统的企业可以直接从云端获得推荐服务，而不是自己从零开始构建推荐系统，所以就不需要组建一个具备一定规模的推荐算法团队，可见，推荐算法工程师会面临岗位减少的压力。

不过，随着 5G 技术的商业化、物联网的快速发展、VR/AR/MR 技术的成熟，会有更多的设备接入互联网，未来我们可以获取的信息量更大、更广，身边充斥着各种瞬息万变的信息。基于这些信息和具体场景会产生满足人类各种新需求的产品及服务。同时随着教育水平的提升，每个人将会更加独立、更加愿意表现自我，这会让自己的个性化需求得到最大程度的释放。这种情况正好是个性化推荐能够解决的场景，所以未来个性化推荐会更加重要和普遍，各行各业会越来越依赖个性化推荐来满足用户在各种场景下的个性化需求，这些新的场景一定会采用不同的交互方式和推荐算法体系，这也是推荐算法工程师新的机会。

移动互联网最大的革新之一是通过触屏来让用户更便捷地与产品交互，随着 NLP 及语音交互技术的发展成熟，基于语音的交互方式会产生非常多的家庭场景的应用（语音交互更适合家庭场景，声音不会对外人产生干预），在家庭互联网场景下（见第 22 章图 22-1），由于交互方式是通过语音来完成的，因此，推荐系统可能会朝着适配语音交互方式的家庭场景（家庭场景有多人、多终端）进行创新和发展。

同时，VR/AR/MR 越来越成熟，它们能够大大增强人类感知世界的能力。我们可以想象一下，在不久的将来当人们带着 MR 眼镜时，你的 MR 系统可以给你提供一个全方位的、实时的、如影随形的个性化推荐系统（见图 A-2）；当你带着 MR 眼镜走进一个餐厅时，马上给你推荐你喜欢吃的食物；当你走进商场时，给你推荐你可能喜欢的衣服……

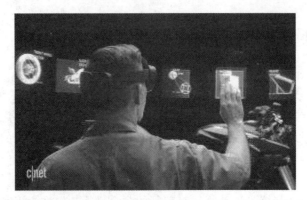

图 A-2　虚拟现实让你的感知能力增强，更加易于获取信息

注：图片来源于网络。

如果未来技术能够做到芯片与大脑相容，可以通过芯片识别出脑电波信号，到那时甚至可以通过意念来控制软件系统，那么推荐就是另外一种更高级的交互形态了。

更多有意思的推荐场景及推荐交互方式现在真是无法想象……

随着技术的进步，个性化推荐未来一定会遇到更多新的挑战和机遇，值得我们去探索、研究，所以读者将个性化推荐作为自己的职业选择一定是正确的，也绝对是一件振奋人心的事情！

推荐算法团队组成及目标定位

当前推荐系统受到越来越多的互联网公司的重视，它已成为 toC 互联网产品的标配，在为用户提供个性化服务方面，推荐系统发挥着极其重要的作用。在此背景下，很多公司开始组建推荐算法团队来开发推荐系统，通过为自己的产品赋予"千人千面"的精准推荐能力，期望借助推荐系统更好地服务于用户，提升内容分发与转化，最终创造更多的商业价值。

推荐算法团队的主要目标是构建一套简洁易用、高效稳定、有商业价值的推荐系统，将推荐系统应用于产品中，通过精准推荐更好地服务于用户，并通过不断迭代，让它的价值越来越大。推荐系统是一个较复杂的偏工程化软件系统，推荐算法只是其中重要的组成部分。基于这一特点，推荐算法团队需要不同专业技能的员工参与，并且需要跟很多其他团队密切配合，才能构建出一套有实用价值的推荐解决方案。

本章将对推荐算法团队组成及相关工作进行介绍，让读者更好地了解推荐算法团队的人员构成、日常工作、需要跟哪些团队打交道、他们之间是怎么协作的，以及推荐算法团队的目标等问题。具体来说，我们会从推荐算法团队组成、与推荐系统密切相关的其他团队、推荐算法团队的目标与定位三个维度来讲解，期望通过讲解，读者可以更好地了解推荐算法团队（后文简称推荐团队）的工作和价值。

这里提一下，本章是建立在"我们的产品需要推荐系统并且公司选择自建推荐服务"的前提条件下的，因为在这时才需要构建推荐团队，讨论也才有意义。读者可以参考 25.2 节，了解三种为产品提供推荐算法能力的方案，自建推荐系统只是其中一种可行方案。

B.1 推荐团队组成

在介绍推荐团队的组成之前，我们需要对推荐的业务流程有一个初步了解，图 B-1 就是一般推荐算法开发需要经历的步骤和阶段。本节讲解的推荐团队组成是根据该业务流程涉及的工作进行划分的。

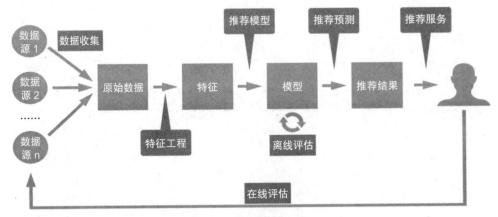

图 B-1 推荐系统业务流程

如果将机器学习比作一架飞机引擎，那么数据就是算法的燃料，对于推荐系统也是一样。我们需要从各种数据源获取数据，将数据统一收集到数据中心（对于互联网公司来说，目前很多公司构建了自己的大数据平台，有自己的数据仓库体系，它们会将数据收集到数据仓库中，按照一定的规范进行存储）。有了各类数据，我们需要对推荐算法依赖的数据进行处理、构建特征（可以参考第 15 章了解更多关于数据收集和特征工程的介绍），然后选择合适的推荐算法构建推荐模型，通过对推荐模型进行筛选（根据一定的评估指标，筛选不同的模型或者同一模型选择不同参数，这个过程就是离线评估，可以参考第 13 章了解离线评估，特征作为模型的输入，构造和选择什么样的特征是受不同模型决定和影响的，不同的模型对特征的数量、形式、缺失值的耐受度等有不同的要求）获得较好的模型，最终为用户进行推荐预测，并提供推荐服务接口。当用户在产品上使用推荐模块时，前端通过推荐接口获取推荐结果并展示给用户，让用户体验到个性化推荐服务。同时我们还需要对推荐算法的效果进行及时评估，不断优化推荐效果，让推荐质量越来越高，满足企业的各项商业化指标（可以参考第 14 章了解细节），这个过程就是在线评估。

根据上面的推荐业务流程的介绍及每个流程中涉及的技能和知识点，推荐算法团队一般至少包括如下 4 类开发人员。

B.1.1 数据处理与特征工程开发人员

数据处理与特征工程开发人员主要的工作是将推荐算法依赖的数据进行处理，构建合适的特征，供推荐算法使用，通过构建新的特征或者优化已有的特征，让推荐算法获得更好的效果。

不同算法对特征的表现形式、种类、精度、数量等要求是不一样的，因此，构建的特征是强依赖于选择的算法的。特征工程在整个机器学习流程中是非常重要的一环，有很多枯燥、繁杂的工作需要处理，并且很多特征工程的技巧是需要经验积累的，也是领域相关的（不同领域有自己的一套做特征工程的独特方法和思路）。特征工程的质量往往直接决定了机器学习的最终效果，在机器学习圈有一句很有名的话很好地说出了特征工程的价值，这句话的大致意思是"特征工程的好坏决定了机器学习能力的上限，而算法和模型只是无限逼近这个上限"。

构建特征工程是一项比较花费人力的工作，这项工作虽然跟问题和领域相关，但是有一般的方法思路可供参考。推荐系统是机器学习的一个子领域，非常多的推荐算法（如logistic 回归、分解机、深度学习等，这些算法主要用于推荐排序阶段）都需要通过大量的特征工程来获得优质的特征（参考第 15 章可以了解更多关于特征构建的细节）。

目前绝大多数具备一定用户规模的提供 toC 服务的互联网公司都有自己的大数据平台（自建或者租用的大数据云平台），数据处理和特征工程开发工作一般会基于大数据平台，比如主流的 Spark 分布式计算框架的 MLlib 库就包含很多特征工程方面的算法，我们可以直接使用，这样就大大降低了开发人员构建特征的门槛。成熟的云平台更是提供了更多、更完善的机器学习模型和特征处理方法，如阿里云的 PAI 机器学习平台就提供了一套完善的机器学习解决方案。

B.1.2　推荐算法研究人员

推荐算法研究人员的主要工作是基于产品形态、业务场景、现有数据、计算资源、用户规模、软件架构等约束，设计适合当前阶段的新推荐算法或者不断迭代优化现有老推荐算法，提升算法的各项指标，并最终应用于产品中，促进标的物的分发与转化，提升用户体验，创造更多的商业价值。

推荐算法研究人员需要关注当前学术或者其他公司中关于新技术（如新的算法框架、新的计算范式等）与新（推荐）算法的最新动态，对新的论文进行学习解读，评估在本公司产品中应用的可行性，他们的工作更接近于学术前沿研究，需要对新技术、新动态敏感，并持续跟进。他们一般只负责具体算法的研究和测试，对算法的优缺点、商业价值提供专业建议，具体算法的落地实施、工程实现细节、特殊情况处理等需要借助推荐算法工程实践人员的帮助，最终还需要产品团队的帮助来完成算法的产品化。很多大公司的研究院（如微软亚洲研究院）中的员工就属于该范畴。

B.1.3　推荐算法工程实践人员

推荐算法工程实践人员根据推荐算法研究人员的具体工作，理解他们提出的新算法的原理或者老算法的具体优化策略，并基于公司现有的技术积累（技术栈、相关组件、计算平台等）实现该新算法或者对老算法进行优化。对于新算法，需要封装成模块化、简单易用的组件（比如支持大规模分布式计算、算法稳定收敛等），并将算法部署到实际产品中，通过 AB 测试（可以参考第 17 章了解 AB 测试相关知识点）等工具对部分流量（或者部分用户）进行测试，验证算法的效果，效果好就可以拓展到更大的用户规模和场景并逐步取代老的算法体系。如果达不到事先定义的目标，则还要与推荐算法研究人员配合进行优化调整，整个过程是一个闭环迭代的过程。

目前开源生态系统非常丰富，有大量的开源组件和算法框架可供我们选择。比如 Spark 的 MLlib 库中就包含 ALS 矩阵分解推荐算法，基于 Python 的 Surprise 推荐算法库包含非常多的推荐算法（包含 KNN、矩阵分解等推荐算法），基于 R 语言的 recommenderlab 推荐算法库包含了基于流行度的推荐、item-based 协同过滤推荐等。此外，TensorFlow、PyTorch 等深度学习框架中也包含部分推荐算法的实现（可以参考 10.4 节，其中有各种深度学习框架及相关推荐算法库的介绍）。读者可以基于这些框架进行研究和工程实践，Spark 和 TensorFlow 是工业界比较流行的计算平台，作者在自己公司业务中也主要使用这两类开源库，特别是 Spark，是主要的基础软件平台，绝大多数推荐算法就是基于该平台并结合公司相关产品业务进行深度二次开发的。

推荐系统工程实践不只是实现新推荐算法及优化已有算法，更重要的是按照软件工程的思想将整个推荐系统涉及的各个环节、组件、模块构建成模块化、可复用、接口简洁易用的工程体系，方便业务的迭代、优化，方便问题的定位与排查，读者可以参考第 16 章了解更多工程实践方面的思路和设计哲学。

B.1.4 支撑组件开发人员

推荐系统是一个复杂的工程应用，要想让推荐系统发挥稳定、可靠的作用，除了算法外，还需要非常多的其他模块和组件的支持。广义的支撑组件开发人员是开发与推荐系统业务相关的其他组件，比如数据质量治理、任务调度、监控、错误恢复、AB 测试平台、在线评估指标、数据转运组件、推荐数据存储组件、推荐 Web 服务接口等。当然这些复杂的组件和模块的开发职能不一定都会放在推荐团队中，部分与大数据相关的能力可以放在大数据团队（如数据治理、在线评估指标，由于大数据与算法关系密切，实际上很多公司的大数据团队和算法团队是同一个团队，笔者公司就是这种组织架构），部分功能可以放在后端开发团队（比如 AB 测试平台、推荐 Web 服务接口等）。

上面介绍的推荐系统涉及的 4 类人员是从推荐业务流程中具体任务的角度进行划分的，虽然实际推荐系统的实施中需要这 4 类角色，但是这 4 类角色并不一定要对应 4 个团队，而是要根据公司规模、产品所处的阶段、推荐系统在产品中的定位等进行权衡，要综合考虑很多因素。

对于像今日头条这类将推荐系统作为核心技术的公司和产品，参与推荐系统开发相关的员工组成了一个庞大的团队，这几类角色确实属于不同的 4 个子团队，并且可能分得更细，每类人员可能又拆分成更小的团队，比如特征工程，可能有专门基于文本信息做特征工程的团队，也有专门基于图片、视频等视觉信息进行特征构建的团队。对于大的推荐团队，每个人可能只是参与或者负责推荐业务流程中很小、很窄的一部分，每个人在整个系统中所起的作用就相当于生产线中的一道工序，通过大家协力才能构建出一套庞杂的推荐系统。其中的个人有可能成为某个知识点上的专家，但要对推荐系统进行整体把握可能就没有那么容易了。

对于未构建推荐系统的公司或初创公司，如果开始规划组建推荐算法团队，那么所有这 4 类角色可能就是同一批人（甚至是同一个人），他需要解决推荐系统中涉及的所有问题，从而构建端到端的推荐解决方案。经过这样的锻炼，他的知识面一定是最全的，但人的精力是有限的，他不可能在所有知识点上都做到极致。笔者曾经历了这个过程，2012 年加入电视猫就开始做大数据与推荐系统，在相当长的一段时间（大概 2 年左右）里只有我一个人做推荐系统相关的开发工作，因此，有机会参与推荐系统全流程开发。后面随着产品的成熟和团队的壮大，更多的人员加入进来，参与推荐系统的设计、开发、维护。

上面讲的只是与推荐算法实施密切相关的几类开发人员，推荐算法要想在产品中落地，还需要更多团队、更多人的配合，下面一节要讲的就是与推荐算法团队有交集的其他相关团队的工作及他们对推荐系统落地所起的作用。

B.2　与推荐系统密切相关的其他团队

推荐系统是一个复杂的体系化工程，因此推荐系统要想产生真正的业务价值还需要更多团队的配合，图 B-2 从业务流向（类似业务流水线）的角度来切分推荐系统所涉及的各类人员，其中虚线框中的内容在上一节已经做过介绍，下面自下而上对其他部分涉及的人员及其工作进行简单讲解。

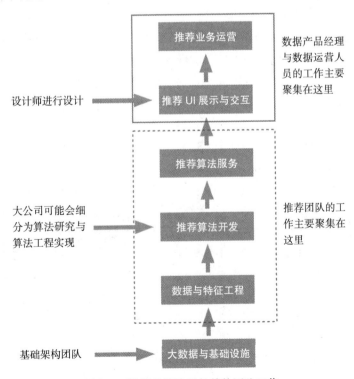

图 B-2　推荐系统涉及的其他团队工作

B.2.1 基础架构团队

图 B-2 最下面是基础架构团队，他们负责构建大数据与软硬件基础设施，有了这些基础设施及组件，推荐算法团队才能更专注地研究并落地推荐算法。

随着大数据技术的发展与成熟，大数据技术对推荐系统起着至关重要的作用。toC 互联网行业本质就是一种规模化经济，依赖海量的用户通过会员、广告等商业模式来赢取利润。因此，当产品发展到一定阶段，用户量足够大时，用户产生的行为数据会非常多，这时必须要用大数据技术来处理这些实时产生的海量数据。大数据技术在推荐中所起的作用主要有三点：

❑ 将推荐依赖的各类数据通过大数据组件进行收集、处理、构建特征并存于数据仓库中，解决推荐算法的"原材料"问题（Spark MLlib 中包含很多与数据处理与特征工程相关的算子）。

❑ 大数据平台本身是包含巨大算力的，可以为推荐系统提供算力支持（Spark MLlib 中就包含 ALS 矩阵分解推荐算法，并且我们可以基于 Spark 平台提供的编程接口开发各种推荐算法）。

❑ 很多推荐算法本身是需要利用大数据的，如深度学习推荐算法需要极大的数据量、多维度的数据，才能训练出效果好的模型。另外，很多近实时推荐算法（如今日头条的信息流推荐）是需要实时数据处理技术支撑的。

上面讲的大数据技术本身就是一种软件基础设施，而其他与推荐系统相关的基础设施还包括数据存储、除大数据之外的其他计算平台（如 TensorFlow 等）、测试环境、虚拟机、容器等。

推荐系统产生的最终推荐结果、中间特征等都需要进行存储，方便推荐系统各个模块实时调用获取，因此需要数据库的支持。数据库包括传统的关系型数据库（如 MySQL 等）、非关系型数据库（如 Redis、CouchBase 等），这些数据库在推荐系统中有广泛的使用（参考第 16 章的介绍）。这些数据库需要基础架构团队来部署与维护，大的公司会有专门的 DBA（数据库管理人员）角色。

不是所有的推荐算法都适合基于 Spark 等大数据平台构建，典型的如深度学习技术就不适合在 Spark 平台上开发（目前虽然有很多基于 Spark 平台的深度学习框架，如 DeepLearning4j、TensorFlowOnSpark、BigDL 等，但是总体来说还不够成熟，不太适合工业级应用，这 3 个深度学习框架见本章参考文献 [2-4]），这时我们需要搭建其他的计算平台。如果产品发展到一定阶段，推荐团队又有精力去做复杂的推荐算法研究，这时就需要基础架构团队帮助推荐团队构建其他计算平台，如流行的 TensorFlow 计算平台。并且还需要通过一些技巧打通大数据平台与 TensorFlow 平台之间的数据、流程、业务依赖关系（这主要是因为老的基础设施不可能立马被全部替代，新的平台也很难满足所有的业务需求，因此在很长一段时间内需要两套平台）。是否需要引入另一套平台这个需要做好权衡，在推荐系统业务流程还没有做到非常成熟时，不建议通过引入 TensorFlow 平台来堆砌复杂算法，关于这一点的论述，可以参考 10.6 节的相关介绍。

有过软件开发经验的读者对测试环境的重要性是非常清楚的，推荐算法在真正上线之前是需要进行测试的，因此需要测试团队的大力支持。只有具备一套完善、高效易用的测试平台，我们的产品才可以更快地迭代。推荐系统的特点（实时性、个性化、数据量大）决定了它的测试跟一般后端软件系统测试不一样，这也加深了构建完善的推荐系统测试平台的难度，同时也需要更多的测试资源。具体来说，很多产品的推荐算法是实时的，验证测试实时性的动作是比较困难的，而且推荐系统是个性化的，每个人的推荐结果不一样，导致测试验证业务逻辑、算法逻辑的正确性更加困难。同时，推荐系统为每个用户生成推荐结果，需要存储海量的推荐结果，因此需要的测试资源也更多，推荐系统个性化的特性决定了比较难于使用 CDN 等缓存技术，对推荐系统的高并发测试是必须重视的一环。

推荐系统的 Web 服务需要部署到独立的服务器（一般是虚拟机或者容器）上，虚拟机、容器等软硬件资源也是基础架构团队需要提供的。

目前伴随着云计算技术的成熟，非常多的行业借助云计算的能力快速发展业务，越来越多的业务上云，这是一个大的趋势。所有上面提到的基础架构能力（包括大数据平台）都可以在主流的云计算平台中找到对应的 PaaS 或 SaaS 解决方案。笔者公司在 2012 年开始构建大数据与推荐系统，那时国内还没有一家云计算公司提供大数据相关服务（国内最早的云计算公司阿里云 2009 年才成立，阿里云在 2012 年还没有大数据相关产品），因此我们是自己构建的大数据基础架构平台，这中间踩过很多坑，也遇到过很多问题，维护成本极高。因此强烈建议，能够用云的尽量用云服务，将专业的事情交给专业的团队做，这样整个推荐系统会更加轻量，开发和维护团队也可将更多的精力放到业务迭代中。

B.2.2　产品设计团队

推荐系统要想发挥业务价值，一定要落地到产品中，成为产品中的一个模块、一个功能点，用户通过使用产品接触到推荐模块，通过与推荐系统交互获取推荐结果，这就会涉及产品团队和设计团队的工作。

如个性化推荐在产品中的定位，需要推荐产生什么价值，个性化推荐和人工运营的分工、所占比重及各自的侧重点和价值体现的差异，这些都是从产品角度需要思考的宏观问题。明确了这些问题，剩下的就是推荐业务的落地了，在落地过程中需要思考：在产品中哪些路径、哪些模块设置个性化推荐，用户怎么跟推荐模块交互，需要展示多少个推荐标的物，推荐标的物的排列方式，需要展示待推荐标的物的什么信息，以及在极端情况下（如推荐接口"挂掉"）的应对策略，这些具体工作都需要产品人员提前思考清楚并制定相应的解决方案。可以参考第 21 章中有关推荐产品的介绍，了解更多关于推荐系统产品形态的知识。这里不得不提的一个重要角色是数据产品经理，它们需要从产品维度对推荐的效果、推荐的价值发挥、推荐算法的优化提供优化的建议，帮助推荐团队一起让算法发挥出最大的商业价值。

上面提到的用户与推荐模块具体怎么交互，交互分为几个阶段，交互的动画效果，推荐标的物的排列方式中大小、形状、位置关系（与前后左右模块的关系）、对比关系（如与背景色的关系），展示的标的物信息中展示信息的颜色、背景、亮度、不同信息之间的关系、对比度，维护推荐模块与整个产品设计风格的一致性等都是需要设计师思考做决策的地方。可以参考第 22 章了解更多与推荐系统 UI 交互和视觉展现相关的知识。

笔者认为即使是推荐算法工程师也需要关注推荐产品与设计相关的知识点，它们所起的作用不亚于好的算法，产品形态或者视觉展示的微小调整带来的转化效果提升有时甚至比得上推荐算法工程师一年辛苦的调参与优化。

B.2.3 运营团队

推荐产品与推荐算法从本质上讲是一种数据化、个性化运营的方法和工具，推荐系统价值的发挥离不开运营团队的支持。当前的运营工作已经从传统的位置化运营进化到数据化运营、用户运营、内容运营、事件运营等丰富复杂的运营策略体系，运营在发展用户、提升用户黏性、促进标的物消费、维护标的物提供方的生态平衡等各类商业目标中发挥着越来越重要的作用。

推荐系统作为一个工具，是运营团队手上的一项强有力的武器。推荐系统产品形态、业务逻辑一定要构建得高效灵活，并且能够根据运营的阶段性策略和重点事件非常容易地进行调整和改变，具体需要支持的调整包含如下几个方面。

（1）调整位置与展示

比如调整推荐产品的位置、调整推荐标的物的数量、调整展示风格，甚至调整交互方式等。

（2）干预具体的推荐结果

比如在推荐结果中插入适当的运营内容、在推荐结果中插入广告、过滤满足一定条件的标的物等。

（3）对算法逻辑的干预

比如对不同标的物推荐比例的要求、对某些标的物提供商的引导（让提供优质标的物的提供商获得更多的机会）等方面的要求。

上述第 2、3 项中涉及的干预可能以一些规则或者策略的形式提供，推荐团队必须提供一些操作界面、流程、方法等接口，让运营人员的"干预权"可以有效行使。

推荐算法团队还需要提供一定的"素材"供运营团队使用，比如提供标的物在各个维度的排行榜供运营人员进行决策，对标的物进行聚类供运营团队更方便地制作各类专题，提供基于各类标签的标的物关联关系供运营团队按照标签类别进行运营，提供用户画像能力供运营团队进行精细化用户运营等。

总之，运营团队与推荐团队的合作是一个互相配合的过程，中间也可能存在一些利益冲突，但最终的目的是一致的，最终大家都希望提升用户体验、让用户留下来，产生更大的商业利润。关于推荐系统运营和人工调控方面的详细介绍，可以参考第 23 章和第 24 章。

推荐系统落地的过程中还少不了的一个重要角色是项目经理，项目经理要全程跟进与推荐相关的需求评审、项目排期、项目迭代、项目验收，并对完成的项目进行复盘梳理、总结经验教训等。有了项目经理专业的项目跟踪，对时间进度的把控，推荐业务才能在规定时间内保质保量地完成。

B.3　推荐团队的目标与定位

组建一个推荐团队是一件费时、费力、费钱的事情（好的推荐算法人员不好找、价格比较贵），因此，公司管理层决定组建推荐团队一定是期望该团队能够产出价值的。推荐团队的终极价值跟公司的目标是一致的：通过为用户提供有价值的信息、产品、服务，在服务好用户的同时从用户身上获取商业利益（广告收入虽说是从广告主身上挣的钱，但广告是投向用户的，广告主之所以付钱在平台上投放广告，是看上了公司的用户价值，因此可以说，公司从广告上获得的利润也来源于用户）。推荐系统为用户创造价值，也从用户身上获得价值，这是一个价值交换的过程（参见本章参考文献 [1] 的第 2 章）。

基于上面的描述，推荐团队肩负提升用户体验、为公司创造商业利润两大核心使命，概括来说，推荐算法团队的目标可以从如下三个角度来理解。

1. 从用户角度，提升用户体验

推荐系统可以做到"千人千面"，为每个用户提供个性化的信息，因此，可以更好地满足用户的个性化需求。当推荐系统将用户想要的标的物第一时间展现给用户时，用户就不需要自己再去花额外的时间找寻自己想要的标的物了，为用户节省了时间（从经济学角度说，时间就是一种机会成本，因而时间是有价值的，虽然很多用户没有这种意识）。现在非常流行的实时信息流推荐，更是让用户所见即所得，将主动权交给用户，通过简单的滑动操作，获得短期的"奖赏"，让用户沉浸在其中，欲罢不能。

2. 从标的物（提供商）角度，提升（优质）内容的分发转化

推荐系统能够做到"千人千面"，当然会将更多的标的物分发给用户。现在很多推荐产品都做到了近实时推荐，这进一步提升了标的物分发的效率，提升了单个推荐位的产出效率。推荐系统的精准性保证了将用户喜欢的标的物展示给用户，这极大地提升了标的物的点击率，从而促进标的物的购买转化。

在推荐系统中整合一些辅助的运营策略，对优质标的物进行适当的流量支持（具体见 B.2 节），能够提升优质标的物的分发，让标的物提供方获得更多的利润，促进标的物生产的良性循环。

3. 从公司角度，产生商业价值

如果推荐系统推荐的内容本身是商品或者付费内容（比如付费视频，可以是单个视频付费或者购买会员才能观看该视频），通过跟用户兴趣的精准匹配，能够促进标的物的售卖，这本身就直接产生了商业价值。即使推荐的标的物是免费的视频、资讯等，也可以通过在推荐的视频中增加前贴片广告、信息流中插入广告等方式获取收益。除了这两种收益方式外，还可以通过付费会员、流量交换等方式获得利润。

当然，公司和产品所处的阶段不同，关注的重点会不一样。对于初创公司或者新产品，推荐团队的目标更多地关注前两个，而对于成熟的产品，商业价值可能就成为重点。读者

可以参考第 14 章，对推荐系统的商业价值进行更加深入的了解。

作为推荐算法工程师一定要对推荐在产品中的价值有深刻的理解，保持对商业的敏锐嗅觉，并在平时工作中基于该理解不断践行，努力创造价值，只有这样才能在为公司创造价值的同时发挥个人价值、提升个人能力，为自己赢得"地位"和尊重，这本身也是一个价值交换的过程（员工与公司的价值交换，员工的时间及产出就是一种商品，公司通过工资"购买"了员工的上班时间及这段时间的产出）。

推荐系统作为一个内容分发工具，它的优势体现在 3 个方面："千人千面"的内容推荐、极高的内容分发效率、无人干预的自动化决策（推荐）。虽然推荐系统相比于人工推荐有这么多优势，但推荐系统是无法取代人工运营的（在内容安全性等方面目前技术还做不到取代人的程度，这就是今日头条、Facebook 等公司有成千上万的人工编辑审核人员的原因）。作为人工运营的一种有效工具和补充，我们需要发挥推荐系统的优势，让推荐更好地产生价值。

推荐系统的定位应该是一种高效的内容分发工具，通过发挥推荐系统的上述三大优势，推荐团队可辅助运营团队更好地进行内容与用户运营，最终完成推荐团队的三大目标。

B.4　本章小结

本章介绍了推荐算法团队的 4 类核心人员（数据处理与特征工程开发、推荐算法研究、推荐算法工程实践、支撑组件开发）的主要工作内容及特点，同时介绍了与推荐团队密切相关的其他团队在支撑推荐业务落地过程中需要跟推荐团队进行的分工与配合，最后介绍了推荐团队的目标与定位，简单介绍了推荐团队的价值与使命。

通过本章的介绍，从事推荐算法开发的读者可对推荐算法团队的定位、推荐算法团队的工作、推荐算法团队跟其他团队的配合有一个初步的认知，有了这些了解，读者才可以更高效、更容易、更有目标地开展推荐系统开发的各项工作。

参考文献

[1] 俞军. 俞军产品方法论 [M]. 北京：中信出版社，2019.

[2] raver119, AlexDBlack, et al. deeplearning4j[A/OL]. GitHub（2014-02-22）. https://github.com/eclipse/deeplearning4j.

[3] leewyang, anfeng, et al. TensorFlowOnSpark[A/OL]. Github（2017-12-13）. https://github.com/yahoo/TensorFlowOnSpark.

[4] Ian Wong, Yao Zhang, et al. BigDL[A/OL]. GitHub（2017-04-07）. https://github.com/intel-analytics/BigDL.